Die Ufa war der große deutsche Filmkonzern – und eine der bedeutendsten Filmproduktionsstätten der Welt. Sie war das magische Bilderimperium der Deutschen. Ihre Filme, ihre Stars, ihre Werbestrategien, ihre Kinopaläste und ihre Galapremieren haben viel mit den deutschen Träumen und Alpträumen der ersten Jahrhunderthälfte zu tun.

Von Ernst Lubitsch über Fritz Lang bis Veit Harlan, von Ludendorff über Hugenberg bis Goebbels, von Henny Porten über Marlene Dietrich bis Zarah Leander und Hildegard Knef, von der experimentierfreudigen Filmwerkstatt der Weimarer Jahre bis hin zum nationalsozialistischen Staatskonzern und seiner problematischen »Einflechtung« in die Ära Konrad Adenauers: die Geschichte der Ufa ist deutsche Kulturgeschichte – ein ebenso komplexes wie brisantes Gemisch, das sich aus Politik und Ökonomie, Wissenschaft und Technik, Massenwahn und Massenwünschen, aus Kitsch, Kommerz und Kunst höchst widerspruchsvoll zusammensetzt. Klaus Kreimeiers opulent bebilderte Geschichte der Ufa ist das Buch zur Geschichte des weltbekannten Filmkonzerns.

Der Publizist Klaus Kreimeier, geboren 1938, ist Medienwissenschaftler. 1971 bis 1976 war er Dozent an der deutschen Film- und Fernsehakademie Berlin. Seit 1997 ist er Leiter des Studiengangs Medienplanung, -entwicklung und -beratung an der Universität Siegen und verantwortet ein Projekt zum Dokumentarfilm der Weimarer Republik. Daneben ist er Kritiker und freier Publizist.

Klaus Kreimeier

Die Ufa-Story

Geschichte eines Filmkonzerns

Fischer Taschenbuch Verlag

Veröffentlicht im Fischer Taschenbuch Verlag,
einem Unternehmen der S. Fischer Verlag GmbH,
Frankfurt am Main, Mai 2002

Lizenzausgabe mit freundlicher Genehmigung
des Carl Hanser Verlages, München Wien

Druck und Bindung: Druckerei C. H. Beck, Nördlingen
Printed in Germany
ISBN 3-596-15575-4

Inhalt

Zweiter Teil

Nachspann

Anhang

Aufblende

Die Ufa war ein großer deutscher Filmkonzern – und eine der bedeutendsten Filmproduktionsstätten der Welt. Ihr Name beschwört Erinnerungen herauf, und er stimuliert noch heute, je nach Veranlagung und Alter, die Lust zum Träumen und den entschiedenen ästhetischen Widerspruch, bitteren Hohn und den Hang zur Nostalgie.

Die Ufa: War das nicht »die große Zeit des deutschen Films«? Die Geburtsstätte deutscher Stars, die mit den internationalen Leinwandgrößen Amerikas, Frankreichs und Italiens konkurrieren konnten? Ein Kino-Paradies, dessen Lichtspielhäuser Palästen und Kathedralen glichen und die großstädtische Kultur mit einem elektrisierenden Glanz bereicherten? Eine Filmfabrik, die sich über mehrere Quadratkilometer erstreckte, mit den größten Ateliers Europas und einem Freigelände, das etlichen Traumstädten und Phantasielandschaften gleichzeitig Platz bot?

Die Ufa war all dies – und noch mehr. Vor allem: sie war mehr als ein Konzern. Sie war ein magisches Bilder-Imperium der Deutschen. Ihre Filme, ihre Stars, ihre Werbestrategien, ihre Kino-Paläste und ihre Gala-Premieren haben viel mit den deutschen Träumen und Alpträumen der ersten Jahrhunderthälfte zu tun. Wenn es aber so war: müssen dann nicht auch die Widersprüche, die Alternativen, die verspielten oder verratenen besseren Möglichkeiten der Epoche in ihren Bildern abzulesen sein?

Von Ernst Lubitsch bis Veit Harlan, von Ludendorff über Hugenberg bis Goebbels, von Henny Porten über Lilian Harvey und Marlene Dietrich bis Zarah Leander und Hildegard Knef, von der experimentierfreudigen Filmwerkstatt der Weimarer Jahre bis zum nationalsozialistischen Staatskonzern und seiner problematischen »Entflechtung« in der Ära Konrad Adenauers: die Geschichte der Ufa ist deutsche Kulturgeschichte – ein ebenso komplexes wie brisantes Gemisch, das sich aus Politik und Ökonomie, Wissenschaft und Technik, Massenwahn und Massenwünschen, aus Kitsch, Kommerz und Kunst höchst widerspruchsvoll zusammenbraut.

Die Geschichte der Ufa erzählen heißt auch: vom Krieg erzählen und vom großen Geld und von denen, die ihr Geld gleichzeitig in den Krieg und in die Filmkunst investieren.

Zwei nachhaltige deutsche Niederlagen rahmen den Siegeszug der Ufa ein: Verdun und Stalingrad. Am Anfang standen die neunhundert Feldkinos des kaiserlichen Bild- und Filmamtes – am Ende die Uraufführung des Durchhaltefilms *Kolberg* am 30. Januar 1945 in der Atlantikfestung La Rochelle. Das Problem ist freilich: Kultur mag in Kriegen zuschanden gehen, aber ihre Geschichte geht in der Geschichte der Kriege nicht auf. Und gelegentlich ist Kulturgeschichte, besonders die des Films, eine Fortsetzung des Krieges mit anderen Mitteln.

Eine zweischneidige Angelegenheit ist auch die Geschichte vom großen Geld und denen, die es haben. An der Wiege der Ufa, 1917, und an ihrer Bahre, 1962 (mit dem Verkauf der Konzern-Reste an die Verlagsgruppe Bertelsmann), stand die Deutsche Bank, ohne die in Deutschland nichts läuft – keine Triumphe und keine Tragödien. Aber: Kultur, besonders Filmkultur, wird zwar von den Banken finanziert, gleichwohl ist Kulturgeschichte in Deutschland nicht identisch mit der Geschichte der Deutschen Bank. Finanzmagnaten und Schwerindustrielle haben schon in den zwanziger Jahren Millionen in Filme investiert – sie haben Welterfolge möglich gemacht, aber auch enorme Flops produziert. Mit Riesensummen wollte die Ufa die amerikanischen Konzerne in die Knie zwingen – mit dem Ergebnis, daß sie deren Kredite akzeptieren mußte und in ihre Abhängigkeit geriet. Die Künstler, die Regisseure und die Stars hatten meist ihren eigenen Kopf – und sie hatten oft kompliziertere Vorstellungen davon, was mit dem großen Geld anzufangen sei. Die Geschichte der Bilder und die des Bewußtseins verlaufen anders als die Geschichte von Firmengründungen, Fusionen und Konkursen – auch wenn sie sich immer wieder überkreuzen.

Die Ufa: Kaum war sie auf Geheiß der Obersten Heeresleitung gegründet, geriet sie in die Strudel der Novemberrevolution. 1918: Weltende und Aufbruchstimmung. Massenbewegungen – auf der Straße und auf der Leinwand. Massenregie auf den Bühnen Max Reinhardts und auf dem Tempelhofer Feld, wo Lubitsch pompöse historische Monumentalfilme für die Ufa drehte, oder in der märkischen Heide, wo Joe May für seine gigantomanen Reise- und Abenteuerfilme gleich alle fünf Erdteile aufbauen ließ.

Eine Propagandafabrik wurde zum florierenden Wirtschaftsunternehmen – und die Inflation, der ausländische Filmboykott und die Filmbegeisterung der Massen sorgten dafür, daß sich die Aktionäre eine goldene Nase verdienten. Bald schon reüssierten deutsche Filme in Amerika: die Ufa eröffnete den Konkurrenzkampf mit Hollywood, mit Frankreichs Pathé und Gaumont und mit Italiens Filmparadies Cinecittà. Die Herren im Aufsichtsrat und in der Direktion träumten von deutscher Kino-Hegemonie – und ihre Autoren, Regisseure, Schauspieler, Kameraleute und Szenenbildner erfanden die Wunderwelten von Tempelhof und Neubabelsberg: die filmischen Fantasy-Reisen der zwanziger Jahre, Symphonien aus gewichtloser Materie, Licht, Schatten und irisierender Bewegung. Es war die Welt Fritz Langs und Friedrich Wilhelm Murnaus und die des genialen Produzenten Erich Pommer – und die Welt ihrer technischen Zauberer, filmbesessener Architekten wie Robert Herlth und Walter Röhrig, Virtuosen der Kamera wie Carl Hoffmann und Karl Freund. Das Universum wurde zum Filmatelier – und mittels Hebebühne, Kamerakran, Rundhorizont und Jupiterlampen entstand die alte Geschichte von der Reise aus der Hölle über die Welt zum Himmel neu.

Doktor Mabuse und *Die Nibelungen, Faust* und *Varieté, Der blaue Engel* und *Frau im Mond*. Die Meisterwerke – aber auch immer wieder *Fridericus Rex* und der Ramsch für den schnellen Verbrauch. Walzertraum und Wachsfiguren, germanische Schwere und »sophisticated comedy« (deutsche Ausgabe), Operette und Lust am Untergang, Marlene Dietrich – aber auch (nur wenig später): Kristina Söderbaum. Die Künstler phantasierten von einer deutschen Film-»Bauhütte«, von einem großen »geistigen Konzern« – und ahnten nicht, daß machthungrige Politiker vom Schlage eines Alfred Hugenberg und Joseph Goebbels längst auf der Lauer lagen, um für ihre Zwecke zu usurpieren, was andere geschaffen hatten. Teils widerstrebend, teils gierig auf das gute Geschäft geriet die Ufa ins Fahrwasser eines aggressiven Patriotismus. Sie wurde eine Festung der Deutschnationalen, die, als es soweit war, von den Nationalsozialisten im Handstreich genommen wurde.

Die Juden – seit Gründung des Konzerns stellten sie sein intellektuelles Potential – wurden auf das schmählichste davongejagt. Die meisten »deutschen« Stars blieben – und sie blieben deutsch: von Henny Porten bis Luise Ullrich und Ilse Werner, von Emil Jannings bis Hans Albers, Gustav Fröhlich und Carl Raddatz: eine Typologie deutscher Sehnsüchte und Identifikationswünsche aus vier Jahrzehnten: sie dachten, sprachen und empfanden deutsch, bis – wie im Fall Renate Müller – das Herze brach. Sie waren – Musterbeispiel: Willy Fritsch – Leibeigene des Konzerns. Und unter Goebbels wurden sie »Soldaten der Kunst«.

Die Ufa war immer beides: Schaulust und Disziplin, Drill und Ballett. Ihre Liebe zum Ornament war Pflicht und Kür. Ihre Kinos vereinigten Stil-Chaos und Stimmungsarchitektur, und manche sahen aus wie ägyptische oder indische Göttertempel. Gründerzeit, Jugendstil und Bauhaus vermischten sich in ihren Fassaden, ihren prunkvollen Sälen und ihren eklektischen »Bühnenschauen« zu fröhlicher Promiskuität. Als Hitlers Wille triumphierte, diente auch die Ufa mit ihren Kinos einer größenwahnsinnigen Inszenierung – und der Propaganda für den Tod.

Die Ufa: Der Rausch und das Reglement bildeten in ihren Strategien eine Einheit, und noch im Gleichschritt mit Wehrmacht und SA wird sie sich (gelegentlich) an ihre anarchischen Anfänge, an Zirkus, Varieté und Kintopp erinnern. Propagandazentrale und Bastelwerkstatt, Medienkonzern, »Bauhütte« der Filmkunst und Retorte aller schönen und bösen Träume: die Ufa war all dies und alles gleichzeitig, und – sie war die deutsche (eine sehr deutsche) Antwort auf Hollywood. 1939 marschierte sie in den Krieg und kam darin um.

Schließlich: Die Ufa war (und ist bis heute) eine große symbolische Konstruktion. Ein Super-Symbol. Für die Autoren, Theaterleute, Maler, Architekten und Musiker, die sie zur Mitarbeit gewinnen konnte, war sie das Eldorado einer neuen, auf Technik fundierten, die Massen mitreißenden Kunst. Für ihre linken Gegner war sie – schon lange vor Axel Cäsar Springer, lange vor Adorno/Horkheimers Analyse der Kulturindustrie – eine Hochburg bürgerlicher Bewußtseinsmanipulation und ein Arsenal der reaktionären Mobilisierung. Für Hugenberg, nebenbei, eine Quelle zur Finanzierung seiner Wahlkämpfe. Für die Nationalsozialisten eine pädagogische Anstalt zur »Kriegserziehung«. Für den Minister Goebbels ein Bordell und so etwas wie ein politischer Abenteuerspielplatz. Das »Propagandainstrument« Ufa blieb, alles in allem, eine faschistische Wunschprojektion.

Nach 1945: ein maßgeschneidertes Feindbild für die Alliierten, vor allem für die amerikanischen Filmkonzerne, denen *dieser* Koloß beim Run auf die europäischen Filmmärkte verständlicherweise im Wege war: Sie wollten nun das Geschäft machen.

Aber die »Entflechtungsgeschichte« der Ufa ist nur noch ein Epilog, und Bertelsmann darin nicht mehr als eine Fußnote. Ein Konzern wurde abgeschafft. Die Symbole blieben. Der Mythos auch.

In Messters Atelier, Blücherstraße 32, 1911: *Adressatin verstorben* mit Henny Porten, Regie: Adolf Gärtner

Vorspann

Eine Krisensitzung

Am 25. Mai 1917, sieben Monate vor der Gründung des größten deutschen Filmkonzerns, fand im Kriegsministerium zu Berlin eine Krisensitzung statt. Unter Vorsitz des Obersten von Wrisberg erörterten Ministerialdirektor Lewald, Oberstleutnant von Haeften und andere leitende Herren ziviler und militärischer Behörden das im dritten Kriegsjahr unübersehbar gewordene Mißvergnügen einer Mehrheit der Deutschen mit der Monarchie im allgemeinen, besonders aber mit der herrschenden Hohenzollerndynastie und der Person Wilhelms II. Die Tagesordnung benannte in wünschenswerter Klarheit die Ursachen und drängte auf Lösungen: Diskussionsgegenstand waren die »feindlichen antimonarchistischen Bestrebungen«, gegen die alsbald Maßnahmen zu ergreifen seien. Entsprechend dem Denkmuster, daß die Sache selbst in jeder Hinsicht intakt, ihre Darstellung in der Öffentlichkeit jedoch mangelhaft sei, befand der Krisenstab, der Kaiser und sein Haus müßten »dem Volke wieder persönlich nahegebracht werden«. Geeignete Leute, zum Beispiel verwundete Offiziere, sollten dafür gewonnen werden, »in ausgiebiger Weise monarchistische Vorträge zu halten«, nach Möglichkeit »in etwas feierlichem Rahmen«. Dem Klerus und der Schule sei in Anbetracht der Problemlage »eingehende und energische Anweisung« zu geben, »da die Größe der Gefahr nicht überall im Lande erkannt wird«. Nicht zuletzt sei die deutsche Presse in die Pflicht zu nehmen: sie solle »im Wort, vor allen Dingen aber auch im Bild und Film« über die »in harter Pflichterfüllung geleistete Arbeitstätigkeit des Monarchen und der Mitglieder seines Hauses, über die Einfachheit ihrer Lebensweise, Leistungen vor dem Feind, Verluste pp.« der deutschen Bevölkerung ein klares Bild vermitteln.[1] Oberstleutnant von Haeften, Leiter der Militärischen Stelle des Auswärtigen Amtes, schlug schließlich die Gründung einer Reichsstelle für Propaganda vor.

Die Konferenz vom 25. Mai stand in einer langen Reihe ähnlicher Sitzungen hoher und höchster ziviler und militärischer Organe – ratloser Fachleute des Kriegshandwerks, die nach Auswegen aus einer verfahrenen Situation suchten. Ein Jahr nach der »Hölle von Verdun« und wenige Wochen nach dem Rückzug der deutschen Truppen an der Westfront zwischen Arras und Soissons in die »Siegfriedstellung« entdeckten einige verantwortliche Herren der preußischen Elite schwerwiegende Fehler und Versäumnisse auf dem psychologischen Schlachtfeld der Propaganda. Man entdeckte vor allem, daß man die modernen Massenmedien geringgeschätzt und ihren Einsatz den falschen Leuten überlassen hatte. Mochte der Appell an die verwundeten Offiziere als Referenten vaterländischer Vorträge noch einmal den preußischen Lehrertypus aus der Zeit Friedrichs des Großen in Erinnerung rufen, so beschwor der Hinweis auf »Bild und Film« sehr neuzeitliche Erziehungsmittel und zeigte in eine noch ungewisse Medienzukunft. Aus patriotischer Gesinnung ließ sich die wilhelminische Kriegsbürokratie – naiv, pragmatisch und diktatorisch, wie sie war – auf ein Experiment mit der Moderne ein.

Der Brief, den Erich Ludendorff, seit August 1916 Erster Generalquartiermeister beim Chef des Generalstabs des Feldheeres, am 4. Juli 1917 aus dem Großen Hauptquartier an das Kriegsministerium sandte, machte mit dem Experiment Ernst und verlieh ihm den Nachdruck der Obersten Heeresleitung. In diesem Schreiben, das die Fachliteratur gern als »Gründungsdokument der Ufa« zitiert, halten strategische Weitsicht und eine unmittelbar handlungs- und zweckbezogene Engstirnigkeit in sehr preußischer Manier einander die Waage. Es beginnt mit den in der Tat folgenreichen Sätzen: »Der Krieg hat die überragende Macht des Bildes und Films als Aufklärungs- und Beeinflussungsmittel gezeigt. Leider haben unsere Feinde den Vorsprung auf diesem Gebiet so gründlich ausgenutzt, daß schwerer Schaden für uns entstanden ist.«[2]

Experimente mit Sieg oder Untergang

1917/18 experimentierten die politische und militärische Führung und besonders der heimliche Diktator und Ufa-Gründer Erich Ludendorff auf Biegen und Brechen mit allen erdenklichen, teilweise nur in ihrer Einbildung vorhandenen Größen. Sie experimentierten, oft wider bessere Einsicht, mit den physischen Kräften der Soldaten an der Westfront und mit der Friedenssehnsucht der Bevölkerung; sie pokerten mit der Langmut der westlichen Alliierten und, im Frieden von Brest-Litowsk, mit der Schwäche der jungen Sowjetunion; sie trieben ihr Spiel mit der Wahlrechtsreform und machten mit dem Belagerungszustand eine Probe aufs Exempel der inneren Gewalt.

Das zweifellos mörderischste Experiment der Obersten Heeresleitung (OHL) – die drei letzten Offensiven an der Westfront zwischen März und August 1918 – scheiterte nicht zuletzt an moderner Technologie: an den britischen Tanks, gepanzerten Kraftwagen, die in großer Zahl die deutschen Stellungen einfach überrannten. Umgekehrt war das deutsche Experiment mit moderner Technik noch nicht ausgereift – die mit größter Skrupellosigkeit eingesetzten U-Boote waren, wie Sebastian Haffner feststellt, »eigentlich mehr Tauchboote als Unterseeboote, sie mußten ständig wieder an die Oberfläche kommen, um ihre Batterien aufzuladen; und dort waren sie nicht einmal dem kleinsten Kriegsschiff gewachsen«.[3]

Sehr ähnlich verlief das Planspiel der OHL mit den modernen Massenmedien. Die Ufa war noch ein Projekt. Sie war zweifellos ein Projekt der Moderne – der erste Massenvernichtungskrieg hatte sie hervorgebracht; das Militär, die Industrie, das Bankkapital und die Entschlossenheit zum Experiment waren ihre Paten. Aber die Versuchsanordnungen der Obersten Heeresleitung in den letzten beiden Kriegsjahren waren auf Selbstbetrug gebaut; wahnhafte Fehleinschätzungen und eine fatale Neigung, noch mit dem eigenen Untergang Vabanque zu spielen, haben sie begünstigt. An diesem Erbe wird die Ufa schwer zu tragen haben. »Als im Verlauf des Ersten Weltkriegs deutlich wurde, welche staatsbürgerliche Rolle der Film zu spielen vermochte, wurde er unter Hausarrest gestellt«, schreibt Paul Virilio. »Die Filmproduktion wurde einem Regelsystem unterworfen, das den Methoden der Fehlinformation folgte, wie die Kriegspropaganda sie entwickelt hatte.«[4]

Im wilhelminischen Hausarrest geboren und schon bald gegen die Zuchtmeister rebellierend; von zeitgemäßer Neugier, vom Lebenshunger und von den Sehnsüchten der Massen angetrieben und doch auch immer wieder bereit, sich den Regelsystemen der Lüge und des Selbstbetrugs zu unterwerfen: das ist der grundlegende Widerspruch der Ufa, des größten deutschen Filmkonzerns.

Zirkus, Varieté und Kino

Im Zirkus Busch – wie auch bei der Konkurrenz, im Zirkus Schumann am Schiffbauerdamm – hatte es noch in den neunziger Jahren neobarocke Wasserfeste gegeben, pantomimische und tänzerische Sensationen mit Nymphen, Nixen, Seeschlangen und Wasserreitern, deren Perfektion amerikanischer Show-Dramaturgie und aus Amerika importierter Technik zu danken war. Der Zirkus wurde überholt vom Berliner »Spezialitätentheater«, dem Varieté, jener Mischform aus Gesangsbühne, Kabarett, Tanztheater, Akrobatik und Burleske, die – mit unterschiedlichen Akzenten – im Metropol und im Apollo, vor allem aber im Wintergarten das großstädtische Publikum der Jahrhundertwende in Entzücken versetzte. Vorläuferinnen der Ufa-Stars waren Tänzerinnen wie die Brasilianerin Saharet oder die 1917 als deutsche Spionin erschossene und zur Legende des politischen Zwielichts avancierte Mata Hari (= Margarete Zelle, über die Friedrich Feher 1927 für die Berliner National-Film AG *Mata Hari – Die rote Tänzerin*, mit Magda Sonja und Fritz Kortner drehen wird). Im Kino wird alles eingeschmolzen und neu geboren: die Burleske und die Akrobatik, das Wasserballett, der Zirkus und das Varieté.

Die erste öffentliche Filmvorführung in Deutschland, Max Skladanowskys Präsentation »lebender Photographien« mit Hilfe seines »Bioscops«, eines Doppelbildprojektors, am 1. November 1895 im Wintergarten, war Bestandteil eines Varieté-Programms. Varieté und Zirkus waren nicht nur Geburtshelfer des Kinos – sie liehen auch die Kulissen, die Atmosphäre, den Glanz und die Hochspannung für seinen Start in die Arena der Massenunterhaltung.

Skladanowsky allerdings war, im Gegensatz zu den erfolgreicheren Fabrikbesitzern Lumière in Frankreich, kein Industrieller, sondern ein Tüftler, und der deutsche Tüftler war eine tragikomische Figur: vage ahnte er das 20. Jahrhundert voraus, während er in seinen Träumen noch den technischen Machinationen, den Hexereien und Zauberspiegeln der Romantik nachhing – eine Mischung aus Carl Zeiss und E. T. A. Hoffmanns skurrilen Ingenieuren. Tatsächlich waren die Skladanowskys als »Gebrüder Hamilton« noch mit einem spätromantischen Maschinentheater durch die deutsche Provinz gezogen, dessen »elektromechanischen Sensationseffekte« dem Publikum den Genuß eines Gesamtkunstwerks aus Malerei, Beleuchtungszauber, überraschender Dreidimensionalität und geheimnisvollen Bewegungsabläufen versprachen.

Kein Wunder, daß Direktor Mankewitz von der Deutschen Bank für Max Skladanowsky kein Verständnis hatte, als dieser einen Kredit für die kostspielige Weiterentwicklung seiner kinematographischen Aufnahmeapparatur beantragte; der Bankier glaubte, einen Phantasten vor sich zu haben. Eine Fehleinschätzung, die Deutschlands mächtigstes Geldinstitut erst mit der Finanzierung der Ufa-Gründung wettmachen wird. Von 1917 an ist die deutsche Filmgeschichte auf das engste verbunden mit der Geschichte der Deutschen Bank.

Max Skladanowsky mit seinem Bioscop-Apparat, um 1920

Mankewitz konnte nicht ahnen, daß Skladanowsky schon wenig später, 1896, mit einer nunmehr selbst finanzierten Kamera nicht nur einen Film über den Alexanderplatz drehen würde, sondern auch patriotische Streifen wie *Die Wachtparade marschiert Unter den Linden* und *Die Wache tritt ins Gewehr!*. Der Kommandant des Zeughauses, ein General von Ising, erteilte ihm dazu die vorbehaltliche Erlaubnis und wurde so zu einem frühen Vorläufer Erich Ludendorffs. Zur gleichen Zeit stand auch schon Friedrich der Große, gemimt von Max' Bruder, dem Zirkuskünstler Eugen Skladanowsky, vor der Kamera – ein Vierteljahrhundert vor der Uraufführung des Otto Gebühr-Films *Fridericus Rex* im Ufa-Palast am Zoo am 31. Januar 1922. Blickt man von den patriotischen Höhepunkten der Ufa-Geschichte gleichsam mit einem umgedrehten Fernglas in die Pionierjahre um 1895 zurück, werden schon einige ihrer Wesensmerkmale in verkleinerter Gestalt, doch überscharf deutlich.

Maschinenhalle

Im Jahr der Ufa-Gründung 1917 hatte das Schienennetz im Deutschen Reich eine Gesamtlänge von 65000 Kilometern erreicht (gegenüber 7500 um 1850). Die Eisenbahn hatte nicht nur die Verkehrsbedingungen revolutioniert: sie war zum metallischen, raum- und zeitfressenden Symbol der Industrialisierung geworden und hatte mit der gewachsenen Mobilität der Menschen ihre Wahrnehmungs- und Verhaltensweisen, mit ihnen das Lebensgefühl der Epoche von Grund auf verändert. Tempo und Rhythmus der frühen Slapstick- und Großstadtfilme waren wie ein Echo auf die Zerreißproben, die der aus den Nähten platzende Industriekapitalismus der Gesellschaft zumutete. Von Beginn an war das Kino, als Medium der Massenunterhaltung, zugleich ein seismographischer Reflex beispielloser Umwälzungen in den sozialen Strukturen wie in der Psyche und im Bewußtsein der Menschen. Wenn die Eisenbahn die Wirklichkeitserfahrung des 19. Jahrhunderts aus der »geistig-seelischen Vertikale« biedermeierlicher Beschaulichkeit herausriß und auf »die Bedeutung des Horizontalen«[5] orientierte, auf die schwindelerregenden Möglichkeiten einer »Vernetzung« alles Gleichzeitigen – dann trieb die Montagesprache des Films diese Möglichkeiten auf die Spitze des Phantastischen und verlieh ihnen zugleich die Dimension erregender Unmittelbarkeit.

Auch die Ufa wird es nicht lange im wilhelminischen Hausarrest aushalten.

Ihre Filme wurden von den sensiblen, nervösen Geistern der Zeit gemacht; von urbanen Bohèmiens und experimentierfreudigen Außenseitern, von Bastlern und geschäftstüchtigen Visionären. Sie gehörten der ersten Generation an, die in elektrifizierten Städten großgeworden war. Das Bogenlicht, das schon um 1880 die Hauptgeschäftsstraßen europäischer Metropolen erleuchtete, trug erheblich dazu bei, das Wahrnehmungsverhalten des Stadtmenschen zu verändern.[6] Schon um 1900 revolutionierte Max Reinhardt mit der Drehbühne und elektrischen Scheinwerfern das Theater; er kreierte die »Lichtregie« – und Hugo von Hofmannsthal wird 1920, mit Blick auf Reinhardt, in einem Satz zusammenfassen, was sich seit den neunziger Jahren im Wechselspiel zwischen Industrialisierung, »sozialer Sinnlichkeit« und ästhetischer Avantgarde verändert hatte: »Die Generation, welche die Epoche trägt, hat sich gegen die frühere umgestellt in bezug auf den Sinn des Auges.«[7] Reinhardts elektrisch-»impressionistische« Bühne wurde um 1910 zur Schule für die frühen Ufa-Regisseure Ernst Lubitsch (der 1911 bis 1913 in vielen Reinhardt-Premieren auf der Bühne stand) und Friedrich Wilhelm Murnau (der in zwei ausgesprochen filmischen Inszenierungen Reinhardts, im »Sommernachtstraum« und in Karl Vollmoellers »Mirakel«, größere Rollen spielte). Lubitschs Ausstattungs- und Ballettfilm *Sumurun* von 1920, eine der ersten großen Produktionen der Ufa, war opulentes Kino – und zugleich eine Hommage an Reinhardts Theater und seine ästhetischen Errungenschaften: Licht, Bewegung, »elektrisierende« Sinnlichkeit.

»Die Kunst stand Seite an Seite mit der Industrie«, schrieb Théophile Gautier über die Weltausstellungen[8] – er hätte es auch über den Film schreiben können.

Sumurun: Ausstattung Kurt Richter und Ernö Metzner

Noch vor der Erfindung der Kinematographie funktionierten die Weltausstellungen filmisch, »horizontal«, als Gesamtkunstwerke ihrer Zeit. Die Pariser Schau von 1900 – mit ihren elektrischen Lichtfontänen, der neuen Metro, der Rennstrecke für Automobile, mit ihren Laufbändern, Maschinenhallen und asiatisch-neobarocken Industriepagoden – erhob das »horizontale Bewußtsein«, die horizontale Wahrnehmungsweise zum Programm. Eine Montage-Welt. »Berlin ist eine wundervolle moderne Maschinenhalle, ein riesiger Elektromotor, der mit unglaublicher Präzision, Schnelligkeit und Energie eine Fülle von komplizierten mechanischen Arbeitsleistungen vollbringt. Es ist wahr: diese Maschine hat vorläufig noch keine Seele. Das Leben Berlins ist das Leben eines Kinematographentheaters, das Leben eines virtuos konstruierten hommemachine.«[9] So beschrieb Egon Friedell 1912 die deutsche Hauptstadt: ein literarischer Vorgriff auf die Stadt als Utopie – und die Utopie als Technik in Fritz Langs *Metropolis* (1927), der teuersten Ufa-Produktion in der Zeit der Weimarer Republik.

Gewinner und Verlierer

Die Gewerbeausstellung von 1896, eine Parade der deutschen Industrie auf dem Höhepunkt der wilhelminischen Ära, erstrahlte im elektrischen Licht der marktführenden Firmen Siemens und Allgemeine Elektricitäts-Gesellschaft (AEG). Siemens hatte in der Schwachstromtechnik eine Monopolstellung inne und belieferte die Welt mit Telefonapparaten. Die von Emil Rathenau begründete AEG baute Elektrizitätswerke und war, für deutsche Verhältnisse, der erste kapitalistische Großkonzern. Emil Rathenau, der Vater des späteren Außenministers, hatte in den Gründerjahren als Maschinenbauer beträchtliche Verluste erwirtschaftet. Zur Gründung der AEG verhalf ihm der Bankier Carl Fürstenberg, dessen Aufstieg im Bankhaus Bleichröder begonnen hatte – jenem Institut, das nach dem Krieg von 1870/71 fünf Milliarden Francs französischer »Kriegsentschädigung« zu verwalten hatte. Frankreich rächte sich mit seiner Kinematographie: in allen Filmgeschichten ist nachzulesen, daß Pathé und Gaumont allein mit den Kinostreifen, die sie bis zum Ersten Weltkrieg an Deutschland verkauften, die französischen Reparationsleistungen mühelos wieder einspielen konnten.

Zunächst einmal aber floß das Geld der Verlierer in den deutschen Industrieboom – »billiges Geld, mit dem eine Masse Fabriken und Geschäfte als Aktiengesellschaften gegründet wurden, von denen viele im ›Gründerkrach‹ wenig später wieder verschwanden. Das Kapital konzentrierte sich in wenigen Großbanken, die Industriezweige in großen Konzernen.«[10] Vor allem die für die zivilen und militärischen Nachrichtenübertragungssysteme so wichtige Elektroindustrie drängte zu neuen Machtzusammenballungen.

Großbanken und Industriekonzerne stehen auch an der Wiege der Ufa. Die Vertreter der AEG werden sich neben den Repräsentanten der mächtigsten Geldinstitute am 18. Dezember 1917 im Aufsichtsrat des neuen Filmkonzerns wiederfinden. Wenig später werden wieder einmal Reparationsleistungen fällig werden, diesmal in einem historisch beispiellosen Ausmaß, und diesmal werden es die Deutschen sein, die zur Kasse gebeten werden. Die Ufa aber wird erfolgreich zum Angriff auf die europäischen Filmmärkte ansetzen.

Von der Manufaktur zur Industrie

Zwischen Georges Méliès' kinematographischer Phantasie *Le Voyage dans la Lune* (1902) und Fritz Langs Ufa-Großfilm *Frau im Mond* (1928) liegen die Einführung der Arbeitsteilung in die Filmproduktion, die Erfindung der Montage, der Erste Weltkrieg und die Einmischung der Banken ins Geschäft mit den lebenden Bildern.

Zwar leisteten sich die großen Kreditinstitute schon im 19. Jahrhundert gelegentliche Seitensprünge ins Schaugewerbe. So war zum Beispiel die bedeutende Wachsfigurensammlung des Museums Grévin in Paris 1881 mit Unterstützung des Bankhauses Crédit Lyonnais geschaffen worden, jenes Instituts, das über den Lyoner Industriellen Neyret auch dem Fleischerssohn Charles Pathé behilflich war, das erste Monopolunternehmen der Filmgeschichte zu gründen. Gleichwohl sorgten erst die fortschreitende Arbeitsteilung in den frühen Filmwerkstätten und die Erkenntnisse über die gesellschaftliche Bedeutung des neuen Mediums für ein forciertes Engagement der Großbanken – und für Finanzierungsstrategien, die mit der Ufa-Gründung abermals eine neue Dimension erreichten.

Jener Ferdinand Zecca, der um 1900 für Pathé die Wachsfiguren des Museums Grévin mit der Filmkamera zu »dramatischen« und »realistischen« Gruselszenen animierte, verkörpert den Übergang von der Ein-Mann-Produktion zur arbeitsteilig funktionierenden Traumfabrik. »Er begann seine Karriere als ›Mann für alles‹ und endete gewissermaßen als ›Stabschef‹, dessen Befehle und Dispositionen von einem ganzen Team befolgt wurden«[11]: ein französischer Vorläufer Erich Pommers und aller späteren Ufa-Produktionschefs, ein Vorläufer aber auch der Hollywood-Tycoons vom Schlage eines Irving Thalberg. Zecca wurde 1905 Generaldirektor von Pathé Frères. Mit einer Investitionsspritze von einer Million Francs, die aus den Kohlengruben von St. Etienne in die Produktionsstudios von Vincennes flossen, war die »Metamorphose des Films vom kleinen Handwerksbetrieb zur Industrie«[12] gelungen.

Wo Kapitalsinn und technischer Qualitätsanspruch, Expansionsdrang und Organisationstalent zusammenfielen, kristallisierte sich in nuce bereits die Produktionsstruktur des großen Filmkonzerns heraus. In Deutschland erfüllte der ingeniöse Geschäftsmann und Erfinder Oskar Messter eben diese Bedingungen; in den entscheidenden zwei Jahrzehnten zwischen 1896 und 1917 setzte er Maßstäbe für die Herausbildung einer modernen Filmindustrie: mit dem Ergebnis, daß sein Lebenswerk den Ufa-Gründern als reife Frucht in die Hände fiel. Messter machte von Anfang an beträchtliche finanzielle Gewinne, eine günstige Voraussetzung, die seinen dynamischen Erfindergeist anspornte und ihn zugleich unter Erfolgszwang stellte. Kaum war der erste in Serienfabrikation hergestellte Projektor auf dem deutschen Markt, ging er an die Konstruktion einer – im Vergleich zu den ersten Geräten – praktischer und schneller funktionierenden Kamera mit auswechselbaren Objektiven; für das belichtete Material baute er verbesserte Entwicklungs- und Kopiervorrichtungen; um die Kosten für den Ankauf der marktbeherrschenden Edison- und Pathé-Filme zu sparen, wurde er Filmproduzent, und weil er seine Ware in die Kinos bringen mußte, etablierte er konsequenterweise seinen eigenen Vertrieb. Schon 1896 war Messter Kinobesit-

Oskar Messter (hoch zu Roß), 1914

In Messters Atelier

zer und betrieb als sein eigener Reklamefachmann mit illustrierten Handzetteln eine moderne, der Entwicklung vorauseilende Theaterwerbung. Um die Jahrhundertwende war in Messters Projektions-GmbH der »vertikale« Konzern mit seinen vielfältigen Operationsfeldern bereits vorgeformt: ein Miniatur-Imperium mit vorbildlich arbeitendem, harmonisch ineinandergreifendem Räderwerk.

Messter hat nicht – wie die Literatur vielfach behauptet – das Malteserkreuz »erfunden« – dies dementiert er selbst in seiner Autobiographie.[13] Aber er hat den Mechanismus dieses Transporträdchens perfektioniert und so den Absatz seiner in Serie hergestellten Projektoren wesentlich gefördert. Ebenso war das im September 1896 von Messter übernommene Theater Unter den Linden wahrscheinlich nicht das erste ortsfeste deutsche Kino – mit Sicherheit aber das erste unter professioneller Leitung und mit solider technischer Ausstattung. Unbestritten ist, daß Messter schon im November 1896 in der Friedrichstraße das erste deutsche Kunstlicht-Atelier eingerichtet hat, die Keimzelle des späteren Berliner »Filmviertels«; es folgte ein Glasatelier in der Blücherstraße mit einer Schwebebühne, die während der Aufnahme die Kamera und die szenischen Objekte in Bewegung setzen konnte – und es folgte schließlich das Literaria-Atelier in Berlin-Tempelhof, zuvor im Besitz von Pathé Frères, das wenig später, im vierten Kriegsjahr, von der Ufa übernommen wird.

Aktualitätenschau

Schon zwanzig Jahre vor der Ufa hatte Messter die erste Filmwochenschau, genauer: die ersten wochenschauähnlichen Reportagen produziert und jenen »bunten Wechsel« von Naturkatastrophen und Haupt- und Staatsaktion erprobt, der später zum Kernstück des Aktualitätenkinos wurde. Hatte seine erste Reportage eine Überschwemmung in Schlesien Anfang 1897 dokumentiert, so folgte im März ein Filmbericht über die Feierlichkeiten zum 100. Geburtstag von Kaiser Wilhelm I. Und kein anderer als Carl Froelich, der noch bis in die fünfziger Jahre hinein die politischen Katastrophen des Jahrhunderts mit einer Vielzahl konformistischer Unterhaltungsfilme und Lustspiele begleiten wird, drehte 1908 erstmals die Folgen einer großen Verkehrskatastrophe, einer Hochbahnkollision am Berliner Gleisdreieck, für Messters Aktualitätenschau.

Mit der Filmberichterstattung von allen Fronten beauftragt, verwandelte Oskar Messter seine Aktualitäten im September 1914 zur »Messter-Woche«: zu einer modernen Wochenschau. Auch sein Kopierwerk lief während des Krieges auf Hochtouren; allein in den Jahren 1916 und 1917 verarbeitete es viereinhalb Millionen Meter Film. Als kriegswichtige Leistung erwies sich Messters Erfindung einer vollautomatischen Flugzeugkamera. »Bei der Konstruktion dieses Gerätes, das von Messter als ›Reihenbildner‹ bezeichnet wurde, war die Benutzung von Filmbändern an Stelle der bisher in Fliegerkameras ausschließlich benutzten Glasplatten eine für Messter selbstverständliche Voraussetzung.«[14] Die Luftfahrt, so Paul Virilio, wurde »zu einer Sehweise oder vielmehr zum eigentlichen Mittel des Sehens überhaupt«.[15]

Hier, im Schnittpunkt von Krieg, Industrie und moderner »Massenkommunikation«, in den Ansätzen einer aus dem Authentizitätsanspruch neuzeitlicher

Techniken und aus Katastrophenahnungen hervorgetriebenen neuen »Sehweise« liegen die von der Epoche diktierten, in ihrem Kern kulturrevolutionären Ursprünge des Films. Ein ahnungsvolles Erschauern vor den Tiefendimensionen des Mediums artikulierte eine merkwürdige Aktennotiz, die ein Dr. Duisberg, Attaché an der deutschen Gesandtschaft in Kristiania, 1917 an das Auswärtige Amt schickte: »Und seien wir auf der Hut, es ist durchaus keine phantastische Idee, daß der Film von nun an in den Händen von Umstürzlern Revolutionen zu inscenieren vermag. (...) Eine neue Machthabe ist dem Menschen gegeben, fortan Chaos zu gebären oder neue Welten wachzurufen.«[16] In der »anarchischen« Periode der Filmindustrie war diese Affinität zum Chaos, zu neuen Phantasieräumen sehr lebendig; sie löste, je nach dem gesellschaftlichen Standort, Faszination oder Angstgefühle aus. Mit Messter – weniger in seiner Person als in seinen Produktionsbedingungen und seiner Einstellung zum Metier – meldeten die ungezähmten Elemente des frühen Kinos noch ihre Rechte an, und auch im zwiespältigen Wesen der Ufa lebten sie fort.

Europäisches Vorspiel

Der Krieg auf den internationalen Film- und Kinomärkten vor 1914 wies gegenüber den politischen und militärischen Frontlinien einige nicht unwesentliche Abweichungen auf. Die führende Stellung der französischen Firmen wurde zunächst nur von England, wenige Jahre später aber – und nachhaltiger – von den USA, von Italien und ausgerechnet vom kleinen Dänemark bedroht. Der Weltkrieg veränderte diese Situation, aber erst die Ufa-Gründung wurde aus deutscher Sicht zur durchschlagenden Antwort auf eine mit tiefen Minderwertigkeitsgefühlen empfundene nationale Misere.

Um ihre Vormachtstellung zu sichern, verfielen die Pathé-Direktoren auf eine Idee, die den Prozeß der Konzernbildung erheblich beschleunigen und das gesamte Kinogeschäft modernisieren sollte: sie stellten den bisher praktizierten Verkauf der Filmkopien an die Kinobesitzer ein und beschlossen, den Vertrieb über Verleihgesellschaften zu organisieren, die sie mit Monopolrechten ausgestattet hatten. Die Ufa-Gründung führte neue Größenordnungen, auch neue Denkweisen in die Branche ein – strukturell aber wurde sie durch die einschneidenden monopolwirtschaftlichen Maßnahmen vor allem von Pathé vorbereitet.

Im Kampf um die Gunst des Publikums entwickelte schon das frühe Kino jene Doppelnatur, die für seine weitere Entfaltung und letztlich für sein kulturelles Schicksal im Jahrhundert der Massenmedien bestimmend wurde. In seinen Ursprüngen ein Reflex der spontanen, vulgären, »geschmacklosen« und anarchischen Bedürfnisse der Massen und vor allem des Proletariats, verlangte es doch sehr bald nach dem Zuspruch auch der gebildeten Schichten, ersehnte es seine Bestätigung durch den kulturellen und ästhetischen Kanon des Bürgertums.

In den frühen Jahren des Kinos waren es elementare ökonomische Zwänge, die eine kulturelle Orientierung auf den bildungsbürgerlichen Geschmack verlangten und, in Frankreich, so ambitionierte, aber auch zwiespältige Entwicklungen wie den »Film d'Art« zur Folge hatten: mit seiner mechanischen Adaption der starren, von der Comédie Française gehüteten Theatertraditionen.

Den Durchbruch des italienischen Films zur Anerkennung durch die kulturbewußte Oberschicht förderte bereits der Krieg, genauer: die kriegerisch-imperialistische Stimmung, die, ausgelöst durch die italienischen Annexionen in Nordafrika und den Feldzug gegen die Türkei 1911/12, das Land in einen patriotischen Taumel versetzte. Ein Jahrzehnt vor Fritz Langs *Die Nibelungen* (1924) exerzierten die italienischen Großproduzenten Cines und Itala-Turin massenwirksame politische Propaganda im Format des historischen Monumentalfilms vor.

Zum europäischen Vorspiel der Ufa-Gründung gehörten auch die Aktivitäten der dänischen Nordisk Films Kompagni, die, 1906 mit Hilfe vorwiegend deutscher Banken gegründet, elf Jahre später – abermals unter der Federführung deutscher Bankiers – zu großen Teilen dem entstehenden Ufa-Imperium einverleibt wurde. Zunächst aber schwärmte die Nordisk erfolgreich auf die mitteleuropäischen Märkte aus. In seinem kleinen Land setzte der Pionier der dänischen Filmindustrie, Ole Olsen, intuitiv auf den großen, sich sprunghaft erweiternden Export. Im Jahre 1913 – berichtet der Filmhistoriker Toeplitz[17] – wurden allein in Berlin anderthalb Millionen Kronen eingespielt – mehr, als das Gründungskapital der Nordisk betragen hatte. Mit Gespür für Qualität setzte die Gesellschaft auf ihre begabten Regisseure, allen voran Urban Gad und Viggo Larsen; beide werden während des Krieges in Berliner Ateliers arbeiten. Urban Gad – schon 1912 in Deutschland beschäftigt, Regisseur der Asta Nielsen-Filme für Paul Davidsons Projektions AG Union – war auch einer der ersten Theoretiker der Filmgeschichte – sein Konzept vom Kino als Traumvehikel mit Niveau, das die Menschen aus der grauen Monotonie ihres Alltags in Paradiese ungetrübten Glücks und exotischer Sinnenfreuden entführen solle, wurde zum Bestandteil der Illusionsstrategie der Ufa und aller anderen großen Filmfabriken.[18]

Amerikanisches Abenteuer

Der vergleichende Blick auf das Ausland zeigt, daß es zur Entstehungs- und Entwicklungsgeschichte des deutschen Konzerns in der internationalen Filmindustrie keine Parallele gab. Während die zentralen Produktionsstätten vor allem Frankreichs und Italiens noch in Friedenszeiten ihre führende Position erobern und ausbauen konnten, ist die Ufa-Gründung ein Ergebnis des für Deutschland katastrophalen Kriegsverlaufs – eines jener militärpolitischen Experimente, mit deren Hilfe die Oberste Heeresleitung in ihrer Realitätsblindheit hoffte, das Steuer noch einmal herumreißen zu können. Und während Pathé und Gaumont, die Cines in Rom und die Itala in Turin im rabiaten Konkurrenzkampf, also »naturwüchsig« expansiv und mit dem Elan resoluter Industriepioniere ausgestattet, ihre Machtstellung und ihren Einfluß errungen haben, erfolgte die erste Zusammenfassung aller Energien in der deutschen Filmproduktion – wie noch zu zeigen sein wird – mit Unterstützung der Geheimdiplomatie und als Komplott von in Bedrängnis geratenen Bürokraten, Militärs und Finanzmagnaten.

Als unüberbrückbar erweist sich dieser Unterschied, betrachtet man das Beispiel der USA. Die amerikanische Filmwirtschaft drängte im ersten Jahrzehnt des neuen Jahrhunderts »in einem Zustand der Rechtlosigkeit, der an die Themen vieler Szenarien erinnerte«[19], an die Macht: in einer Situation, in der zwei führende Gesellschaften, die Biograph und die Vitagraph, nicht nur untereinander um die Marktanteile stritten, sondern auch den noch unbegrenzten Import europäischer Filme abzuwehren und Heerscharen von Plagiatoren und profitgierigen Abenteurern in allen Sparten der Filmbranche zu bekämpfen hatten. »Auf der Leinwand wie im Leben herrschten Korruption, Betrug, Diebstahl und nicht selten auch blutige Verbrechen.«[20] Amerikas Filmindustrie wuchs unter Mafia-Bedingungen und in einem Goldrush-Klima heran – durchaus günstige Voraussetzungen für die Entfaltung einer aggressiven, vielfältigen, realitätshungrigen und phantasiebesessenen Filmkultur. Der Versuch der Marktführer im Jahre 1908, mit Hilfe der Motion Picture Patents Company das Chaos über Regelungen in der Patentfrage zu strukturieren, war nur eine Fortsetzung des kompromißlosen Wettbewerbs unter dem Dach eines Trusts und auf höherem organisatorischen Niveau. Eastman Kodak Co. wurde verpflichtet, nur den Mitgliedern des Patentabkommens – Edison, Biograph, Vitagraph und vier weiteren Gesellschaften – Rohfilm zu liefern; alle Produzenten, Verleiher und Theaterbesitzer außerhalb des Trusts hatten Lizenzen zu entrichten. Eine Politik, die zumal bei den Verleihern auf Widerstand stieß und schließlich an den Anti-Trust-Gesetzen scheiterte – aber auch an den »Independents«, den unabhängigen Produzenten, die dank ihrer besseren Kenntnis der Stimmungen und Präferenzen im Millionenpublikum die interessanteren, phantasievolleren und letztlich erfolgreicheren Filme machten.

Unter Bedingungen erbitterter Konkurrenz und gnadenloser Ausbeutung entstand schließlich in den Jahren 1912 bis 1915 als Spielwiese der in New York residierenden Produzenten und als Naturlicht-Atelier zwischen Wüste und Pazifischem Ozean jenes Produktions-Babylon, das Max Weinheber ein »Wartezimmer des Elends« und Arnold Höllriegel eine »reiche, saubere, schlagsahnensüße, photographierschöne, seelenlose Stadt«[21] genannt hat: Hollywood.

Eine Montage-Zeit: in Amerika gebärdete sie sich eruptiv und gewalttätig; ihre krassen Verwerfungen und grellen Dissonanzen prägten die Alltagskultur der millionenfach ins Land geströmten Immigranten, des Proletariats und Subproletariats, aus deren Lebensrhythmus die »Nickelodeons« mit ihren geträumten Wirklichkeiten und wirklichen Alpträumen nicht mehr fortzudenken waren. 60000 Kinos gab es 1913 weltweit, und 75000 Menschen waren allein im Theatersektor beschäftigt. 15700 ortsfeste Kinos wurden in Amerika gezählt, 2900 im Deutschen Reich – wo täglich fast anderthalb Millionen Besucher sich von den lebenden Bildern in Bann schlagen ließen.[22]

Deutsche Ordnungsrufe

In keinem anderen Land der Welt wurde die Kinematographie so dramatisch als »Volksgefahr« und Symptom des allgemeinen Sittenverfalls gegeißelt, dachten andererseits wohlmeinende Reformer und Kustoden des guten Geschmacks so leidenschaftlich über die Zähmung und bildungsbürgerliche Nobilitierung des neuen Mediums nach wie in Deutschland. Schon 1910, fast fünf Jahrzehnte vor den Feldzügen der »Aktion Saubere Leinwand« in der Bundesrepublik, erfaßten kirchliche Beobachter mit statistischer Akribie die von der Filmindustrie zu verantwortenden Verstöße gegen Zucht und Ordnung; in 250 Filmen registrierten sie nicht weniger als 97 Morde, 51 Ehebrüche, 19 Verführungen, 35 Betrunkene und 25 Prostituierte.[23] Die Warnungen des Katholischen Lehrerverbandes vor »Schmutz in Wort und Bild«[24] waren ebensowenig wie die mittels Polizeiverordnung des Landespolizeibezirks Berlin im Mai 1906 eingeführte Filmzensur geeignet, die deutsche Filmwirtschaft vor dem Krieg aus ihrem Schattendasein zu befreien, und auch der Entwicklung einer kulturtheoretischen Reflexion des Kinos und seines psychologischen und ästhetischen Potentials waren sie eher hinderlich. Auf die Kinobegeisterung vor allem der großstädtischen Massen hatten zwar weder die Bannsprüche von Kirche und Staat noch die Reformbewegungen der Akademiker einen wesentlichen Einfluß – aber sie waren bezeichnend für ein kulturelles und kulturpolitisches Klima, das die Ufa-Gründung vorbelastet hat. Nur während einer relativ kurzen Zeitspanne in der Weimarer Republik wird sich die Programmpolitik der Ufa aus jenem Netz einengender inhaltlicher Vorgaben, Richtlinien und Zensurbeschränkungen emanzipieren können, das die Entwicklung einer international konkurrenzfähigen Filmindustrie in Deutschland so erschwert hat.

Die deutschen Produktionsfirmen der Vor-Ufa-Zeit – darunter Vitascope, Messter, Deutsche Bioscop und Münchner Kunstfilm – verhielten sich gegenüber den Ordnungsrufen des wilhelminischen Obrigkeitsstaats eher störrisch, zumindest gleichgültig. Vaterländische Auftragsproduktionen wie *Bunte Bilder von der Deutschen Flotte* (1909) oder der erste U-Boot-Film *Pro Patria* (1910) blieben in der Minderheit. In einer Zeit, in der Karl Brunner, Preußens oberster Zensurbeamter, mit seiner im Verlag des Vaterländischen Schriftenverbandes erschienenen Polemik »Der Kinematograph von heute – eine Volksgefahr« die Diktion der herrschenden Kreise bestimmte, in der – wenn auch vergeblich – der Deutsche Bühnenverein gegen die mit dem Film liebäugelnden Theaterschauspieler mobilisierte und in der selbst Kurt Tucholsky – »Hier gibt es keinen Kompromiß. Hier Kunst! Hier Kino!«[25] – für eine strenge Filmzensur eintrat: in dieser Zeit bestanden die deutschen Filmproduzenten mit bemerkenswerter Hartnäckigkeit auf ihrem Grundrecht, Geschmacksgrenzen zu überschreiten und Gefühle zu verletzen, und es fehlte ihnen auch nicht an Gespür für Quertreibereien wider den Zeitgeist, für die kuriosen oder abgründigen Irregularitäten der Epoche.

So wurde der Streich des Schusters Wilhelm Voigt gegen die Hauptwache von Köpenick 1906, im Jahr des Geschehens, gleich dreimal »verfilmt«, bevor Richard Oswald viele Jahre später, 1931, mit *Der Hauptmann von Köpenick* seine erfolgreiche Filmversion des Theaterstücks von Zuckmayer folgen ließ. Und die Berliner Continental-Kunstfilm bewies nicht nur Sinn für Aktualität, sondern auch Empfänglichkeit für das zeitgemäße, bewußt oder unbewußt mit dem Untergang kokettierende Katastrophenfieber, als sie nur vier Monate nach dem »Titanic«-Unglück 1912 mit dem Film *In Nacht und Eis* ein »lebenswahr nach authentischen Berichten gestelltes Seedrama« in die Kinos brachte. Schließlich – noch vor dem Krieg wurde mit der Erstverfilmung exzellenter Kinostoffe späteren Welterfolgen der Ufa das Terrain bereitet: dem Film *Der Eid des Stephan Huller*, 1912 von Viggo Larsen nach Felix Hollaenders gleichnamigem Roman für die Vitascope gedreht, wird 1925 Ewald André Duponts *Varieté* folgen.

Paul Davidson

Ein wichtiger Wegbereiter der Ufa war Paul Davidson, der erste deutsche Filmunternehmer, der sich entschlossen auf einen Pakt mit dem Finanzkapital einließ: 1906 Begründer der Allgemeinen Kinematographischen Theatergesellschaft in Frankfurt/Main, aus der die erste Kinokette in Deutschland hervorging; 1908 Besitzer des größten deutschen Filmpalastes, des Union Theaters (U. T.) am Berliner Alexanderplatz; 1909 Generaldirektor der Projektions AG Union (PAGU), die ihre frühen Filme auf dem Dach ihres Bürohauses in der Frankfurter Kaiserstraße produzierte. 1912 verdoppelte die Union, die erste Aktiengesellschaft der deutschen Filmindustrie, ihr Stammkapital von 500000 Goldmark, verlegte ihren Sitz nach Berlin, errichtete ihre Produktionsstätten in Tempelhof und nahm den Verleihbetrieb auf. Die Tempelhofer Filmfabrik wird, wie die Glashäuser Oskar Messters, fünf Jahre später ein Teil des Ufa-Imperiums sein, und der ostpreußische Kaufmannssohn Paul Davidson, der als Gardinenreisender begann und in Paris als Besucher eines »magischen Theaters« sich für das Schaugewerbe begeisterte, wird in seiner zentralen Leitung sitzen.

1913

1913, im letzten Vorkriegsjahr, produzierten die deutschen Firmen 353 Filme, eine Rekordzahl – und eine zehnfache Steigerung der Produktion von 1910.[26] Der berühmte Reinhardt-Schauspieler Albert Bassermann hatte sich für den Film entschieden und drehte unter der Regie von Max Mack für die Vitascope den Film *Der Andere*, der nach dem Vorbild des »Film d'Art« das literarisch gebildete Publikum an das Kino heranführen sollte. Die Haltung vieler Schauspieler, die sich zu dieser Zeit für das Kino zu interessieren begannen, dabei aber noch gegen ihre eigenen bildungsbürgerlichen Vorurteile und gegen die Gängelungen durch den konservativen Bühnenverein kämpfen mußten, drückte Emil Jannings so aus: »Das Filmen machte auf mich einen sehr merkwürdigen Eindruck. So oberflächlich die ganze Sache war, ich fand, daß nichts dagegen sprach, daß eines Tages das Objektiv anständigere Leistungen vollbringen würde. Ich blieb daher wachsam und wartete auf eine Chance. (...) Wenn ich es damals auch noch nicht hätte sagen können, in irgendeinem versteckten Winkel meines Innern spürte ich, daß in der lebenden Photographie ein weltweites und künstlerisches Problem steckte.«[27]

In den Ateliers der Deutschen Bioscop, der Urzelle der späteren Ufa-Stadt Neubabelsberg, stellte Paul Wegener, der erste moderne deutsche Filmschauspieler, mit dem dänischen Regisseur Stellan Rye und dem Kameramann Guido Seeber nach einem Buch von Hanns Heinz Ewers den ersten wirklichen »Autorenfilm« her: *Der Student von Prag*. Dieses Werk und Wegeners *Golem* von 1914 ernannte Henri Langlois zu den »Quellen der nationalen deutschen Filmkunst«.[28] Wegener hat mit seinen schauspielerischen Mitteln, mehr noch mit seiner Kamera-Intelligenz und seinem entwickelten Problembewußtsein für die Sinnlichkeit der filmischen Bewegung diesen Anfang möglich gemacht.

1913: Einige dem Neuen gegenüber aufgeschlossene, aber nicht zu jedem Kompromiß bereite Intellektuelle dachten, nun auch in Deutschland, über die künstlerischen Möglichkeiten des Films nach. Ein paar kreative Geschäftsleute hatten mit Einfallsreichtum und immensem Fleiß und gegen die mächtige ausländische Konkurrenz kleine, aber gut funktionierende Produktionsstätten aufgebaut und den lebenswichtigen Distributions- und Theatersektor dabei nicht vernachlässigt. Intelligente Autoren, sensibel und mit »nervösem« Gespür für die Umbrüche der Zeit, hatten begonnen, für den Film zu schreiben. An den Boulevards der Reichshauptstadt warteten funkelnagelneue »Lichtspielhäuser«, Paläste mit exotisch stilisierten Fassaden, auf das große Publikum. Alles drängte nach »organischer« kapitalistischer Zusammenfassung, nach einer Verbindung von Kommerzialität und Phantasie. Viele Kräfte standen bereit, um eine gesell-

Der Student von Prag: Paul Wegener (r.)

schaftlich, ökonomisch und künstlerisch vielversprechende Entwicklung einzuleiten. Statt dessen kam der Krieg, und als die maßgeblichen Förderer der deutschen Filmkultur traten das Königlich-Preußische Kriegsministerium und die Oberste Heeresleitung auf den Plan.

Ein Platz an der Sonne

»Am 1. August plötzlich Stillstand, als ob alles versinken müßte«[29] – so empfand der »Kinematograph« rückblickend die Situation auf Deutschlands Kinoleinwänden in den Tagen des Kriegsausbruchs. Produzenten, Verleiher, Theaterbesitzer und Publikum stürzten in ein Vakuum. Von heute auf morgen war dem Import aus Frankreich, dem wichtigsten europäischen Filmland, ein Riegel vorgeschoben. Schmerzlich vermißt wurden vor allem aktuelle Bilder von den Fronten: während die Mehrheit der Bevölkerung, erfaßt vom Taumel »dieser gewaltigen historischen Tage«[30], auf Nachrichten und anschauliche Beweise für schnelle deutsche Siege wartete, verhielt sich die Kinematographie erstaunlich unangemessen. Weder technisch noch politisch noch psychologisch auf ihre Aufgabe im »Völkerringen« vorbereitet, harrte sie der Anweisungen eines in Filmfragen unerfahrenen und vollständig überforderten Propagandaapparats.

An der Heimatfront entwarfen Militärs und Zivilisten fieberhaft Konzepte für eine Zentralisierung der Kriegspropaganda im Sinne des wilhelminischen Patriotismus – offenbar in der Erwartung, die gesamte Filmbranche werde sich mehr oder weniger freiwillig unter die Kuratel staatlicher Kommandostellen begeben. Es lief nicht ohne Drohungen und Erpressungen ab. So plante Ministerialdirektor Deutelmoser, seit November 1916 Chef der Nachrichtenabteilung im Auswärtigen Amt, alle Kinos, die sich patriotischen Filmen gegenüber verweigerten, »als im vaterländischen Sinne nicht notwendig«[31] kurzerhand zu schließen. Mehrfach wurde den Theaterbesitzern mit dem Entzug von Kohle und Strom gedroht für den Fall, daß sie sich nicht »wirklich rückhaltlos in den Dienst der vaterländischen Aufklärungsarbeit«[32] stellen würden. Auf der anderen Seite hob man – gerade angesichts eingeschränkter Kohle- und Elektrizitätsversorgung – die Kriegswichtigkeit der Filmtheater hervor. Im November 1917 informierte das Kriegsministerium in Berlin die ihm untergeordneten Reichsbehörden: »Das Lichtspieltheater dient neben dem Unterhaltungszweck der Förderung vaterländischer Gesinnung und der Veranschaulichung der Kriegsführung zu Lande, Wasser und in der Luft.«[33]

Es ist für die Entwicklung der Filmindustrie in Deutschland im allgemeinen und für die Geschichte der Ufa im besonderen nicht ohne Bedeutung, daß maßgebliche Industrielle, die sich aus geschäftlichen Gründen schon früh für den Film interessierten, den radikal-konservativen Alldeutschen oder ihnen nahestehenden Gruppierungen angehörten: jenem Lager also, das für einen bedingungslosen Sieg- und Annexionsfrieden eintrat. Reichskanzler Bethmann-Hollweg kritisierte im Dezember 1915 die »gewissenlosen parvenühaften Treibereien der augenmaßlosen Alldeutschen« und die »maßlosen Annexionspläne der Schwerindustrie und der ihr angeschlossenen rechtsstehenden Parteien«[34] – er meinte damit jene rheinisch-westfälischen Industriekreise, in denen Alfred Hugenberg und Hugo Stinnes den Ton angaben. Unter ihrem Einfluß agierte während des Krieges ein Mann, der später in einer entscheidenden Phase als Generaldirektor der Ufa deutsche Filmgeschichte gestalten wird: Ludwig Klitzsch. Schon 1912, als junger Werbefachmann im Dienst des Verlegers Siegfried Weber und seiner (Leipziger) »Illustrirten Zeitung«, hatte Klitzsch, beeindruckt von den Werbemöglichkeiten des Films, Vorschläge für eine »umfassende Kultur- und Wirtschaftspropaganda«[35] mit Hilfe des neuen Mediums ausgearbeitet. Vor allem hatte er sehr früh gelernt, zentralistisch zu denken und im Sinne einer nationalen Zusammenfassung der vorhandenen Kräfte den Zersplitterungen in der Film- und Kinobranche entgegenzuwirken. Einschlägige Thesen trug Klitzsch vor mehr als 120 führenden Persönlichkeiten aus Wirtschaft, Industrie und Handel vor, die daraufhin einen »Ausschuß zum Studium der Frage einer deutschen Film- und Lichtbilder-Vortragspropaganda im Ausland« einsetzten – am 24. Juli 1914, acht Tage vor Kriegsausbruch; offensichtlich wähnten die Herren die Welt und ihre Umstände noch in bester Ordnung.

Knapp zwei Jahre später, im April 1916, trat dieser Ausschuß unter Kriegsbedingungen im Berliner Hotel Kaiserhof abermals zusammen – und entsprechend militant äußerte sich Klitzsch über das Gebot der Stunde: »Es muß für uns gelten, der Waffenrüstung der Konkurrenz nicht nur eine ebenso starke Wehr entgegenzusetzen, sondern darüber hinaus sich die Waffen zu schmieden, die uns die Benutzung des Platzes an der Sonne und Besitzergreifung von Neuland gestatten.«[36] Es gehe darum, »den schaurigen Schmutz, mit dem uns das Ausland versorgt«[37], auszuschalten; zugleich müsse der Film als allgemeinverständliches Kommunikationsmittel bei den halb- oder gar nicht zivilisierten Völkerschaften für Deutschlands Interessen eingesetzt werden. Der Ausschuß beschloß, die Gründung einer nach kaufmännischen Gesichtspunkten arbeitenden Gesellschaft zu empfehlen, der die besondere Förderung des Reiches sowie wirtschaftlicher Zentralstellen und der Schiffahrtslinien zugute kommen solle.

Noch im November 1916 kam es, auf Initiative des Vorsitzenden des Krupp-Verwaltungsrates Alfred Hugenberg, zur Gründung der Deutschen Lichtbild-Gesellschaft e. V. (DLG), deren Satzung kein anderer als Ludwig Klitzsch entworfen hatte.[38] Hugenberg hatte Klitzsch zuvor in den Vorstand seiner Deutschen Überseedienst GmbH berufen. Mit der DLG war nun das Instrument geschaffen, mit dessen Hilfe sich der Krupp-Vorsitzende schon während des Krieges in die Filmpolitik einmischen wird.

Kampf um den Balkan

Betrachtet man die Ufa als Kriegsgründung, so drängt sich der Eindruck auf, daß sie aus einer Phase fehlgeschlagener Experimente hervorgegangen ist, aus einer Serie unausgegorener und nur bedingt tauglicher Propagandainitiativen, an denen in den unterschiedlichsten Bereichen des staatlichen Apparats, der militärischen Führung und des privatwirtschaftlichen Sektors mit wechselnder Fortune, in der Regel jedoch erfolglos gewerkelt wurde. Weder die Deutsche Lichtbild-Gesellschaft noch das zu Beginn des vorletzten Kriegsjahrs gegründete Bild- und Filmamt des preußischen Kriegsministeriums waren – ungeachtet der Anstrengungen einzelner und vor allem des aufopferungsvollen Einsatzes vieler Fotografen und Kameraleute an der Front – imstande, die Vielzahl divergierender Kräfte zu bündeln und die Propagandaoffensiven der Ententemächte wirkungsvoll zu erwidern.

Ludwig Klitzsch war zwar im Begriff, die DLG zu einem wirtschaftlich starken nationalen Filmunternehmen auszubauen, seine Aktivitäten wurden indessen als Manöver Hugenbergs und der rheinisch-westfälischen Schwerindustrie durchschaut und riefen »den erbitterten Widerstand anderer deutscher Wirtschaftskapitale (vor allem von seiten der Elektroindustrie, der chemischen Industrie und der Schiffahrt) hervor, die in Konkurrenz zur Schwerindustrie den Balkan und Kleinasien als bevorzugte Rohstoffquellen und Handelsgebiete betrachteten. Die eng mit ihnen verbundene Deutsche Bank führte deshalb eine Kampagne gegen die DLG, die deshalb so erfolgreich sein sollte, weil es gelang, die filmpolitischen Interessen dieser Gruppe mit denen der Obersten Heeresleitung in Einklang zu bringen.«[39]

Diese Analyse des Filmhistorikers Jürgen Spiker legt den Schluß nahe, die mit der Schwerindustrie konkurrierende Kapitalfraktion sei der Auffassung gewesen, Hugenberg könne ihnen mit Hilfe der in Kleinasien und auf dem Balkan operierenden DLG ihre Rohstoffquellen und Absatzgebiete abspenstig machen. In der Tat herrschte nicht nur bei den politischen Spitzen, sondern auch in der wirtschaftlichen Elite des wilhelminischen Deutschlands ein bemerkenswert verdinglichtes, instrumentalistisches Verständnis von Konzernen, Wirtschaftszweigen und Einflußzonen vor, das man ohne weiteres auch auf die Filmbranche übertrug. Diese wurde – mitsamt der Vielzahl ihrer Beschäftigten, mit ihren Imponderabilien und ihren so schwer kalkulierbaren Produkten – umstandslos als grenzenlos manipulierbare Masse betrachtet und behandelt. Schon Klitzsch hatte ja davon gesprochen, mit Hilfe des Films für die Deutschen »die Benutzung des Platzes an der Sonne« sicherzustellen. Ähnlich verdinglicht waren auch seine wirkungsästhetischen Vorstellungen, in denen sich nicht nur seine Unkenntnis des Mediums, sondern ein abgründiges kulturelles Mißverständnis niederschlug: »Mit deutschen Industrie-, Kultur- und Verkehrsfilmen allein wird man nie in die Kinotheater des Auslands dringen. Das ist vielmehr einzig und allein durch ausreichende Berücksichtigung des gegenüber deutschen Verhältnissen ins Ungemessene gesteigerten Sensationsbedürfnisses des ausländischen Kinopublikums möglich, indem man den ernsten Kern der deutschen Propagandafilme mit dem üppig wuchernden Beiwerk von Dramen, Lustspielen usw. verbrämt, so daß das ausländische Publikum so lange um der angenehmen Hülle willen den einstweilen noch recht fremd anmutenden Kern aufnimmt, bis es sich an ihn gewöhnt und bis der stete Tropfen den Stein gehöhlt hat.«[40]

Klitzsch verkannte die Kino-Leidenschaft der Massen: er tat sie als »Sensationsbedürfnis« ab, das er einerseits als Köder benutzen, andererseits aber hintergehen und durch propagandistische Bearbeitung aushöhlen wollte. Qualitäten, die das Wesen des Mediums ausmachen – Dramatik, Komik, »üppig wuchernde« Sinnlichkeit –, galten ihm als letztlich überflüssiges »Beiwerk«, mit dem er allenfalls seine eigene Strategie der propagandistischen Zermürbung zu »verbrämen« gedachte: eben darin bestand sein kulturelles Mißverständnis, eben darin äußerte sich seine Unkenntnis des Mediums wie der Massen. Für die spätere Entwicklung der Ufa wird diese im Kern defekte Medientheorie schwerwiegende Folgen haben. Die Nationalsozialisten werden sie sich zu eigen machen, sie werden sie aber auch »verfeinern«, »perfektionieren« – und sie werden es verstehen, der unterdrückten Sinnlichkeit nicht nur einen Spielraum zu gewähren, sondern sie in ihre Strategie der Massenbeeinflussung einzubeziehen. Was sie professionell betreiben werden, mutet bei Klitzsch und den anderen Propagandabeauftragten im Ersten Weltkrieg noch wie grober Dilettantismus an.

Künstler im Krieg

Nur wenige Verantwortliche, wie etwa der Staatsminister a. D. von Hentig, bemühten sich um eine »Veredlung und Förderung des Lichtspielwesens zu gemeinnützigen, vaterländischen Zwecken«[41] und warben um Künstler wie Max Reinhardt und Paul Wegener. Versuche deutscher Intellektueller, unaufgefordert Vorschläge zur Verbesserung der Propaganda im Kriege zu machen, stießen auf Mißtrauen und Ablehnung: so etwa eine Initiative des Bundes deutscher Gelehrter und Künstler im Jahre 1916, die unter anderem von den Schriftstellern Hermann Sudermann und Ludwig Fulda, dem Ethnologen Leo Frobenius sowie von Max Planck und dem AEG-Chef Walther Rathenau vorgetragen wurde. Ihren Vorstellungen zufolge »sollte die Aufklärung nicht durch Behörden erfolgen, sondern durch neutrale Stellen, denen man keine Nebenabsichten unterstellen könne. Die Behördenvertreter waren vermutlich pikiert. Man sah die Vorstellungen des Bundes als eine Spitze an und antwortete entsprechend.«[42]

Der allgemeine, von den deutschen Vertriebsstellen im Ausland immer wieder beklagte Mangel an langen Spielfilmen hatte zur Folge, daß einer der ersten Aufträge, die Ende 1917 an die kurz zuvor gegründete Ufa ergingen, die Herstellung eines »großen Spielfilms zur Aufklärung über deutsche Verhältnisse«[43] zum Ziel hatte; als Autor war Gustav Meyrink, der Dichter des »Golem«, vorgesehen. Ein für den Schriftsteller ausgesprochen günstiger Vertrag wurde im Januar 1918 abgeschlossen – doch die Realisierung des Projekts scheiterte am Gang der Zeitereignisse.

So umfaßt die von Barkhausen zusammengestellte Liste der vom Bild- und Filmamt oder in seinem Auftrag produzierten Streifen (insgesamt 350 Titel) nur vierzehn kurze oder halblange Spielfilme, an denen deutsche Bühnen- und Filmkünstler mitgewirkt haben. Der wichtigste unter ihnen ist *Das Tagebuch des Dr. Hart* (1917) mit Szenen aus der Arbeit der Feldsanitäter, hergestellt von Davidsons Projektions AG Union und inszeniert von Paul Leni, dem späteren Regisseur von *Hintertreppe* (1921) und *Wachsfigurenkabinett* (1924). Die Hauptrollen spielten Heinrich Schroth und Käthe Haack, an der Kamera stand Carl Hoffmann, der später u. a. für Friedrich Wilhelm Murnau arbeiten und zu den bedeutenden Künstlern der Ufa gehören wird.

Der eiserne Film

Die Militarisierung des Kinos ab 1916, die schließlich in der Ufa-Gründung kulminierte, wurde im wesentlichen von einem Mann in Angriff genommen, der später zum Präsidenten des Reichsarchivs aufsteigen sollte; noch 1938, nach seinem Tod, wird der Historiker Friedrich Meinecke seine »geistige Beweglichkeit«, seinen »idealistischen Schwung«, seine »immer rege und doch kritisch sich zügelnde Phantasie« und die »ungewöhnliche Anmut seines Wesens«[44] preisen: Oberstleutnant Hans von Haeften, seit Juli 1916 Chef der Militärischen Dienststelle für Auslandspropaganda im Auswärtigen Amt, Vater des nach dem 20. Juli 1944 erschossenen Stauffenberg-Mitarbeiters Werner Karl von Haeften. Seiner Zuordnung zum Außenministerium ungeachtet war Haeften von Anfang an klar, von welcher Seite er die allein verbindlichen Direktiven erhalten würde: »Der Leiter dieser Stelle ist ein Organ des Chefs des Generalstabes des Feldheeres, von dem er Befehle und Weisungen erhält.«[45] Entsprechend sein Konzept: das bald nach seiner Ernennung gegründete Bild- und Filmamt (Bufa) solle, als staatliches »Machtmittel der Bildpropaganda«, nach dem Krieg in zivile Hände übergehen; im Kriege jedoch sei allein die militärische Organisation erfolgversprechend. »Das Bufa sichert sich nun die Vertriebsmöglichkeiten in den besetzten Gebieten, tritt in eine Abwehrstellung gegen die Deutsche Lichtbild-Gesellschaft, betreut die Frontaufnahmen für die deutschen Wochenschauen, übernimmt seit 1918 die Verteilung des Rohfilmmaterials der Agfa, versieht wöchentlich das Ausland mit Bildern, Karten, Flugschriften, Filmen und ist bemüht, die Zensur aller aus- und einzuführenden Filme bei sich zu vereinigen.«[46]

Die Militarisierung des Kinos schlug sich auch in der Terminologie nieder: dem Bufa unterstanden sieben »Filmtrupps«, deren Offiziere sich »Filmführer« nennen durften; es gab 900 »Frontkinos« in ganz Europa, und es gab »Lichtspieloffiziere«, die für die militärischen Interessen an der Heimatfront zuständig waren. Selbst die Filmkritik bewaffnete sich bis an die Zähne: »Aus der Hölle an der Somme, vom flammenschwangeren Boden des Saint-Pierre-Vast-Waldes holten heldische Operateure deutscher Filmtrupps auf Befehl der Obersten Heeresleitung die erste kinematographische Urkunde dieses grausigen Krieges. Den Stahlhelm auf dem Kopf und die Kamera in der Hand sausten sie auf langen Fahrzeugen der Sturmtruppen auf der Feuerstraße mit hinaus.«[47] So der Kritiker und Bufa-Drehbuchautor Hans Brennert nach der Uraufführung des Films *Unsere Helden an der Somme* im Januar 1917 im Tauentzien-Palast. Der »eiserne Film« (dies der Titel einer anderen Bufa-Produktion) beherrschte die Kinoleinwände und beanspruchte zumindest mit seinem martialischen Gestus, die Sinne und den Verstand des Publikums in die Zange zu nehmen. Die Bufa-Zensoren betätigten sich auch als Kunstrichter und Experten der Filmdramaturgie, die sich ohne weitere Umstände des zeitgemäß schnarrenden Kommandotons bedienten:

»Durch einen von dem Königlichen Oberkommando mitgeteilten Erlaß des Herrn Kriegsministers ist angeordnet worden, daß alle Filme, die infolge ihrer Oberflächlichkeit und Seichtheit in die jetzige ernste Zeit nicht hineinpassen, in den kinematographischen Theatern nicht vorgeführt werden sollen. (...) Empfohlen wird dagegen die Vorführung gediegener Bilder ernsten Charakters, die geeignet sind, Vaterlandsliebe und gute Sitten zu erhalten und zu fördern. Nichtbeachtung der Anordnung kann zu Zwangsmaßnahmen, letzten Endes zu einer Schließung des Lichtspieltheaters führen.«[48]

Gediegene Bilder ernsten Charakters: dahinter stehen die deutschen Zwangsvorstellungen von Tragik, Tod, Zerstörung und Selbstzerstörung. Auf der anderen Seite das Kino: Schund und Hintertreppe, die Dirnen und Verbrecher, der

Humor und die sinnlosen Tollheiten. Dazwischen liegt eine unüberbrückbare Kluft. In der Ufa werden beide Tendenzen verkörpert sein und immer wieder problematische Verschmelzungen bilden, nie jedoch zu einer organischen Synthese gelangen.

Bufa contra DLG

Die Ufa-Gründung war, mittelbar, ein Ergebnis der unproduktiven, sich stetig verschärfenden Rivalität zwischen dem Bild- und Filmamt und der Deutschen Lichtbild-Gesellschaft, in der inzwischen Alfred Hugenberg – als Mitglied des Verwaltungsrats ein überaus geschickter Drahtzieher im Hintergrund – die Schlüsselpositionen fast ausschließlich Vertretern der Schwerindustrie in die Hände gespielt hatte. (Da Hugenberg 1916 auch den Zeitungskonzern von August Scherl unter seine Kontrolle gebracht hatte, kann man seine Medienpolitik im Ersten Weltkrieg ohne weiteres als Vorstufe und Übungsfeld für seine Machtergreifung in der Ufa Ende der zwanziger Jahre werten.)

Ludwig Klitzsch entwickelte für die Inlandsarbeit der DLG Richtlinien zur Produktion dokumentarischer, »belehrender« und »bildender« Filme, deren Konturen bereits das spätere Kulturfilmprogramm der Ufa vorwegnahmen: zu filmen seien »Deutschlands Landschaften, historische Stätten, Heilquellen und Erholungsorte«, ferner »die Leistungen deutscher Technik« und die »hygienischen und sozialen Maßnahmen unserer Großbetriebe«[49] – ein Programm, das nur teilweise verwirklicht werden konnte. Mit dem Verdikt des Bild- und Filmamtes, die DLG sei lediglich »ein auf Erwerb gerichtetes Privatunternehmen«[50], brach offener Streit aus; das Bufa unterstrich seinen Anspruch, die »alleinige Zentralstelle für Aufklärung mit Bild und Film« zu sein. Hans von Haeften spitzte die Auseinandersetzung auf die Frage zu, ob der Staat oder die Schwerindustrie die Propagandaarbeit in die Hand nehmen solle, und er bat das Außenministerium um Amtshilfe bei der Überwachung der DLG-Aktivitäten im Balkan und im Nahen Osten. Von der Gegenseite lancierte Gerüchte, das Bufa betreibe die Verstaatlichung der gesamten Filmwirtschaft, führten zu entsprechenden Anfragen im Reichstag. Mit Haeftens Vorwurf Anfang Juni 1917, die DLG sei »brutal, leiste nichts, sammle unter Vorspiegelung idealer Bestrebungen fortwährend Gelder und Organisationen«[51], erreichte der Streit, in den inzwischen auch Generalquartiermeister Ludendorff hineingezogen worden war, seinen Höhepunkt.

Das Bufa war formell der Obersten Heeresleitung und der Militärischen Stelle des Auswärtigen Amtes zugeordnet, wurde jedoch überwiegend aus dem Propagandafonds der Militärführung finanziert. Zudem bekleidete Haeften zwar eine Stelle im Auswärtigen Amt, war jedoch vom Scheitel bis zur Sohle ein Mann Ludendorffs. Vor dem Hintergrund der Militarisierung des Zivillebens und der Vormachtstellung der OHL in den letzten Kriegsjahren – Ludendorff galt längst als Deutschlands »heimlicher Diktator« – waren damit die Weichen gestellt. Ein Vortrag Haeftens beim Generalquartiermeister gab den Ausschlag. Seine These, mit der Deutschen Lichtbild-Gesellschaft liege die Propaganda für Deutschland in den Händen der Schwerindustrie, verfehlte bei dem allen Zivilisten gegenüber mißtrauisch eingestellten Kriegsherrn nicht ihre Wirkung. Die

Schlußfolgerung, es müsse eine Privatfirma geben, »auf welche das Reich Einfluß habe«[52], brachte den Stein ins Rollen. Ludendorff schrieb am 4. Juli 1917 jenen historischen Brief ans Kriegsministerium, den die Filmgeschichte zur »Geburtsurkunde der Ufa« erklärt hat, aber Oberstleutnant Hans von Haeften hatte das Terrain vorbereitet.

Eine wirkungsvolle Waffe

Ganz offensichtlich war Erich Ludendorff, Erster Generalquartiermeister beim Chef des Generalstabs des Feldheeres, von seinen analytischen Gaben unerschütterlich überzeugt, als er an das Königliche Kriegsministerium in Berlin schrieb, es sei »für einen glücklichen Abschluß des Krieges unbedingt erforderlich, daß der Film überall da, wo die deutsche Einwirkung noch möglich ist, mit dem höchsten Nachdruck wirkt«.[53]

Sehr schnell gelangt der General an eine Kernfrage: im neutralen Ausland stören ihn die Aktivitäten der dänischen Nordisk Films Kompagni – sie könne durch feindseliges Verhalten den deutschen Interessen großen Schaden zufügen. Von Bedeutung sei sie andererseits, weil sie in der Lage sei, ihre Filme nach Rußland zu bringen. »Was dieser Einfluß, sofern er in deutschfreundlichem Sinne durchgeführt wird, bedeuten kann, läßt sich bei der leichtbeweglichen Volksstimmung, die augenblicklich in Rußland herrscht, kaum abwägen.« Gewöhnt zu kommandieren (ein Einfluß wird nicht ausgeübt, sondern »durchgeführt« wie ein Befehl) projiziert Ludendorff nach einem simplen Übertragungsschema das Denkmodell, das im März 1918 zum Frieden von Brest-Litowsk führen wird, auf die Propaganda, die der »leichtbeweglichen«, in Wirklichkeit krisenhaft-revolutionär aufgewühlten Volksstimmung in Rußland offenbar insinuieren soll, die deutschen Zielvorstellungen seien die geeignete Lösung für alle inneren und äußeren Probleme Rußlands.

Ludendorff denkt dabei, noch im Sommer 1917, an nichts anderes als an den von ihm selbst und allen konservativen Kräften propagierten Sieg- und Annexionsfrieden, und aus dem Geist des Annexionismus behandelt er auch das Problem der Nordisk: »Das einfache und beste Mittel besteht darin, daß die Hauptanteile der Nordischen Gesellschaft käuflich übernommen werden.« Die deutsche Filmproduktion sei so zu vereinheitlichen, »daß sie der Nordischen als eine geschlossene Vertragsmacht entgegentritt«.

Ohne Umschweife betrachtet der Kriegsherr die Filmindustrie als »wirkungsvolle Kriegswaffe«, die nach strategischen Gesichtspunkten und unter Ausnutzung ihrer gesamten kompakten Maschinerie gegen die Propagandaanstrengungen der Entente einzusetzen sei. Aber welche Mittel sind dafür aufzuwenden? Ludendorff weiß: um die Macht in einer Firma in der Hand zu haben, bedarf es der absoluten Majorität, nicht aber »des Ankaufs sämtlicher Anteile«. Es muß eingekauft werden, kein Zweifel – »bekannt werden darf aber nicht, daß der Staat der Käufer ist«. Der General empfiehlt, die Transaktion sei »durch eine sehr fachkundige, einflußreiche, erfahrene, zuverlässige und vor allen Dingen der Regierung unbedingt ergebene private Hand (Bankhaus)« in die Wege zu leiten. »Die Unterhändler dürfen in keiner Form wissen, wer der wirkliche Auftraggeber des Beauftragten ist.«

Seinen Brief beschließt Ludendorff mit einer kaufmännischen Kostenkalkulation: für die Nordisk seien etwa 20 Millionen, für die deutschen Filmfirmen 8 Millionen Mark auf den Tisch zu blättern. Eine Kleinigkeit angesichts der 100 Millionen, die allein im letzten Vierteljahr von seiten der Entente für Propagandazwecke, größtenteils für Filmwerbung, bewilligt worden seien. Ludendorffs letzter Satz ist eine Klausel für das Finanzamt: »Ich füge hinzu, daß es sich um werbende Ausgaben handelt.«

Preußischer Kraftakt

Auf den Brief des Generals reagierte das Kriegsministerium zunächst mit großer Zurückhaltung; gleichwohl wurde Hans von Haeften beauftragt, sich mit dem Reichsschatzamt über die Modalitäten des Vorgehens zu verständigen. Nach der Darstellung Karl Demeters ist es Haeften gewesen, der, um Ludendorffs »verheißungsvollen Plan« nicht scheitern zu lassen, sich entschloß, »die privatwirtschaftliche Initiative in den Dienst seiner Sache«[54] zu stellen. Haeften habe Emil Georg von Stauss, den Direktor der Deutschen Bank, in das Vorhaben eingeweiht und ihn für die Mitarbeit gewonnen. Allerdings hatte schon Ludendorff selbst in seinem Brief das Mitwirken einer privaten Hand empfohlen und auf die Banken hingewiesen. Jedenfalls war Stauss für die Einrichtung eines gemischtwirtschaftlichen Unternehmens – mit staatlichen und privaten Anteilen – der richtige Mann.

Nach Hans Traub, dem gewissenhaften, wenn auch einseitig apologetischen Chronisten der Ufa-Geschichte, war es Major Alexander Grau, Leiter des Kriegs-Presseamtes im Kriegsministerium, dem – »in engem Einvernehmen mit von Haeften« – die Durchführung der Ludendorffschen »Anregung« anvertraut wurde und der mit den deutschen Filmfirmen Vorverhandlungen über das ihnen zugedachte Schicksal führte. Auf Schwierigkeiten stieß er im Reichsschatzamt, als es um die Frage der Reichsbeteiligung ging. »Die bürokratischen Hemmungen, die hier vorlagen, ganz zu überwinden, ist nie gelungen. Im Reichsschatzamt standen sich die Strömungen gegenüber, die für und gegen eine Beteiligung waren. (...) Erst als Grau und von Haeften auf die Bereitwilligkeit privater Gelder hinweisen konnten, kam es zu einer halben Bereitwilligkeit. (...) Grau und von Haeften hatten den Staatssekretär Helfferich und den Staatssekretär von Kühlmann für die Idee Ludendorffs gewonnen. Beide standen der Deutschen Bank nahe. Helfferich war ihr Vorstandsmitglied gewesen, Kühlmanns Vater Generaldirektor der von ihr gebauten Anatolischen Eisenbahn. Beide brachten den Gedanken dem Nachfolger Helfferichs im Vorstand der Bank, Emil Georg von Stauss, nahe, der nun den Dingen als Finanzmann Form und Gestalt gab. In einem Beisammensein, das von Haeften vermittelte, konnte von Stauss General Ludendorff einen klaren Plan vorlegen. Die Deutsche Bank schaltete sich zunächst freilich unsichtbar in die Verhandlungen ein, die, bisher nicht genügend kaufmännisch geführt, jetzt besser vorwärtsgingen. An privaten Interessenten waren bisher der Fürst Henkel von Donnersmarck und Robert Bosch gewonnen worden. Beide sahen ihre Beteiligung weniger unter dem Gesichtspunkt rentabler Geldanlage; sie wollten vielmehr einem von ihnen als politisch notwendig erachteten Unternehmen zum Leben verhelfen. Bei der Höhe des schließlich erforderlichen Kapitals durfte man aber nicht übersehen, daß man auch Leute brauchte, die ihr Geld in ein rentables Unternehmen stecken wollten. Kriegsministerium, Reichsschatzamt und Deutsche Bank beraten nunmehr die Durchführung der Ludendorffschen Forderung, das Interesse der Nordischen Filmgesellschaft am deutschen Filmmarkt dadurch zu nützen, daß man unmittelbaren Einfluß auf sie gewinnt, und sich maßgebend an den wichtigsten deutschen Filmfabriken beteiligt.«[55]

Die Reichsbeteiligung wurde auf sieben Millionen festgesetzt; die Deutsche Bank und zwei private Bankhäuser zeichneten als Treuhänder. Auf Vorschlag Ludendorffs wurde Stauss der Vorsitz im Aufsichtsrat angetragen, und gleichfalls auf Initiative des Generals trat Major Grau in den Vorstand der zu gründenden Firma ein. Privater und staatlicher Einfluß sollten sich die Waage halten – und unter den staatlichen Repräsentanten machte der Kriegsherr wiederum feinsinnige Unterschiede zwischen Zivilisten und Militärs.

Aus dem historischen Abstand verdient die Gründungsgeschichte der Ufa unter zwei Gesichtspunkten Aufmerksamkeit. Zum einen zeigt sie die erstaunliche Kreativität einer politisch-ökonomisch-militärischen Machtelite, die in krisenhafter Zeit imstande war, eine kulturelle Produktionsstätte aus dem Boden zu stampfen, deren Größenordnung kein historisches Vorbild hatte. Zum anderen wird das Ausmaß gravierender Fehleinschätzungen deutlich, denen die militärischen und zivilen Planungsstäbe im Zusammenhang mit der Ufa-Gründung erlagen. Ironischerweise machten jedoch gerade die Fehleinschätzungen die verblüffende Kräftekonzentration erst möglich: wenn Geschichtsblindheit und Naivität die Kommandogewalt innehaben, können sie Berge versetzen – auf die Gefahr hin allerdings, daß sich die Landschaft, einmal in Bewegung geraten, in einer ganz anderen als der geplanten Weise verändert.

Gloria-Palast, 1926

Erster Teil

1. Kapitel

Die Gründung oder Ludendorffs Golem, wie er in die Welt kam

Die offizielle Gründung der Universum-Film AG wurde am 18. Dezember 1917 im Gebäude des Stellvertretenden Generalstabs, nicht weit vom Reichstag, vollzogen; die anschließende Premierenfeier fand im Hotel Adlon statt. Der neugeschaffene Koloß verfügte über das beträchtliche Gründungskapital von 25 Millionen Reichsmark. Der erste Ufa-Aufsichtsrat bildete einen respektablen Querschnitt der wilhelminischen Großbourgeoisie, insbesondere des preußisch-deutschen Finanz- und Industriekapitals.

Den Vorsitz übernahm, wie von Ludendorff vorgeschlagen, Emil Georg von Stauss von der Deutschen Bank; zu seinen Stellvertretern wurden Landrat a. D. Gerlach (Generaldirektion des schlesischen Hüttenbetriebs Henkel-Donnersmarck) und Robert Bosch als führender Vertreter der Elektroindustrie nominiert. Ferner gehörten dem Aufsichtsrat an: Fürst Guidotto von Henkel-Donnersmarck, Herbert M. Gutmann (Dresdner Bank), Kommerzienrat Max von Wassermann (Bankhaus A. E. Wassermann), Kommerzienrat Paul Mamroth (AEG), Geheimer Kommerzienrat Hermann Frenkel (Bankhaus Jaquier und Securius), Oberregierungsrat Dr. Wilhelm Cuno (Hamburg-Amerika-Linie; später Reichskanzler), Geheimer Oberregierungsrat Stimming (Norddeutscher Lloyd), Direktor Goldschmidt (Bankhaus Schwarz, Goldschmidt und Co.; später Direktor der Nationalbank), Konsul Salomon Marx (Grammophonbaugesellschaft Karl Lindström AG), Karl Bratz (Kriegsausschuß des Deutschen Jute-Großhandels) und der Stellvertretende Direktor der Deutschen Bank, Johannes Kiehl. Die Zusammensetzung des Aufsichtsrats verschleierte nach außen erfolgreich die Beteiligung des Reiches, dessen Einfluß gleichwohl vertraglich abgesichert war.[1] Am 14. Februar 1918 wurde die Ufa ins Handelsregister eingetragen; als Gegenstand wurde »der Betrieb aller Zweige des Filmgewerbes, insbesondere der Filmfabrikation, des Filmmietgeschäftes und Film-Theatergeschäftes, sowie Fabrikation und Handel jeder Art, der mit dem Film- und Lichtbildgewerbe im Zusammenhang steht«, bestimmt.[2]

Als Delegierter des Aufsichtsrats trat Karl Bratz in die Zentralleitung des neugegründeten Konzerns ein, neben Major Grau und den Direktoren Paul Davidson von der Union und Siegmund Jacob von der Frankfurter Film-Co. Der vom Kriegsministerium delegierte Major Grau quittierte noch vor Kriegsende den Militärdienst, um sich vor allem dem Aufbau der Ufa-Kulturfilmabteilung zu widmen.

Nach erfolgreichen Vorverhandlungen war mit dem Erwerb der deutschen Produktions-, Verleih- und Theaterunternehmen der dänischen Nordisk sowie des Messter- und des Union-Konzerns dem entstehenden Imperium eine stabile Grundlage geschaffen worden. Für 10 Millionen Mark gingen die deutsche Produktionsstätte der Nordisk – die Oliver Film GmbH – sowie die Verleihorganisation Nordische Filmgesellschaft mit ihren Filmtheatern in den Besitz der Ufa über, ferner das alleinige Nutzungsrecht der Nordisk-Produktion für Deutschland, Österreich, Ungarn, Schweiz, Holland, später auch für Polen und die Balkanländer. Ludendorffs strategisches Konzept, über die »Filmversorgung« ganz Mitteleuropa sowie große Teile des ost- und südosteuropäischen Raums dem deutschen Einfluß zu erhalten, war damit, zumindest auf dem Papier, in Erfüllung gegangen. Und obwohl in Rußland wenige Wochen vor der Ufa-Gründung die Bolschewiki die Macht übernommen hatten, konnte der General auch seinen Traum, die »leichtbewegliche Volksstimmung« im Sowjetreich in seinem Sinne zu dirigieren, weiterträumen: schon im August 1918 meldeten die Ufa-Vertreter aus Petersburg, die sowjetische Regierung beabsichtige, »210 Sujets zu 10 Kopien von der Ufa jährlich zu übernehmen«; außerdem sei geplant, »in Moskau russische Spielfilme durch die Ufa herzustellen und zu entwickeln«.[3]

Die Nordisk jedenfalls konnte sich als gerettet betrachten: die waghalsige Expansionspolitik des Konzerns hatte ihn in eine wirtschaftliche Lage gebracht, »aus deren Schwierigkeiten er durch die Ufa befreit wurde«.[4] Sein Geschäftsführer David Oliver wurde als »der erste Fachmann der Branche« für ein Jahreseinkommen von 44 000 Mark nebst Gewinnbeteiligung an die Ufa gebunden.[5]

Der Messter-Konzern kostete, wie aus der Niederschrift über die Sitzung des Arbeitsausschusses der Ufa vom 15. 1. 1918 hervorgeht[6], 5,3 Millionen. Mit Messter erwarb die Ufa zugleich wichtige Betriebe der Geräteindustrie: die Wiener Messter-Film-und-Apparate GmbH und die Projektions-Maschinenbau GmbH in Berlin. Messter selbst wurde für ein Gehalt von 24 000 Mark plus Gewinnbeteiligung technischer Beirat der Ufa. Für die Mehrheit an Paul Davidsons Union-Konzern mit den angeschlossenen Gesellschaften (z. B. der 1914 übernommenen Vitascope GmbH) und 56 Lichtspieltheatern in ganz Deutschland waren 1 110 000 Mark zu bezahlen. Davidson wurde für 30 000 Mark Gehalt »Sachverständiger für die Aufnahmen«[7], also eine Art dramaturgischer und künstlerischer Beirat. Der Transfer an die Firmen erfolgte großenteils in Ufa-Aktien zu je 1000 Reichsmark. »Soweit die Aktien nicht an die Filmunternehmungen als Entgelt gingen, übernahmen sie das Reich und die schon genannten privaten Interessenten.«[8]

Zusammenfassend konnte die Konzernleitung in ihrem ersten Arbeitsbericht vom Januar 1918 feststellen, Ziel aller Verhandlungen im Vorfeld der Gründung sei es gewesen, »einen Zusammenschluß in der Filmindustrie zu schaffen, der einerseits ein lebenskräftiges und aussichtsvolles Wirtschaftsunternehmen darstellen sollte, andererseits die Garantien dafür bot, daß wichtige Aufgaben auf dem Gebiet deutscher Propaganda, deutscher Kultur- und Volkserziehung im Sinne der Reichsregierung gelöst werden. Das privatwirtschaftliche Programm ging dahin, einen Konzern zu schaffen, in dem die wichtigsten Betätigungen der Filmindustrie, nämlich Fabrikation, Verleihgeschäft und Theater, ausreichend vertreten waren.«[9]

Die Gründung des größten deutschen Filmunternehmens verlief keineswegs ohne Widersprüche. Ludwig Klitzsch, Hugenbergs Statthalter in der Deutschen Lichtbild-Gesellschaft, beurteilte die Ufa-Gründung als »Schlacht« (der Obersten Heeresleitung, aber wohl auch der Reichsregierung) gegen die DLG (und die hinter ihr stehenden Kreise aus der Eisen- und Stahlindustrie). »Klitzsch hielt eine Gegengründung für möglich, denn die Ufa-Ausdehnung könne zu einer Gefahr für die DLG werden.«[10]

Auch zwischen von Haeften und Major Grau gab es einen Dissens in grundsätzlichen Fragen. Haeften meinte, nach dem Krieg bedürfe die Ufa weiterhin der staatlichen Kontrolle – selbstverständlich ausgeübt durch das Bild- und Filmamt des Kriegsministeriums. Grau vertrat die Mantel-Konzeption: die Ufa werde sich aus mehreren selbständig arbeitenden Firmen zusammensetzen, denen auch das Bufa als »rein militärische Abteilung« zugerechnet werden könne; die Ufa habe ohnehin einen »fast staatlichen Charakter«.[11] Haeften hegte gegen die Mantel-Konzeption offenbar starkes Mißtrauen; er machte gegen sie geltend, die Ufa habe ja auch die Ateliers von Messter und anderen sich einverleibt, ebenso das bedeutende Kopierwerk Geyer – ein ähnliches Schicksal fürchtete er wohl für seine Behörde.[12] Im Laufe des letzten Kriegsjahres kristallisierten sich die Widersprüche zwischen OHL und Bufa einerseits, der Ufa und zivilen Regierungsstellen andererseits deutlich heraus. Im August machte das Bufa gegenüber dem Auswärtigen Amt noch einmal geltend, die alleinige »amtliche Zentralstelle für Propaganda« zu sein; alle Verhandlungen mit der Ufa seien nicht direkt, sondern nur über das Bild- und Filmamt zu führen.[13] Wenige Tage später gab Kriegsminister von Stein in einem Rundschreiben der nur allzu berechtigten Sorge Ausdruck, die Ufa strebe »nach immer größerer Selbständigkeit«; die Kontrollfunktion des Bufa sei unerläßlich: »Alle mit der Filmindustrie in Zusammenhang stehenden Fragen bedürfen, weil sich dieses Gewerbe aus kleinsten Anfängen sehr schnell entwickelt und dadurch ein gewisses Schiebertum großgezogen hat, gründlicher und fachmännischer Beaufsichtigung.«[14] Auf der anderen Seite gab es im Auswärtigen Amt Tendenzen, dem Bufa eine Existenzberechtigung abzusprechen: die Organisation rentiere sich nicht und gebe zuviel Geld aus.[15] Bei den Filmfachleuten der Ufa herrschte wohl ein grundsätzliches Mißtrauen gegenüber dem Ehrgeiz militärischer Stellen, die Aktivitäten der Filmbranche zu kontrollieren; Paul Davidson etwa lehnte die Filme des Bufa »wegen schlechter Qualität« rundheraus ab.[16]

Gleichzeitig ging der alte Streit mit der Deutschen Lichtbild-Gesellschaft weiter. Als Ufa-Vorstandsmitglied Grau eine Kooperation zwischen Ufa und DLG vorschlug (»die Ziele seien doch die gleichen«[17]), stieß er auf die entschiedene Ablehnung von Haeftens, der sich der »unerquicklichen Verhandlungen« zwischen Bufa und DLG entsann. De facto war die »Schlacht gegen die DLG«, die Ludwig Klitzsch befürchtet hatte, bereits geschlagen. Aus der DLG wurde nach dem Krieg die Deulig-Film GmbH; das Bufa wurde, nachdem es im Januar 1918 zunächst direkt dem Kriegsministerium unterstellt worden war, als Reichsfilmstelle in die Reichskanzlei verlegt; 1919 wechselte es zum Auswärtigen Amt und schrumpfte schließlich zum Filmreferat des Reichsinnenministeriums.

Der künstlich geschaffene, aus Kapital, Verhandlungsgeschick und patriotischer Verblendung geborene Koloß hatte alles verdrängt; private Gründungen und staatliche Ämter fielen ihm zum Opfer. Wirtschaft und Politik, militärische Strategien und imperialistische Träume, der Wunsch nach einer totalen Propaganda und vage Vorstellungen eines »reformierten Kinos« schossen in einem gigantischen Gebilde zusammen, über das man Ende 1917 nur eines mit Gewißheit sagen konnte: daß es existierte. Eine tief in der preußischen Bürokratie verwurzelte Reißbrett-Mentalität hatte die Ufa konstruiert – nun hoffte man offenbar, daß das riesige Kind nach dem auf dem Reißbrett entworfenen Schema in die Welt marschieren und die Herzen der Menschen für Deutschlands Kriegsziele entflammen werde. Nur eine in Abstraktionen erstarrte und von reaktionären Emotionen blockierte Geschichtsauffassung, gepaart mit Empfindungslosigkeit für die Eigenart des Mediums und die Bedürfnisse der Massen, konnte solche Erwartungen hegen.

Andererseits ist Heinrich Fraenkel zuzustimmen, wenn er als Fazit festhält: »Die Weitsicht, mit der bei der Gründung der Ufa über die momentane Notlage hinaus bereits die Entwicklung in der Nachkriegszeit bedacht wurde, war ebenso treffsicher wie die Großzügigkeit, mit der man sofort vorging. Es wurde gleich ein ›vertikal gegliederter‹ Millionenkonzern geschaffen mit eigener Produktion, eigenem Verleihapparat, eigenem Theaterpark und vor allem mit eigenen Zweigstellen und Theatern im neutralen Ausland; und diese starke und unabhängige Machtposition sollte sich in der Nachkriegszeit als ein filmgeschichtlich entscheidender Faktor erweisen.«[18] Gestützt auf die Machtposition der Ufa konnte die deutsche Filmwirtschaft nach 1918 nicht nur dem Filmboykott der Siegermächte die Spitze abbrechen, sondern sogar auf den internationalen Märkten, wenn auch nur vorübergehend, zur Offensive übergehen. »Die Wilhelminische Ära«, schreibt Jerzy Toeplitz, »hatte der Weimarer Republik einen mächtigen Filmkonzern hinterlassen, der viele Jahre lang die entscheidende Rolle bei der Gestaltung des deutschen Films spielen sollte, der dem Schaffen von Produzenten und Regisseuren den ideologischen Stempel aufdrücken und für die Produktion der kleineren, unabhängigen und konkurrierenden Firmen tonangebend sein sollte. Bis zu Hitlers Sturz lastet auf Deutschland die Filmmachina Ufa.«[19]

Dennoch bleibt ein Widerspruch. Unter seinem spezifischen Blickwinkel berührt ihn der Filmhistoriker Heinz-B. Heller, wenn er die Frage stellt: »Wie verhielt sich die literarische Intelligenz angesichts dieser offenkundig neuen Qualität in der Vergesellschaftung des Films in Deutschland – in einer historischen Situation, die die Widersprüche des Mediums und seiner Verwendungsweise in besonders zugespitzter Form zutage treten ließ und die zugleich zur Modifizierung überkommener Einschätzungen drängte? Denn: ob enthusiastisch begrüßt oder als Erscheinung des Kulturverfalls verteufelt, die Vorstellung, daß der Film als Ausdruck einer wie auch immer gefaßten Modernität anzusehen sei, brach sich an der Tatsache, daß er in Hinblick auf die Besitz- und Verfügungsverhältnisse den Stempel des wilhelminischen Imperialismus aufgedrückt bekommen hatte.«[20]

Beleuchtet man diesen Widerspruch von seiner anderen Seite, so stellt sich die Frage, wie sich der Film – geprägt mit dem »Stempel des wilhelminischen Imperialismus« oder, mit Virilio, im »Hausarrest« der Militaristen geboren – gegenüber der Moderne und ihren Verwerfungen, ihren Erschütterungen und gebrochenen Perspektiven verhalten wird. Diese Frage betrifft nicht nur das Verhältnis der Intelligenz zum Kino, sondern das der Massen zur Phantasie, die das Kino stimulieren, dämpfen oder in fatale Bahnen lenken kann. Die Ufa-Gründung fand unter Bedingungen statt, die das Kräftefeld Kapital – Politik – Kino – Publikum in Deutschland nachhaltig belasten werden. Aber die Widersprüche pflanzen sich fort, und sie durchdringen auch die scheinbar übermächtigen, monolithischen Gebilde und ihre inneren Strukturen. Die Ufa marschierte aus dem Krieg, dem sie entsprungen war, in den Frieden, für den sie wie geschaffen schien. Aber dieser Frieden war nichts anderes als eine Fortsetzung des

Krieges mit anderen Mitteln. Zu einem dieser »anderen«, neuen, höchst modernen Mittel wurde Ludendorffs Golem, die Universum-Film AG.

2. Kapitel

Das abgedeckte Haus. Kino-Alltag im Krieg

Das Bild Wilhelms II. nicht nur in der Propaganda, sondern in der politischen Traumwelt vieler Untertanen beschrieb Ernst Bloch 1917 als eine Phantasmagorie, in der Geschichte und Mystik eine Art chemischer Verbindung eingegangen waren: Der Kaiser wirke »wie der letzte Herrscher, wie das Späteste, Stärkste im Erbe Chosrus, Hadrians, Harun al Raschids, Justinians, Friedrichs II., Ludwigs des Sonnenkönigs, ein Ragender in den Zauberreichen von Adel, Hofglanz, herrlicher Ferne, Unbeweglichkeit, Erhabenheit des Zeremoniells, byzantinischer Magie; versinkend noch gegrüßt von allen seinen Brüdern und Ahnen seit den ältesten Tagen assyrischer Zarenherrlichkeit«.[21]

Die Weltkulturen als Querschnitt-Montage, ein Reißschwenk durch die Epochen mit Close-ups ihrer gekrönten Häupter: eine Kino-Phantasmagorie. Wenn Blochs Diagnose zutrifft, wucherte in den Wunschwelten der Kaisertreuen ein Dschungel aus Größenwahn und Mystik, der traditionell aus dem treibhausschwülen Pomp der imperialen Hof- und Historienmalerei seine ästhetischen Anregungen bezog, gleichzeitig aber, etwa seit 1910, von der Historienmalerei des frühen Kinos, den Monumentalfilmen vor allem italienischer Herkunft zurückgespiegelt wurde. Ab 1918 wird die Ufa den Filmen der Ambrosio, Pastrone und anderer ihre eigenen Kolossalproduktionen folgen lassen. Die anbrechende Hochflut historischer Filme in Deutschland sei »auf das Verlangen eines verarmten Volkes, das stets Paradenglanz geliebt hat, nach Prunk, nach ›Evasion‹ zurückzuführen«, schreibt Lotte H. Eisner.[22] Während die Reste »assyrischer Zarenherrlichkeit« unter den Schlägen des Krieges zerbrachen, trieb ihre Legende auf den Leinwänden und in den Köpfen romantisch-spekulative Blüten.

Der Alltag der Heimatfront sah deprimierender aus. »Deutschland ist wie ein abgedecktes Haus, die Grundzüge des mammonistisch-dynastischen Verderbens liegen klar an Luft und Licht.«[23] Ein abgedecktes Haus war auch die monarchische Pyramide, deren Spitze, der Kaiser selbst, seit Kriegsbeginn ohne gewichtigen politischen Einfluß und, seit 1916, nur noch ein (wenn auch widerstrebendes) Werkzeug der Ludendorffschen Katastrophenpolitik war. Die hybride chauvinistisch-dynastische Phantasmagorie verblaßte; ihre Repräsentanten – die Fürsten, die Spitzen des Offizierskorps und auch der »oberste Kriegsherr« – zogen den Haß, die Verbitterung der unter Krieg und Hunger besonders leidenden Unterschichten auf sich. Wer noch am Kaiser und seinem höfischen Gepränge hing, mußte vom immerwährenden Gala-Theater wilhelminischer Selbstdarstellung, von der Märchen- und Kino-Atmosphäre der Hohenzollern-Herrlichkeit endgültig Abschied nehmen. Der Kaiser selbst war, mit kleinem Stab, ins Schloß Bellevue umgezogen und bemühte sich in kritischen Situationen, Zuversicht auszustrahlen. Der preußische Märchenfilm war gerissen; zwischen den Kratzspuren auf der Kopie zeigten sich die Konturen des grausamen Alltags und der grauen Wirklichkeit.

Die Technizität, das faszinierende Tempo-Bewußtsein der Epoche wurden auf den Schlachtfeldern umdefiniert und wendeten sich gegen die Epoche selbst. »Die Zeit-Not akzentuierte nun das Stakkato der Maschinengewehre. Die Eisenbahnen lieferten die Menschenmassen für die Verblutungsstrategie.«[24] Hunger und Krankheiten dezimierten die Heimatfront. Für den Sommer 1917 registrierte der Oberbürgermeister von Berlin eine Sterblichkeit, »welche die Wochenstatistiken bis auf das Eineinhalbfache und höher unaufhaltsam anschwellte, bis mit der neuen Ernte die Kartoffelzufuhr sich dauernd verbesserte. Der Tod hielt Ernte in den städtischen Krankenhäusern, ließ nicht ab, ehe alles Brüchige dahingesunken war; in den Irrenanstalten sank die Belegschaft bis auf die Hälfte.«[25]

Der Tod hielt Ernte – und das Kino auch. In den Kriegsjahren kletterte die Zahl der Berliner Lichtspielhäuser von 195 (April 1914) auf 312 (November 1918). Seit 1910 waren die ersten Filmpaläste errichtet worden: der Mozartsaal am Nollendorfplatz (September 1910), das Cines-Theater, Nollendorfplatz Ecke Motzstraße (März 1913, ab 1920 Ufa-Pavillon), das Marmorhaus am Kurfürstendamm (Mai 1913). Ihre Architektonik nahm den eklektischen Prunk und die großsprecherische Eleganz kommender (Nachkriegs-)Zeiten vorweg. Die »graziös ironisierte Pathetik, dieses erotisch verkröpfte Sakrileg, diese rhythmisch organisierte Dissonanz aus Feierlichkeit und Tanzerei«[26], die der Architekturkritiker der »Schaubühne« im Prachtbau des Cines entdeckte, werden in den Musik- und Revuefilmen der dreißiger Jahre zu formbestimmenden Elementen des »Ufa-Stils«.

Mit dem Marmorhaus hatte, ein Jahr vor Kriegsausbruch, die Kinematographie triumphalen Einzug in den Berliner Westen gehalten. »Jetzt endlich scheint man auf den Gedanken gekommen zu sein, daß die Kunst des Kinobildes auch einen entsprechenden Originalrahmen braucht, um zu wirken«, schrieb der Rezensent der »Lichtbild-Bühne«. Den zermürbten, von der Sorge um den nächsten Tag und um die Angehörigen an der Front umgetriebenen Berliner, der in den Kriegsjahren das Marmorhaus besuchte, erwartete ein Interieur raffiniert-kapriziöser Modernität, das »kubistisch, futuristisch, symbolistisch und sezessionistisch in tollster Künstlerlaune die gewagtesten Farben-Kombinationen aufeinander knallen ließ«, ein bizarres Ambiente der Kontraste und kalkulierten Dissonanzen: »Tütenblaue Tünche, krauser Linienwirrwarr, Silberskulpturen, gemalte Affen, ein knallrotes Buffet, alles durcheinander schwirrt uns um die Augen herum.«[27] Zur Premiere am 1. Mai 1913 hatte das Parfum »Marguerite Carré« von Bourgeois-Paris den Saal geschwängert und einen von Licht und Farben hervorgerufenen »bizarren, schwülen Traumzustand« mit seinem Duft bereichert.

Doch nicht die »bessere Gesellschaft« des Berliner Westens, sondern das Proletariat und die halbproletarisierten Schichten stellten noch immer die Mehrzahl der Kinokonsumenten. Für sie war Kino immer schon und wurde in den Kriegsjahren erst recht: Flucht-Ort und Versteck vor der grauen Wirklichkeit der

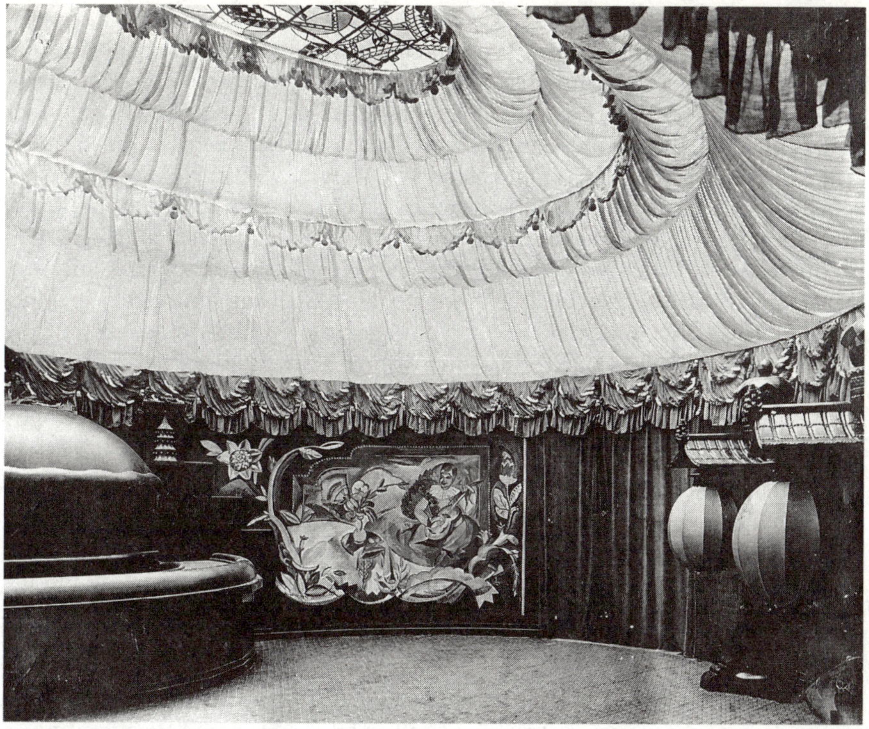

Foyer des Marmorhauses, Berlin

Straße, ein Raum der Wünsche, in dem es weniger auf den Dekor als auf die Möglichkeit ankam, im verborgenen zugleich ganz bei sich selbst und ganz außer sich zu sein. Im Kino »vergaß« der Konsument – emigriert aus dem Land der Wirklichkeit, verstört, desillusioniert, mit knurrendem Magen oft –, was »draußen« sich begab: die Realität an den Fronten, die Maloche in den Munitionsfabriken, den eisigen »Steckrübenwinter«, die Gefallenenanzeigen in den Zeitungen. Und er verdrängte, was sich vorbereitete und unübersehbar ankündigte: die Niederlage, den Untergang der Monarchie, die Umwertung aller Werte, in deren Strudel er selbst mit allem, was ihm lieb und teuer, längst hineingerissen war.

Ganz offensichtlich übte die junge, expansive Filmindustrie auf die unteren Schichten eine größere Anziehungskraft aus als die von den sozialdemokratischen Bildungsvereinen propagierte »zweite« (proletarische) Kultur. Kino war auch Abwehr des Askese-Prinzips, das die Gralshüter der bürgerlichen Werte und die Ideologen einer revolutionären Kultur gleichermaßen den Arbeitern verordnen wollten; seine Sinnlichkeit erschloß einen Ausweg aus jenem »kargen System kultureller Bedeutungen«[28], dem der Prolet in der Fabrikhalle ebenso wie in den vier Wänden seiner Wohnküche ausgeliefert war.

Im Kino erfüllte das plüschbeladene und goldleistenverzierte Foyer mit seinen Kristallüstern die zusätzliche Funktion einer symbolischen Einbeziehung in die Welt der »besseren Kreise« (soweit ein Arbeiter sich eine Eintrittskarte zu den frühen Filmpalästen überhaupt leisten konnte). Eine ganz anders geartete symbolische Teilhabe jedoch gewährte jene Kino-Situation mit ihren halluzinatorischen Angeboten und ihrer faszinierenden Möglichkeit, ganz bei sich und für sich selbst – und ganz außerhalb der Alltagswelt zu sein, sich in die Leuchtfläche der Leinwand hineinziehen zu lassen und in ihr zu »verschwinden«: hier ging es um Teilhabe an einer dem Alltagsbewußtein verlorengegangenen Erlebnisqualität, an einer anderen Dimension von Welt und Wirklichkeit.

Je länger der Krieg dauerte, desto unersättlicher wurde das Kinopublikum. Seit 1914 waren die Verleiher abgeschnitten von der französischen und britischen Produktion, bald auch von der italienischen, ab 1917 von der amerikanischen. Der Hungerblockade suchte die Oberste Heeresleitung mit dem uneingeschränkten U-Boot-Krieg zu begegnen; gegen die Filmblockade half nur die Steigerung der nationalen Produktion. Während im August 1914 25 deutsche Produzenten und Verleiher gegen 47 ausländische Unternehmen konkurrierten, beherrschten 1918 130 einheimische Firmen das Feld.[29] Gegen Kriegsende war Deutschlands Filmindustrie, auch dank der Ufa-Gründung, »germanisiert« – zum gleichen Zeitpunkt aber war, Ironie der Geschichte, der deutsche Filmpatriotismus erst einmal ausgelaugt. »Der Krieg ist keine Neuheit mehr, und es wird zu einer Qual, täglich auf der Filmleinwand an ihn erinnert zu werden.«[30]

Dem realen Krieg und seinen Vernichtungsschlachten zog das Publikum die imaginierten Duelle im weltstädtischen Dschungel vor, wie sie zum Beispiel die berühmte Detektivfilm-Serie um Stewart Webbs in Szene setzte, jenen Sherlock Holmes nachempfundenen Aufklärer und Ordnungshüter brutal-eleganter Couleur, der schon vor dem Krieg von dem perfektionsbewußten, überaus erfolgreichen Produzenten und Regisseur Joe May und dem Schauspieler Ernst Reicher kreiert worden war; während des Krieges setzte Max Landa als Joe Deebs diese Erfolgskette spannungs- und tempogeladener Großstadt-Thriller fort. Britische Detektive, in Tweed gekleidet und mit der obligatorischen Shagpfeife zwischen den Zähnen, konkurrierten mit Filmen, die den Haß auf das »perfide Albion« anstacheln sollten. Die Massen liefen den Propagandisten davon; sie lachten sie einfach aus – oder sie ließen frustriert, bestenfalls gleichgültig, die Agitation für einen Krieg, den sie mittlerweile ablehnten, über sich ergehen.

Dennoch: Henny Porten, dem ersten großen Star des deutschen Films, der Vorläuferin aller späteren Ufa-Größen, der die Liebe des Kinopublikums zuflog und die diese Liebe mit Empfindsamkeit und Wärme zurückzugeben verstand, die als »Gartenlauben-Romantikerin« belächelt und als »germanische Diva« glorifiziert wurde, die bis heute ein Denkmal der deutschen Film- und Kinogeschichte ist: dieser Henny Porten, die schon 1907 unter dem Kommando ihres Vaters in pantomimischen »Tonbildern« posierte, begleitet von Opernmusik aus plärrenden Grammophonen, und bald zur größten Zugnummer Oskar Messters wurde – ihr muß mit Nachdruck bescheinigt werden, daß sie, die niemals eine Schauspielschule sah, ein legitimes Kind aller Kinoleidenschaften *und* überquellender patriotischer Gefühle war. Henny Porten: der erste Ufa-Star, noch bevor es die Ufa gab. Als armselige, »mutterseelenallein« gelassene Blinde, die schließlich doch noch ihr »Liebesglück« erfährt; als »Pfarrers Töchterlein«; als »Probiermamsell«, die sich mit den Damen der großen Gesellschaft und selbst mit dem Teufel herumzuschlagen hat; als ebenso liebreizende wie widerborstige »Unverstandene« und als heimatselige »Claudi vom Geislerhof«

Henny Porten, um 1920

war sie, gemessen am Pulsschlag des Publikums, die einzige, die wirkliche (und die einzige wirklich deutsche) Heldin des Ersten Weltkriegs. Zur Tragik wie zum Komischen gleichermaßen befähigt, mal zart, mal polternd, mal in Hingabe schmelzend, mal eigensinnig-aufsässig den Widerständen trotzend verkörperte sie alles, was in den Köpfen und Gefühlen der kriegsgeplagten Deutschen kreuz und quer schoß, was sie liebten, was sie erträumten – und was ihren eigenen täglichen Erfahrungen von großer Not und kleinem Glück am nächsten lag.

Nicht von ungefähr betont Oskar Kalbus, wie »tapfer« sich Henny Porten hielt, als sie, die Ungelernte, sich 1916 in *Die Ehe der Luise Rohrbach* mit Jannings messen mußte, und ohne Umschweife nennt er ihren nach einem Roman von Rudolf Stratz gedrehten Film *Die Faust des Riesen* (1917, Messter-Film, Regie Rudolf Biebrach) ihre »größte Kriegsleistung«. Das größte Opfer aber, so der Tenor der vaterländischen Filmgeschichtsschreibung, brachte sie als Ehefrau: »Der Gatte der Porten lag draußen im Schützengraben, an der Front, also in ständiger Todesgefahr, und die Künstlerin wurde durch Feldpostbriefe heute erfreut, morgen beunruhigt, seelisch immer hin und her geworfen. So ging es Tag für Tag, Woche für Woche, Monat für Monat. Die Porten aber filmte im Atelier mit größtem Fleiß und heißester Hingabe an die neue Kunst, filmte die lustigsten und traurigsten Rollen. Gewiß keine leichte Sache für eine jungverheiratete Frau, deren Mann vor dem Feind steht. Da kam eines Tages doch das gefürchtete Telegramm: Der Gatte gefallen! Tot!«[31]

Die Witwe des Schauspielers und Regisseurs Kurt Stark wird viele Jahre später – in zweiter Ehe mit einem jüdischen Arzt verheiratet – ihre Karriere aufs Spiel setzen und, in der Ära des Joseph Goebbels, einen der zahlreichen politischen Skandalfälle der Ufa-Geschichte provozieren.

3. Kapitel

Weltenende und Aufbruchsstimmung. Das erste Jahr der Ufa

1917/18: Während in Frankreich Abel Gance mit der Pathé-Produktion *J'accuse* als Regisseur debütierte und die Metro in Hollywood erstmals einen Rudolph Valentino-Film herausbrachte, während Douglas Fairbanks seine eigene Produktionsfirma gründete und Hubert Marischka in Österreich gegen die Wiener Kunstfilm um die Nennung seines Namens im Titelvorspann prozessierte; während Charles Chaplin, mit einer Million Dollar Jahresgage der höchstbezahlte Filmdarsteller der Welt, für die Mutual die Sozialstudie *The Immigrant* und wenig später für die First National den Antikriegsfilm *Shoulder Arms!* drehte; während Theda Bara in der Titelrolle eines amerikanischen Dubarry-Films den Typ des Vamps kreierte und während nun auch die USA, nach ihrem Kriegseintritt, mit Filmen wie *The Kaiser – the Beast of Berlin* die deutschen Auslandsvertretungen immer wieder zu Klagen über die feindliche »Greuelpropaganda« veranlaßten – während weltweit all dies geschah, ging der Krieg auf Deutschlands Kinoleinwänden mit Streifen wie *Anna dreht Granaten* und *Die dicke Berta* ins fünfte Jahr: Anna Müller-Lincke als Bauernmädchen in einem Rüstungsbetrieb – und als Köchin, »die bei einer Privatvorstellung für Kriegsverletzte als Tanzstar herausgestellt wird und einen älteren Lebemann abweist, um ihrem feldgrauen Bräutigam treu zu bleiben«.[32]

Der feldgraue Bräutigam: er brillierte nicht nur in etlichen Filmen, sondern auch in illustrierten Zeitschriften und Unterhaltungsromanen. Er war der erotische Held der Epoche und Objekt einer »Kriegsnymphomanie«, die zehn Jahre später von der Psychoanalytiker-Schule um Magnus Hirschfeld als Beweis dafür angeführt werden wird, »daß die Frau auf das Kriegserlebnis durch eine mächtige Steigerung ihrer Libido reagiert«.[33]

1917/18: Während die traditionellen kulturellen Institutionen Einsparungen vornehmen mußten, konnte die deutsche Filmindustrie, soweit sie in der Ufa konzentriert war, plötzlich aus dem vollen schöpfen. Samuel Fischer brachte noch immer seine Bibliothek zeitgenössischer Romane mit den schönen Titelvignetten heraus, aber die Einbände waren aus Pappe, und im Impressum fand sich der Hinweis: »Gedruckt während der Kriegszeit auf Papier mit Holzschliffzusatz.« Max Reinhardts Bühnen mußten auf die gewohnte ausschweifende Pracht der Dekorationen verzichten; der Theaterzauberer »ließ jetzt oft sämtliche Szenen eines Stücks, die an verschiedenen Orten abrollten, zwischen zwei ungeheuren Säulen spielen«. Lichtregie ersetzte die Vielfalt der Farben und Formen; wechselnde Beleuchtungen »waren die alleinige Möglichkeit, die Mittelmäßigkeit von Ersatzmaterial und Stoffen zu verschleiern«.[34] Die Kultur paßte sich der Kriegswirtschaft an – die für den Krieg geschaffene kulturelle Bastion der Obersten Heeresleitung, die Ufa, rüstete sich indessen schon mit beeindruckender Opulenz für ihre Aufgaben im Frieden.

1917/18: Während Militärs und Militaristen noch immer hofften, aus der Ufa eine Waffe für den Annexionsfrieden schmieden zu können, hatten die Zivilisten in den Leitungsgremien des Konzerns die Federführung übernommen und legten im letzten Kriegsjahr der Nachrichtenabteilung des Auswärtigen Amtes ihre Produktionspläne vor: darunter vier Filme mit Pola Negri, sechs Filme mit Ossi Oswalda, acht mit Henny Porten, vier mit Georg Alexander, sechs mit Fern Andra, einige »Großfilme« aus der Joe May-Produktion und dergleichen mehr. Der Tobsuchtsanfall, den Ludendorff bekommen haben soll, als ihm die Produktionslisten der Ufa vorgelegt wurden, gehört wahrscheinlich zu jenen Anekdoten der Filmgeschichte, die erfunden sind, aber einer gewissen Authentizität dennoch nicht entbehren. Die Filmzivilisten jedenfalls ließen, ohne jeden Respekt für die strategischen Planspiele des Generalstabs, ihre Neuerwerbungen aufmarschieren, als gelte es, die Herzen der Massen nicht für Deutschlands Kriegsziele, sondern für ein lockeres Leben in Saus und Braus zu erobern: »Stenotypistinnen und Lehrmädchen, Ladenfräuleins und Portokassenjünglinge träumten von nichts anderem, als Filmstar zu werden, während diese Stars selbst auf der weißen Wand unzähliger Kinos und auf Millionen von Starpostkarten zu Idealfiguren einer sie vergötternden Anhängerschaft wurden.«[35]

Die Ufa begann, ihre Eigengesetzlichkeit zu entfalten: die Unberechenbarkeit eines hydraähnlichen Wesens, mit der die Plänemacher nicht gerechnet hatten – meinten sie doch, das neue Instrument kommandieren zu können, ohne sich mit seiner Eigenart, seiner zwiespältigen Natur und seinen subversiven Qualitäten befassen zu müssen. General Ludendorff, 1918 vor allem mit dem militärischen Rückzug und dem Verfall seiner politischen Autorität beschäftigt, kämpfte, als Schlachtenlenker wie als oberster Kulturoffizier, gegen die Moderne, gegen das zwanzigste Jahrhundert – und er kämpfte auf verlorenem Posten.

In Deutschland gärte es längst, die politischen Programmplaner verloren allmählich die Übersicht – und unter den zivilen Akteuren, den Künstlern und Intellektuellen, den Produzenten und Drehbuchschreibern, den Tragikern und Skeptikern der Zeit herrschten Nervosität, Aufsässigkeit und eine Tendenz zum fröhlichen Sarkasmus. Die Ufa, zum Propagandainstrument bestimmt, leistete sich einen qualitativen Sprung. Sie verhielt sich widersetzlich und irregulär, aber diese Irregularität bewegte sich im Strom der historischen Entwicklung. »Die Ufa-Herren dachten langfristiger als ihr Protektor in der Militärführung. Sie waren angesichts der sich abzeichnenden Niederlage des Deutschen Reiches in erster Linie darum bemüht, das junge Unternehmen in seinem Bestand zu erhalten und, soweit dies möglich war, für eine günstige Geschäftsentwicklung in den folgenden Jahren vorzusorgen.«[36] Karl Bratz, vom deutschen Jute-Großhandel in die Generaldirektion der Ufa delegiert, soll sogar noch während des Krieges heimliche Kontakte zu Vertretern der amerikanischen Filmindustrie eingefädelt haben. Im Hintergrund indessen lauerten schon damals moderner denkende, mit der neuen Zeit »konforme« Strategen und warteten auf ihre Gelegenheit, um sich des schillernden Monstrums Ufa und seiner Möglichkeiten zu bemächtigen.

Dank der unter dem Schirm der Deutschen Bank großzügig betriebenen Fusionspolitik konnte die Ufa von Beginn an eine Galerie zugkräftiger Stars und klangvoller Namen vorweisen. Ein umfangreicher Transfer von Filmgrößen hatte stattgefunden: von Davidsons Union-Konzern kamen die Regisseure Ernst Lubitsch, Paul Wegener und ihre engsten Mitarbeiter, der Dramaturg

Hanns Kräly und der Filmarchitekt, Darsteller, Drehbuchautor und Regisseur Rochus Gliese, dazu die Stars Asta Nielsen, Pola Negri, Ossi Oswalda, Erna Morena, Harry Liedtke, Victor Janson, Emil Jannings, Hans Junkermann und viele andere. Von Messter übernahm der neue Konzern den Regisseur und Schauspieler Viggo Larsen sowie Henny Porten, Bruno Decarli, Arnold Rieck und andere Lieblinge des Kinopublikums. Die Produktionsfirmen arbeiteten in den folgenden Jahren unter eigenem Namen weiter, doch alles lief nun unter dem Dach der Universum-Film AG. Als Kapital von unschätzbarem Wert erwiesen sich die von der Nordisk, der Union und von Messter automatisch übernommenen konkurrenzlosen Starverträge, jene Gradmesser des »Tauschwerts«, der nach Bächlin »die Preisform für außergewöhnliche schauspielerische Arbeitskräfte«[37] bestimmt und diese einerseits für das Publikum in nahezu überirdische Sphären entrückt, sie andererseits für die Produzenten zu disponiblen Markenartikeln macht. Den Starkult als Teil einer ausgefeilten ökonomisch-psychologischen Konzernstrategie hatten schon Messter mit Henny Porten und die Union mit Asta Nielsen erfolgreich praktiziert – nun konnte ihm die Ufa mit weitaus größerem Aufwand ein vergleichsweise amerikanisches Format verleihen. Im Januar 1918, also unter dem Eindruck der neuen Machtkonzentration in der Filmindustrie, schlug »Der Kinematograph« angesichts der Entwicklungen im Starwesen Alarm: »Die Gagen der Schauspielerkräfte steigern sich von Film zu Film ins Blitzblaue! Zum Teil ist dies auch auf das unselige Star-System zurückzuführen. Auf der einen Seite werden die Mittelkräfte und Statisten mit einer Willkür behandelt, die erbarmungswürdige Zustände gezeitigt hat, und auf der anderen Seite besteht ein Star-System, das noch über das der Opernprimadonnen geht!«[38]

Heinrich Fraenkel analysiert den Tauschwert der frühen weiblichen Stars, indem er sie, durchaus marktgerecht, in ihre Körperteile zerstückelt: »die Beine der Ossi, die Glutaugen der Pola und die schlanke Linie der Asta«[39] seien die wesentlichen »Aktivposten« gewesen, die zur Ufa-Gründung bereitstanden. Nun ist allerdings Fraenkels ungraziöse Formulierung selbst ein später Reflex des Kults um den weiblichen Star mit seiner Tendenz, die Sexualität der Frau dem öffentlichen Blick verfügbar zu machen und ihren Körper – für die in den Kamerablick eingegangenen Wünsche der Augen – in erogene Parzellen aufzuteilen. Der Starkult selbst, als rauschhafte Feier des schönen Körpers, verdankte sich ja jener revolutionären »Verschiebung« in der Geschlechterbeziehung, die sich schon vor dem Ersten Weltkrieg, mit dem Verfall der patriarchalischen Normen des frühen Bürgertums, in den Industriegesellschaften angekündigt hatte.

Der Krieg hat diese Entwicklung in einem erheblichen Maße beschleunigt und forciert. Er brachte neue Frauentypen – die Arbeiterin in den Munitionsfabriken, die Kriegerfrau, die Kriegsbraut, die Pflegerin, das »Etappenmädel« – hervor, die ihre Rechte nicht nur im wirtschaftlichen Alltag, sondern auch im erotischen Leben geltend machten. Der Kulturhistoriker Curt Moreck, dem auch eine bemerkenswerte Sittengeschichte des Films zu danken ist[40], hat drei dominante, von erotischer Phantasie besetzte Frauentypen in der Unterhaltungsliteratur, im Boulevardtheater und auf den Varietébühnen der Vorkriegszeit ausfindig gemacht: die »Grande-Dame«, die »Halbjungfrau« und den »Lulu-Typus«[41]. Deren erotisches Flair wurde in den weiblichen Stars der Kriegs- und Vor-Ufa-Periode teils trivialisiert, teils grob germanisiert, teils aber

Asta Nielsen in *Rausch*

auch mit jener hinter- und untergründigen Ambivalenz, die Henny Porten verkörperte, romantisch »veredelt«. Erst die Gründungsphase der Ufa, die mit dem allgemeinen Niedergang der Kriegsmoral zusammenfiel, verhalf der zügellosen Ehebrecherin und dem lasterhaften Backfisch, den lasziven Gelüsten der Dame aus der besseren Gesellschaft und der männerverschlingenden Vorkriegs-Lulu Wedekindscher Prägung abermals zu einer mondänen oder demimondänen Blüte.

Bezeichnenderweise läßt sich jedoch die erotische Ausstrahlung einer Künstlerin wie Asta Nielsen weder, wie Fraenkel meint, auf ihre »schlanke Linie« reduzieren, noch geht sie ohne weiteres in der Star-Typologie der Sittenhistoriker auf. Das unschätzbare »Kapital«, das Asta Nielsen zunächst für die Union, dann für die frühe Ufa darstellte, bestand in ihrer Leidenschaftlichkeit und ihrer radikalen Menschlichkeit – »Faktoren«, die das Starwesen mit seinen Standardisierungen gar nicht erfassen konnte. Sie äußerten sich in einer beispiellosen körperlichen und intellektuellen Präsenz, die Asta Nielsen befähigte, mit dem Auge zu denken, Sinnlichkeit mit Intelligenz zu durchdringen. So entwickelte sie, wie Béla Balázs 1924 geschrieben hat, »das große, vollständige Gebärdenlexikon der sinnlichen Liebe« und vermittelte ein Verständnis dafür, daß Erotik »das eigenste Filmthema, der Filmstoff an sich« sei. »Die Augen sind es hier vor allem, nicht das Fleisch.« Und: »Ihre abstrakte Magerkeit ist ein einziger zuckender Nerv mit einem verzerrten Mund und zwei brennenden Augen.« Asta Nielsen könne »obszöne Entblößung *schauen*, und sie kann lächeln, daß der Film von der Polizei als Pornographie beschlagnahmt werden müßte«.[42]

Die Augen, nicht das Fleisch: Balázs berührt damit ein Geheimnis nicht allein des erotischen Films, sondern des Kinos überhaupt – verstanden als erotisches Medium par excellence. Es wird noch zu zeigen sein, daß in der weiteren Geschichte der Ufa das große Gebärdenlexikon der sinnlichen Liebe verarmen wird, und es wird nach den Gründen zu fragen sein. Hollywood und seine weiblichen Stars – von Mary Pickford bis Marilyn Monroe – werden an diesem Lexikon weiterschreiben. Asta Nielsen, obwohl sie (auch) für die Ufa arbeitete, wurde nie zum Typ des Ufa-Stars; ihre besten Filme hat sie zwar in Deutschland und mit deutschen Regisseuren (*Die freudlose Gasse*, Sofar-Film, G. W. Pabst, 1925; *Dirnentragödie*, Pantomim-Film, Bruno Rahn, 1927), nicht aber für den größten deutschen Konzern gedreht. Die kulturelle Assimilationsfähigkeit der neuen Filmfabrik in ihrer Gründungsphase war beträchtlich und wird es im ersten Jahrzehnt bleiben – doch ein ebenso interessanter Indikator für die kulturgeschichtliche Bedeutung der Ufa ist die Frage, welche Schauspieler, Autoren und andere Filmkünstler sie beschäftigen, aber nicht integrieren – welche Ideen und Obsessionen sie kaufen, aber nicht zu ihren eigenen machen konnte.

In jeder Hinsicht berechenbarer war das fixe Kapital, das die Ufa mit ihrer großangelegten Einkaufsoffensive bald nach ihrer Gründung erwarb, darunter an erster Stelle die Produktionsstätten der Union und des Messter-Konzerns. Im März 1918 ging der Atelier-Komplex in der Tempelhofer Oberlandstraße in den Besitz der Ufa über: zwei riesige Glashäuser mit einer Grundfläche von jeweils 20 mal 40 Metern, 12 Meter hoch, auf einem Gelände von fast hunderttausend Quadratmetern. 1913 hatte die von dem Filmfabrikanten Alfred Duskes unter Beteiligung der Pathé gegründete Literaria Film-GmbH das erste Glasatelier errichtet, dem wenig später auf dem Nachbargelände ein weiteres Haus für Davidsons Union folgte. Nun sah man »zwei seltsame Gebilde emporragen, die wie riesenhafte Vogelkäfige aussahen«, monumentale Glaskonstruktionen auf einem doppelgeschossigen massiven Unterbau: »Frei kann von allen Seiten das Licht hier einfluten, und man kann sich gleich denken, daß diese Anlagen jenem Gewerbe dienen, für das der Grundsatz gilt: ›Am Licht hängt, zum Lichte drängt doch alles!‹«[43] Außer den Ateliers enthielten die Gebäude Fundus und Werkstatteinrichtungen, eine Kopieranstalt, Büros und Garderoben für die Schauspieler. Ein Lastenaufzug verband das Erdgeschoß mit dem 800 Quadratmeter großen Glasatelier, das, nach einer Beschreibung der »Lichtbild-Bühne« aus dem Jahre 1924, über Versenkungen, Wasserbassins und eine fahrbare Kranbrücke verfügte.[44] Oskar Messter hatte das Literaria-Glashaus 1917 erworben und brachte es nun in das Imperium der Ufa ein, die es bis zu ihrem Umzug nach Neubabelsberg zu ihrem Hauptquartier ausbauen wird.

Schon bald nach 1900 hatten die ersten Film-Glashäuser der großstädtischen Szenerie neue Akzente hinzugefügt: scheinbar schwerelose, im Sonnenlicht glitzernde Gebilde, die den Tag nach innen holten, sachlich in der Konstruktion und gleichwohl die Phantasie beflügelnd wie Raumschiffe, die zwischen den überladenen Bauten der Gründerzeit eine neue Zeit ankündigten. Sie standen in Steglitz wie das kleine Atelier von Bolten-Baeckers (in dem Major Krieger 1919 die Kulturabteilung der Ufa einrichten wird) und an der Stahnsdorfer Straße in Babelsberg wie das unter Leitung von Guido Seeber errichtete Glashaus der Deutschen Bioscop (das 1912 mit dem Asta Nielsen-Film *Der Totentanz* eingeweiht wurde); ein weiteres Bioscop-Atelier befand sich in der Chausseestraße, Duskes Atelier in der Blücherstraße 12 und das Eiko-Atelier – mit 1000 Quadratmetern das größte Glashaus in Berlin vor dem Krieg – in Marienfelde; ab 1922 wird es Terra Glashaus GmbH heißen. Mitten im Krieg, 1916, eröffnete die aus Amerika stammende Sensationsdarstellerin Fern Andra ihr eigenes Glasatelier in der Chausseestraße; in einem Glashaus in Weißensee drehte Harry Piel seine Joe

Dreharbeiten zu *Der Totentanz:* links Urban Gad, im Hintergrund Fritz Weidemann und Asta Nielsen, hinter der Kamera Guido Seeber

Messters Glasatelier in der Berliner Friedrichstraße

Deebs-Serie für Joe May, und nebenan, im Lixie-Atelier, produzierte Ernst Reicher seine Stuart Webbs-Filme. Andererseits hatte Messter schon 1896 in der Friedrichstraße mit Kunstlicht gearbeitet, bevor er 1905, im Herzen Berlins, sein erstes Glasatelier errichtete. Glashäuser, wahre Film-Treibhäuser ihrer Zeit, standen in Lankwitz (Muto-Atelier, seit 1907) und am Teltow-Kanal (Treumann-Larsen, seit 1912), im Wedding (Rex-Atelier, ab 1918 im Besitz von Lupu

Atelier der Deutschen Bioscop

Pick, der hier seine Kammerspielfilme *Scherben* und *Sylvester* drehen wird) und am Belle Alliance-Platz (Vitascope; hier wurde 1912 *Der Andere* produziert). Glashäuser setzte man irgendwo in den märkischen Sand oder, gleichsam zur Krönung, auf die Bürohochhäuser der Innenstadt, wo sie noch lange zu besichtigen waren – auch nachdem sich die Filmproduzenten, um 1920, von Tages- auf Scheinwerferlicht umgestellt hatten.

Die Glasbauten der Filmindustrie – architektonische Symbole einer Kunst, die dem Auge Geheimnisse offenbarte, das Fenster zur Welt öffnete und neue Perspektiven erschloß – fügten sich wie von selbst in das Konzept jenes monumentalen Funktionalismus, den vor dem Krieg vor allem der Deutsche Werkbund propagierte; so hatte etwa Walter Gropius auf der Werkbund-Ausstellung von 1914 eine neue, »puristische« Industriearchitektur aus Glas und Stahl vorgestellt. Die AEG-Turbinenhalle von Peter Behrens (1909) und seine Hochspannungsfabrik am Humboldthain (1910) zeichneten die transparente, »werkbetont-sachliche« Linie vor, die sich in den gläsernen Fabriken der Filmproduzenten wiederholte und buchstäblich widerspiegelte. Die sachliche Linienführung durchbrachen freilich Bauteile der verschiedensten Stilrichtungen, die als Dekor in Außenaufnahmen einbezogen werden konnten – wie die Kopieranstalt neben dem zu ebener Erde errichteten Bioscop-Atelier in Neubabelsberg. »... ein Frontteil ist romanisch, ein anderer gotisch, ein anderer altdeutsch, Renaissance usw. Selbst der Dachaufbau wurde mit verschiedenen Ziegelformen bedeckt, um sowohl deutsche wie auch italienische oder spanische Dachformen jederzeit für Aufnahmezwecke zur Verfügung zu haben.«[45]

In den zwanziger Jahren wird die Ufa der Atelierarchitektur neue Dimensionen verleihen und in Neubabelsberg die größte Filmwerkstatt Europas errichten – und Fritz Lang wird, in den Bauten zu *Metropolis*, den funktionalistischen Technik-Utopien von Walter Gropius oder Bruno Taut ein spätes, hyper-utopisches Denkmal setzen. Von »vollständiger Lebenserneuerung« träumten die Ideologen des Werkbunds – und träumt später Fritz Lang. »Daß es sich bei diesem Prozeß weniger um einen werkbundhaften ›Idealismus der Arbeit‹ als um einen verstärkten Monopolkapitalismus handelte« (Jost Hermand[46]), wird ihm so wenig zu Bewußtsein kommen wie seinen Vorbildern zwanzig Jahre früher.

Noch während des Krieges betrieb die Ufa zügig ihre vertikale und horizontale Expansion. Mit der Nordischen Filmgesellschaft – von nun an Universum-Filmverleih GmbH – war dem Konzern eine gut funktionierende Verleihorganisation in die Hände gefallen. Der beträchtliche Bestand an Filmtheatern und seine weitere Ausdehnung oblagen der Ende Juli 1918 gegründeten Ufa-Theater-Betriebs-GmbH (UTB). Durch Übernahme des Aktienpakets der von Winterfeld-Bank für Handel und Grundbesitz kam das Haus Vaterland (früher das Piccadilly) in den Besitz der Ufa, ein stattlicher, halbrunder Kuppelbau am Potsdamer Platz, in dem der Filmkonzern 1919 seine Hauptverwaltung einrichtete (1927 wird er das Haus an den Aschinger-Konzern und sein Restaurant Kempinski verkaufen). Schon 1918 wurde die später so erfolgreiche Ufa-Kulturfilmabteilung unter Leitung von Major Ernst Krieger ins Leben gerufen. Als wichtiger Zuwachs in horizontaler Richtung erwies sich schnell – nämlich mit der Herstellung der ersten Monumentalfilme nach Kriegsende – der Erwerb der May-Film GmbH, die Joe May mit seiner Frau Mia aufgebaut hatte. May wurde von der Ufa für sechs Jahre als Beirat, Regisseur und Dramaturg verpflichtet, seine Frau erhielt einen Starvertrag als Darstellerin. Die deutsche Filmindustrie war, mit ihrem neuen Flaggschiff an der Spitze, eindrucksvoll auf dem Vormarsch, während das Reich, die Monarchie, das dezimierte Heer und die Schwerindustrie an allen Fronten den Rückzug antreten und sich mit der schwersten Niederlage in ihrer Geschichte abfinden mußten.

Dennoch beobachteten die mittelständischen Produzenten, Verleiher und Theaterbesitzer die Ausdehnung der Ufa nicht ohne Sorge. Ende Februar 1918 meldete sich der Reichsverband deutscher Lichtspieltheaterbesitzer zu Wort; auf seiner außerordentlichen Mitgliederversammlung wurde die Befürchtung geäußert, »daß die besten Theater von den Trusts aufgekauft und den Besitzern kleinerer Theater hierdurch ihre Existenzen genommen werden«.[47] Einige Kinobesitzer leiteten daraus die Forderung nach einem Konzessionsgesetz ab – ein Thema, das in den folgenden Monaten in der gesamten Branche sehr kontrovers diskutiert wurde, da man von einem solchen Gesetz auch Restriktionen und staatliche Gängelung befürchtete. Wenige Wochen später beschloß der Verein Bayerischer Kinematographen-Interessenten, »die Versagung der Kinokonzession an juristische Personen zu verlangen, denn die nachteiligen Folgen, die sich aus der in letzter Zeit besonders stark auftretenden Bildung von Trusten und Konzernen im Kinowesen für dieses ergeben, würden die Vernichtung des Mittelstandes in unserem Gewerbe unabweislich herbeiführen«.[48] Angesichts eines im Reichstag diskutierten Gesetzentwurfs über die Veranstaltung von Lichtspielen sah sich schließlich die Vereinigung Deutscher Filmfabrikanten im April 1918 genötigt, den Reichstagsabgeordneten eine Denkschrift zuzuleiten, in der die Sorgen des Mittelstands ohne Umschweife beim Namen genannt wurden: die Entwicklung der deutschen Filmindustrie werde »durch das Auftreten großkapitalistischer Konzerne« aufs schwerste bedroht.

Erst im Mai 1920 wird es zur Verabschiedung eines Reichslichtspiel-Gesetzes kommen; bis dahin werden, ausgelöst durch Kriegsende und Revolution, grundsätzlichere Debatten die deutsche Film- und Kinobranche in Atem halten. Im übrigen wurde eine Befürchtung der Filmfabrikanten durch die konjunkturelle Entwicklung erst einmal widerlegt: die Jahresproduktion kletterte 1919 auf 499, im darauffolgenden Jahr sogar auf 545 Filme.

1918, im Jahr des nationalen Bankrotts, wehte auch außerhalb des Machtbereichs der Ufa durch die gesamte Branche ein frischer Gründergeist. In München wurde der Emelka-Konzern (Münchener Lichtspielkunst GmbH) ins Leben gerufen – und außerhalb der Stadt, in Schwabing, der Grundstein für das große Glashaus des Bavaria-Ateliers gelegt. 376 Filme wurden im letzten Kriegsjahr produziert, ein Anstieg gegenüber dem Vorjahr um mehr als fünfzig Prozent. Hans Albers begann seine Karriere bei der Deutschen Bioscop, und Lupu Pick inszenierte seinen ersten Film: *Der Weltspiegel*, 1918 produziert für die Rex. Auch Carl Boese – der zwei Jahre später gemeinsam mit Paul Wegener eine zweite Golem-Version, *Der Golem, wie er in die Welt kam*, drehen wird – begann 1918 seine Laufbahn: mit Filmen für die Deutsche Kolonialfilm GmbH und mit Unterstützung des Reichskolonialamtes. Harry Piel drehte unverdrossen seine Detektiv- und Sensationsdramen – und Richard Oswald nicht nur seine couragierten »Aufklärungsfilme«, die ihn berühmt machten (*Es werde Licht*, 1917/18; *Das Tagebuch einer Verlorenen*, 1918), sondern auch, mit Anita Berber und Conrad Veidt in den Hauptrollen, den Schwank *Das Dreimäderlhaus*. Die Berliner Polizei, noch immer die oberste Zensurbehörde im Reich, hatte übrigens den Titel *Das Tagebuch einer Verlorenen* und das Vorspiel zu dem Film für anstößig befunden; nur mit Schnittauflagen durfte der Streifen unter dem Titel *Das Tagebuch einer Toten* gezeigt werden. Erst mit der Aufhebung der Pflichtzensur im November 1918 kam der Film ungekürzt und unter seinem ursprünglichen Titel in die Kinos.

1918: Messter und die Union, auch die Nordisk produzierten nun unter dem Dach der Ufa. Die Union brachte zwei Wegener-Filme heraus, beide gedreht im Glasatelier an der Oberlandstraße: *Der fremde Fürst*, ein »Drama der Rassengegensätze« mit Lyda Salmonova, Elsa Wagner und Rochus Gliese, und den Märchenfilm *Der Rattenfänger von Hameln*, dessen Außenaufnahmen in Bautzen und Hildesheim gedreht worden waren. Die Titelsilhouetten hatte Lotte Reiniger gezeichnet, deren Scherenschnittfilm *Die Abenteuer des Prinzen Achmed* (den ersten abendfüllenden Trickfilm der Filmgeschichte) die Ufa 1926 in ihr Verleihprogramm aufnehmen wird.

Wegener hatte, mit *Der Student von Prag* (1913) und *Der Golem* (1914), hochgesteckte künstlerische Ziele in die Filmproduktion eingeführt und mit seiner dem heutigen »Autorenfilm« verwandten Konzeption der Filmarbeit Teile der literarischen Intelligenz für das neue Medium gewinnen können. Als erster hatte er erkannt, daß der »eigentliche Dichter des Films«[49] die Kamera sein müsse, und seine in einem Vortrag von 1916 entwickelte Vision einer »kinetischen Lyrik«[50] nahm die Ästhetik des Animationsfilms und sogar des »abstrakten Films« der zwanziger Jahre vorweg. Mit den Märchenfilmen der Kriegsjahre – außer dem Rattenfänger-Film entstanden *Rübezahls Hochzeit* (1916) und *Hans Trutz im Schlaraffenland* (1917) – setzte Wegener seine Bemühungen um das »Ineinanderfließen einer Phantasiewelt vergangener Jahrhunderte mit gegenwärtigem Leben«[51] fort,

Ernst Lubitsch, um 1920

gleichzeitig darauf bedacht, im Zuschauer den Alltagsmenschen (einer großstädtischen Zivilisation) zu »erschlagen«, ihn wieder zum staunenden Kind angesichts einer vorrationalen Märchenwelt zu machen. Heinz-B. Heller hat, am Beispiel Wegeners, auf einen bezeichnenden Widerspruch aufmerksam gemacht: »Wo sich literarische Intellektuelle im deutschen ›Autorenfilm‹ praktisch auf das neue Medium einließen, das in Hinblick auf seinen technischen Materialstand und seine Organisationsform wie kein anderes die Insignien des hochentwickelten Kapitalismus trug, so geschah dies zumeist, um Bilderwelten eines vorindustriellen Zeitalters entstehen zu lassen; und dies in einer Weise, die den *Zuschauer* den technisch bestimmten Charakter filmischer Sehweisen im Sinne einer Illusionierung durch das Angeschaute vergessen lassen sollte.«[52]

Weniger sein Kunstanspruch als ein emphatisches Illusionierungskonzept, seine neoromantische Neigung zu vorindustriellen Bilderwelten und sein antizivilisatorischer Affekt verbinden Wegener mit ideologischen und emotionalen Werten, die den Weg der Ufa zum deutschen Nationalkonzern, zur modernen Kathedrale deutscher »Innerlichkeit« bestimmen werden. Schon im Schicksal des Studenten von Prag wird ja Bewußtseinsspaltung als ein Erbteil deutscher Intelligenz transparent: eine Schizophrenie, die sich im Pakt mit dem destruktiven Prinzip erfüllt. Paul Wegener wird einmal tragende Rollen in nationalsozialistischen Propagandafilmen wie *Hans Westmar* (Regie Franz Wenzler, 1933), *Der große König* (Veit Harlan, 1942) und in dem Ufa-Film *Kolberg* (Veit Harlan, 1945) übernehmen. Doch schon 1918 verweigerte er sich nicht der politischen Aktualität, als es opportun schien, sich zu engagieren: unmittelbar nach Kriegsende schrieb er, im Auftrag des Auswärtigen Amtes, das Buch zu dem einaktigen Anti-Kriegsfilm *Apokalypse*, den Rochus Gliese für die Union inszenierte; Wegener, Ernst Deutsch und Paul Hartmann spielten die Hauptrollen.

Der andere Regie-Star der Union, intellektueller Gegenpol zu Wegener und der größte Glücksfall in der Frühgeschichte der Ufa, war der geniale Eklektizist Ernst Lubitsch. Im Produktionsjahr 1918 inszenierte er nicht weniger als sieben

Filme. Seit 1913 hatte er in etwa zwanzig Produktionen der Union als Darsteller oder Regisseur mitgewirkt, hauptsächlich in Lustspiel-Einaktern aus dem Milieu der (Lubitsch vom Elternhaus her vertrauten) Textil- und Schuhbranche mit ihren Berliner Typen, ihrem trivialen Witz und ihrer oft platten Situationskomik. Der Reinhardt-Schauspieler verwob und »veredelte« diese noch ungeschliffenen Formen mit seiner überaus wendigen Intellektualität, mit Ironie und urbanem Flair – und mit seiner chamäleonhaften Begabung, zwischen den verschiedensten filmischen Genres zu wechseln. In diesen »Konfektionsfilmen«, weniger in den Ausstattungsdramen der Ufa, bildete der Regisseur bereits jene ebenso geist- wie kunstvolle Equilibristik der Gefühle, Stimmungen und stilistischen Gesten aus, die als »Lubitsch-Touch« in die Filmgeschichte eingegangen ist. Ihre Vollendung fand sie erst in Hollywood: die Ufa bereitete ihrem Regisseur den Resonanzboden, den er benötigte, um in den USA Widerhall zu finden – ein Produktionsklima und ein Publikum, für die sein Witz, seine Talente, seine Neigungen und Abneigungen wie geschaffen waren.

Während der Krieg zu Ende ging und Depression und Defätismus sich in Deutschland ausbreiteten, nahm Lubitsch im Apollo-Theater von der Bühne Abschied; auf dem Spielplan stand die Revue »Die Welt geht unter«. Revue-Mentalität herrschte auch in der Filmindustrie, vermischt mit Aufbruchsstimmung – von Untergangsängsten war kaum etwas zu spüren. Lubitsch drehte zum ersten Mal, mit dem großen Kapital der Ufa im Rücken, hochkarätige Ausstattungsfilme: *Die Augen der Mumie Mâ* und *Carmen*, beide mit Pola Negri und Harry Liedtke, zu beiden schrieb Hanns Kräly, Lubitschs Freund und engster Mitarbeiter, das Drehbuch. Pola Negri, eine temperamentvolle Tänzerin aus Warschau, Sexsymbol und Kultfigur des frühen Kinos, beschreibt in ihren Memoiren die Atmosphäre in den Tempelhofer Ateliers während der letzten Kriegsmonate: »Obwohl um uns herum die Welt in Stücke ging, gab es zwischen Lubitsch und mir in jenen frühen Ufa-Tagen viele urkomische Momente bei den Dreharbeiten. Vielleicht konnten wir uns nur im damaligen Berlin so erfolgreich entfalten. Die Tragikomödie des Lebens in Deutschland war unser Metier. Sogar unsere Witze hatten einen Hauch von Fatalität.«[53]

Die Fertigstellung von *Carmen* fiel mit dem Untergang eines Zeitalters zusammen: »Für den Abend des 8. November 1918 luden wir die Presse und die leitenden Leute der Ufa zu einer Sondervorstellung von *Carmen* in den Vorführsaal des Studios ein. Lubitsch war noch mit dem endgültigen Schnitt beschäftigt, mir wurde für die Vorführung ein neues Abendkleid geschneidert, und das Studio bereitete einen Champagner-Empfang vor. Keiner von uns schenkte den umwälzenden Ereignissen, die sich überall abspielten, viel Aufmerksamkeit. Wenn man am Rande des Abgrunds lebt, nimmt man ihn bald nicht mehr wahr, und wenn Zeitungen tagtäglich von Katastrophen voll sind, hört man bald nicht mehr hin. (...)

An jenem Abend war mein Lamé-Kleid ein glitzernder Triumph. Der Champagner war perfekt gekühlt und löste die Zungen: Gelächter, Scherz und Plauderei. Das Studio-Orchester spielte Melodien aus ›Carmen‹, um uns in die richtige Stimmung für den Film zu versetzen. Die Konversation floß so frei und prickelnd wie der Champagner. Sogar die düsteren Ahnungen der Bankiers, die der Ufa die Kredite gegeben hatten, wurden vom Glanz der Zusammenkunft überdeckt. Wir nahmen im Vorführsaal Platz, und der Film begann. Bei meinem

Carmen: Pola Negri mit Harry Liedtke (l.)

ersten Auftritt gab es Beifall. Durch den Applaus und noch einen Moment danach hörte ich in der Ferne ein schwaches Geräusch. Es klang – doch das konnte nicht sein – wie Gewehrfeuer. Ich sah mich um, ob andere es ebenfalls wahrgenommen hatten, aber da war nichts als intensive Konzentration auf den Film, unterbrochen nur durch gelegentlichen Beifall für bestimmte filmische Effekte. (...)

Das entfernte Gewehrfeuer rückte jetzt näher und untermalte fortwährend den Film. Jeder im Publikum mußte es bemerkt haben, aber man starrte weiterhin auf die Leinwand, und keiner verriet auch nur mit einer Kopfbewegung seine Wahrnehmung. Ich kauerte mich auf meinem Sitz zusammen, entsetzt über unsere ruhige Selbstbezogenheit, über die Tatsache, daß wir alle wußten, was vorging, doch lieber so taten, als geschehe nichts. Es war ja so viel einfacher, die Augen zu verschließen, als Fragen zu stellen. Am Ende des Films gab es enthusiastischen Applaus. Alle blieben im Vorführsaal, scheinbar, um uns zu gratulieren, tatsächlich aber, weil sie nicht wußten, was sie sonst tun sollten. Das Gewehrfeuer dauerte an.«[54]

In jener Nacht vom 8. zum 9. November 1918 brach in Berlin die Revolution aus; Spartakisten und Regierungstruppen lieferten sich Maschinengewehrgefechte. Pola Negri – so behauptet sie jedenfalls ein halbes Jahrhundert später – stahl sich davon, während die Ufa-Party weiterging, »als sei nichts auf der Welt in Unordnung«; schweißgebadet erreichte sie, während verirrte Kugeln durch die Luft peitschten, die nächstgelegene U-Bahn-Station. Am 9. November riefen die Berliner Großbetriebe spontan den Generalstreik aus; in den Garnisonen wurden Soldatenräte gewählt, die sich jedoch nicht den Spartakisten, auch nicht der linken USPD und den revolutionären Obleuten, sondern den Mehrheitssozialisten unter Ebert und Scheidemann anschlossen. Am 10. November war die Revolution vorbei: die Vollversammlung der Berliner Arbeiter- und Soldatenräte wählte an diesem Tag im Zirkus Busch eine neue, republikanische Regierung. Die Monarchie war zusammengebrochen, der Militäradel entmachtet, der Kaiser begab sich ins holländische Exil. Aber auch die Träume der radikalen Linken lösten sich in nichts auf; die Deutschen hatten nur mit großer Verspätung ihre bürgerliche Revolution nachgeholt. *Carmen* wurde am 20. Dezember im U.T. Kurfürstendamm uraufgeführt und löste, bei Publikum und Presse, Begeisterungsstürme aus. »Mit diesem Film, seinem ersten großen internationalen Erfolg, verschaffte Lubitsch Deutschland einen Platz auf der Weltkarte des Films.« (Herman G. Weinberg[55]) Die Oberste Heeresleitung fügte sich, nachdem ihre Experimente ausnahmslos gescheitert waren, in die ungeliebten Verhältnisse. Ihr historisches Projekt aber, Deutschlands größte Filmfabrik, nahm Gestalt an, wuchs und gedieh und folgte dem Rhythmus einer neuen Zeit.

4. Kapitel

Die Waffen nieder! Kino und Revolution

Revolution und Kino verschmolzen Ende 1918 und in den ersten Wochen des Jahres 1919 zu einer dissonantischen Harmonie voller Überschneidungen und Widersprüche. »Trotz der blutigen Maschinengewehrgefechte zwischen Regierungstruppen und Spartakisten in allen Stadtteilen Berlins, trotz der verirrten Kugeln, die bereits zahlreichen harmlosen Passanten das Leben gekostet haben; trotz der dringenden Bitten, die Straßen nicht zu betreten; trotz des Streiks der Straßenbahner und Stadtbahner; trotz der schrecklichen Gerüchte, die stündlich durch die Großstadt sausen und unter anderem von bevorstehenden Sprengungen der Elektrizitäts-, Gas- und Wasserwerke durch die Bolschewisten faseln; trotz und trotz – spielen die Lichtspielpaläste und Kinos (soweit sie nicht im Feuerbereich à la Uniontheater Unter den Linden, Passagetheater usw. liegen) ungestört weiter und erfreuen sich eines ausgezeichneten Besuches.«[56] So Egon Jacobsohn in seinem Aufsatz über »Neuheiten auf dem Berliner Filmmarkte«, erschienen in »Der Kinematograph« am 15. Januar 1919, dem Tag der Ermordung Karl Liebknechts und Rosa Luxemburgs.

Ans Kino dachte Harry Graf Kessler, einer der scharfsinnigsten Beobachter seiner Epoche, als er am 9. November 1918 durch das Reichstagsgebäude ging: »Unter den Säulen der Wandelhalle liegen und stehen auf dem mächtigen roten Teppich Gruppen von Soldaten und Matrosen; Gewehre sind zusammengestellt, hier und da schläft einer auf einer Bank lang hingestreckt: ein Film aus der russischen Revolution, Taurisches Palais unter Kerenski.«[57]

In die deutschen Filmwirklichkeiten des Jahres 1919 warfen die aufrührerischen Vorgänge in der Öffentlichkeit nur wenige schwache Reflexe: wie durch dichte Schleier drang, was »draußen« geschah, in die Köpfe der Drehbuchschreiber und wurde, bevor es sich auf den Leinwänden manifestierte, zu den sonderbarsten Anamorphosen umgeformt. In Georg Jacobys Union-Film *De profundis (Aus der Tiefe)*, 1919, etwa spielte Ellen Richter eine junge Nihilistin, die einen russischen Großfürsten niederschießt. Ähnliche Motive findet man in Friedrich Wilhelm Murnaus zweitem Film *Satanas*, der im Herbst 1919 in Neubabelsberg unter der künstlerischen Oberleitung von Robert Wiene für die Viktoria-Film-Co. GmbH mit Conrad Veidt und Fritz Kortner in den Hauptrollen gedreht wurde – einem Episodenfilm, der den Zuschauer aus der Zeit der Pharaonen in die Epoche Lucrezia Borgias und, im dritten Teil, jäh in die Dramatik deutscher Gegenwart hineinriß. Ein Student gerät unter den Einfluß russischer Anarchisten, »die in einem Café unzählige Tassen Tee zu trinken pflegen«; in seiner Heimatstadt, einer kleinen deutschen Residenz, wiegelt er die Massen zum Sturm auf das Schloß auf, läßt sich zu Grausamkeiten hinreißen und wird am Ende wahnsinnig. Lotte H. Eisner, unter Berufung auf eine ausführliche Synopsis des (verschollenen) Films, schrieb dazu: »Vielleicht ist es charakteristisch, daß es Murnau gereizt hat, eine Passage in Wienes Skript detaillierter auszuführen. Es ist die eigentliche Revolte, die bei Wiene unplastisch wirkt und die Murnau in hastig mit Bleistift hingeworfenen Einfällen, kurzen Einstellungen auf einzelne Personen und Angaben von ihrem Gebaren belebt; noch haften in seinem Gedächtnis Szenen der Revolution, die er eben miterlebt hat.«[58]

Im Blick deutscher Literaten und Künstler auf die revolutionären Ereignisse ist eine spezifisch bohèmehafte Optik, eine Art Kaffeehaus-Perspektive unverkennbar. Der Ullstein-Journalist Jacobsohn stellte nach der Besetzung des Zeitungsviertels durch die Spartakisten im Januar 1919 fest, daß er »obdach- und arbeitslos« geworden sei; da die wichtigsten Berliner Blätter – Vossische Zeitung, Berliner Morgenpost, B. Z. am Montag, Berliner Tageblatt und Berliner Lokalanzeiger – nicht erscheinen konnten, hatte der Feuilletonredakteur Zeit und Muße, »um mir alle jetzt vorgeführten Filme anzusehen«.[59] »Mochte kommen, was da wolle, das Volk wollte unterhalten sein, und der Film war die Unterhaltung der Massen«, schreibt Jahrzehnte später Herman G. Weinberg in seinem Lubitsch-Buch[60], das wie so viele Darstellungen, den Umbruch von 1918/19 auf die kulturrevolutionären Turbulenzen verengend, jene großstädtische Tollhausatmosphäre beschwört, die für viele Intellektuelle das Fluidum der Revolution bestimmte: ein Berlin der Kokainhändler, der esoterischen Clubs und der degeneriertesten Nachtlokale Europas, »wo man pornographische und halbpornographische Filme zeigte, vor einem Publikum, das sich nicht selten Domino-Masken aufsetzte, um nur nicht erkannt zu werden«. Am Tage Straßenkämpfe – abends strömte alles in die Kinos – so Weinbergs Fazit über das Berlin von 1919.

Filmwirklichkeit und politische Realität schossen zu Schnittpunkten zusammen – und sie trieben auch immer wieder auseinander. Dem jungen Fritz Lang, der in den Januartagen für die Decla seinen ersten Spielfilm, *Halbblut*, drehte, stellten sich die rauhen Tatsachen der Politik buchstäblich als Hindernis in den Weg: am ersten Drehtag wurde sein Auto auf dem Weg zum Studio mehrfach von bewaffneten Posten des Spartakus-Bundes angehalten. Vor ähnlichen Schwierigkeiten standen offenbar, am 21. Januar 1919, einige Herren des Ufa-Aufsichtsrats. Das Protokoll der an diesem Tag anberaumten Sitzung vermerkt zu Beginn: »Der Vorsitzende, Herr von Stauss, eröffnete die Sitzung unter Begrüßung der erschienenen Mitglieder sowie unter Hinweis darauf, daß eine Anzahl Herren durch die schwierigen Reiseverhältnisse entschuldigt sind.«[61] Fritz Lang indessen ließ sich von Spartakus nicht aufhalten: »(...) es hätte mehr als einer Revolution bedurft, mich aufzuhalten, meinen ersten Film zu inszenieren.«[62] Schon zwei Jahre danach entwarf er seinen ersten *Mabuse*-Film als »Zeitbild«, dem er einen dokumentarischen Stellenwert beimaß, und Siegfried Kracauer wird in der Showdown-Episode dieses Films Einstellungen entdekken, »deren Bildkomposition bewußt an die stürmischen Nachkriegsmonate und die Straßenkämpfe zwischen Spartakisten und Noske-Truppen erinnert«.[63]

Das populäre Bild vom kulturrevolutionären Tollhaus Berlin unterschlägt die deprimierende Verfassung der Nachkriegsgesellschaft, den bedrohlichen wirtschaftlichen Niedergang – und den Verfall des »Faktors Mensch« als Produktivkraft. Deutschland, nach 1871 überhastet und verspätet zur Industriemacht aufgestiegen, fiel nach dem verlorenen Krieg teilweise in vorindustrielle Zustände zurück. Ausgehend von ihrer Leistungsfähigkeit im Produktionsprozeß, von ihren Lohnverhältnissen und Lebensbedingungen beschreibt Jürgen Kuczynski die deutschen Arbeiter jener Zeit als »Wesen eigener Art«[64], die kaum etwas mit dem englischen oder amerikanischen Proletariat gemeinsam hatten. Nicht selten drosselten die Unternehmer in Ermangelung von Rohmaterialien und Energie die Maschinen und kehrten zur Handarbeit zurück; unversehens fanden sich deutsche Industriearbeiter in den Lohn- und Lebensverhältnissen, den beengten und bedrückenden Denk- und Daseinsformen des frühen 19. Jahrhunderts wieder. Die ideologische Kehrseite dieser wirtschaftlichen Misere war die Verklärung der provinziellen Idylle, das traumversponnene Sehnsuchtsbild einer vorindustriellen und vorrevolutionären »heilen Welt«, das zu einem Hauptprogramm der deutschen Filmindustrie, vor allem aber der Ufa werden wird.

In diesem widersprüchlichen gesellschaftlichen Panorama nach dem Zusammenbruch eines diskreditierten dynastischen Systems – revolutionäre Umtriebe und kulturelle Umwertung der Werte in den städtischen Zentren; erste bürgerlich-demokratische Gehversuche einer von der Arbeiterschaft getragenen Regierung; wirtschaftliche und psychologische Depression in weiten Teilen der Bevölkerung, verbunden mit Rückfällen in vorindustrielle Lebensformen und Seelenlandschaften –: in diesem diffusen Gesamtbild nahmen sich die emphatischen Friedens- und Menschheitsverbrüderungs-Appelle der intellektuellen Avantgarde besonders abstrakt und idealistisch-vage aus. »Die Zeit fordert heraus!« schrieb Carlo Mierendorff im November 1918. »Wir stehn am Ende! Nun dürfen wir nicht mehr still sein und uns von den Ereignissen rädern lassen. Über vier Jahre flüchteten wir uns vor dem Ungeheuren in astrale Verse. (...) Doch nun sind wir frei: Und Ungeheures geschieht: Jetzt lebendig einspringen in den Strom der Geschichte, aktiv sein aufs äußerste und nichts sich entreißen lassen. (...) Wir wollen und dürfen nicht mehr schweigen: Wir warten auf Euch, Freunde, auf Euer heißestes Herz, auf Eure reinste Gesinnung! Springt ein und formt Euern Mut, sucht Richtung, Wege und Ziel: Unhemmbarer Wille zur Zukunft reiße uns hoch, sei unsere gläubigste Losung. Freunde, greift ein!«[65]

Zur gleichen Zeit, am 20. November 1918, veröffentlichte die ein Jahr zuvor auf Initiative der Obersten Heeresleitung (OHL) gegründete Ufa in »Der Kinematograph« eine achtseitige Großanzeige ihres Verleihs für den Nordisk-Film

Die Waffen nieder, deren Text das fieberhafte Pathos der Künstler und Literaten bedenkenlos mit direkter Geschäftswerbung an die Adresse der Filmtheater vermischte.

»Doch der den rechten Augenblick ergreift, das ist der rechte Mann! Das Kino ist das Theater des Volkes! Führen Sie die Massen auf den Weg der Erkenntnis, helfen Sie aufrichten den Gedanken des Völkerbundes!

Die Waffen nieder! ist der Ruf der Welt, der Ruf jeder Nation! Hell leuchten die Worte, hellauf lodert die Flamme der Freiheit nach einem jahrelangen Morden! Die Waffen nieder! (Fabrikat: Nordisk) ist der Film der Zeit! Der Film für alle Theater!

Sofort diesen Film allen zugänglich zu machen, ist unser Bestreben! Mit erschütternder Tragik, in eindrucksvollen Bildern wird hier der Mahnruf Bertha von Suttners geschildert! Der Film ist fertig! Niemals hat Olaf Fönß so überzeugend, so tief ergreifend gespielt wie in diesem Film *DIE WAFFEN NIEDER!* Schließen Sie ab, schaffen Sie Bahn für dieses Werk!

Wir stehen im Zeichen der neuen Zeit! Unsere Ankündigung lautet: Pax Aeterna – Der ewige Frieden.«[66]

Die Riesenlettern der Anzeige sollten die Theaterbesitzer selbstverständlich zu schnellem Vertragsabschluß stimulieren – aber sie waren auch, kaum anders als die pazifistischen Manifeste und die expressionistische Lyrik der Zeit, von einem Geist des Aufbruchs inspiriert, von »visionären Träumen, die einer selbstmörderischen Menschheit das Evangelium vom neuen Zeitalter der Verbrüderung verkündeten«.[67] Kracauer meinte, die Ufa-Führung nach 1918 sei ohne weiteres geeignet gewesen, »das vom alten Regime vorgegebene konservative und nationalistische Grundmuster auf der Leinwand zu perpetuieren«.[68] Aber schon im letzten Kriegsjahr hatten sich die zivilen Leitungskräfte des Konzerns dem Propagandaauftrag der OHL entziehen können und in aller Offenheit, ja weitgehend ungehindert ihre Geschäftsinteressen in den Vordergrund gestellt. Diesen geschäftlichen Ambitionen waren nach Kriegsende keine ideologischen, von einer branchenfernen Polit- und Militärkamarilla diktierten Grenzen mehr gesetzt. Sie suchten im Chaos der Zeit ihre freie Bahn, und es verstand sich von selbst, daß sich die Programmverantwortlichen, die dramaturgischen und künstlerischen Abteilungen und die Werbetexter des Konzerns von der Hauptströmung mitreißen ließen: von der allgemeinen Friedenssehnsucht der Menschen, von verschwommenen revolutionären Ideen und Vorstellungen globaler Verbrüderung. Zugkräftige Stars mußten in diesem Feldzug für eine bessere Welt und für volle Kassen gar nicht erst gewonnen werden: sie waren da und teilten die Stimmungen der Massen; überdies wollten sie reich werden und befanden sich auch darin nicht im Widerspruch zu den Sehnsüchten des Publikums. Olaf Fönß, der dänische Hauptdarsteller in *Die Waffen nieder*, war seit seiner Hauptrolle in Otto Ripperts *Homunculus* (1916) ein allseits beliebter Leinwandheld, »dessen romantisches Gewand in dem Film nachweislich die Moden des eleganten Berlin beeinflußte«.[69]

Die Chronik der Jahrgänge 1918 und 1919 im »Jahrbuch der Filmindustrie« ist eine nüchterne, ja dürre Ansammlung von Fakten, die kaum etwas von der Dramatik des Geschehens und den Verwerfungen innerhalb der Branche preisgibt. Es sind einschneidende Daten, so trocken und lapidar sie sich lesen. Als unmittelbare Folge der revolutionären Ereignisse wurde das Bild- und Filmamt »entmilitarisiert«, also der OHL entzogen und der Reichskanzlei unterstellt, die nunmehr die Filmpropaganda im Dienste des Reichs in einem eigenen Ressort zu organisieren hatte. Im November 1918 – elf Monate nach der Gründung der Ufa – wurde auch die Kapitalbeteiligung des Reichs öffentlich bekanntgegeben. Im Dezember erließen die Volksbeauftragten die Abschaffung der Filmzensur – eine Maßnahme, die offenbar von vielen Zensoren nicht akzeptiert wurde, denn noch im April 1919 fand in der Nationalversammlung eine Zensurdebatte statt, zu der die Filmindustrie eine Deputation entsandte, um die endgültige Abstellung der nunmehr rechtswidrigen Polizeikontrollen zu erwirken. Im März 1919 ereilte die allgemeine Aufsässigkeit auch die inneren Strukturen der Filmbranche: die Kinobesitzer rebellierten in Protestversammlungen gegen die hohen Verleihpreise, und vorübergehend legte ein Generalstreik die gesamte Filmproduktion lahm. »Er dauert eine Woche«, so resümierte das »Jahrbuch der Filmindustrie«, »und bringt die lebensfremden Forderungen gewisser allzu radikaler Elemente zu Fall.«[70] Im April drohte neues Ungemach: »Man beginnt von der Sozialisierung der Filmindustrie zu sprechen. Besonders in Bayern besteht die Gefahr, nachdem dort der Konzessionszwang für alle Filmunternehmen in greifbare Nähe gerückt ist.«[71] Die brutale Zerschlagung der sozialistischen Räterepublik in Bayern durch Regierungstruppen in den letzten Apriltagen 1919 setzte allerdings auch diesen antikapitalistischen Träumen ein Ende.

Freilich waren die Sozialisierungskonzepte von bemerkenswerter theoretischer Unreife und von frappierenden Fehleinschätzungen angesichts der konkreten politischen Lage gekennzeichnet. Theorie und Praxis klafften unüberbrückbar auseinander in einer Zeit, in der nahezu alle politischen und geistigen Kräfte – von den Kommunisten bis zu den »aufgeklärten« Konservativen, von den esoterischen Lyrikern bis zu den Verfechtern einer militanten, ins Tagesgeschehen eingreifenden Kunst – nach radikalen Veränderungen strebten. »Dies ist mehr als nur ein verlorener Krieg. Eine Welt ist zu Ende. Wir müssen für unsere Probleme eine radikale Lösung suchen«,[72] forderte der Architekt Walter Gropius. In dem von ihm gelenkten »Arbeitsrat für Kunst» wie auch in der »Novembergruppe« stritten Architekten, Maler, Bildhauer und Grafiker lautstark oder geheimbündlerisch für eine andere, bessere Welt, riefen zum »Kampf gegen die etablierten Behörden und Akademien«, propagierten »Meisterateliers und Lehrwerkstätten statt des akademischen Unterrichts« und setzten sich für »Idealprojekte mit weitgespannten Zielen«[73] ein. Rainer Maria Rilke begrüßte die Revolution in der Hoffnung, die Menschheit werde nun endlich eine neue Seite ihrer Geschichte aufschlagen. Aber schon im Dezember 1918 notierte er voller Resignation: »Unter dem Vorwand eines großen Umsturzes arbeitet die alte Gesinnungslosigkeit weiter.«[74] Eine Nüchternheit, die dem geistigen Taumel vieler Revolutionsbegeisterter an Realitätsnähe weit überlegen war und mit den Warnungen Kurt Tucholskys aus den ersten Monaten des Jahres 1919 übereinstimmte: »Wenn Revolution nur Zusammenbruch bedeutete, dann war es eine; aber man darf nicht erwarten, daß die Trümmer anders aussehen als das alte Gebäude. Wir haben Mißerfolg gehabt und Hunger, und die Verantwortlichen sind davongelaufen. (...) Wir stehen vor einem Deutschland voll unerhörter Korruption, voll Schiebern und Schleichern, voll dreimalhunderttausend Teufeln, von denen jeder das Recht in Anspruch nimmt, für seine schwarze Person von der Revolution unangetastet zu bleiben.«[75] Die alte Gesinnungslosigkeit arbeitete weiter – und selbstverständlich gab sie sich wie in den Jahrzehnten zuvor als staatserhaltend aus, beanspruchte sie ihren Vorrang in der Politik und verteidigte ihre bedrohten Stützpunkte in den kulturellen Institutionen und im Kunstbetrieb.

Gleichwohl bedeuteten das Scheitern der Revolution wie auch die mangelhafte Verwirklichung ihrer bürgerlich-demokratischen Ziele noch keineswegs eine endgültige Entscheidung zugunsten der Reaktion, der alten militäraristokratischen Herrenkaste und der deutschnationalen, revanchistisch eingestellten Wirtschaftsfraktionen. Gerade wenn das changierende Bild so mächtiger, auf das Massenbewußtsein einwirkender Institutionen wie der Ufa, im Grenzgebiet zwischen Wirtschaft und Kultur, klarer werden soll, bedarf es einer gerechten Würdigung der äußerst ambivalenten Bedingungen, aus denen sich die Weimarer Republik herausschälte. Als eine »Republik der Außenseiter« kennzeichnet sie der deutschamerikanische Autor Peter Gay, und er hebt hervor, daß erstmals marginale gesellschaftliche Kräfte – Demokraten, Kosmopoliten, Juden – die Möglichkeit hatten, einflußreiche Positionen im Gemeinwesen, in der Wirtschaft, an den Universitäten und in der Politik einzunehmen. »Und dieser Umbruch gab der Republik ihren eigenartigen, einzigartigen Charakter: lebhaft, oft hektisch; produktiv, aber auch gefährdet.«[76] Die Republik sei ein Ausnahmezustand gewesen, der jedoch »nicht mit Kurzlebigkeit zu verwechseln« sei: »Skepsis war angebracht, nicht aber Fatalismus. Anfälligkeit bedeutete nicht Verdammnis.« Die ersten Monate der Republik verrieten auch, was in ihr steckte; sie beleuchteten blitzartig ein weites Feld zukunftshaltiger Perspektiven und tragfähiger, wenn auch bald verratener Möglichkeiten. Die Weimarer Republik war ein Energiezentrum, das seine Kräfte immer mehr auf einen grundlegenden Widerspruch lenkte und sich in seiner Bewältigung erschöpfte: »Weimar war die Arena eines großen Zweikampfes, der 1918/19 mehr als ein Jahrhundert alt war, eines Kampfes des einen Deutschlands gegen das andere.«[77]

In diesem Zweikampf stand auch – es konnte gar nicht anders sein – das legitime Kind Ludendorffs und der Deutschen Bank, die Universum Film AG. Ja, sie wurde selbst zu einem wichtigen Nebenschauplatz dieses Kampfes: seine Frontlinien verzweigten sich in viele Ausläufer und wurden eins mit den Kraftlinien des Konzerns. Demokraten, Kosmopoliten, Juden: sie stellten längst den kreativen Kern der deutschen Filmindustrie, und sie bildeten auch das Ferment der jungen Ufa. Mit der Emanzipation des Unternehmens von seinen wilhelminischen Auftraggebern siegten nicht nur der zivile Geist, der bürgerliche Geschäftssinn und eine auf (Film-)Handel und Wandel gerichtete Weltoffenheit; vielmehr gaben nun auch »Außenseiter« wie Paul Davidson, Ernst Lubitsch, Joe May, Reinhold Schünzel und, wenig später, Erich Pommer, Friedrich Wilhelm Murnau und Fritz Lang den Ton an. Sie waren durchaus nicht auf politische Positionen festgelegt, viele waren oder gaben sich sogar politisch desinteressiert. Weltbürger waren sie jedoch allemal, anti-provinziell, von der Nervosität der Großstadt und den Möglichkeiten der technischen Zivilisation geprägt. »Lebhaft, oft hektisch; produktiv, aber auch gefährdet«: der Zustand der Republik spiegelte sich in ihren interessantesten Köpfen, in ihrer kulturellen Atmosphäre und in Arbeitszusammenhängen – wie auch in den Produkten, die aus ihnen hervorgingen. Die Ufa, besonders in ihrem frühen Stadium, war ein Teil des Ausnahmezustands Weimarer Republik. Sie war anfällig gegen alle latenten und manifesten Strömungen – aber diese Anfälligkeit bedeutete nicht von Anfang an und unausweichlich ihre Verdammnis.

»Anfälligkeit« im Sinne eines fruchtbaren ästhetischen Voluntarismus und ideologischer Skrupellosigkeit verkörperte wie kein anderer Ernst Lubitsch, der in den Jahren 1918 und 1919 zwölf Filme drehte, mit einer Ausnahme (*Rausch* nach Strindbergs Schauspiel, einer Produktion der Argus-Film GmbH) Filme der Union, die somit der Frühgeschichte der Ufa zuzuschlagen sind. Lubitschs Filme waren Ausdruck einer Umbruchsituation. Eine »große Zeit« rief nach großer Kunst: Lubitsch aber zeigte die Lächerlichkeit des Erhabenen; er riß die Anmaßung vom Podest und ließ sie in viele groteske Diminutiva zersplittern. Ein zerrissenes Volk und seine Wortführer riefen nach Einheitlichkeit, nach Zusammenfassung: Lubitsch jedoch veranstaltete ein sarkastisches Scherbengericht und setzte seine künstlichen Filmwelten aus tausend »unpassenden«, widersprüchlichen, einander entlarvenden Details zusammen. Lauter Ungereimtheiten und hintergründige Ironien: Die verlogene Ausstattungsrevue des Wilhelminismus war kaum untergegangen, als Lubitsch, mit dem Geld der Ufa, den großen historischen Dekorations- und Kostümfilm einführte. Tag für Tag überschwemmten Berlins Arbeiter, vom Revolutionsfieber erfaßt, die Straßen der Innenstadt, den Potsdamer Platz, den Lustgarten, während Lubitsch – in *Madame Dubarry* – die Massen der Französischen Revolution zu artistisch-ornamentalen Mustern aufmarschieren ließ. Und als der Export deutscher Filme dem Boykott des Auslands, vor allem der Siegermächte, zu erliegen drohte, gelang der Ufa dank Lubitsch der Anschluß an die Standards der internationalen, zunehmend von Hollywood beherrschten Filmproduktion.

Ernst Lubitsch wurde zu einem Streitfall und ist es bis heute geblieben. Kracauers vehemente Lubitsch-Kritik, die viele Epigonen schuf, wurzelt in seinem rigorosen Ansatz, aus den Filmen der Weimarer Republik die »geheime Geschichte« der Deutschen abzulesen und mit der Aufdeckung der »inneren Dispositionen« des Volkes im Medium des Films »Hitlers Aufstieg und Machtergreifung zu verstehen«.[78] Kracauer betrieb Filmgeschichtsschreibung als schwarze Teleologie: aus seiner Sicht strebte die Epoche – mitsamt ihren Machtkonstellationen, ihren inneren Dispositionen und ihren kulturellen Bildern und Zerrbildern – unausweichlich dem Faschismus zu. Mit der Kontingenz der Geschichte leugnete er zugleich ihre Ambivalenzen, die Vielfalt ihrer Möglichkeiten, und kam so zu einer geschlossenen Fatalität der Ereignisse und ihrer Widerspiegelungen – einer Fatalität, in die er auch Lubitschs »Zynismus«, seine »nihilistische Geschichtsauffassung«[79] mühelos einordnen konnte.

Auch Lotte H. Eisner, die in der Schauspielerführung und Massenregie Max Reinhardts einerseits, im scharfsinnigen Witz jüdischer Intellektueller andererseits zwei der »bunten Ingredienzen« des Lubitsch-»Touch« ausmachte, urteilt zu eng, wenn sie unterstellt, in seinen »pseudohistorischen Kostümfilmen« sei es dem Regisseur lediglich darum gegangen, »komische Züge, lächerliche Zwischenfälle und Situationen zu enthüllen, um ein anspruchsloses Publikum zu amüsieren«.[80] Gegen empörte Stimmen aus dem Ausland, Lubitsch habe in *Madame Dubarry* die Geschichte der Grande Nation, in *Anna Boleyn* die heroische Epoche Englands ins Lächerliche gezogen, wandte Lotte Eisner mit Recht ein, die Ufa sei weit eher darauf bedacht gewesen, Devisen zu beschaffen, als die Nachbarvölker vor den Kopf zu stoßen. Aber sie verkannte die Radikalität der

Madame Dubarry

Geschichtsdemontage bei Lubitsch, seine subversiven Attacken auf die Lüge, die mit jedem Pathos einhergeht. Ent-operung der zeitgenössischen (zumal italienischen) Film-Geschichtsoper habe er angestrebt, wird Lubitsch selbst 1947 im Rückblick auf seine Ausstattungsfilme schreiben, eine Reduktion der großen Geste auf ihren menschlichen Kern – »die intimen Nuancen nahm ich ebenso wichtig wie die Massenbewegungen und versuchte, beide zu mischen«.[81] Vielleicht kommt Frieda Grafe dem Phänomen Lubitsch am nächsten, wenn sie schreibt, er sei ein »Kind der Inflation« gewesen: »Er blieb sein Leben lang abhängig von Krisenzeiten, sie inspirierten ihn zu seinen besten Filmen.«[82] Und Enno Patalas' Fazit, bezogen auf die amerikanischen Komödien, gilt bereits für einige Elemente der historischen Ausstattungsfilme: »Lubitschs Kino, das ist kein Kino der Revolte. Aber es treibt die Formen des Bestehenden, ihre Eigenbewegung nutzend, ein Stückchen weiter ihrer selbsttätigen Zerstörung entgegen.«[83]

Schon bei der Projektions-AG Union hatte Lubitsch ein Team zusammengestellt, das – ähnlich wie wenig später die Mitarbeitergruppe um F. W. Murnau – aus sehr unterschiedlichen Talenten und Charakteren bestand und wohl gerade darum im Sinne der eklektischen Kunstauffassung des Regisseurs so trefflich harmonierte. Dazu gehörte vor allem der Autor Hanns Kräly, der die meisten Drehbücher schrieb und auch in den USA bis 1929 mit Lubitsch zusammenarbeitete. Lubitschs Kameramann in den Jahren 1918 bis 1922 war Theodor Sparkuhl, sein Ausstatter Kurt Richter, der mehrfach mit Ernst Stern, einem der prominenten Bühnenbildner Max Reinhardts, zusammenarbeitete.

Zum festen Stamm der Lubitsch-Darsteller gehörten schon in den Kriegsjahren der »Liebhaber« und »jugendliche Held« Harry Liedtke, Victor Janson als

»komische Figur« und Margarete Kupfer in ihren Mütter- und Gouvernanten-Rollen – sie alle eingeengt zunächst durch die angestammten Rollenfächer, aber geformt durch die Regiekunst Reinhardts und, als Grenzgänger zwischen Bühne und Film, aufgeschlossen für alles Neue. Es war die Zeit, in der nach Ansicht des »Tage-Buch«-Herausgebers Stefan Grossmann der Ufa-Direktor Paul Davidson die Herrschaft über die Berliner Theater anzutreten entschlossen war: »Heute streckt die Ufa nicht nur nach dem Großen Schauspielhaus Davidsohns sicher greifende Hand, auch andere Theaterleiter klettern zu den Büros der Ufa erlösungsuchend empor (...) Das Berliner Theater wird bestehen als Adnex der deutschen Filmindustrie. Herr Davidsohn wird bestimmen, ob Max Reinhardt, der Regisseur, dem Deutschen Theater erhalten bleibt.«[84]

Ossi Oswalda belegte in Lubitschs Komödien bis 1920 das Backfisch-Fach (ab 1925 wurde sie unter der Regie Max Macks zum Ufa-Star und blieb es bis zum Ende der Stummfilmzeit); Pola Negri war der weibliche Star der »dramatischen Großfilme« *Die Augen der Mumie Mâ*, *Carmen*, *Madame Dubarry* und *Sumurun*; Henny Porten übernahm in *Kohlhiesels Töchter* 1920 eine Doppelrolle und verkörperte im gleichen Jahr die Titelfigur in *Anna Boleyn*. Schließlich Asta Nielsen: sie spielte 1919 die Hauptrolle im Kammerspielfilm *Rausch* und beschwerte sich ein Jahr später in der »Lichtbild-Bühne« unter deutlicher Anspielung auf ihre Erfahrungen mit Lubitsch: »Das Publikum will immer nur Handlung, gedrängte Sensation im Geschmack des Yankeefilms. Zu schauspielerischer Vollentwicklung wird dem Künstler keine Zeit gelassen. Oder, wird sie ihm bei der Aufnahme gelassen, so nimmt die Schere des Regisseurs hinterher das Beste weg: als ›überflüssig‹.«[85] Asta Nielsen war sichtlich von Lubitschs »amerikanischer« Respektlosigkeit gekränkt, von seiner Unkompliziertheit im Umgang mit großer Dichtung und großer Schauspielkunst.

Lubitsch war ein »Artist im Zirkus Ufa«[86]. Mit der Premiere von *Madame Dubarry* wurde am 18. September 1919 Berlins größtes Kino eröffnet, der Ufa-Palast am Zoo: die Serie der neobarocken Selbstdarstellungsfeste des Konzerns nahm ihren Anfang. »Gewaltige Demonstrationen zogen damals täglich durch die Berliner Straßen; so ähnlich wurden in *Madame Dubarry* die aufständischen Massen von Paris entfesselt, um die Französische Revolution zu illustrieren. War dies ein revolutionärer Film?« – fragte Siegfried Kracauer. Natürlich war er das nicht: »Anstatt alle revolutionären Ereignisse auf ihre ökonomischen und ideellen Ursachen zurückzuführen, stellt er sie hartnäckig als Ergebnis psychologischer Konflikte dar. (...) Der Film geht nicht von Leidenschaften aus, die der Revolution innewohnen, sondern beschneidet die Revolution auf einen Auswuchs privater Leidenschaften.«[87]

Aber wo verlief die Grenze zwischen »revolutionären« und »privaten« Leidenschaften? Welches Interesse sollte ausgerechnet Lubitsch, ein aus dem galizischen Kleinbürgertum des Berliner Ostens emporgekommener Charakterdarsteller und Entertainer, der nun endlich bei der Ufa arbeiten und aus dem vollen schöpfen konnte – welches Interesse sollte gerade er an derlei Spitzfindigkeiten haben?

Die Ufa stand längst an der Spitze der deutschen Filmindustrie und drängte auf die ausländischen Märkte – ihre Filme, wollten sie erfolgreich sein, waren selbstverständlich mit den »privaten« Leidenschaften des Millionenpublikums im Bunde. An Staatsaufträgen – sei es von einer sozialdemokratischen, sei es von jeder anderen Regierung – war sie nach den Erfahrungen mit der Obersten

Heeresleitung so wenig interessiert wie die Regierung selbst, die gerade die Zensur abgeschafft hatte. Auch Kracauer hatte übrigens kein Vertrauen zu einer von der Regierung erlassenen »revolutionären« Filmpolitik: der Gesetzentwurf der Sozialisten zur Verstaatlichung der Filmindustrie, mit dem sie die Flut der Sexfilme zu bekämpfen trachteten, galt ihm als Musterbeispiel für den »Abgrund zwischen den Überzeugungen vieler Sozialisten und ihren Mittelschicht-Dispositionen«.[88]

Erst eine Synopsis der »zynischen«, »nihilistischen« Spektakel, die Lubitsch 1918 und 1919 auf die Kinoleinwände zauberte, und der Vorgänge auf den Straßen Berlins enthüllt den »inneren«, psychischen Zustand der Republik. Einen Tag nach der Uraufführung von *Carmen* am 20. Dezember 1918 im U. T. Kurfürstendamm marschierte ein endloser Trauerzug mit den Särgen erschossener Spartakisten von der Siegessäule zum Potsdamer Platz, jeweils zwei Särge auf einfachen Rollwagen, die von Bierkutschern im Arbeitsanzug gefahren wurden, über dem schwarzen Zug ein Meer roter Fahnen. Im »blutigen Januar« 1919 gab es gleich zwei Lubitsch-Premieren: am 17., zwei Tage nach der Ermordung Rosa Luxemburgs und Karl Liebknechts, wurde im U. T. am Nollendorfplatz der Schwank *Meyer aus Berlin* uraufgeführt, eine Woche später am Kurfürstendamm die Komödie *Meine Frau, die Filmschauspielerin* mit Ossi Oswalda und Victor Janson. Am 17. Januar ließ die Ebert-Regierung die Festdekorationen am Brandenburger Tor abräumen, die man für den Empfang der Fronttruppen angebracht hatte: das Defilee der geschlagenen Regimenter war vorüber, aber auch die Spartakusaufstände waren erstickt, die Rädelsführer tot. Am Abend dieses Tages wurde Graf Kessler aus Anlaß eines Kabarettbesuchs plötzlich bewußt, daß es nicht die Regierung, sondern eine ganz andere, unfaßbare Macht war, welche die Revolution absorbiert, sie buchstäblich verschlungen hatte: »Das Babylonische, unermeßlich Tiefe, Chaotische und Gewaltige von Berlin ist mir erst durch die Revolution klargeworden, als sich zeigte, daß diese ungeheure Bewegung in dem noch viel ungeheureren Hin und Her von Berlin nur kleine örtliche Störungen verursachte, wie wenn ein Elefant einen Stich mit einem Taschenmesser bekommt. Er schüttelt sich, aber schreitet weiter, als ob nichts geschehen wäre.«[89]

Die Menschen, die Abend für Abend in die Kinos strömten; der Aufstieg der Ufa und ihre frühen festlichen Premieren; die mal eleganten, mal derb-komischen Geniestreiche eines Ernst Lubitsch waren ein Teil dieses ungeheuren »Hin und Her von Berlin«, des leviathanischen, alles verschlingenden großstädtischen Alltags. Es war dieser Alltag, der die Menschen mit Gleichmut ausstattete, sie wappnete gegen die Zumutungen der Geschichte, ihnen noch in bürgerkriegsähnlichen Situationen Schutz bot gegen den eisigen Lufthauch welthistorischer Veränderungen, die zwar Leidenschaften freisetzten, aber wenig Sicherheit versprachen.

Um die Jahreswende 1918/19 gab es in Berlin eine Gleichzeitigkeit »revolutionärer« und »privater« Leidenschaften, die keine Filmhandlung, kein Kinoereignis hätte überbieten können. Am Heiligen Abend war die halbe Stadt auf den Beinen, weil auf dem Platz vor der zerschossenen Schloßfassade »irgend etwas« erwartet wurde, ein Gefecht, eine Rede Liebknechts; Regierungstruppen und meuternde Matrosen standen einander gegenüber, während einen Steinwurf weiter der Weihnachtsmarkt seinen gewohnten Verlauf nahm: Leierkästen in der

Friedrichstraße, »Straßenverkäufer bieten Salonfeuerwerk, Lebkuchen und Silberflitter an, die Juwelierläden Unter den Linden sind sorglos geöffnet, hell erleuchtet funkeln ihre Schaufenster; in der Leipziger Straße, bei Wertheim, Kayser usw. drängt sich das übliche Weihnachtspublikum«.[90] Um Neujahr spielte sich eine Groteske ab, die Hanns Kräly oder Lubitsch hätten ersonnen haben können. »Der Antiquar Lippmann«, notierte Kessler, »ist mit Wertgegenständen der Kaiserin und mehreren Matrosen, zu denen er ein zartes Verhältnis hat, gestern morgen nach Holland gefahren. Ein kleines Satyrspiel, da L. nur durch seine Beziehungen zu Matrosen im Vollzugsrat, die er während der Revolution bei sich aushielt, der Kaiserin den Dienst leisten kann.«[91] Monarchische, revolutionäre, »private« Leidenschaften – wer könnte sie hier noch auseinanderhalten?

»Ganz Berlin ist ein brodelnder Hexenkessel, in dem Gewalt und Ideen durcheinanderquirlen.«[92] Dieser brodelnde Hexenkessel Berlin war auch der Humusboden einer expandierenden Filmindustrie mit ihren extremen oder ganz banalen Alpträumen, ihren Schnulzen und Schmonzetten, ihren skandalträchtigen Sexfilmen und tränenseligen Rührstücken von Liebe und Herzeleid. Im revolutionären Berlin gediehen die zeitgemäßen Nachtstücke des Caligarismus und des »expressionistischen« Films ebenso wie die historischen Ausstattungsdramen der Ufa und signalisierten dem Ausland, daß im besiegten Deutschland eine teils beunruhigende, teils faszinierende, sehr uneinheitliche, jedenfalls romantische und überaus deutsche Filmkunst in Entwicklung begriffen war. Als erster deutscher Film nach dem Krieg wurde die Ufa-Produktion *Madame Dubarry* für 40000 Dollar in die USA verkauft und unter dem Titel *Passion* am 12. Dezember 1920 in New York erstaufgeführt – zwei Wochen später schätzte die »New York Times« den Wert der Rechte auf 500000 Dollar; der Erfolg war immens und bestätigte die optimistische Prognose unkonventioneller amerikanischer Filmunternehmer, daß es möglich sei, »die Blockade des Publikums und der Presse gegenüber Filmen aus Deutschland zu durchbrechen«.[93] Im Jahr darauf fanden die Lubitsch-Filme *Anna Boleyn*, *Carmen* und *Sumurun* ihren amerikanischen Markt – ausnahmslos Ufa-Produktionen, die wenig später anderen Filmen, Robert Wienes *Das Cabinet des Dr. Caligari* und Paul Wegeners Golem-Film, den Weg in die USA bereiteten.

Das amerikanische Geschäft hatte sich bereits angebahnt, die Hoffnungen der deutschen Revolution waren begraben, der Kapp-Putsch wie ein Spuk durchs Land gegangen und der neue Chef der Heeresleitung, Hans von Seeckt, im Begriff, ein 100000 Mann-Heer für die Reichswehr aufzubauen, als Ende September 1920 Reichspräsident Friedrich Ebert, begleitet von zwei Ministern, einigen Staatssekretären und Ministerialräten sowie etlichen Reichs- und Landtagsabgeordneten, dem Regisseur Ernst Lubitsch und seinen Mitarbeitern aus Anlaß der Produktion von *Anna Boleyn* auf dem Freigelände der Ufa in Tempelhof einen offiziellen Besuch abstattete. An diesem Tag wurde, mit Emil Jannings und Henny Porten an der Spitze von viertausend Statisten, der Krönungszug vor der Westminsterabtei aufgenommen. Die Ufa hatte ihre Generaldirektoren Karl Bratz und Paul Davidson aufgeboten, um das Staatsoberhaupt würdig zu empfangen, und Lubitsch fiel die Rolle zu, als Virtuose der Massenregie alle Register seines Könnens zu ziehen. »Im schlichten Arbeitsanzug, den Hals von keinem Kragen beengt, um die volle Gewalt der Stimme einsetzen zu können, häufig das Sprachrohr an den Lippen, stand dieser mit einigen Hilfsregisseuren und den

Der Reichspräsident bei den Dreharbeiten zu *Anna Boleyn:* Ebert (l.), Paul Davidson (M.), Henny Porten und Emil Jannings; erhöht: Ernst Lubitsch; zwischen Porten und Jannings: Hanns Kräly

Anna Boleyn: Krönungszug

Aufnahmeoperateuren auf einem hohen Holzstapel (...) und gebot den Massen. Der Durchblick auf die Westminsterabtei, die bunten Menschenmassen, der Festzug, in dem die Geistlichkeit im Ornat, die gewappnete Ritterschaft, der Adel in großem Prunk, die Hofdamen in vollem Staat einherschritten, ergaben zusammen ein sehr farbenfrohes und belebtes Bild, das auch auf dem Zelluloidstreifen seine Wirkung tun wird«[94] – so die Prophezeiung des »Film-Kurier« in seinem tags darauf erschienenen Bericht.

Was an jenem Tage wirklich geschah, hat der Schriftsteller Paul Eipper überliefert, der als Freund der Familie Porten bei den Dreharbeiten zugegen war. Angesichts der träge wogenden Statisterie – viertausend Arbeitslose, die man in englische Renaissancekostüme gesteckt hatte – drängte sich ihm der Gedanke auf, daß ein Funken genügen würde, »um daraus ein brodelndes Meer zu machen. Der Krönungszug war eben zum erstenmal bis zum Portal der Kirche heruntergeschritten, als mit Gefolge der Reichspräsident anrückte. Er stellte sich – man muß es zugeben – sehr bescheiden mit seinen Herren auf den Lehmhügel zu dem Generalstab der Ufa und sah wie einer der vielen Zuschauer neugierig auf das Bild. Die Arbeitslosen aber vergaßen, daß sie englische Bürger zur Zeit Heinrichs VIII. sein sollten und erinnerten sich an das Elend des Alltags. Es bildeten sich Gruppen, es wurde getuschelt, und Lubitsch brüllte mehr als je. Die Hilfsregisseure bekamen rote Köpfe und zerrten an ihren Gäulen, so daß die Tiere nervös wurden, aber es half alles nichts: als der Krönungszug zurückkam und die Menge nun durchs Tor der Stadt hineinfluten sollte, getrieben von der reitenden Garde des achten Heinrich, bildete sich vor dem Tor eine geschlossene Kette von Menschen, die ›Nieder Ebert!‹ riefen und keinen der Nachfolgenden durchließen. Lubitsch hatte die Geistesgegenwart, die echte Erregung kurbeln zu lassen, war aber dann vollkommen machtlos. Die 4000 Menschen klumpten sich,und für heute mußten die Aufnahmen abgeschlossen werden. Ein Zwischenfall, der eine Viertelmillion gekostet hat und nicht vorgekommen wäre, wenn man nicht die Dummheit begangen hätte, die Arbeitslosen von 7 Uhr mit hungrigem Magen bis 11 Uhr in der recht heißen Sonne warten zu lassen.«[95]

Vermutlich hatte die Erregung, die so plötzlich den Fiktionsrahmen der Filmproduktion durchbrach und in politische Wirklichkeit umschlug, neben dem akuten Mangel auch einige tiefergehende soziale und politische Ursachen: der Unmut der Statisten richtete sich ja nicht gegen das Sparregime der Ufa-Direktoren, sondern gegen Ebert selbst als obersten Repräsentanten einer sozialdemokratischen Machtelite, von der sich Millionen deutscher Arbeiter bereits verraten wähnten.

Anna Boleyn kostete etwa 8 Millionen Mark; die Premiere im Dezember 1920 im Ufa-Palast am Zoo, als Wohltätigkeitsveranstaltung des Vereins Berliner Presse organisiert, besänftigte diejenigen, die geneigt waren, der Ufa Verschwendungssucht vorzuwerfen. Kurt Pinthus rechnete im »Tage-Buch« vor, daß allein mit dem Erlös aus den amerikanischen Rechten (200000 Dollar oder 14 Millionen Reichsmark) die Herstellungskosten mehr als gedeckt seien. Auch aus seiner Begeisterung für die Massenszenen machte Pinthus kein Hehl, obschon er ihr einen ironischen Unterton beimischte: »Sicher wird dergleichen nur in Deutschland so tadellos inszeniert. Ich habe immer das Gefühl, bei Reinhardt wie bei Lubitsch, daß wir jetzt im Theater und Film die Vorzüge der alten militaristischen Epoche einheimsen. Die Massenszenen können nur bei einem manövergeübten Volke so stramm durchgeführt werden.«[96]

Dreharbeiten zu *Das Weib des Pharao*

Ein Jahr später, als Lubitsch in den Gosener Bergen für seine Produktion *Das Weib des Pharao* das ägyptische und das äthiopische Heer gegeneinandermarschieren ließ, gab es abermals Probleme mit der Komparserie. Die Zeitschrift »Der Kinematograph« wünschte zur Verstärkung der Massenszenen sogar leibhaftige Soldaten herbei – leider sei dem Militär die Beteiligung an Filmaufnahmen gegenwärtig untersagt. Vorausgegangen war ein Streik der Statisten, die statt sechzig Mark pro Kopf hundert verlangten »und sich nicht eher zur Arbeit bequemten, bis das verlangte Mehrhonorar von Berlin geholt war«.[97] Die Komparsen waren durchweg Arbeitslose, die von ihrem Engagement ein Zubrot zu ihren schmalen Einkünften aus der staatlichen Unterstützung erhofften. »Der Vorfall ist charakteristisch«, kommentierte »Der Kinematograph« mit dem Brustton obrigkeitlicher Ungehaltenheit. Sein Ruf nach der Armee entbehrte nicht wilhelminischer Logik.

Keineswegs war die »alte militaristische Epoche« überwunden. Schon im Juli 1920 bemerkte Graf Kessler einen psychologischen Umschwung in Deutschland, eine »Stimmung gegen Frankreich und für einen neuen Krieg« breite sich aus.[98] Große Teile dieses manövergeübten Volkes standen noch immer oder schon wieder stramm – bereit, sich für Paraden, soldatischen Drill und disziplinierte Marschkolonnen zu begeistern. Es ist ein Verdienst der Ufa in den ersten Nachkriegsjahren, daß sie der Liebe der Deutschen zum martialischen Ornament in den gut organisierten Massenszenen ihrer großen historischen Kostümfilme ein wirkungsvolles, aber vergleichsweise harmloses Ventil mit hohem Unterhaltungswert verschaffte.

5. Kapitel

Exkurs: Die Ufa im Ausland

Den Ausstattungsdramen mit geschichtlicher Thematik folgten bald die weltumspannenden Reisefilme, mit denen die Ufa das große Publikum durch alle Erdteile vagabundieren ließ. Geschäftlich allerdings operierte der Konzern schon seit seiner Gründung außerhalb der deutschen Landesgrenzen und erweiterte planmäßig seine Einflußzonen.

Die Auslandstätigkeiten des Unternehmens erstrebten nicht mehr und nicht weniger als die Errichtung eines Medien-Imperiums europäischer Größenordnung und von babylonischer kultureller Vielfalt: es ging um die Film-Macht in Mitteleuropa, um die Kino-Hegemonie in allen angrenzenden Ländern und in den Tiefen des osteuropäischen Raums – und letztlich um ein europäisches Gegen-Zentrum zu Hollywood, das mit seinen Filmen bereits während des Krieges die internationalen Märkte zu erobern begonnen hatte.

Schon bald nach ihrer Gründung wurden die entscheidenden Weichen für die Auslandsaktivitäten der Ufa gestellt. Am 12. April 1918 informierte der Aufsichtsratsvorsitzende Emil Georg von Stauss den Arbeitsausschuß der Konzernspitze über die Pläne, die ausländischen Interessen der Deutschen Lichtbild-Gesellschaft (DLG) und die entsprechenden Ambitionen der Ufa in einer Auslands-GmbH zusammenzufassen – freilich unter deutlicher Dominanz des neuen Unternehmens: »Nach außen handelt für die Auslandsgemeinschaft allein die Ufa unter ihrer Firma. Sie begründet bei sich eine selbständige Auslandsabteilung mit getrennter Buchführung und Bilanzierung.«[99]

Die Quotierung sah 60 Prozent der Anteile für die Ufa, 30 Prozent für die DLG (daraus wurden später 35 Prozent) und 10 Prozent für die Agfa vor. Entsprechend wurde die Sitzverteilung im Aufsichtsrat geregelt: fünf Mitglieder von der Ufa-Seite, drei von der DLG, zwei von der Agfa nominierte Mitglieder; bei Stimmengleichheit sollte der Vorsitzende den Ausschlag geben, »der aus den Mitgliedern der Ufa zu wählen ist«. Auch bei der Festlegung der Operationsfelder setzte sich die Politik der Stärke durch; die von der Schwerindustrie großgezogene DLG erlitt dabei eine empfindliche Niederlage: »Die Auslandsgemeinschaft bezieht sich auf das ganze Ausland, auch auf den Balkan, den die Deulig (= DLG) wegen ihrer dort bereits begründeten besonderen Interessen anfangs ausgeschlossen wissen wollte (...).«

Im Einvernehmen mit den Mitgliedern des Arbeitsausschusses stellte der Ufa-Aufsichtsratsvorsitzende fest, »daß die Ufa im nationalen Interesse sowie in der Erwartung guter geschäftlicher Erfolge die Organisation in Rußland und am Balkan mit aller Kraft in Angriff nehmen wird«. Der Vorstand erhielt Vollmachten, in Osteuropa, Rußland eingeschlossen, drei Millionen Reichsmark »nach vorsichtiger Prüfung zu investieren«. Dabei ging es vor allem um den Erwerb von Lichtspieltheatern mit örtlicher und regionaler Ausstrahlung. Der Jutefabrikant Karl Bratz, Delegierter des Aufsichtsrats im Vorstand der Ufa, wurde beauftragt, alsbald nach Bukarest, Sofia und Konstantinopel zu reisen, um vor Ort »die vorbereitenden Organisationsarbeiten bzw. Maßnahmen zu treffen, besonders die geeigneten Theater zu sichern«.

Nur zwei Monate später, auf seiner Sitzung am 13. Juni 1918, zeigte sich der Aufsichtsrat zur Bewilligung weitaus höherer Mittel bereit. Die ursprünglich für den gesamten osteuropäischen Raum vorgesehenen drei Millionen Mark wurden jetzt allein den Ufa-Ambitionen in der Ukraine zugestanden; jeweils zwei Millionen stellte man für Großrußland und Polen bereit, drei Millionen für Investitionen in Rumänien, der Türkei und im kaukasischen Raum, eine weitere Million für Finnland. Westeuropa wurde keineswegs ganz vernachlässigt: zwei Millionen wurden für geplante Ufa-Erwerbungen in Holland und Belgien flüssig gemacht, weitere zwei Millionen für Aktivitäten in Skandinavien.

Auf der am selben Tag anberaumten Sitzung des Arbeitsausschusses gab von Stauss dem annexionistischen Charakter dieser großangelegten Erwerbspolitik unmißverständlich Ausdruck: »In der Diskussion über die Auslandsgeschäfte wies der Vorsitzende insbesondere darauf hin, daß Gewicht darauf zu legen sei, daß die Beteiligungen unserer Gesellschaft sich nicht nur die einfache Majorität, sondern diejenige Mehrheit sichern müsse, durch die nach Gesetz oder Statut volle Verfügung über die Gesellschaft, auch für den Fall der Auflösung oder Fusion, erhalten wird.«[100]

Die politische und militärische Entwicklung an den östlichen Fronten in der ersten Hälfte des Jahres 1918 schien solchen Optimismus zu rechtfertigen. Im Februar hatten Deutschland und Österreich-Ungarn im Bunde mit der Türkei den »Brotfrieden« mit der Ukraine geschlossen, der den Mittelmächten die Getreidekammer des Ostens sichern und Rußland zur Anerkennung des ukrainischen Staates zwingen sollte. Trotzki brach daraufhin die seit Dezember 1917 geführten Friedensverhandlungen ab, mußte sich aber nach erneutem militärischen Vormarsch der Mittelmächte im März dem deutschen Friedensdiktat von Brest-Litowsk beugen: die junge Sowjetunion verpflichtete sich nicht nur zu wirtschaftlichen Leistungen, sondern verzichtete auch auf Polen und die baltischen Gebiete; obendrein mußte sie Finnland und die Ukraine als selbständige Staaten anerkennen. Im Mai 1918 schließlich folgte der Friede von Bukarest zwischen den Mittelmächten und Rumänien, das ein großes Gebiet an das mit Österreich verbündete Bulgarien abtreten und Deutschland die Ausbeutung seiner Ölfelder garantieren mußte. Alles in allem war also, der bedrohlichen Entwicklung im Westen ungeachtet, die Lage im Osten und Südosten wie geschaffen, um den Unternehmungsgeist des deutschen Kapitals aufs neue zu wecken und seine Aufmerksamkeit auf schon verloren geglaubte Märkte zu lenken.

Nur wenige Monate später hatte sich die Lage entscheidend verändert. Anfang November 1918, angesichts des verlorenen Krieges und der revolutionären Entwicklung im Reich, schien der Erwerbsstrategie der Ufa auf dem Balkan einstweilen der Boden entzogen. Auf der Sitzung des Arbeitsausschusses am 4. November forderte Bratz, »die neuen Momente des für Deutschland unglücklichen Kriegs-Resultats in Rechnung zu stellen«.[101] Bei den Gelddispositionen des Konzerns sei nun in Betracht zu ziehen, »daß infolge der Absperrung vom Balkan und anderen Interessengebieten Einnahmen ausbleiben, mit denen zu rechnen war«. Auf der Aufsichtsratssitzung vom 5. November grenzte sich Bratz deutlich vom Propagandaauftrag der OHL ab: »Der Vorstand sei darauf bedacht gewesen, einseitige militaristische Propaganda auszuschalten und die Filmunternehmungen im Auslande darauf einzustellen, daß dieselben auch für den Frieden, für deutsche Kultur und deutsche Industrie und Handel wirken können.«[102] Zweifellos hielt es Bratz angesichts der historischen Wende für nützlich, diese Bemerkung ins Protokoll aufnehmen zu lassen. Das größte deutsche Filmunternehmen bereitete seinen Rückzug aus dem militärischen Komplex vor. Gleichwohl gab der Ufa-Repräsentant – der am selben Tag zum Vorstandsmitglied vorgeschlagen wurde – nur jenem zivilen, den Militärmachthabern gegenüber mißtrauischen Geschäftssinn Ausdruck, der sich schon während des Krieges in den Leitungsgremien durchgesetzt hatte.

Ende 1919 konnte die Ufa indessen eine insgesamt positive Gesamtbilanz ihrer ausländischen Aktivitäten ziehen. Das Protokoll des Arbeitsausschusses vom 30. Dezember dieses Jahres vermerkte: »Es ergibt sich aus dem Vergleich der Ziffern insbesondere, daß allein der Mehrwert der Auslandsbeteiligungen die auf Auslandsengagements zu verbuchenden Verluste um über M. 5000000,– übersteigt.«[103]

Gleichzeitig allerdings lenkte eben jener Karl Bratz, dem nicht zuletzt die schwungvolle Expansion im Ausland zu danken war, den Zorn des Vorsitzenden von Stauss auf sich. Der »unermüdliche Fleiß« des Kollegen und »seine hervorragenden Fähigkeiten« seien unzweifelhaft. »Andererseits habe sich immer mehr herausgestellt, daß sich die Eigenart des Herrn Bratz nur schwer in die notwendige Disziplin einer Aktiengesellschaft einfügen lasse. Neben mangelnder Information seiner Vorstandskollegen und Nachlässigkeit in der Form eines ordnungsmäßigen Geschäftsverfahrens sei insbesondere die eigenmächtige Übernahme von Risiken vorzuwerfen.«

Vorausgegangen waren einige allzu selbständige Operationen, die Bratz an einer anderen Front, nämlich in den USA, vorgenommen hatte. Mit dem amerikanischen Händler Ben Blumenthal sowie mit Famous Players und Chaplin hatte er Verträge über den Vertrieb amerikanischer Filme vereinbart, ohne den Ufa-Vorstand über die inhaltlichen Details zu informieren – vor allem aber hatte er gegen den Vorstandsbeschluß verstoßen, Abschlüsse mit dem Ausland in fremder Valuta »unter allen Umständen zu vermeiden«. Von Stauss sah durch Bratz' Eigenmächtigkeiten die Zukunft der Ufa bedroht. Deutlich warf die immer schärfer werdende Konkurrenz mit Hollywood ihre Schatten voraus. Der Gescholtene verblieb indessen vorerst im Amt und erwies sich auch in der Folgezeit für das Gedeihen der Universum-Film AG als unentbehrlich.

Im letzten Kriegsjahr und über das Kriegsende hinaus agierte die Ufa in der Ukraine; sie handelte mit Moskau Verträge über Filmlieferungen aus und trat über die Filiale der Balkan-Orient-Filmgesellschaft in Konstantinopel sogar in der Türkei in Erscheinung. Durch ihre Beteiligungen an der Apollo Film AG Wien, der Corvin Filmfabrik AG Budapest und an der Budapester Projektograph AG gewann sie Einfluß auf den österreichischen und ungarischen Markt: ihrem Verleih und ihren Kinos kamen die ausländischen Produktionen zugute, und für ihre eigenen Filme erschloß sie neue Absatzmärkte. 1924 erwarb der Konzern die Mehrheit der Westi-Film Societa Anonima Italiana, Rom, die sich von nun an Ufa-Film Società Anonima Italiana nannte; gleichzeitig beteiligte sich die Ufa maßgeblich an der Alliance Cinématographique Européenne, Paris. Eine beeindruckende »Expansion nach allen Richtungen«[104], die das Unternehmen ab 1924 freilich in eine finanziell überaus angespannte Lage bringen wird.

6. Kapitel

Früher Monumentalismus. Auf dem Weg zur Film-Großmacht

»Ein Publikum, millionenstark, das kommt, lebt und vergeht, das keinen Namen hat und das doch da ist, das, in seiner ungeheuren Masse sich bewegend, alles gestaltet, und das man darum in die Hand bekommen muß. Es gibt kein anderes Mittel als das Kino.«[105] Diese Sätze schrieb 1920 Carlo Mierendorff, Schriftsteller, Herausgeber der politischen Zeitschrift »Das Tribunal«, bis 1933 Pressereferent des hessischen Innenministers Wilhelm Leuschner. »Hätte ich das Kino!« – so lautete der Titel seines später vielzitierten Pamphlets. »Es schwillt über die Zonen, zuckt in die Winkel der Kontinente. / Gläserne Kugel, überspanne das Kino den ganzen Erdball. / In den Zenit blickend mögen die Pole sich betrachten. / Gut und Böse zucke mahnend und eifernd am Himmel. / Der letzte Einäugige auf der nördlichen oder südlichen Halbkugel wird mir nicht entgehen. / Wer das Kino hat, wird die Welt aushebeln.«

Aber nicht die expressionistischen Künstler, nicht die schwärmerischen Literaten oder die links eingestellten Intellektuellen »hatten« das Kino – einige von ihnen waren allenfalls ein Teil seiner Produktionsmaschinerie. Wer hatte, um 1920, das Kino in Deutschland in der Hand? Wohl kaum der Staat – selbst wenn dieser mit dem Reichslichtspiel-Gesetz vom 12. Mai 1920 aufs neue eine (gemäßigte) Zensur einführte, um solche »Bildstreifen« zu verhindern, die geeignet seien, »die öffentliche Ordnung oder Sicherheit zu gefährden, das religiöse Empfinden zu verletzen, verrohend oder entsittlichend zu wirken, das deutsche Ansehen oder die Beziehung Deutschlands zu auswärtigen Staaten zu gefährden«.[106] Auch die wechselnden Regierungskoalitionen der jungen Weimarer Republik hatten nicht das geringste Interesse an unmittelbarer Gewaltausübung über das Filmgewerbe – von solchen sozialistischen Kräften einmal abgesehen, die auf eine Verstaatlichung der Filmproduktion und auf die Kommunalisierung der Theaterbetriebe drängten. Die Zurückhaltung auf politischer Seite wurde besonders deutlich, als die Regierung 1921 die in der Ära Ludendorff erworbenen Reichsanteile am Ufa-Konzern auf-, das heißt an die Deutsche Bank zurückgab.

Die Beweggründe, die das Reich bewogen, seine Ufa-Anteile abzutreten, sind in einem Memorandum dokumentiert, das in exemplarischer Weise das Verhältnis zwischen Staat und Filmindustrie, nicht nur für die damalige Situation, beleuchtet. Der Autor dieser Studie stellt zunächst fest, die Ufa sei mittlerweile »sehr gut organisiert«; sie habe »die schädigenden Wirkungen übereilt abgeschlossener Verträge mit ausländischen Firmen« beseitigen können. Allerdings sei »wegen der allgemeinen Lage der Filmindustrie in den nächsten Jahren noch kein Gewinn zu erwarten«. Ein weiterer Einfluß des Reiches auf die Ufa sei wünschenswert, obschon die »aktive Propagandatätigkeit« an Bedeutung verloren habe. Das steigende Kreditbedürfnis der Ufa mache jedoch eine Erhöhung des Grundkapitals von 25 auf 100 Millionen Mark erforderlich. Das Reichsfinanzministerium habe erklärt, daß eine entsprechende Erhöhung der Reichsanteile ausgeschlossen sei. Es sei anzustreben, »daß der Vorzugsaktionär (oder Konsortium) die Interessen des Reichs wahrnimmt, während sich das Reich ganz aus dem Unternehmen zurückzieht«. Vorzugsaktionär der Ufa war die Deutsche Bank; mit ihr hielt die Regierung ihren Einfluß für »absolut gesichert«: sie müßte »dem Reich gegenüber die bindende Verpflichtung übernehmen, in gewissen Beziehungen den Weisungen des Reiches zu folgen«. Unter dieser Bedingung sei die Regierung bereit, ihre Aktien sogar »zum jetzigen Unterparikurse abzustoßen, wenn nur dadurch die Absichten der Regierung erreicht werden können«.[107]

Die Transaktion verlief reibungslos. Die wechselnden Regierungskoalitionen der folgenden Jahre legten keinen Wert darauf, der Deutschen Bank »Weisungen« zu erteilen, wie die Ufa im Reichsinteresse zu behandeln sei. Erst in den Jahren der Agonie der Weimarer Republik wird die Unterwerfung der deutschen Filmindustrie unter eine starke staatliche Hand wieder ein Thema sein – und die Ufa-Herren selbst werden sie bewerkstelligen.

Keine Personengruppe, geschweige denn eine Einzelperson, kein einzelnes Konsortium, keine politische Institution, keine gesellschaftliche Einrichtung hatte zu Beginn der zwanziger Jahre das Kino zur beliebigen Verfügung, ebensowenig die Banken, die hinter den Filmkonzernen standen, noch ihre Direktoren, die oft in deren Aufsichtsräten saßen. Das Kino der zwanziger Jahre war ein großes Projekt, an dem sich sehr heterogene Kräfte mit unterschiedlichem Einfluß, unterschiedlichen Zielsetzungen und unterschiedlichem Erfolg verausgabten. Sie wurden zusammengefaßt in jener amorphen Konstruktion »Filmindustrie«, in der die Universum-Film AG, nur wenige Jahre nach ihrer Gründung, eine unangefochtene Spitzenposition erobert hatte. Mit Fug und Recht konnte der Konzern in seinem Verleihkatalog 1922/23 behaupten: »Die Ufa stellt in ihrer Gesamtheit das Standardunternehmen der europäischen Filmindustrie dar und verdankt diesen Ruf nicht nur ihrer finanziellen Stärke und Überlegenheit, sondern mehr noch einer planmäßigen Förderung aller produktiven Kräfte, zu denen in erster Linie die schaffenden Künstler selbst gehörten.«[108]

Dabei waren die ökonomischen und politischen Bedingungen der ersten Nachkriegsjahre für die expandierende Filmindustrie keineswegs günstig. Schon 1919 brachte die allgemeine Kostenexplosion auch die Filmproduzenten in Schwierigkeiten. Die Drohung der Agfa-Werke, die Preise für Rohfilmmaterial um 50 Prozent anzuheben, führte zu scharfen Auseinandersetzungen innerhalb der Branche. Die »Lichtbild-Bühne« veröffentlichte Berechnungen, wonach die Herstellungskosten für einen Meter Negativ bei der Firma Union von 24 Reichsmark im Jahre 1917 auf 69 Mark im darauffolgenden Jahr gestiegen waren.[109] Als Folge der Preissteigerungen im Produktionssektor, die selbstverständlich auf die Verleih- und Theaterbetriebe abgewälzt wurden, beschlossen die Theaterbesitzer im Mai 1920, den Mindesteintrittspreis auf 2 Mark 50 zu erhöhen. Das Vergnügen am Kino, bis zu diesem Zeitpunkt auch in der Preisgestaltung auf die Bedürfnisse und finanziellen Möglichkeiten der Arbeiterschaft zugeschnitten, wurde kostspieliger.

Die Lohnentwicklung sowie Steuern und andere staatliche Abgaben bereiteten dem Gewerbe zusätzliche Sorgen. Nach wochenlangen Verhandlungen war es zwar Anfang Mai 1919 zu einem Tarifvertrag für die in der Filmindustrie Beschäftigten gekommen, aber schon im Januar 1920 forderte die Filmgewerkschaft einen hundertprozentigen Zuschlag auf die tariflich vereinbarten Mindestlöhne; im April rief sie die Belegschaften der Berliner Filmbetriebe zum Streik auf. Zum Ausstand entschlossen sich ihrerseits die Münchner Kinobesitzer, nachdem die Stadtverordneten harte Steuerforderungen gegen die Lichtspieltheater verhängt hatten; erst als sich der Magistrat zu einem Kompromiß bereit fand, wurden die Kinos wieder geöffnet. Auch andere staatliche Beschlüsse provozierten entschiedenen Widerstand und mußten teilweise rückgängig gemacht werden. So wurde 1920 die Ausfuhrabgabe für belichtete Filme, ursprünglich auf zehn Prozent festgesetzt, nach Intervention der Industrie auf zwei Prozent gesenkt.

Die politisch bedingten Exportbeschränkungen nach dem Ende des Weltkriegs schienen weniger die Produzenten als die unmittelbar mit dem Auslandsverkauf befaßten Vertriebsorganisationen zu belasten; jedenfalls führten sie Mitte 1920 zur Gründung eines Exportverbandes der deutschen Filmindustrie. Auf der Gegenseite hatten die Siegermächte dafür gesorgt, daß in den am 28. Juni 1919 unterzeichneten Friedensvertrag von Versailles Einfuhrbestimmungen aufgenommen wurden, die ihren Interessen sehr entgegenkamen. »Während der ersten sechs Monate nach Inkrafttreten des Friedensvertrags dürfen Einfuhren aus Ländern der alliierten und assoziierten Mächte nicht mit höheren Sätzen belegt werden als am 31. Juli 1914. Für weitere 30 Monate gilt dies für alle Waren des am 31. Juli 1914 in Kraft befindlichen deutschen Vertragstarifs.«[110] Diese Pauschalvorschrift fand ohne Einschränkung auch auf den Filmimport Anwendung und wurde, angesichts von Geldentwertung und Kostenexplosion, in Deutschland als Teil des »schmachvollen« Versailler »Diktats« empfunden. Vor allem aber befürchteten die deutschen Filmfabrikanten, von der so großzügig behandelten ausländischen Konkurrenz übervorteilt zu werden. Sie protestierten daher lautstark, als Ende 1919 in den Kinos des besetzten rheinischen Gebiets erstmals nach dem Krieg ausländische Filme auf den Spielplan gelangten. Ein Jahr später beschloß das Reichswirtschaftsministerium eine Kontingentierung der Filmeinfuhr auf 15 Prozent des deutschen Verleihvolumens – man rechnete mit dem Längenmaß und kam auf die Zahl von 180000 Metern Zelluloid, die dem Ausland zuzugestehen seien.

Daneben beeinträchtigten die Energiekrise der Nachkriegsjahre und die Turbulenzen im Zusammenhang mit dem Kapp-Putsch das Kinogeschäft. »Der Kapp-Putsch unterbricht vorübergehend auch den geordneten Geschäftsgang in der Filmindustrie«, vermerkte das »Jahrbuch der Filmindustrie« für den März 1920[111] – eine Kinomesse zum Beispiel, die erstmals im Rahmen der technischen Mustermesse in Leipzig veranstaltet wurde, fand infolge der politischen Ereignisse, das heißt wohl hauptsächlich auf Grund des Generalstreiks gegen den Putschversuch von rechts, kaum Resonanz. Im November 1919 mußten die Kinos in Kiel und einigen anderen Städten wegen Kohlenmangels zeitweilig geschlossen werden; in Berlin wurden aus demselben Grund die Programmzeiten erheblich eingeschränkt.

Das neue Reichslichtspiel-Gesetz löste in der gesamten Branche Unruhe aus;

eine stark besuchte Protestversammlung, vor allem gegen das Jugendverbot, fand im Juni 1920 im Ufa-Palast am Zoo statt. Schließlich ging auch die realitätsfremde Sozialisierungsdebatte weiter und sorgte zumindest für aufgeregte, den »geordneten Geschäftsgang« eher störende Diskussionen. Die Filmbranche bildete in dieser Frage keineswegs eine geschlossene (Abwehr-)Front. Max Seckelsohn etwa, der Vorsitzende des Kartells der Filmfabrikanten, sprach sich – »infolge seiner Zugehörigkeit zur USPD«[112], wie das »Jahrbuch« mutmaßte – für die Kommunalisierung der Filmtheater aus und erklärte sie ohne Umschweife zu sozialisierungsreifen Betrieben. Im August 1919 beschloß der Badische Landtag die Verstaatlichung der gesamten Filmindustrie – eine Absichtserklärung, die ohne Folgen blieb. Selbstverständlich wandten sich die Interessenverbände der Theaterbesitzer energisch gegen alle Verstaatlichungskonzepte, sie erhielten Unterstützung durch die Berliner Handelskammer, und im Mai 1920, mit der Ablehnung mehrerer Gesetzesentwürfe zur Sozialisierung durch den Reichstag, war diese Debatte mangels neuer, wirklichkeitsnaher Ideen im wesentlichen abgeschlossen.

All dieser Irritationen und Bedrohungen ungeachtet schritten Kapitalakkumulation und Konzernbildung in den ersten Nachkriegsjahren zügig voran. Im Oktober 1919 wurde die Erweiterung des Bioscop-Konzerns – zu dieser Zeit unter der künstlerischen Leitung von Richard Oswald – zu einem 30 Millionen-Unternehmen beschlossen; wenig später, im März 1920, fusionierte die Bioscop mit der von Erich Pommer gegründeten Decla zur Decla-Bioscop AG, damit zum zweitgrößten deutschen Filmunternehmen und zur künstlerisch interessantesten kinematographischen Produktionsstätte der frühen Nachkriegszeit. Schon zuvor war die Meinert-Film-Gesellschaft in der Decla aufgegangen. Kapitalerhöhungen, verbunden mit Übernahmen kleinerer Firmen, fanden auch bei der Münchner Lichtspielkunst AG statt, ebenso bei der Deutschen Lichtbild-Gesellschaft, die sich seit Oktober 1920 Deulig-Film GmbH nannte. Ihr Direktor Ludwig Klitzsch, der energische Statthalter Alfred Hugenbergs und spätere Generaldirektor der Ufa, hatte sich allerdings einstweilen aus dem Filmgeschäft verabschiedet und die Leitung des Scherl-Verlagskonzerns übernommen.

Die umsichtigste und zielstrebigste Expansionspolitik, im Sinne ihrer vertikalen Konzernstruktur, betrieb indessen die Ufa. Messter, Union und Nordisk bildeten die Grundlagen ihres Imperiums, das sich bald nach 1918 um eine Reihe weiterer kleiner und mittlerer Firmen – Bolten-Baeckers, Gloria und Maxim – erweiterte. 1920 übernahm die Ufa den Verleih Frankfurter Film Co. und stärkte so ihren eigenen Universum-Filmverleih für den Konkurrenzkampf im Distributionssektor. Jahre später kam die Braunschweiger Martin Dentler AG mit ihrem Verleihbetrieb hinzu, ferner das große Kopierwerk der Tempelhofer Aktiengesellschaft für Filmfabrikation (Afifa).

Die Produktionsstätten vermehrten sich und dehnten sich aus. Die Monumentalfilmproduktionen der Nachkriegszeit verliehen den Ateliers ein phantastisches Kolorit, in dem sich die orientalische Antike mit der italienischen Renaissance, die Sehnsucht nach utopischen Paradiesen mit der Nostalgie eines Volkes, das seine Kolonien verloren hatte, auf das vielfältigste vermischten. »Auf dem weiten Gelände des Ufa-Ateliers wuchsen ganze Paläste und Straßenzüge fremder Städte empor. Der Palazzo Vecchio, der Palazzo degli Uffizi, die

Loggia dei Lanzi und andere Prunkbauten wurden mit architektonischer Treue gestaltet. Plätze für zehn- bis fünfzehntausend Komparsen gaben der Entwicklung von Massenszenen breiten Spielraum. Aber auch indische, chinesische, afrikanische, altrömische und babylonische Herrlichkeiten entstanden. Mit diesen Filmen hat Deutschland zuerst wieder nach dem Zusammenbruch seinen Anspruch angemeldet, als Filmgroßmacht in der Welt angesehen zu werden.«[113]

Als Rudolf Oertel diese Sätze 1941 schrieb, war aus den deutschen Großmachtträumen wieder einmal blutige Realität geworden, und abermals trieben jene imperialistischen Sehnsüchte, die in den exotischen Monumentalfilmen der frühen Ufa noch von Schaulust und Fernweh überlagert waren, das Reich in einen historisch beispiellosen Zusammenbruch.

Ihre ersten Monumentalfilme hatte die Ufa, neben Lubitsch, der May-Film GmbH zu verdanken, mit deren Übernahme der Konzern ein großes Atelier in Weißensee und ein Freigelände in Woltersdorf erworben hatte.[114] Joe May – aus Wien gebürtig, sein bürgerlicher Name war Joseph Mandel – arbeitete seit 1911 in der deutschen Filmindustrie: ein »Universalfilmmensch«, so nannte ihn Kurt Pinthus, seine »resolute Tatkraft stellt ihn als Regisseur, Direktor und Geschäftsmann in die vorwärtsdrängende Spitzengruppe des deutschen Films«.[115] Noch in den letzten Kriegsmonaten hatte die Ufa dreiviertel Millionen Mark in Mays Episodenfilm *Veritas vincit* investiert – nach Kracauer »ein gigantisches Nichts, das die Theorie der Seelenwanderung aufgriff, um eine Liebesgeschichte durch drei pompös ausgestattete Zeitalter auszuwalzen«[116]; nach Oskar Kalbus ein Film, »der zum ersten Mal den Blick des gesamten Auslands auf die deutsche Filmindustrie lenkte«.[117] Dem dreiteiligen Werk folgte ein Jahr später, in nicht weniger als acht Teilen, *Die Herrin der Welt*, unter Mays künstlerischer Oberleitung von Uwe Jens Krafft und Karl Gerhardt für die Ufa inszeniert, mit Mia May, Michael Bohnen und Hans Mierendorff in den Hauptrollen. »May kauft

Joe May

Veritas vincit: Ausstattung Paul Leni und Siegfried Wroblesky

Die Herrin der Welt: Mia May

in der Nähe der Woltersdorfer Schleuse bei Berlin ein Terrain, das fünfundsiebzig Morgen groß ist, mit Hügeln, Tälern, Wäldern und einem See. Hier wird er China, Amerika, Afrika aufbauen, die halbe Welt.«[118] Die ökonomische Ausdehnungsstrategie der Ufa fand ein ebenbürtiges Abbild in der Produktionsstrategie und in den globalen Raum-Zeit-Abenteuern ihrer frühen Monumentalfilme.

Neben dem Aufkauf ganzer Firmen oder der Mehrheit ihrer Anteile waren es vor allem die Herstellungsverträge, mit denen die Ufa in der Ära ihres Aufstiegs zahlreiche Produzenten unter ihre Kontrolle brachte. Produktionsabkommen dieser Art schloß der Konzern – unter den von ihm diktierten Bedingungen – mit der Cserépy-Film-Co. GmbH (später Film-Gesellschaft am Dönhoffplatz mbH), der Fern-Andra-Vertriebsgesellschaft mbH, der Musia-Film GmbH, mit der Gloria-Film, mit der Ossi-Oswalda-Film GmbH und mit der von Lupu Pick gegründeten Rex Film GmbH. Es handelte sich durchweg um kleinere Kriegs- und Nachkriegsgründungen, die im Zuge der Inflation in Schwierigkeiten geraten waren; die Anlehnung an den mächtigen Konzern sicherte ihnen das Überleben, nahm ihnen jedoch einen Teil ihrer Selbständigkeit. Für die herausragenden Künstler wurde es immer schwieriger, dem Zugriff der Ufa zu entrinnen: Henny Porten zum Beispiel, die sich Anfang 1921, als sie bereits für die Lubitsch-Produktion *Die Bergkatze* engagiert war, ihren Vertragsverpflichtungen durch einen neuen Kontrakt mit der Gloria-Film zu entziehen suchte, wurde durch die monopolistische Einverleibungspolitik des führenden Unternehmens wenig später wieder zum Ufa-Star.

Auch die Ufa führte, wie alle anderen deutschen Filmkonzerne in diesen schwierigen Jahren, einen Existenzkampf, aber sie führte ihn nach der Devise, daß Angriff die beste Verteidigung sei: offensiv in Hinsicht auf die Erweiterung der eigenen Stützpunkte, aggressiv im Verhältnis zur Konkurrenz, mit dem Blick nach vorn und auf die lukrativen Möglichkeiten der ausländischen Märkte. Ende 1919 wies die Bilanz der Ufa-Verleih- und Theaterbetriebe einen Reingewinn von 8 Millionen aus (»nur« 4,8 Millionen waren es 1918 gewesen).[119] Die spezifische »Gigantomanie« des Unternehmens, sein Expansionsdrang und sein Hang zum Überdimensionalen erwiesen sich, in den ersten Jahren nach dem Krieg und vor Beginn der inflationären Entwicklung, als durchaus sinnvolles Überlebenskonzept. Sie waren allerdings auch abgesichert durch eine (noch) stabile Kapitalgrundlage und vor allem durch das Bündnis mit der Deutschen Bank.

Als 1921 das Reichsschatzministerium die Regierungsanteile abtrat, als so gewichtige Aktionäre wie Fürst Henkel von Donnersmarck und Robert Bosch sich aus dem Filmgeschäft zurückzogen und ihre Ufa-Aktien abstießen, war es die Deutsche Bank, die durch den Aufkauf der freigewordenen Aktien eine für das Unternehmen keineswegs ungefährliche Situation abwenden konnte. »So wurde der Konzern, dessen Aktienkapital sich immer stärker bei der Deutschen Bank und ihren Geschäftsfreunden zu konzentrieren begann, allmählich zu einem rein deutschen Wirtschaftsunternehmen vollkommen privaten Charakters.« (R. Lipschütz[120]) Nach Friedrich Zglinicki wurde in der Politik der Deutschen Bank und vor allem ihres Direktors Emil Georg von Stauss eine Art Nibelungentreue zur Ufa und »zu dem Gedanken einer nationalen Filmproduktion«[121] wirksam.

Richtig daran ist, daß die wirtschaftlichen Maßnahmen des führenden deutschen Bankhauses seit seiner Gründung nicht nur politische Folgen hatten, sondern in jeder Phase auch von politischen Überlegungen begleitet waren – und richtig ist auch, daß ihr Vorstandsvorsitzender Stauss – »der führende Mann der Deutschen Bank zwischen den Kriegen«[122] – über ein besonders markantes politisches Profil verfügte. Stauss selbst hat zwar keine Ufa-Filme produziert, noch hat er persönlich und auf direktem Wege Richtlinien für die Programmpläne des Konzerns erlassen. Aber die Tatsache, daß die Deutsche Bank unter seiner Leitung bis zur Ufa-Machtübernahme Alfred Hugenbergs die Aktienmehrheit gehalten hat, blieb nicht ohne Einfluß auf die Entwicklung des Filmunternehmens; sie war ein nicht unwesentlicher Faktor im politisch-kulturellen Machtgefüge der Weimarer Republik wie auch in jenem Dualismus der Strömungen, in jenem »Kampf des einen Deutschlands gegen das andere« (Peter Gay), der Politik und Kultur vor 1933 so stark geprägt hat.

Das Stauss-Porträt, das die US-amerikanische Militärregierung nach dem Zweiten Weltkrieg in ihren Ermittlungen gegen die Deutsche Bank gezeichnet hat, läßt an Deutlichkeit nichts zu wünschen übrig. Danach war das Weltbild dieses Mannes schon lange vor Hitler »auf einen extremen Nationalismus und Militarismus«[123] festgelegt. Als »politischer Bankier« galt er schon vor 1914, nachdem seine Bank in Rumänien und im Nahen Osten die deutschen Erdölinteressen nachhaltig und erfolgreich unterstützt hatte. Nach 1918 setzte Stauss die Finanzkraft seines Instituts für den Wiederaufbau der deutschen Flugzeug- und Flugzeugmotorenindustrie ein, half bei der Gründung der Deutschen Lufthansa und entwickelte ab 1925 als Aufsichtsratsvorsitzender bei den Bayerischen Motorenwerken (BMW) wie auch bei Daimler-Benz ein reges Interesse an der deutschen Wiederaufrüstung. »Als er 1930 in den Deutschen Reichstag gewählt wurde« – so der Steckbrief der US-Militärregierung –, »identifizierte sich von Stauss, immer noch führendes Vorstandsmitglied der Deutschen Bank, mit der reaktionären Gruppe von Industriellen und Finanzgewaltigen, die Hitler vor seinem Aufstieg zur Macht finanzielle Unterstützung leisteten und ihm dann in den Sattel halfen. Schon damals war von Stauss Mitglied der NSDAP. Er hatte persönliche Kontakte zu Hitler, Goebbels und Schacht und war ein guter Freund von Hermann Göring, der sein Interesse an der Luftfahrt teilte. Hitler machte von Stauss nicht nur zum Vizepräsidenten des Reichstags, sondern überschüttete ihn später auch mit anderen Ehrungen und Titeln.«[124] Harry Graf Kessler begegnete von Stauss am Abend des 30. Januar 1933 im Hotel Kaiserhof und wurde Zeuge, wie sich der Bankier »sehr dicke tat mit seinen intimen Beziehungen zu Hitler. Dieser habe ihm versprochen, er werde ihm jeden Wunsch, den er ihm zur Kenntnis bringe, erfüllen.«[125]

Stauss' Engagement für die Ufa war ein kleines, aber passendes Kettenglied in der Reihe seiner vielfältigen politischen Aktivitäten. Die Verflechtung von ökonomischer und politischer Macht, die Kontrolle über große Industrie-Imperien, die Verbindung zum militärischen Komplex und der vertraute Umgang mit den jeweils Mächtigen mochten die Gelüste nach »totaler«, auch die komplizierten Stränge der Bewußtseins- und Stimmungsmanipulation einschließender Herrschaft schüren. Der Gedanke einer »nationalen Filmproduktion«, soweit er dem Bankdirektor am Herzen lag, hat hier eine logische Wurzel. BMW, Daimler-Benz, die Lufthansa – warum nicht auch die Ufa? Keine Frage, daß in der

Mentalität eines Stauss der ideologische Schematismus der Obersten Heeresleitung, die Schlachtfeld-Philosophie Ludendorffscher Prägung ihre bruchlose Fortsetzung fanden. Die Ufa zum Instrument seiner machtpolitischen Strategien wie auch seiner politischen Ambitionen zu machen, war für diesen Technokraten unmittelbarer, direktorialer Gewaltausübung ein naheliegender Gedanke.

Aber komplizierte Gebilde wie Filmkonzerne reagieren nur mittelbar, also wiederum kompliziert und in sehr widersprüchlichen Formen auf ökonomischen Druck und politische Direktiven. Die Physiognomie der Ufa, ihre erstaunliche Produktivität und die schillernde Vielfalt ihrer Produkte in den ersten Nachkriegsjahren sind keineswegs ausschließlich aus der wirtschaftlichen Situation des Konzerns abzuleiten, noch weniger aus der Vorherrschaft der Deutschen Bank. Pauschalurteile, wie sie zu seiner Zeit schon Kracauer fällte, wiederholen sich in der neueren Literatur, ohne an Überzeugungskraft zu gewinnen: »Der Koloß der Ufa, den Ludendorff aus verschiedenen Filmfirmen unter Führung der Deutschen Bank zusammenzimmern ließ, um den erfolgreichen feindlichen Filmen eine eigene Filmpropaganda entgegenzusetzen, bildete eine Hinterlassenschaft des Krieges und *bestand gleichsam unabhängig von der Republik weiter.* Seine Loyalität galt nicht diesem Staat (...), sondern den Geldgebern, den Banken und der Industrie.«[126]

Dieser Richtspruch von Jost Hermand und Frank Trommler in ihrer Kulturgeschichte der Weimarer Republik ist äußerst problematisch. Er negiert die differenzierten und durchaus nicht störungsfreien Vermittlungen zwischen der wirtschaftlichen Macht und den produktiven Kräften in der »Bewußtseinsindustrie«, die Widerstände, Reibungsverluste, Ungleichzeitigkeiten, die mannigfachen ideologischen und psychologischen Unwägbarkeiten, die den direkten Kommandoweg zwischen Ökonomie und Kultur so erschweren. Weder Emil Georg von Stauss noch seine engsten Mitarbeiter saßen in den Planungsstäben der Ufa oder in ihren Dramaturgenbüros; sie konnten weder den Regisseuren noch den Schauspielern Handlungsanweisungen erteilen, auch nicht den Produktionsleitern, den Dekorateuren, Kameraleuten und Drehbuchschreibern – sie waren, bei aller Machtfülle, abstrakte Herrscher über ein schwer überschaubares, seinem Charakter nach eher widerspenstiges Imperium.

Im gleichen Jahr 1921, als die Deutsche Bank die Mehrheit der Ufa-Aktien übernahm und der Aufsichtsrat das frühere Vorstandsmitglied der Deutschen Gasglühlicht-Aktiengesellschaft, Dr. Felix Kallmann, zum neuen Vorstandsvorsitzenden wählte, bahnte sich eine Fusion an, die das Unternehmen um ein beispielloses Potential künstlerischer und intellektueller Kräfte bereichern sollte. Im Juni wurden Vorverhandlungen zwischen den Banken der Ufa und der Decla-Bioscop-AG über eine Fusion der beiden Konzerne zunächst ergebnislos abgebrochen. Im Oktober kam der Stein ins Rollen: die Ufa veröffentlichte ihre Bilanz für das Ende Mai abgelaufene Geschäftsjahr und konnte einen Gewinn von ca. 8,5 Millionen Mark, bei einem Grundkapital von 25 Millionen, vorweisen. Am 11. Oktober beschloß die Generalversammlung der Decla-Bioscop in aller Form die Fusion mit der Ufa, nachdem sie im Juli eine Übernahme ihres Unternehmens durch die National-Film-AG abgelehnt hatte. Fusionsverhandlungen zwischen der Ufa und der National-Film führten gleichfalls zu keinem Resultat. Im November genehmigte die Ufa-Generalversammlung die Bilanz ihres Vorstands; sie segnete die Dividendenausschüttung von 12 Prozent ab und billigte die Fusion mit der Decla-Bioscop. Dem Zusammenschluß der beiden größten und produktivsten deutschen Filmfabriken stand damit nichts mehr im Wege. Formell wurde er mit der Neugründung der Decla-Bioscop GmbH unter führender Beteiligung der Ufa im Juni 1922 besiegelt; Rechtsnachfolgerin der ehemaligen Decla-Bioscop AG wurde die Ufa.[127]

In Friedrich Zglinickis materialreicher Arbeit »Der Weg des Films« sind Einzelheiten darüber nachzulesen, welche Kräftekonzentration mit dieser Verbindung zustande kam. Diese Konzentration schuf die Grundlage für jene frühe Glanzperiode der Ufa, die mit der Konsolidierungsphase der Weimarer Republik zusammenfiel und die kreativen Energien der Epoche, ihre Utopien, ihre Träume und ihre Angstvorstellungen in suggestiver Weise widerspiegeln sollte.

Nach der Fusion mit der Decla-Bioscop war die Ufa nicht nur im Besitz zweier neuer Verleihgesellschaften mit etlichen Filialen – sie hielt nun auch Einzug in die Bioscop-Ateliers von Neubabelsberg, die sie in den nächsten Jahren zur legendären »Ufa-Filmstadt« und zu ihrer Stammfestung im Konkurrenzkrieg gegen Hollywood ausbauen konnte. Gleichzeitig rekrutierte sie die Elite der deutschen Filmkunst: die Regisseure Ludwig Berger, Johannes Guter, Carl Froelich, Fritz Lang, Friedrich Wilhelm Murnau, Robert Reinert und Fritz Wendhausen; den ersten modernen Produktionschef des deutschen Films, Erich Pommer; Drehbuchautorinnen und -autoren vom unbegrenzten Einfallsreichtum einer Thea von Harbou und der Genialität eines Carl Mayer; hochtalentierte, dem Auge der Kamera verschworene Architekten wie Robert Herlth, Walter Röhrig, Hermann Warm, Otto Hunte, Rochus Gliese und Erich Czerwonski; Kameraleute und Pioniere des visuellen Experiments wie Karl Freund, Carl Hoffmann, Axel Graatkjär, Fritz Arno Wagner und Erich Waschneck; eine Heerschar beliebter, in ihrem Fach profilierter Darstellerinnen und Darsteller von Lil Dagover über Aud Egede Nissen, Grete Berger, Agnes Straub bis Gertrud Welcker, von Paul Richter über Rudolf Klein-Rogge, Alfred Abel, Bernhard Goetzke, Paul Hartmann, Gustav von Wangenheim, Anton Edthofer bis zu Werner Krauss und Hermann Thimig – sie alle fanden sich, gleichsam von heute auf morgen, unter dem Dach des Großkonzerns wieder: eine Vielzahl höchst unterschiedlicher Begabungen und Temperamente, die in den kommenden Jahren die Ufa zur lebendigsten Filmwerkstatt Europas machten und sich wenig darum kümmerten, ob mit dem Wechsel der Besitzverhältnisse nun ein »Linienwechsel« (Kracauer[128]) stattgefunden hatte oder nicht.

Am 7. Oktober 1921 fand gleichzeitig im U. T. am Kurfürstendamm und im Mozartsaal am Nollendorfplatz (hier mit der Musik von Giuseppe Becce) die Uraufführung eines Decla-Bioscop-Films statt, mit dem dieser Konzern seine (eigenständige) Produktionsära zu einem krönenden Abschluß bringen und gleichzeitig demonstrieren konnte, welche Morgengabe er in die Verbindung mit der Ufa einbrachte. Zur Premiere gelangte Fritz Langs *Der müde Tod*, ein »deutsches Volkslied in sechs Versen«, nach einem Buch seiner damaligen Ehefrau Thea von Harbou – ein Film mit venezianischen, orientalischen und chinesischen Episoden, die Fritz Arno Wagner als Kameramann aufgenommen und Robert Herlth und Hermann Warm auf dem Freigelände in Neubabelsberg ausgestattet hatten; Walter Röhrig hatte die Bauten zu der altdeutschen Rahmenhandlung geschaffen. In den Hauptrollen waren Lil Dagover und Werner

Der müde Tod: Bernhard Goetzke und Lil Dagover

Der müde Tod: Ausstattung Robert Herlth, Walter Röhrig und Hermann Warm

Janssen als unsterbliches Liebespaar sowie Bernhard Goetzke als Verkörperung des Todes zu sehen – und noch in vielen kleineren und Nebenrollen glänzten Stardarsteller der Zeit: Max Adalbert und Hermann Picha, Georg John und Grete Berger, Eduard von Winterstein und Rudolf Klein-Rogge, Lothar Müthel, Lina Paulsen, Paul Biensfeldt und viele andere. Dieser Film, obwohl von der Kritik teilweise verkannt, eröffnete Fritz Lang den künstlerischen Aufstieg und fand vor allem nach seiner Aufführung in Frankreich ein enthusiastisches Echo: »Die ihr an die Zukunft des Kinos glaubt, seht euch dieses Lichtspiel an! Die ihr dem Kino mißtraut, seht es euch erst recht an (...), denn ihr seid bei einer neuen Muse zu Gast: beim Film!«[129]

Decla bzw. Decla-Bioscop hatten schon zuvor einige der frühen Filme Fritz Langs produziert: *Halbblut* (1919), die zweiteiligen *Spinnen* (1919), *Harakiri* (1919) und *Die Vier um die Frau* (1920/21). Decla bzw. Decla-Bioscop hatten mit den Robert Wiene-Filmen *Das Cabinet des Dr. Caligari* (1919) und *Genuine* (1920) jene Strömung der frühen Nachkriegskinematographie initiiert, die – mit ihren der schwarzen Romantik entlehnten Fabeln, ihren machtbesessenen Dämonenfiguren, ihren expressionistisch empfundenen Dekorationen und ihrer »magischen« Licht-und-Schatten-Regie – späteren Interpretationen zum Beleg dafür dienen sollte, daß die Deutschen nicht nur mit ihren Filmen, sondern auch mit ihren Wunschprojektionen und Wahnvorstellungen einen faszinierend-gefährlichen Sonderweg eingeschlagen hatten.

Für den Caligari-Film entwickelte die Decla schon Anfang 1920 ungewöhnliche Werbemethoden, die bald Schule machten und nicht zuletzt von der Ufa perfektioniert wurden: Plakate mit der subtil terrorisierenden Aufforderung »Du mußt Caligari werden!« annoncierten an Litfaßsäulen, in den Cafés und in der U-Bahn dem Berliner Publikum einen Film, den der Lyriker Ernst Angel einen Kopfsprung aus verquollener Mystik in das Reich »protestantisch-moralischer Aufklärung«[130] nannte und der für Kracauer zum Kristallisationspunkt seiner Beweisführung dafür wurde, daß Deutschlands Weg in den Faschismus in den Filmen vorgezeichnet gewesen sei.

Decla bzw. Decla-Bioscop schließlich erprobten bereits 1920 eine »multimediale« Vermarktungsstrategie, die größere Produktionsgesellschaften wie die Ufa und die Terra ausbauten und zu einem Kernstück ihrer Geschäftspolitik machten. Ein Vertrag mit Ullstein sah vor, daß eine Anzahl der besonders erfolgreichen Abenteuerromane dieses Verlagshauses verfilmt werden und als »Uco-Filme« ein zweites Mal das Licht der Öffentlichkeit erblicken sollten. Ein Beispiel ist F. W. Murnaus *Schloß Vogelöd*, der im April 1921 im Marmorhaus als zweiter Uco-Film uraufgeführt wurde: Carl Mayer hatte das Drehbuch nach einem gleichzeitig in der »Berliner Illustrirten« veröffentlichten Roman von Rudolf Stratz geschrieben; die Premiere fand statt, noch bevor die letzte Fortsetzung in der Ullstein-Zeitung erschienen war. Auch anspruchsvollere Literatur geriet auf diese Weise in einen neuartigen Transformationsprozeß, der mit dem Begriff »Literaturverfilmung« nur unzulänglich beschrieben ist. So firmierte auch Murnaus *Phantom*, nach dem gleichnamigen Roman von Gerhart Hauptmann, als Uco-Film; die Berliner Erstaufführung am 13. November 1922 im Ufa-Palast am Zoo wurde als festliche Hommage der Filmindustrie zum 60. Geburtstag Hauptmanns zelebriert.

Ein knappes Jahr vor der Fusion zwischen Ufa und Decla-Bioscop hatte ein deutsch-amerikanisches Geplänkel Aufsehen erregt und ein Schlaglicht auf die Konkurrenzsituation der europäischen Filmindustrie mit ihren Widersachern in Hollywood geworfen. Im Dezember 1920 kündigte Produktionschef Paul Davidson seinen Vertrag mit der Ufa und ließ die Öffentlichkeit wissen, er werde mit Ernst Lubitsch eine eigene Produktionsfirma gründen und, falls Interesse bestehe, auch mit den Amerikanern zusammenarbeiten. Für eine entsprechende Nachfrage hatte gerade der Erfolg des Lubitsch-Films *Madame Dubarry* in den USA gesorgt, ebenso für finanziell verlockende Angebote an den Regisseur und seine Hauptdarsteller Pola Negri, Emil Jannings, Paul Wegener und Harry Liedtke.

Die Filmhändler Samuel Rachman und Ben Blumenthal hatten mit ihrer Firma Hamilton Theatrical Corp. das erstaunliche Geschäft mit dem für amerikanische Verhältnisse exotischen Dubarry-Film aus Deutschland in die Wege geleitet. Der mit Rachman und Blumenthal eng verbundene Filmindustrielle Adolph Zukor, Begründer des Konzerns Famous Players, entdeckte die europäischen Talente, aber auch die beträchtlichen Möglichkeiten des europäischen Marktes und regte Anfang 1921 die Gründung der Europäischen Film-Allianz (EFA) an, zu deren Präsidenten die ehemaligen Ufa-Direktoren Paul Davidson und Karl Bratz auserkoren wurden. Die EFA blieb eine Marginalie der Filmgeschichte, die jedoch immerhin den Lubitsch-Film *Das Weib des Pharao* möglich machte; gleichzeitig begann, mit der Reise des Lubitsch-Teams in die USA, der erste Ufa-Exodus in Richtung Hollywood.

Leopold Schwarzschild hat in »Das Tage-Buch« die windigen Umstände der EFA-Gründung und ihre Folgen mit erfrischender Anschaulichkeit glossiert: »Sami Rachman, früher Varietéimpresario irgendwo in Galizien, betritt allein und mit selbstherrlichen Vollmachten Berlin, belegt eine Flucht im schönsten Hotel (...); er schließt neue Verträge, kauft Manuskripte, er verbietet Davidson und Lubitsch den Eintritt in ihre Büros, er beschimpft, besticht, putzt herunter, schmiert, verkracht sich mit jedem, hält bald sieben Rechtsanwälte mit Beleidigungs- und Zivilprozessen in Atem, schmeißt das Geld delirierend zum Fenster hinaus, treibt es bis zum Bruch mit seinen amerikanischen Kollegen und wird schließlich aus einem wüsten Tohuwabohu nach Amerika zurückberufen. An seiner Stelle erscheint Herr Blumenthal mit dem Bruder Ike, und es wird verkündet, daß nun ›eine Periode sachlicher Arbeit‹ anheben soll. Aber es ist nur noch wenig zu arbeiten geblieben!«[131] Lubitsch, dessen Erfolg in den USA genaugenommen den Wirbel ausgelöst hatte, war bereits im gelobten Land und bereitete seinen Aufstieg in Hollywood vor. Er, »der als einziger gearbeitet und *Das Weib des Pharao* fertiggestellt hatte, er war mit Davidson schon vor dem Rachman-Krach vorsorglich nach Amerika gereist und hatte sich dort bestätigen lassen, daß seine Gesellschaft von der EFA überhaupt unabhängig und direkt der Hamilton Corporation unterstellt sei. Und so erlebte die Welt die Überraschung, daß der einzige in all der Saus-und-Braus-Zeit wirklich fertiggestellte EFA-Film schließlich gar nicht als EFA-Film in die Öffentlichkeit kam!«

Die großen Ufa-Erfolge der kommenden Jahre ließen zunächst den Verlust vergessen, der mit Lubitschs Abschied vom Konzern und von Deutschland entstanden war. Erst als die amerikanischen Giganten Paramount und Metro Goldwyn zum Angriff auf die europäischen Märkte ansetzten und auch vor dem deutschen Großunternehmen nicht haltmachten, wurde offenbar, wie labil die in der Ufa verkörperte Konstruktion aus Kunst und Kommerz, Geld und Leidenschaft, Geschäftssinn und Avantgardebewußtsein wirklich war. Die Ufa war, ungeachtet ihres »amerikanischen« Gebarens, eine Ausgeburt europäischer Kultur – sie war attraktiv für die Theaterleute, Literaten und bildenden Künstler ihrer Zeit. Zugleich war sie anfällig gegenüber den »amerikanischen« Verlokkungen: dem beinahe religiösen Glauben daran, daß mit mehr Geld alles besser zu machen sei; dem Vorrang des Profitdenkens gegenüber der kulturellen Option; der Tendenz, die unberechenbare Ware Film durch Standardisierungen zu zähmen. Einige Jahre lang konnte der Konzern diese Widersprüche in einer bewundernswerten Balance halten – dank einer später nie wieder erreichten Konzentration an Intelligenz, künstlerischer Begabung und technisch-organisatorischer Phantasie. So fiel die »große Zeit des deutschen Films« vor 1933 – und dies wird in der Filmgeschichtsschreibung entweder verwischt oder, ebenso fragwürdig, apologetisch verklärt – in der Tat zusammen mit der frühen Blütezeit der Universum-Film AG: die wirtschaftliche Macht des Unternehmens, seine weitgehende politische Unabhängigkeit und sein künstlerisches Kräftepotential sicherten dem deutschen Film, bevor er zum Objekt amerikanischer Begierden und später zum Instrument faschistischer Volkserziehungsexperimente wurde, für eine kurze Zeitspanne das Privileg kultureller Autonomie.

7. Kapitel

Lockende Ferne. Inflation und Expansion

»Arbeitslosigkeit, Inflation, Streiks, Versorgungsschwierigkeiten, Parteikämpfe u. a. beherrschten Stadt und Land. (...) Kohlenmangel und andere Dinge wirkten sich mitunter so ungünstig aus, daß zahlreiche Filmtheater schließen mußten, andere in Wärmehallen für Arbeitslose umgestaltet wurden.«[132] Auf summarische Feststellungen wie diese beschränkt die traditionelle Filmgeschichtsschreibung in der Regel ihre Anmerkungen zur realhistorischen Gesamtlage der ersten Nachkriegsjahre mit ihren extremen sozialen und politischen Bedingungen. Der erstaunliche Aufstieg der Ufa bliebe freilich ein abstraktes Faktum ohne den mikroskopischen Blick auf Einzelheiten des sozialen Alltags. Parallel- und Kontrastmontagen sind erforderlich, um vor Augen zu führen, daß die Entwicklung des mächtigsten Kulturimperiums in Deutschland inmitten einer Situation bedrohlicher gesellschaftlicher Auflösung und erschreckenden Massenelends stattfand.

Einen Sinn für solche Synopsis bewies Bruno Stümke, Redakteur des »Berliner Tageblattes«, der im Oktober 1919 seinen Leitartikel »Kino, Kabarett und Wohnungsnot« verfaßte, nachdem ihn die Nachricht alarmiert hatte, »daß allein aus letzter Zeit 615, in Worten: sechshundertfünfzehn! Neuanmeldungen für Kinos in Berlin bei den zuständigen Stellen vorliegen«. Stümke regte an, diese Anträge mit der Begründung abzulehnen, »daß soundsoviel hunderttausend Familien ohne Obdach sind, und daß die für solche Unternehmungen gemieteten Räume daher sofort Wohnzwecken dienstbar gemacht werden müssen«. Stümke ging noch weiter: zu prüfen sei, ob die »tausend und aber tausend Kinos« in Berlin und im ganzen Reich »auch wirklich einem dringenden Bedürfnis entsprechen. Warum also hier keine Enteignungen?« Prompt entrüstete sich »Der Kinematograph«: »Mit einer Handbewegung geht der Herr über einen ehrbaren Gewerbezweig zur Tagesordnung über.«[133]

Stümke hatte nicht bedacht (und »Der Kinematograph« sprach es verständlicherweise nicht aus), daß die Lichtspielhäuser in Stadt und Land, selbst wenn sie nicht in Wärmehallen umgewandelt worden waren, bereits zahllosen Arbeits- und Obdachlosen als Notunterkunft, Schlafstelle und Gelegenheit zum Aufwärmen dienten – sofern sie das Geld für eine Eintrittskarte aufbringen konnten. Für das Subproletariat und große Teile der arbeitenden Bevölkerung war der regelmäßige Kinobesuch längst zum unerschwinglichen Luxus geworden.

Im November 1920 veröffentlichte Harry Graf Kessler Fotografien aus den Slums im Norden und Osten der Reichshauptstadt – zusammen mit seinem Aufruf »Die Kinderhölle in Berlin«, in dem er lapidar den drohenden »Untergang eines Volkes« konstatierte: »Hunderttausende von Deutschen, Millionen von deutschen Kindern leben heute in diesem Elend. Langsam ist es emporgekrochen: vom Lumpenproletariat zu den Arbeitslosen, von den Arbeitslosen zu den kleinen Handwerkern und Rentenempfängern, von diesen bis zu den auf mittleren Lohnstufen stehenden Arbeitern und Angestellten.«[134]

Der physische Untergang eines großen Teils der Bevölkerung war für kritische Beobachter wie Kessler mehr als nur eine denkbare Kategorie. Sie nahmen eine andere Realität wahr als die des Berliner Westens, in dem die neuen Kinopaläste aus dem Boden schossen; in ihren Augen ging »das einst so kräftige, so schaffensfreudige deutsche Arbeitsvolk«[135] buchstäblich zugrunde – während die Filmindustrie florierte und sich eine neue, zahlungskräftigere Klientel suchte.

Die Inflation, so mochte es scheinen, wurde zur Geißel der gesamten Nation, traf unterschiedslos Gerechte und Ungerechte, arm und reich, die Ausbeuter wie die Ausgebeuteten mit gleicher Wucht. Auch die neuen Kathedralen der Freizeitkultur blieben nicht verschont. »Auf die Zeit der ersten Ausbreitung der Ufa folgte für sie eine Zeit ernster finanzieller Schwierigkeiten, die durch die Inflationsperiode eingeleitet wurde. Unter den verheerenden Wirkungen der Inflation hatte die Ufa schwer zu leiden.«[136] So Rita Lipschütz 1932 in ihrer Schrift über die Frühgeschichte der Ufa, der ersten Konzern-Chronik überhaupt. Aber eine »Effektensubstitutionsgesellschaft« (so der Fachterminus der Nationalökonomen) wie die Universum-Film AG konnte auf inflationäre Entwicklungen anders und planvoller reagieren als ein Handwerksbetrieb oder jemand, der nur seine Arbeitskraft zu verkaufen hatte; sie konnte eine komplizierte finanztechnische und aktienpolitische Maschinerie in Bewegung setzen, um die Folgen des zunächst schleichenden, dann galoppierenden Geldverfalls auszugleichen und, womöglich, zu ihren Gunsten zu wenden.

»Durch den an und für sich lebhaften Geschäftsgang der Gesellschaft angeregt«[137], versuchte die Konzernspitze in den Jahren 1921 bis 1923 durch drastische

Kapitalerhöhungen mit der Geldentwertung Schritt zu halten. Schon im Frühjahr 1921 wurde das Grundkapital von 25 Millionen auf 100 Millionen Mark erhöht: auf dem Effektenmarkt wurden 65000 neue Ufa-Aktien à 1000 Mark angeboten, ferner 10000 Vorzugsaktien, die ihren Besitzern ein achtfaches (später zwölffaches) Stimmrecht bei der Besetzung des Aufsichtsrats, bei Satzungsänderungen sowie bei der etwaigen Auflösung der Gesellschaft sicherten. Im November 1921 verdoppelte die Ufa, abermals durch die Ausgabe neuer Aktien, ihr Grundkapital auf 200 Millionen Mark; eine weitere Kapitalerhöhung auf nunmehr 300 Millionen erfolgte im Oktober 1923.

Indessen – auf dem Höhepunkt der Inflation betrug der Gegenwert für einen Dollar 4,2 Billionen Mark: eine astronomische Ziffer, in der sich für den ruinierten Mittelstand, vor allem für die kleinen Sparer und Aktienbesitzer, die wirtschaftliche Entwicklung als schwindelerregendes, letztlich unbegreifliches Verhängnis widerspiegelte. Wer keine Sachwerte besaß, also die erdrückende Mehrheit der Bevölkerung, sah sich hoffnungslos verarmt; auf der anderen Seite ging die fällig gewordene Währungsstabilisierung mit einer umfassenden Entschuldung der Sachwerteigentümer einher.

Die Einführung der Rentenmark – und wenig später der Reichsmark – stellte die Ufa auf eine neue, vergleichsweise günstige finanzielle Basis. Ihr Aktienkapital wurde nunmehr auf 45 Millionen Mark festgelegt, der Wert der 1000-Mark-Aktie auf 150, die der 5000-Mark-Aktie auf 600 Mark gesenkt. Die wirtschaftliche Lage des Konzerns nach der Währungsreform war – jedenfalls im Vergleich zu vielen Betrieben, die unter die Räder gekommen waren – relativ stabil. Die erheblichen finanziellen Schwierigkeiten, denen sich das Unternehmen vom Jahre 1924 an konfrontiert sah, waren nicht oder nicht in erster Linie auf die Erschütterungen durch die Inflation zurückzuführen.

Inflation und Kino – dieses Thema hat die Filmhistoriker vielfach beschäftigt und zu Betrachtungen angeregt, deren Grundtenor Jerzy Toeplitz so formuliert: »Da im eigenen Heim Hunger und Kälte herrschten, gingen die Menschen häufiger ins Kino. Zwar waren nicht alle Kinos geheizt, aber in einer Menschenmenge ist es immer wärmer, und außerdem läßt das Geschehen auf der Leinwand die eigenen Sorgen vergessen. Die Lichtspieltheater wurden in den Inflationsjahren zum Hort vieler geplagter Menschen. Diese Situation nutzten die Filmproduzenten, Kinobesitzer und Filmverleiher bewußt aus, sie wußten, welche geistige Nahrung dem ausgehungerten Publikum vorzusetzen ist.«[138]

Wie »bewußt« die Filmindustrie (deren Uneinheitlichkeit immer wieder betont werden muß: Kinobesitzer stritten wegen der Filmmieten mit den Verleihorganisationen; die Verleiher lagen mit den Produzenten in einem permanenten Kleinkrieg) die Situation zu nutzen versuchte, mag dahingestellt bleiben. Die »geistige Nahrung« jedenfalls, mit der sie ihr demoralisiertes Publikum belieferte, ist schwerlich allein aus der ökonomischen Lage und ihren Depressionen zu erklären. Das politische Klima der frühen Weimarer Republik, die traumatischen Verlust- und Vergeblichkeitserfahrungen dieser ersten Jahre nach dem Krieg woben mit an einer Stimmung, die nach »Ablenkung«, aber gleichermaßen auch nach Bestätigung und Überhöhung verlangte.

Die Reichstagswahlen vom 6. Juni 1920 hatten – zu Lasten der »Weimarer Koalition« aus Mehrheitssozialisten, Demokratischer Partei und Zentrum – eine Polarisierung zwischen dem rechten und dem linken Lager deutlich werden lassen, die zunehmend Politik und Kultur, ja das gesamte gesellschaftliche Leben der Republik und seine psychologischen Faktoren bestimmte. Die Sozialdemokratische Partei Eberts und Scheidemanns verfügte weder über den politischen Elan noch über die intellektuellen Energien, um ihrer Aufgabe, die Weichen für eine neue Zeit zu stellen und das Fundament für eine dauerhafte demokratische Kultur in Deutschland zu schaffen, gerecht werden zu können. Ihr kleinbürgerlicher Bürokratismus, ihre Bereitschaft, mit den Kräften der Reaktion zu paktieren, und ihre Büttelfunktion gegenüber revolutionären oder radikal-demokratischen Regungen lieferten sie dem Hohn der Rechten gleichermaßen wie dem Haß der Linken aus.

Gestützt auf Reichswehrtruppen, auf die von Noske organisierte Polizei, aber auch auf rechtsradikale Freikorpsverbände hatte die SPD die Spartakisten, die Münchner Räterepublik, die Berliner Arbeiterunruhen von 1920, die kommunistischen Aufstände in Mitteldeutschland vom März 1921 und schließlich den Hamburger Aufstand von 1923 zerschlagen. Die unterlegene Linke ihrerseits starrte wie hypnotisiert auf die Blutspur sozialdemokratischer Gewaltpolitik und gefiel sich in der Pose tragischen Martyriums – unfähig, aus ihren revolutionaristischen Denkmodellen auszubrechen und an der Gestaltung eines soliden demokratischen Überbaus mitzuwirken.

Die staatlichen und gesellschaftlichen Institutionen, zumal Militär und Justiz, erwiesen sich als resistent gegenüber demokratischen Reformbestrebungen und blieben wichtige Stützpunkte der äußersten Reaktion. Die Klassenjustiz der Weimarer Republik mit ihren verhängnisvollen Konsequenzen für die politische Balance des Gemeinwesens ist oft beschrieben worden; ebenso wichtig ist es jedoch, die bekannten Fakten daraufhin zu befragen, welche Auswirkungen sie auf die Form, die Inhalte und den Alltag des öffentlichen Lebens hatten, auf das Selbstverständnis und die Bewußtseinsgeschichte von Weimar, auf die kulturellen Projekte der Republik – und auf die Republik als kulturelles Projekt.

Die Stereotypie der gesellschaftlichen Konfliktregelung zugunsten der Besitzenden mußte die Millionenmasse der Habenichtse, bewußt oder unbewußt, als Hohn empfinden; dieser Mechanismus lastete wie ein Alp auf den politischen und kulturellen Verhältnissen der Weimarer Republik, er radikalisierte die Verlierer und trieb sie in Scharen den Demagogen und Traumtänzern der extremen Lager zu.

»Politischer Sinn aber kann sich gewiß nicht in einer Atmosphäre andauernder Frustration oder mit der Überzeugung entwickeln, daß alles nur Theater sei«, schreibt Peter Gay.[139] Daß die »große Politik« nur ein Schauspiel, eine gigantische Machination zum Zweck des Volksbetrugs sei – diese Überzeugung hatte schon vor 1914 von vielen Deutschen Besitz ergriffen; nun, nach der epochalen Frustration durch den verlorenen Krieg, gewann sie bei breiten Schichten die Oberhand. Abenteuerliche Politik-Schauspieler aus dem ultrarechten Lager, rabiate ostelbische Junker mit gefährlichen Ambitionen und bühnenreifer Geltungssucht verstärkten den Eindruck, mit der Deklaration der demokratischen Weimarer Verfassung sei der Vorhang zu einem chaotischen Schmierenstück aufgegangen: »Das alles klingt mehr nach einer Posse als nach ernsthafter Geschichte«, notierte Graf Kessler über den Putschversuch des ostpreußischen General-Landschaftsdirektors Wolfgang Kapp im März 1920.[140]

Als Kessler von der Beteiligung Ludendorffs am Kapp-Putsch erfuhr, schrieb er voller Bestürzung: »Das Niederschmetternde, daß diese ungeheure politische Urteilslosigkeit diktatorisch von 1916 bis 1918, im furchtbarsten Augenblick der deutschen Geschichte, unser Schicksal gelenkt hat. (...) Das Jetzt wirft auf das Damals ein geradezu Entsetzen erregendes Licht. Wir sind politischen Idioten und Abenteurern, nicht großen, unglücklichen Generälen zum Opfer gefallen. So beschmutzt dieses Abenteuer rückwärts unsere Geschichte. Ludendorff sinkt zum genialen Fachidioten, der gleichzeitig ein rücksichtsloser Vabanquespieler war, herab; das militärische Äquivalent des ›deutschen Professors‹, der aus Fachversessenheit jede ethische Bindung abstreift, ja den Verstand verliert: eine tragikomische Figur als Mittelpunkt der Handlung, wo es um Sein und Nichtsein ging.«[141]

Dieser geniale Fachidiot und Vabanquespieler – der dreieinhalb Jahre nach dem Kapp-Putsch, im November 1923, mit Adolf Hitler den Marsch auf die Münchner Feldherrnhalle anführen wird – hatte 1917 die Gründung der Ufa in die Wege geleitet und ihr einen politischen Auftrag erteilt, dessen ideologische Ziele auch den Herren im Aufsichtsrat, also dem Milieu eines Emil Georg von Stauss, zumindest nicht fremd waren. Die Ufa war »zivil« geworden, aber in ihrer Spitze herrschte noch der Geist jener wilhelminischen Politiker-Kaste, die selbst der maßvolle Historiker Friedrich Meinecke 1918 höhnisch als »alldeutsch-militaristisch-konservativen Konzern«[142] apostrophiert hatte.

Anders orientiert war der fachliche Leitungsapparat der Ufa, die Ebene der wirtschaftlichen, technisch-organisatorischen und künstlerischen Entscheidungsträger: sie hatten primär ökonomisch-gesellschaftliche, daneben mehr oder weniger ausgeprägte kulturelle Interessen und rechneten sich wohl selbst jenem »gehobenen« Bürgertum zu, dem es keineswegs um Monarchie oder Republik, sondern um die Verwirklichung eben dieser Interessen ging. Schließlich das »ausführende«, künstlerisch und technisch tätige Personal: diese breite Gruppe spiegelte sämtliche ideologischen Schattierungen der Republik wider, und eine starke Minderheit stand dem »anti-bourgeoisen« Lager im weitesten Sinne, der expressionistischen Künstleropposition und der intellektuellen wie auch der proletarischen Linken gewiß nicht fern. Die Ufa war eine dreigeteilte Pyramide und, aus der Nähe betrachtet, ein überaus buntscheckiger Koloß, von dem alles, nur nicht ein einheitliches Programm der einen oder anderen Couleur zu erwarten war.

Auch das großbetriebliche »Gesamtunternehmen« Universum-Film AG war, obschon zentralistisch organisiert, kein hermetisch geschlossener wirtschaftlicher Machtblock. Die Überlagerung vertikaler und horizontaler Strukturen bedingte auch Dezentralisation und betriebswirtschaftliche Diversifikation. »Horizontal« aufgebaut sind, nach Lipschütz, solche Konzerne, in denen »die zusammengeschlossenen Einzelunternehmungen Produkte derselben Produktionsstufe erzeugen«; eine »vertikale« Struktur setzt voraus, daß die Einzelunternehmen »so aufeinander aufbauen, daß sie die Produkte der ihnen subordinierten Unternehmungen weiter verarbeiten und den Unternehmungen der nächsten Produktionsstufe zur Weiterverarbeitung reichen«.[143]

Im Fall der Ufa, wie auch anderer deutscher Filmkonzerne, fanden sich beide Organisationsprinzipien unter einem Dach: »Einmal ist sie ein kombinierter Betrieb, daneben vereinigt sie aber auch Unternehmungen derselben Produktionsstufen. Kombination der drei Produktionsstufen des Films, Produktion, Verleih und Theaterbetrieb, ist für den Aufbau deutscher Filmkonzerne überhaupt charakteristisch. Die Ufa vereinigt mit den drei Hauptsparten durch den Besitz der Afifa aber auch noch das Zwischenglied zwischen Produktion und Verleih, die Hilfsindustrie der Entwicklungs- und Kopieranstalten.«[144] Mit der Übernahme der Stimmenmehrheit durch Alfred Hugenberg im Jahre 1927 wird auch die IG Farbenindustrie in großem Maßstab als Käuferin von Ufa-Aktien auftreten und so eine »innere Verbindung« (Lipschütz) zwischen dem Konzern und der Rohfilmfabrikation herstellen.

In den frühen zwanziger Jahren erfreuten sich die unter dem Dach der Ufa zusammengeschlossenen Produktions-, Verleih- und Theaterbetriebe einer relativ großen Selbständigkeit. Die Produktionsfirmen entschieden weitgehend autonom über ihr Produktionsvolumen, und sie gaben auch in der Regel den von ihnen zuvor gepflegten Genrerichtungen weiterhin den Vorrang. »Von der Dachgesellschaft des Konzerns wurden mit diesen Firmen Lieferungsverträge abgeschlossen, die sich jeweils auf eine Produktionsperiode bezogen und wonach den Herstellungsgesellschaften größere Vorschüsse gewährt wurden. Dafür hatten die Produktionsunternehmungen die Verpflichtung, ihre Erzeugnisse der Ufa zur Verfügung zu stellen. Diese übergab die Filme ihrer Verleihorganisation zur wirtschaftlichen Auswertung.«[145]

Auch die von der Ufa erworbenen Verleihbetriebe konnten ihre geschäftlichen Beziehungen aufrechterhalten und weiter ausbauen – z. B. betrieb die aus dem Messter-Konzern hervorgegangene Hansa Film GmbH auch unter der Leitung der Ufa vorzugsweise den Verleih von Messter-Filmen. Daneben gab es geographische Kriterien: die Verbreitung eines Films wurde mehreren Verleihern anvertraut, die ihn jeweils von ihrem Standort aus in ihrem regionalen Einflußbereich an die Kinos zu vermitteln hatten.

Der Theaterpark der Ufa wurde von zwei Tochtergesellschaften zentral kontrolliert: von der Union Theater GmbH Berlin und der U. T. Provinzlichtspielhäuser GmbH Berlin. »Diese beiden Unternehmen besaßen entweder direkt die Lichtspieltheater oder waren, soweit es sich um Betriebe handelte, die selbständige Gesellschaften waren oder Einzelfirmen gehörten, maßgebend an ihnen beteiligt. In bezug auf ihre innere Verwaltung genossen die Theater (z. B. auch in der Bemessung der Eintrittspreise u. dgl.) unbeschränkte Freiheit.«[146]

Die Ufa bewährte sich in den zwanziger Jahren als perfekt organisierter Produktions- und Verteilungsapparat auf dem nationalen Filmmarkt: darin bestand ihre historisch neue Qualität. Konzentrations- und Dezentralisationsbewegungen ergänzten sich vorzüglich im Sinne der Erhaltung und der weiteren Ausdehnung des Gesamtunternehmens. Die relative Selbständigkeit der einzelnen Betriebe auf den drei Organisationsebenen garantierte dem Konzern insgesamt den Einfluß auf die »dispersa publica« der geographisch, sozial und kulturell stark differenzierten Öffentlichkeit der Weimarer Republik. So wurde, schon auf Grund ihrer betriebswirtschaftlichen Organisation, die Ufa zu einem komplexen Verarbeitungssystem höchst unterschiedlicher Publikumspräferenzen, »Zeitstimmungen«, ideologischer Strömungen und ästhetischer Codierungsmuster: sie verwaltete die (Massen-)Kultur der Republik und verteilte sie nach ihren Geschäftsinteressen. Von einer Diktatur des Massengeschmacks konnte, jedenfalls in der ersten Hälfte der zwanziger Jahre, nicht die Rede sein. Die Erfahrungen verschiedener Produktions-, Verleih- und Theaterbetriebe flossen gewinnbringend in das »Großhirn« der Ufa ein, das vor allem als Verwaltungszentrale funktionierte und auf ökonomische Erweiterung bedacht war.

Das Prinzip, den einzelnen Gliedern eine weitgehende Autonomie zuzugestehen, bewährte sich vor allem im Kinosektor. »Beim Lichtspieltheaterbetriebe ermöglicht eine gewisse Selbständigkeit eine bessere Anpassung an die Marktlage. Es ist schwer, wenn nicht unmöglich, Lichtspieltheater von einer Zentrale aus wirtschaftlich vorteilhaft zu betreiben. Ihre Rentabilität wird weitgehend durch Maßnahmen der Konkurrenztheater beeinflußt, die eine örtlich entfernte Zentrale nicht so übersehen kann. Daher hat die Ufa den Geschäftsführern ihrer Theaterbetriebe ein ausgedehntes Selbstbestimmungsrecht betreffs der Auswahl und Spieltermine der Filme, Ausstattungen der Theater usw. gewährt, ja darüber hinaus vielen Theatern die juristische Selbständigkeit bewahrt oder die Leitung örtlich zusammengehöriger Theaterbetriebe rechtlich selbständigen Personen überlassen.«[147] Den Charakter juristisch selbständiger Personen bewahrten auch, aus den gleichen wirtschaftlichen Überlegungen heraus, die Verleihunternehmungen der Ufa im In- und Ausland.

Im Produktionssektor »verschwanden« die zahlreichen kleinen Firmen bald in jenem riesigen Fabrikationsbetrieb, der das Markenzeichen des Konzerns trug, während vor allem die drei großen Gesellschaften Decla-Bioscop, Deulig (DLG) und Union noch lange Zeit ihren aufs beste eingeführten Namen führen durften, wurden nach der Fusion mit der Ufa sogar Gesellschaften gleichen Namens gegründet, um eben diesen und seinen guten Klang für das breite Publikum zu erhalten. Murnaus *Die Austreibung* (Drehbuch Thea von Harbou nach einem Bühnenstück von Carl Hauptmann) kam, ein Jahr nach der Fusion mit der Ufa, als Film der Decla-Bioscop in die Kinos; erst sein Welterfolg *Der letzte Mann* (1924) trug auch im Vorspann den Produktionsstempel des größten deutschen Filmkonzerns. Sogar Fritz Langs *Die Nibelungen*, seinem Ruf nach ein Ufa-Film par excellence, wurde noch 1924 als eine Produktion der Decla-Bioscop uraufgeführt.

Angesichts dieser komplizierten Situation ist jeder Versuch, den Ufa-Anteil an der Gesamtproduktion der frühen zwanziger Jahre zu quantifizieren, mit Vorsicht zu bewerten; Zahlen sind in diesem Zusammenhang von besonders geringer Aussagekraft. Nach den umfassenden (aber nicht lückenlosen) Katalogen von Gerhard Lamprecht[148] ist es zwar möglich, von den 545 Filmen der deutschen Produktion im Jahre 1920 mindestens 57 dem Imperium der Ufa zuzuordnen, wobei die Filme, die aus Herstellungsverträgen mit kleineren Firmen wie Cserépy, Greenbaum oder Gloria hervorgingen, mitgezählt sind (1921 sind es 59 von 396; 1922: 45 von 252 Produktionen). Diese Zahlen, die eine ansteigende Tendenz des prozentualen Anteils erkennen lassen, spiegeln jedoch nur den wirtschaftlichen Aspekt der Konzernausdehnung wider. Weitaus schwieriger ist es – bei der relativen Eigenständigkeit der von der Ufa übernommenen Firmen – die Entwicklung des kulturellen Einflusses präzis zu bestimmen, den die führende Filmfabrik auf die gesamte Branche schon in der Frühzeit auszuüben begann. Der Begriff »Ufa-Film«, der später als Gütesiegel, aber auch als Kennzeichen einer bestimmten (je nach Standort positiv oder negativ bewerteten) Form von Massenkultur aufkam, kann auf die Filme, die in den frühen zwanziger Jahren im weitesten Sinne »unter dem Dach« der Universum-Film AG produziert wurden, nur mit größter Zurückhaltung angewandt werden.

Allerdings: nicht nur die Filme des Konzerns, auch seine Kinos und der Glanz seiner Premieren verhalfen dem Namen »Ufa« zu jener mit Geschäfts- und Spürsinn konstruierten Aura, die schon bald nach dem Krieg auch im Ausland nicht ohne Resonanz blieb. Mit einer Ausnahme (*Romeo und Julia im Schnee*, uraufgeführt im Mozartsaal und im U. T. Kurfürstendamm) starteten alle Lubitsch-Filme der Jahre 1920 bis 1922 im Ufa-Palast am Zoo, also in der Hofburg des Konzerns, darunter übrigens auch die von Lubitsch selbst produzierten Filme *Das Weib des Pharao* und *Die Flamme.*

In *Sumurun* (1920), einem »Union-Film der Ufa«, präsentierten der Meisterregisseur und seine Firma ein frühes Prunkstück opulenter Ausstattungs- und Regiekunst, schütteten sie strotzende »Fülle und Kontrast« (Fritz Engel), »Vollständigkeit, Fülle, Verschwendung, Improvisation« (Herbert Jhering)[149] über ein darbendes Massenpublikum aus: ein orientalischer Stoff, von Max Reinhardt erstmals 1910 als Pantomime auf die Bühne gebracht – und ein rauschhaftes Fantasy-Ereignis des frühen Kinos, das einem arabischen Märchen die Verheißung neuer Wahrnehmungserlebnisse abgewann. Nur Joe Mays gleichfalls im Ufa-Palast uraufgeführter Abenteuer-Großfilm *Das indische Grabmal* (1921) konnte mit diesen Dimensionen konkurrieren, nicht zuletzt dank seiner Starbesetzung, darunter Conrad Veidt, Erna Morena, Olaf Fönß, Mia May, Lya de Putti, Paul Richter, Bernhard Goetzke und Wilhelm Diegelmann.

Das Publikum forderte vom Kino Daseinssteigerung – und fand sie vorzugsweise in exotischen Sujets und prunkvollen Dekorationen. »Wir haben damals wirklich ein paar Stunden in der indischen Welt gelebt, auch dann noch, als es

Das indische Grabmal: Mia May und Conrad Veidt

im Kino schon hell geworden war«, notierte Oskar Kalbus über *Das indische Grabmal*, und daß »immer und immer wieder nur Handlung, wechselnde Sensationen, buntes Geschehen, schöne Szenerien«[150] die Sinne der Zuschauer betörten, faszinierte ihn an Georg Jacobys Union-Film *Der Mann ohne Namen*, der 1920/21 im Auftrag der Ufa nach Ewald Gerhard Seeligers Roman »Peter Voss, der Millionendieb« gedreht wurde – mit Harry Liedtke, Georg Alexander und Mady Christians in den Hauptrollen, aufgenommen an Originalschauplätzen in Marokko sowie an der dalmatinischen Küste.

Das Verlangen nach Daseinssteigerung forcierte die Intensität des trompe-l'œuil, den Wunsch nach sinnlicher Präsenz und Authentizität, vermittelt über die Augentäuschung. »Der Kinogänger wurde frühzeitig verwöhnt. Hat er kurz nach dem Kriege noch die in der märkischen Sandwüste errichteten Prunkpaläste indischer Maharadschas angestaunt wie die angestrichenen Malaien und Neger der deutschen Filmstatisten, so sah er sehr bald schon mit kritischem Blick die Betonkulissen und die Schminke. (...) Also ging man auf Reisen, als die Goldmark stabilisiert war, um dem Spielfilm das Kolorit der lockenden Ferne zu geben.«[151] Das Kino wurde zum Vehikel imaginärer Weltfahrten. Dem Publikum, das aus der Enge seines Alltags in die Bildertempel strömte, wurden sie von den Stars mit neiderregendem Aufwand vorgelebt: Ellen Richter zum Beispiel, Produzentin und Diva ihrer eigenen Filme, stand im Ruf, keinen Film ohne kostspielige Auslandsreisen zu drehen; ihr Ehemann Willi Wolff kreierte die zeitgemäßen »Weltbummelfilme«, und in der Reklame verschmolzen die Wünsche der Massen, die exotischen Bilder und die Reiseabenteuer der Stars zu einer sinnverwirrenden Collage aus Traum und Wirklichkeit. So etwa im Fall des von der Ufa verliehenen Ellen Richter / Willi Wolff-Films *Der Flug um den Erdball* von 1924/25, der im ersten Teil seine Zuschauer über Paris nach Ceylon, im zweiten von Indien nach China und Kalifornien und über New York zurück nach Europa eilen ließ.

»Diese raumverschlingenden Filme lassen die Verbitterung erkennen, die der Durchschnittsdeutsche gegen seine unfreiwillige Einsperrung empfand«[152], schreibt Siegfried Kracauer: Kino als Ersatzbefriedigung für unterdrückte Ausbruchsgelüste. Auf naive Weise, meint Kracauer, befriedigten diese Filme aber auch ein »unterdrücktes Expansionsverlangen mit Hilfe von Bildern, die es seiner (d. i. des Zuschauers. Anm. K. K.) Einbildung erlaubten, die ganze Welt einschließlich Ophir erneut zu annektieren. Was Ophir betraf, so versäumte das Programmheft zur *Herrin der Welt* nicht, darauf hinzuweisen, daß die Vorstellung, dies mythische Königreich nach Afrika zu verlegen, von Carl Peters unterstützt wurde. Carl Peters hatte den Deutschen Kolonialverein ins Leben gerufen und gehörte zu den Gründern von Deutsch-Ostafrika, so daß die Erwähnung seines Namens unverhohlen auf die damalige Nebenabsicht des Films verwies.«

So konnte der von Deutschlands Größe träumende Patriot sich ans Programmheft und an Carl Peters halten, während die vom Inflationselend zermürbten Massen ihrer Schaulust, ihrer Sucht nach dem Exotischen nachgeben durften und sich von den Bildern aus dem »verstümmelten und abgeschnittenen Vaterland« (Kracauer) in die Reiche einer unbegrenzten Einbildungskraft tragen ließen. Für die Unterprivilegierten wurden die Welt und ihre bunten Abenteuer im Akt des Schauens zum Spielraum der eigenen Phantasie. Die Filme boten das

Der Flug um den Erdball

interkontinentale Panorama als farbiges – zudem märchenhaft-unwahrscheinliches – Durcheinander an: weniger ein Terrain neuer Kolonialeroberungen als ein Dschungel spielerisch-fiktiver Raum-Zeit-Entgrenzungen.

»Im Kaleidoskop der Weltteile«[153] und »Von sieben Meeren«[154]: so lauteten die Titel zeitgenössischer Reisebücher, die hohe Auflagen erreichten und bezeichnenderweise von Filmautoren geschrieben worden waren. In »Von sieben Meeren« faßte Hanns Heinz Ewers in Briefform reale und fiktive Abenteuer aus zwei Jahrzehnten zusammen, und in einem Nachwort hob der Verlag das willkürlich-chaotische Prinzip solcher Welt-Aneignung hervor: weder die Chronologie der Briefe noch eine »räumliche Ordnung, etwa nach Weltteilen«[155] sei beachtet worden; dem Charakter dieser Abenteuer sei eine wahl- und zwanglose Collage am angemessensten. Ein Verfahren, das dem Buch »Im Kaleidoskop der Weltteile« von Norbert Jacques, einem Querschnitt-Band der Deutschen Buch-Gemeinschaft, zum Titel verholfen hat. Die zuweilen süßliche Metaphorik dieses populären Autors verweist im übrigen immer wieder auf eher verdeckte Triebfedern des Fernwehs: auf ein Verlangen nach erotischer Expansion und auf den Wunsch, aus einem Alltag sexueller Versagungen und Frustrationen auszubrechen. »Die kleine Stadt ist Stein gewordener Meeresschaum. Ich denke an eine kleine Frau, in der die süße Leidenschaftlichkeit schläft und im Schlafe dennoch aus den halboffenen Augen herausleuchtet. Der Mond steht mit seinem Licht auf ihr, wie die Blicke eines ihrer sichern und sie dennoch bewachenden Geliebten, der stolz auf sie ist.«[156]

Im Weltreise-Kino der frühen Ufa schlugen gedemütigte Proletarier und Kleinbürger die Augen auf und erblickten ihre Träume, ihre verschwiegenen

Obsessionen und unterdrückten Leidenschaften. Wenn es ein Ordnungsprinzip gab, dann war es das des Kaleidoskops, das dem ernüchterten Auge und der hungernden Phantasie die Welt als einen Spielraum unendlicher Möglichkeiten illuminierte. Diese Reisefilme waren Filme der Inflationszeit und formulierten deren utopisches Gegenbild: ein Reich jenseits der normativen Kraft des Faktischen, jenseits auch von Ökonomie und Politik. Die Kolonien waren verloren, und für den Massentourismus fehlten noch alle wirtschaftlichen Voraussetzungen. Aber die unklaren Wünsche nach Welt und Wirklichkeit waren lebendig, und die bizarren Welt-Bilder des Kinos lieferten ihnen das stimulierende Material.

8. Kapitel

Das demokratische Warenhaus. Ufa-Filme 1920–1922

In keiner Studie über die zwanziger Jahre fehlt der Hinweis auf den »Vergnügungshunger«, der alle Klassen und Schichten nach Kriegsende erfaßt hatte: eine neuartige Unterhaltungssucht progressiver Spielart, die »ihrer ideologischen Intention nach durchaus demokratisierende Tendenzen enthielt«.[157] Demokratisierung meint: Homogenisierung und Egalisierung der Gesellschaftsschichten, die – »vom Bankdirektor bis zum Handlungsgehilfen, von der Diva bis zur Stenotypistin«[158] – sich auf einer gemeinsamen Ebene kultureller Bedürfnisse und ästhetischer Kommunikationsformen wiederfand. Demokratisierung heißt auch: Leugnung der Grenzen zwischen (ernsthafter) Hochkultur und (vulgärer) Unterhaltungskunst, Aufwertung der Massenmedien Rundfunk, Film, Illustrierte, Schallplatte gegenüber den klassischen Kunst- und Bildungsinstitutionen des Bürgertums; »Nobilitierung« der Jazzmusik, der Tanzrevue, der Filmburleske und des musikalischen Schlagers gegenüber dem Kunstlied, der Oper, dem Ballett, dem großen Schauspiel und der »anspruchsvollen« Literatur. Wenn es die Kluft »zwischen höchster Raffinesse und krudester Trivialität« zu überwinden galt und die Kunst die Chance erhalten sollte, »sich allmählich auf der Ebene einer neuen A-Kunst (Allgemein-Kunst) einzupendeln«[159], so fiel selbstverständlich dem Kino, und besonders der Produktion der großen Filmkonzerne, in diesem Prozeß eine besondere Bedeutung zu.

Die breite Palette der in der ersten Hälfte der zwanziger Jahre von der Ufa produzierten oder in Umlauf gebrachten Filme, mit ihrer erstaunlichen thematischen und formalen Vielfalt, setzte differenzierte, entwicklungsfähige Massenbedürfnisse voraus, denen man vorab zweifellos Entspannung und Zerstreuung, aber auch ein Anrecht auf »geistige Nahrung« und »erhabene Gefühle« zugestand.

Dabei überkreuzten sich Einflüsse aus den Themenkreisen der »Hochkultur« mit der dem Medium eigentümlichen Tendenz zur robusten Trivialisierung alles dessen, was nach dem Kanon des gehobenen Geschmacks als seriös, feierlich, »klassisch« und entsprechend langweilig galt. »Die ältere Hochkunst, die weitgehend der seelischen Erbauung der Nichtarbeitenden diente, konnte ruhig etwas langweilig sein. Eine solche Langeweile wurde in Kreisen, die auf Distanz und Vornehmheit bestanden, eher begrüßt als bedauert.«[160] Die synthetisierende Funktion einer »Allgemein-Kunst« hatte vielleicht auch Erwin Panofsky im Sinn, als er 1934, mit Blick auf das Kino, urteilte: »Sicher ist kommerzielle Kunst stets in Gefahr, als Hure zu enden, aber ebenso sicher ist nicht-kommerzielle Kunst in Gefahr, als alte Jungfer zu enden.«[161]

Eben diese Kluft zu überbrücken sah sich zum Beispiel eine Autorin wie Thea von Harbou berufen, die keinen Widerspruch darin erblickte, mit Fritz Lang 1921 das Drehbuch zu *Das indische Grabmal*, jenem exotischen Abenteuer-Großfilm der Joe May-Produktion, zu schreiben, nachdem sie ein Jahr zuvor, gleichfalls für May, die Vorlagen zu zwei Heiligenlegenden geliefert hatte: zu *Die heilige Simplicia* (Regie Joe May) und zu dem vom jungen Fritz Lang inszenierten Film *Das wandernde Bild*. Schon 1919 hatte die vielbeschäftigte Schriftstellerin bei Ullstein eine bibliophil ausgestattete Legendensammlung[162] herausgebracht, in der sie in so preziöser wie blumiger Prosa das Leben frommer Frauen des Mittelalters nacherzählt, darunter auch das der heiligen Simplicia.

Tatsächlich lag der Widerspruch nur im Thematischen; Thea von Harbou löste ihn auf dank ihrer ausgeprägten Begabung für kulturbeflissene, aus ihrer Sicht zweifellos »anspruchsvolle« Kommerzialität. Kam sie in *Das indische Grabmal* der populären Sehnsucht nach dem Monumentalen und Tropischen entgegen, so verstand sie es, in ihren Legendenstoffen einen verbreiteten Hang zu einem volkstümlich romantisierten Mittelalter und zu bigotter, sentimentalisch-süßlicher Inbrunst auszubeuten.

Selbstverständlich ging solch entwickelter Spürsinn, im Kräftefeld marktbeherrschender Konzerne wie Ullstein und Ufa, mit kapitalistischem Kalkül einher. Der Einwand von Hermand/Trommler gegen die Massenkultur der Neuen Sachlichkeit ließe sich auch – folgte man ihrer Argumentation – auf den Großteil der Filme zu Beginn der zwanziger Jahre übertragen: »Was entstand, war zweifellos ein Mehr an Kultur für die größtmögliche Zahl, aber zugleich auch ein Mehr an Un-Kultur.« Ob Spaß oder Erbauung – was der Entspannung der breiten Massen habe dienen sollen, »trug ebenso gut zu ihrer ideologischen Verdummung bei. Aus diesem Grunde war das meiste dieser demokratisch gemeinten Kultur weniger in einem positiven Sinn populär als in einem negativen Sinn trivial.«[163]

Das Verdikt der »ideologischen Verdummung« unterstellt allerdings die Existenz einer ideologischen Zentrale, die eine infame Strategie zur Betäubung der Massen verfolgt. Eine solche Zentrale gab es in den zwanziger Jahren nicht – weder auf den Leitungsebenen der Ufa noch sonst inner- oder außerhalb der Filmindustrie. Die Strategie des Gewerbes zielte allein auf gefüllte Kassen, und an einer »Verdummung« seines Publikums lag ihm so wenig wie an einer bewußten Anhebung seines Wissens oder seines Geschmacksniveaus. Ebenso mißachtet der Trivialitätsverdacht die dem filmischen Medium von Grund auf eigentümliche triviale Struktur, die gerade seine Faszinationskraft ausmacht: die urbane, »nervöse«, auch aggressive Vulgarität des Kinos, das sich solchermaßen gegen die Zumutungen der bürgerlichen Hochkultur zur Wehr setzt. Das Problem der Thea von Harbou bestand nicht in ihrer Neigung zu Gefühlsüberschwang und sentimentalitätstriefenden Unwahrscheinlichkeiten, sondern darin, daß sie eben diese »Geschmacksentgleisungen« durch Anleihen bei traditionell »seriösen« Inhalten zu legitimieren und zu »veredeln« suchte.

Der »pluralisierte« Geschmack eines sozial entwurzelten Massenpublikums, das zugleich in monadenhaft individualisierte, »vagierende«[164] Gefühle zerfiel, fand in der Hochkultur keinen Widerhall – und wurde von dieser ausgegrenzt. Da auch die Anstrengungen, aus der Not der Zeit eine radikaldemokratische oder gar »revolutionäre« Massenkultur aus dem Boden zu stampfen, ihre Schwächen offenbarten und das große Publikum nicht erreichten, entstand ein Vakuum, das zur »Marktlücke« für die kommerziellen Reproduktionstechniken wurde. Es galt, die vagierenden Befindlichkeiten auf Brennpunkte zu konzentrieren, die letztlich nicht weniger vage waren als die Gefühle, aber zweierlei versprachen: Unterhaltung und Sentiment. In eben diesem Vakuum fand auch die Ufa ihren Ort; aus diesem Vakuum heraus entfaltete sie ihr pluralistisches, wenn auch konservatives, weil an der Innerlichkeit eines rückwärts gerichteten Bürgertums orientiertes Programm der schönen Träume.

Der Ufa-Pluralismus, ein Ausdruck kultureller Vielfalt in einer »demokratisch ausgeweiteten« Öffentlichkeit, kam auch der Sprache der Kinematographie und der Entwicklung ihres künstlerischen Selbstbewußtseins zugute. Angemessener als Thea von Harbou und der frühe Fritz Lang, weil im Sinne der filmischen »Materialästhetik« konsequenter, konnte Paul Wegener seine Märchenwelten im Medium des Films verwirklichen, ohne sich der Modernität des Films und seinem Massencharakter zu verweigern: als Regisseur in *Der Golem, wie er in die Welt kam* (mit Carl Boese, 1920); als Darsteller (neben Asta Nielsen) in *Vanina – Die Galgenhochzeit* (Regie Arthur von Gerlach, 1922); als Autor in *Der verlorene Schatten* (Regie Rochus Gliese, 1920). Es handelte sich um Filme der Projektions AG Union, die gemeinhin der »expressionistischen« Strömung zugeordnet werden, wenngleich ihre Stoffe der Romantik des 19. Jahrhunderts (Stendhal im Fall *Vanina*, Chamisso beim Gliese-Film) oder der Neoromantik der Jahrhundertwende (Gustav Meyrink) entstammten.

Der Begriff des filmischen »Expressionismus«, soweit er eine Anlehnung an die zeitgenössische Stilrichtung in der bildenden Kunst suggeriert, ist eher irreführend. Lotte H. Eisner spricht im Zusammenhang mit Hans Poelzigs Bauten zum jüdischen Ghetto des *Golem*-Films von einem »gotischen« Stil[165] – ein Begriff, der weitaus treffender das stilistische Inventar *und* die geistesgeschichtlichen Ablagerungen in den Filmen des Caligari-Stils erfaßt. Die düster-bizarre Phantastik der »gothic tales«, die Vorliebe für das Irrationale, für die psychologischen Extreme, für die »Nachtseiten« des Lebens und für die zentralen Themen der schwarzen Romantik, das Doppelgängermotiv, die Verquickung von Wahnsinn und Verbrechen, Psychiatrie und Terror – alle diese Elemente verweisen, selbst noch in der »gotischen« Figur des Ingenieurs Rotwang in Langs *Metropolis* (1926), auf ein imaginäres Mittelalter, auf die Relikte vorindustrieller Strukturen in der Entwicklungsgeschichte der deutschen (und europäischen) Seelenlandschaft. Es waren Relikte, die sich auch literarisch und in den bildenden Künsten äußerten, im filmischen Medium jedoch ihre authentische Sprache fanden und um so spektakulärer zum Durchbruch gelangten.

Kracauer sah, mit Blick auf 1933, besonders in *Vanina* die »psychologischen Ursachen und Wirkungen der Tyrannei«[166] untergründig am Werk; Lotte H. Eisner erklärte das »Mysterium dunkler Korridore« und die unheimliche Labyrin-

Der Golem, wie er in die Welt kam: Ausstattung Hans Poelzig und Kurt Richter

thik in *Vanina* und anderen Filmen mit der deutschen Mentalität, die angeblich das »Werden« höher bewerte als das »Sein«.[167] Sicher ist, daß in den caligaristischen Filmen der frühen zwanziger Jahre das »gotische« Mittelalter nicht als Möglichkeit der Erlösung, sondern in seinen beengenden und bedrängenden, nicht-bewältigten, angsterregenden, panisch-hysterischen Verformungen ein spätes Echo gefunden hat: eine Rebellion der Provinz und der deutschen Kleinstadt mit ihren Kobolden und Nachtmahren gegen die Industriekultur und ihre oberflächliche Rationalität.

Die Ufa machte es sich einfach: »Die Stärke des deutschen Films liegt im phantastischen Drama«[168], behauptete sie in ihrem Programmheft von 1921. Sie traf damit einen »deutschen« Hang zum Traum – und zum Traumatischen; zum Anti-Realismus und Anti-Naturalismus wie auch zur Leugnung der Gegenwart. Hatte die Ufa somit ihren Anteil an der Kultivierung des Irrationalen und der Trivialisierung alles Mystischen, so unterdrückte sie doch keineswegs den Blick auf die Aktualität. Fritz Langs Uco-Film *Dr. Mabuse, der Spieler*, den der Regisseur als »Zeitbild«, als Spiegel einer gefährdeten Epoche verstanden wissen wollte und in dem sich, wie Toeplitz feststellte, das Phantastische mit dem dokumentarischen Bericht verwob, wurde am 27. April 1922 im Ufa-Palast am Zoo uraufgeführt. Der Zeitpunkt fiel mit einer für die Weimarer Republik äußerst prekären politischen Situation zusammen: nur Tage zuvor hatte der französische Ministerpräsident Poincaré militärische Maßnahmen gegen Deutschland angedroht, wenn die Deutschen nicht ihre aus dem Versailler Vertrag resultierenden Verpflichtungen erfüllen würden.

Die auf der Weltwirtschaftskonferenz in Genua versammelte politisch-ökonomische Machtelite hatte seit Wochen über Plus und Minus einer Völkerkatastrophe zu beraten; Profit-Fachleute verhandelten über das Schicksal eines gebeutelten, aber noch immer oder schon wieder störrischen Bankrotteurs. Die Nationen praktizierten eine Art räuberischer Anarchie – nicht anders als die emporgekommenen Reichen, die der Megalomanie der Kapitalanhäufung verfallen waren. »Die Zeit nach dem Ersten Weltkrieg«, so erinnerte sich Fritz Lang Jahrzehnte später an die Hintergründe seines Mabuse-Films, »war für Deutschland eine Zeit der tiefsten Verzweiflung, der Hysterie, des Zynismus, des ungezügelten Lasters. Entsetzliche Armut war neben ganz großem und neuem Reichtum. Berlin prägte damals das Wort: Raffke, vom Zusammenraffen des Geldes.« Mabuse sei der »Prototyp dieser Zeit«.[169]

»Berlin tanzt«, hatte Graf Kessler in den Revolutionswirren von 1919 in sein Tagebuch geschrieben – fassungslos darüber, daß gerade die politischen Defraudanten des Kaiserreichs wie Richard von Kühlmann in zynischer Genußsucht den Reigen der allgemeinen Ausgelassenheit anführten. 1922 tanzten die Kriegsgewinnler gemeinsam mit den Nutznießern der Inflation. Mittlerweile hatte sich der politische Überbau gefestigt; mit der sozialdemokratischen Politiker-Elite war eine »proletarische Herrenkaste« entstanden, in der Kessler »die alte preußische Disziplin und die neue sozialistische zusammenschießen« sah. Sie war bewaffnet, von bürokratisch-repressivem Geist – und sie hatte ihre (ideologischen und tatsächlichen) Bunker bezogen. »Noske sitzt in der Bendlerstraße hinter Stacheldraht und mit einer Leibgarde von sieben Offizieren, zwölf Unteroffizieren und fünfzig Mann zu seiner persönlichen Bedeckung wie Nikolaus II. oder Dionys, der Tyrann« – oder wie Mabuse in seinem Versteck! Deutschnationale Stammtischpolitiker, der Monarchie nachtrauernd und gleichzeitig von den in Bewegung geratenen Massen fasziniert, phantasierten allen Ernstes, die Rettung Deutschlands könne nur von einem »königlich-sozialdemokratischen Bolschewismus«[170] kommen. Die Gesinnungen, Weltanschauungen, politischen Utopien lagen auf der Straße und gingen nach der Devise, daß alles möglich sei, die unwahrscheinlichsten Mesalliancen ein.

Mabuse, als verbrecherisches Faszinosum der Massenmedien, hatte mit dieser Gesellschaft ein leichtes Spiel – Hitler, der nach seinem Marsch auf die Feldherrnhalle 1923 erst einmal Festungshaft erhielt, noch nicht. Noch wehrte sich

Dr. Mabuse, der Spieler: Rudolf Klein-Rogge

die Republik gegen ihre Extremisten. Noch bestand die Chance, daß sie sich zu einem selbstbewußten demokratischen Gemeinwesen weiterentwickeln würde. Ihre Filme aber nahmen die Gefahren wahr: bewußtlos, dennoch sensibel für die Symptome; politisch blind, wiewohl hellsichtig für das Grauen, das der Politik entspringen kann.

Mabuse war der Trivialmythos eines überdimensionalen Raffke vom Schlage eines Hugo Stinnes, der zugleich die spinnenartig ausgreifende Medienpolitik eines Alfred Hugenberg betrieb – und er versammelte alle Merkmale des vulgarisierten, auf mondänes Geschwätz heruntergebrachten Nietzsche-Kults. Schon die brüchigen, zivilisationskranken, nietzschetrunkenen Helden der »psychologischen Romane« Otto Julius Bierbaums oder Felix Hollaenders hätten reden können wie die Gräfin Told in den Zwischentiteln des Mabuse-Films zum Staatsanwalt Wenk: »Ich brauche Leben, den starken Atem des Ungewöhnlichen, die Sensation, Abenteuer.«

Mabuse hat das urbane, gesellschaftlich entwurzelte und politisch desorientierte Laufpublikum jener Jahre mit all diesen Dingen beliefert – in »multimedialem« Maßstab und in einer Art konzentrierter Schlag-auf-Schlag-Strategie: dem Fortsetzungsroman von Norbert Jacques in der »Berliner Illustrirten« folgte das Ullstein-Buch und gleichzeitig die von Thea von Harbou vorgenommene Bearbeitung zum Drehbuch für die Uco-Produktion. Eine integrierte Arbeitsteilung, die das Gespann Lang-Harbou bis 1932 erfolgreich fortsetzen wird. Am Anfang standen die Romane von Erfolgsautoren (meistens der Harbou selbst) und dienten als Vorlage für die gemeinsam verfaßten Filmszenarien; pünktlich zum Filmstart wurden sie, nunmehr mit Atelierfotos ausgestattet, von Ullstein oder Scherl wiederaufgelegt – handsigniert und in Seide gebunden überreichte sie die Ufa-Direktion den auf Büttenpapier geladenen Premierengästen. Schon beim Mabuse-Film – dessen Produktion 15 Millionen (Inflations-)Mark verschlungen hatte und der, fast vier Stunden lang, an zwei aufeinanderfolgenden Abenden gezeigt wurde – lief diese Maschinerie auf Hochtouren: parallel zu den letzten Romanfortsetzungen konnte die »Berliner Illustrirte« ihre Leser schon mit den ersten Szenenfotos überraschen.

Der Mabuse-Film läßt sich schwerlich der »expressionistischen« Stilrichtung zuordnen – Fritz Lang selbst hat Klassifizierungen dieser Art entschieden abgelehnt. Ebenso wenig ist die Hauptfigur auf eine Gesinnung, auf ein politisches oder weltanschauliches Konzept festzulegen. Mabuse ist Aufklärung und Gegenaufklärung zugleich, er verkörpert linken wie rechten Terror, und als Ausgeburt des Imperialismus will er nur in seinen Besitz bringen, was er in rasender Paranoia zerschlägt. Norbert Jacques sah in Langs Film einen Versuch, »keine Erregungen, sondern nur Regungen zu geben, nie eine Ursache, sondern immer nur eine Wirkung; alles ist ausgeprägt zur Bewegung«.[171] Die Totalität der reinen Bewegung und das Desinteresse gegenüber dem (politisch-gesellschaftlichen) Mechanismus von Ursache und Wirkung kennzeichnen Langs Mabuse-Film als authentisches Produkt einer bodenlosen Zeit.

Der Konzern, der diesen Film herausbrachte, hielt sich – im Zentrum einer turbulenten Vergnügungsindustrie, demokratisch offen in alle Richtungen witternd – noch auf Distanz zu den erstarrten Fronten und verfestigten Lagern, die bereits gewaltsame Lösungen herbeisehnten. Die Ufa war noch keine »ideologische Festung«. Sie war Teil einer genuß- und vergnügungssüchtigen urbanen Szenerie, in der Tausende von Außenseitern und Hunderte von Zeitungen und Zeitschriften mit ebenso vielen Meinungen täglich den Ton angaben.

Berlin als Zeitungsstadt war ein Katalysator der unterschiedlichsten Temperamente, Zeitströmungen, Themen und Stoffe. »Ein Journalist kann alles werden«, schrieb Stefan Grossmann 1922 im »Tage-Buch«. »Dort ist die große Wegkreuzung. Als ich vor sieben oder acht Jahren Herrn E. A. Dupont im Ullstein-Hause Nachrichten redigieren sah, neugierig auf alle Ereignisse der Welt, bereit, sie sofort in große oder kleine Lettern umzusetzen, da hätte ich nicht gedacht, daß der flinke Zeitungsmensch einer der allergeschicktesten Filmregisseure der Welt werden wird.«[172]

Dupont, der 1925 mit *Varieté* zu einem Weltstar der Ufa avancieren wird, drehte zwischen 1920 und 1922 nicht weniger als sieben Filme – alle für die (1921 von der Ufa übernommene) Gloria, darunter *Der weiße Pfau* (1920), der bereits Motive aus *Varieté* vorwegnahm und von der Kritik ob seines Stilgefühls und seiner »amerikanischen« Aufmachung gelobt wurde. *Whitechapel* (1920) wurde den Rezensenten zum Beweis dafür, »daß auch der Sensations- und Kriminalfilm einer Veredelung fähig ist, ohne von seiner Wirksamkeit das geringste einzubüßen«.[173] 1921 folgte, bereits als Ufa-Produktion, die erste Verfilmung des Romans *Die Geier-Wally* von Wilhelmine von Hillern, ausgestattet von Paul Leni und mit Henny Porten, Albert Steinrück, Wilhelm Dieterle und Eugen Klöpfer in den Hauptrollen. 1922 rühmte Grossmann den ersten Teil des Dupont-Melodrams *Kinder der Finsternis* – und schmähte um so unnachsichtiger den zweiten: »Auf das starke soziale Drama folgte eine klägliche Eifersuchtsgeschichte, in der eine abgeschmackte Millionärstochter gegen eine siegreiche Proletarierin vergebens ankämpft, mit einem unerträglich verlogenen Niedersinken beider Weiber an der Bahre des Mannes und einem aufgeklebten Tanzbild ›Das Leben tanzt weiter‹.«[174]

Eine konsequent journalistische Sicht wie die des »flinken Zeitungsmenschen« Dupont indessen verhielt sich gleichgültig gegenüber intellektuellen Differenzierungen zwischen Kitsch und Kunst; ihr galt die triviale Eifersuchtsgeschichte als ebenso welthaltig, ebenso »authentisch« wie das soziale Drama. Neugier auf alle Ereignisse der Welt: gerade darin wurzelte die urbane Virtuosität eines Ewald André Dupont. Neugier war eine Triebkraft der bürgerlich-republikanischen Öffentlichkeit, der Zeitungs- und Zerstreuungskultur im nachrevolutionären Berlin – und aus ihr nährte sich auch der Demokratismus des mächtigen Filmkonzerns: ein Demokratismus, der gewiß dem Oberflächenglanz der Stoffe verhaftet blieb, zugleich jedoch jegliche Geschmacks- oder Gesinnungsdiktate elegant und durchschlagend mißachtete.

Den bedeutenden Künstlern der Ufa ging es weder um einen Wettlauf mit der bürgerlichen Hochkultur noch legten sie es darauf an, sich mit ihren Filmen in die politischen Tageskämpfe einzumischen. »Gegensätze von Republikanern und Monarchisten sind im Film nicht darzustellen«, wandte Herbert Jhering kritisch gegen Paul Lenis gleichfalls für die Gloria gedrehte *Verschwörung zu Genua* (1921) ein. »Dieser Film wirkt nur dort, wo er vom Thema losgelöste Bildkomposition ist. Und die Bildkomposition ist dort am geschlossensten, wo es sich um die Darstellung der von allem Inhaltlichen abgelösten Intrige handelt.«[175]

Als Kehrseite jenes großstädtisch-egalitären Demokratismus zeigte sich schon früh eine bemerkenswerte Indolenz gegenüber dem Stoff, gegenüber der Substanz des sozialen und geschichtlichen Materials, auf das auch alle Filmsujets – nicht anders als die Stoffe des Theaters oder der Literatur – angewiesen sind. Eine Indolenz, die sich rächen wird: in dem Maße, wie die Virtuosen der Ufa ihr Interesse auf die »vom Thema losgelöste Bildkomposition« konzentrierten, geriet ihnen auch das große gesellschaftliche und politische Thema der Republik, die Lebensfähigkeit der Demokratie, aus dem Blick.

Somit wies das Kino der frühen Weimarer Republik zum Theaterleben der Epoche manche Parallelen, aber auch bezeichnende Abweichungen auf. Wenn das Theater der zwanziger Jahre als einer der Bereiche galt, »in denen die Revolution von 1918 wirkliche, ja wirksame Spuren hinterlassen hatte«; wenn es im Verlauf der oft dramatischen Auseinandersetzungen um Stückinhalte und Regiestile zu »einer ständig diskutierten politischen Verantwortung des Theaters« gekommen war; wenn vor allem unter Leopold Jessner am Preußischen Staatstheater Berlin die Bühne »zum Forum des Kampfes gegen die Despotie und den Bourgeois und für die Stärkung der neu erworbenen Freiheit« wurde[176] – dann kann von einer vergleichbaren Politisierung des Films oder gar des Kinos in der ersten Hälfte der zwanziger Jahre keineswegs die Rede sein. Die Auseinandersetzungen um *Fridericus Rex* 1922 bildeten eine allerdings spektakuläre Ausnahme, von der noch zu reden sein wird. Saalschlachten, wie sie zum Beispiel Jessners »Wilhelm Tell«-Inszenierung von 1919 auslöste, entfesselten im Kino erst die Nationalsozialisten zu Beginn der dreißiger Jahre mit ihren Methoden des organisierten Terrors.

Wenn ferner zahllose Theatergruppen außerhalb des etablierten Bühnenbetriebs, engagierte Spielgemeinschaften und politische Kollektive auf die Theaterkultur der Republik wesentlichen Einfluß ausübten und an den Bemühungen um eine »neue Fundierung des Theaters aus den politischen Erfahrungen der Gegenwart«[177] teilhatten, so sind ähnliche Entwicklungen im Kino erst mit der linken Volksfilm-Bewegung ab 1928 festzustellen: zu einem Zeitpunkt, als die allgemeinen gesellschaftlichen Bedingungen sich gravierend verändert hatten und die oppositionellen Strömungen nunmehr einem gefestigten konservativen Machtblock gegenüberstanden: vor allem der inzwischen von Hugenberg übernommenen und auf einen scharfen Rechtskurs gelenkten Ufa.

Während auf der Bühne das Interesse am ästhetischen Material aus der Zersetzung der theatralischen Konventionen resultierte, entsprang es in der Kinematographie einer noch in Entwicklung begriffenen, täglich zu neuen Erfindungen inspirierenden Technik – jener faszinierenden Sprache aus Licht und Schatten, die zahlreiche ästhetische Möglichkeiten und ein unübersehbares Vokabular, aber noch keine ausgereifte Grammatik hervorgebracht hatte.

In der Blütezeit der Ufa werden sich Regisseure wie F. W. Murnau und E. A. Dupont, Kameraleute wie Karl Freund und Carl Hoffmann in radikaler »Einseitigkeit« der Ausformung ihrer kinematographischen Ausdrucksmittel, den Geheimnissen der Inszenierung und der Bildsprache widmen können und Filme herstellen, die heute zu den Meisterwerken der Filmgeschichte zählen. Unversehens aber und zum gleichen Zeitpunkt wenden sich die Geschicke des Konzerns, der zuvor in den Jahren der Expansion alle Strömungen demokratisch absorbiert und sich jeder einseitigen politischen Indienstnahme verweigert hatte: noch während Murnau und Lang ihre Meisterwerke schufen, verwandelte sich die Ufa zum Kernstück eines konservativen, deutschnational ausgerichteten und zentralistisch gelenkten Medien-Imperiums. Die Meisterregisseure aber konnten noch nicht ahnen, daß ihre Regiearbeit, etwa in Werken wie *Die Nibelungen* und *Faust*, sehr bald, offen oder verdeckt, »politische Konsequenzen«, nämlich die einer politischen Ästhetik haben würde.

Historische Dramen auf der Bühne und Historienspektakel auf der Leinwand reflektierten in den frühen zwanziger Jahren die Stimmungen einer in Bewegung geratenen, aber noch richtungslosen Gesellschaft – und eines weniger politisierten als von politischen Leidenschaften aufgewühlten Kino- und Theaterpublikums. Aufgeregtheit war es wohl eher als eine gemeinsame politische Idee, was 1920 die Zuschauer der Reinhardt-Inszenierung von Romain Rollands »Danton« im Großen Schauspielhaus »von den Sitzen riß und eine momentane Einheit von Agierenden und Zuschauern herstellte«.[178]

Ein Jahr später drehte der in Deutschland arbeitende russische Regisseur Dimitri Buchowetzki für die kleine Filmproduktion Hilde Wörners seinen *Danton* nach der Vorlage Georg Büchners; Emil Jannings spielte den Titelhelden, Werner Krauss – wie bei Reinhardt – die Rolle des Robespierre. Die Uraufführung fand im Juni 1921 im Ufa-Palast statt. Buchowetzki orientierte sich an seinem großen Theatervorbild und versuchte, Reinhardts Stil auf die Leinwand zu transponieren – etwa in den wogenden Massenszenen und in der Szene des Revolutionstribunals, »wo sich die Figuren von einem dunklen Hintergrund ungemein wirkungsvoll abheben und jene wohlabgewogene, gestaffelte Gruppenbildung zeigen, die Reinhardt-Inszenierungen eigen war«.[179]

Die Stiladaption, die Fixierung auf eine bereits vorgegebene ästhetische Lösung und ihre Erprobung in einem neuen Medium ersetzten die Auseinandersetzung mit dem historischen Stoff – anders als bei Lubitsch, der das Material der Geschichte mittels Demaskierung einer sarkastischen Revision unterzog. Buchowetzki avancierte mit seinem von der Union produzierten Film *Sappho* (1921) zum Ufa-Regisseur; sein Wörner-Film *Othello* (1922, wiederum mit Jannings und Krauss) wurde von der Ufa in den Verleih genommen.

Der Konzern produzierte oder verlieh in seinen Aufbaujahren nahezu alles, was geschäftlichen Erfolg oder Zustimmung bei der Kritik oder beides versprach: das große historische Drama (so die Ellen Richter-Produktion *Lola Montez, die Tänzerin des Königs*, Regie Willi Wolff, 1922) stand neben der Verfilmung moderner Literatur (z. B. Felix Baschs *Der Strom*, 1922, nach Max Halbes Drama); der sozial engagierte Zeitfilm (*Der schwarze Gott*, Regie Alfred Halm, 1921 von Messter produziert) neben der serienmäßigen Lustspielproduktion von Heinrich Bolten-Baeckers: Filmen mit Titeln wie *Leo und seine zwei Bräute* (Regie Leo Peuckert, 1921), *Der Herr Papa*, *Es bleibt in der Familie*, *Knoppchen und seine Schwiegermutter* (alle 1922, Regie Heinrich Bolten-Baeckers).

Für die Gloria drehte Karl Grune seine frühen Filme, darunter *Die Nacht ohne Morgen* (1921), *Mann über Bord* (1921) und den Henny Porten-Film *Frauenopfer* mit Wilhelm Dieterle und Albert Bassermann (1922). Bei der Gloria debütierte 1922 auch Hans Steinhoff, später einer der besonders zuverlässigen Ufa-Regisseure unter dem NS-Regime, mit *Der falsche Dimitry*. In der Kulturabteilung der Ufa entstanden 1921/22 Wilhelm Pragers Märchenfilme *Der kleine Muck*, *Tischlein deck dich* und *Der falsche Prinz*, daneben – unter Aufbietung einer Reihe sexualmedizinischer Kapazitäten – der wissenschaftliche Aufklärungsfilm *Steinachs Forschungen*; die »populäre« Fassung dieses Films, die laut Zensurkarte nur für »bestimmte Personenkreise« zugelassen war, erlebte ihre Uraufführung im Januar 1923 im Ufa-Palast am Zoo.

Die Ufa in der Zeit der jungen Weimarer Republik funktionierte als großes, liberales, alle Tendenzen der Zeit agil verwertendes Medien-Warenhaus für den modernen Großstadtmenschen, genauer: für das *Leitbild* des urbanen, bindungslos-umtriebigen, auf alles Neue versessenen Zeitgenossen – ein Leit- und Wunschbild, das sich in diesen Jahren herauskristallisierte. »Bei der Schaffung dieses Typs ging man meist von der mittleren Angestelltenebene aus, die als die entscheidende Integrationssphäre der sich allmählich ausbreitenden Demokratisierung und Homogenisierung der Gesamtgesellschaft galt.«[180]

Der Typus des mittleren Angestellten zielte auf soziale Integration: sie war das große liberale Experiment – und die große demokratische Illusion der Weimarer Jahre. Die Ufa, als moderner Dienstleistungsbetrieb der Unterhaltungsindustrie, war mit der breiten Skala ihres Angebots an diesem Experiment beteiligt, und die Illusionen, die sich mit ihm verknüpften, waren der Stoff, aus dem sie ihre Filme schuf.

Das Experiment und die Illusionen, Demokratie, Liberalität und Libertinage, Vergnügungssucht und demimondäne Verruchtheit, die Liebe zum Schrägen und die Bereitschaft zur Sünde – dies alles verkörperte wie kaum ein anderer in der Branche der Schauspieler und Regisseur Reinhold Schünzel mit seiner intelligenten, zwielichtigen, stets frivol aufgelegten und meist ins Schurkische spielenden Sinnlichkeit. Während Carl Mayer mit dem Regisseur Lupu Pick (*Scherben*, 1921, produziert von der Rex-Film) und mit Leopold Jessner (*Hintertreppe*, 1921,

Reinhold Schünzel

Henny Porten-Film) dem »deutschen Kammerspiel« den Weg bereitete, erprobte Schünzel sein Talent gleich dreifach in der Verfilmung klassischer Dramatik, im »Sittenfilm« und in der kolossalen Historienmalerei. Als Produzent, solange es möglich war, auf Selbständigkeit bedacht, machte er die schwindelerregende Ubiquität des Zeitgeistes und die programmatische Bindungslosigkeit der Ufa-Dramaturgie zu seinem eigenen Programm und setzte sie, gleichsam an der Peripherie des großen Konzerns, auf eigene Faust in die Tat um.

Seit 1916 hatte Schünzel als Darsteller auf der Bühne und in zahllosen Filmburlesken wie auch in Zusammenarbeit mit Richard Oswald (*Anders als die Andern*, *Unheimliche Geschichten*, beide 1919) an seinem Profil gearbeitet. »Da gibt es keinen Zweiten, dem man alle schlechten Eigenschaften so gerne glaubte wie diesem Schauspieler, der mitten vom abschüssigen Pflaster der Großstadt plötzlich in die Szene zu gleiten scheint. Da sehen wir ihn dann in seiner grausam überzeugenden Realistik in einem Milieu, das mit seinem Auftreten überhaupt erst das rechte Leben bekommt. Gewaltig wie die fleischgewordene Sünde erscheint er uns dann; unerhört in seiner zynischen Brutalität, seiner raffinierten Erotik und seiner dämonischen Abgefeimtheit.«[181] Mit der Hebbel-Verfilmung *Maria Magdalene* (1919), dem Milieufilm *Das Mädchen aus der Ackerstraße* (1920) und dem mit 4000 Statisten und 500 Pferden produzierten Monumentalwerk *Katharina die Große* (1920) begründete Schünzel seine Karriere als alerter Zaubermeister der Filmregie – eine Karriere, der Reichspropagandaminister Goebbels 1937 ein abruptes Ende bereiten wird.

Maria Magdalene und *Katharina die Große* wurden von der Cserépy-Film Co. GmbH produziert, die ab 1922 über ein Produktionsabkommen von der Ufa kontrolliert wurde und 1924, als Film-Gesellschaft am Dönhoffplatz mbH, vollständig in ihr aufging. Der aus Ungarn gebürtige Produzent und Regisseur Arzen von Cserépy, der mit Reinhold Schünzel einen ausgemachten Nonkonformisten und »schrägen Typ« beschäftigt hatte, provozierte 1922/23 mit seinem von der Ufa verliehenen vierteiligen *Fridericus Rex* die gesamte Linke und sorgte für den ersten großen politischen Filmskandal der Republik. Der Film wird vielfach als Beweis dafür gewertet, daß die Ufa von ihrer Gründung an ein Machtinstrument der nationalen Rechten gewesen sei, »um das Bewußtsein der Massen in ihrem Sinne zu manipulieren«[182] – anderen Autoren gilt *Fridericus Rex* als Beleg für einen erstmals deutlich hervortretenden und sehr bald unaufhaltsamen Rechtstrend des Konzerns. Die erste These ist schwerlich haltbar, die zweite bedarf der Differenzierung.

Die ersten beiden Teile des Großfilms – *Sturm und Drang* sowie *Vater und Sohn* – wurden am 31. Januar 1922 im Ufa-Palast am Zoo uraufgeführt; im März 1923 folgten der dritte und der vierte Teil, *Sanssouci* und *Schicksalswende*. Mit Guido Seeber hatte von Cserépy einen ausgezeichneten Kameramann zur Verfügung – und mit Otto Gebühr einen Hauptdarsteller, der 1919 in Carl Boeses *Die Tänzerin Barberina* seine folgenreiche Karriere als Doppelgänger Friedrichs II. begonnen hatte.

Walter von Molo, der Autor der Vorlage für den vierten Teil des Films, gehörte zweifellos nicht dem Lager der überzeugten Republikaner an; seine historischen Romane wurden von den deutschnationalen Kreisen verschlungen und verdankten in erster Linie ihren grellen Kolportageeffekten »das Glück, vom bücherkaufenden Publikum wie von der Tagespresse stark überschätzt zu werden«. (Paul Martens[183]) Auch spätere Filme über Friedrich II. wie *Der Choral von Leuthen* (Regie Carl Froelich, 1933) und *Fridericus* (Johannes Meyer, 1936) werden sich von Molos Roman inspirieren lassen. Eben dieser Autor wurde jedoch 1924, zwei Jahre nach der Premiere, im sozialdemokratischen »Vorwärts« mit einer Äußerung zitiert, in der er sich sehr entschieden gegen die Stilisierung des Preußenkönigs zum patriotischen Zuchtmeister der Nation aussprach: »Ihn neuerlich zur leeren Hurrafigur, zum Filmhelden mit Tendenz zu machen, zur Operettenfigur, zur Götzenfigur, die man anbetet, statt in der eigenen Brust den Fridericus in uns zu suchen, nach den wahrhaft menschlichen Qualitäten zu graben ... ist Verbrechen.«[184]

»Preußenfilme« hatte schon Franz Porten 1912 und 1913 gedreht – nun aber setzte eine nachgerade inflationäre Ausbeutung des Preußenthemas im Kino ein, die nach der Statistik von Eberhard Mertens[185] bis zum Ende des Zweiten Weltkriegs nicht weniger als 44 Produktionen hervorbringen wird, davon 27 allein in der Zeit der Weimarer Republik. Die politischen Konstellationen der Jahre nach dem Krieg und die ideologisch-psychologische Labilität der jungen Demokratie waren dem Thema günstig. »Friedrich II. von Preußen, immer noch ›der Große‹ genannt, der mit einem geschichtsnotorischen Aufwand an Selbstzucht aus dem verweichlichten Flötenspieler zum Alten Fritz wurde – zäh, schlau, fleißig, kurzum prachtvoll, abgezehrt von lebenslanger erschöpfender Arbeit, ein erster Diener seines Staates«[186] – er gehörte zu jenen historischen Symbolen der Deutschen, die in den Köpfen vieler (auch in der jüngeren Generation) eine gegenüber dem republikanischen Gedanken resistente Mythologie bildeten.

Der Vater-Sohn-Konflikt, der sich in den beiden ersten Teilen des Fridericusfilms entwickelt und sich tödlich zuzuspitzen droht, verdeckte und symbolisierte zugleich einen zentralen Konflikt der Republik – letztlich den Kampf des einen Deutschlands gegen das andere. Wenige Jahre nach der Uraufführung der

Fridericus Rex: Otto Gebühr (r.)

Fridericus-Filme – 1925, nach dem plötzlichen Tod des sozialdemokratischen Reichspräsidenten Friedrich Ebert – »wurde der Vater-Sohn-Konflikt auf breiterer Bühne in die Wirklichkeit übertragen«. (Peter Gay[187]) Die Wahl Paul von Hindenburgs, nach Gay ein Ergebnis von Fehlentscheidungen, »sektiererischer Selbstsucht«, »sozialdemokratischer Ängstlichkeit« und der »Dummheit bürgerlicher Politiker«, war eine Niederlage des einen Deutschland, verkörpert im »Volksblock« aus SPD und Demokratischer Partei, im Kampf gegen das andere, das sich im »Reichsblock« formiert hatte und Aufrufe wie diesen veröffentlichte: »Hindenburg war Euer Führer, in großer und schwerer Zeit, Ihr seid ihm gefolgt, Ihr habt ihn geliebt! Er hat Euch nie verlassen. Kämpft für ihn auch jetzt, wo er in alter Führertreue wieder an Eure Spitze treten will, um seinem Vaterland im friedlichen Aufbau zu dienen!«[188]

Hindenburg und Ludendorff, den politischen und militärischen Bankrotteuren des »Sieg-Friedens« – ihnen galt die Sympathie derjenigen, die an die Dolchstoßlegende glaubten und von einem Wiedererstarken deutscher »Weltmacht« träumten. Die Ufa, ohne deren ökonomische Potenz die Fridericus-Filme nicht entstanden wären, assimilierte sich diesen vaterländischen Strömungen, sie schmiegte sich ihnen an und war behilflich, ihnen die zeitgemäß-zugkräftigen Leitbilder zu konstruieren. Aber die nationalistische Bewegung war zu jener Zeit, in der die (linken, demokratischen, revolutionär gesinnten) »Außenseiter« der Republik noch keineswegs ausmanövriert waren, nur eine – wenn auch starke – Strömung unter vielen anderen. So auch aus der Perspektive der Ufa, deren Künstler vielfach mit dem »Volksblock« sympathisierten, mochten die konservativen Geldgeber und ihre Gesinnungsfreunde in den Chefetagen auch längst ihre Entscheidung für den »Reichsblock«, für die Vater- und Führerfiguren und für Paul von Hindenburg getroffen haben. Noch gab es Kontroversen und Konfrontationen – und sie wurden erstmals mit aller Vehemenz in den Lichtspielpalästen und Kinos der Ufa ausgetragen.

»Schon die große Ankündigung der Verleihfirma weckte das Für und Wider«[189]: die Deutschnationalen mobilisierten zu Aufmärschen für den Fridericus-Film, Sozialdemokraten und Kommunisten riefen ihre Anhänger zu Protesten gegen ihn auf. Die Vorstellungen in Berlin ebenso wie in der Provinz wurden flankiert von Flugblatt-Schlachten. Vielfach fanden die Aufführungen nur unter Polizeischutz statt. Die Linke empörte sich über die Willfährigkeit preußischer Minister, Filmaufnahmen im Schloß Charlottenburg zugelassen zu haben – und sie organisierte Überfälle auf die Vorführräume »reaktionärer« Kinobesitzer, die sich nicht scheuten, nationalistischen »Schmutz und Schund« auf die Leinwand zu bringen. Der »Vorwärts« rief zum Boykott des Films auf, berichtete ausführlich über Streikaktionen von Filmvorführern, die sich mit dem Protest solidarisierten, und empfahl ein regional begrenztes Verbot des Films zur allgemeinen Nachahmung. Die Linke setzte sich merklich zur Wehr. Die Gegenseite jedoch, so schien es, war stärker: sie schürte eine Massenhysterie, gegen die nur dialektische List verfangen konnte. Jahrzehnte später erinnert sich der Filmkritiker Hans Feld:

»Gegen diese Massenhysterie anzukämpfen, war kaum möglich. Die einzige Chance für die Minorität der Gegner war, bei Großstadtpremieren – vor allem in Berlin – das von keiner Sachkenntnis getrübte Publikum zu verwirren. Dazu gehörte allerdings einige Kenntnis der historischen Uniformen und eine schnelle Reaktionsgabe. Der Rest war einfach: Wann immer Österreicher, Russen oder Franzosen auf der Leinwand vorgingen, setzte man mit entschlossenem Applaus ein – worauf die Ahnungslosen im Publikum mit Begeisterung einstimmten. Es dauerte einige Minuten, bis sie – durch Zwischentitel oder Dialog belehrt – erkennen mußten, daß sie dem Feinde zugejubelt hatten und daß die Preußen im Rückzug waren.« Auch Hans Feld kann sich übrigens nicht ganz dem Mythos des Preußenkönigs entziehen; er fügt hinzu: »Diese Kriegslist war in einem gewissen Sinne die Anwendung einer friderizianischen Taktik. Der Alte Fritz pflegte des öfteren weit stärkere, aber unvorbereitete Gegner durch eine jähe, vom schräg aufgestellten Flügel ausgeführte Attacke in Panik zu versetzen.«[190]

Die Ufa, die eben dieses Publikum mit seinen Stimmungen, Wünschen und ideologischen Präferenzen zu gewinnen hatte, um ihren wirtschaftlichen Erfolg zu sichern und auszubauen, reagierte mit der Gesetzmäßigkeit eines kapitalistischen Konzerns, nicht jedoch nach den Richtlinien einer politischen Propagandazentrale. Schon im Interesse des Geschäfts sahen ihre Dramaturgen und Drehbuchautoren keine Veranlassung, den antidemokratischen Affekten und autoritätssüchtigen Träumen in großen Teilen des Publikums entgegenzutreten.

Toeplitz hält in seiner Filmgeschichte fest, sogar in diesem Film mit seiner scharfen Protesthaltung gegen die (angeblich von links geschürte) Resignationsstimmung sei ein »Widerhall der expressionistischen Filmschöpfer« vernehmbar: der »Soldatenkönig«, Friedrichs Vater, werde – ganz wie die dämonischen

Tyrannen der caligaristischen Filme – »als ein einsamer Mensch dargestellt, den seine Einsamkeit zur Selbstherrschaft und Tyrannei trieb«.[191] Selbst der »Vorwärts« riskierte 1922 die These, den ersten Teil des Films, der »die sadistische Grausamkeit Friedrich Wilhelms« beleuchte, könne man »als einen republikanischen Aufklärungsfilm ansprechen«.[192] Roland Schacht widersprach 1923 in der »Weltbühne« den erhitzten Gemütern in beiden Lagern: dieser Film sei ein Vergnügen für Minderjährige, eine aufdringliche Tendenz sei gar nicht festzustellen. »Bilderbücher müssen sein. Politiker mögen sich beruhigen. Gehetzt wird nicht (...)«[193] Und Robert Breuer fragte in der »Glocke« sich und seine Leser: »Das Ufa-Haus faßt an zweitausend Menschen, ist jeden Tag zwei- oder dreimal gefüllt, und das während eines ganzen Monats oder für länger. Sind das alles Narren, Gegner der Republik, Monarchisten?«[194]

»Bilderbücher müssen sein.« Die Ufa der frühen zwanziger Jahre war eine expandierende Bilderfabrik, ein Medien-Warenhaus, dessen Akteure und Agenten eine spezifische Begabung entwickelt hatten, auf die Vielfalt der Träume in ihrem Publikum mit einer Vielfalt der Bilder zu antworten. Ob es um Abenteuer im fernen Indien, um Gefahren in labyrinthischen Schlössern, um unheimliche Begebenheiten in einer deutschen Kleinstadt, um die Schrecken der Berliner Unterwelt, um die Liebe einer Millionärstochter zu einem Arbeiter oder die eines Kronprinzen zu einer Kantorstochter ging – stets zielten die Bilderbögen der Ufa in ihrer unkomplizierten, ihrer differenzierteren Mittel noch ungewissen Bildsprache auf etwas, das den Alltag der Menschen in dem Maße bereicherte, wie sie gelernt hatten, in einer monoton und ereignislos gewordenen Produktionswirklichkeit ihre radikalen Wünsche zu zensieren und zu verdrängen. »Fridericus ist zu den Sternen entrückt«, schrieb Friedrich Sieburg, »und lebt dennoch in unserem kleinen Leben unaustilgbar. Er ist ein Bestand unseres Alltags, auch wenn wir nichts von ihm wissen. Sein Glanz wirkt im Raum unserer kargen Welt.«[195]

Kino, zumal das der frühen Ufa, bedeutete Entgrenzung reduzierten Lebens und schmal gewordener Erfahrung: Entgrenzung als Fluchtangebot in alle nur erdenklichen Richtungen und in ihren diffusen Mischungen aus Aufbruch und Regression. Es mag »reaktionäre« und »revolutionäre« Filme geben – der Fridericus-Film hatte jedenfalls die Lager in diesem Sinne polarisiert und die Gräben zwischen ihnen sichtbar gemacht. Aber im Kinoerlebnis selbst, wie in den Gefühlen und Träumen der Menschen, liegt »progressives« und »regressives« Material dicht nebeneinander und bildet die merkwürdigsten Legierungen. Die Ufa um 1922/23 – sie war noch ein Synonym für die Universalität des Kinos, gewiß anfällig gegenüber der politischen Reaktion, aber noch nicht in ihrem Griff.

9. Kapitel

Hohlraum und Bauhütte. In den Ateliers der Ufa

Geschäftssinn und Kunstverstand, Liebe zum Handwerk und Gespür für die Bedürfnisse des Publikums: einige Jahre hindurch bestanden in der Ufa-Werkstatt die besten Voraussetzungen, um diese sehr unterschiedlichen Faktoren in einem spannungsreichen Gleichgewicht zu halten. Die Ufa, als großes kulturelles Projekt in einem modernen bürgerlich-demokratischen Gemeinwesen, nahm Gestalt an; ihre besten Köpfe dachten gründlich über das junge, seiner selbst noch unsichere Medium Film nach, sie hatten Träume und entwickelten künstlerische Ambitionen. »Wenn es gelingt, einer Vorstadtkaschemme mit Diebesgelichtern und Dirnen durch einen reizvollen Lichtstrahl, einen Treppenwinkel, eine Handvoll prägnanter Typen den Hauch von gesteigertem Stil zu geben, wie ihn z. B. die alten Holländer-Bilder zeigen, so kann von dieser Kaschemme ebensoviel Kunst ausgehen wie von der höchsten Stilisierung einer gotischen Kathedrale. Es ist gleichgültig, welchen Stoff man wählt, um einen künstlerischen Film zu schaffen – Bedingung ist nur, daß er von Künstlern geschaffen wird, die wissen, was das Publikum will, aber auch wissen, was sie wollen (...).«[196] Dies schrieb Ende 1922 Erich Pommer, Direktor der Decla-Bioscop und zu diesem Zeitpunkt bereits der designierte Chef sämtlicher Produktionsbetriebe der Ufa.

In der Kultur der Weimarer Republik kämpften Mystizismus gegen Rationalismus, die mobilgemachten Kräfte des Mittelalters gegen die Aufklärung, Neuromantiker und Spätexpressionisten gegen die »neue Sachlichkeit«. Der Ruf nach »Synthese«, nach »Zusammenfassung« ersetzte vielfach – in Wissenschaft und Kunst, erst recht in der Politik – die analytische Anstrengung und den Sinn für das komplizierte Spiel divergierender Kräfte. Aber: »Nicht alle, die in den zwanziger Jahren nach Bindung und Einheit suchten, waren Opfer einer Regression. Einige wenige – eine Minderheit, der kein Erfolg beschieden war – suchten ihr Verlangen nicht durch Weltflucht, sondern durch Beherrschung ihrer Welt zu stillen; nicht durch Beschimpfung, sondern durch Anwendung der Technik; nicht durch Irrationalismus, sondern durch Vernunft; nicht durch Nihilismus, sondern konstruktiv – und dieses letzte ganz buchstäblich.«[197] Wie die anderen Medien der modernen Industriegesellschaft – die Fotografie, die illustrierte Presse und sehr bald das Radio – basierte der Film auf angewandter Naturwissenschaft und technischer Rationalität; seine Hersteller mußten gleichzeitig perspektivisch, analytisch und synthetisch denken.

Peter Gay verweist auf den Anteil der progressiven Architekten und ihres »konstruktivistischen« Denkens am demokratischen Potential der Republik. Ihrer Philosophie war der dialektische Widerspruch vertraut. Erich Mendelsohn etwa, der Erbauer des Berliner Universum-Filmtheaters (1927), habe betont, »der Architekt müsse Analyse und Dynamik, Vernunft und Unvernunft miteinander verbinden«. Walter Gropius hatte schon im Bauhaus-Programm von 1919 gefordert, die traditionelle Trennung zwischen Kunst und Handwerk müsse aufgehoben werden, jede »klassentrennende Anmaßung« sei unzeitgemäß: »Architekten, Bildhauer, Maler, wir alle müssen zum Handwerk zurück!«[198] Eben diesen technisch und soziologisch fundierten Begriff des Handwerks vertrat auch ein im besten Sinne moderner Produzent wie Erich Pommer; nicht anders als Gropius – arbeitete er – in seinem Metier und mit seinen Mitteln – an einem »neuen Bau der Zukunft, der alles in einer Gestalt sein wird«.

Die Filmindustrie, als Kind des wissenschaftlichen Zeitalters, benötigte die technische Innovation und trieb sie selbst voran – manche Beobachter meinten sogar, es trete »der technische Fortschritt nirgends so frappant und großartig« zutage wie in den Filmateliers.[199] In Wirklichkeit kollaborierte die Kinematographie mit anderen Techniken – zum Beispiel, wie schon in ihrer Frühgeschichte, mit der Technik der modernen Kriegsführung, und nach 1918 profitierte sie in Deutschland von den Hinterlassenschaften der einstweilen stillgelegten Flugzeugindustrie. So in Berlin-Johannisthal, wo auf dem Gelände der ehemaligen Albatros-Werke die größte Filmproduktionsstätte Europas entstand: die Johannisthaler Film-Anstalten GmbH (Jofa), die mit einer Doppelhalle von insgesamt fast dreieinhalbtausend Quadratmetern Grundfläche und einer Freifläche von mehr als 20000 qm im Mai 1920 in Betrieb genommen wurde. Die Filmkunst wurde Nutznießerin der Luftfahrt und ihrer geräumigen Verhältnisse: »Nach der Ostseite, der Flugplatzseite, können die Ateliers durch große Schiebetore vollständig freigelegt werden, dadurch wird jedes Atelier um das Doppelte nach außen hin vergrößert.«[200] Umgekehrt konnte der Großraum in mehrere kleinere Ateliereinheiten zerlegt und gleichzeitig an verschiedene Produktionsfirmen vermietet werden. In Johannisthal war man, nach der Einführung des Scheinwerfers, vom Tageslicht weitgehend unabhängig, ebenso von den unsicheren Witterungsverhältnissen bei Außenaufnahmen, denn auch große Außenbauten wurden nun vorwiegend im Atelier errichtet. Auf dem Gelände der Jofa entstanden bis 1930 annähernd 400 Filme, darunter Buchowetzkis *Danton* und die vier frühen Fridericus Rex-Filme; Ende der zwanziger Jahre mietete sich auch die linke Prometheus-Film mit ihren Produktionen *Schinderhannes* (Kurt Bernhardt, 1927/28) und *Mutter Krausens Fahrt ins Glück* (Phil Jutzi, 1929) in Johannisthal ein.

Nur eine andere Einrichtung der Luftfahrt konnte die Johannisthaler Ausmaße noch übertrumpfen: Ende Juli 1923, mit der Gründung der Filmwerke Staaken AG, wurde die große Luftschiffhalle am Flughafen Staaken bei Berlin mit einer Fläche von fast 18000 qm und einer für Großproduktionen besonders vorteilhaften Bauhöhe zum damals größten Filmatelier der Welt. »Der zur Verfügung stehende Aufnahmenutzraum ist achtmal so groß wie die Bodenfläche sämtlicher Berliner Ateliers zusammengenommen. Bis jetzt war die größte Bauhöhe der Berliner Ateliers 11 m; Staaken gestattet ein Bauen bis zu 28 m hinauf. Man muß diese Ausmaße immer in Rücksicht auf die Möglichkeit sehen, Bauten, die bisher nur auf Freilichtplätzen möglich waren, ins Atelier zu verlegen und sie für die Feinheiten der Beleuchtungstechnik restlos zugänglich zu machen.«[201]

Eine besondere Errungenschaft des Ateliers in Staaken war der 60 Meter breite und ca. 25 Meter hohe Rundhorizont, der den Raffinessen der (zunächst im Krieg erprobten) Scheinwerfertechnik eine geeignete Fläche bot: »Der Rundhorizont in Staaken war eine Mauer aus Holz und Gips, doch durch die leichte Wölbung und vor allem durch die gleichmäßig helle und schattenlose

Ausleuchtung entsteht für die Kamera und dann für das menschliche Auge im Kino die vollkommene Illusion eines tiefen Himmels, eines grenzenlosen Horizonts.«[202] In Staaken residierte der Filmproduzent und Regisseur Hans Neumann (der 1926 zum Leiter der Ufa-Theaterbetriebe wurde); die Qualitäten seiner Produktionsstätte ließ er erstmals Robert Wiene mit seinem Monumentalfilm *I.N.R.I.* erproben, der zwischen Mai und September 1923 neunzig Drehtage erforderte.

Zum Inbegriff und »Synonym« (Hans-Michael Bock[203]) der deutschen Filmindustrie wurden jedoch die Ateliers von Neubabelsberg im Südwesten Berlins, Postadresse: Stahnsdorfer Str. 99–101, Mitte der dreißiger Jahre auf den magischen Namen Ufa-Stadt-Babelsberg, Ufa-Straße 99–103 umgetauft. Das erste Glashaus hatte hier die Deutsche Bioscop-GmbH, nach den Richtlinien ihres technischen Leiters und Kameramanns Guido Seeber, schon 1912 errichten lassen. 1913 folgte ein weiteres, größeres Glasatelier; Filmlager und Fundus ergänzten nach dem Krieg die Anlage, die 1922 von der Decla-Bioscop übernommen wurde und im Herbst 1924 endgültig in den Besitz der Ufa überging. Der Konzern nahm unverzüglich den weiteren Ausbau des Geländes in Angriff und präsentierte 1926, als Werk des Architekten Carl Stahl-Urach, ein neues Aufnahmeatelier, das Neubabelsberg nunmehr zum unbestritten größten Filmproduktionszentrum Europas machte: »Die neue Aufnahmehalle in Eisenkonstruktion, massiv ausgemauert, 123,5 m lang, 56 m breit, 14 m hoch bis zu den Laufstegen, umfaßt mit Nebenräumen etwa 8000 qm bebaute Fläche und 20000 Kubikmeter umbauten Raum, ist mit allen erforderlichen technischen Einrichtungen und Möglichkeiten ausgestattet worden. Aus betrieblichen Gründen ist die große Halle durch verschiebbare, ausgemauerte Wände unterteilt, so daß mehrere Großfilme und eine Anzahl kleinerer Filme zu gleicher Zeit gedreht werden

Große Halle in Neubabelsberg

können.«[204] Rechnete man das 40000 qm umfassende Freigelände von Neubabelsberg sowie die bereits früher erworbenen Tempelhofer Anlagen hinzu, so verfügte die Ufa schon vor der Einführung des Tonfilms über Produktionskapazitäten, die nur mit amerikanischen Dimensionen vergleichbar waren.

Die Ateliers und Außenszenerien der Ufa-Stadt wurden zum Schauplatz eines viel bewunderten, in zahlreichen Augenzeugenberichten beschworenen Montage-Abenteuers, einer hochartifiziellen »Kalikowelt« (Siegfried Kracauer), die zu verblüffenden, surrealistisch anmutenden Wahrnehmungserlebnissen einlud. Wer Neubabelsberg besichtigte (erst Hugenberg wird den Besucherstrom reglementieren und nur noch politisch genehme oder für das Unternehmen wichtige Gäste in sein Reich einlassen), tauchte in ein Chaos der Formen ein; er mußte den Eindruck gewinnen, die Geschichte der Menschheit sei an diesem Ort in abertausend objets trouvés zerfallen und bilde nun einen Irrgarten voll mysteriöser Korrespondenzen und sinnbetörender Absurditäten, unergründlicher Analogien und faszinierender Widersprüche: die Welt noch einmal, aber ohne Kohärenz – und aus den vergänglichsten Materialien, tauglich nur für das flüchtige trompe-l'œil: ein fragmentiertes Universum aus Pappmaché, Leinwand, Sperrholz, Gips und buntem Papier.

Einem Berichterstatter, der 1924 für den »Film-Kurier« das Gelände von Neubabelsberg durchstreifte, boten sich gleichzeitig die düsteren Bauten aus *Der Turm des Schweigens* (Johannes Guter, 1924) und ein Burghof »mit seiner packenden Romantik und seinem trübe schillernden Burggraben, das einsame, ginsterüberwucherte Heidehaus und die Dorfkirche mit ihrem verfallenen Kirchhof« aus *Zur Chronik von Grieshuus* (Arthur von Gerlach, 1924/25) dar. Von

Große Halle in Neubabelsberg, 1927

Errichtung der Bauten und des Rundhorizonts zu *I.N.R.I.* in Staaken

weitem erblickte er die von den Hunnen erstürmte Mauer aus Fritz Langs *Die Nibelungen* (1924), »und hinter einem Gebüsch guckt noch der (nun tote) Drache hervor«. Ein paar Schritte weiter erhob sich »die gigantische, 60 m hoch als Freibau aufgeführte Hinterhausmauer aus *Der letzte Mann* (Friedrich Wilhelm Murnau, 1924), die mit ihren zahllosen Fenstern und ihrer unendlichen Monotonie die Großstadt verkörpern soll«, erstreckte sich ein ganzer »Großstadtplatz mit seinem Riesenhotel, das in Wirklichkeit nur aus vier Stockwerken besteht, im Film aber als Wolkenkratzer erscheinen wird«. Sechzig Automobile, »richtige und Modelle, sind über die Straßenkreuzung gefahren, und bewunderungswürdig ist ihr perspektivischer Aufbau«.[205]

Siegfried Kracauer beschrieb, in seinem 1927 erschienenen Aufsatz »Kalikowelt«, den Montage-Charakter der phantasmagorischen Wirklichkeiten von Neubabelsberg: die Welt werde in der Filmstadt »zerstückt« und zu einem »konfusen Gemenge« neu arrangiert »wie die Knochen in Katakomben«. Die »Pietätlosigkeit« der Atelierherrscher, ihr erfreulicher »Mangel an historischem Sinn« scheue nirgends vor Eingriffen zurück: »Sie bauen Kulturen auf und zerstören sie wieder.« Die Natur sei außer Kraft gesetzt; über die Welt der Ufa-Stadt breite sich ein »unsubstantieller Schein des Scheines«.[206]

Auch die Dreharbeiten in den neuen Riesenateliers gestalteten sich zu atemberaubenden Montage-Ereignissen aus Licht, Materie und »geisterhafter« Bewegung. »Der Kinematograph« berichtete 1923 über die Inszenierung der Bergpredigt für Wienes Film *I.N.R.I.*: »Vor dem Rundhorizont erheben sich Sandberge, malerisch belagert von rund zweitausend Menschen. Fahrbare

Berge, die man nach zwei oder drei Stunden einfach hinausschiebt, damit sie im Freien wieder zu Holz und Sand werden. (...) Von oben blitzen Hunderte von Lampen, heben sich auf Hebeldruck, senken sich ganz oder geteilt. Scheinwerfer strahlen aus vierzig Meter – also fast himmelhoch –, zucken von den Seiten. Wirklich ein Lichtermeer. Jetzt öffnen sich langsam, wie von Geisterhänden geschoben, die Riesentüren. Tageslicht flutet herein und vermählt sich mit den tausend elektrischen Kerzen. Die Aufnahme beginnt.«[207]

So bildete sich, unter der Vorherrschaft der Ufa und auf einer höheren Stufe kapitalistischer Phantasieproduktion, eine Filmfabrikationsstätte neuen Typs heraus. Die Beschleunigung von Kapitalakkumulation und Kapitalverwertung im kinematographischen Gewerbe, die rasante Entwicklung auf technischem Gebiet (vor allem im Dienst einer beweglicheren Kamera und differenzierterer Beleuchtungsmöglichkeiten), das Organisationstalent kaufmännisch geschulter, ästhetisch sensibler und dem neuen Medium gegenüber spürsinnig-aufgeschlossener Produktionsleiter vom Schlage eines Erich Pommer, schließlich die Innovationsfreudigkeit der Regisseure, Kameraleute, Ausstatter und Techniker – all das kam zusammen und kristallisierte sich um ein Großprojekt, das in der Kulturgeschichte keine Vorgänger hatte. Nicht wenige der Beteiligten waren überzeugt, an einer künstlerischen Gesamt-Architektur zu arbeiten oder, in den Worten von Walter Gropius, an einem »neuen Bau der Zukunft, der alles in einer Gestalt sein wird«.[208]

Noch immer ging es um Sinnstiftung, »Synthese«, Heilsgeschichte: ein Film wie *I.N.R.I.* war gleichzeitig Spektakel und Verkündigung, Sensation und Labsal für die ausgehungerte Seele. Die Produktionstechnik aber und das Montage-Chaos in den Großraumateliers von Neubabelsberg, Tempelhof, Staaken und Johannisthal verwiesen auf den überaus künstlichen, technisch-synthetischen Charakter jener Träume, die sich auf der Leinwand zu organisch-ganzheitlichen Botschaften verdichteten – zu Sinngebilden, deren Konstruktionsprinzip nicht zu durchschauen war. Zwischen Produktionsweise und Produktgestalt klaffte ein eklatanter, nur dem Eingeweihten vertrauter Widerspruch.

Das Ufa-Atelier der zwanziger Jahre war ein »Mischort« im Sinne Ernst Blochs, eine Produktionsstätte, die ehrgeizigen künstlerischen Ansprüchen ebenso wie routiniertem Durchschnitt, der »Hochklassik« des deutschen Stummfilms ebenso wie der serienmäßigen Produktion für den Tagesbedarf und für den schnellen Profit ein Daseinsrecht einräumte. Regie und Schauspielkunst, Bauten und Requisiten, Ausleuchtung und Kamera strebten in Neubabelsberg »eine neue Symbiose« an, schreibt Helmut Weihsmann in seinem Buch »Gebaute Illusionen«. Dies gilt für die Spitzenleistungen, von denen noch zu reden sein wird. Weihsmanns Schlußfolgerung jedoch, »daß fast jeder Ufa-Film, so verschieden sie auch waren (!), heute filmgeschichtliche Bedeutung erlangte, weil sie den Ausgangspunkt für verschiedene Tendenzen bilden und unsere Vision vom Kino maßgeblich geprägt haben«[209], ist ebenso euphorisch wie falsch. Die Durchsicht eines beliebigen Produktionsjahrgangs Mitte der zwanziger Jahre belehrt eines anderen und ermöglicht einen summarischen Überblick über den Alltag der Ufa-Ateliers: über das, was in der magischen Küche des Konzerns wirklich geschah.

1925 wurden, nach der Statistik des »Jahrbuchs der deutschen Filmindustrie«, in Deutschland 244 Filme produziert; nach den Quellen von Gerhard Lamprecht sind davon 47 Produktionen als Ufa-Filme ausgewiesen: sie wurden von ihr selbst oder in ihrem Auftrag hergestellt oder von ihr verliehen.[210] Aus dieser Jahresproduktion sind vier Filme – Murnaus *Tartüff*, Duponts *Varieté*, Gerlachs *Zur Chronik von Grieshuus* und der Kulturfilm *Wege zu Kraft und Schönheit* von Wilhelm Prager – in alle wichtigen Filmgeschichten eingegangen; kein Historiker, kein Filmwissenschaftler kommt an diesen Werken vorbei. Etliche Filme sind verschollen; in vielen Fällen erlauben jedoch zeitgenössische Rezensionen oder aber die überlieferten Stablisten relativ genaue Zuordnungen und Rückschlüsse auf den Stellenwert der jeweiligen Produktion.

1925 stand, wie in anderen Jahren auch, das Ufa-Lustspiel hoch im Kurs und brachte Ereignisse sehr unterschiedlicher Qualität hervor: von den Komödien des Routiniers Max Mack, *Vater Voss* und *Das Mädchen mit der Protektion* (mit Ossi Oswalda und Willy Fritsch), bis zu Alexander Kordas *Der Tänzer meiner Frau*; von den schlichten Volksbelustigungsstücken Heinrich Bolten-Baeckers' (*Der Herr ohne Wohnung*, *Die zweite Mutter*) bis zu *Das Fräulein vom Amt* von Hanns Schwarz, einem Film, an dem Fritz Arno Wagner (Kamera), Erich Czerwonski (Bauten), Henrik Galeen (Buch) und Giuseppe Becce (Musik) mitwirkten – Künstler somit, die zur ersten Garnitur der Ufa zählten. Ludwig Berger schuf 1925 mit *Ein Walzertraum* (Mady Christians, Willy Fritsch und Jacob Tiedtke waren die Hauptdarsteller) »das perfekt ausgeführte Strickmuster für alle kommenden Wiener Operettenfilme der dann von Willi Forst zur Vollendung geführten Fasson«. (Joe Hembus[211]) Hans Neumann produzierte in diesem Jahr – »in einem parodistischen Offenbach-Stil, der sich zwar nicht für Filme aus dem Jahr 1925 eignet, aber immerhin ein Stil ist« (Frank Warschauer[212]) – seine Shakespeare-Travestie *Ein Sommernachtstraum* mit Werner Krauss, Valeska Gert und Alexander Granach; Guido Seeber überwachte die Kamera, die Ausstattung oblag Ernö Metzner, die Zwischentitel stammten von Klabund.

Im leichten Genre arbeitete 1925 auch Johannes Guter, der neben dem melancholischen *Turm des Schweigens* (mit dem Kameramann Günther Rittau teilweise auf Rügen gedreht) die Komödien *Herrn Filip Collins Abenteuer* und *Blitzzug der Liebe* inszenierte, beide mit Ossi Oswalda und nach Drehbüchern von Robert Liebmann: »Klamotten«, so Kracauer, »die den Lähmungszustand der Gesellschaft auswiesen«, die »im Nirgendwo angesiedelt und bar jedes wirklichen Lebens«[213] waren. Karl Grune, der 1923 mit *Die Straße* einen der bedeutenden Großstadtfilme der zwanziger Jahre geschaffen hatte, drehte nach einem Buch von Paul Czinner den Film *Eifersucht*, eine »Tragikomödie zwischen Mann und Frau« mit Lya de Putti und Werner Krauss. Ellen Richter und Willi Wolff führten mit *Der Flug um den Erdball* den Globetrotter-Film auf einen Höhepunkt. Rochus Gliese wandte sich von seinen »expressionistischen« Neigungen ab und widmete sich in *Die gefundene Braut* erfolgreich einem heiteren Stoff: »Man darf, ohne zu übertreiben, behaupten, daß sich ähnliche Fröhlichkeit seit der *Puppe* von Lubitsch nicht dem Publikum mitteilte, und daß der Regisseur Gliese, der eine Zeitlang unter dem Einfluß von Paul Wegener irrlichterte, endlich seine große Begabung und seine Liebe für das Lustspiel entdeckte«, schrieb »Der Kinematograph«.[214] Die Besetzungsliste dieses Films wies erstmals Jenny Jugo (die in den dreißiger Jahren in den Komödien von Erich Engel eine subversive Intelligenz entwickeln wird) namentlich in einer Filmrolle auf.

1925 war das Produktionsjahr zweier erfolgreicher Historienfilme von Arthur Robison: *Pietro der Korsar* und *Manon Lescaut*. Joe Mays *Der Farmer aus Texas*, nach Georg Kaisers Lustspiel »Kolportage« zum Teil mit amerikanischen Schauspielern gedreht, wurde vom »Berliner Tageblatt« zusammen mit *Tartüff* jenen Ufa-Fabrikaten zugerechnet, die Millionensummen verschlangen, an der Kinokasse jedoch »ziemlich vollständig versagt« und die Verschuldungskrise des Konzerns erheblich beschleunigt haben.[215] Zu den aufwendigen Filmen des Jahres gehörte auch *Die Prinzessin und der Geiger*, eine deutsch-britische Koproduktion, die von der Ufa gemeinsam mit der Gainsborough Pictures Ltd., London, realisiert wurde. Regisseur war der Engländer Graham Cutts; in den Hauptrollen waren Jane Novak, Walter Rilla, Bernhard Goetzke und Rosa Valetti zu sehen; das Buch (nach Raymond Patons Roman »The Blackguard«) wie auch die Bauten stammten von Alfred Hitchcock, der zu dieser Zeit in Deutschland arbeitete. In einer Drehpause ließ sich Hitchcock von Friedrich Wilhelm Murnau, der im benachbarten Atelier *Der letzte Mann* drehte, belehren, daß die Dekoration, wie sie sich auf dem Dreh-Set darstellt, keine Rolle spiele – »das einzige, was zähle, sei das, was man auf der Leinwand sieht«.[216]

1925: ein normales Produktionsjahr der Ufa, mit den normalen Fehlkalkulationen und den normalen Zensurskandalen. Mit *Das Mädchen mit den Schwefelhölzern* produzierte der Konzern einen der ersten nach dem Tri-Ergon-Verfahren aufgenommenen Tonfilme (Regie Guido Bagier, Drehbuch Hans Kyser); die technische Qualität war so schlecht, daß die Uraufführung am 17. Dezember im Mozartsaal ein Mißerfolg wurde. Und ein Union-Film mit dem bezeichnenden Titel *Frauen, hütet Eure Mutterschaft!* blickte auf eine siebenjährige Zensurgeschichte, auf sieben Jahre vergeblichen Kampfes gegen den Abtreibungsparagraphen zurück. 1918 hatte Georg Jacoby für die Union, mit Emil Jannings und Hanna Ralph in den Hauptrollen, den Spielfilm *Keimendes Leben* inszeniert; die Uraufführung fand im Oktober, also noch im Kriege, im U. T. Kurfürstendamm statt. Der Film bestand aus zwei Teilen; ein dritter Teil kam 1919, also in dem kurzen zensurfreien Zeitraum vor Inkrafttreten des neuen Reichslichtspiel-Gesetzes, unter dem reißerischen Titel *Moral und Sinnlichkeit* heraus. Jacobys Film wurde 1924 umgearbeitet, im Dezember unter dem Titel *Muß die Frau Mutter werden?* der Zensur vorgelegt und im April 1925 im Widerrufverfahren verboten. *Frauen, hütet Eure Mutterschaft!* war somit die dritte Version eines Films, der – so ist zu vermuten[217] – ein Plädoyer gegen einen umstrittenen Paragraphen gewagt hatte und von den Zensurbeamten der Weimarer Republik nicht nur um seinen Sinn gebracht, sondern in eine diametral entgegengesetzte Tendenz umgebogen wurde.

1925: die führende Position des Konzerns war unangefochten. Die ersten Anzeichen einer tiefen Finanzkrise mehrten sich, bewirkten aber erst gegen Ende des Jahres einschneidende Konsequenzen. In Neubabelsberg arbeiteten die besten Darsteller ihrer Zeit, eine Legion überaus fähiger Filmhandwerker und die Elite der Regisseure, Kameraleute, Ausstatter, Drehbuchautoren und Filmmusiker an einer breiten Skala von Themen, Stoffen und künstlerischen Stilen; sie liehen ihre Begabung dem kühnen Experiment, der soliden Gebrauchsware und auch dem kläglichen Mittelmaß. Die Ufa war ein Schmelztiegel aller Tugenden und Laster der zeitgenössischen Kinematographie. Sie beherrschte das Feld, konnte jedoch die Konkurrenz keineswegs ganz verdrängen. 1925 arbeitete zum Beispiel E. A. Dupont, der Regisseur von *Varieté*, auch für die Berliner Terra-

Film AG (*Der Demütige und die Sängerin*, nach einem Roman von Felix Hollaender. Die Terra-Film, 1920 mit einem Stammkapital von 10 Millionen Reichsmark gegründet, hatte 1922 die Eiko-Film GmbH und ihre Marienfelder Ateliers übernommen.) Schließlich: auch andere, wesentlich kleinere Firmen waren an der deutschen Stummfilmklassik der Weimarer Zeit und ihrem internationalen Renommee beteiligt: Georg Wilhelm Pabst etwa drehte 1925 *Die freudlose Gasse* (mit Asta Nielsen, Greta Garbo und Werner Krauss; Drehbuch Willy Haas) für die Berliner Sofar-Film-Produktion GmbH; Chefkameramann war Guido Seeber.

Erst vor dem Hintergrund dieses Gesamtzusammenhangs arbeitsteiliger Phantasieproduktion auf industrieller Grundlage, einer täglichen Verausgabung kreativer Energie für die Massenkonsumtion und für eine möglichst schnelle und reibungslose Amortisation kann jenes »messianische Bild von der mittelalterlichen Bauhütte« gewürdigt werden, deren Geist nach den Vorstellungen des Filmarchitekten Robert Herlth alle Beteiligten beseelen sollte: wie einst Dome erbaut wurden, sollten nun, unter dem Dach der Universum-Film AG, zeitüberdauernde Gebilde für die Leinwand entstehen – »vom Regisseur bis zum Beleuchter und Cutter: Der Film als Kollektivkunstwerk.[218] Der Baumeister, der Filmarchitekt sollte dabei Spiritus rector, das geistige und künstlerische Vorbild sein.

In der Tat ist der Anteil der Architekten am »Gesamtkunstwerk« des klassischen deutschen Stummfilms nicht zu übersehen – ebensowenig wie die Tatsache, daß in der relativ kurzen künstlerischen Blütezeit der Ufa ein Konzept kollektiver Arbeit entwickelt und verwirklicht werden konnte, das der architektonischen Phantasie einen niemals wieder erreichten Bewegungsspielraum und prägenden Einfluß auf die Inszenierung verschaffte. Henri Langlois behauptete, die »Metaphysik des Dekors« sei das Geheimnis des deutschen Films; in den herausragenden Werken der zwanziger Jahre sei der Filmarchitekt »der Alchemist einer Welt, die er dank der Magie seines Wissens quellend erstehen läßt«.[219] Kracauer zitiert Paul Rotha, der den Begriff des »Studio-Konstruktivismus« geprägt hat, um die »sonderbare Atmosphäre der Vollständigkeit und Endgültigkeit, die jedes Produkt der deutschen Studios umgibt«, zu kennzeichnen.[220] Kracauer selbst allerdings meinte, die Ufa habe sich bei ihrer Sympathie für die Avantgarde der bildenden Künstler, für filmbegeisterte Abstraktionisten wie Viking Eggeling und Hans Richter nur »wie gewohnt« von der Devise leiten lassen, »daß Kunst ein gutes Geschäft oder zumindest gute Werbung verspricht«.[221]

Zweifellos greift diese Bemerkung zu kurz; sie subsummiert alles, was in der Ufa-Werkstatt geschah, einer kommerziellen Strategie und übersieht dabei, daß Kommerzialität und künstlerische Obsession innerhalb einer begrenzten Phase zwischen 1924 und 1928 keinen unversöhnlichen Gegensatz bildeten. Erich Pommers berühmt gewordene Aufforderung an das Produktionsteam von *Der letzte Mann* – »Erfindet bitte etwas Neues, auch wenn es verrückt sein sollte!«[222] – hat mehr als nur anekdotischen Stellenwert: das Neue, das Pommer (gerade er) von seinen Künstlern verlangte, war eben jene durchschlagende, aus Bastelleidenschaft und Liebe zum Medium geborene ästhetische Innovation, die auf Grund ihrer Eigendynamik auch zum geschäftlichen Erfolg und zu den von der Ufa so dringend benötigten Exporterlösen führen mußte. Diese Rechnung ging nicht in allen Fällen auf. Aber dort, wo sie aufging, bestätigte der Erfolg auf das überzeugendste die Logik der Pommerschen Konzeption. Robert Herlth, mit Walter Röhrig verantwortlich für die Ausstattung von *Der letzte Mann*, berichtet, daß nach der Aufführung dieses Films in den USA etliche Telegramme aus Hollywood bei der Ufa eintrafen: »Wo und mit welchen Apparaten habt ihr den Streifen gedreht? Unseres Wissens existiert weder eine solche Kamera noch eine Großstadt dieser Art (wie sie von Murnau und seinen Architekten im Atelier aufgebaut worden war. Anm. KK) in Amerika.« Herlth: »Die an exakte Technik gewöhnten Amerikaner konnten sich nicht vorstellen, daß wir mit den primitivsten Mitteln Neuland entdeckt hatten.«[223]

Tatsächlich ging es in der magischen Küche der Ufa nicht in erster Linie um eine rein apparativ-technische Perfektion, sondern stets um ein Zusammenwirken von Technik und Phantasie, die sich zu einem »Werk wahrer Gemeinschaftsarbeit« verbinden sollten, zu »einer Schöpfung, deren Kühnheit die Zuschauer berauschte«, wie es Fritz Lang euphorisch ausdrückte.[224] Wichtiger als die Technik war der obsessive Erfindergeist – die Leidenschaft des Alchemisten für die selbstgestellte Aufgabe, neue, unerhörte und nie gesehene Verbindungen herzustellen. Wahrscheinlich hat Robert Herlth nicht übertrieben, als er über Murnau schrieb: »Die Arbeit war für ihn wie ein Rausch, ein Gebanntsein in einem Prozeß, wie es nur der Forscher und der Arzt bei der Operation kennen.«[225]

Zur »Bauhütte« konnte das Ufa-Atelier werden, weil seine Architekten den Anspruch erhoben, im Kunstraum des Filmstudios und unter seinen spezifischen Bedingungen die Welt noch einmal zu erschaffen – nicht als Rekonstruktion, sondern als Modell und Terrain einer unbegrenzt ausschweifenden, bizarren, romantischen, frei vagabundierenden oder jäh zu Gebilden des Alptraums zusammenschießenden Phantasie. Die Außenwelt und ihre Maßstäbe traten außer Kraft – alles gewann Gestalt und Leben allein durch die Raumsituation, die Dimensionen, die Perspektivik des Ateliers. Seine Wände bildeten den Kosmos für die Miniaturwelten aus Gips, Drahtgeflechten, Pappe, »Kaliko« und Farbe, die von den Architekten errichtet, von den Scheinwerfern mit ihren unzähligen Lichtabstufungen modelliert und von der Kamera noch einmal geschaffen wurden, um endlich als autonomes, »ganzheitliches« Konstrukt auf der Leinwand bestehen zu können. Denn auch die Kulissenwelt im Studio hatte keinen Eigenwert; Maß aller Dinge war allein das Kamera-Auge, letztlich das Leinwand-Bild, das über die Tektonik der Bauten, über Perspektive und perspektivische Verzerrungen, über Licht und Atmosphäre zu bestimmen hatte.

Schon für Paul Wegeners Union-Film *Der Golem, wie er in die Welt kam* (1920) konstruierte Hans Poelzig ein mittelalterliches Phantasie-Prag als hermetisch geschlossene Kulisseneinheit aus 54 teils im Maßstab 1:1 errichteten, teils verkleinerten Häusern, die, verbunden mit Stadtmauer und Synagoge, »verschachtelt« und verwinkelt, verwachsen mit Treppen, Brunnen und Torbögen, wie aus einer einzigen kompakten Masse herausgeschmolzen schienen. Poelzig, schrieb Paul Westheim, habe nicht daran gedacht, das alte Prag zu rekonstruieren: »Er schafft Stimmungen, projiziert Stimmungswerte in eine Architektur hinein, die um so seltsamer packt, als sie schweigsam, vollkommen aus den struktiven Kräften heraus sich entwickelt.«[226]

Die schweigende Strenge der Strukturen: dies war ein Programm gegen die

»Wirklichkeit« und eine Absage an jeglichen Realismus. Seine Gestalt gewann dieses Konzept jedoch in höchstens zehn bis fünfzehn Werken, die, als »klassische« deutsche Stummfilme, heute zum »unvergänglichen Erbe« der Kinematographie zu zählen sind. Im »Hohlraum« des Ufa-Ateliers vergewisserte sich das Bürgertum seiner alten Kultur – auf der Suche nach einer neuen künstlerischen Sprache und im Bemühen um Stilisierung und Artifizialität. Das bürgerliche Zeitalter hatte das Formenmaterial, ein unerschöpfliches Repertoire ästhetischer Zeichen hervorgebracht – doch durch die Tableaus und Staffagen des 19. Jahrhunderts liefen tiefe Risse; es bedurfte neuer Montagen, um zu neuen Synthesen zu gelangen. Der Zufall war ebenso verbannt wie jede »Ähnlichkeit«

Die Nibelungen: Paul Richter; Ausstattung Otto Hunte, Erich Kettelhut und Karl Vollbrecht

Die Nibelungen: Standfoto während der Dreharbeit zu Siegfrieds Kampf mit dem Drachen

im Sinne naturalistischer Imitation. Siegfrieds Ritt durch den »steinernen Wald« in *Die Nibelungen* wurde ausschließlich im Atelier gedreht: »Die geraden Gipsstämme des Zauberwaldes und am Atelierboden ausgestreute Waggonladungen von Salz sollten die Illusion eines verschneiten, erstarrten Waldes erzeugen, der durch die Anspielung hochstrebender Bündelpfeiler einen Sakralraum vortäuschen sollte«, schreibt Weihsmann.[227] Nach den Erinnerungen des Ausstatters Erich Kettelhut, der mit Otto Hunte und Karl Vollbrecht für die Bauten verantwortlich war, betrugen die »Bäume«, oder besser: die Pfeiler dieses Wald-Domes mehr als zwei Meter im Durchmesser; einzelne Sonnenbahnen, gebrochene Lichtstreifen deuteten die Wirkungen des Laubdachs an und machten damit zugleich alle realistischen Details überflüssig: »gebautes Licht«, präzis kalkulierte Hell-Dunkel-Effekte ersetzten die Vielfalt der Natur. Kettelhut: »Über diesen Wald ist bei Regiesitzungen lange diskutiert worden. Von vornherein war klar, daß es sich nur um einen stilisierten Wald handeln konnte, um die Einheit der Bildfolge nicht zu zerstören. Ich halte das für eine der obersten Regeln, (...) nie einem Stilbruch zuzustimmen.«[228]

Als Fritz Lang 1932 für die Nero-Film *Das Testament des Dr. Mabuse* inszenierte und auch Außenaufnahmen drehte, zwang er den unberechenbaren Gegebenheiten der Natur die Künstlichkeit des Ateliers auf – allerdings mit einem entscheidenden Unterschied zu seinen früheren Produktionen: nunmehr sollte moderne Technik der Natur zu »Natürlichkeit«, der Realität zu »Realismus« verhelfen. Abermals wurde ein Wald gebraucht – und für die Dreharbeiten mit großem Aufwand um-montiert: mit 140 Scheinwerfern und 30000 Metern Kabel ließen Lang und sein Kameramann Fritz Arno Wagner den Spreewald in ein Natur-Filmstudio verwandeln, um aus diesem für die Leinwand wiederum den Spreewald erstehen zu lassen. Lotte H. Eisner, damals Jungreporterin für den

»Film-Kurier«, war Augenzeugin der nächtlichen Großmontage: »Ein Wald wird umgebaut: Von einer Telegraphenstange hängt abgeschnitten ein Gewirr von Leitungen in die Luft – man hat sie unterirdisch legen müssen, umführen müssen, weil dieses ganze Gelände umgebaut wurde. (...) Abgehauene Bäume werden in Massen einhergeschleppt, durch das ganze Gelände scheinen sie zu wandeln wie die Praktikabel, die ein Wort von einem Platz zum andern pflanzt. Holzunterlagen tragen diese Bäume, und sie werden aufs neue in die Erde eingegraben, dorthin wo ihr Schöpfer Lang es befiehlt. Selber greift Lang mit an, er holt sich ein paar Stauden, pflanzt sie dort ein, wo er sie braucht. Und helle langfasrige Gräser werden einzeln gesteckt. – Lang übersieht sein Werk und siehe, es scheint ihm noch nicht gut, noch wird umgestellt, umgebaut mit diesem lebendigen Material der Natur, seine Hand formt im Schaffungswillen die Landschaft. Und dann fährt er auf der Holzschienenbahn mit der Fahrkamera Fritz Arno Wagners die Strecke ab, die ganze Zeit scharf visierend, immer noch verbessernd, sein Auge kriecht hinein in das Auge der Apparatur.«[229]

So wie Fritz Lang die Natur zerstörte, um sie für das Bild auf der Leinwand wiederherzustellen, wird er für denselben Film ein brachliegendes Industriegelände in Spandau kostspielig renovieren, um es in einem von sechzehn Kameras aufgenommenen Vernichtungsspektakel endzeitlichen Ausmaßes in Schutt und Asche sinken zu lassen. Herstellen und Vernichten – Vernichten und Wiederherstellen: die Logik des Kapitalismus (und des modernen Krieges als Form notwendiger Kapitalverwertung) hat in Langs Produktionsweise einen methodologischen Ausdruck gefunden.[230] Gelegentlich jedoch verwandelten neuzeitliche industrielle Techniken das Ufa-Atelier in eine Mischung aus Fabrikhalle und mittelalterlich-alchemistischem Laboratorium: »Entfesselte Feuerlöscher, Wasserdampf, der aus Dutzenden von Rohren hervorquillt, dazu noch Dämpfe der verschiedensten Säurearten, alles durch Flugzeugmotoren im Chaos herumgewirbelt«: so beschrieb der Kameramann Carl Hoffmann die Szene der Teufelsbeschwörung in Murnaus *Faust*.[231]

Technik wurde, in der Blütezeit des deutschen Stummfilms, von allen Beteiligten als Mittel zum Zweck betrachtet: der »Zweck« war eine Vision, die – sei es, daß sie im Drehbuch fixiert oder im Kopf des Regisseurs ausgeheckt worden war – in zahllosen Entwürfen und auf endlosen Regiesitzungen vom Ausstatter, vom Kameramann, von einem Mitglied des technischen Stabes oder von allen gemeinsam modifiziert, präzisiert, bereichert und so lange verändert wurde, bis es möglich war, alle Variablen des Produktionsvorgangs auf das genaueste festzulegen. »Noch lange vor Drehbeginn fanden intensive Beratungen zwischen Filmarchitekt und Kameramann statt, wobei die Skizzen und Pläne des für die Ausstattung Verantwortlichen auch Kamerawinkel, Perspektive, Objekteinstellung und Beleuchtung fixierten, die vom Kameramann angewandt werden konnten. Diese ›Annäherung‹ der Metiers durch intensives Beraten vor dem eigentlichen Drehen des Films machte die einzelnen Mitarbeiter nicht nur vertrauter miteinander, sie half auch dem besseren Verständnis für die Intentionen des Films und des Filmdesigns.«[232]

In dieser »Annäherung« wurde jene geheimnisvolle, von Langlois als magisch empfundene Kommunikation der Talente Wirklichkeit, jene »Alchemie« der Geister, die im Filmprodukt in der Tat zu neuen Legierungen führte und es heute so schwer macht, zu bestimmen, wo der Hauptanteil lag: bei der planenden Regie, in der Praktikabilität des Dekors, in der Modellationsfähigkeit des Lichts, der Beweglichkeit der Kamera – oder auch (seltener) in der Begabung einzelner Darsteller, ihre Körpersprache in die filmische Realität einzufügen. Von der Kehrseite dieser so fruchtbaren Kollektivität wird noch in anderen Zusammenhängen zu reden sein: von der Unfähigkeit vieler Spezialisten der Ufa-Werkstatt, ihre jeweilige Einzelleistung mit Blick auf den politisch-ideologischen Kontext der Filmfabeln kritisch zu reflektieren. War vom »Ganzen« die Rede, so waren stets »Bindung« und »Einheit« gemeint – eine verschworene Elite kommunizierte mit sich selbst. Was Robert Herlth an die mittelalterlichen Bauhütten denken ließ, inspirierte Karl Freund, den wohl bedeutendsten Kameramann der Ufa in den zwanziger Jahren, zu dem Begriff der »geistigen Konzerne«, die inner- und außerhalb der Produktionsstätten zu gründen seien: »Ihr inneres Wesen ist durch ein unbedingt organisches Zusammenwirken der einzelnen Glieder bedingt. Sie müssen menschlich und künstlerisch zueinander finden. Sie müssen technisch zusammen lernen.«[233]

Die von Lotte H. Eisner in Auszügen veröffentlichten Aufzeichnungen Robert Herlths gewähren einen ausgezeichneten Einblick in die Arbeitsweise des Murnau-Teams. Der Szenarist beschreibt, wie Freunds vollautomatische Kamera, vom Stativ befreit, beweglich wurde; wie sie mit Hilfe einer ausfahrbaren Leiter Höhenunterschiede überwinden und, auf ein Fahrrad gestellt, eine Hotelhalle durchqueren konnte. »Nun war kein Halten mehr. Bald hatte Freund die Kamera vor den Bauch geschnallt, bald rutschte sie an einem Gitterträger durch die Luft, bald fuhr sie mit ihm auf einem Wagen mit Gummirädern, den ich inzwischen gebaut hatte.«[234] In einer berühmten Szene aus *Der letzte Mann*, in der Emil Jannings als Portier am frühen Morgen durch eine Trompete aus seinen Träumen gerissen wird, ging es darum, einen »fliegenden Ton« zu visualisieren: »Auf dem Gelände in Babelsberg, wo der Hinterhof gebaut war, wird vom Fenster des ersten Stockwerkes bis zum Fenster des Erdgeschosses ein sogenannter Gitterträger gehängt und die Kamera in einem Fahrkorb montiert, der (auf Schienen hängend) quer über den ganzen Hof in etwa 20 Metern Distanz schräg abwärts fährt: vom Ohr des schlafenden Jannings bis zur Öffnung der Trompete.«[235] Da sich herausstellte, daß der eigens gebaute Flaschenzug die Abwärtsbewegung des Fahrkorbes nicht bewältigte, wurde diese Fahrt in der Aufwärtsbewegung und mit kopfstehender Kamera gedreht. Karl Freund selbst erinnert sich: »Dort, wo Jannings betrunken zu sein hatte, befestigte ich die Kamera mit einem Riemen an meiner Brust (mit Batterien auf dem Rücken für das Gleichgewicht) und spielte Trunkenbold!«[236] Der Streit der Historiker in der Frage, ob die Erfindung der »entfesselten Kamera« Murnau, Freund oder dem Drehbuchautor Carl Mayer zuzuschreiben sei, ist der überzeugendste Beweis dafür, wie erfolgreich die Virtuosen in der magischen Küche der Ufa einander ergänzt und sich gegenseitig zu Höchstleistungen angespornt haben.

Herlth schildert die Zusammenarbeit mit dem Kameramann Carl Hoffmann in Murnaus *Faust*: »Damals gab es noch keinen sogenannten ›Kran‹, und als es galt, den Flug auf dem Mantel Mephistos zu drehen, halfen wir uns zunächst dadurch, daß auf Rat Carl Hoffmanns eine schmale Gipsbahn gebaut wurde, über die ein auf hohen Gummirädern laufender Wagen mit darauf montierter Kamera gezogen wurde. Die Gipsbahn stieg an und fiel ab wie eine sogenannte Geisterbahn. Dadurch sollte das Auf-und-ab-Schwenken demonstriert werden. – Die

Faust: Emil Jannings und Gösta Ekman; Flug auf Mephistos Mantel

Arbeit an der Dekoration zu *Faust;* Ausstattung Robert Herlth und Walter Röhrig

Landschaft bestand aus Modellen, denn Aufnahmen aus dem Flugzeug hätten nur Schnittwerk ergeben und wären nur real und nicht mittelalterlich romantisch gewesen.«[237] Trotz der sorgfältig präparierten Gipsbahn wiesen die Muster Bildsprünge auf. Herlth und Röhrig ließen sich vom Anblick eines Tiefladers zu einer neuen Lösung anregen und konstruierten einen Aufnahmewagen mit niedrigerer Plattform und schweren Rädern, der »fließende Bilder« und gleitende Übergänge ermöglichte. Der Flug auf dem Mantel Mephistos, das dynamische Auf und Ab der Kameraführung, die modellierenden Wirkungen des Lichts – all dies führte in *Faust* zu einer neuen visuellen Qualität, für die der Begriff der »abstrakten« Filmarchitektur eingeführt wurde.[238] Tatsächlich wirken große Teile des Films noch heute auf den Betrachter wie ein mit allen Raffinements der Neubabelsberger Ateliers produzierter Experimentalfilm aus der Schule der nach-expressionistischen Abstraktionskunst.

Der Gegenpol solcher Modernität, scheinbar im Widerspruch zum Technikbewußtsein und zum materialästhetischen Denken der besten damaligen Ufa-Mitarbeiter, kommt beiläufig, jedoch verräterisch zum Ausdruck, wenn Herlth bemerkt, Realaufnahmen aus dem Flugzeug wären eben »nur real und nicht mittelalterlich romantisch gewesen«. Die Landschaften, die Herlth und Röhrig in einem riesigen Schuppen auf dem Neubabelsberger Gelände modellierten – »Lärchen und Tannen aus Rohr und Schilfbüscheln, Wolken aus Glaswolle, Wasserfälle, Kornfelder aus Gras (mühselig in weichem Gips befestigt)«[239] – entstanden nach Gemälden Albrecht Altdorfers. Die Entscheidung für diesen Maler war kein Zufall: Altdorfer (um 1480–1538), von dem das erste »reine« Landschaftsgemälde der deutschen Kunst stammt, gehört, nach dem Urteil einer Kunstgeschichte der zwanziger Jahre, »gerade in seiner deutschen Eigenart zu den anziehendsten deutschen Künstlern seiner Zeit«.[240] Was so anziehend wirkte, waren sein poetischer, stimmungsvoller Blick auf die Natur und seine romantisch-idyllisierende Rezeption der mittelalterlichen Sujets.

Romantische Nachklänge des deutschen Mittelalters wurden so, in der hochmodernen Filmfabrik von Neubabelsberg, zum Spielmaterial einer abermals romantisierenden, verklärenden Sicht auf Geschichte und Wirklichkeit: wie durch bemalte Glasplatten hindurch suchten die Augen der Architekten in der Kunst der Jahrhunderte nach einem vagen Sehnsuchtsziel und nannten es »Mittelalter«. Die Kehrseite jener gerade in der Filmindustrie hochgezüchteten Technizität und Modernität war – Flucht vor der Moderne: ein Eskapismus, der in den ideologischen Unterströmungen der Weimarer Republik tief verwurzelt war. Im verbreiteten »Hunger nach Ganzheit« versammelten sich auch unklare Phobien und Haßgefühle, schreibt Peter Gay; sie »erweisen sich bei näherer Betrachtung als eine mächtige Regression, die einer großen Angst entsprang: der Angst vor Modernität«.[241]

Die Philosophie der Aufklärung, Marx und Darwin, Psychoanalyse und Soziologie, die modernen Kunstströmungen und die neuen technischen Kommunikationsmittel provozierten in den zwanziger Jahren eine Vielzahl reaktionärer Demagogen zu Haßtiraden. Ein »Konglomerat von Feindseligkeiten, das sich als Philosophie ausgab«, ballte sich zusammen und veranlaßte den Historiker Ernst Troeltsch 1922, vor einer den Deutschen eigentümlichen »Mischung aus Mystik und Brutalität« zu warnen.[242] Es gehört zu den inneren Widersprüchen der deutschen Filmindustrie, besonders aber der Ufa-Produktion jener Jahre, daß gerade das modernste Medium der Zeit – das zu den erklärten Feindbildern aggressiver Reaktionäre vom Schlage eines Othmar Spann gehörte – in seinen Bildern besonders wirkungsmächtige Mischungen aus Brutalität und Mystik hervortrieb und ihnen sogar, wie in Fritz Langs *Die Nibelungen*, jenseits der bürgerlichen Klassenkultur die Weihen einer als spezifisch deutsch empfundenen »Hochkultur« verlieh. »Es mußte mir«, so Lang, »darauf ankommen, in einer Form, die das Heilig-Geistige nicht banalisierte, mit den *Nibelungen* einen Film zu schaffen, der dem Volke gehören sollte und nicht (...) einer im Verhältnis ganz geringen Anzahl bevorzugter und kultivierter Gehirne.«[243]

Friedrich Wilhelm Murnau hatte eine Vorliebe für »betont altdeutsches Material: Kleine Städtchen mit Fachwerkhäusern und verwinkelten Gassen«[244] bilden das szenische Ambiente in Filmen wie *Nosferatu* (Prana-Film, 1921), *Phantom* (Uco, 1922) und vor allem *Faust* (Ufa, 1925/26). Nicht nur in den Seelenlandschaften, auch in den äußeren Topographien war die Idylle in den zwanziger Jahren, außerhalb der Städte und der Industriezentren, noch Gegenwart, waren die dörfliche Struktur der Provinz und der mittelalterliche Charakter der Kleinstädte, anders als nach 1945, noch intakt. Das »kleine deutsche Städtchen«, in das sehr bald Hitlers Regimenter einmarschieren werden, war – mit seinen verwinkelten, kopfsteingepflasterten Gassen, seinen Fachwerkhäusern, gotischen Stadttoren, efeubewachsenen Mauern, schiefen Giebeln, Butzenscheibenfenstern und schmiedeeisernen Balkongittern – tiefes, aber noch real existentes 19. Jahrhundert, Spitzweg war lebendig – und die große Welt mit ihren lauten Verkehrsadern noch sehr fern.

In den künstlerisch anspruchsvollen, »expressionistischen« oder besser: gotisierenden Filmen der Weimarer Republik wurde die deutsche Kleinstadtidylle zum Schauplatz namenlosen Entsetzens und blutiger, irrationaler Verbrechen. Doch selbst wenn, wie in *Nosferatu*, ein Vampir über sie hereinbricht oder, wie in Langs *Der müde Tod*, Freund Hein sich an der Stadtmauer einquartiert: das romantische Ambiente selbst blieb unberührt und »zeitlos« unberührbar; mit liebevoller Detailfreude statteten die Regisseure und ihre Architekten das Bild einer unversehrten deutschen Provinz aus. »Blick über die Dächer einer kleinen altertümlichen Stadt im Stil der vierziger Jahre des vorigen Jahrhunderts. Sonne liegt freundlich über den spitzen Giebeln und grünen Plätzen«: so skizzierte Henrik Galeen in seiner lyrischen Drehbuch-Prosa das erste Bild zu *Nosferatu – Eine Symphonie des Grauens*.[245]

Eindeutig geht Murnaus Neigung zum Altdeutschen in der zeitgemäßen »Angst vor Modernität« nicht auf. Die Technizität, das Geometrie-Bewußtsein seiner Filmarbeit weisen ihn – wie auch Fritz Lang – als dezidierten Modernen aus. Aber der bereits in den Filmen Paul Wegeners beobachtete Widerspruch zwischen dem technischen Materialstand und der Organisationsform des Mediums einerseits und den vom Film beschworenen »Bilderwelten eines vorindustriellen Zeitalters« (Heinz-B. Heller) andererseits – dieser Widerspruch kennzeichnet gerade die »klassischen« Werke des deutschen Stummfilms in besonders markanter Weise. Mystik und Modernität, das Vertrauen in die Werte einer vorrevolutionären »heilen Welt« und die Ahnung, daß unter den Dächern der biedermeierlichen Kleinstadt das Grauen niste, gingen in diesen Filmen eine zwiespältige Symbiose ein.

Die Ufa-Ateliers wurden zum Ort einer einzigartigen und, wie sich sehr bald zeigen wird, politisch brisanten Kontroverse – eines Antagonismus, der in den Sujets der Filme, im »Materialstand« des Mediums und in der Produktionspraxis ausgetragen wurde. In Neubabelsberg wiederholte sich das Dilemma der expressionistischen Avantgarde von 1918/19, das Dilemma der »Novembergruppe« revolutionärer Künstler, des »Arbeitsrates für Kunst« wie auch des Weimarer Bauhauses. Deutsche Genies hatten sich zusammengeschlossen, vom »halbreligiösen Eifer gepackt, alles neu zu machen«.[246] Ein ähnlich missionarischer Geist, der gegen pseudoreligiöse Selbstsuggestionen nicht immun war, beseelte auch einige Elite-Künstler der »Bauhütte« Ufa. In vulgarisierter Form – aufbereitet für den »Vulgär-Idealismus«, für die »vage Herzensgläubigkeit« des deutschen Kleinbürgertums[247] – findet er sich in der Prosa der Thea von Harbou und in manchen Propagandaschriften der Ufa-Presseabteilung wieder. Zu einer monumentalen Verirrung (allerdings auch zum größten Verlustgeschäft des Konzerns) wurde er schließlich, 1926/27, in Fritz Langs *Metropolis*.

Die Antinomie zwischen dem »altdeutsch«-regressiven Material vieler Filme und dem künstlerisch-technischen Organisationsgrad des Mediums deutete auf die immer größer werdende Kluft zwischen den gefährlichen Phantasien der Epoche und den Bemühungen des aufgeklärten Fortschritts, sich ihrer Bedeutung bewußt zu werden.[248] Die Produktionsstätten der Ufa waren, in den Worten Blochs, ein »Mischort« der Republik, ihres progressiven und regressiven Materials – und zugleich »Hohlraum« und Abraumhalde, schutzlos offen gegenüber dem gewaltsamen Zugriff neuer Sinnstifter, die bereitstanden, das Vakuum mit einer dubiosen Ersatzreligion zu füllen.

Ufa-Verwaltungsgebäude in Neubabelsberg

Kostümfundus in Neubabelsberg

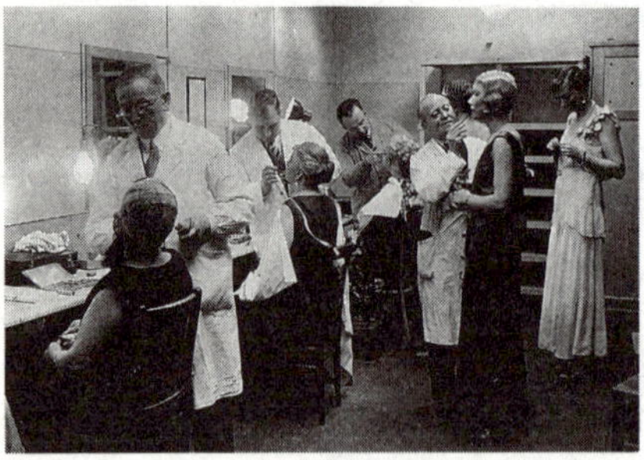

An den Schminktischen von Neubabelsberg

Tischlerei in Neubabelsberg

10. Kapitel

Ästhetik der Prachtentfaltung. In den Kinos der Ufa

Mischungen, Stil-Collagen, Formen verwirrender ästhetischer Promiskuität begegneten dem Zeitgenossen auf Schritt und Tritt. »Längst hatte ich schon die Gewohnheit abgelegt, in jeder Berliner Moschee ein mohammedanisches Gotteshaus zu sehen«, schrieb Joseph Roth 1925 in der »Frankfurter Zeitung«. »Ich wußte, daß hierzulande die Moscheen Kinos sind und der Orient ein Film. Und einmal, vor vielen Jahren, als ich noch fromm war, wollte ich zu einer Frühmesse. Ich trat in eine Kirche – aber es war ein Bahnhof. Später erfuhr ich, daß die Bauart nichts besagen will und daß in den mit Blitzableitern versehenen Magazinen aus roten Backsteinen die Altäre stehn und Gottes Wort vernommen wird.«[249]

Die produktive, wenn auch gefahrenreiche »Unordnung«, in der sich die Gesellschaft befand, vermittelte sich dem scharfsichtigen Zeitzeugen als ebenso zusammenhangloses wie spannungsgeladenes Formen-Chaos, das auf einen »notwendigen Umschlag« (Kracauer) wartete: »In den Straßen Berlins überfällt einen nicht selten für Augenblicke die Erkenntnis, das alles platze unversehens eines Tages entzwei.«[250] Die reklamesprühenden Fassaden der Lichtspielhäuser verstärkten den Eindruck der Bodenlosigkeit und der Entgrenzung; mitten im harten großstädtischen Alltag propagierten sie Gegen-Wirklichkeiten, die sich weithin sichtbar schon in der Architektur zu erkennen geben sollten – auch wenn die aggressiven Stil-Montagen, die Fernand Léger 1931 an den Bauten der amerikanischen Großkinos entdeckte, von den deutschen Lichtspielpalästen weder erreicht noch erstrebt wurden: »(...) unglaubliche Konglomerate aller europäischer und asiatischer Stile; jedes ein kolossales Chaos, zusammengebaut, um unbedingt attraktiv und noch bombastischer zu sein als das Konkurrenzunternehmen nebenan; unglaubliche Ausgeburten des Prinzips: Je üppiger, desto besser!«[251]

In Deutschland reichte das Spektrum der Kinoarchitektur in den zwanziger Jahren von wuchtiger, archaisch-repräsentativer Klassizität bis zu strenger, »funktionaler« Sachlichkeit und, in den Interieurs, »von dramatisiertem Hoftheater bis zu den Raumexperimenten des Neuen Bauens«. (Dieter Bartetzko[252]) Auch auf diesem Gebiet entwickelte die Ufa – unter dem Druck der wirtschaftlichen Expansion und angesichts der Aufgabe, die Mittelschichten mit ihren Bildungsansprüchen für den Film zu gewinnen, ohne die Massenresonanz der Arbeiter und kleinen Angestellten zu verlieren – eine stilbildende, den Zeitgeschmack formende Energie, die neue Linien, eine neue »Fassadenkultur«[253], neue Formen der architektonischen Selbstinszenierung hervortrieb und dem Gesicht der Stadtzentren ihre eigenen Akzente verlieh.

Berlin – Industrie- und Handelsmetropole, Reichshauptstadt, Eldorado der schönen Künste und Zentrum der demokratischen Massenkultur – bot sich als geeignetes Experimentierfeld an; die Provinz folgte dem Berliner Beispiel in der

Regel in kleinerem Maßstab – auch wenn die Ufa zu Beginn der Tonfilmzeit mit einem 2750 Besucher fassenden Haus das größte Kino Europas nicht in Berlin, sondern in Hamburg errichten wird. Ein geplantes Ufa-»Musterkino«, »dessen idealtypische Architektur in allen deutschen Städten – gleich wie Mutterklöster ihren Filiationen die Bauformen weitergaben – dem Führungsanspruch der Filmgesellschaft architektonischen Nachdruck und Allgegenwart schaffen sollte«[254], wurde nie verwirklicht: es erwies sich wohl, daß die Ware Film mit ihrer Tendenz, je unterschiedliche Publikumsschichten, Präferenzen und Stimmungslagen anzusprechen, nicht geeignet war, in eine genormte Verpackung gepreßt zu werden. Die ökonomisch bedingte »Gratwanderung zwischen Außenseitertum und Anpassung, zwischen spektakulärer Neuerung und betonter Tradition« führte gerade nicht zu architektonischer Monokultur, sondern stimulierte die Phantasie. »Inmitten der gesellschaftlichen und baulichen Tristesse setzten die Lichtspielhäuser Glanzlichter. Sie wurden, vor allem in den ersten Jahren nach Ende des Krieges, zu Bindegliedern zwischen dem bewährten, feierlich-beharrenden Formenschatz und dem Elan des Neuen Bauens.«[255]

Zwischen 1920 und 1929 stieg die Zahl der deutschen Kinos von ca. 3700 auf ca. 5000. 1927 wurden im gesamten Reich 337342000 Kinobesuche registriert; 44095000 gab es 1925 allein in Berlin. In den zwanziger Jahren wies die Zahl der kleinen Kinos eine stetig fallende Tendenz auf; die Zahl der Großkinos (über 1000 Sitze) nahm ebenso stetig zu. 1925 existierten in Berlin 342 Kinos mit einer Gesamtkapazität von 147612 Plätzen; darunter waren 180 kleine Häuser (unter 300 Plätzen), 48 mittelgroße Theater (zwischen 600 und 1000 Plätzen) und 22 »Filmpaläste« mit über 1000 Plätzen. 91 Kinos im gesamten Deutschen Reich waren 1925 im Besitz der Ufa.[256]

Von den bereits vor dem Ersten Weltkrieg entstandenen Großkinos erlangte vor allem das von Hugo Pál erbaute Marmorhaus film- und architekturgeschichtliche Bedeutung. Seine feierliche Monumentalität, die imperiale, in großen Flächen gegliederte Geometrie seiner Fassade prägen noch heute das Bild des Kurfürstendamms nahe der Gedächtniskirche. Im Eklektizismus der Zeit, doch frei von Manierismen strebte Pál nach einer Verbindung von altägyptischen und griechischen Reminiszenzen mit »germanischer« Schwere. Halb Königspalast, halb Kultstätte, erhob das Marmorhaus den Anspruch, an den Kulturbauten, den Museen und Theatern des wilhelminischen Bürgertums gemessen zu werden. Der architektonische Rahmen beschwor »das Gehobene und Sakrale, als umfinge er Gebilde von ewiger Dauer«[257], während die Filmereignisse in diesem Haus eher zerfallende Wirklichkeiten und zerbrochene Gewißheiten reflektierten: hier wurden, unter anderem, *Das Cabinet des Dr. Caligari* (1919/20), Duponts Ufa-Film *Varieté* (1925) und *Giftgas* (Regie Michael Dubson, 1929, nach dem Schauspiel »Giftgas über Berlin« von Peter Martin Lampel) uraufgeführt.

Der dem Marmorhaus gegenüberliegende Gloria-Palast diente Kracauer als Musterbeispiel für seine These, daß ein »gepflegter Prunk der Oberfläche«[258] zum Kennzeichen der neuen Kinopaläste geworden sei. In seinen Sälen entdeckte der Architekturkritiker Dieter Bartetzko »raffiniert vereinfachte Abziehbilder der Raumverschwendung barocker Residenzen und Theater«.[259] Im Auftrag der Gloria-Gesellschaft und mit Unterstützung der Ufa-Direktion von den Architekten Max Bremer und Ernst Lessing 1925/26 erbaut, appellierte der Gloria-Palast an die Vornehmheit des Bildungsbürgertums – und schwelgte im

Gloria-Palast, Berlin

Zierat einer Kultur, die sich auch das Bürgertum nur ausgeliehen hatte. Die Eröffnungsvorstellung mit Murnaus *Tartüff* am 25. Januar 1926 unterstrich die Verheißungen, mit denen der Gloria-Palast (er verfügte über 1200 Plätze) um die Gunst des Publikums warb: »Das eleganteste Uraufführungstheater Deutschlands im Centrum des Berliner Westens. Das Lichtspieltheater der guten Gesellschaft bringt die Uraufführungen der besten Filme im vornehmsten Rahmen.«[260]

Die Ironie wollte es, daß schon eine der folgenden Uraufführungen – Georg Wilhelm Pabsts psychoanalytische Fallstudie *Geheimnisse einer Seele* (1925/26) mit Werner Krauss und Ruth Weyer in den Hauptrollen, von Hans Neumann für die Ufa produziert – geeignet war, die vornehme Gesellschaft des Berliner Westens mit ihrem unterdrückten Triebleben, ihren Ängsten und geheimen Mordgelüsten zu konfrontieren; allerdings entwertete dieser Film die Schärfe seiner Analyse und die subtil-ingeniöse Arbeit der Kamera (Guido Seeber, Curt Oertel und Robert Lach) mit einem allzu banalen Happy-End. Andere wichtige Ufa-Premieren im Gloria-Palast waren *Der Geiger von Florenz* von Paul Czinner mit Elisabeth Bergner (1925/26); Karl Grunes pazifistischer Film *Am Rande der Welt* (1927, mit Albert Steinrück, Wilhelm Dieterle, Brigitte Helm und Victor Janson), der den Ufa-Verantwortlichen – unmittelbar nach Alfred Hugenbergs Machtübernahme im Konzern – so radikal erschien, daß sie ihn für die Premiere gegen den Willen des Regisseurs bis zur Unkenntlichkeit verstümmeln ließen (von diesem Fall wird noch zu reden sein); ferner Johannes Guters Film *Ihr wunder Punkt* (1929, mit Lilian Harvey und Willy Fritsch), dessen Buch Robert Liebmann nach einer Novelle von Frank Maraun geschrieben hatte. Auch G. W. Pabsts von der Nero-Film AG produzierte Wedekind-Verfilmung *Die Büchse der*

Pandora mit Louise Brooks und Fritz Kortner, die im Februar 1929 im Gloria-Palast uraufgeführt wurde, bedeutete keine Schmeichelei für das konservative Lager; eher geriet dieser Film zum makabren Epitaph auf die Erotik des bürgerlichen Salons: er zeigte die Besessenheit der Besitzenden – und ihre Angst vor dem Zusammenbruch ehemals sakrosankter Werte und Normen.

War der Gloria-Palast die Startrampe für viele »große Gesellschaftsfilme«, in denen die Angehörigen der besseren Kreise die Gefühle, aber auch das kulturelle Inventar ihrer eigenen Welt besichtigen konnten, so wurde das kleinere, schon 1913 eingeweihte U. T. Kurfürstendamm, das die Ufa mit der gesamten Theaterkette der Projektions AG Union übernommen hatte, gleichsam zur Experimentierbühne für künstlerisch anspruchsvolle Arbeiten, etwa für die von der Rex-Film produzierten »Kammerspielfilme« *Scherben* (1921) und *Sylvester* (1923) von Lupu Pick, für den von Béla Balázs geschriebenen und von Berthold Viertel inszenierten Film *Die Abenteuer eines Zehnmarkscheins*, ein »Pionierwerk der neuen Sachlichkeit« (Hembus[261]), produziert von Karl Freunds Fox-Europa Film, 1926, oder für *Menschen am Sonntag* (1929/30), eine andere Avantgardeleistung der späten zwanziger Jahre, mit der Robert Siodmak, Edgar G. Ulmer, Billie Wilder und Fred Zinnemann einem bis dahin unbekannten Realismus von dokumentarischen Qualitäten zum Durchbruch verhalfen. Die Autoren dieses Films werden später in Hollywood erfolgreich arbeiten, aber 1929 waren sie in Berlin noch unbekannt, und auch die Ufa hatte kein Vertrauen zu ihnen – vom Verleih des Films versprach sie sich kein Geschäft, obwohl immerhin Eugen Schüfftan, seit *Metropolis* ein gefragter Trick-Spezialist, die Kamera geführt hatte. Nach der Darstellung von Curt Riess war es Hanns Brodnitz, der Leiter der Berliner Ufa-Theater, dessen Spürsinn für Qualität es zu danken war, daß *Menschen am Sonntag* im U. T. Kurfürstendamm uraufgeführt wurde.[262]

Die unumstrittene Hochburg des führenden Konzerns war, seit seiner Eröffnung mit Lubitschs *Madame Dubarry* im September 1919, der Ufa-Palast am Zoo, der nach seiner Umgestaltung durch den Architekten Carl Stahl-Urach im Jahre 1925 über 2165 Sitzplätze verfügte. Nach außen einer mächtigen romanischen Zwingburg ähnlich, mit düsteren Bossenwänden und einem massiven quadratischen Turm »germanisches Erbe« evozierend, prunkte das Haus im Inneren »ganz in Rot und Gold; schwerer weicher Purpur auf den Böden und an den Wänden; trotz des Riesenraums behaglicher als manch intimes Theater; mit den Sensationen eines Orchesters von 75 Mann und hoher faltiger Goldvorhänge, die, von Dutzenden von Scheinwerfern belichtet, ununterbrochen in phantastischen Farben spielen«.[263] Die Ventilation wurde besorgt durch einen »elektrischen Zeppelin, der in den Pausen das Haus durchfegt und dabei Eau de Cologne zerstäubt«. Das Kino-Orchester leitete Ernö Rapée, zuvor Dirigent des New Yorker Kinos Capitol; es gab ein hauseigenes Ballett unter der Leitung von Alexander Oumanski; Rudi Feld war verantwortlich für die Gestaltung der Außenreklame an der Fassade und für die pompösen »Bühnenschauen«, die der Filmvorführung einen theatralischen Rahmen verliehen.

In seinem bereits zitierten Artikel in der »Frankfurter Zeitung« beschrieb Joseph Roth den Ufa-Palast als Phantasmagorie leerer Prachtentfaltung und bombastisch inszenierten »Hohlraum«: »Ich saß in der dritten Reihe vor dem Vorhang aus grünem Samt. Plötzlich verdunkelte sich der Saal, der Vorhang teilte sich langsam, und ein geheimnisvolles Licht, das Gott nicht erschaffen haben

Ufa-Palast am Zoo, Berlin

konnte und das die Natur in tausend Jahren nicht zustande bringen wird, rann in weichen Strömen über die Bühnenfront. Es war, als hätte man Wasserstürze in langen Jahren gezähmt und für den Hausgebrauch abgerichtet und an den Wänden dieses Palastes angebracht, von denen sie ganz behutsam rannen, zivilisiert, den Bedürfnissen des Menschen dienstbar gemacht, Elemantargewalten mit guten Manieren, Naturkräfte, denen man gut zugeredet hat. Die Beleuchtung bestand aus Morgendämmer und Abendröte zugleich, aus Himmelsklarheit und Höllendunst, aus Stadtatmosphäre und Waldesgrün, aus Mondenschein und Mitternachtssonne. Was die Natur in langweiligem Nacheinander und auf weite Entfernungen zustande bringt, war jetzt in einem Raum und in einer Minute komprimiert. Und also wird es klar, daß hier eine unbekannte und mächtige Gottheit ihre Hand im Spiel, beziehungsweise im Ernst hatte. Es war zu eng, um auf die Knie zu sinken, denn wir saßen dicht gedrängt beieinander. Aber, wenn das Bild möglich ist: die Knie sanken gleichsam auf sich selber...«[264]

Die sakrale Atmosphäre als Scheinproduktion, die Inszenierung der Natur als aufwendige und sie übertrumpfende Nachahmung, die Theatralisierung des Lichts, die Überrumpelung der Sinne, die sich schließlich erschöpft einer dumpfen Andacht ergaben: es war eben dieses Effekt-Theater mit seiner Stimmungsregie, das den Ufa-Palast wie kaum eine andere Stätte der Weimarer

Massenkultur für die Ästhetisierung der Politik durch die Nationalsozialisten prädestinierte. Den Weg von der Republik in die Diktatur werden die architektonischen Metamorphosen dieses Ufa-Hauses, seine Wandlungen »vom neoromanischen Palast zum Würdebau des neuen Staates«,[265] bis ins bauliche Detail begleiten – eine gespenstische Mimikry, die den Architekturkoloß als willfährige Knetmasse in den Händen größenwahnsinniger Blender erscheinen ließ.

Bis in die späten zwanziger Jahre indessen war der Ufa-Palast beides: Repräsentationstempel und Forum einer demokratisch-pluralistischen Filmkultur, Kultstätte der Sinne und – wie die Aufführung der Fridericus-Filme von Cserépy zeigte – Arena des politischen Meinungsstreits. Buchowetzkis *Danton* erblickte hier das Licht der Öffentlichkeit ebenso wie Joe Mays *Das indische Grabmal*, F. W. Murnaus *Der letzte Mann* und *Faust*, Fritz Langs *Metropolis*, Arthur Robisons *Manon Lescaut* mit Lya de Putti, Wladimir Gaidarow, Siegfried Arno und Marlene Dietrich; Karl Grunes *Die Brüder Schellenberg* (1925/26) ebenso wie Richard Eichbergs Publikumsschlager *Die keusche Susanne* (1926) mit Lilian Harvey und Willy Fritsch.

Ein Gegengewicht zum Ufa-Palast bildete, in nächster Nachbarschaft, das von Hans Poelzig erbaute und im Dezember 1925 eröffnete Capitol am Zoo, Budapester Straße. Poelzig, der wie Gropius dem oppositionellen Reformflügel im Deutschen Werkbund angehörte, galt seit dem von ihm gestalteten Umbau des Zirkus Schumann zum Großen Schauspielhaus als erfahrener Theaterarchitekt; zwei Jahre nach dem Capitol baute er in Breslau das Deli-Kino, 1929 entstand nach seinen Plänen das Berliner Babylon. Sein ursprünglicher Entwurf für das Capitol hatte einen versachlichten Klassizismus »zwischen funktionalistischem

Capitol, Berlin 1926

Bürohaus und pathetisch-neoklassischem Botschaftsgebäude« (Bartetzko[266]) vorgesehen. Trotz erheblicher Abstriche am Entwurf prägte die klassische Klarheit der horizontalen Linienführung die Fassade des Kinos und gab der Lichtreklame beeindruckende Wirkungsmöglichkeiten. Als Lichtspezialist erwies sich Poelzig, wie schon im Großen Schauspielhaus, auch in der Gestaltung des Innenraums, dem ein ausladendes Strahlenmotiv in der Kuppel ein kinogerechtes Flair verlieh. Das Capitol formulierte mit seiner funktionalen, aber keineswegs stimmungslosen Architektur ein Gegenprogramm zum überanstrengten Eklektizismus der benachbarten Ufa-Kathedralen.

Auch mit seinen Filmpremieren setzte das Capitol, das mit fast 1300 Plätzen ausgestattet war, andere Akzente. Im Februar 1926 gelangte hier Charles Chaplins *Goldrausch* mit einem von Curt Bois gesprochenen Prolog zur deutschen Erstaufführung, 1928 Chaplins *Zirkus*. Das Capitol sah die sozial engagierten Filme Gerhard Lamprechts (1926: *Die Unehelichen*; 1927: *Der Katzensteg*, nach dem gleichnamigen Roman Hermann Sudermanns), und es erlebte 1926 Henrik Galeens Remake *Der Student von Prag*, nun mit den Bauten Hermann Warms und mit Conrad Veidt in der Rolle des Studenten Balduin, den 1913 Paul Wegener gespielt hatte. Und mit Rührstücken wie Wilhelm Dieterles *Die Heilige und ihr Narr* (1928), nach Agnes Günthers erfolgreichem Trivialroman, kam auch das Capitol dem Geschmack jener »kleinen Ladenmädchen« entgegen, denen sich nicht nur in diesem Film »ungeahnte Einblicke in das Elend der Menschen und die Güte von oben« (Kracauer[267]) eröffneten.

Mit den beiden Mercedes-Palästen in der Utrechter Straße und in Neukölln, mit der 1930 erbauten Lichtburg am Bahnhof Gesundbrunnen und dem Titania-Palast in Steglitz trat gegen Ende der Stummfilmzeit die Kinoarchitektur abermals in eine neue, nunmehr von monumentaler »Sachlichkeit« und erdrükkenden Größenordnungen bestimmte Dimension. Fritz Wilms' Mercedes-Paläste nahmen bereits das Gesicht der Berliner Deutschlandhalle, das Pathos der Bauten am Weimarer Adolf-Hitler-Platz und das »dumpfe Stakkato« der Architekturen Albert Speers vorweg: ein »Blockschematismus«[268] setzte sich durch, der von den Baukünstlern des Nationalsozialismus als »fortschrittlich« adaptiert werden wird. Progressiv im genuinen Sinne hingegen war das von Erich Mendelsohn erbaute und 1928 eröffnete Universum am Kurfürstendamm (heute das Haus der Berliner Schaubühne am Lehniner Platz) mit seinen 1800 Plätzen. »Kein Rokokoschloß für Buster Keaton«[269] wollte Mendelsohn errichten, er strebte eine neue Synthese aus »Raum, Farbe und Licht« an – und in der Tat schob sich dieses Ufa-Kino in seiner wuchtigen Eleganz, mit der stromlinienförmigen Führung seiner Hauptfassade und dem scheibenartigen Hochhauselement wie ein Ozeandampfer an den Boulevard heran.

Waren die repräsentativen Lichtspieltheater, zumal die der Ufa, aus stilgeschichtlicher Sicht riskante, mehr oder weniger gelungene Montage-Ereignisse, so galt dies erst recht für die »Bühnenschau«, die schon vor dem Ersten Weltkrieg die Filmvorführung bereichert hatte und in den zwanziger Jahren zu einem compositum mixtum höchst unterschiedlicher theatralischer Darbietungsformen weiterentwickelt wurde. Der Film stand zwar im Mittelpunkt, aber er war keineswegs die einzige Sensation des Abends: Gesangsnummern und konzertante Musik, Ballett, Pantomime und Varieté, akrobatische und artistische Auftritte aller Art rahmten das kinematographische Hauptprogramm

Ufa-Palast am Zoo: Fassadengestaltung für *Frau im Mond*

ein und sollten die Aufmerksamkeit des Publikums »zerstreuen«, bevor sie von der Leinwand, vom magischen Spiel von Licht und Schatten aufgesogen wurde. »Natürlich muß der betreffende Kinoleiter verstehen, solch ein gemischtes Programm mit feinem Takt und gutem Geschmack zusammenzustellen. Besonders kann hier natürlich die Bühnenschau zum Enfant terrible werden, wenn sie wahllos in das Filmprogramm eingesetzt wird«, so das »Reichsfilmblatt« 1926.[270]

Dies allerdings war nur allzu oft der Fall. Und gerade dort, wo feiner Takt und guter Geschmack zur Geltung kamen, entpuppte sich die Bühnenschau als eine Montage, die nicht den Zerfall des Ganzen, sondern seine Wiederherstellung: die Synthese aus dem Geist des schönen Scheins zum Ziel hatte. »Aus dem Kino ist ein glänzendes, revueartiges Gebilde herausgekrochen: das Gesamtkunstwerk der Effekte«, schrieb Kracauer, der in der Bühnenschau eine regressive Sehnsucht nach dem Theater ausmachte und ihr eine reaktionäre Tendenz zuschrieb: Zerstreuung, die »als Abbild des unbeherrschten Durcheinanders unserer Welt« einen gesellschaftlichen Sinn habe, werde hier »mit Draperien umhängt und zurückgezogen in eine Einheit, die es gar nicht mehr gibt«.[271]

Auch auf diesem Gebiet setzte die Ufa ihren Führungsanspruch durch. »Ohne amerikanische geschmacklose Anhäufung von Massen an Personen und Dekorationen« gestaltete Franz Heilburg, Leiter des Ufa-Palastes in der Turmstraße, die Bühnenschau für Duponts *Varieté* 1926 zu einem Vorspiel auf dem Theater, das zwei- und dreidimensionale (Schein-)Wirklichkeit artifiziell zu verschmelzen suchte und von dem Rezensenten des »Reichsfilmblatts« gerade seiner verschwimmenden Übergänge und impressionistischen Täuschungsmanöver wegen als beispielhaft herausgestellt wurde: »Zunächst sah man beim Aufgehen

Ufa-Palast am Zoo: Fassadengestaltung für *Asphalt*

des Vorhanges in dämmerigem Licht ungewiß glühende Lichter und hörte Rummelplatzmusik von Leierkästen. Allmählich ward es hell und man sah Schaubuden, deren größte das Wort ›Varieté‹ trug. Artisten kamen und produzierten einige Tricks, Girls tanzten, ein Jongleur arbeitete, bis wieder Dunkelheit sich senkte und man nur schattenhaft die arbeitenden Artisten sah. Nur die Fackeln des Jongleurs glühten, desgleichen das Wort ›Varieté‹ und die Zierlämpchen der Schaubuden. Ein Gazevorhang senkte sich unmerklich, auf dem sofort der Rummelplatz des Films erschien und sich so lange mit dem schwindenden Bühnenbild vermischte, bis die weiße Wand herunterkam. Dieser und alle übrigen Prologe dauerten 15 bis 20 Minuten, gerade Zeit genug, um den Zuschauer auf den kommenden Film vorzubereiten. «[272]

Mit der architektonischen Gestalt ihrer Großtheater erhoben die führenden Filmkonzerne Anspruch auf visuelle Dominanz und kulturelle Hegemonie im städtischen Gesamtbild. Das phantasievoll-bizarr ausgestattete Kino-Interieur und die Bühnenschau sollten das Publikum festlich einstimmen, Geist, Sinne und Gemüt sanft auf das Hauptprodukt lenken und für seine Botschaft empfänglich machen. In den Emblemen der Reklame schließlich, in den farbigen Stargesichtern, den gigantischen Lettern und Lichtfiguren an den Fassaden bemächtigte sich der Film der Architektur, sprangen die Sensationen der Leinwand auf die Straße und sprühten ihre Signale wie Heilsoffenbarungen in das hektische Leben der Stadt. Rudi Feld, der Propagandachef der Ufa, erfand Licht- und Bewegungsspiele, die eine Kinofassade zur Riesenleinwand und ihren Vorplatz zur Bühne spektakulärer Machinationen werden ließen. Für die Premiere von Fritz Langs *Frau im Mond* (1929) ließ er den Ufa-Palast am Zoo in ein Meer aus Lichtern hüllen: der Kinobau als Abbild des Kosmos; hoch über den drei Eingangsportalen schoß in regelmäßigen Abständen die Attrappe einer Weltraumrakete aus einem voluminösen Globus und verlor sich im künstlichen Sternenhimmel.

Ein magisch stilisiertes Riesenauge, grell erleuchtet, zierte die Hauptfassade, als 1928 Langs *Spione* uraufgeführt wurden; die Lettern des Filmtitels nahmen die ganze Breite der Mittelfassade ein und verwandelten sich in überdimensionale Pupillen, aus denen Scheinwerferkegel schossen und in die Menschenströme griffen. Eine visuelle Strategie aus Licht, Bewegung und großflächigen Rätselbildern; Propaganda-Kunst, die das urbane Umfeld als Kulisse benutzte oder es, wie bei der Premiere von Joe Mays *Asphalt* (1929), in ihr Programm als Ikone einbezog: »An der Außenfront des Ufa-Palastes am Zoo ist ein riesiges Transparent angebracht, das den Ausschnitt einer Großstadtstraße zeigt und durch abwechselnd aufblitzende und wieder verlöschende Lichtreklamen belebt wird. Im Vordergrund des Transparents befinden sich Automobile, die durch eine sinnreiche Konstruktion in ständiger Fahrbewegung gehalten werden. – Das überraschende und wirkungsvolle Moment dieser Dekoration wird erzielt durch die Kombinierung des erwähnten Transparents mit zwei Holztoren, die vor dem Transparent zusammenschlagen und dann wieder auseinandergehen. Auf diesen Toren ist in riesigen Buchstaben das Wort ›Asphalt‹ angebracht, das in Tausenden von Glühlämpchen aufflammt, sobald die Vorhänge das helle Transparent verdeckt haben, und das dann die ganze, sonst im Dunkeln gehaltene Vorderfront des Theaters beherrscht.«[273] Die in das Reklamebild »eingespiegelte« Großstadtstraße entdeckte der Besucher im Kino wieder, sobald es dunkel wurde: im Titelvorspann des Films *Asphalt*.

Die von Tag zu Tag, von Woche zu Woche sich wandelnden Fassaden, Reklame als »zweite Haut« der Kinos, die Lichtkünste als »Nachtarchitektur«[274]: Mitte der zwanziger Jahre feierte die deutsche Filmindustrie sich selbst mit optimistischen Repräsentations-Montagen, deren Pomp verschleierte, daß die ökonomische Situation der Branche alles andere als rosig war. Er ließ auch vergessen, daß der überwiegende Teil des Kinopublikums harten Lebensbedingungen ausgesetzt war und nicht wenige noch immer am Rand des Existenzminimums ihr Dasein fristen mußten – mochte es auch scheinen, als sei die Republik in eine Phase relativer wirtschaftlicher Stabilität und politischer Konsolidierung eingetreten. Der Widerspruch zwischen den bedrückenden ökonomischen Problemen und dem glänzenden äußeren Lebensbild, den Harry Graf Kessler schon 1920 festgehalten hatte, war zu einem Wesensmerkmal der Weimarer Demokratie geworden. Die Vergnügungssucht der Oberschicht teilte sich auch den Massen mit: als Neugier, als Schaulust und als Verlangen, zumindest von außen an den glanzvollen Ereignissen, an den Auftritten der Stars und ihren Festen teilzuhaben.

In den ingeniösen, aber substanzlosen Reklamespektakeln der Ufa spiegelte sich die Atmosphäre des Berliner Luna-Parks, der, wie Graf Kessler an einem Mai-Sonntag des Jahres 1920 überrascht feststellte, mit seinen »hoch in den Nachthimmel ragenden Lichtpyramiden und hängenden Terrassen« ein »babylonisches Aussehen« gewonnen hatte. Zu Tausenden drängten sich die Menschen, um einem Feuerwerk zuzusehen. »Man hat das Gefühl von etwas Unnatürlichem, Fieberhaftem, von dieser Üppigkeit und scheinbar sorglosen

Gloria-Palast: Uraufführung *Tartüff*

Massenverschwendung im gegenwärtigen blutgetränkten, am Rande eines Abgrundes zitternden Berlin. Und doch wieder: Was geht letzten Endes die, die sich hier amüsieren, der ganze politische Karneval (...) an? Diese kompakte, um ihre kleinen Interessen konzentrierte Masse ist vorläufig noch gar nicht bedroht. Das kommt erst nachher.«[275]

Das Feuerwerk war für die Massen – die solennen Filmpremieren in den Kinopalästen des Berliner Westens waren für eine begüterte, sich kultiviert dünkende Oberschicht: für eine Elite, die zu einem nicht geringen Teil aus Parvenüs, Kriegsgewinnlern und schnell aufgestiegenen Politikern zusammengesetzt war. Man war unter sich – und sonnte sich im trügerischen Glanz einer exquisiten Talmi-Kultur, die vorspiegelte, etwas Ganzes, eine neue Synthese zu sein. Alles war »kostbar«: die Kleider und der Schmuck der Damen, die Lüster in den Foyers, die Künstler, die von der Direktion eigens für die »Bühnenschau« engagiert worden waren.

In einer solchen Atmosphäre fand – zum Beispiel – am 25. Januar 1926 die feierliche Eröffnung des Gloria-Palastes mit Friedrich Wilhelm Murnaus *Tartüff* statt. Das neue Haus unter Leitung des »Generalintendanten« Otto Wilhelm Lange überreichte den Premierengästen ein künstlerisch gestaltetes Programmheft, das sie nicht nur auf den Film, sondern auch auf eine mit Raffinesse und Fingerspitzengefühl für den gehobenen Geschmack zusammengestellte Bühnenschau vorbereitete. Die »Spielfolge« wurde mit der Ouvertüre zu Luigi Cherubinis Oper »Ali Baba« unter Leitung des »Generalmusikdirektors« Ignatz Waghalter eröffnet – man hielt zweifellos das Flair eines großen Opernabends für angemessen, passend zum »barocken« Stil des Hauses und im Einklang mit dem klassischen Stoff des Premierenfilms. Dem musikalischen Auftakt folgte ein Festspruch zur Eröffnung des neuen Theaters, verfaßt von Herbert Eulenberg und gesprochen von Camilla Spira. Eulenberg (der an diesem Tag seinen fünfzigsten Geburtstag feierte) war ein überaus geschätzter Dramatiker und Novellist der neoromantischen Schule; 1926 hatte er den Zenit seines Ruhmes bereits überschritten, aber er galt als verläßlicher Schöngeist mit »idealen« Gedanken und als »Überwinder« des Naturalismus, der zudem mit seinen berühmten »Schattenbildern« am Düsseldorfer Schauspielhaus bewiesen hatte, daß ihm die Erziehung der breiten Massen zur bürgerlichen Kultur am Herzen lag. Seine Verse auf den Gloria-Palast begannen »humorig« und endeten mit einer Aufforderung zum Lebensgenuß, in der dunkel-ahnungsvolle Töne mitschwangen: »Pflückt euch die Augen voll mit Licht und Glanz, / Eh' uns der Vorhang fällt und uns begräbt! / Noch blühen wir, noch duftet uns der Kranz, / Fühlt selig drum als höchstes Glück: Ihr lebt!«[276]

Die nun folgende Programmnummer war ein Ufa-Kulturfilm mit dem Titel *Zeitlupenrevue aus der gefiederten Welt.* Er leitete zum Höhepunkt der Bühnenschau über, der aus Improvisationen nach einer Pantomime von Frank Wedekind, »Die Flöhe«, bestand und vor allem die Funktion hatte, Lil Dagover, die Darstellerin der Elmire in *Tartüff*, leibhaftig dem Publikum zu präsentieren. Im Programmheft teilte der Regisseur der Pantomime, S. Vermel, mit, seine Inszenierung verbinde Elemente der venezianischen Commedia dell'arte mit dem »Tempo von Foxtrott und Blues«. Wahrscheinlich war es eine Huldigung an die mit dem neu-sachlichen Lebensgefühl kokettierenden Snobs im Publikum, daß der Rhythmus der Moderne auch in dieser Weihestunde nicht geleugnet, sondern im Gegenteil gepriesen wurde. Das Programmheft des Gloria-Palastes zur Premiere von Murnaus *Tartüff* schließt mit einem bemerkenswerten Lob der »schrägen« Großstadtkultur: »Die Jazzband, die Eisenbahn, die Maschine, das Auto, der Sport, das Boxen, alles lebt vom Rhythmus, und was ist das Belebende, das Künstlerische, das Überraschende bei all diesem? Die Synkope!«[277]

Die Repräsentationsposen der Ufa und ihre Neigung zu feierlicher Selbststilisierung fanden in den Rezensionen mancher Tageszeitungen und sogar in Teilen der Filmfachpresse eine nahezu bruchlose Fortsetzung. Führende Fachzeitschriften wie »Der Kinematograph« und »Lichtbild-Bühne« hatten sich wirtschaftlichen Interessen und politischen Einflüssen ausgeliefert, die eine unvoreingenommene Kritik und ein analytisch fundiertes Urteil ausschlossen. Vor allem »Der Kinematograph«, der 1923 vom Scherl-Verlag übernommen worden und somit dem Hugenberg-Konzern zuzurechnen war, beschränkte sich, galt es eine Ufa-Premiere zu rezensieren, im wesentlichen auf blumige Belobigungsprosa – ein Umstand, der den Verband der Berliner Filmkritiker nach der Übernahme der Ufa durch Hugenberg bewog, die Mitgliedschaft von Redakteuren und Autoren dieses Fachblattes und anderer Scherl-Publikationen abzulehnen.

So nimmt es nicht wunder, daß »Der Kinematograph« sich auch nach der Premiere des Murnau-Films zu einem Hymnus genötigt sah, der allenfalls durch seine Phantasielosigkeit und sein abgegriffenes Vokabular hervorstach: gepriesen wurde »die glänzende Photographie« von Karl Freund, die »ausgezeichnete Architektur« von Robert Herlth und Walter Röhrig, die »geradezu phänomenale Besetzung« der Titelfigur mit Emil Jannings, die Darstellungskunst Lil Dagovers: »Sie, die mondäne Schauspielerin, gibt die klassische Figur in einem klassischen Stil.« Auch »was darumherum spielt, ist durchaus beachtlich.« Selbst die Feststellung, Giuseppe Becces Musik sei wenig originell, »vielmehr Bearbeitung bekannter populärer Motive«, wandte der Autor noch zum Lob: vielleicht sei dies der rechte Weg, den gute Filmmusik zu gehen habe.[278] So züchtete die Presseabteilung der Ufa – wie die der anderen großen Konzerne – ihre Apologeten heran und leistete in der schreibenden Zunft einem Byzantinismus Vorschub, der dem fachlichen Niveau der Filmkritik keineswegs förderlich war.

Zu einem neobarocken Gesellschaftsereignis ersten Ranges wurde die Premiere von Murnaus *Faust*-Film am 14. Oktober 1926 im Ufa-Palast am Zoo. Die auf Hochtouren laufende Propagandamaschinerie des Konzerns hatte schon zuvor die Verfilmung der deutschen Nationaldichtung durch einen seiner Meisterregisseure zu einem vieldiskutierten Thema gemacht – nun zelebrierte man das Ereignis als beispiellose Haupt- und Staatsaktion, an welcher teilzunehmen die politische und kulturelle Crème der Reichshauptstadt sich gleichsam zwangsverpflichtet sah. Dem beeindruckenden Aufmarsch der Prominenz entsprach der Tenor der Hofberichterstattung, die tags darauf in der »Lichtbild-Bühne« zu lesen war:

»Ein festlich gestimmtes Publikum hob gestern abend Murnaus Faust-Film im repräsentativsten deutschen Uraufführungstheater, dem Ufa-Palast am Zoo, aus der Taufe. Prominente Vertreter des Geisteslebens der Hauptstadt wohnten diesem feierlichen Akt bei, und eine lange Reihe hervorragender Persönlichkeiten aus dem politischen Leben ließ es sich nicht nehmen, diese Vorstellung durch ihren Besuch auszuzeichnen. So entwickelte sich schon lange Zeit vor der für die Premiere angesetzten Stunde eine ungemein lebhafte Wagenauffahrt vor dem Ufa-Palast, und die Polizei hatte alle Mühe, den Verkehr in geordnete Bahnen zu lenken.« Es folgte eine lange Liste der Ehrengäste, darunter Reichskanzler Marx, Außenminister Stresemann, Reichswehrminister Gessler, Staatssekretär Meißner, Polizei-Vizepräsident Friedensburg, Reichsbankpräsident Hjalmar Schacht, Handelskammerpräsident Franz von Mendelssohn, Intendant der Staatstheater Leopold Jessner, eine größere Zahl ausländischer Botschafter und Gesandter sowie Professor Max Reinhardt und Musikdirektor Erich Kleiber. Die »Lichtbild-Bühne« schloß ihren Bericht:

»Trotz der vielen Ehrengäste, die das politische Berlin in den Ufa-Palast entsandt hatte, konzentrierte sich das Interesse des Publikums vor Beginn der Vorstellung dennoch größtenteils auf ein junges blondes Mädchen, das man zum ersten Male in der mit Blumen geschmückten Künstlerloge sah: Camilla Horn, die Darstellerin des Gretchens. – Nachdem sich die junge Künstlerin nach Schluß der Vorführung auch vor dem Vorhang dem Publikum hatte zeigen dürfen, verlas Ignaz Wilhelm, der Leiter der Vorstellung, zwei von Murnau und Jannings eingetroffene Telegramme, aus Hollywood und von Bord des ›Albert Ballin‹, auf dem Jannings seine Amerikareise macht. Beide begleiten die deutsche Uraufführung mit ihren besten Wünschen.«[279]

Der Glanz der Veranstaltung kaschierte offenbar mühelos, daß die Ufa, und mit ihr die gesamte deutsche Filmindustrie, bereits vor Jahresfrist in eine schwere wirtschaftliche Krise geraten war. Im Zuge der Auseinandersetzungen um die Ursachen der Finanzmisere hatte Produktionschef Erich Pommer im Januar 1926 – drei Tage vor der Eröffnung des Gloria-Palastes mit dem von ihm produzierten *Tartüff* – die Ufa verlassen müssen; im April war er nach Amerika abgereist: wie schon zuvor die Regisseure Paul Leni, E. A. Dupont und Ludwig Berger, die Schauspielerinnen und Schauspieler Pola Negri, Lya de Putti und Conrad Veidt. Der erste Ufa-Exodus in Richtung Hollywood hatte längst begonnen. Und nun glänzte auch Murnau, in den USA mit Vorbereitungen zu seinem Fox-Film *Sunrise* beschäftigt, bei der festlichen Premiere seines eigenen Meisterwerks durch Abwesenheit, ebenso sein Hauptdarsteller Emil Jannings. Murnaus Grußtelegramm war auch ein Abschiedsbrief an die Ufa und an das deutsche Filmpublikum.

11. Kapitel

Liquidationsbilanz. Die Kathedrale in der Krise

Der Wechsel Murnaus und Jannings' nach Hollywood war für die Ufa ein erheblicher künstlerischer Aderlaß. Der gravierendste Verlust jedoch war das Ausscheiden des Produktionschefs Erich Pommer, der ein Dreivierteljahr vor der *Faust*-Premiere die Ufa verließ, um in den Studios der Famous Players-Lasky und unter der Regie von Mauritz Stiller *Hotel Imperial* mit Pola Negri zu produzieren.

Pommer, seit der Fusion zwischen Ufa und Decla-Bioscop Produktionschef des größten deutschen Filmkonzerns, hatte diese Schlüsselstellung – im Kreuzungspunkt zwischen Geschäftspolitik und künstlerischen Ideen, technischen Herausforderungen und organisatorischen Aufgaben, Massenbedürfnissen und Avantgardeansprüchen – dank seiner vielfältigen Begabungen zu einer Machtposition ausgebaut. Er wurde, für deutsche Verhältnisse, der erste moderne Filmproduzent, weil er wie kein anderer zu seiner Zeit die Besonderheiten des neuen Mediums begriffen hatte und die kommerziellen und künstlerischen Anforderungen der Kinematographie zu verbinden wußte. Wenn der Erfolg des deutschen Films der zwanziger Jahre aus dem »perfektionierten Zusammenwirken technischer Leistungen« resultierte, wie der Filmhistoriker Wolfgang Jacobsen schreibt[280]; wenn die besonders für die Ufa so lebenswichtigen Exportartikel des deutschen Films: Manuskript, Kamera, Licht, Ausstattung, Regie und Schauspielkunst, in den gelungenen Arbeiten eine spannungsvolle Harmonie bildeten – dann war dies zu einem erheblichen Teil Erich Pommers Verdienst; er leistete die maßgebliche Pionierarbeit.

Im Februar 1923 hatte Pommer die Leitung der drei großen Ufa-Produktionsfirmen Messter, Union und Decla-Bioscop übernommen. (In den folgenden Jahren waren noch die Bezeichnungen »Decla-Film der Ufa« oder »Union-Film der Ufa« gebräuchlich; ab 1925 wurden diese Unterscheidungen fallengelassen.) Die großen Pommer-Produktionen von 1923 bis 1925 sind ausnahmslos in die Filmgeschichte eingegangen: *Die Austreibung* (F. W. Murnau, 1923), *Der verlorene Schuh* (Ludwig Berger, 1923), *Die Finanzen des Großherzogs* (F. W. Murnau,

Erich Pommer, 1923

1923), *Zur Chronik von Grieshuus* (Arthur von Gerlach, 1923–25), *Michael* (Carl Theodor Dreyer, 1923/24), *Komödie des Herzens* (Rochus Gliese, 1924; das Buch hatten Murnau und Gliese gemeinsam unter dem Pseudonym »Murglie« verfaßt), *Der letzte Mann* (F. W. Murnau, 1924), *Pietro, der Korsar* (Arthur Robison, 1924/25), *Die Prinzessin und der Geiger* (Graham Cutts, 1924/25), *Tartüff* (F. W. Murnau, 1925), *Varieté* (E. A. Dupont, 1925), *Metropolis* (Fritz Lang, 1926/27), *Manon Lescaut* (Arthur Robison, 1925/26), *Ein Walzertraum* (Ludwig Berger, 1925), *Der Geiger von Florenz* (Paul Czinner, 1925/26), *Die Brüder Schellenberg* (Karl Grune, 1925/26). *Metropolis* war, wie *Faust*, noch in Arbeit, als Pommer die Ufa verließ.

Nach seinem Rücktritt, Ende Januar 1926, erschien in »Das Tage-Buch« ein ausführlicher Artikel von Stefan Grossmann, der klarsichtig die Verdienste des in Ungnade gefallenen Produzenten benannte und einige Anspielungen auf die betriebswirtschaftlichen Aspekte der vorangegangenen Auseinandersetzungen enthielt:

»Pommer fegte den Dilettantismus der Gründer aus der deutschen Filmwelt. Er hat systematisch und beharrlich den deutschen Film aus der Dienstmädchen-Perspektive weggeholt. Er hat dem Film deutsche Autoren zuzuführen gewußt. (...) Auf der Suche nach Spielleitern hat Pommer die beste Witterung bewiesen und, wir wissen es alle, eine gute Nase ist zuweilen mehr wert als ein exaktes Hirn. Pommer hat aus dem Gewimmel unordentlich schenialer Versucher die vier oder fünf Könner herausgefunden und festzuhalten gewußt. Möglich, daß heute die Nachrechner herausbekommen, daß Pommer die Hand nicht streng genug am Geldsäckel gehalten, aber ein bloßer Rechner hätte Ludwig Berger, Fritz Lang, Murnau, Dupont nie gewinnen, nie enthusiasmieren, nie festhalten können.«[281]

Pommers Nachfolger wurde der Leiter der Ufa-Kulturabteilung, Major Alexander Grau, der schon 1917, im Auftrag des Königlich-Preußischen Kriegsministeriums, mit Vorstandsaufgaben betraut worden war – »ein gebildeter Offizier, so liebenswürdig wie guten Willens«, wie Grossmann schreibt: »Herr Major Grau wird Pommers Erbe gewissenhaft verwalten, die Kartotheken werden in Ordnung sein. Inwiefern Herr Grau als schöpferischer Organisator Anregungen geben oder aufnehmen kann, das wird man erst in zwei Jahren erkennen können. Die Ufa kann nicht mehr aus dem vollen schöpfen, was ihr an Geld fehlt, müßte sie nun durch Einfälle ersetzen. Nie war der Wettkampf mit den expansionsgierigen Amerikanern schwerer. Es ehrt Herrn Major Grau, daß er, auf gefährdeten Posten gestellt, ohne Murren und Zagen die vorgeschriebene Stellung bezieht. Nur gerade Filmschlachten werden gewöhnlich auf weniger militärische Art gewonnen.«

Nun war die Ufa zwar auf militärische Art gegründet worden, und unter dem Schutzschild des Militärs hatte sie erfolgreich ihre ersten Expansionsschlachten geschlagen. 1925/26 hatten sich indessen die allgemeinen politischen und wirtschaftlichen Fronten gegenüber dem letzten Kriegsjahr vollständig verändert. Die Offensiven in der kapitalistischen Industrie, so auch im Filmgewerbe, wurden mit neuen Erfindungen, neuen Techniken, vor allem mit Dollars vorangetrieben. Der Konkurrenzkampf der Monopole wurde gnadenlos, aber mit friedlichen Mitteln ausgetragen. Und unter dem Druck der US-amerikanischen Produktionsgiganten war nicht nur die Ufa, sondern die gesamte deutsche Filmbranche in eine äußerst bedrohliche Situation geraten.

Der wirtschaftliche Aufschwung, der seit der Ablösung der Rentenmark durch die Reichsmark in Deutschland von 1925 an zumindest das äußere Bild prägte, verdankte sich weitgehend ausländischem Kapital. Der Dawes-Plan hatte – mit der Räumung des Ruhrgebiets, der Senkung der Reparationsleistungen und beträchtlichen Anleihen an Deutschland – zugleich die Schleusen für ausländische, vor allem amerikanische Investitionen geöffnet. Eine Scheinblüte setzte ein: die deutsche Industrie formierte sich in Konzernen und Kartellen, die Löhne stiegen, die Zahl der Arbeitslosen ging erheblich zurück (1928 waren es weit weniger als eine Million). Eine stabile Wirtschaft unter überwiegend konservativen Regierungen: dieses Bild bot die Weimarer Republik zwischen 1924 und 1928. »Zwar retteten die Sozialdemokraten die Regierung häufig bei Abstimmungen, gehörten ihr jedoch fast fünf Jahre lang nicht an.«[282] Die Schrecken der Inflationszeit waren nicht vergessen, auch die extremen Töne von 1918/19 hallten noch nach – aber sie klangen gedämpfter und schienen ihre Schärfe eingebüßt zu haben. Die Weimarer Republik um 1925: »eine schöne Fassade, hinter der die unerfreuliche Wirklichkeit verborgen wurde.«[283]

Auch hinter den schönen Fassaden der Filmindustrie sah es wenig erfreulich aus. Die wirtschaftlichen Bedingungen hatten sich seit der Inflationszeit dramatisch verschlechtert. Hatte damals der Geldverfall die ausländische Konkurrenz, die auf dem deutschen Markt keine Gewinnchancen sah, noch ferngehalten und zumindest den großen Konzernen die Gelegenheit verschafft, ihre Filme zu niedrigen Preisen ins Ausland zu verkaufen, so veränderte sich die Situation nach der Währungskonsolidierung beinahe von einem Tag zum andern: »Mit der Stabilisierung der Mark ging der Auslandsabsatz erheblich zurück, und es setzte eine Überflutung des deutschen Filmmarktes mit ausländischen, vor allem amerikanischen Filmen ein. Nach einer relativ kurzen Dauer der deutschen Filmkonjunktur machte sich eine Produktionsstockung bemerkbar.«[284] Die eigenwillige Ware Film mit ihren unkalkulierbaren Absatzrisiken, die den auf schnelle Gewinne spekulierenden Fabrikanten schon auf dem Inlandsmarkt das Leben schwer machten, war nun mit allen krisenhaften Begleiterscheinungen in die Strudel der internationalen Finanzwirtschaft geraten. Im internationalen Wettbewerb gaben die Kapitalmasse und das Tempo der Kapitalverwertung den Ausschlag: der Filmökonom Bächlin rechnet vor, daß in den ca. 22500 Kinos der USA ein Film von ca. 18 bis 20 Millionen Zuschauern konsumiert wurde, während in Deutschland mit seinen 5000 Theatern ein Film durchschnittlich nur 4 bis 5 Millionen Besucher erreichte und bei steigenden Produktionskosten die Amortisation immer schwieriger wurde.[285] »Betrugen die Herstellungskosten für einen langen Spielfilm 1910 durchschnittlich 8000 bis 10000 Mark, 1920 etwa 12000 Mark, so stiegen sie in den folgenden Jahren rapide und kontinuierlich an, bis sie im letzten Stummfilmjahr, 1928, eine Höhe von 175000 Mark erreichten.«[286] Die Herstellungskosten für die Großproduktionen der Ufa hatten zu dieser Zeit schon längst die Millionengrenze überschritten.

Mit der Filmkontingentierung konnte zwar die Außenhandelsstelle der Reichsregierung die Überflutung des Inlandsmarktes durch ausländische Filme in Grenzen halten und den Marktanteil deutscher Filme bei etwa 40 % stabilisieren. Den Verteilungskampf um diese 40 % machten jedoch die wenigen großen Unternehmen, die auf Grund ihrer Kapitalkraft in der Lage waren, ein breitgefächertes Programm anzubieten, unter sich aus – Firmen wie die Ufa, die Deulig-Film AG, der Münchner Emelka-Konzern, die Terra Film AG und die National-Film AG. Spielte einer ihrer Filme Verluste ein, so konnten sie das Defizit durch den Überschuß aus erfolgreicheren Produktionen ausgleichen. Mit ihren Ateliers, Grundstücken und Theaterketten verfügten sie zudem über ein fixes Kapital, das ihnen im Bedarfsfall die Aufnahme größerer Kredite ermöglichte: ein Privileg gegenüber den zahllosen kleineren Firmen, die sich hauptsächlich mit Auftragsproduktionen für die marktbeherrschenden Konzerne über Wasser halten mußten. Die Finanzierung der laufenden Filmproduktion mittels Eigenkapital wurde immer schwieriger, schließlich ganz unmöglich.

Da für die Banken wie für die filmbegeisterten Großindustriellen nur die vertikal gegliederten Konzerne mit ihren Vermögenswerten interessant waren, schritt unter diesen Bedingungen der Konzentrationsprozeß in der Filmwirtschaft zügig voran. 82 deutsche Produktionsfirmen geboten in den Jahren 1926 bis 1928 über eine nominelle Kapitalsumme von 61,5 Millionen Mark; davon entfielen allein 60 Millionen auf die sechzehn führenden Aktiengesellschaften.[287] Ähnlich beherrschte eine kleine Minderheit der Verleihorganisationen etwa 70 % des gesamten Filmangebots. Verstärkt nahmen die Produzenten den Verleih in die eigene Hand. »Vor allem die großen Gesellschaften der Produktionsebene waren zunehmend bestrebt, die Verleihprofite nicht mehr eigenständigen Unternehmen zu überlassen, sondern sie als Zwischengewinne selbst einzubehalten, um damit Verluste aus ihrer Stammtätigkeit auszugleichen.«[288] Den Konzentrationsprozeß beschleunigten die Aktivitäten der amerikanischen Konkurrenz, die über eigene Verleihorganisationen in den wichtigsten europäischen Städten Einfluß auf die europäischen Märkte zu gewinnen suchte und bald zur Gründung von Tochtergesellschaften im Produktions- wie im Verleihsektor überging.

Dank ihrer vermehrten Aktivitäten im gewinnträchtigen Verleihgeschäft konnten die großen Firmen Verluste, die ihnen im Produktionsbereich entstanden, leichter kompensieren. Besonders die Ufa und die Emelka hatten Mitte der zwanziger Jahre ihre Verleihtätigkeit beträchtlich ausgedehnt. Läßt man als »Ufa-Filme« nur die vom Konzern tatsächlich produzierten gelten, so betrug deren Anteil an der deutschen Gesamtproduktion der Jahre 1927 bis 1929 nur durchschnittlich sieben Prozent. Im gleichen Zeitraum erreichte jedoch der Anteil der von den Ufa-Betrieben Ufa-Leih, Hansa-Leih und Decla-Leih in Umlauf gebrachten Filme am gesamten Verleihvolumen durchschnittlich siebzehn Prozent[289] – eine Vormachtstellung, die dem Unternehmen einen wesentlichen Einfluß auf die Programmgestaltung der von ihr abhängigen Produktionsfirmen sicherte. In vielen Fällen übernahm die Ufa als Verleihorganisation die volle Finanzierung des von einer kleineren Gesellschaft geplanten Films »und behielt sich die Entscheidung in allen wichtigen Fragen, von der Filmgestaltung bis zur Gewinnbeteiligung, vor. Weitaus die meisten deutschen Spielfilme wurden nach diesem Auftragssystem hergestellt.«[290]

Eine »Stabilisierungskrise«, so analysierte »Das Tage-Buch« im Dezember 1924 die Lage, hatte nach der Festigung der Reichsmark die deutsche Filmindustrie eingeholt und die kleinen und mittleren Betriebe, soweit sie nicht ohnehin aufgaben, zur Bedeutungslosigkeit verurteilt. Bei einer Umschlagsdauer, die etwa der der landwirtschaftlichen Produktion entspreche, sei die Notlage des Films evident. Es war eine Notlage, die das Interesse der Großindustrie nachgerade herausforderte. Wie in Amerika unter der Ägide eines William Randolph Hearst ergab sich eine »natürliche« Liaison zwischen den großen Zeitungsimperien und der Filmindustrie. In Deutschland allerdings waren die einflußreichsten Zeitungen in der Hand der Schwerindustrie, und »charakteristischerweise (waren) es auch dieselben Industriellen, die nach der Aneignung von Presseorganen jetzt in die Filmfabrikation eingedrungen sind«.[291] Dies galt für Alfred Hugenberg, der den Scherl-Verlag und die Deulig-Film AG mit ihrer publikumswirksamen Aktualitätenschau, der Deulig-Woche, kontrollierte, ebenso wie für die Industriegruppe von Hugo Stinnes, die über die »Deutsche Allgemeine Zeitung« und die Westi-Film-GmbH gebot.

In den USA – wo nach den Angaben des »Film Yearbook«[292] im Jahre 1927 anderthalb Milliarden Dollar in das Filmgewerbe investiert wurden – blickte man mit großem Interesse, aber einigermaßen fassungslos auf die europäische Film-Misere. Recht aufschlußreich sind zum Beispiel die apodiktischen Urteile, zu denen Benjamin B. Hampton in seiner erstmals 1931 publizierten »History of the Movies« kommt. Hampton weiß zu würdigen, daß vor allem in Deutschland einige bedeutende Banker, Industrielle und Zeitungsmagnaten die Filmproduktion mit Geld ausstatteten und Maßnahmen ergriffen, um den Konzentrationsprozeß voranzutreiben, aber beinahe mitleidig fügt er hinzu, daß nur einige wenige deutsche Filme – er nennt *Madame Dubarry*, *Varieté* und *Der letzte Mann* – das Glück hatten, vom amerikanischen Publikum akzeptiert zu werden. Den für die US-Konzerne so günstigen Parufamet-Vertrag vom Dezember 1925 stellt Hampton als eine persönliche Finanzspritze der Produzenten Adolph Zukor und Marcus Loew für die notleidende Ufa dar – ein Experiment, das bedauerlicherweise für das amerikanische Kinopublikum unbefriedigend verlaufen sei und darum habe abgebrochen werden müssen.

Voller Mitgefühl befaßt sich Hampton mit den Problemen einer deutschen

Filmschauspielerin, die, selbst wenn sie renommiert sei und mehr als einmal im Jahr eine Hauptrolle in einem Stummfilm erhalte, kaum mehr als 20000 Mark jährlich verdiene und davon obendrein die kostspielige Garderobe für die modernen Gesellschaftsfilme finanzieren müsse.

Kurzum – die Lage in Europa, so Hampton, sei deprimierend, und die Gründe liegen für ihn auf der Hand: von den frühesten Tagen an hätten die europäischen Filmproduzenten nicht den Massengeschmack, sondern die Bedürfnisse des gebildeten Publikums im Auge gehabt. Anstatt den allgemein verbreiteten Wunsch nach Unterhaltung zu befriedigen, sei ihnen die Konkurrenz mit dem Theater wichtiger gewesen – und der Beifall jener Leute, die auf Grund ihrer Herkunft und ihrer Bildung die Bühne gegenüber der Leinwand bevorzugen. Das Ergebnis könne nur sein, daß der amerikanische Film in Europa eine massenhafte Resonanz gerade bei jenen von den einheimischen Industrien vernachlässigten Publikumsschichten finde, die nichts als unterhalten werden wollten. Dies sei das ganze Geheimnis des amerikanischen Films: die Entschlossenheit, dem Publikum das zu geben, wofür es sein Geld auszugeben bereit sei, anstatt es gegen seinen Willen zu höheren Einsichten erziehen zu wollen.[293]

Es ist der deutschen Filmindustrie und vor allem der Ufa zugute zu halten, daß sie willens war und Anstrengungen unternahm, von den amerikanischen Prinzipien zu lernen. Im Oktober 1924 entsandte die Ufa-Direktion Erich Pommer und Fritz Lang in die USA, vorausgereist war bereits Direktor Felix Kallmann. Ihr Besuch galt der Ufa-Filiale in New York und ihrem Leiter Frederick Wynne-Jones sowie der New Yorker Premiere von Langs *Die Nibelungen*; nicht zuletzt ging es Pommer darum, die Absatzchancen deutscher Filme in den USA zu verbessern. Aber die Deutschen machten kein Hehl daraus, daß sie auch gekommen waren, um von den Produktionsmethoden Hollywoods zu lernen. Es wurden Begegnungen mit Douglas Fairbanks, Charles Chaplin, Mary Pickford, Samuel Goldwyn, Joseph Schenck, Marcus Loew, Thomas Ince und dem ersten Ufa-Emigranten Ernst Lubitsch arrangiert[294], in Universal City besichtigte man die Dreharbeiten zu *The Phantom of the Opera*, und Fritz Lang zeigte sich beeindruckt von der technischen Kapazität der amerikanischen Ateliers. Zu den Folgen dieses Besuchs gehört sein Film *Metropolis* – von dieser Konsequenz, die der Regisseur und seine Firma aus ihren Erfahrungen zogen, wird noch ausführlich zu reden sein. Schon damals jedenfalls stand für die kritischen Beobachter der Ufa fest, daß es die »amerikanischen« Großproduktionen des Konzerns waren, die – dazu bestimmt, mit der Konkurrenz jenseits des Atlantiks gleichzuziehen – das Unternehmen vor den Amerikanern in die Knie gezwungen haben.

Die offensive Expansionsstrategie, die der Ufa in der Inflationszeit zu ihrer Vormachtstellung verholfen hatte, wurde ihr nach der Stabilisierung der Reichsmark allmählich zum Verhängnis. Die Krise trat nicht plötzlich ein – sie entwikkelte sich schleichend und wurde in den kaufmännischen Abteilungen zunächst offenbar nicht ernstgenommen. Die Ufa setzte ihre Konzentrationspolitik fort: Ende 1925 wurde die Martin Dentler Film AG Braunschweig eingegliedert; darüber hinaus erwarb der Konzern die Majorität der AG für Filmfabrikation (Afifa), der größten Kopieranstalt in Deutschland, sowie die Aktienmehrheit der Romanisches Haus Grundstücks AG Berlin, auf deren Terrain sich der Gloria-Palast befand. Im April 1927 – nach der Machtübernahme durch Hugenberg – wird die AG für Kinematographie und Filmverleih (Worms und Mannheim) in der Ufa aufgehen.

Die Neuerwerbungen zehrten an der Kapitalsubstanz, suggerierten jedoch nach außen eine im Kern gesunde Geschäftspolitik. In Wirklichkeit steckte das Flaggschiff der deutschen Filmindustrie durch seine überzogenen Investitionen im Produktionsbereich in erheblichen Navigationsschwierigkeiten. Die Monumentalfilme der Jahre 1924 bis 1926, allen voran Langs *Die Nibelungen* und *Metropolis*, erwiesen sich als geschäftliche Fehlspekulationen, die nicht zuletzt dem auf den Leitungsebenen virulenten Großmacht-Denken entsprungen waren.

Mit ihren Großproduktionen – die Herstellungskosten für *Metropolis* überschritten erstmals die 5-Millionen-Grenze – plante die Ufa, Hollywood mit seinen eigenen Mitteln in die Schranken zu fordern und auf dem amerikanischen Kinomarkt als ernsthafter Konkurrent aufzutreten. Diese Politik erwies sich als falsch. Der deutsche Markt war ohnehin zu klein, um die Herstellungskosten eines Films wie *Metropolis* wieder einzuspielen; der Auslandsabsatz war nicht gesichert, und die erhofften Erfolge in den USA blieben fast vollständig aus: das amerikanische Kinopublikum wollte sich von einem großgermanischen Monumentalfilm wie *Die Nibelungen* weder unterhalten noch erziehen lassen. Schon Anfang 1925 – die Arbeit an *Metropolis* hatte noch gar nicht begonnen – mußte die Ufa-Leitung feststellen, daß sie sich in finanzielle Schwierigkeiten hineinmanövriert hatte, die sie aus eigener Kraft nicht mehr bewältigen konnte. Der Geschäftsbericht von 1924/25 gab sich zwar noch optimistisch, aber nach den Zahlen von Traub lagen die Verluste des Unternehmens bereits bei über 36 Millionen Mark, denen nur eine halbe Million flüssiger Mittel gegenüberstand.[295]

Der Konzern sah sich gezwungen, eine Anleihe in Höhe von 15 Millionen Reichsmark aufzunehmen, für die zehnprozentige, »unter gewissen Bedingungen in Aktien umtauschbare Teilschuldverschreibungen«[296] ausgegeben wurden. Dem Aktienkapital, das inzwischen auf 45 Millionen Mark erhöht worden war, standen nun Schulden in Höhe von mehr als 50 Millionen gegenüber. Nach den von Lipschütz ermittelten Zahlen verfügte die Ufa noch über offene Reserven von 15 Millionen Mark. Jedenfalls: die Krise war herangereift, und sie war für die kaufmännischen Leiter, für den Aufsichtsrat und für jeden Kenner der Sachlage nicht mehr zu übersehen. Der Zeitpunkt für das Eingreifen der amerikanischen Großkonzerne war gekommen – jener historische Augenblick, der Jean-Luc Godard mehr als fünfzig Jahre später zu der Bemerkung veranlassen wird, es müsse innerhalb einer »wahren Geschichte des Kinos« eine »eigene Geschichte der Verträge«, eine »Geschichte der Filmgeschichte« geben: »Die Amerikaner haben mit der deutschen Filmindustrie Verträge gemacht, als sie, gegen Ende der Stummfilmzeit, am Boden lag und nicht auf die Beine kommen konnte. Sie hat es geschafft aufgrund der Verträge zwischen der Paramount und der Ufa, vor Beginn der Hitlerzeit. Und wie zufällig kam Hitler zu der Zeit an die Macht, als die Paramount zwischen Paris und Berlin Filme in drei Fassungen drehte.«[297]

Nach einem von der »Lichtbild-Bühne« zitierten Bericht der »Chicago Tribune« hat es im Dezember 1925 ein veritables Wettrennen der Hollywood-Größen nach Berlin gegeben; jeder wollte der erste sein, um seine Claims auf dem Terrain der Ufa abzustecken. »Die Direktoren der Metro-Goldwyn-Paramount-Organisatoren fuhren im geheimen Mitte Dezember mit der ›Majestic‹

von New York ab, während der Direktor der Universal offenkundig auf dem ›Leviathan‹ zur gleichen Zeit fuhr. Die ersteren waren zwei Stunden eher in Cherbourg als der Chef der Universal. Um Zeit zu gewinnen, eilten sie nach London und flogen von dort nach Berlin und kamen zehn Minuten früher an als der Präsident der Universal. Nach zwei Wochen intensivster Verhandlungen endete das Rennen jedoch mit einem allseitig abgerundeten Kompromiß.«[298]

Was die »Chicago Tribune« höflich einen Kompromiß nannte, war nicht mehr und nicht weniger als die Kapitulation der Ufa, des mächtigsten europäischen Filmkonzerns, vor den US-amerikanischen Größenordnungen. Die Paramount als Verleihorganisation der Famous Players Lasky Corporation und die Metro-Goldwyn-Corporation ließen sich zu einem Kooperationsvertrag herab, der dem angeschlagenen deutschen Konzern einen Kredit von 4 Millionen Dollar (knapp 17 Millionen Reichsmark) gewährte. Die Vertragspartner beschlossen die Gründung einer gemeinsamen Verleihorganisation namens »Parufamet« mit jeweils fünfzigprozentiger Beteiligung von amerikanischer und deutscher Seite. Dafür verpflichtete sich die Ufa, von beiden Partnern je 20 Filme zu übernehmen und für sie 75 % (später 50 %) der Spielzeit in den von ihr abhängigen Kinos zu reservieren. Paramount und Metro-Goldwyn erklärten sich ihrerseits bereit, jeweils zehn Ufa-Filme pro Jahr in ihre Verleihprogramme für die amerikanischen Kinos aufzunehmen – mit der schwerwiegenden Einschränkung allerdings, daß diese Filme den »geschmacklichen Bedürfnissen« des amerikanischen Publikums zu entsprechen hätten.

Auch der Universal-Repräsentant war zwar verspätet, aber nicht vergeblich in Berlin eingetroffen: er konnte der Ufa einen Kredit von 275 000 Dollar anbieten und dafür die Zusicherung des deutschen Unternehmens einhandeln, insgesamt 50 Filme der Universal Pictures Corporation in die deutschen Kinos zu bringen. »Die beiden Verträge ermöglichten es den Amerikanern, etwa die Hälfte der in Deutschland überhaupt einspielbaren Leihmieten allein über die Ufa-Theater zu kassieren. Ziel ihres Arrangements mit deutschen Filmfirmen (...) war es, durch Einschleusen von Kapital die deutsche Filmindustrie immer mehr in ihre Abhängigkeit zu bringen und damit die damals bedeutendste ausländische Konkurrenz entscheidend zu schwächen.« (Spiker[299])

Tatsächlich war dem Geschäftsberichtsentwurf der Ufa für das Jahr 1925/26 zu entnehmen, daß die Konzernleitung die Amerika-Verträge als Manöver in einer Abwehrschlacht um das deutsche Vaterland begriff: »Aus dem Umstand, daß die Herstellungskosten der in den Vereinigten Staaten produzierten Filme im allgemeinen durch den Umlauf im eigenen Lande amortisiert werden können, drohte unserer Gesellschaft ein schwerer Konkurrenzkampf um das deutsche Absatzgebiet.«[300] Um diesen zu vermeiden »und um für unsere eigenen Erzeugnisse den bis dahin verschlossenen amerikanischen Markt zu öffnen«, beugte sich die Ufa somit einem Vertrag, der in Wirklichkeit dem amerikanischen Großangriff Tür und Tor öffnete, den Vertrieb deutscher Filme in den USA jedoch von den Unwägbarkeiten des amerikanischen Marktes abhängig machte. Der Geschäftsbericht verriet überdies einige interessante Einzelheiten: danach war für das 4 Millionen-Dollar-Darlehen ein Zinssatz von 7,5 % vorgesehen; die Auszahlung des Kredits sollte durch »eine Hypothek auf dem Grundstück am Potsdamer Platz« gesichert werden. Die Ufa verpfändete mithin ihr eigenes Bürohaus an die Amerikaner, um einem Desaster vorzubeugen, das, nach der Stimmung in den Chefetagen zu urteilen, einer nationalen Katastrophe gleichgekommen wäre.

Die Parufamet-Verträge verbesserten die Lage des Konzerns keineswegs. Als nach Jahresfrist, am 10. Dezember 1926, der Ufa-Aufsichtsrat im Zedern-Saal der Deutschen Bank, Berlin, Mauerstraße, Bilanz zog, wurde ihm ein ernüchternder Geschäftsberichtsentwurf für das Jahr 1925/26 vorgelegt. Der Text begann mit der lapidaren Feststellung: »Das Geschäftsjahr 1925/26 hat für unsere Gesellschaft die Erwartungen, die sie auf dasselbe gesetzt hatte, nicht erfüllt.«[301]

Auf dieser Sitzung wurde viel verschleiert und noch mehr bagatellisiert; gleichwohl gewährt das Protokoll zwischen den Zeilen klare Einblicke in eine katastrophale Geschäftslage. Von Stauss eröffnete die Beratung mit der Feststellung des Geschäftsberichts, die Hoffnung auf eine günstigere Entwicklung der Dinge habe sich nicht erfüllt – als Gründe führte er freilich eher nebensächliche Faktoren an: die »unverhältnismäßig große Arbeitslosigkeit«[302] in Deutschland und die damit verbundene geringe Kaufkraft sowie das deutsche Lustbarkeitssteuergesetz, das den Kinos – und damit der gesamten Filmindustrie – in der Tat überaus hohe Abgaben an den Staat auferlegte. Dem zentralen Problem, nämlich den Nachteilen der Parufamet-Konstruktion, wich Stauss mit der Bemerkung aus, die Amerika-Auswertung des letzten Jahres sei noch nicht zu übersehen.

Auch Generaldirektor Ferdinand Bausback, seit einem Jahr Nachfolger Felix Kallmanns, streute den Aufsichtsratskollegen zunächst Sand in die Augen. Die Rationalisierung des Betriebes habe »greifbare Erfolge« gezeitigt; so sei der Personalbestand (Ende 1925: rund 6000 Arbeiter und Angestellte) bis Oktober 1926 um 1100 reduziert worden, die Personalkosten (16 Millionen Reichsmark) habe man immerhin um eine halbe Million senken können. Etwas zusammenhanglos findet sich im Protokoll der denkwürdige Satz: »Das Auslandsgeschäft erscheint als besonders ausbaufähig unter der Voraussetzung, daß die Qualität der zur Verfügung stehenden Filme eine gute ist.«

Wie prekär jedoch die Lage auf dem in- und ausländischen Verleihmarkt geworden war, ließ Bausback in seiner Prognose der zu erwartenden Erträge durchblicken. Für die Ufa-Verleihbetriebe setzte er annähernd 8 Millionen Mark und für die erhofften Erträge aus dem Parufamet-Abkommen 4 Millionen an. Das Juwel der Ufa-Produktion, Fritz Langs gerade abgedrehter Film *Metropolis*, wurde mit einer erwarteten Gewinnsumme von einer Million als Extraposten aufgeführt. Bausback fügte allerdings hinzu, bei diesen Erträgen seien die Ziffern aus dem deutschen Verleih einschließlich Parufamet »recht optimistisch eingesetzt«. Voraussetzung für eine günstigere Entwicklung sei die Abtragung der Bankschulden. Bedauerlicherweise lasse der für das kommende Jahr erhoffte Gewinn von 3,1 Millionen Mark »nur eine verhältnismäßig bescheidene Dividende« zu. Vorrangig sei, daß für die nächste Jahresproduktion eine Kapitalmasse von 12 Millionen Reichsmark für 30 bis 35 geplante Filme zur Verfügung stehe. Bausbacks Fazit ließ Ratlosigkeit erkennen: »Die Filmindustrie ist noch zu sehr in der Entwicklung begriffen und von so vielen Zufällen abhängig, daß einerseits mit der Möglichkeit geringerer Erträgnisse gerechnet werden muß, andererseits aber auch nicht unerhebliche Chancen für größere Gewinne schon in den nächsten Jahren bestehen.«

Dies wurde wohl als Augenwischerei empfunden, denn in der anschließenden Diskussion sprach Siegmund Bodenheimer, stellvertretender Aufsichtsratsvorsitzender und Geschäftsinhaber der Darmstädter und Nationalbank AG, ein deutliches Wort. Nach seiner Auffassung sei der Ufa durch die Amerika-Verträge in künstlerischer Beziehung »ein großer Nachteil erwachsen«. Die amerikanischen Filme hätten in den deutschen Kinos »ein Fiasko erlitten«. Aus diesem Grund »habe sich auch des Publikums eine gegen die Ufa gerichtete feindliche Stimmung bemächtigt«. Bausback und Jacob vertrösteten zwar vage darauf, daß »die beiden amerikanischen Gesellschaften in Zukunft zweifellos bessere und vor allen Dingen dem europäischen Geschmack mehr entsprechende Filme herstellen« würden, aber auch sie mußten einräumen, daß die deutschen Konsumenten »durch das von uns nicht gebilligte Verhalten der Amerikaner in der Frage der Vorführung des Films *Die vier apokalyptischen Reiter* gereizt worden« seien.

Mit diesem Film – *The four Horsemen of the Apocalypse*, Regie: Rex Ingram, mit Rudolph Valentino in der Hauptrolle – war die amerikanische Filmindustrie 1921 zur lukrativen Kriegsfilmproduktion zurückgekehrt: zu jenem »eisernen Repertoire des amerikanischen Kinos« (Toeplitz[303]), das zu keinem Zeitpunkt eine besondere Feinfühligkeit gegenüber den politischen Empfindlichkeiten anderer Nationen an den Tag gelegt hatte. Hampton zufolge erfreute sich dieser Film in den USA einer ungewöhnlichen Popularität und spielte ein Vielfaches dessen ein, was der Metro-Goldwyn-Produzent Marcus Loew in seine Herstellung investiert hatte. 1926 appellierte der Reichsverband der Lichtspieltheater-Besitzer an die Kinos der ganzen Welt, den Film vom Spielplan abzusetzen, »um dem echten Weltfrieden zu dienen«. Zglinicki behauptet sogar, 1927 sei Metro Goldwyn »gezwungen« worden, alle Kopien dieses Films und zweier weiterer Kriegsfilme zu »vernichten«.[304]

Der Fall bezeugte die Unbekümmertheit, mit der Hollywood seinen Film-Imperialismus betrieb und dank seiner ökonomischen Übermacht die Kinos der ganzen Welt mit seiner Ware versorgte, ohne sich für die politischen oder kulturellen Folgen zu interessieren. Kamen 1912 90 % aller weltweit gezeigten Filme aus Frankreich, so beherrschten Ende der zwanziger Jahre die USA 97 % des Weltmarkts; drei Prozent entfielen auf den Rest der filmproduzierenden Länder, der Hauptanteil davon wiederum auf Deutschland. Hier allerdings war nicht nur die Ufa ein Objekt amerikanischer Geschäftsinteressen; auch die National-Film-Verleih- und Vertriebs-AG, die 1928 von Warner Brothers erworben wurde, die Filmfirma Bruckmann & Co. AG, die mit der Universal zusammenarbeitete, die Rex-Film GmbH und die Phoebus Film AG, die von United Artists bzw. von Metro-Goldwyn abhängig wurden, bekamen die Konkurrenz aus den USA zu spüren. Es war nur eine Frage der Zeit, bis sich gegen die Allgewalt des Dollars in Deutschland eine »nationale Front« formieren sollte, die mit chauvinistischer Rhetorik nicht zurückhielt. Wortführer und einflußreicher Drahtzieher dieser »Wende« wurde der deutschnationale Industrielle Alfred Hugenberg.

Bei der Ufa spitzte sich die Entwicklung in den letzten Märztagen des Jahres 1927 dramatisch zu. Das Finanz- und Industriekapital im Aufsichtsgremium hatte alle Entscheidungsgewalt an sich gerissen. Erich Pommer, der sich, gegen seine innere Überzeugung[305], noch an den Parufamet-Verhandlungen beteiligt hatte, war seit einem Jahr in Amerika; die Banker, an der Spitze von Stauss, bestimmten nun allein den Kurs. Das »Berliner Tageblatt«, das für seine Leser schon eine »Liquidationsbilanz der Stauss-Pommer-Ära« gezogen hatte, veröffentlichte nun eine Artikelserie über das »Schicksal der Ufa«, den »Schicksalskampf der Filmindustrie«, das »Ufa-Diktat« und die »letzte Generalversammlung der alten Ufa«. Schließlich, am 2. April 1927, wurde das »Wrack der Ufa« – so ein Artikel in »Das Tage-Buch« – zur Besichtigung freigegeben.[306]

Die Ereignisse überstürzten sich. Am 24. März trat der Arbeitsausschuß des Aufsichtsrats zusammen, um einen einzigen Tagesordnungspunkt zu behandeln: den Verkauf des Ufa-Hauses am Potsdamer Platz an ein vom Bankhaus Hardy & Co. gebildetes Konsortium, einschließlich Übernahme der amerikanischen Hypothek. Zu Beginn jedoch hatte von Stauss eine Mitteilung von weitaus größerer Tragweite zu machen: es werde zur Zeit »mit einer Reihe von Personen und Firmen wegen Interessenahme an der Ufa verhandelt«, unter anderem mit einer amerikanischen Gruppe, die eine Theatergesellschaft gründen wolle; die Überlegungen gingen dahin, die Ufa-Kinos mit 30 Millionen Mark in dieses Unternehmen einzugliedern. Alle diese Verhandlungen seien »maßlos zeitraubend« und noch in der Schwebe; Endgültiges könne noch nicht gesagt werden. Der Ausschuß solle sofort wieder zusammentreten, »wenn die Verhandlungen einen festen Boden bekommen« hätten.

Dies war schon vier Tage später der Fall, denn am 28. März vermerkte das Protokoll: »Herr von Stauss teilt im Anschluß an seine Ausführungen in der am 24. März stattgefundenen Sitzung mit, daß die Verhandlungen, welche mit der Gruppe Hugenberg und Otto Wolff geführt worden seien, unmittelbar vor dem Abschluß stünden.« Von amerikanischen Interessen war nicht mehr die Rede. Einen Tag später informierte der Vorsitzende die Ausschußmitglieder darüber, »daß die Verhandlungen mit der Gruppe Scherl (im Besitz von Hugenberg. Anm. KK) gestern in später Abendstunde endgültig perfekt geworden seien«.[307]

Die Universum-Film AG mit ihren 140 Tochtergesellschaften, mit ihren Niederlassungen in Amsterdam, Budapest, Helsingfors, London, Prag, Rom, Stockholm, Wien, Zürich, New York und siebenundzwanzig weiteren Städten in der ganzen Welt, mit ihren 134 Kinos im In- und Ausland, mit ihren insgesamt 390000 qm großen Produktionsstätten in Tempelhof und Neubabelsberg – dieser nun angeschlagene Koloß harrte der Sanierung; er rief nach dem Retter und fand ihn in Gestalt eines Industriemagnaten und »konservativen Revolutionärs«, der entschlossen war, die Politik für seine wirtschaftliche Macht, diese wiederum für seinen politischen Einfluß und für beides seine Befehlsgewalt über die Medien einzusetzen.

Die Bedingungen dieser Transaktion und ihre Folgen werden noch zu untersuchen sein. Eine der ersten Konsequenzen war die Rückkehr eines Mannes ins Filmgeschäft, der schon vor dem Krieg die Eroberung der Kinematographie für die deutschen Auslandsinteressen als Kulturaufgabe propagiert und wenig später im Dienst der Schwerindustrie die Deutsche Lichtbild-Gesellschaft gegründet hatte, um nach 1918 für Hugenberg die Leitung des Scherl-Verlages zu übernehmen. Am 29. März 1927 erfuhr der Ufa-Aufsichtsrat, die Hugenberg-Gruppe habe den Wunsch ausgesprochen, »daß Herr Generaldirektor Klitzsch jetzt schon Vollmacht bekomme, an der Geschäftsführung teilzunehmen«[308]. Hugenbergs Wunsch war für die Ufa-Herren Befehl; schon am folgenden Tag beschlossen sie einmütig: »Herr Generaldirektor Klitzsch wird beauftragt, als sachverständiger Beirat die Geschäftsführung der Ufa zu überwachen und das

Unternehmen, soweit es ihm erforderlich erscheint, zu reorganisieren. Der Vorstand der Gesellschaft wird hierdurch gleichzeitig angewiesen, den Weisungen des Herrn Klitzsch Folge zu leisten.«

Mit fliegenden Fahnen unterwarf sich das Unternehmen dem neuen starken Mann und stellte sogleich die Weichen für die weitere Abwicklung der Machtübergabe: diese Anordnung gelte einstweilen »bis zum Tage nach der ersten Sitzung des in der nächsten Generalversammlung zu wählenden Aufsichtsrats, in welcher die Wahl des Herrn Generaldirektor Klitzsch in den Aufsichtsrat und seine Bestellung zum Delegierten desselben beschlossen werden soll«.[309]

Ludwig Klitzsch, der die Ufa-Gründung einmal als Schlacht gegen die DLG bezeichnet und über Gegenmaßnahmen im Interesse der Schwerindustrie nachgedacht hatte, stand nun selbst auf der Kommandobrücke des sanierungsbedürftigen, aber noch manövrierfähigen Riesenunternehmens. Alfred Hugenbergs Sieg war perfekt.

12. Kapitel

Geist und Macht. Die Ufa und die Intellektuellen

Die Misere der Ufa und ihre Bewältigung alarmierten die kritische Intelligenz und lenkten ihre Aufmerksamkeit auf den »Charakter der kapitalistisch vergesellschafteten Produktionsweise des Films«[310], auf die sozialen und politischen Implikationen der Wirtschaftskrise, in die Deutschlands Filmindustrie und ihr mächtigster Konzern geraten waren. Scharfsichtige Beobachter hatten schon seit Beginn der zwanziger Jahre die Verflechtung von Politik und Ökonomie, die Machtgelüste der Schwerindustrie im Filmsektor und besonders die Aktivitäten Hugenbergs verfolgt und für die Leser der »Weltbühne«, des »Tage-Buchs« oder auch des »Berliner Tageblatts« analysiert. Nun hielt »Die Weltbühne«, in ihrem Bericht über die konstituierende Generalversammlung der »neuen« Ufa, in einem sarkastischen Stimmungsbild das Ergebnis fest:

»In der letzten Reihe der Hohen Versammlung sitzen die neuen Matadore: Hugenberg, der General in Zivil, mit aufgewichstem Stehhaar und Schnauzbart, kaum angegraut mit seinen sechzig Jahren, jovial schmunzelnd und doch ernst, wie es sich in diesen schweren Zeiten geziemt. Neben ihm, semmelblond, derb und rot wie ein Kompaniefeldwebel, sein Generaldirektor Klitzsch, der bisher die Abteilung Druckpapier (gemeint ist der Scherl-Verlag. Anm. KK) kommandierte und nun der Heeresgruppe Leinwand zum Sieg verhelfen soll. Schlicht warten sie im Hintergrunde, bis bei Punkt V der Tagesordnung, ohne eine Stimme des Widerspruchs, der Geheimrat Alfred Hugenberg, umgeben von achtzehn Paladinen, Rittergutsbesitzern, Kapitänen und Domänenpächtern, Oberleutnants und Landesökonomieräten, in den Aufsichtsrat gewählt und eine Stunde später schon zu dessen Vorsitzendem erkürt wird.«[311]

Axel Eggebrecht sah in Hugenbergs Sieg den Triumph der deutschen Provinz: »Die Minderwertigkeit ist stabilisiert. Es ist schwer, sich mit der Filmerei dieses Landes noch ernsthaft und kritisch zu beschäftigen.«[312]

Eggebrechts Prognose war radikal – und sie kam verfrüht. Es wird noch zu zeigen sein, daß sich die Ufa durchaus nicht von heute auf morgen zur Öffentlichkeitsabteilung des Alldeutschen Verbandes umbauen ließ. Hugenberg, der ein glänzender Taktiker war, hatte zudem kein Interesse daran, seine Machtergreifung im Konzern unverzüglich und allzu offen in eine politische Instrumentalisierung der Filmproduktion umzumünzen. Zunächst vergewisserte er sich des vorhandenen Potentials – und es war gerade das in der deutschen Filmindustrie beispiellose künstlerische, literarische und technische Potential der Ufa, das einer Provinzialisierung ebenso wie einer rigorosen politischen Verengung der Produktion im Wege stand.

Eine merkwürdige, für die deutsche Intelligenz typische Widerspruchslage kam zur Geltung und führte zu einer paradoxen Situation. Einerseits waren die kritischen Geister, die in den Analysen der »Weltbühne« ihre Bestätigung fanden, unter den Künstlern der Ufa zweifellos in der Minderheit. Die begabten und erfolgreichen Regisseure, Schauspieler, Autoren, Ausstatter und Kameraleute richteten – soweit sie nicht wie Dupont, Murnau, Berger, Veidt und andere ins Ausland gegangen waren, um hinzuzulernen oder mehr Geld zu verdienen – ihre Hoffnungen auf ein Wiedererstarken des Konzerns und auf eine neue künstlerische Blüte: sie »blieben« bei der Ufa, wie auch viele von ihnen nach 1933 »bleiben« werden, entweder mit gemischten Gefühlen oder ohne jedes Interesse für die veränderte politische Konstellation. Andererseits verhinderte gerade die Beharrlichkeit dieser politisch eher indifferenten, künstlerisch jedoch befähigten Filmfachleute ein schnelles Absinken des Niveaus »zum meskinen, billigen Schundfilm«, den Eggebrecht und mit ihm etliche andere nun heraufziehen sahen. Gerade der kompakte Sachverstand, der handwerkliche Anspruch und die Freude am technischen Experiment – Eigenschaften, die vielfach und meist zu Recht als »Sekundärtugenden« dem »unpolitischen« deutschen Spezialisten zugeschrieben werden – verweigerten sich einer Diktatur des Mittelmaßes, und auch für eine reaktionäre Politisierung waren sie keineswegs umstandslos zu gewinnen: ein Widerspruch, der, wenn auch abgeschwächt, noch die innere Situation der Filmindustrie unter nationalsozialistischer Herrschaft mitbestimmen wird.

Die Geschichte der Ufa ist auch ein Teil der Geschichte der deutschen Intellektuellen in diesem Jahrhundert. Auch das Schicksal der politisch wachsamen, künstlerisch ambitionierten Intelligenz war in einem nicht geringen Maße mit dem Weg der Ufa verknüpft – ein Zusammenhang, der von den wohlfeilen Distanzierungsritualen linker Kulturkritiker, die vor allem nach dem Ende der faschistischen Herrschaft einsetzten und bis heute andauern, eher verwischt wird. Die deutsche Künstlerintelligenz mit ihrem gespaltenen Bewußtsein hat das schillernde Bild der Ufa in den zwanziger Jahren mit geformt – und sie ist auch für die Entwicklung des Konzerns, der ein Wirtschaftsunternehmen ebenso wie ein kulturelles Großprojekt war, mit verantwortlich zu machen.

Jerzy Toeplitz beschreibt nur eine Seite dieser Künstlerintelligenz, wenn er, ausgehend von den Expressionisten der frühen zwanziger Jahre, hervorhebt, sie habe sich in innere Welten zurückgezogen und die Brücken zur Außenwelt abge-

Alfred Hugenberg, 1928

Ludwig Klitzsch, 1941

Belegschaft des Afifa-Kopierwerks, 1926

brochen; sie habe den einzelnen Menschen und seine Erlebniswelt betont und gleichzeitig alle Möglichkeiten ausgeschlagen, das Individuum »ins Einvernehmen mit der Gesellschaft zu bringen«. War ihre Arbeit tatsächlich »abgeschirmt wie unter einer Glasglocke«, waren ihre »ganze Aufmerksamkeit und ihr Forschungsdrang« ausschließlich auf das eigene Gleichgewicht, die Heilung der eigenen »kranken Seele« gerichtet?[313]

Unverkennbar ist, daß in eben dem Maße, in dem sich deutsche Intellektuelle für die Kinematographie zu interessieren begannen, ihr Blick aus dem Inneren sich heraus und nach außen wandte: daß er auf die Oberflächensensationen einer hektisch bewegten Zivilisation und die schrillen Dissonanzen einer zerrissenen Gesellschaft reagierte. Mit Recht weist der Filmhistoriker Heinz-B. Heller darauf hin, daß sich schon die frühen, vor oder um 1920 erschienenen theoretischen und programmatischen Schriften deutscher Filmkünstler wie Max Mack und E. A. Dupont von den Verinnerlichungs- und Veredelungstendenzen der bürgerlichen Hochkultur ausdrücklich absetzten; bei Mack sieht Heller sogar ein Verständnis für das im Film wirksame »Prinzip der kapitalistischen Vergesellschaftung ästhetischer Phantasie als Subversion bildungsbürgerlicher Kulturvorstellungen«[314].

Hugo von Hofmannsthal, eher ein Antipode der nervösen, alles Neue osmotisch aufsaugenden »Zivilisationsliteraten«, sprach in seinem Essay »Der Ersatz für die Träume« von 1921 fasziniert vom Kino. Jener »vollgepfropfte halbdunkle Raum mit den vorbeifließenden Bildern«, von denen die Augen »das tausendfältige Bild des Lebens ablesen«, jene Atmosphäre, in welcher die Menschen »zu einem ungeheuren, wenn auch sonderbar zugerichteten geistigen Erbe in ein ganz unmittelbares, ganz hemmungsloses Verhältnis treten«, sei ihm »beinahe ehrwürdig«.[315] Und Iwan Goll feierte das Kino als eine »herrliche Sache für die Dichter«, weil seine Basis die Bewegung sei. Ihn begeisterte »die rasende Anhäufung ganz unzusammenhängender Situationen, die unlogische Handlung« – ganz im Sinne des Blochschen Montage-Begriffs. Dank des Films werde »eine neue tätige Kunst der Vielen« möglich, würdig der »Kathedralen des Mittelalters und der Tempelkünstler der Asiaten«: hier führt eine Spur zu Robert Herlths Vision von der Ufa als einer großen »Bauhütte« der kinematographischen Avantgarde. Und wiederum ganz im Sinne Blochs sprach Goll schon 1920 von der »Generation unseres Zerfalls«, die im Kino »eine enorme Satire« sucht, »eine maßlos groteske Fratze, die uns einen naiven Aufschrei entlockt«.[316]

Dies sind keineswegs nur extreme Stimmen; viele ähnliche Äußerungen von Autoren der unterschiedlichsten literarischen und politischen Lager ließen sich ihnen hinzufügen. Hörbar wird in ihnen eine Affinität des Intellekts zum Zeitalter des »Zerfalls« und der Montage, das sich den Sinnen vorab in einer chaotisch zersplitterten, scheinbar »zusammenhanglosen« urbanen Realität erschloß – und zugleich zum Mysterium wurde. Hörbar wird aber auch eine sehr deutsche intellektuelle Kraftanstrengung: das Bemühen, die grotesken Zerstörungsakte des Kinos an das »geistige Erbe« zurückzukoppeln, sie gleichsam zu verpflichten auf »das geheimste und tiefste aller Lebensgefühle (...): die Ahnung der Unzerstörbarkeit.« (Hofmannsthal)

In der von vielen namhaften Autoren getragenen Generaldebatte über das neue Medium brach ein aus der deutschen Geistesgeschichte sehr vertrautes Phänomen durch: die tragische, zuweilen tragikomische Bipolarität von Klassik und Romantik, Ordnung und Chaos, Solipsismus und Menschheitsverbrüderung, expressionistischer Ekstatik und »neuer Sachlichkeit«. Es war diese Antinomie, die das Verhältnis der deutschen Intelligenz zum Medium bestimmte – und die sich auf die Gestalt der Filme auswirkte, soweit Intellektuelle an ihnen beteiligt waren. Und es war diese Antinomie, die das Interesse deutscher Künstler und Intellektueller an der Ufa nährte und sie verleitete, auf sie alle Visionen der Hölle zu projizieren – aber auch alle Wünsche, die sich mit einem Eldorado künstlerischer und geistiger Kreativität verknüpften.

Ein wichtiges Element in diesem Widerspruchsgeflecht war – wie in allen anderen Bereichen des kulturellen Lebens der Weimarer Republik – der jüdische Intellekt. Um 1930, während die völkische und nationalistische Rechte die dumpfen antisemitischen Affekte in der Bevölkerung forcierte, erreichte der Einfluß der jüdischen Intelligenz im Kulturbetrieb vor allem der Reichshauptstadt einen Höhepunkt. »Die Kulmination der deutschen Judenemanzipation fiel (...) in einer tragisch zu nennenden Weise zusammen mit dem sich dem Tiefpunkt nähernden Niedergang der freiheitlichen Weimarer Zeit.«[317]

Nur ein halbes Jahr, nachdem der eher »taktische« als ideologisch bornierte Antisemit Alfred Hugenberg die Herrschaft im Ufa-Konzern angetreten hatte, wurde der Jude Erich Pommer aus Hollywood nach Neubabelsberg zurückgerufen: ein Kuriosum in der Geschichte der Ufa und ein Symbol für die extreme Situation der Republik in den letzten Jahren vor 1933. Noch schien alles möglich – und doch waren auch der Zerfall und das Widersprüchliche bereits Ausdruck einer tragischen Fatalität: Pommers Fähigkeiten dienten letztlich dazu, eine gesellschaftliche Entwicklung voranzutreiben, die für ihn selbst in die Entrechtung und in die Emigration und für Millionen seinesgleichen in die physische Vernichtung führen sollte.

Während Pommer zurückkam, wurde im Zuge der Umstrukturierungen unter Hugenberg das Ufa-Vorstandsmitglied Siegmund Jacob (der sein Ende im Vernichtungslager Auschwitz finden wird) entlassen – offensichtlich jedoch nicht aus »rassischen« Gründen, sondern weil ihm mangelnde Übersicht über die Finanzlage der Gesellschaft und unkorrekte Geschäftspraktiken nachgewiesen wurden.[318] Andererseits mußte der Tod des ehemaligen Union-Gründers und Ufa-Direktors Paul Davidson, der sich im Juni 1927 schwermütig und in tiefer Vereinsamung das Leben nahm, manchem seiner Freunde – zumal seinen engsten Mitarbeitern von einst wie Lubitsch und Jannings im fernen Amerika – wie ein Menetekel erscheinen.

Der Anteil jüdischer Bankiers im Ufa-Aufsichtsrat, jüdischer Fachleute und Künstler in den Verwaltungsabteilungen und in der Produktion entsprach etwa dem Einfluß jüdischer Verleger und Publizisten auf das Zeitungswesen der Republik und der herausragenden Rolle, die jüdische Regisseure und Schauspieler vor allem in den Berliner Theatern spielten. Dem deutschnationalen Scherl-Verlag standen zwei bedeutende Verlagshäuser in jüdischer Hand und mit liberaler, bürgerlich-demokratischer Ausrichtung gegenüber: Mosse mit dem »Berliner Tageblatt« und der »Berliner Volkszeitung« sowie Ullstein mit der »Vossischen Zeitung«, der »Berliner Illustrirten Zeitung« und populären Periodika wie »Die Dame«, »Uhu« und »Modenwelt«.

Jüdische Redakteure und Autoren wie Theodor Wolff, Alfred Kerr oder Hermann Sinsheimer bei Mosse, Monty Jacobs, Arthur Eloesser, Max Osborn oder Egon Jacobsohn bei Ullstein, Kurt Pinthus beim »8-Uhr-Abendblatt« oder Bernhard Diebold, Ernst Heilborn, Otto Hirschfeld, Siegfried Kracauer und Max Nürnberg bei der demokratischen, weltoffenen »Frankfurter Zeitung« – sie alle arbeiteten bis in die letzten Tage der Repulik mit an jenem großen demokratischen Projekt der offenen Debatte und der politischen Kultur, das im November 1918 begonnen hatte und sich von Anfang an den schwersten Anfechtungen aus dem konservativen Lager ausgesetzt sah. Allein im S. Fischer Verlag veröffentlichten in diesen Jahren die jüdischen Autoren Alice Berend, Alfred Döblin, Stefan Grossmann, Bernhard Guttmann, Arthur Holitscher, Felix Hollaender, Alfred Kerr, Richard Lewinsohn-Morus, Walter Mehring, Arthur Schnitzler, Siegfrid Trebitsch und Jakob Wassermann.[319] Von den Theatern Max Reinhardts wechselten prominente jüdische Schauspieler zum Film, auch zur Ufa: Elisabeth Bergner, Ernst Deutsch, Alexander Granach, Fritz Kortner und Maria Fein; von Viktor Barnowskys Bühnen kamen Felix Bressart und der Regisseur Leo Mittler, der 1929 für die kommunistische Prometheus GmbH seinen proletarisch-realistischen Film *Jenseits der Straße – Eine Tragödie des Alltags* drehen wird.

Aufzählungen wie diese, so leitete E. G. Lowenthal seine Untersuchung »Die Juden im öffentlichen Leben« ein, könnten, zumal außerhalb Deutschlands, »pedantisch oder parochial erscheinen«. Ihre Rechtfertigung, ja ihre Notwendigkeit ergibt sich daraus, daß die Genannten, »ausnahms- und schonungslos, Objekt und Opfer der Verfolgung durch das nationalsozialistische Regime geworden sind, ganz abgesehen davon, daß sie schon lange vor 1933 von rechtsradikaler deutscher Seite vielfach öffentlich wegen ihres Judeseins angegriffen worden waren«.[320]

Zu einem hohen Prozentsatz, der etwa dem jüdischen Anteil am kulturellen Leben insgesamt entsprach, waren die namhaften Regisseure der Ufa oder im Umkreis des Unternehmens jüdischer Abstammung – genannt seien hier nur Kurt Bernhardt, Paul Czinner, Ewald André Dupont, Fritz Lang (seine Mutter war jüdischer Herkunft), Ernst Lubitsch, Joe May, Max Ophüls, Lupu Pick, Leontine Sagan, Reinhold Schünzel und Robert Siodmak. Zu den jüdischen Drehbuchautoren von Rang gehörten Norbert Falk, Carl Mayer und Robert Liebmann; als Filmmusiker hatten sich Paul Dessau, Werner Richard Heymann und Edmund Meisel einen Namen gemacht. Schließlich, außer den bereits genannten, die erfolgreichen Schauspielerinnen und Schauspieler jüdischer Abkunft, darunter Grete Mosheim und Ellen Richter, Siegfried Arno, Curt Bois, Julius Falkenstein, Max Landa, Peter Lorre, Max Pallenberg, Hermann Vallentin und viele andere. Für sie alle gilt, was Lowenthal über die Juden im öffentlichen Leben der Weimarer Republik allgemein feststellt: »Natürlich gab es, wie überall, auch hier Licht und Schatten. Aber in Wirklichkeit haben selbstverständlich, ebenso wie die nichtjüdischen auch die jüdischen Gelehrten, Schriftsteller, Musiker, Theaterleiter, dazu beigetragen, den Ruhm Berlins und Deutschlands in der ganzen Welt zu verbreiten.«[321] Auch den Ruhm der Ufa: er wurde, vor 1933, gleichermaßen von Juden und Nicht-Juden aufgebaut, beschädigt und wieder behelfsmäßig repariert.

Von allen prominenten Autoren der zwanziger Jahre, ob jüdischer Abstammung oder nicht, hat wohl Alfred Döblin den schärfsten Widerspruch nicht nur zur Ufa, sondern zur (stummen) Kinematographie überhaupt formuliert: »In strument des Dichters ist die Sprache. Der Film spricht nicht. Was hat der Dichter mit dem Film zu tun?«[322] Der Film zerschlage die Phantasie des Dichters, er »verkrüppelt, verzwergt, pervertiert sie, indem er sie auf ein einziges Niveau zwingt, das optische«. Der gegenwärtige Film sei ein Zufallsprodukt der Technik, er wirke wie ein Sieb, ein furchtbarer Trichter: »da kann keine Kunst heil durch«. Döblins Kritik war – wie die vieler seiner Kollegen – technikfeindlich, blind für die Ästhetik der filmischen Bildsprache und voll tiefer Skepsis für die »mangelhafte Differenzierung« des Massenpublikums. Ihn empörte »der grausige Warencharakter des Films«; die verantwortlichen Leute der Branche seien Geschäftsleute, die leitenden Ideen Geschäftsideen: »Profit gegen Kunst«. Freilich – Döblin machte kein Hehl daraus, sich selbst an Filmexposés versucht zu haben, und als Phil Jutzi 1931 für die Allianz-Film *Berlin – Alexanderplatz* verfilmte, mit Heinrich George in der Rolle des Franz Biberkopf, erklärte sich der Autor bereit, gemeinsam mit Hans Wilhelm und Karl Heinz Martin das Drehbuch zu erstellen.

Nicht alle Literaten, die als Drehbuchautoren ihr Glück versuchten, steckten so schnell auf wie der Lyriker Oskar Loerke, der sich an einem Maimorgen des Jahres 1924 mit seinem Freund Hans Kyser traf, um eine »Fischdampfergeschichte« für den Film umzuschreiben, und am Abend in seinem Tagebuch notierte: »Der Kitsch, die Hintertreppe peinigt mich. Ich beschloß, es wieder aufzugeben, weil nichts Festes an Einkünften dahintersteht, was der einzige Gesichtspunkt für mich sein kann. – Beim Drucksen ist man dann bald erschöpft...«[323]

Carl Zuckmayer äußerte entschiedene Vorbehalte gegen die Filmindustrie – »das System ist falsch, industriell, mechanistisch, wie das Wort ›Verfilmung‹«[324] – aber er entzog sich keineswegs der Bearbeitung seiner Stoffe für die Filme *Qualen der Nacht* (Regie Kurt Bernhardt, Ikarus-Film GmbH, 1925/26), *Der fröhliche Weinberg* (Jakob und Luise Fleck, Film Produktions GmbH, produziert in den Ateliers der Ufa, 1927) und *Schinderhannes* (Kurt Bernhardt, Prometheus-Film, 1927). Am Drehbuch zur Filmversion seines Theaterstücks *Katharina Knie* (Regie Karl Grune in eigener Produktion, hergestellt 1929 in Neubabelsberg, das Buch schrieb Franz Höllering) beteiligte sich Zuckmayer nicht – dafür behauptet er in seiner Autobiographie, das von ihm, Robert Liebmann und Karl Vollmoeller geschriebene Szenar zu Josef von Sternbergs Ufa-Film *Der blaue Engel* (1930) sei seine »Allein-Arbeit« gewesen.[325]

Der Widerspruch zwischen verbaler Distanzierung und (oft verschämter) praktischer Kollaboration kennzeichnete das Verhältnis vieler Schriftsteller zur Filmindustrie und ihrem größten Konzern. Nur wenige sprachen sich zu einem so frühen Zeitpunkt so offen für das Kino aus wie Bernhard Kellermann, der schon 1913 auf eine Umfrage im »Börsenblatt für den Deutschen Buchhandel« antwortete: »Ich verkenne keineswegs die Gefahren, denen sich ein Roman durch die Verfilmung aussetzt, bin aber weit entfernt, sie zu überschätzen. Der Verständige wird sich in den meisten Fällen unschwer aus einer Filmserie das Originalwerk einigermaßen rekonstruieren können, dem primitiven Zuschauer wird der Film ebenso viel, wenn nicht mehr offenbaren, als es die Lektüre des Buches getan haben würde. Was aber die wirtschaftliche Seite anbetrifft, so sehe ich im Kino einen so mächtigen Faktor der Propaganda, daß die Verfilmung eines Romans für Autor und Verleger nur von Vorteil sein dürfte.«[326] 1913 war Kellermanns berühmter Roman »Der Tunnel« erschienen, der schon 1914/15 von William Wauer für die Union, mit Friedrich Kayßler und Fritzi Massary in den Hauptrollen und ausgestattet von Hermann Warm, erstmals verfilmt wurde.

1925/26 wurde aus Kellermanns zuvor in der »Berliner Illustrirten« veröffentlichtem Roman »Die Brüder Schellenberg« in der Regie von Karl Grune einer der großen Ufa-Erfolge der Spielzeit. Das Drehbuch hatte der Regisseur gemeinsam mit Willy Haas geschrieben, inszeniert wurde in den Ateliers von Johannisthal und Tempelhof, die Doppelrolle der beiden ungleichen Brüder spielte Conrad Veidt. Werner Richard Heymann komponierte die Musikarrangements, die musikalische Gesamtleitung der Uraufführung im Ufa-Palast am Zoo lag bei Ernö Rapée, dem Generalmusikmeister des Konzerns. Die Inhaltsangabe im Programmheft der Ufa vermittelt einen Eindruck von der Propaganda-Prosa, die in der Werbeabteilung ausgebrütet worden war: »Fabrikhäuser sprießen aus dem Erdboden, die Börse wälzt sich in goldenen Krämpfen, Transportdampfer gleiten von einer Hand in die andere – und zynisch lächelnd sitzt in der Bar ein eleganter Herr, der mit einem Augenzwinkern diese ganze Welt der Inflation bewegt. Ja, Wenzel Schellenberg ist der Heros erschütterter Zeitläufte selbst und *Die Brüder Schellenberg* (...) ist das Abbild jener gespenstischen Zeit, in der alle Uhren schneller zu gehen schienen und der Inhalt von Arbeitsjahren in eine Stunde zusammengedrückt war.«[327]

Probleme mit der schreibenden Intelligenz handelte sich die Ufa im Zusammenhang mit den Zwischentiteln zu Murnaus *Faust* ein, der ja zum kinematographischen Nationaldenkmal der Deutschen bestimmt war. Hans Kyser, Dramatiker und Romancier, hatte nach längerem Zögern zum Film gefunden und 1924 z. B. die Bücher für Karl Grunes *Arabella*, G. W. Pabsts *Gräfin Donelli* und Manfred Noas *Helena* geschrieben; nun war er von der Ufa für das Drehbuch zu *Faust* verpflichtet worden. Kyser entschied sich für ein Amalgam aus Goethe, Christopher Marlowe und dem alten Volksbuch; er war ehrgeizig genug, eigene Zwischentitel zu verfassen, die jedoch bei den Ufa-Verantwortlichen wenig Anklang fanden. Direktor Neumann, entschlossen, Kyser auszubooten, fuhr persönlich nach Hiddensee, um Gerhart Hauptmann als Autor zu gewinnen. Für das bedeutendste Werk des größten deutschen Dichters und Denkers, verfilmt vom mächtigsten deutschen Konzern, war der Berühmteste unter den lebenden Dichtern Deutschlands gerade gut genug: dies mochte die Überlegung in den Chefetagen gewesen sein.

Das Scheitern der Zusammenarbeit mit Hauptmann ist ein wunder Punkt in der Geschichte der Ufa – und ein Schatten, der größeren Verhängnissen vorauseilte. Hauptmann war durchaus nicht abgeneigt, bestand jedoch darauf, einen eigenen, völlig neuen Text zu schreiben, und verlangte eine Verdopplung des ihm angebotenen Honorars von 20000 Mark. Mitte August 1926 begrüßte Neumann telegrafisch des Dichters Entschluß, »unsern faustfilm vollkommen neu zu titeln mit lebhafter freude und sind gern bereit ihnen das gewünschte honorar von vierzigtausend mark einschließlich verlagsrechte zu zahlen«.[328] Der Film war inzwischen geschnitten, die Propaganda im Zuge der Vorbereitungen für die Premiere angelaufen. Hans Kyser, der von den Verhandlungen mit Hauptmann erfahren hatte, schlug mit einem offenen Brief in der »B. Z.« Alarm: wer es wage, in diesen Film neue Verse (»und wären sie von Goethe selbst«) nachträglich einzufügen, »gehört in eine Klippschule für Filmdramaturgie«. Hauptmann erwiderte in einem (nur als Entwurf erhaltenen) Brief an den »geschätzten Freund« Kyser, dessen Titel seien »von einer so vollendeten Leere und Nichtigkeit, daß keine Verbesserung dieses dürftige und leichtsinnig hingeschmierte Zeug lebensfähig gemacht hätte«.

Allerdings, Hauptmanns Knittelverse waren kaum lebensfähiger – ja sie lösten bei den Ufa-Direktoren helles Entsetzen aus. In seiner Not wandte sich Neumann an Frau Margarete Hauptmann mit der Bitte, ihrem Gatten nahezulegen, er möge »einen Teil der Verse nochmals (...) überarbeiten und – wenn ich so sagen darf – popularisieren«. Dieser Rettungsversuch schlug offenbar fehl; jedenfalls ließ die Ufa den Dichter am 7. Oktober, nur eine Woche vor der Premiere, wissen, es seien »unerwartete Schwierigkeiten« entstanden. Der Film lief mit Kysers Texten; Hauptmanns Verse ließ der Konzern als Broschüre drucken und in seinen Kinos verkaufen.

Gerhart Hauptmanns Kontakte zur Ufa beschränkten sich nicht auf seine enttäuschenden Erfahrungen im Zusammenhang mit *Faust*. Schon 1922, zu seinem 60. Geburtstag, war Murnaus *Phantom*, nach Hauptmanns gleichnamigem Roman, im Ufa-Palast uraufgeführt worden, eine Uco-Produktion der Decla-Bioscop, die eine Woche später, am 20. November 1922, in einer »Fest-Aufführung zu Gunsten der notleidenden Schriftsteller« eine zweite glanzvolle Premiere erlebte. Kapellmeister Bruno Schulz dirigierte zu Beginn die Ouvertüre zu Nicolais »Die lustigen Weiber von Windsor«; der Theaterkritiker Alfred Kerr, der sich im übrigen über Film und Kino vorzugsweise ironisch äußerte, hielt eine einleitende Ansprache. Hauptmann selbst steuerte zum Programmheft eine Hommage an das Kino bei, deren Metaphern offenbar den Massenbedürfnissen gerecht werden sollten: »Der Bedarf an Kinoschöpfungen ist so gewaltig, daß man diese geistige Nahrung recht wohl, ähnlich wie Brot und Kartoffeln, ein Volksnahrungsmittel nennen kann. Einem fast grenzenlosen Konsum hätte also eine entsprechende Produktion zu genügen. Und da es sich um ein geistiges Volksnahrungsmittel handelt, so liegt auf dem Produzenten noch überdies die Last höchster Verantwortung: wenn Volksnahrungsmittel minderwertig, gefälscht oder sonst verdorben sind, so sind ihre Wirkungen im Volk verheerend.«[329]

Solcher Bedenken ungeachtet, hatte Hauptmann schon relativ früh seine Stoffe zur Verfilmung freigegeben, darunter seine Tragikomödie *Die Ratten*, die 1921 von Hanns Kobe für die Grete-Ly-Film-Gesellschaft gedreht und von der Terra-Film verliehen wurde. Mit Emil Jannings, Lucie Höflich, Eugen Klöpfer und Hermann Vallentin hatte man eine Starbesetzung aufgeboten – und mit Karl Freund einen herausragenden Kameramann. Das Drehbuch stammte von Julius Sternheim, einem Bruder des Dramatikers Carl Sternheim; Julius war zu dieser Zeit Pressechef der Ufa und hatte gerade in einem Artikel in »Das Tage-Buch« um die Sympathie der Dichter für die Kinematographie geworben: »Es ist ein Beweis gänzlicher Unkenntnis der Situation, wenn der Autor annimmt, daß der Regisseur sein natürlicher Widersacher sei. Es erscheint die Idee sogar lächerlich, wenn man weiß, wie sehr gerade jetzt gute Manuskripte gesucht und geschätzt werden (...).«[330]

Selbstkritischer als die meisten Autoren jener Zeit deutete Carl Hauptmann, der ältere Bruder Gerharts, die Signale des neuen Mediums: »Der Film hat auch an den Dichter eine Mahnung gerichtet, die logisch hochzugespitzte, hochintellektuelle Sprache, die sich dem sinnlichen, leiblichen Ausdruck allzu abgezogen entrückte, wieder ganz in das Urreich der Gebärde zurückzufühlen und daraus eine sinnliche, anschauliche, mitreißende, lebendige Wucht der Urmitteilung wiederzugewinnen. Atem, nicht Worte.«[331] Carl Hauptmann starb 1921; zwei Jahre später war sein Schauspiel »Die Austreibung« die Vorlage für Murnaus gleichnamigen Ufa-Film. Kurt Pinthus' Kritik fiel herbe aus: für einen Stoff wie diesen – eine Eifersuchtstragödie im Milieu einsam lebender Riesengebirgsbauern – seien die Epik und das Theater da; »der Film will rasche Folge von stark durch Handlung bewegten Bildern. Psychologische Tragödien in engem Milieu müssen im Film zerdehnt, ermüdend wirken.«[332]

Zur Uraufführung von *Die Hose* nach Carl Sternheims Lustspiel, die 1927 im Capitol stattfand, steuerte die Ufa nur ihre Wochenschau bei. Hans Behrendt hatte den Film mit Werner Krauss, Jenny Jugo und Rudolf Forster in den Hauptrollen für die Phoebus-Film AG gedreht; in der Nebenrolle des jüdischen Friseurs Mandelstam trat Veit Harlan auf, später ein Favorit des Reichspropagandaministers Goebbels, Regisseur nationalsozialistischer Propagandafilme wie *Jud Süß* und *Kolberg*. Willy Haas schrieb für die »Literarische Welt« eine scharfsinnige Kritik, die einen Bogen von Franz Kafkas Helden Gregor Samsa über Sternheim zur Ufa schlug: der Humor sei niederwerfend, hier wie dort. »Vorher, in der Ufa-Wochenschau, sah man Affen, die sonderbaren, halb-vernünftigen, halb-tierischen Ulk mit einem Spiegel trieben. Diese Zoo-Affen wirkten noch lange nicht so ›zoologisch‹ wie Krauss als Theobald Maske. Es ist eine naturwissenschaftliche Monstrosität: ein Kaulquapperich, ein ganz formidables Biest, das kräht und faucht und quakt und mit gesträubtem Kamm durch den häuslichen Stall stelzt; als ob aus Bierdunst, Männergesangvereins-Atmosphäre und ehelicher Bettwärme plötzlich ein Gespenst emporwucherte, der Geist des Kleinbürgers (...)«[333] Man falle vom Stengel vor Lachen, schrieb Haas: es war, im Krisenjahr 1927, auch ein Lachen der Verzweiflung, der Ohnmacht und der Abscheu vor einem Monstrum, das in Deutschland sehr bald politische Gestalt annehmen sollte.

Geist und Macht – die Ufa und die Intellektuellen. Die große Filmfabrik beutete unbekümmert, sehr oft nur wenige Wochen nach ihrer Veröffentlichung, die Werke zeitgenössischer Autoren aus, sobald ihre Dramaturgen witterten, daß von ihnen eine noch so unscheinbare Spur zu den Ängsten, Hoffnungen und Sehnsüchten des großen Publikums führte. Und nicht minder eifrig, wenn auch gelegentlich aus bildungsbürgerlicher Distanz und versteckt hinter tausend schöngeistigen Vorbehalten, dienten sich zahllose bekannte und unbekannte Literaten dem neuen Medium an: auf Ruhm versessen, gelockt von den hohen Honoraren, aber auch von der Hoffnung erfüllt, nun endlich einen Weg zu den Massen und ihren unwägbaren Gefühlen gefunden zu haben. Der Geist drängte zur ökonomischen Macht – und die ökonomische Macht zum Geist. Sozialismus, Weltverbesserung, radikale Umwälzung der bestehenden Verhältnisse? Die Ufa wird schon einen Weg finden, um solche Anliegen in eine wirksame Bildsprache zu übersetzen. Pazifismus, Völkerversöhnung, Liebe zwischen den Menschen als weltverändernde Kraft? Bedienen Sie sich, Herr Autor – wenn Sie unsere Geschäftsbedingungen akzeptieren, stellt die Ufa ihre Ateliers, ihre Fachkräfte und ihre Requisiten für Sie bereit.

So wurde mit großem Materialaufwand aus der Novelle »Karl und Anna« des pazifistischen Autors Leonhard Frank 1928 der Film *Heimkehr*, ein »Joe May-Film der Erich Pommer-Produktion der Ufa«; May drehte mit den Hauptdarstellern Lars Hanson, Dita Parlo, Gustav Fröhlich und Theodor Loos in Neubabelsberg und im Hamburger Hafen, hinter der Kamera stand Günther Rittau. Für die in den Wirren der Nachkriegszeit spielende Dreiecksgeschichte wurden – so eine Werbeschrift des Konzerns – »ein großes sibirisches Bergwerk völlig echt nachgebaut« und »ein russischer Provinzbahnhof mit dem ganzen Leben und Treiben jener bewegten Tage und Nächte« rekonstruiert; »eine drehbare Eisen-Wandelkonstruktion von 15 Meter Höhe, in Deutschland zum ersten Mal angewandt, ermöglichte dem Operateur Rittau ganz neue, überraschende Einstellungen«.[334] Offensichtlich handelte es sich um einen Kamerakran, wie ihn Pommer (er war wenige Monate zuvor zur Ufa zurückgekehrt) in Hollywood für seine Paramount-Produktion *Hotel Imperial* entwickelt hatte, eine Konstruktion, die horizontale und vertikale Kamerabewegungen ermöglichte und den frei schwenkbaren Kamerawagen vorwegnahm, den Pommer 1929 für Joe Mays *Asphalt* herstellen ließ.[335]

Die Ufa und die Intellektuellen: in diesem Spannungsfeld kam es zu den merkwürdigsten Liaisons. Persönliche Eitelkeiten, geschäftliche Beziehungen, die Versuchungen der Vetternwirtschaft spielten oft eine entscheidende Rolle. Wer heute in den großen bürgerlichen Verlagen oder auf dem Markt der Trivialliteratur hoch gehandelt wurde, fand sich morgen unversehens beim Film wieder. Wer sich einen Ruf als »Globetrotter« erworben hatte und die Leser der Massenblätter von Ullstein, Mosse oder Scherl auf seiner Seite wußte, fand – wie Hanns Heinz Ewers oder Norbert Jacques – auch einen schnellen Zugang zu den dramaturgischen Büros der Filmkonzerne. Unvermutet tauchte der erfolgreiche österreichische Reiseschriftsteller Colin Roß (»Mit Kamera, Kind und Kegel durch Afrika«, 1928) gemeinsam mit Hans Neumann als Drehbuchautor für den von der Ufa-Kulturabteilung verliehenen psychoanalytischen Film *Geheimnisse einer Seele* von Georg Wilhelm Pabst (1926) auf. Der Dramatiker Arnolt Bronnen verfaßte, nachdem er mit Bertolt Brecht 50000 Papiermark bei einem Drehbuch-Preisausschreiben der Richard Oswald Film AG gewonnen hatte, einen Nachruf auf sich selbst als Theaterautor: »Nun wird er in der Hölle sitzen und Filme schreiben. Er wird schmoren, aber der Film, Gott sei Dank, kennt ja keinen literarischen Schmuß.«[336] Indessen – Bronnens Hoffnungen auf eine Filmkarriere erfüllten sich nicht. Und die in der Fachpresse immer wieder geforderten Originalstoffe blieben weiterhin rar.

Ein »Sicheinrichten in den Widersprüchen« – so hat Heinz-B. Heller die Position vieler zwischen traditionellem Literaturbetrieb und Filmindustrie schwankender Schriftsteller genannt: »So prononciert die ästhetische Autonomie des neuen Mediums gegenüber den tradierten Formen von Theater und Literatur auch in der Theorie verfochten wurde, so unübersehbar ist der Hang von Schriftstellern wie Willy Haas, Franz Schulz oder Paul Beyer, Filmszenarien nicht aus originär ›filmischen‹ Stoffen zu entwickeln, sondern als Literaturverfilmungen. Die Aura der traditionsbeladenen Kunstgattung Literatur – wie qualitativ fragwürdig auch mitunter im konkreten Fall der gewählten Vorlage – schien diesen medienmobilen Autoren letztlich doch immer noch unentbehrlich (und vielleicht auch profitabel).«[337]

Für zwei herausragende Drehbuchautoren der Ufa existierte dieser Widerspruch zwischen den tradierten literarischen Formen und dem neuen Medium nicht. Thea von Harbou und Carl Mayer – mochten im übrigen ihre Auffassungen vom Filmskript unvereinbar sein – waren sich darin einig, daß die schriftstellerische Tätigkeit für die Kinematographie eine autonome ästhetische Leistung sei und gleichermaßen die Leidenschaft des Schreibenden wie die Inspiration durch das filmische Medium erfordere. Zwar setzte Thea von Harbou, nachdem sie im Bunde mit Fritz Lang bei der Decla-Bioscop ihre Berufung für den Film entdeckt hatte, auch das Romanschreiben fort – aber sowohl »Das Nibelungenbuch«, das 1923 mit Szenenfotos aus dem Film im Münchner Drei Masken Verlag erschien, als auch ihre bei Scherl veröffentlichten Romane »Metropolis« (1926) und »Spione« (1928) entstanden gleichzeitig, d. h. in einem integrierten Arbeitszusammenhang mit den Drehbüchern zu den gleichnamigen Filmen; eine Ausnahme war ihr Roman »Frau im Mond«, der 1928, vor Beginn der Arbeiten am Drehbuch, bei Scherl erschienen war.

Mit ihrer »integrierten« Arbeitsmethode entwickelte Thea von Harbou nicht nur eine neue Form literarischer Produktivität – vielmehr wurde Schreiben überhaupt für sie im strikten Sinne zum Schreiben für den Film; auch beim Verfertigen ihrer traditionellen Prosa ließ sie sich, wenn auch nicht immer vom filmischen Blick, so doch von den Verwertungsinteressen der Filmindustrie leiten. Thea von Harbou realisierte in ihrer zehnjährigen Zusammenarbeit mit Fritz Lang erstmals die Idee eines modernen Medienverbunds: ein Verdienst, das zweifellos ihrer literarischen Unvoreingenommenheit zuzuschreiben war, daneben freilich auch den ausgezeichneten Arbeitsbedingungen, die zu dieser Zeit nur die Ufa in Kooperation mit dem Scherl-Verlag bieten konnte.

Abermals überrascht, mit Blick auf diese bei weitem emsigste Autorin des Konzerns, die für die deutsche Filmindustrie und besonders für die Ufa so typische Koinzidenz von Technikverständnis, Neugier für moderne Produktionsmethoden und »operativem« Umgang mit den komplexen Strukturen der Unterhaltungsindustrie einerseits – und konservativer Innerlichkeit und überaus reaktionären Anschauungen andererseits. Thea von Harbou entstammte einer verarmten, zuletzt in Sachsen ansässigen Landadelsfamilie, die ihr trotz eingeschränkter materieller Möglichkeiten eine Art Hauslehrer-und-Gouvernanten-Erziehung angedeihen ließ – und mit dieser auch jenes gouvernantenhaft beschränkte Welt- und Menschenbild, das den »höheren Töchtern« aristokratischer oder bürgerlicher Herkunft im 19. und frühen 20. Jahrhundert oft vermittelt wurde. »Ihre Weltanschauung wurde denn auch wie bei dem überwiegenden Teil ihrer Klasse ›alldeutsch‹, eine Mischung von rechtsradikalem, völkischem Nationalismus mit einem abstrusen Konglomerat rassistischer, pangermanistischer und expansionistischer Ideologien.«[338]

Zu diesen Grunddispositionen gesellten sich schon in Theas Kindheit deutsche Gemütswerte wie Tierliebe und frömmelnde Naturverbundenheit, aber auch Begeisterung für Karl May (die sie später mit Fritz Lang teilen wird) und Aufgeschlossenheit für moderne Technik: eine Affinität, die, wie so oft im deutschen Seelenhaushalt, gegen Tendenzen einer mystifizierenden Verherrlichung wie auch einer Dämonisierung alles Technischen durchaus nicht immun war. Später wird sie behaupten, »das Beseelte der Maschine, das Lebende, das Lebendige in den Werken der Technik« habe sie schon immer angezogen.[339] Ihre zeitgemäße Vorliebe für exotische Weltgegenden vermischte sich problemlos

Fritz Lang und Thea von Harbou (M.) bei einer Regiebesprechung

mit einer militant nationalistischen Kolonialideologie; 1921 beklagte sie öffentlich, das deutsche Volk habe die Stunde nicht erkannt, »da ihm die Tür zu einer großen Zukunft offen stand«.[340]

Zuvor, während des Ersten Weltkriegs, hatte sie Durchhalte-Prosa unter Titeln wie »Deutsche Frauen. Bilder stillen Heldentums« (Erzählungen, 1914), »Du junge Wacht am Rhein! Ein Kriegsbuch für die deutsche Jugend« (1915) oder »Die deutsche Frau im Weltkrieg« (Aufsätze, 1916) verfaßt[341]: Beschwörungen der inbrünstig liebenden und duldenden deutschen Frau und Appelle an eine als siegfriedhaft vorgestellte deutsche Jugend. Es sind Texte, die – wie später vor allem der Nibelungen-Roman – in den Motiven wie in den Sprachbildern sich durch ein Ineinander von schwülstiger Sentimentalität und bluttriefender Inhumanität auszeichnen.

Oberflächlich betrachtet, erfüllte Thea von Harbou somit alle Anforderungen der Universum-Film AG, sofern man, wie die linken Kritiker, in dem Konzern nur jene deutschnationale Giftküche sehen wollte, in der sich alle Ungeister der preußisch-deutschen Reaktion eingenistet hatten. Tatsächlich aber verkörperte die Autorin, bis zur Machtergreifung Hugenbergs, nur eine Strömung im ideologischen Spektrum des Konzerns, mit der andere, republikanische und liberale konkurrierten. Die Zusammenarbeit zuerst mit Joe May, dann mit Fritz Lang führte Thea von Harbou nicht nur mitten hinein in die turbulente, kosmopolitisch bewegte Atelieratmosphäre der frühen Ufa, sondern konfrontierte sie auch mit den unterschiedlichsten geistigen Haltungen und politischen Positionen.

Ihr Verhältnis zu Lang war, jedenfalls in den ersten Jahren, von Harmonie bestimmt; für die stilistischen und ideologischen Verirrungen in ihren Filmen sind

Thea von Harbou, 1927

beide gleichermaßen verantwortlich zu machen. Eine »anfänglich stark emotionale Beziehung, gemeinsame deutschnationale Überzeugungen, der künstlerische Gleichklang bei den Filmen« haben, so der Harbou-Biograph Reinhold Keiner[342], das Fundament ihrer Ehe und ihrer Arbeitsgemeinschaft gebildet. Es verband sie vor allem ein gelegentlich krampfhafter »Wille zur Kunst«, der, etwa in *Der müde Tod* (1921), dahin führte, daß sie den Kunstanspruch eines als trivial verrufenen Mediums mit einer Emphase behaupteten, die auffallende Parallelen zum »George-Kult« und zum »Rilke-Fieber« im literarischen Leben der Zeit aufwies. Langs Bruch mit der Ufa und sein Zerwürfnis mit Thea von Harbou fielen zeitlich zusammen, aber politische Motive waren hier wie dort nicht im Spiel. Sie wurden erst manifest, als Lang emigriert war und in Amerika (auch) antifaschistische Filme drehte, während Thea von Harbou, seit 1932 Mitglied der NSDAP, bis zum Ende der Naziherrschaft der Ufa in Nibelungentreue ergeben war, allerdings vertrauenswürdigen Quellen zufolge[343] wohl nie zur überzeugten Nationalsozialistin und nie zu einer Antisemitin wurde.

In jeder geistigen Haltung sei das Politische latent, sagte Thomas Mann. Auch für Thea von Harbou gilt, daß in ihrer erborgten Innerlichkeit und ihrem pathetischen »Vulgäridealismus« das Politische eher versteckt war, sich aber um so wirksamer der »vagen Herzensgläubigkeit« (Peter Gay) des deutschen Kleinbürgertums anzuschmiegen wußte. Von der kongenialen Mitarbeiterin Fritz Langs ließ sich auch Murnau die Skripte zu *Der brennende Acker* (produziert 1921/1922 von der Goron Films, am Buch waren Willy Haas und Arthur Rosen beteiligt), zu seiner Hauptmann-Verfilmung *Phantom* und für seine Ufa-Filme *Die Austreibung* (1923) und *Die Finanzen des Großherzogs* (1923, nach dem gleichnamigen Roman von Frank Heller) schreiben. Weitere wichtige Arbeiten Thea von Harbous für die Decla-Bioscop bzw. für die Ufa der zwanziger Jahre waren *Der steinerne Reiter* (Fritz Wendhausen, 1923), *Die Prinzessin Suwarin* (Johannes Guter, 1923), *Michael* (1924, in der Regie des damals schon berühmten Dänen Carl

Carl Mayer

Theodor Dreyer, der die Vorlage Thea von Harbous stark umarbeitete) und das Drehbuch zu Arthur von Gerlachs *Zur Chronik von Grieshuus*, nach einer Novelle von Theodor Storm. Es handelte sich um balladenhafte Stoffe von grausamen Gutsherren und hingabewilligen Bauernmädchen, vertriebenen Prinzessinnen, schuldverstrickten Künstlern oder verfeindeten Brüdern.

Die Ufa veröffentlichte 1928 in einer ihrer Werbeschriften eine Hommage an ihre produktivste Autorin – einen Text, der die weihevolle Sprache der Geehrten nachempfand und Thea von Harbou zur einsamen Norne der Schneideräume von Neubabelsberg stilisierte: »Hier gleiten die endlosen Filmstreifen beim Bearbeiten der Negative und Positive durch ihre unermüdlichen Hände, hier laufen im kleinen Vorführungsraum 5 immer und immer wieder die Bildstreifen der werdenden Filme vor ihren prüfenden Augen ab, und hier entstanden zwischen zahllosen Filmrollen und umgeben von den einsam vor sich hindämmernden Bauten der Filmstadt ihre Romane und Filmmanuskripte. Keine Minute des Tages vergeht ungenutzt.«[344]

In jeder geistigen Haltung ist das Politische latent: dies gilt in einem ganz anderen Sinne als bei Thea von Harbou für Carl Mayer, den bedeutendsten deutschen Drehbuchautor der zwanziger Jahre, der zu einem Glücksfall für die mit ihm arbeitenden Regisseure wurde. Neben den Inszenatoren Lang und Murnau, den Kameraleuten Karl Freund, Carl Hoffmann und Fritz Arno Wagner, den Architekten Robert Herlth, Walter Röhrig, Hermann Warm, Otto Hunte und Erich Kettelhut gehörte er zu jener Kerngruppe filmbesessener, experimentierfreudiger Pioniere, die für eine kurze Zeit um 1925 das Ufa-Atelier in eine »Bauhütte« kühner Träume und ästhetischer Utopien verwandelte.

»Während all der vielen Stunden und Tage, die ich mich mit Mayer unterhalten habe, hat er meines Wissens nie etwas Politisches gesagt«, so schien es Paul Rotha. »Er war durch und durch Künstler – wenn man überhaupt ein unpolitischer Künstler sein kann. Niemals sprach er mit mir über Politik, immer nur über die Menschen.«[345] Aber gerade in seinem Verhältnis zum Menschen, in der Durchleuchtung menschlicher Beziehungen mit Hilfe seines sprachlichen und dramaturgischen Instrumentariums erwies sich Mayer als ein politisch denkender, gesellschaftlich bewußter Künstler par excellence. Er war ein Beobachter, der gleichsam mit den Augen zu denken verstand – und das Gesehene und Gedachte in »sprechende« Filmbilder zu transponieren wußte, weil er die Filmkamera nicht nur als ein hilfreiches optisches Gerät, sondern als eine Verlängerung des Sensoriums und der Gedanken begriffen hatte. Von Mayer gibt es keine selbständigen literarischen Texte, er hat nur für den Film geschrieben: Schreiben war für ihn eine (Vor-)Form des filmischen Prozesses. Im Blick auf den Film schuf er sich eine Sprache, die seine Drehbücher wiederum zu einem (trotz deutlicher expressionistischer Anklänge) beispiellosen Literaturtypus mit einem eigenständigen stilistischen Gestus werden ließ.

Die Liste der Filme, die Mayer für die Ufa oder mit ihr verbundene Gesellschaften schrieb, ist kurz; sie beginnt mit dem frühen Rex-Film *Der Dummkopf* (1920) und endet bereits mit Murnaus *Tartüff* (1925). Dazwischen liegen die Höhepunkte: Lupu Picks Filme *Scherben* (1921) und *Sylvester* (1923), für die der irrige, weil vom Theater abgeleitete und Theaternähe suggerierende Begriff des »Kammerspielfilms« eingeführt wurde, und Murnaus *Der letzte Mann* (1924). Seinen Ruhm hatte Mayer 1919/20 mit *Das Cabinet des Dr. Caligari* begründet. Zu seinen »Kammerspielfilmen« gehört darüber hinaus die von Leopold Jessner und Paul Leni für die Henny-Porten-Filmgesellschaft gedrehte Arbeit *Hintertreppe* (1921).

Schon über den heute verschollenen Lupu Pick-Film *Der Dummkopf* schrieb die »Lichtbild-Bühne«, seine Stärke sei Mayers »auf psychologische Wirkung gestelltes, in sich abgeschlossenes Manuskript«.[346] *Scherben*, eine auf vier Personen begrenzte, in einem Bahnwärterhäuschen zusammengedrängte Familientragödie, überraschte Publikum und Fachwelt als »textloses Filmspiel«[347], als eines der ersten Leinwandwerke, das keine umständlich die Handlung erläuternden und paraphrasierenden Zwischentitel benötigte. Mayer setzte beiläufige szenische Details, Requisiten, mimische und gestische Akzente ein, um seelische Verfassungen ebenso wie ihren sozialen Kontext präzis herauszuarbeiten: hier sei, meinte Rotha, »ein neuer soziologischer Gebrauch des Kinos«[348] festzustellen. Der folgende, ebenfalls von Lupu Pick inszenierte Film *Grausige Nächte* (1921) basierte auf einer ebenso konventionellen wie grobschlächtigen Kriminalhandlung um das uneheliche Kind einer Konsulsgattin. Doch mit viel Gespür für das Neue benannte der »Film-Kurier« die vom Sujet unabhängige Befähigung Mayers, visuell zu denken und zu schreiben: Film sei sein »Denkstil«; er sei »ein Unbedingter, der etwas zu sagen hat«. Das Medium sei für diesen Autor nicht Surrogat, sondern etwas Selbständiges, »das neben allen Ausdrucksformen gleichwertig dasteht«.[349]

Ähnlich urteilten zahlreiche andere Zeitgenossen Mayers, auch im Ausland. René Clair etwa bemerkte im Zusammenhang mit Arthur von Gerlachs Union-Film *Vanina oder die Galgenhochzeit* (1922), sein Initiator Carl Mayer habe das Wesen des Filmischen erfaßt.[350] Die von Mayer geschriebenen und mitgestalteten Filme regten Kritiker und Kollegen zu einer Genauigkeit der Beobachtung an, die der ästhetischen Sensibilität in der Filmbetrachtung jener Jahre wesentlich zugute kam. Auch dieser Effekt gehörte zu der von der Ufa ermöglichten, in ihrem engeren oder weiteren Umkreis sich entfaltenden Filmkultur: eine Aufmerksamkeit für die Besonderheiten des Mediums, für seine Sinnlichkeit und visuelle Intensität, die zunehmend auch die schreibende Intelligenz in ihren Bann zog. Sie spürte oder ahnte zumindest die Grenzen der ihr vertrauten verbalsprachlichen Kommunikationsformen in dem Maße, wie es nicht zuletzt den Filmen Mayers gelang, »die Begrenztheit des Mediums, seine Sprach-/Tonlosigkeit, im Bild aufzuheben«.[351] Hier deutete sich, unter den Auspizien der Ufa und kraß kapitalistischen Produktions- und Distributionsbedingungen, in Umrissen eine neue Kommunikationsästhetik, eine neue Kultur der Wahrnehmung an, die ein emanzipatorisches Versprechen enthielt. Es ist am allerwenigsten den Künstlern der Ufa-Werkstatt um 1925 anzulasten, daß der Konzern im weiteren Verlauf seiner Geschichte solche Hoffnungen Lügen gestraft und, unter nationalsozialistischer Herrschaft, seine eigene Vergangenheit liquidiert hat.

Der einstündige Film *Sylvester* – die letzte Stunde eines Jahres, reflektiert in den Geschehnissen und Stimmungen dreier verschiedener gesellschaftlicher Milieus – wurde am 3. Januar 1924 im Ufa-Theater Kurfürstendamm uraufgeführt. Die autonomen Qualitäten des Drehbuchs wurden schon damals erkannt: noch im selben Jahr erschien Mayers Skript als Druck im Potsdamer Gustav Kiepenheuer-Verlag.[352] Herbert Jhering schrieb später über *Sylvester*, dieser Film sei »von Grund aus anders zu beurteilen als Filme sonst«; ausschließlich auf die Elemente Licht und Bewegung gestellt, sei der deutsche Film einer »absoluten Filmkunst« noch nie so nahe gekommen wie hier. Es gehöre zu den stärksten Filmvisionen, daß das Verfahren der Parallelmontage nicht als banale Kontrastierung, sondern »allein als Bewegungsmotiv, als rhythmischer Gegenschlag eingesetzt« wurde.[353] Zugleich ging Mayers Blick jedoch stets vom Menschen aus – und zum Menschen hin, und er war an den sozial geformten Handlungsmotiven der Menschen interessiert.

Es verwundert nicht, daß der Anstoß zu *Der letzte Mann*, Murnaus Hauptwerk und einem der berühmtesten Ufa-Filme in der Zeit der Weimarer Republik, von Carl Mayer kam. Nach einer Auskunft von Paul Rotha[354] ließ sich Mayer von einer Zeitungsnotiz über einen Toilettenwärter, der sich in wirtschaftlicher Not das Leben genommen hatte, zur Geschichte jenes Hotelportiers anregen, der, vom Geschäftsführer degradiert, seine Identität in die Portiersuniform zu retten sucht und schließlich an der Gefühlskälte seiner Mitmenschen seelisch zerbricht: eines der unzähligen Opfer im Überlebenskampf, den die kapitalistische Krise den Habenichtsen der Gesellschaft aufdiktierte. Lotte H. Eisner berichtet, ursprünglich habe Lupu Pick diesen Film realisieren und so die vorausgegangenen Arbeiten *Scherben* und *Sylvester* zu einer Trilogie abrunden sollen; es sei jedoch zu Meinungsverschiedenheiten zwischen ihm und Mayer gekommen.[355]

Das Rätselraten um den »zweiten Schluß« des Films, das »aufgesetzte« Happy-End, wurde in der Fachliteratur bis heute nicht entschieden. »Verdanken wir Mayer oder Murnau den derben Epilog?« fragte Lotte H. Eisner, und sie bedauerte, daß man nach den filmisch so brillanten Sequenzen im Hotel, im Hinterhof der Mietskasernen und in den Traumszenen »noch stärker die Banalität des trivialen Happy-End fühlt, jenes angefügten kommerziellen Märchens vom plötzlich reich gewordenen Portier, dem ein Millionär, der in der Herren-

Der letzte Mann: Emil Jannings

toilette starb, all sein Geld hinterlassen hat. Murnau wird ebenso schwerfällig wie sein Berliner Publikum. Und dies wirkt wie der sogenannte Ufa-Stil peinlich.«[356]

Wahrscheinlich sind weder Mayer noch Murnau für diese Schlußversion im Sinne des Dawes-Plans und der »neuen Prosperität« von 1924 verantwortlich zu machen – allerdings auch nicht der Darsteller des Portiers, Emil Jannings, der in seinen Memoiren behauptet, er habe aus Gründen »rein künstlerischer Art« diese Änderung, »trotz der Aufregung der Literaten«, durchgesetzt. Es habe ihn nie befriedigt, nur das Negative darzustellen. Der Portier mit seinem bitteren Schicksal »verkörperte den Niedergang ohne jede weiterreichende Perspektive, aber gerade eine solche Perspektive benötige ich. Denn ich brauche den Glauben an die Welt!«[357] Jannings' Darstellung gehört, so ist zu vermuten, ins Reich jener autobiographischen Selbststilisierungen, die um des Effektes willen gelegentlich auch erhebliche Abweichungen von der historischen Wahrheit in Kauf nehmen.

Nach einer von Rolf Hempel mitgeteilten Information Otto Mayers, des Bruders von Carl, war der Autor mit dem märchenhaft-optimistischen Epilog keineswegs einverstanden. Aber der Stoff des Films sei so heikel gewesen, »daß die damalige Ufa dieses Happy-End zur Bedingung machte«. Hempel zitiert darüber hinaus einen Bericht Erich Pommers aus dem Jahre 1962, wonach »zehn Besprechungen notwendig waren, um den Schriftsteller Carl Mayer zu überzeugen, dieses Happy-End zu schreiben. ›Wir fügten das Happy-End hinzu, weil sonst der Film so wie das wirkliche Leben gewesen wäre und zu einem kommerziellen Mißerfolg geführt hätte.‹«[358] Es existieren keine Konzernunterlagen, die

Der letzte Mann: Dreharbeiten bei Nacht

diese Version bestätigen oder widerlegen könnten. Wahrscheinlich wurde nicht so sehr der Stoff selbst als heikel empfunden – das wirtschaftliche Elend der kleinen Leute war zu dieser Zeit für die Ufa durchaus kein Tabu. Mit Bestürzung wurde jedoch die unaufhaltsame Konsequenz aufgenommen, mit der Murnau und Mayer den Abstieg des Portiers bis zu einem Nullpunkt absoluter Vereinsamung gestalteten: eine düstere Kompromißlosigkeit, die das Unternehmen – und wohl auch den Produzenten Pommer – um den geschäftlichen Erfolg des Films bangen ließ.

Carl Mayer behalf sich mit dem einzigen Zwischentitel des Films, um in ironischer Weise auf den zweiten, »optimistischen« Schluß vorzubereiten: »Hier sollte der Film eigentlich enden. Im wirklichen Leben würde der unglückliche alte Mann noch kaum etwas anderes zu erwarten haben als den Tod. Doch der Drehbuchautor hatte Mitleid mit ihm und sah ein fast unwahrscheinliches Nachspiel vor.« Die Ironie wurde erkannt; nach der Premiere am 23. Dezember 1924 im Ufa-Palast am Zoo schrieb Herbert Jhering im »Berliner Börsen-Courier«, selbst aus der »üblichen Not«, dem guten Schluß, sei eine »unübliche Tugend« geworden: »Der Epilog setzt witzig und rhythmisch so präzise ein, daß dieser Umschlag nicht mehr als Verlegenheit wirkt.«[359] Kurt Pinthus meinte sogar, das unerwartete Happy-End sei mit seiner ironisch-literarischen Begründung »filmdichterisch vortrefflich gefügt«.[360]

Seiner sozialkritischen Aspekte ungeachtet, wurde *Der letzte Mann* auch von den Institutionen der Weimarer Bourgeoisie gefeiert; die Kölner Festaufführung vor den Spitzen der Handelskammer geriet nach einem Bericht der »Lichtbild-Bühne« zu einem gesellschaftlichen Ereignis ersten Ranges.[361] Der Film wurde zu einem der wenigen großen Auslandserfolge der Ufa; er lief in London und in New York (hier unter dem Titel *The Last Laugh*) wochenlang vor ausverkauften Häusern, und einmütig stellte die angelsächsische Presse fest, mit diesem Werk sei Deutschland auf dem besten Wege, die verlorengegangene Achtung der Welt mit den Mitteln der Kinematographie zurückzugewinnen.

13. Kapitel

Gab es einen Ufa-Stil? Der schöne Schein und seine Grenzen

Am 22. April 1927 beschloß der Ufa-Vorstand in seiner täglich stattfindenden Routinesitzung, die Reklame der Ufa-Lichtspieltheater im gesamten Reichsgebiet zu vereinheitlichen: Filmplakate und Inserattexte einschließlich der vorgefertigten Klischees sollten den Kinos der Provinz künftig »geschlossen von Berlin« aus geliefert werden. Nur wenige Tage später, am 5. Mai, verfügte die Direktion: »Es sollen bei der Ufa bestimmte Uniformvorschriften für die einzelnen Personal-Kategorien, und zwar sowohl für das Berliner als auch das Provinz-Personal, ausgearbeitet und darüber eine Tabelle mit Abbildungen der einzelnen Uniformen, ähnlich wie sie der Verlag Scherl hat, geführt werden.«[362]

Am 14. Mai 1927 gab es im Entscheidungsgremium des Konzerns Anlaß zu einer Unmutsbekundung: »Liane Haid ist von der Firma Lothar Stark in einem Film in Kostümen aufgetreten, die sie in dem Film *Der letzte Walzer* der Ufa getragen und von der Ufa unrechtmäßig mitgenommen hat. Gegen Herrn Stark soll eine einstweilige Verfügung erwirkt werden.« *Der letzte Walzer*, ein Operettenfilm nach Oscar Straus und die erste Gemeinschaftsproduktion der Ufa und der Paramount, war in der Regie von Arthur Robison gerade abgedreht worden. Liane Haid, ein früher Star des österreichischen Stummfilms, Typ der charmanten Wienerin mit schmachtendem Blick, seit ihrem Erfolg in Richard Oswalds *Lady Hamilton* (1921) auch in Deutschland gefragt, hatte neben Willy Fritsch, Ida Wüst und Hans Adalbert von Schlettow die weibliche Hauptrolle gespielt.

Ihr Partner Willy Fritsch freilich wurde von der Ufa mit einer anderen Elle gemessen. Am 3. Juni 1927 gab der Vorstand folgenden Beschluß zu Protokoll: »Herrn Willy Fritsch soll eine monatliche Kleiderzulage von M 500,– vertraglich zugebilligt werden. Ferner soll ihm für jeden einzelnen Film eine besondere Zuwendung in Aussicht gestellt werden, die jedoch im Gesamt einen Betrag von weiteren je M 500,– monatlich nicht übersteigen darf.«

Der Konzern war im Begriff, sein Erscheinungsbild in der Öffentlichkeit gründlich zu renovieren. In den Chefetagen der größten deutschen Filmfabrik war man zu der Auffassung gelangt, das Gesamtunternehmen bedürfe einer deutlich erkennbaren ästhetischen Linie, die es aus der chaotischen Vielfalt der Vergnügungsindustrie herausheben und in der Glitzerwelt der schönen Täuschungen seinen besonderen Marktwert signalisieren sollte. Wenn überhaupt ein Konzern, also ein anonymer ökonomischer Machtkomplex mit schwer durchschaubaren innerbetrieblichen Strukturen, über eine ästhetische »Ausstrahlung« verfügen kann, so versuchte die Ufa in diesen Jahren, sich eine solche Aura zu verschaffen. Man war sich dessen bewußt, daß dem äußeren Bild auch scheinbar belanglose Details zuzuordnen waren, soweit sie optischen Symbolwert besaßen, aus der Flut der Markenzeichen hervorstachen und solchermaßen, als Wiedererkennungsmerkmale, die suggestive »Haut« des Unternehmens bildeten. Dazu gehörte der berühmte Ufa-Rhombus ebenso wie das großformatige Filmplakat, das einheitliche Layout der Zeitungsinserate und der uniformierte Liftboy im Gloria-Palast, das Kostüm eines Stars ebenso wie die Garderobe, in der er sich in den Cafés am Kurfürstendamm sehen ließ. Die Ufa kostümierte sich – und unversehens geriet ihre Kostümierung, einer latenten Strömung der Epoche folgend, zur Uniform.

Subtile Differenzierungen trugen dabei der Hierarchie der Stars und ihrem unterschiedlichen Marktwert Rechnung. Willy Fritsch, seit Joe Mays Film *Der Farmer aus Texas* (1925) als liebenswürdig-dreister Draufgänger eine Identifikationsfigur des deutschen Kinos, gehörte als unumstrittener Star zum lebenden Inventar wie auch zur »Fassade« der Ufa: sein Gesicht auf den Plakaten, in den Schaukästen und über den Portalen der Kinos propagierte, nicht anders als der magische Rhombus mit dem Firmenzeichen, die Einzigartigkeit und Allgegenwart der Ufa-Traumfabrik. Die vertraglich zugebilligte »Kleiderzulage« war eine Konzession an eben diese überragende Star-Imago: sie verlieh einem Markenzeichen zusätzlichen Glanz. Liane Haid hatte, aus der Sicht der Konzernspitze, keinen vergleichbaren Rang. Sie hatte sich am Unternehmen und seiner Aura versündigt, indem sie ihre Kostüme aus einem Ufa-Operettenfilm in die Produktion einer anderen Firma »unrechtmäßig mitgenommen« hatte. Die einstweilige Verfügung der Ufa-Anwälte mochte de jure die Entwendung von Sachwerten betreffen – psychologisch jedoch ging es um Aura-Diebstahl, um ein Vergehen gegen jene immateriellen, wiewohl sichtbaren Werte, die den »Glanz« der Ufa, die Gesamtheit ihrer ästhetischen Erkennungszeichen ausmachten. Konsequenterweise prozessierte die Ufa nicht gegen die Delinquentin Liane Haid, sondern gegen die Konkurrenzfirma des Produzenten Lothar Stark.

Soweit Kino-Kultur immer auch »ästhetische Erziehung« und Formung der sinnlichen Wahrnehmung bedeutet, war die Symbolwelt der Ufa ein Teil der Kino-Wirklichkeit, ergänzte und bereicherte sie »die faszinierende zweite Wirklichkeit des Kinos und die darin verdoppelte Konsumkultur«. (Gert Selle[363]) In der Weimarer Republik war die Konsumsphäre ein Fluchtraum des gesellschaftlich dekomponierten kleinbürgerlichen Ichs. »Die Öffentlichkeit der Zerstreuungs- und Vergnügungskultur verdeckte nahezu vollständig den Grad der Abhängigkeit, Unsicherheit und Dürftigkeit einer durchschnittlichen Angestelltenexistenz. Der Filmstar erschien als verkörperte Sehnsucht auf der Bildfläche, ein Idol, das Sehnsüchte band und weckte.«

Kino-Wirklichkeit funktionierte als Ersatzrealität, »Surrogat gelebter sozialer Sinnlichkeit«, wie Selle schreibt: wie das Automobil oder die elegante Wohnungseinrichtung auf den Reklameseiten der Illustrierten blieben auch der Reichtum und der vorgeblich libertine Lebensstil der Stars Objekte der Wünsche, wurde auch die allseits propagierte sexuelle Befreiung nur »voyeurhaft im

Kino vollzogen«. Im Kino wie in der Reklame wurden die Menschen verdinglicht: sie gerannen zu starren, von ihrer Persönlichkeit abgelösten Schablonen einer der »Angestelltenkultur« und ihren Träumen angemessenen Typologie. Mode, Frisur, Gesichtsschnitt und »Körpersinnlichkeit« unterwarfen sich, beim männlichen Star, dem Leitbild des charmanten, alle Hindernisse überwindenden jungen Aufsteigers, während die Frau stereotyp zum Sexualobjekt degradiert wurde, am krassesten wohl in der Figur des »Girls«, wie sie zum Beispiel die Haller-Revue im Berliner Admiralspalast den Augen einer zahlungskräftigen Mittelschicht-Klientel präsentierte. Selle spricht von der »Ichlosigkeit und Uniformität« des Girl-Typs, und er bezieht sich auf Fritz Gliese, der in seinem Vergleich zwischen europäischem und amerikanischem Rhythmus die »Kultur der Motorik im Film« definiert hat: die Girls seien »Tanzmaschinen«, »gedrillte, nach bestimmten einfachen Techniken geübte Tanzkörper, Bewegungsmaschinen«.[364]

Zweifellos trifft es zu, daß »die ganze Körpersinnlichkeit der zwanziger Jahre« mittelbar »auf der Grundlage neuer Anforderungen des Produktionssystems« – nämlich der taylorisierten Großindustrie – entstanden und »Ausdruck einer fremdbestimmten Fitneß-Welle« war. Auch kann man Selles These zustimmen, daß mit dem »originalen Massenbefriedigungsinstrument« des Films sich »die Psyche besonders modellieren« ließ. Ob jedoch die »Agenten« der Filmindustrie, über ihre Gewinnerwartungen und ihre (seit Hugenberg manifesten) politisch-ideologischen Interessen hinaus, »auch versuchten, bestimmte Sozialisationsinteressen auf ästhetischem Wege und mit besonderer psychischer Gewalt durchzusetzen«, ist eher fraglich. Gert Selle: »Wer den Produktions- und Verteilungsapparat der Filmindustrie in der Hand hielt – und das war weitgehend die Ufa –, der hatte auch die formbare Sinnlichkeit und die Mentalitätsstruktur breiter Massen zu einem großen Teil in der Hand.«[365]

Diese These unterstellt ein gesellschaftspolitisches und kulturtheoretisches Bewußtseinsniveau, das auf der Ebene der »Agenten« – also zum Beispiel im Aufsichtsrat und in der Direktion der Ufa – keineswegs anzutreffen war. Sie unterstellt eine bewußt ausgeübte »Macht der Manipulateure« in jenen komplizierten gesellschaftlichen Interaktionsfeldern zwischen Ökonomie und ästhetischer Sozialisation, Produktionsrhythmus und Körpersinnlichkeit – in einem Bereich also, in dem die Manipulateure wahrscheinlich selbst manipuliert wurden und nur Werkzeuge tiefgreifender struktureller Veränderungen waren. Sowohl in ihrer Uniformvorschrift wie im Fall der Kleiderzulage für Willy Fritsch folgte die Ufa einem »Trend« der Zeit – dem Trend zur Uniformierung und Verdinglichung des Menschen. Über ein Netz vielfältiger Vermittlungen, zu denen auch der Film gehörte, berührte dieser Trend in der Tat »die Triebstruktur der Deklassierten, ihre verschwommenen Erinnerungen, ihre Ängste vor undurchschaubaren Mächten, ihre Faszination durch Gewalt, ihre kleinbürgerlichen Hoffnungen auf Glück (...).«[366]

Gab es einen Ufa-Stil, eine spezifische Ufa-Ästhetik, ein vom größten deutschen Filmkonzern geschaffenes und von ihm multipliziertes Leitsystem für »schöne Wahrnehmungen« und »angenehme Gefühle«? Jeder Versuch, auf diese Frage eine Antwort zu finden und sie nicht allein aus den Filmen der Ufa, sondern aus der Gesamtheit der von ihr mit geformten und geförderten Kino-Kultur abzuleiten, sollte sich dessen bewußt sein, in einer Welt der Zeichen zu operieren. »(...) wenn es auch erfreulich ist, daß ein Schauspiel dazu geschaffen ist, die Welt klarer zu machen, so liegt doch eine schuldhafte Duplizität darin, das Zeichen und das Bedeutete miteinander zu verwechseln«, schrieb Roland Barthes in den »Mythen des Alltags«. Und am schönen Beispiel der »eigensinnigen Haarfransen« im Römerfilm exemplifizierte er, was ein Zeichen sei: »Die Stirnfransen verbreiten Evidenz, niemand kann bestreiten, daß er sich im alten Rom befindet.« Wir bewegen uns in einer Welt, »in der die Römer durch ein höchst lesbares Zeichen, die Haare auf der Stirn, römisch sind«.[367]

In der Welt des schönen Scheins brauchen »rituelle Zeichen nur angekündigt zu werden«, um »die Idee des Sexus und zugleich deren Beschwörung hervorzurufen« – so Barthes im Zusammenhang mit dem Striptease. Die rituellen Zeichen widerlegen die Nacktheit, sie gehören dem Bereich der Verhüllungen an, dem Dekor, den Accessoires, den stereotypen Bewegungen – und sie entrücken das Objekt der Begierde ins Unnahbare: »Die ganze Skala des Schmückenden bewirkt unaufhörlich eine Einordnung des lebendigen Körpers in die Kategorie der Luxusobjekte.« Wie im Striptease der entschleierte Körper der Frau, so wird im Kino der Mensch als gesellschaftliches Wesen dank der Figur des Stars »in den umhüllenden Komfort eines bekannten Ritus« gedrängt; wie die nackte Frau bleibt er selbst »irreal, glatt und geschlossen wie ein schöner glänzender Gegenstand, der gerade durch seine Extravaganz dem menschlichen Zugriff entzogen ist«.[368] Dies um so mehr, als beim Stummfilm-Star, wie Roland Barthes in seinem Essay über »Das Gesicht der Garbo« bemerkte, »die Schminke die schneeige Dichte einer Maske« aufweist: »Es ist kein gemaltes Gesicht, es ist ein gipsartiges Gesicht, an der Oberfläche verschlossen durch die Farbe und nicht durch seine Linien.«[369]

Die »schneeige« Verschlossenheit der Stummfilmmasken – auch und gerade der als unsterblich gepriesenen weiblichen Schönheiten – erschwert einem heutigen Betrachter den Zugang zur »Körpersinnlichkeit« der frühen Filmstars; bis in die späten zwanziger Jahre hinein huldigte die Filmkunst solcher Hermetik, und auch die Filme der Ufa machten keine Ausnahme. Lya de Putti als *Manon Lescaut*, in Arthur Robisons Film von 1926, wehrte sich als Darstellerin einer Frauenfigur aus dem 18. Jahrhundert gegen den männlichen Terror einer feudalabsolutistischen Gesellschaft – und als Körperwesen vor der unbarmherzigen Kamera Theodor Sparkuhls kämpfte sie gegen eine dicke Schicht kalkweißer Schminke, die ihrem Gesicht – wären nicht die dunklen, mal traumverlorenen, mal leidenschaftlich lodernden Augen – jede Individualität geraubt hätte.

Der Versuch, eine wie auch immer beschaffene »Ästhetik der Ufa« von ihrem Starwesen, der erotischen Ausstrahlung ihrer Filmidole aus zu definieren, stößt auf ein historisches Problem. Der Typus des Ufa-Stars – Henny Porten, Lil Dagover, Brigitte Helm und Lilian Harvey, Emil Jannings, Werner Krauss, Gustav Fröhlich und Willy Fritsch seien hier als herausragende Beispiele genannt – bildete sich zu einer Zeit heraus, in der das Kino unter dem Zugriff der Industrie, aber auch unter dem Einfluß bildungsbürgerlicher Kreise von seinen frühen anarchischen Exzessen, von den schrankenlosen Kitsch-Apotheosen und der explosiven Sinnlichkeit der Anfangsjahre endgültig Abschied genommen und begonnen hatte, sich auf den bürgerlichen »Geschmack« zu besinnen. Dies blieb nicht ohne negative Auswirkungen auf die Qualität der Erotik im Film – und auf die erotischen Erwartungen, die in jedem Kinobesuch mitschwingen. Wenn Roland Barthes in den Entkleidungsnummern des Moulin Rouge eine »typisch französische Form der Beschwörung« sah, »die weit weniger auf eine Zerstörung des Erotischen als auf seine Domestizierung« zielte, auf seine Zähmung zur kleinbürgerlichen »Haushaltsware«[370], so gilt erst recht für die europäischen, vor allem für die deutschen Filmstars in der zweiten Hälfte der zwanziger Jahre, daß sie ihr Charisma einer eher gebremsten, bürgerlich-salonfähigen oder kleinbürgerlich-haushälterischen Erotik geliehen und so zur Entzauberung eines großen Zaubers beigetragen haben.

Schon 1920 beklagte Carlo Mierendorff in einer furiosen Attacke auf die Verbürgerlichung des Kinos die Demontage des Erotischen durch die parfümierten Mittelmäßigkeiten des gerade aufkommenden »Gesellschaftsfilms«: »Ausschweifung wird saftlos, Kitzel gänzlich kastriert. Gerieben in Andeutung, das Anstößige nur ins Erlaubte gerückt, gibt man statt Puff – Bar, statt Hochzeitsnacht – Standesamt, statt Trikot – Decolleté, statt Vergewaltigung – vielleicht noch Umarmung.« Die Ufa wurde sehr bald zur wichtigsten Produktions- und Verteilungsstätte jener »Gesellschaftsfilme«, die einer ebenso seelenlosen wie körperfeindlichen »Romantik des Kapitalismus« huldigten: »Nur noch Salons, Festtafeln, Boudoirs, Verbeugung, Gelächel. Immer der gleiche renitente Zirkel, öd, zum Gähnen: das ist das Gesellschaftsstück.« Und mit fortschreitender Anpassung an die »Angestelltenkultur« der Weimarer Republik, die sich sogar in ihren Träumen einem grauen Konformismus verschrieben hatte, wurden auch die Stars der Ufa zu konformistischen Abziehbildern eines grauen Angestelltenalltags; die Erotik verdorrte, bar der ungehemmten Schamlosigkeit früherer Jahre: »Der Bürger hat triumphiert. Zu feig selbst zum Exzeß und zu mager duldet er nur eins: die Platitüde.«[371]

So ging die äußere Prachtentfaltung der Ufa – in ihren Lichtspielhäusern mit den glitzernden Fassaden, in ihren festlichen Premieren und »Bühnenschauen«, in ihren Reklamefeldzügen und Uniformvorschriften – mit einer Verkümmerung der Sinnlichkeit in ihren Filmen und einer Verbürgerlichung ihrer Stars einher; auch mit einer Säkularisierung des Star- und Diva-Kults, der in anderen Filmländern, etwa in den USA, nicht frei von pseudosakralen Zügen war. Allerdings erlangten die Darsteller im europäischen Film selten jenen charismatischen Nimbus, den ein Hollywood-Star ganz selbstverständlich für sich beanspruchte und mit Hilfe der amerikanischen Werbestrategien mühelos erwerben konnte. Der Filmhistoriker Enno Patalas weist in seiner Geschichte der Filmidole darauf hin, daß der Darsteller im europäischen Kino gemeinhin als »Medium einer Idee« verstanden wird, nicht als »autonomes Idol«, das sich in seiner eigenen Vollkommenheit sonnen darf, solange ihm die Herzen des Publikums zufliegen.[372] Zumal der deutsche Filmstar repräsentierte »eher die herrschenden Ideologien als die unbewußten Strebungen der Kollektivseele«. Wenn, wie im Fall der »Kriegsheldin« Henny Porten in den Filmen zwischen 1914 und 1918, die ideologischen Anforderungen und die Wallungen der Kollektivseele im Einklang waren, entstand allerdings ein Star-Typus besonderer Ausprägung, den nur die deutsche Filmgeschichte aufzuweisen hat.

Der Star mit internationaler Ausstrahlung, wie ihn Hollywood hervorbrachte, hatte in den Ateliers der Ufa keine Heimat. In der Frühgeschichte des Konzerns gelang es Lubitsch noch, Pola Negri zu einem Vamp mit internationalem »appeal« aufzubauen, eben zu jener »Mondänen«, als welche sie von Willy

Haas bewundert wurde: »Sie ist mondän; punktum: wenn es überhaupt etwas Mondänes gibt – in Chemnitz wie am Missouri – ist sie mondän.«[373] Aber Pola Negri erhielt auch als erste europäische Schauspielerin einen langfristigen Vertrag in Hollywood, und als Rivalin Gloria Swansons wurde sie »die erste in Hollywoods Galerie fremdartiger Schönheiten, in der Greta Garbo, Marlene Dietrich und viele andere folgen sollten«.[374] Der Hauch des Mondänen und der Ruch des Fremdartigen: diese beiden Ingredienzen prägen wesentlich das Geheimnis und die Erotik des Stars – und beide Komponenten waren dem handwerklich ausgerichteten, an der Charakterdarstellung des Theaters geschulten Biedersinn der deutschen Filmdarsteller eher wesensfremd.

Die einzige authentische »femme fatale«, die der deutsche Film hervorgebracht hat, wurde, nach ihrem Erfolg in Josef von Sternbergs Ufa-Film *Der blaue Engel* (1930), sehr bald ein Idol des internationalen Kinos: Marlene Dietrich. Verschiedene Titel werden – je nach Zensurkarte oder Uraufführungsdatum – als ihr Debütfilm angeführt. Mit großer Wahrscheinlichkeit trat sie in Joe Mays *Tragödie der Liebe* (1922 produziert, Uraufführung am 6. November 1923) – einer kolportagehaften Kriminalintrige um einen ermordeten Grafen, einen Ringkämpfer und eine fidele Kokotte – in einer Nebenrolle zum ersten Mal vor die Kamera[375], im Schatten berühmter Kolleginnen und Kollegen wie Mia May, Ida Wüst, Emil Jannings, Wladimir Gaidarow, Paul Biensfeldt, Rudolf Forster und Paul Graetz. In Kurt Bernhardts Terra-Film *Die Frau, nach der man sich sehnt* (1929), einer Dreiecksgeschichte mit tödlichem Ausgang, zeigte sie erstmals, als Partnerin Fritz Kortners, eine Andeutung jener unnahbaren, sinnlich-übersinnlichen Laszivität, die ihren Ruhm begründete. Als Lola-Lola in *Der blaue Engel* schließlich, nach Heinrich Manns Roman »Professor Unrat«, wurde Marlene Dietrich zum Weltstar: »mehr Symbol des Eros als Liebende oder Geliebte« (Patalas[376]), fremd und mondän, von androgyner Eleganz und provozierender Unabhängigkeit. Schon 1930 war sie, eine singuläre Erscheinung der Film- und Kinogeschichte, den Deutschen entrückt und für Hugenbergs Ufa einige Dimensionen zu groß – im selben Jahr begann unter den Fittichen Sternbergs und der Paramount ihr Aufstieg »zur international faszinierenden erotischen Kunstfigur«.[377]

In Deutschland rief das Publikum der »neuen Sachlichkeit« und der Zeit nach der Weltwirtschaftskrise nach handfesteren, »solideren« Leitbildern. Auch die exzentrischen Lebensgeschichten der Stars – meist haarsträubend konstruierte Legenden, die den Darsteller in eine exotisch-romantische Traumsphäre, also in die Welt seiner Filme entrücken sollten – verfehlten zunehmend ihre Wirkung. Theda Bara, der erste Vamp der Filmgeschichte, Tochter eines dänischen Schneiders aus Cincinatti, hatte noch verbreiten lassen, sie habe als Kind eines französischen Künstlers und einer Araberin in der Sahara das Licht der Welt erblickt, und Fern Andra, die deutsch-amerikanische Demi-Mondäne der frühen Ufa-Jahre, hatte eine Broschüre in Umlauf gebracht, in der sie behauptete, sie ziehe sich jedes Jahr für einige Monate in ein italienisches Kloster zurück, um fromm zu meditieren und für ihre nächste Filmproduktion Kraft zu schöpfen. Die Ufa der späten zwanziger Jahre verzichtete auf solche Extravaganzen; sie waren in einer Zeit der ökonomischen Vernunft und der industriellen Sachzwänge nicht mehr opportun.

Der Star sei der Held, »den eine nur wirtschaftlich gegliederte und darum

Der blaue Engel: Marlene Dietrich

zum Heroismus nicht fähige Menge sich vorträumt«, hatte Friedrich Sieburg schon 1923 geschrieben.[378] Rudolf Arnheim diagnostizierte 1932 einen künstlerischen Abbau des Star-Mythos und der Starrollen, der sich innerhalb von zwei Jahren vollzogen habe: Jannings sei von den großen Leidenschaften, die er noch in *Der blaue Engel* verkörpert habe, zu einem »wohlgepflegten, liebenswürdigen Verbrecherhäuptling, Frauen-Idol in den besten Jahren« heruntergekommen: ein solcher Film – gemeint ist Robert Siodmaks Ufa-Tonfilm *Stürme der Leidenschaft*, 1931 – sei »heute schon große Tragödie«![379] Rechnerischer Geist und preußisch-protestantische Engstirnigkeit – von der Gründungsstunde an die Kehrseite der Ufa-Herrlichkeit – färbten auf die Filmfabeln und den seelischen Habitus vieler Filmhelden ab. Schon zehn Jahre zuvor hatte Kurt Pinthus den satirischen Vorschlag gemacht, aus »materiell-praktischen Gründen« Henny Porten zum Reichspräsidenten zu ernennen, ihre Gage entsprechend zu kürzen, vom Ausland Höchstsummen für den Export ihrer Filme zu fordern und mit den Gewinnen die deutschen Reparationsschulden abzutragen.[380] In den kaufmännischen Abteilungen der Ufa dachte man, nach dem Debakel mit Langs *Metropolis* und der Enttäuschung über das ausgebliebene Parufamet-Geschäft, zweifellos ähnlich pragmatisch, wenn auch nicht annähernd so kühn und phantasievoll wie Pinthus.

Wenn es eine »Ästhetik der Ufa« gab – eine Ästhetik, die mehr als die Organisation der Formen, nämlich zugleich deren »Philosophie«, die Strategie ihrer Vermarktung, ihr Verhältnis zum Bewußtsein der Massen und zu den realen politischen Gewalten der Zeit umfaßte –, so fand sie ihre überzeugendste Inkarnation in einem Film, der nur in Deutschland, nur auf dem Zenit der Weimarer Republik und nur in Neubabelsberg entstehen konnte: in Fritz Langs *Metropolis*. Hier schoß alles zusammen, was seit 1917 die Vormachtstellung der Gesellschaft begründet hatte, was sie in der Ära der Republik zu ihren Triumphen und an den Rand des Abgrunds führte und schließlich ihre Unterwerfung unter die Diktatur beschleunigen wird: Die Kapitalbasis – und die Bedenkenlosigkeit, mit der sie verwirtschaftet wurde. Das Talent zu generalstabsmäßiger Großorganisation – und die Lust, sich im mikroskopischen Detail zu verlieren. Künstlerische Besessenheit – und ihre Perversion zu leerem Perfektionismus. Technik-Begeisterung und ihre Kehrseite: platter Technizismus. Die weltanschauliche Kraftanstrengung – in einem geistigen Vakuum. Der »Wille zur Form« – und eine amorphe Ruine als Produkt. Liebe zum Handwerk, Phantasie, unermüdlicher Fleiß – und die Rücksichtslosigkeit, mit der alle diese Vorzüge aus konzeptionellem Mangel und intellektueller Selbstüberschätzung verspielt wurden. In mancherlei Hinsicht wurde das Schicksal dieser allzu kostspieligen Film-Katastrophe zum Symbol für das Schicksal der ersten deutschen Republik.

Sein Glaube an den Unternehmungsgeist der Deutschen habe einen Schock erlitten, schrieb Herbert George Wells nach Besichtigung von *Metropolis*. »Mit den schlechtesten Traditionen des Kinos, monströs von sich selber überzeugt und mit sich selbst zufrieden, gewiß der Macht einer lauten Reklame, die das Publikum schon heranholen wird, ohne Furcht vor ernsthafter Kritik, ohne blasse Ahnung von der Wissenschaft und den Anschauungen außerhalb ihres Gesichtskreises, machten sie sich in ihrem riesenhaften Atelier ans Werk, um Länge auf Länge diesen ignoranten, altmodischen Quatsch zu produzieren und den Markt für jeden besseren Film zu ruinieren.«[381] Aber Wells erfaßte nur eine Seite des Problems *Metropolis*. Was er nicht sah, vielleicht nicht sehen wollte, war das hohe Maß an kinematographischer Virtuosität und deutschem Drang zur Vollkommenheit, das sich in diesem Filmmonstrum kristallisierte. *Metropolis* war und ist ein Problem der Deutschen – wäre dem nicht so, dauerten die Auseinandersetzungen über diesen Film nicht bis heute an.

Fritz Lang benötigte siebzehn Monate – von Ende Mai 1925 bis Ende Oktober 1926 –, um seine Vision vom Klassenkampf in einer utopischen Stadt des 21. Jahrhunderts in bis dahin nie gesehene Filmbilder zu übersetzen. Während dieser siebzehn Monate organisierte die Ufa eine Publicity-Kampagne, in deren

Verlauf zunächst die Zeitungen der Hauptstadt, dann auch die kleinsten Provinzblätter die Zahlen nachdruckten, mit denen die Presse- und Propagandaabteilung des Konzerns den Verschleiß an Menschen und Material, den *Metropolis* erforderte, der Öffentlichkeit als kulturelle Leistung präsentierte: 36000 Komparsen, darunter 750 Kinder und 100 Neger, 1100 »Kahlköpfe«, mehr als 500 Wolkenkratzer, 1300000 Meter Film, 1600000 Reichsmark allein für Arbeitslöhne...

Im Kriege hatte die Oberste Heeresleitung vorexerziert, wie Millionensummen und ein Millionenheer in Bewegung gesetzt, verschoben, verschleudert und schließlich vernichtet werden können. In der Inflationszeit hatten die Deutschen gelernt, beim Einkauf der notwendigsten Lebensmittel mit Milliardenbeträgen zu wirtschaften. Beinahe täglich jonglierte die Presse mit der Höhe der von Deutschland bis ans Ende des Jahrhunderts zu zahlenden Kriegsschuldlasten. Der Dawes-Plan, der die Phase der relativen Prosperität eingeleitet hatte, war im Bewußtsein des Volkes in der Hauptsache ein Zahlenwerk. Nun übertrug die Ufa die Mathematik der Kriegsführung und des Wirtschaftskampfes auf die Unterhaltungsindustrie und züchtete, wie Theodor Heuss 1927 in seiner *Metropolis*-Rezension schrieb, einen »suggestiven Zahlen-Snobismus«[382], dem offensichtlich weniger das Publikum als der Konzern selbst zum Opfer fiel. Die Kostenkalkulation belief sich zu Beginn der Dreharbeiten auf anderthalb Millionen Mark; am Ende hatten die Ausgaben 5,3 Millionen erreicht – die Aussichten, daß der Film diese Summe, selbst bei einem überdurchschnittlichen Auslandsgeschäft, wieder einspielen würde, waren gering. Die Ufa-Leitung stempelte Erich Pommer zum Sündenbock: ausgerechnet ihn, der sich stets a priori nicht für Quantität, sondern für künstlerische Qualität eingesetzt – und wahrscheinlich nur der Qualität zuliebe Fritz Langs Hang zu den Superlativen nachgegeben hatte.

Der Film, sagte Lang später, sei aus seinem ersten Blick auf die Wolkenkratzer New Yorks entstanden – im Oktober 1924, als die Ufa ihn und Pommer zu Studienzwecken in die USA geschickt hatte. »Den ganzen Tag bin ich in den Straßen herumgelaufen. Die Gebäude erschienen mir wie ein vertikaler Vorhang, schimmernd und sehr leicht, ein üppiger Bühnenhintergrund, an einem düsteren Himmel aufgehängt, um zu blenden, zu zerstreuen und zu hypnotisieren.«[383] Die schimmernde Transparenz der Skyline von Manhattan haben Lang und seine Kameramänner Karl Freund und Günther Rittau, unter raffinierter Verwendung des Schüfftanschen Spiegelverfahrens, in den Totalen der Oberstadt von *Metropolis* magisch-gläsern aufscheinen lassen und ins Traumhafte, auch Alptraumhafte entrückt. Langs Amerika-Bild war ambivalent wie das der Weimarer Bourgeoisie, durchmischt von Angst und Faszination, Verachtung und Minderwertigkeitskomplexen – und in seinem bildhaft arbeitenden Bewußtsein transponierte er seine Amerika-Vision auf den Kapitalismus schlechthin. Gerade in dieser Mischung aus Ergriffenheit und Schrecken war *Metropolis* ein präzis seismographischer Reflex auf die strukturellen Unschärfen im psychischen und ideologischen Haushalt der Gesellschaft: es waberte in den Köpfen und Seelen der Menschen. Vieles war und beinahe alles schien möglich: Befreiung und Katastrophe, Untergang und Erlösung, totalitäre Ordnung und totale Anarchie. Es ist keineswegs nur dem unsäglich einfältigen Buch der Thea von Harbou anzulasten, daß *Metropolis* im Bemühen, die Klassenfrage ein für alle-

Metropolis: Ausstattung Otto Hunte, Erich Kettelhut und Karl Vollbrecht

mal zu lösen, in einer Spruchweisheit deutscher Poesiealben kulminierte: das Herz sei der Vermittler zwischen Hand und Hirn, also zwischen Lohnarbeit und Kapital.

Diese Formel, meinte Kracauer, könne »ohne weiteres von Goebbels stammen«. Überzeugend beschrieb er die Emblematik der Schlußsequenz, in der die Arbeitermassen vor der Kathedrale der Herrschenden buchstäblich zu Kreuze kriechen, als eine Vorwegnahme der faschistischen Volkgemeinschaft.

Antizipierte *Metropolis* somit Strukturen einer nahen Zukunft, so bildeten sich andererseits, überwuchert von Mystik, »altdeutschem« Material und pseudo-religiöser Erlösungsphilosophie, in den »Hohlräumen« dieses Films Erfahrungen der Gegenwart ab – regressives Traummaterial der Republik, vorläufig gescheiterte Projekte der äußersten Reaktion. Im Herbst 1923, auf dem Höhepunkt der Inflation, hatte der damals mächtigste »Wirtschaftsführer«, Hugo Stinnes, in Geheimgesprächen und vertraulichen Mitteilungen an den amerikanischen Botschafter eine Katastrophenstrategie zur Niederwerfung der organisierten Arbeiterbewegung entwickelt: Wiedereinführung des Zehn-Stunden-Arbeitstags, Abschaffung des Parlaments, Einsetzung eines Diktators oder eines Triumvirats mit militärischer Befehlsgewalt, Niederschlagung des kommunistischen Flügels der Arbeiterbewegung. »Der Sozialismus wird nach diesen Erwartungen«, so der US-Botschafter Houghton an das State Department, »als eine politische Daseinsform in Deutschland für immer beseitigt und die Gesetze und Verordnungen, die die Produktion hindern und keinem nützlichen Zweck dienen, werden unverzüglich widerrufen werden.«[384] Stinnes' Sorge galt der

Möglichkeit, die Rechtsparteien könnten durch einen Putsch seinen Plänen zuvorkommen und die westlichen Demokratien gegen Deutschland mobilisieren; nach seinem Konzept sollte tunlichst ein kommunistischer Aufstandsversuch die Dinge ins Rollen bringen.

Phantasien dieser Art beschäftigten zahllose Köpfe im konservativen Lager, und sie kehrten teils als Horrorvision, teils als Handlungsmotiv in *Metropolis* wieder: in den Bildern eines tierhaft niedergedrückten, zu endlosen Marschkolonnen dumpfer Existenzen formierten Proletariats – und in der Figur der Roboter-Maria, die zur Rebellion hetzt und so erst den Vorwand schafft, um die aufwendige Beschwichtigungsmaschinerie des Dramas in Gang zu setzen oder, wie Kracauer schrieb, »den rebellischen Geist der Arbeiter zu zerschlagen«.[385] Lang, der sich selbst einen »Schlafwandler« nannte, verarbeitete das Material der Epoche, wie ein Träumer das Material des Tages in seinen nächtlichen Bildern »verarbeitet«, umbaut, in neue Zusammenhänge rückt und seine Logik verändert. Wozu der ganze Aufwand? – fragte Willy Haas. Das Ergebnis sei »tiefe innere Stillosigkeit« – und diese ein »Symptom für noch Bedenklicheres. Es ist die belletristische Unverbindlichkeit, die das Morgen und das Gestern so dringend braucht, um dem Heute auszuweichen.«[386]

Diese Stillosigkeit aber – und eben das kennzeichnet wesenhaft die Ufa als kulturelles Syndrom und ästhetische Werkstatt – war nicht zuletzt das Produkt beispielloser künstlerischer und technischer Obsessionen. Noch einmal wurden, während die amerikanischen Konzernchefs schon vor der Tür standen und Hugenberg auf seine Chance wartete, die Ateliers von Neubabelsberg und Staaken zu einem Laboratorium kinematographischer und inszenatorischer Einfälle, zu einer »Bauhütte« in großem Maßstab. Aenne Willkomm, die Kostümbildnerin, zerbrach sich den Kopf über eine »filmische Farbenlehre«[387], die man kennen müsse, um im Schwarzweißfilm Kostüme zu entwerfen und anzufertigen. Der Architekt Otto Hunte arbeitete monatelang an Miniaturmodellen, um den Wolkenkratzerkomplex von Metropolis mit zahllosen utopischen Automobilen und Flugzeugen und einem 500 Meter hoch gedachten neuen babylonischen Turm tricktechnisch darzustellen. Zwischen Hunte und Erich Kettelhut gab es Auseinandersetzungen über die architektonische Gestalt des Turmbaus; Lang neigte zum Entwurf Huntes, der sich an Gemälden »alter Meister« orientiert hatte. »Die Diskussion geriet schließlich in psychologische Spitzfindigkeiten, wurde unsachlich, sogar aggressiv. Die Partei Thea von Harbou, Fritz Lang entschied den Streit dann doch in ihrem Sinne. In dieser Art wurden jede Szene, jedes Bild, häufig sogar jede Apparateinstellung besprochen und festgelegt.«[388]

Karl Freund und Günther Rittau arbeiteten in den mit Hilfe des Schüfftan-Effekts in reale Szenen eingespiegelten Modellbauten fast acht Tage, um eine Aufnahme von 40 Metern Film, bestehend aus 2100 Einzelbildern, herzustellen; auf der Leinwand dauerte diese Einstellung ganze zehn Sekunden. Die Vorbereitung und Herstellung der Modellbauten für die dramatische Explosion in der Maschinenhalle nahmen vier Wochen in Anspruch; die Aufnahme der Explosion selbst, die selbstverständlich nicht wiederholt werden konnte, dauerte anderthalb Minuten. »Das kleinste Versehen während der Aufnahme hätte die Arbeit von 4 Wochen nutzlos gemacht. Bei den Aufnahmen von der Hauptverkehrsstraße, in der ca. 300 kleine Modellautomobile verwendet wurden, mußte nach der Aufnahme jedes einzelnen Bildchens jedes einzelne Auto um wenige

Errichtung der Modellbauten zu *Metropolis*

Metropolis

Millimeter vorgerückt werden, um den Eindruck der Bewegung im Film zu erzielen.«[389] Karl Freund erfand, für das Ferngespräch zwischen dem Industrieherrn Fredersen und seinem Maschinisten, das erste zumindest in der Filmwirklichkeit funktionierende »Fernseh-Telefon«.

So detailliert die beteiligten Künstler in den Pressematerialien der Ufa oder in ihren Erinnerungen über die Arbeit an *Metropolis* berichtet haben: an entscheidenden Stellen (auf die sich vor allem die Aufmerksamkeit der Filmhistoriker richtet, die wissen wollen, »wie es wirklich war«) fällt bei Freund wie bei Rittau, bei Hunte wie bei Kettelhut eine eigenartige Sprachlosigkeit auf. »Es würde zu weit führen, alle diese Dinge genau zu erklären«[390]: mit dieser gleichlautenden Formel weichen Hunte und Rittau, so beredt sie zuvor den *Effekt* ihrer Arbeit geschildert haben, einer präziseren Darstellung ihrer *Vorkehrungen* aus. Verständlich, daß sie dem großen Publikum nicht alle Geheimnisse »verraten« wollten: die Mystifikation des Produktionsvorgangs, die Geheimnistuerei bei aller Mitteilsamkeit gehörten zu den Tricks der Ufa-Propaganda.

Davon einmal abgesehen, gab es jedoch bei den Filmspezialisten des Großkonzerns eine seltsame Verbindung von Hochleistungsfieber und mangelnder Bereitschaft zur Reflexion, von Technizismus und Aphasie. Sie waren »Macher« (ein Begriff, der schon in den zwanziger Jahren, mit der »neuen Sachlichkeit«, aufkam) – aber sie verweigerten sich der Analyse und der Selbstanalyse; sie dachten wenig über den Kontext nach, in den sich ihre Spezialfunktion und ihre virtuose Einzelleistung einordneten. Und wenn sie über das »große Ganze« sprachen – also über die Geschichte von *Metropolis* und ihre »Moral« –, raunten sie in ähnlich lyrisch-verschwommenen Platitüden wie Fritz Lang oder Thea von Harbou. Im Propagandamaterial der Ufa zu *Metropolis* finden sich seichte weltanschauliche Betrachtungen gerade aus der Feder derjenigen, die an sich selbst als Architekten, »Operateure«, technisch versierte Filmfachleute die höchsten Ansprüche stellten. Auch diese Wechselwirkung von Perfektionismus und Sprachlosigkeit gehört – wie die zwischen Mystizismus und intellektueller Leere in der Fabel von *Metropolis* – im weitesten Sinne zur »Ästhetik der Ufa« und zu ihrer Rolle zwischen Kultur und Politik in den Jahren der Weimarer Republik.

»Was ist das?« fragte sich Hans Siemsen in »Die Weltbühne« voller Entsetzen, als er *Metropolis* gesehen hatte – und er riskierte eine bündige Antwort: »Das ist nicht bloß *Metropolis*, das ist nicht bloß der deutsche Film, das ist (in drei Sätzen) das ganze offizielle Deutschland, wie wir es kennen und täglich am eigenen Leibe erleben. *Metropolis* und der deutsche Filmbetrieb im allgemeinen sind nur besonders sichtbare Symptome dafür.«[391] Begeistert griff Siemsen die vernichtende Kritik von H. G. Wells auf und druckte sie, wie auch die »Frankfurter Zeitung«, in Auszügen nach. In einem wesentlichen Punkt traf Wells in der Tat einen deutschen Nerv: der »krönende Schwachsinn« des Films sei die Verwandlung des Roboters in die Gestalt Marias. Hier seien »antiquierte deutsche Romane« die Wurzel allen Übels. »Für kurze Zeit verspürt man einen schwachen Hauch von Mephistopheles. Also kann selbst bei der Ufa noch Deutschland das gute alte magieliebende Deutschland sein. Wahrscheinlich werden die Deutschen nie richtig vom Brocken loskommen. Walpurgisnacht ist der Namenstag der deutschen poetischen Einbildungskraft, und ihre ungelenken Luftsprünge wird die deutsche Phantasie wohl für immer mit einem Hexenbesen zwischen den Beinen vollführen.«[392] Allerdings: daß die aufgeklärte Kritik im In- und Ausland für das »magieliebende Deutschland« nur Spott und Hohn, aber kein analytisches Verständnis aufbringen kann, wird sich sehr bald bitter rächen. »Man hat die Hölle wie den Himmel, die Berserker wie die Theologie kampflos der Reaktion überlassen.« (Ernst Bloch[393])

In Sachen *Metropolis* setzt die Phantasie der Deutschen ihre ungelenken Luftsprünge bis heute fort. Noch in den achtziger Jahren verfaßte Joe Hembus eine Ode auf Langs Film, in der sich die hymnischen Verallgemeinerungen, allerdings auch die Widersprüche überschlugen. Nachdem er zustimmend den »Positif«-Kritiker Gérard Legrand zitiert hatte, die epochale Einmaligkeit des Films und seines Schöpfers bestehe darin, daß er das absolute Nichts demonstriere, schwenkte Hembus überraschend ins andere Lager, in das der magieliebenden, mystikbesessenen Deutschen, und feierte *Metropolis* als »eine retrospektive und spekulative Phantasie über große Menschheits-Mythen«, als Konstitution eines »Ur- und Über-Mythos«.[394]

Von der Zensur erhielt *Metropolis* im November 1926 die Prädikate »volksbildend« und »künstlerisch«. Die Uraufführung fand am 10. Januar 1927 als Galapremiere, mit einer Musik für großes Orchester von Gottfried Huppertz, im Ufa-Palast am Zoo statt. Die Kritik sparte nicht mit Lob, aber es gab auch negative und unentschlossene Stimmen, die – ganz abgesehen von den Verrissen in der von der Ufa eher als marginal angesehenen linksintellektuellen Presse – den Konzern offenbar in Panik versetzten. Jedenfalls brachte er bald nach der Premiere ein Presse- und Propagandaheft für die Kinos im ganzen Reich heraus. Es enthielt, neben einer ausführlichen Inhaltsangabe, Schlagzeilen-Entwürfen für die örtlichen Zeitungen, Illustrationsvorschlägen und Textbeiträgen der beteiligten Künstler, die Mitteilung, daß die Fassade des Ufa-Pavillons am Berliner Nollendorfplatz während der Laufzeit von *Metropolis* »durch ein neues Verfahren versilbert« und mit einer riesigen Nachbildung des Alarm-Läutwerks aus dem Film in Goldbronze ausgestattet worden sei. Vorsorglich hatte die Propaganda-Abteilung die für die lokalen Presseorgane bestimmten Seiten perforieren lassen und riet den Theaterbesitzern dringend, »die Blätter abzutrennen und so der Redaktion zu übergeben. Nicht das ganze Pressebuch.«[395] Eine Vorsichtsmaßnahme im Hinblick auf unberechenbare, womöglich Ufa-feindlich eingestellte Journalisten, die nur darauf warten mochten, den Konzern bei seinen Werbeschlichen zu ertappen.

Gleichwohl geriet der Verleih schon im Frühjahr 1927 ins Stocken; der Mißerfolg begann sich abzuzeichnen. Der Ufa-Vorstand, nun bereits unter der Kontrolle von Alfred Hugenberg und Ludwig Klitzsch, mußte über ein anderes »Timing« nachdenken und beschloß am 7. April, beim Verleih Parufamet darauf hinzuwirken, »daß *Metropolis* in der amerikanischen Fassung möglichst unter Beseitigung der Betitelung mit kommunistischer Tendenz jetzt in etwa 10 bis 12 großen Provinzstädten weiterläuft und im Herbst, bei schlechtem Wetter im Spätsommer, in Berlin nachgespielt wird«. Einen Tag später machte sich die Direktion noch einmal über die Zwischentitel Gedanken: »Die in Amerika in den Film hineingebrachten pietistischen Stellen sollen eventuell entfernt werden (...)« Im übrigen akzeptierte man, in der Erwartung von Mehreinnahmen in der Höhe von einigen 100000 Mark, den Parufamet-Vorschlag, den Film ganz abzusetzen und erst im August wieder in die Kinos zu bringen.[396]

Als der Film am 5. August der Prüfstelle abermals vorgelegt wurde, war seine ursprüngliche Länge von 4189 Metern auf 3241 geschrumpft. Enno Patalas, der in jahrelanger Arbeit für das Münchner Filmmuseum eine in ihrem szenischen Aufbau authentische, wenn auch nicht vollständige Fassung von *Metropolis* hergestellt hat, konnte akribisch rekonstruieren, auf welchen fragwürdigen Wegen der Film immer wieder gekürzt, oder besser: »rigoros und systematisch verunstaltet« wurde.[397] Danach hat die vollständige, zweieinhalb Stunden lange Fassung nur das Berliner Premierenpublikum, vielleicht noch das Publikum des Ufa-Pavillons am Nollendorfplatz sehen können. Schon im Frühjahr 1927 wurde das Negativ der Paramount-Fassung geschnitten, die in die ganze Welt hinausging und laut Ufa-Vorstandsbeschluß auch den Kinos in der deutschen Provinz zugemutet werden konnte – mit Ausnahme der Zwischentitel, deren philanthropische Tendenz von den Herren des Vorstands als pietistisch, gar als kommunistisch mißverstanden wurde.

Am 3. Juni wurde in der Direktion noch einmal über die *Metropolis*-Erfahrung diskutiert. Man beschloß Konsequenzen und beauftragte Produktionschef Major Alexander Grau, »nunmehr baldmöglichst eine Besprechung mit Herrn Lang über die Produktion seines nächsten Films herbeizuführen, in der sämtliche Einzelheiten für den Fabrikationsgang möglichst genau festgelegt und in einer Aktennotiz niedergelegt werden sollen, damit eine ständige Kontrolle über die Produktion des Herrn Lang, insbesondere in der Richtung, daß der Kostenvoranschlag nicht überschritten wird, möglich ist«.[398]

Metropolis, der »größte Film der Welt«, mit dem man die Amerikaner schlagen wollte, war für die Ufa zum Trauma geworden; ein weiteres Desaster vergleichbarer Größenordnung galt es unter allen Umständen zu vermeiden. Aber auch Fritz Lang hatte hinzugelernt. Seine beiden folgenden Filme, *Spione* und *Frau im Mond*, drehte er zwar noch im Bannkreis des Konzerns, aber in eigener Produktion.

14. Kapitel

Der General in Zivil. Die Ufa unter Hugenberg

Geheimrat Dr. Alfred Hugenberg, der Ende März 1927 zum Herrn der Ufa wurde, hatte schon zu Beginn seiner Karriere nicht nur ein lebhaftes Interesse an ideologischen Fragen entwickelt, sondern auch ein hohes Maß an taktischem Geschick, mit ideologischem Nachdruck politische und wirtschaftliche Prozesse in Gang zu setzen. 1890 betrieb der noch unbekannte, gerade 25 Jahre alte Gerichtsreferendar die Gründung des Allgemeinen Deutschen Verbandes; ab 1894 wird er sich Alldeutscher Verband nennen und in den kommenden vier Jahrzehnten eine Politik verfolgen, die Adolf Hitler den Weg zur Macht erheblich erleichtern sollte.

1893 wurde Hugenberg zum Hauptberater der von Bismarck gegründeten Ansiedlungskommission für Westpreußen und Posen, die sich mit dem Kauf von Großgütern aus polnischem und deutschem Besitz an deutsche Bauern befaßte, um den Einfluß des »Deutschtums« gegenüber den eingesessenen Polen zu stärken.

Im Oktober 1909 schaffte er den großen Sprung: er wurde Vorstandsvorsitzender der Friedrich Krupp AG in Essen: »im Dienste der Industrie, des Vaterlandes und des Krieges«, wie sein Biograph Otto Kriegk voller Genugtuung feststellt.[399] »Von seinem Chefzimmer im sogenannten ›Hungerturm‹ in Essen«, so der Historiker Willi A. Boelcke, »gingen wichtige Entscheidungen der deutschen Geschichte aus. Unter ihm schritten die Krupp-Werke auf breiter, gesicherter Bahn dem Weltkrieg entgegen.«[400]

1916 bereits hatte Hugenberg, inzwischen Geheimer Finanzrat, mit Hilfe national eingestellter Finanzierungsgesellschaften – der Ausland GmbH und der Wirtschaftlichen Gesellschaft, die u. a. über Gelder von Krupp und Stinnes verfügten – den Scherl-Verlag erworben. Mit ihm besetzte er eine Schaltstelle moderner Massenkommunikation – hatte doch August Scherl mit dem »Berliner Lokal-Anzeiger« eine Zeitung geschaffen, »die jedem etwas und den meisten alles bot, die schnell, umfassend und unterschiedslos berichtete, die keine Meinung, keinen Charakter, kein Gesicht hatte, die sich für niemand einsetzte außer für sich selbst, die keinen anderen Zweck verfolgte, als möglichst viele Inserate zu bringen und möglichst hohe Auflagen zu erzielen«.[401]

Nach dem Krieg konzentrierte sich Hugenberg darauf, die geschlagenen Regimenter der Reaktion aufs neue zu sammeln. 1919 entstand die Wirtschaftsvereinigung zur Förderung der geistigen Wiederaufbaukräfte Deutschlands mit den Industriellen Kirdorf, Vögler und Hugenberg an der Spitze; im Jahr darauf ließ sich Hugenberg als Abgeordneter der Deutschnationalen Volkspartei (deren Vorsitzender er 1928 werden wird) in den Reichstag wählen.

Im gleichen Jahr, als er die Macht im Ufa-Konzern übernahm, erklärte er auf einer Parteiversammlung der Deutschnationalen seine Medienpolitik: sie verfolge das Ziel, ins Schwanken geratene nationale Kräfte »entweder der nationalen Sache zuzuführen oder aber sie dem nationalen Gleise zu erhalten« – vor allem aber, sie nicht den führenden demokratischen Zeitungshäusern anheimfallen zu lassen, also den Konzernen Ullstein, Mosse und der »Frankfurter Zeitung«.[402]

»(...) ein kleiner Mann, eher schmal, mit weißen Haaren, die ganz kurz geschnitten sind und bürstenartig emporstehen, einer Brille, einem komischen Schnurrbart. (...) Dieser kleine, putzige Mann, der angezogen ist, als müsse er eine Familie von fünf Köpfen mt dem Gehalt eines zweiten Buchhalters ernähren, hat vermutlich zwanzig Seelen in seiner Brust.«[403] So beschreibt Curt Riess jenen Mann, der seine politischen und wirtschaftlichen Erfolge einer wirkungsvollen Mischung aus zutiefst konservativer Gesinnung und modernem machttechnokratischen Instinkt, demokratiefeindlichen Grundüberzeugungen und Gespür für die Phänomene der Massenzivilisation verdankte. Für Hugenberg wurde die Führung großer Wirtschaftskomplexe wie auch die Einfädelung einer erfolgreichen politischen Intrige gleichermaßen zur organisatorischen Aufgabe, und ähnlich wie die Oberste Heeresleitung in den letzten Kriegsjahren, wenngleich mit weitaus größerem Talent, projizierte er sein organisatorisch-machttechnokratisches Kalkül auf die komplizierten Gebiete der politischen Propaganda und der psychologischen Beeinflussung widerstreitender Massenempfindungen.

Sein Paladin Ludwig Klitzsch – »ein mittelgroßer, etwas rundlicher Herr mit blondem, sorgfältig gescheiteltem Haar, das schon etwas dünn wird – mit einer dunklen Hornbrille, ein Mann, der sehr solide aussieht und vielleicht ein wenig spießig«[404] – dachte kaum anders als er. Als DLG-Gründer und Direktor des Scherl-Verlags war er zu einem routinierten Medienexperten deutschnationaler Prägung geworden, der über die notwendigen Verwaltungskenntnisse verfügte, um als Delegierter des Aufsichtsrats im Ufa-Vorstand den eisernen Besen zu schwingen.

Klitzsch hatte ursprünglich zwar vor den Risiken einer Übernahme der überschuldeten Ufa gewarnt, doch für Hugenberg – so stellten es jedenfalls die Zeitungen seines Scherl-Konzerns dar – hatten die »nationalen Gründe« Vorrang vor wirtschaftlichen Erwägungen. Als er sich zur Sanierung der Ufa entschloß, umfaßte sein Medien-Imperium außer Scherl die Allgemeine Anzeigen GmbH, die Telegraphen-Union (eine der bedeutendsten deutschen Nachrichtenagenturen), die Deulig-Film AG mit ihrer Wochenschau sowie eine Reihe von Unternehmen, die der Provinzpresse druckfertige Zeitungsseiten lieferten und sie so in ihre wirtschaftliche und politische Abhängigkeit brachten. Auch abgesehen von allen »nationalen Gründen«, die Hugenberg zweifellos bewogen haben, standen auch die wirtschaftlichen Zeichen auf Expansion.

Die Ufa-Sanierung gestaltete sich zu einem umfangreichen finanztechnischen Manöver, das Hugenberg alle Trümpfe in die Hand spielte und der Deutschen Bank, die bisher die Aktienmehrheit gehalten hatte, empfindliche Verluste beibrachte. Nach Berechnungen der Bank sollte die Ufa 74,5 Millionen Reichsmark kosten – ein Preis, zu dem sich Hugenberg nicht bequemen mochte. So beschloß man eine Sanierung nach der höheren Mathematik der Kapitaltransaktion. Zunächst wurde das bestehende Aktienkapital von 45 Millionen Mark durch eine Zusammenlegung der Aktien im Verhältnis 3:1 auf 15 Millionen gesenkt – und durch eine Zuzahlungsaktion wieder auf 45 Millionen heraufgesetzt. Der Hugenberg-Konzern kaufte sich mit der relativ bescheidenen Summe von 13,5 Millionen Mark bei der Ufa ein, sicherte sich jedoch die absolute Majorität dadurch, daß er für 3 Millionen sämtliche Aktien mit zwölffachem Stimmrecht erwarb und damit die Kontrolle über Verwaltung und Aufsichtsrat eroberte. Die Deutsche Bank verzichtete auf einen Teil ihrer Forderungen aus Zinsen und Provisionen, die sich insgesamt auf 21,7 Millionen Mark beliefen; für 11,25 Millionen übernahm sie Genußscheine. Größere Aktienpakete erwarben außer Hugenberg der Otto Wolff-Konzern und die IG Farben mit den ihr gehörenden Rohfilmfabriken Agfa, Lignose und Glanzfilm AG, die mit der Ufa als Großabnehmerin ins Geschäft kommen wollten. Schließlich wurden die Grundstücke am Potsdamer Platz mit dem Ufa-Haus und das Romanische Haus mit dem Gloria-Palast für 9 Millionen veräußert, so daß die Ufa unter den neuen Herren über einen Sanierungsgewinn von ca. 50 Millionen Reichsmark verfügte und ihre Bankschulden und sonstigen Verpflichtungen restlos decken konnte.[405]

Deutschlands größter Filmkonzern, den kritische Beobachter schon zum »Wrack« erklärt hatten, war beinahe von heute auf morgen gesundet, und er fand sich unter einem straffen Kommando wieder, das von nun an in der Besetzung des Aufsichtsrats sowie in Satzungsfragen das entscheidende Wort sprach. Befriedigt stellte die August Scherl GmbH in einem internen Bericht fest, »daß uns die Majorität bei Abstimmungen unbedingt zur Verfügung steht. Es erhellt hieraus, daß die wirtschaftliche Führung dieses Unternehmens vollständig in den Händen unseres Konzerns liegt, was auch durch entsprechende Personalunion in der Leitung laufend praktisch zur Auswirkung gelangt.«[406]

Dem neuen Aufsichtsrat unter Hugenbergs Vorsitz gehörten nur noch fünf Mitglieder der Gründer-Equipe von 1917 an: die Bankiers Emil Georg von Stauss, Herbert M. Gutmann und Max von Wassermann sowie Konsul Salomon Marx und Kommerzienrat Paul Mamroth von der AEG. Zu diesen Veteranen stießen nun, neben weiteren Finanzfachleuchten wie Siegmund Bodenheimer und Fritz Andreae, neben Industriellen wie Otto Wolff und Fritz Thyssen Vertreter des preußischen Landadels und der deutschen Kolonialinteressen, so der Rittergutsbesitzer Hans von Goldacker, der Domänenpächter Egbert Hayessen und Kapitän zur See a. D. Wilhelm Widenmann, Generaldirektor der Deutschen Überseedienst GmbH.

Im Vorstand nahm Ludwig Klitzsch, nebenher weiterhin Chef des Scherl-Verlags, alsbald die Zügel in die Hand. Als Geschäftsführer hatte er alle Vollmachten des Aufsichtsrats und übte praktisch (ab 1931 auch nominell) die Funktion eines Generaldirektors aus. Schon auf der ersten Sitzung des neuen Vorstands am 5. April 1927 diktierte er ins Protokoll, daß weitreichende personelle Beschlüsse erforderlich seien, »um dem Personal gegenüber die unter der Einwirkung der Sanierungs-Verhandlungen etwa verlorengegangene Geschlossenheit des Vorstands wieder herzustellen und um gleichzeitig für das taktische Vorgehen bezüglich der Sanierung und der Reorganisation des Unternehmens dem Personal gegenüber Klarheit zu schaffen«. Der wichtigste Beschluß betraf Klitzsch selbst: er ließ sich mit der »weiteren Durchführung und Überwachung der im Zuge befindlichen Sanierung« beauftragen.[407]

Die Organisation des Finanzwesens und die »Amerika-Pflege« wurde Konsul Marx als Delegiertem des Aufsichtsrats übertragen; die allgemeine Leitung und die Zuständigkeit für das Ausland blieben bei Bausback – allerdings mit der Einschränkung, dies gelte nur, soweit beides nicht durch die Tätigkeit von Klitzsch bereits als erledigt zu betrachten sei. Produktionschef blieb einstweilen Major Alexander Grau. Wenig später, im Rahmen der mit der Deulig-Film AG eingeleiteten Interessengemeinschaft, wurde dem Major als Leiter des technischen Betriebs Hermann Grieving an die Seite gestellt.

Die minutiös geführten Protokolle über die täglichen Vorstandssitzungen gewähren einen ausgezeichneten Einblick in die Routinearbeit des Leitungsgremiums.[408] Klitzsch und seine Herren kümmerten sich um jede Kleinigkeit, soweit sie die Sanierung des Gesamtunternehmens und die Rationalisierung der innerbetrieblichen Strukturen betraf: von der einheitlichen Regelung der Tischzeit von einer halben Stunde bis zum Umzug der Zentralverwaltung vom Potsdamer Platz in die Kochstraße (wo nahebei der Scherl-Verlag residierte und nach dem Zweiten Weltkrieg der Springer-Konzern seine Zentrale errichten wird), von der Streichung der bisher üblichen Lohnfortzahlung für 14 Tage an gewerbliche Angestellte im Krankheitsfall bis zur Niederschlagung eines Streiks des technischen Personals in den Ateliers von Neubabelsberg und Tempelhof: »Alle Streikenden sollen fristlos entlassen werden. Über ihre Wiedereinstellung nach

Beendigung des Streiks wird nach Maßgabe ihrer Eignung und ihrer Beteiligung am Streik befunden werden.«[409] Auch vergleichsweise exotische Details wurden der Erörterung im Vorstand für würdig befunden – so der Wunsch der Königin von Rumänien, auf eigene Rechnung bei der Ufa einen Film herstellen zu lassen, der sich »hauptsächlich mit ihrer Person« befassen sollte, oder auch die Bitte des Prinzen Rangsit von Siam, die Ateliers von Neubabelsberg »inkognito zu besuchen«.[410] In beiden Fällen wurden Genehmigungen erteilt.

Die Hauptarbeit indessen galt der weiteren Stabilisierung der Finanzlage. Die Direktion verordnete der Ufa eine Schrumpfungskur auf drei Ebenen: »Klarstellung« des Produktionsprogramms, Vermietung der nicht für die Produktion benötigten Ateliers und Veräußerung sämtlicher Kinos, »die wir los sein möchten«. Als Ergebnis, so hoffte man, »wird die Ufa so stark verkleinert werden, bis die Überzeugung gewonnen ist, daß sie in der finanziellen Auswirkung ihres Betriebes vollkommen übersichtlich ist. – Alsdann soll an die Beschaffung weiteren Kapitals gegangen werden.«[411]

Gleichzeitig allerdings wurde die Eingliederung der Deulig-Film AG in den Konzern erörtert und im voraus beschlossen, »sämtliche Vorstandsmitglieder der Ufa (...) zu Vorstandsmitgliedern der Deulig-Film AG (...) zu bestellen«.[412] Ende Juli 1927 reifte der Beschluß, das gesamte Handelsgeschäft der Deulig für 618700 Reichsmark zu kaufen und der Ufa einzugliedern.

Auch im Kampf gegen die von der Reichsregierung erhobene Lustbarkeitssteuer – sie betrug zu dieser Zeit etwa zwölf Prozent der Einnahmen – ergriff die »neue« Ufa die Initiative. Der Vorstand verfolgte dabei eine Doppelstrategie: er führte zähe Verhandlungen mit den zuständigen Ministerien; gleichzeitig versuchte er, mit Propagandastreifen unter dem Titel »An Alle!« die Kinobesucher gegen die von der gesamten Branche als unerträglich empfundene Belastung aufzuwiegeln.

Intensiv befaßten sich die leitenden Herren mit der Senkung der Produktionskosten und erteilten in diesem Zusammenhang Tadel und Verweise nach allen Seiten. Als bekannt wurde, daß Georg Wilhelm Pabst die Kosten für seinen Film *Die Liebe der Jeanne Ney* um 102000 Mark überziehen würde, drohte man dem Regisseur, die Überschreitung auf keinen Fall zuzulassen, sondern »nötigenfalls« die Produktion abzubrechen. Anders entschied man freilich im Fall des patriotischen Natur- und Sportfilmers Arnold Fanck, dem für seine Produktion *Zurück zur Natur* eine Überziehung um 60000 Mark zugestanden wurde. Im Fall Fritz Wendhausens wiederum, der für seinen Film *Donald Westhof* 52858 Meter Rohfilm verbraucht hatte, beschloß die Direktion lapidar: »Solche Leute dürfen nicht wieder beschäftigt werden.«[413]

Im Hinblick auf Künstlergagen und -honorare bewies der Ufa-Vorstand unter Klitzsch eine bemerkenswerte, wenn auch im Einzelfall genau bemessene Großzügigkeit. Dem Kameramann Kurt Courant zum Beispiel billigte man ein Monatsgehalt von 3000 Mark plus 500 Mark »Apparatezulage« zu. Courant hatte schon 1921 bei Sven Gades *Hamlet* (mit Asta Nielsen) die Kamera geführt und wird 1929 bei Fritz Langs *Frau im Mond* und Kurt Bernhardts *Die Frau, nach der man sich sehnt* mitwirken. Auf 3500 Mark belief sich auch das monatliche Einkommen des Stars Willy Fritsch. Oskar Kalbus, später ein renommierter Filmhistoriker unter dem NS-Regime, übernahm 1927 die Gesamtprokura für die Firma Ufa-Leih mit einem Gehalt von 1800 Mark. Eine einfache Sekretärin verdiente bei der Ufa im Jahre 1927 zwischen 200 und 250 Mark, mittlere und höhere Angestellte erhielten monatlich 800 bis 1200 Mark. Für Ludwig Klitzsch galten Ausnahmeregelungen: der noch ungekrönte Ufa-Chef bezog ein Monatsgehalt von 7500 Mark und eine jährliche Aufwandsentschädigung von 30000 Mark; ein besonderer Dispositionsfonds von gleichfalls 30000 Mark stand ihm jährlich für Studienreisen zur Verfügung; Abrechnungen im einzelnen wurden nicht von ihm erwartet. Überdies strich Klitzsch jeweils drei Prozent des Reingewinns ein, den die Ufa an ihre Aktionäre ausschüttete.[414]

Besondere Aufmerksamkeit widmete der Vorstand den Auseinandersetzungen mit der Verleihorganisation Parufamet. Diese deutsch-amerikanische Konstruktion, ehemals zur Rettung der Ufa bestimmt, erwies sich als ausgemachtes Sorgenkind. Immer wieder gab es Probleme mit »deutschfeindlichen« Filmen, die von den amerikanischen Konzernen über den gemeinsamen Verleih in die deutschen Kinos gebracht wurden. So beschloß die Ufa-Leitung zum Beispiel, King Vidors MGM-Produktion *The Big Parade*, einen der herausragenden Anti-Kriegsfilme der Geschichte Hollywoods[415], für den Weltvertrieb einzudeutschen: bei der Parufamet solle erwirkt werden, »daß sämtliche Kopien der *Big Parade* in der ganzen Welt entsprechend der für Deutschland vorgesehenen Fassung abgeändert und vorgeführt werden. Nur unter dieser Voraussetzung wollen wir den Film in Deutschland herausbringen.«[416] Klitzsch persönlich, so der Beschluß, werde in diesem Fall die Verhandlungen mit den Verantwortlichen der Parufamet übernehmen. Schon Anfang Mai 1927 nahm Klitzsch Verhandlungen mit Adolph Zukor über eine Änderung des Parufamet-Vertrages auf – mit dem Ziel, den Auswahlmodus, die Spielzeiten und die Verleihgebühren zugunsten der Ufa zu ändern. Im August gelang es Hugenbergs Konzern, den Reichsverband Deutscher Lichtspieltheater-Besitzer gegen die angeblich »deutschfeindlichen«, in Wirklichkeit antimilitaristischen Filme aus den USA zu mobilisieren.

Im Kampf gegen die linke und demokratische Presse sowie in einigen Entscheidungen, die das äußere Bild des Konzerns betrafen, zeigte Hugenbergs Direktion von Beginn an politisches Profil und, im wörtlichen Sinn, seine »Farben«. Er mischte sich ein in den Flaggenstreit zwischen Schwarz-Weiß-Rot und Schwarz-Rot-Gold, der in den späten zwanziger Jahren dem »Kampf des einen Deutschlands gegen das andere« immer stärkere Akzente verlieh. »Alles in allem wohl mehr Flaggen als in den früheren Jahren«, bemerkte Harry Graf Kessler am Verfassungstag im August 1927 und meinte, daß »nach wie vor die große Mehrheit der captains of industry, der Finanzgewaltigen, der Beamtenschaft, der Reichswehr, des Richterstandes, der großen und mittleren Grundbesitzer (Junker), der Universitätsprofessoren und Studenten der Republik feindlich gegenübersteht«.[417] In diesem Zusammenhang mochte die Entscheidung des Ufa-Vorstands, es bei der schwarz-weiß-roten Umrandung seiner Programmplakate an den Litfaßsäulen zu belassen, obwohl sie »in ganz vereinzelten Fällen in politischer Hinsicht Anstoß erregt« habe[418], nicht nur marginal erscheinen, sondern als deutliches Bekenntnis zu einem politischen Symbol aufgefaßt werden.

Immer wieder provozierte die Berichterstattung der bürgerlich-demokratischen und linksliberalen Zeitungen den Vorstand zu militanten Stellungnahmen. Die Ullstein-Presse zum Beispiel habe »wiederholt Notizen über die Ufa gebracht, die nicht als objektiv anzusehen sind«. Vorerst solle noch nichts unternommen werden; Klitzsch bat allerdings darum, ihm die einschlägigen Artikel der Ullstein-Zeitungen »gesondert von den übrigen Presse-Notizen vorzulegen«. Er wollte offenbar der Feindbeobachtung größere Aufmerksamkeit zuwenden. Wenige Wochen später schritt der Vorstand zu Gegenmaßnahmen: »Angesichts der fortgesetzten unsachlichen Angriffe« in der »Lichtbild-Bühne« und im »Berliner Tageblatt« wurde beschlossen, in der angesehenen Filmzeitschrift nicht mehr zu inserieren. Da der Verlag Rudolf Mosse, gegen den sich der Beschluß richtete, zugleich über die Mehrheit am »8-Uhr-Abendblatt« verfügte, wurden auch dieser Zeitung die Ufa-Anzeigen entzogen.[419]

In den Vorstandsprotokollen des Jahres 1927 taucht mehrfach – zunächst als »Heeresfilm«, dann als »Weltkriegsfilm« – der zweiteilige Ufa-Kompilationsstreifen *Der Weltkrieg* (Regie Leo Lasko) auf, der aus Filmmaterial des Reichskriegsarchivs sowie zahlreichen »dokumentarisch gestellten« Szenen bestand. Tucholsky polemisierte mehrfach gegen »den unsäglichen Hugenberg-Film, der in Deutschland ungestraft die Leute zu neuen Kriegen aufhetzen darf«.[420] Die Ufa behandelte diesen Film als ein Werk von höchstem nationalen und staatspolitischen Interesse. Den Verleih Parufamet, der seinen Anspruch anmeldete, die Produktion in die Kinos zu bringen, beschied der Vorstand, es würde den Film diskreditieren, wenn er von der deutsch-amerikanischen Organisation verliehen werden würde. Schließlich wurde der Parufamet eine Kopie für den USA-Verleih zugestanden, allerdings nur gegen eine feste Einspielgarantie und die Zusage, »keinerlei Tendenz in den Film hineinzubringen«.[421] Aufmerksam wurde notiert, daß Außenminister Gustav Stresemann sich bei einer Sondervorführung »befriedigend« über Laskos Arbeit ausgesprochen habe. Eine eindeutig politisch motivierte Entscheidung trafen Klitzsch und seine leitenden Herren, als sie beschlossen, während der Bundestage des Stahlhelms – einer von Hugenberg unterstützten paramilitärischen Organisation der Frontsoldaten, die 1935 in die SA überführt werden wird – solle der Weltkriegsfilm dreimal täglich im Ufa-Palast vorgeführt werden.[422] Die Stahlhelm-Tage waren dennoch ein Mißerfolg. Kurt Tucholsky in »Die Weltbühne« vom 17. Mai 1927: »Der Stahlhelm ist wieder aus Berlin abgezogen, und wenn die Zeitungen rechts und links nicht so ein furchtbares Geschrei von seinem kümmerlichen Aufmarsch gemacht hätten, wüßte ein gut Teil der Berliner überhaupt nicht, daß jemals ein paar abgetakelte Offiziere die Stadt haben erobern wollen.«[423]

Verärgert zeigte sich die Direktion, als das Auswärtige Amt bei der Ufa intervenierte und die Absetzung des Films *Blutsbrüderschaft* in Leipzig für die Dauer der Frühjahrsmesse 1927 durchsetzte – offenbar mochte die Regierung die nationalistische Tendenz dieses Films den internationalen Gästen nicht zumuten. Gekränkt machte die Ufa-Leitung Schadensersatzansprüche »für nutzlose Reklame und entgangene Einnahmen« in Höhe von 10000 Mark geltend, stieß beim Auswärtigen Amt jedoch auf kein Gehör.[424]

Politische und wirtschaftliche Motive vermischten sich in den Überlegungen zu den Vertragsmodalitäten, die der neue Vorstand einer gründlichen Revision unterzog. Der in den Verwaltungsetagen salonfähig gewordenen Korruption sollte nun ein Riegel vorgeschoben werden. Als ein Vertrag mit dem Regisseur und Produzenten Richard Eichberg abgeschlossen wurde, hatte dieser schriftlich zu bestätigen, »daß er weder früher noch in Zukunft irgendeiner Persönlichkeit der Ufa oder der Ufa nahestehenden Persönlichkeit direkt oder indirekt Zuwendungen gemacht hat oder machen wird«. Dieser Passus sollte künftig in alle Produktionsverträge aufgenommen werden.[425]

Eichbergs Kollege Reinhold Schünzel sorgte für Aufregung, als er mit den Dreharbeiten zu seinem Film *Gustav Mond, Du gehst so stille* begann, ohne zuvor ein Manuskript vorgelegt zu haben. Der Vorstandsbeschluß in dieser Sache ist ein Musterbeispiel dafür, wie deutschnationale Kanzleibürokraten gegen einen eigenwilligen und unangepaßten Künstler vorgingen: »Es wird beschlossen nachzuprüfen, ob er zur vorherigen Vorlegung des Manuskriptes vertraglich verpflichtet ist und ihm zutreffendenfalls schriftlich zu eröffnen, daß wir uns die Geltendmachung jeden Schadensersatzanspruches vorbehalten müßten, der uns durch diese Unterlassung etwa entsteht.«[426]

Die Fritz Lang GmbH, die der Regisseur nach den Auseinandersetzungen um *Metropolis* gegründet hatte, wurde von der Ufa gerügt, als sie für den nächsten Lang-Film eine Anzeige in »Der Kinematograph« veröffentlicht hatte, »obwohl nach dem Vertrage die Reklame Sache der Ufa ist«.[427] Eine klare politische Stoßrichtung schließlich hatte der Beschluß, künftig in alle Produktions- und Regieverträge den Passus aufzunehmen, »daß wir berechtigt sind, den Film nach Fertigstellung in der uns richtig erscheinenden Weise zu schneiden bzw. zu ändern«.[428]

In einem schwerwiegenden Einzelfall machten die neuen Ufa-Herren sogar rückwirkend von ihrem eigenmächtig erklärten Recht Gebrauch. Karl Grunes Film *Am Rande der Welt* (1927, mit Brigitte Helm, Camilla von Hollay, Albert Steinrück und Wilhelm Dieterle; Kamera: Fritz Arno Wagner; Musik: Giuseppe Becce) war noch vor der Machtübernahme Hugenbergs fertiggestellt und vom damaligen Vorstand, mit einigen unwesentlichen Einschränkungen, gutgeheißen worden. Ein Dreivierteljahr später nahm die neue Ufa-Direktion so drastische Schnitte und Umstellungen vor, daß Grune sich genötigt sah, auf die Entfernung seines Namens im Titelvorspann und in den Anzeigen zu klagen. *Am Rande der Welt* – ein pazifistischer Film aus idealistischer Gesinnung, voller Menschheitspathos und mit vielen Konzessionen an die sentimentalen Kinobedürfnisse – behandelte die Geschichte eines Müllers und seiner Familie in den Wirren des Weltkrieges; Spionage, Verrat und Grausamkeit können nicht verhindern, daß zwei Menschen sich lieben – und daß eine neue Generation heranwächst, die nicht morden, sondern neue Mühlen errichten und Brot für die hungernde Menschheit backen wird.

Diese Tendenz ging Hugenbergs Filmkontrollstelle gegen den Strich. Über ihre Zensureingriffe beklagte sich Grune in einem offenen Brief an »Die Weltbühne«: »Nachdem der Regimewechsel in der Ufa vollzogen war, wurden mir zuerst in diktatorischer Form, später etwas milder, große Schnitte und Titeländerungen, Umstellungen und gedankliche Weglassungen vorgeschlagen, die ich ablehnen mußte. Die Ufa hat nunmehr gegen mein Wissen Änderungen, die sie für richtig hielt, vorgenommen und den Film in dieser sinnentstellenden, abrupten Fassung herausgebracht. Die wiederholten Aufforderungen, mir den Film vorher zu zeigen, hat die Ufa abgelehnt.« Vor allem der Schluß mit seinem Aufruf zum Frieden vor dem Hintergrund einer Golgatha-Vision wurde um seinen Sinn gebracht. »Aber alle Umbiegungen gesinnungsmäßiger und künstlerischer Natur schienen die Ufa noch nicht zu beruhigen, denn sie schlug zuletzt noch vor, den Film mit einem Untertitel zu versehen: ›Ein Film von morgen‹. Demnach muß ich die Verantwortung für diesen Film (...) ablehnen.« »Die Weltbühne« kommentierte, der Fall zeige »zum ersten Mal das wirkliche Gesicht des Unternehmens und wird hoffentlich das liebe Publikum, das in Berlin doch zu einem ganz großen Teil aus Demokraten, Sozialisten und Pazifisten besteht, in Zukunft veranlassen, schärfer zu kontrollieren, was in den Tempeln des neugebackenen Kunstgeschäftsmanns Hugenberg vor sich geht«.[429]

Karl Grune inszenierte danach Historiendramen, so den zweiteiligen Preußenfilm *Königin Luise* für die Terra-Film AG und den Film *Waterloo* in der Technik von Abel Gances *Napoleon*. 1929 gründete er seine eigene Produktionsgesellschaft und drehte *Katharina Knie* nach dem Schauspiel von Zuckmayer; 1933 wird er nach England emigrieren.

Die Wendung zu einem erzkonservativen Konzern unter stramm deutschnationaler Führung, die sich zwar noch nicht in der Breite des Produktionsprogramms, sehr wohl aber im politischen Erscheinungsbild und in der Selbstdarstellung der Ufa bemerkbar machte, wurde von der liberalen und demokratischen Presse mit kritischer Wachsamkeit beobachtet, an vielen Beispielen analysiert und meist mit beißend ironischen Kommentaren begleitet. Den entschiedensten Widerspruch artikulierte gegen Ende der zwanziger Jahre die Zeitschrift »Film und Volk«, das Organ des Anfang 1928 gegründeten Volksfilmverbandes. Namhafte demokratisch eingestellte Intellektuelle wie Heinrich Mann, Erwin Piscator, Béla Balázs hatten zu seiner Gründung aufgerufen; viele andere unterstützten seine Arbeit im »Bündnisbereich« zwischen der revolutionären Arbeiterbewegung und der bürgerlich-demokratischen Öffentlichkeit, darunter Leonhard Frank, Heinrich George, John Heartfield, Herbert Jhering, Alfred Kerr, Käthe Kollwitz, Leopold Jessner, Asta Nielsen und Kurt Pinthus. In der ersten Nummer von »Film und Volk« eröffnete Rudolf Schwarzkopf, der geschäftsführende Direktor des Verbandes, die Front gegen die Ufa und die gesamte kapitalistische Filmindustrie mit der Parole: »Der Feind steht rechts. Auch der Filmfeind. Wir schlagen ihn, wenn wir einig sind!«[430]

Die tatsächliche Uneinigkeit der deutschen Linken, die ideologische Todfeindschaft zwischen SPD und KPD schlugen sich auch in diesem »Bündnisorgan« nieder. Gleichwohl ist die Zeitschrift noch heute eine wichtige Quelle zur Geschichte der Filmindustrie in den späten zwanziger Jahren, ein Spiegel ihres kulturellen Verfalls und ihrer wirtschaftlichen und politischen Skandale.

Das Kino eine Volksbühne unserer Zeit? – so fragte »Film und Volk«. Das verhindere schon die »Vertrustung« der Filmindustrie, die marktbeherrschende Stellung der Großkonzerne wie Ufa, Terra, Phoebus oder Emelka und deren Verflechtung mit der Massenpresse. Mit Recht wies die Zeitschrift in diesem Zusammenhang darauf hin, daß die von der Branche bekämpfte Lustbarkeitssteuer von den Kinobesitzern ohnehin auf die Konsumenten abgewälzt werde.

Zum ideologischen Kampf gegen die Ufa mobilisierte Willi Münzenberg, der Organisator der Internationalen Arbeiterhilfe und Gründer der Prometheus-Film GmbH. Die revolutionäre Arbeiterbewegung verschwende ihre Energie auf die Bekämpfung der bürgerlichen Presse. »Dabei ist Hugenbergs Filmtätigkeit hundertmal gefährlicher als seine Zeitungen, allein schon durch die Tatsache, daß die Hugenberg-Zeitungen von Arbeitern wenig gelesen werden, während die nationalistischen und konterrevolutionären Filme aus dem Hugenbergischen Giftlaboratorium von Millionen Arbeitern angeschaut werden.«[431] Durch den »Lohmann-Skandal« sei im übrigen bekannt geworden, wie eng republikanische Ministerien und Staatsstellen mit der »nationalistischen Filmfabrik« zusammenarbeiteten.

Hier war Münzenberg allerdings eine Verwechslung unterlaufen: nicht der Ufa, sondern der Phoebus AG waren über einen Kapitän Walter Lohmann im Reichsmarineamt 10 Millionen Mark aus einem Geheimfonds für Aufrüstung und militaristische Propaganda zugeleitet worden. 1927 wurde der Skandal publik und löste nicht nur sensationelle Presseveröffentlichungen, sondern auch eine Debatte im Reichstag aus, die schließlich zum Rücktritt von Reichswehrminister Otto Gessler führte. Der Verbleib der Gelder konnte nicht mehr geklärt werden – die Phoebus aber stand ungeachtet der großzügigen Bezuschussung am Rande des Ruins und mußte ihre Kinos an die Emelka verkaufen. Bei der Sanierung half das Reich mit einer geheimen Bürgschaft über drei Millionen Mark.

Verständlicherweise fanden auch die Filme der Ufa, wie die der anderen Konzerne, in den Augen der für »Film und Volk« schreibenden Kritiker keine Gnade. In ihren regelmäßig erscheinenden Kurzrezensionen würdigte die Zeitschrift nahezu lückenlos das laufende Kinoprogramm und bietet so einen Überblick über die Durchschnittsproduktion der Jahre 1928 bis 1930. So war in einer Bilanz der Monate März bis Mai 1928 der Ufa-Film *Der geheimnisvolle Spiegel* (Regie und Kamera: Carl Hoffmann) »so ziemlich das Tollste, was man einem Publikum an abgestandener Schauerromantik und psychologischer Unmöglichkeit zumuten kann«. In dem Carl Froelich-Film *Lotte* maskiere sich »die liebe Henny Porten mit den treuen Hundeaugen« als Proletariermädchen, um als Grafenbraut um so fabelhafter zu erscheinen, und in dem von der Ufa verliehenen Ring-Film *Mann gegen Mann* sei Harry Piel nicht wie die Amerikaner in ihren besseren Kriminalfilmen komisch, sondern ernst und von deutscher Gründlichkeit. Zu dem (allerdings von der Terra produzierten) Streifen *Die Sache mit Schorrsiegel* (Regie Jaap Speyer) merkte der Rezensent an, die Ufa scheine sich verpflichtet zu haben, alle schlechten Romane (in diesem Fall ein Werk von Fred Andreas) zu verfilmen.[432]

Auch vor Fritz Lang hatten die Linken der Republik keinen Respekt. Sein Film *Spione*: »großer Krampf (...) und trotz knalligster und kostspieligster Effekte von tödlicher Langeweile.« Über *Frau im Mond*, ein Jahr später: dieser Film mit seinen Produktionskosten von 2 Millionen Mark sei »ein erneuter Beweis des geistigen Bankrotts«. Max Brenner schrieb über denselben Film: »Um ein so gehäuftes Maß an Mord und Totschlag, an Raub und Betrug wiederzugeben, wäre es kaum nötig gewesen, in die unberührte Einsamkeit kosmischer Sphären emporzusteigen.« Richtig erkannte Brenner, daß Langs Hauptdarstellerin, Gerda Maurus, vom Regisseur an der Entfaltung ihrer Fähigkeiten »restlos« gehindert worden war, während sie in Johannes Meyers Ufa-Film *Hochverrat*, einer »Dutzendgeschichte aus der Verschwöreratmosphäre des kaiserlichen Vorkriegsrußlands«, »mit einem Mal befreit und gelöst« wirkte.[433]

Die zaristischen Milieus wurden gegen Ende der zwanziger Jahre bei der Ufa aktuell – zweifellos auch eine Reaktion auf den von der Linken erkämpften Import der »Russenfilme« von Eisenstein, Pudowkin und anderen Regisseuren der sowjetischen Avantgarde. »Film und Volk« polemisierte gegen »die geschmacklosen, gesinnungslosen oder sogar konterrevolutionären russischen Emigrantenfilme, die neuerlich die Berliner Filmtheater überfluten«. Ein Musterbeispiel war der Ufa-Film *Der weiße Teufel* von Alexander Wolkoff nach Leo Tolstois Novelle »Hadschi Murat« (1929/30); bei der Produktion waren zahlreiche russische Emigranten beteiligt, unter ihnen, als Regieassistent, der später in den USA erfolgreiche Regisseur Anatole Litvak.

Im Gegensatz zur bürgerlichen Fachkritik würdigte die Zeitschrift der linken Volksfilmbewegung auch die Entwicklung der Ufa-Wochenschau ihrer Aufmerksamkeit. Im November 1929 machte sie ihren Lesern eine interessante Rechnung auf: danach betrug der Produktionsetat der Ufa in diesem Jahr 9,5 Millionen Mark und verzeichnete somit nur eine unwesentliche Steigerung gegenüber dem Vorjahr (9,1 Millionen). Während jedoch die Zahl der produzierten Spielfilme von 33 auf 21 zurückgegangen sei, habe die Zahl der Wochenschauen (160 gegenüber 100) erheblich zugenommen. »Wenn die Politisierung der Ufa irgendwie hervortritt, so ist das bei den Wochenschauen. Daß die Herstellung von Wochenschauen mit viel weniger Risiko und Kostenaufwand verbunden ist, das steigert noch die Lust an diesem politisch bedeutsamen Zweige des Geschäftes. – Dazu kommt noch, daß die Wochenschau von den literarisch vermanschten Filmkritikern aller Lager kaum beachtet wird.«[434]

Die Wochenschau als Propagandawaffe im politischen Tageskampf: auch auf diesem Terrain entwickelte die Ufa unter Hugenberg Praktiken, die wenige Jahre später Joseph Goebbels dynamisch forcieren und systematisieren wird.

Während die Weimarer Linke mit ihrer Neigung zur ideologischen Pauschalisierung in jedem Kolportageroman, in jedem Trivialfilm der Ufa eine durchtriebene konterrevolutionäre Strategie witterte, suchten die deutschnationalen Gehilfen Hugenbergs in der Ufa-Leitung auch relativ harmlose Filmsujets ihrerseits mit Argusaugen nach bolschewistischen Fallstricken ab. Schon bevor G. W. Pabst wegen überzogener Produktionskosten für *Die Liebe der Jeanne Ney* gescholten wurde, hatte er die Direktion mit der Stoffvorlage, einem Roman des Sowjetrussen Ilja Ehrenburg, aufs höchste irritiert. Der Roman erzählt die Liebe zwischen einer Französin und einem russischen Revolutionär, die in den Tagen der Oktoberrevolution auf der Krim beginnt und in Paris ein »tragisches«, mit Pathos und Sentiment wirksam in Szene gesetztes Ende findet. Pabsts Film (Kamera: Fritz Arno Wagner; Bauten: Otto Hunte; die Hauptrollen spielten Edith Jehanne, Uno Henning, Brigitte Helm und Fritz Rasp) überraschte mit furiosen, vom sowjetischen Film beeinflußten Szenen aus der Revolution und enttäuschte durch seinen eher konventionellen Kolportagestil in den Pariser Sequenzen. Gleichwohl gelang dem Regisseur, wie Kracauer in seiner ausführlichen Analyse hervorhebt, in den besten Szenen eine »Krankengeschichte der europäischen Gesellschaft« um 1918, indem er sich mit einer subtil in Bewegung gesetzten Kamera und präziser Montage »in die unbestimmte Welt der Fakten« vorwagte.[435]

Die Ufa, meinte Kracauer, habe Ehrenburgs Roman seiner farbigen Handlung und melodramatischen Effekte wegen gekauft. Allerdings war seit dem deutsch-sowjetischen Neutralitätsabkommen von 1926 auch die nationale Rechte der Republik Geschäften mit der Sowjetunion nicht abgeneigt, sofern sie lukrative Gewinne versprachen. Zudem zeigte man sich sogar bei der Ufa von den »Russenfilmen« Eisensteins und Pudowkins beeindruckt und gedachte, sie einerseits mit Hilfe der »Emigrantenfilme« politisch zu neutralisieren, anderer-

Die Liebe der Jeanne Ney

seits durch Nachahmung ihrer avancierten Kamera- und Montagetechnik aus ihrem Erfolg Nutzen zu ziehen.

Dennoch löste Ehrenburgs Roman mit seiner positiven Darstellung der Revolution bei der Ufa zunächst Panik aus; durch strenge Auflagen an das Drehbuch von Ladislaus Vajda und Rudolf Leonhard entzog man der Geschichte »radikal alles politische und moralische Gift«. (Kracauer) Dem finsteren Tableau einer morbiden westlichen Nachkriegsgesellschaft wurde sogar, abweichend vom Roman, ein Happy-End verordnet, was Ehrenburg zu massivem öffentlichen Protest herausforderte: die Seele seines Werks sei durch die dramaturgischen Eingriffe der Ufa »zerdrückt« worden.[436]

In seinem Erinnerungsbuch »Menschen, Jahre, Leben« schildert Ilja Ehrenburg die zwielichtige Atmosphäre in den Ufa-Studios unmittelbar nach Hugenbergs Machtantritt und die Stimmungen unter den russischen Emigranten, die an der Produktion des Films beteiligt waren: »Obwohl sie wußten, daß das rasch zusammengezimmerte Drehbuch von Widersinnigkeiten nur so strotzte, bemühten sich die Deutschen mit der ihnen eigenen Pedanterie um die Glaubwürdigkeit der Details. Sie fragten die Sowjetbotschaft um Rat und luden zugleich den General Schkuro, der jetzt mit einer Gruppe kaukasischer Tänzer durchs Land zog, als Konsultanten ein. – Im Pavillon auf dem Aufnahmegelände sah ich die Straßen von Feodossija mit ihren Arkaden, ein verdrecktes russisches Hotel, eine Kneipe auf dem Montmartre, das Arbeitszimmer eines französischen Modeadvokaten, den Sessel eines Großfürsten, etliche Wodkaflaschen, eine Statue der Muttergottes, die Pritschen eines Nachtasyls und viele andere Versatzstücke. Moskau war fünfzig Schritt von Paris entfernt, dazwischen ragte ein Krimhügel, ein französischer Eisenbahnwagen trennte die weißgardistische Spelunke vom sowjetischen Tribunal.« Für ein Saufgelage hatte Pabst ehemalige Offiziere des weißrussischen Generals Denikin engagiert: »Sie hatten ihre Uniformen aufbewahrt. Schwer zu sagen, worauf sie hofften: auf die Restauration oder auf ein Filmengagement. Auf den Schultern funkelten die Epauletten, auf den Köpfen saßen verwegene Pelzmützen, auf den Ärmeln prangten die Totenschädel der ›Todesbataillone‹. Ich dachte an die Krim des Jahres 1920 und verspürte ein Gefühl des Unbehagens.«[437]

Im Fall des Joe May-Films *Heimkehr* (1928) – der Leonhard Franks Novelle »Karl und Anna« gleichfalls durch ein Happy-End verfälschte – ließ sich die Ufa-Direktion durch Gerüchte verunsichern und sah sich zu einem ängstlichen Dementi veranlaßt: im »Ufa-Dienst« sei eine Inhaltsangabe erschienen, die dem Uneingeweihten suggerieren könnte, es handle sich »um einen Film mit bolschewistischer Tendenz. Es wird festgestellt, daß diese Annahme objektiv nicht zutreffend ist« – so das Diktum des Vorstands am 30. März 1928.[438]

Heimkehr war der erste Film der »Erich Pommer-Produktion« in Hugenbergs Ufa: Deutschlands erfolgreichster Filmproduzent, der in den USA zwar Anerkennung, aber nur beschränkte Entfaltungsmöglichkeiten gefunden hatte, war seit November 1927 wieder in Neubabelsberg. Im Sommer war Ludwig Klitzsch in die USA gereist, um bei Paramount und Metro-Goldwyn eine Korrektur der für die Ufa so ungünstigen Parufamet-Bedingungen zu erwirken – aber auch, um mit Pommer und Ernst Lubitsch über ihre Rückkehr nach Deutschland zu verhandeln. Lubitsch schloß wenig später mit Paramount ab und blieb in Amerika, doch im Fall Pommer signalisierte Klitzsch nach seiner Rückkehr im September einen ersten Erfolg.

Im November kam schließlich der Vertrag zustande. Pommer sicherte sich eine gewisse Unabhängigkeit dadurch, daß er sich von der amerikanischen Producer Service Corporation vertreten ließ, der die Ufa künftig Tantiemen für die von ihm produzierten Filme zu zahlen hatte. Pommer sollte, so der Vertrag, pro Jahr drei bis vier Filme herstellen; dafür wurde ihm ein Honorar von 300000 Reichsmark und eine Tantieme aus den Auslandserträgen seiner Filme zugestanden.[439]

Obwohl ohne Sensibilität für komplizierte künstlerische Fragen und ohne Verständnis für die genuinen ästhetischen Eigenschaften des Films, hatte Ludwig Klitzsch offenbar eine ausgeprägte Begabung, Menschen ausfindig zu machen und an den Konzern zu binden, die eben diese Qualitäten verkörperten und für die geschäftliche Entwicklung des Unternehmens – auch darüber war sich Hugenbergs Statthalter im klaren – unerläßlich waren. Sein kommerzieller Ehrgeiz und sein organisatorisches Talent verbanden sich mit einer pragmatischen Aufgeschlossenheit für fachliches Können auch auf solchen Gebieten, die außerhalb seines eigenen Horizonts lagen: selbst dann, wenn, wie im Fall Pommer, von persönlichen Sympathien wohl kaum die Rede sein konnte.

Spürsinn für Qualität bewies Klitzsch auch, als im Januar 1928 auf sein Betreiben Ernst Hugo Correll, zuvor alleiniger Vorstand der politisch und geschäftlich havarierten Phoebus AG, zum Vorstandsmitglied und Produktionschef der Ufa berufen wurde. Correll, vor dem Krieg Amtsanwalt in Lothringen und mehr zufällig in die Filmbranche geraten, brachte einige Vorzüge mit, die in den Chefetagen des Konzerns zu den Seltenheiten gehörten: künstlerische

Asphalt: Betty Amann und Gustav Fröhlich

Interessen, Belesenheit, verbindliche Umgangsformen und Kompromißbereitschaft, mithin gutbürgerliche Eigenschaften, die ihn freilich nicht daran hinderten, sich bedingungslos mit den deutschnationalen Leitideen der Unternehmensspitze zu identifizieren und nach 1933 mit den Nationalsozialisten zusammenzuarbeiten.

Auch der Auftrag an Günther Stapenhorst – früher Exportkaufmann und seit 1924 in der Filmbranche tätig –, eine weitere Produktionsgruppe neben der Erich Pommer-Produktion aufzubauen, sprach für das Fingerspitzengefühl, das Klitzsch in personalpolitischen Fragen bewies. Stapenhorst wird bis zu seiner Emigration 1935 eine Reihe erfolgreicher Ufa-Lustspiele, allerdings auch einige hinlänglich berüchtigte Propagandafilme wie Gustav Ucickys *Morgenrot* (1932/1933) produzieren; nach dem Zweiten Weltkrieg wird ihn sein Kollege Erich Pommer als »kreativ, taktvoll, energisch« und »immer sehr freimütig in seiner Anti-Nazi-Haltung«[440] der amerikanischen Militärregierung empfehlen.

»Das Wesen eines Produktionsleiters ist (...) im Grunde höchst kompliziert, zwei Seelen müssen in seiner Brust wohnen und dennoch eine Familie bilden: eine Familie, in der Frieden und Eintracht herrscht. Ein Instinkt- und Zahlenmensch in einer Person.«[441] So charakterisierten die Regisseure Joe May und Hanns Schwarz in einem gemeinsamen Artikel für den »Film-Kurier« 1928 die Funktion eines neuen schöpferischen Typs, des von der Ufa geschaffenen »Produktionsleiters«.

May und Schwarz waren die Regisseure der letzten Stummfilme, die Pommer für die Ufa produzierte. May inszenierte zwei bedeutende Straßenfilme der Spätzeit der Republik: *Heimkehr* (1928) und *Asphalt* (1928/29). Schwarz erwies sich als Meister des Operettenfilms (*Ungarische Rhapsodie*, 1928) und der zaristischen Emigranten-Themen (*Die wunderbare Lüge der Nina Petrowna*, 1928/29); die Musik zu beiden Filmen schrieb Willy Schmidt-Gentner. In *Ungarische Rhapsodie* waren Willy Fritsch und Dita Parlo, bei der Premiere im Ufa-Palast untermalt von 60 Hausmusikern und einer Zigeunerkapelle, das unsterbliche Liebespaar; in *Die wunderbare Lüge der Nina Petrowna* variierten Brigitte Helm und Franz Lederer das Thema von *Manon Lescaut* (dessen Regisseur, Arthur Robison, ursprünglich auch für diesen Film vorgesehen war). Abermals bot die Ufa mit Carl Hoffmann einen ihrer besten Kameramänner, mit Robert Herlth und Walter Röhrig ihre Star-Architekten auf. Beide Filme von Hanns Schwarz wurden um 1930 mit Geräuschen und Musik nachsynchronisiert, d. h. von der Ufa zum Start in die Ära des Tonfilms für würdig befunden.

Auch für die Filme von Joe May komponierte Schmidt-Gentner die Kino-Musik; an der Kamera stand der von Fritz Lang erprobte Günther Rittau. In *Asphalt* erlag Gustav Fröhlich als Polizist den teils anrüchigen, teils liebenswerten Verführungskünsten einer Halbweltdame von Format, gespielt von Betty Amann. Die Produktion dieses Films, unter der kongenialen Leitung des Pioniers Joe May und des Produzenten Pommer, brachte noch einmal, vor der Umstellung auf den Tonfilm, alle Tugenden (und Untugenden) der Experimentierwerkstatt Ufa und des in seine eigene Monumentalität verliebten Medien-Warenhauses zum Vorschein. Der Kritiker Hans Feld hielt für den »Film-Kurier« Einzelheiten der Dreharbeiten fest: »Die Ateliertüren öffnen sich. Dann öffnen sich hinten, rechts und links, die Atelierschiebetüren. Die Straße wird aufs Freigelände fortgesetzt. In ihrer Verlängerung die Fassaden eines Bureauhochhauses mit modernen, breiten Fenstern. Davor eine getreue Wiedergabe des Universumeinganges. Die Plakate machen Reklame für den Film *Asphalt*. Film im Film, eine amüsante Spielerei. (...) Lichtloses Intermezzo. Es genügt die Tatsache, daß am Nachmittag minutenweise das gesamte Gelände dunkel liegt; weil alles Licht aufgesogen wird, um die Ausleuchtung der Asphaltstraße zu ermöglichen.«[442]

Das Spiel mit den technischen Möglichkeiten, mit den Kunstgriffen des trompe-l'œil und der Film-im-Film-Magie ist eine betörende Spirale, die sich wiederholen wird, wenn der Zuschauer vor der Leinwand sitzen, dem Sog der Bilder nachgeben und sich vom »amüsanten Spiel« der Illusionen verzaubern lassen wird. Transparenz, Labyrinthik, Bodenlosigkeit: der Film und die komplizierten Machinationen, die ihn möglich machten, wurden zum Reflex der Zeit.

Heimkehr, die Geschichte zweier deutscher Landser in Krieg und Nachkriegszeit, wurde Ende August 1928 im Gloria-Palast uraufgeführt. In diesen Tagen reiste Harry Graf Kessler über Luxemburg und Longwy nach Verdun, von dort nach Reims. »Die dichtgedrängten, kleinen weißen Kreuze in den Soldatenfriedhöfen, Tausende und aber Tausende, wirken in der großen Landschaft winzig und fast meskin; die Rache schreiende Seele der Toten lebt in dieser Landschaft, nicht in ihnen: Rache an denen, die dieses Verbrechen verschuldet haben, ewige Ermahnung zum Frieden.«[443]

In diesen Augusttagen des Jahres 1928 definierte Geheimrat Alfred Hugenberg, Herr der Ufa und des Scherl-Verlags, die neue Parteilinie der Deutschnationalen: »Wir werden ein Block sein, wenn die eiserne Klammer der Weltanschauung uns zusammenschließt und in ihrer Umarmung alles, was weich und flüssig ist, zum Felsen gerinnen und zusammenwachsen läßt. Wer uns auf dem Wege dazu hindern könnte, muß beiseite treten oder sich einschmelzen lassen.«[444]

15. Kapitel

Deutsche Musikalität. Der Kampf um den Tonfilm

1927/28: Seit acht Jahren sorgte Oswald Spenglers »Preußentum und Sozialismus«, seit sechs Jahren sein »Untergang des Abendlandes« auf dem Markt der geistigen Güter und in vielen Köpfen für Verwirrung: unmißverständliche Angriffe auf die Weimarer Republik und die westlichen Demokratien, Propagandaschriften für einen »autoritativen Sozialismus« preußisch-monarchischer Provenienz. Einen »autoritativen Sozialismus« unter dem Kommando der Schwerindustrie, als Erlösung vom Chaos des bürgerlichen Parlamentarismus, hatten Stinnes und seine Freunde schon bald nach 1918 erträumt – und Fritz Lang hatte in *Metropolis* solche Wünsche mit ebenso kühnen wie naiven Bildern ausgestattet.

1927/28: Adolf Hitler, der seine Annäherungen an die Geldaristokratie bisher hauptsächlich auf seine Erfolge als Dauerredner in den großbürgerlichen Salons des Klavierfabrikanten Bechstein, des Münchner Verlegers Hugo Bruckmann oder des Hauses Wagner in Bayreuth beschränken mußte, nahm seine Agitation vor den Ruhrindustriellen auf. Otto Dietrich, ein junger Redakteur der deutschnationalen »München-Augsburger Abendzeitung«, erschloß ihm die Verbindung zur alldeutschen Bewegung und damit zu Emil Kirdorf, dem »Wotan der deutschen Schwerindustrie«[445], Gründer des deutschen Kohlensyndikats und lange Jahre Generaldirektor der Gelsenkirchener Bergwerks AG. Die ökonomische Macht und das politische Abenteurertum nahmen, vorsichtig noch, Fühlung zueinander auf.

Das Nationaldenkmal Tannenberg wurde eingeweiht, und Ufa-Gründer Ludendorff veröffentlichte gleich zwei Kampfschriften, mit denen er die Dolchstoß-Legende wiederzubeleben suchte. Die Niederlage der Deutschnationalen in den Maiwahlen 1928 brachte Hugenberg an die Spitze der Partei; zuvor, im Wahlkampf, hatte er erstmals das Grammophon als Medium der politischen Agitation eingesetzt.

Während Hugenberg die Deutschnationalen in den Kampf gegen das »System der Ausschüsse, der Kommissionen, der Verzehrung aller Kräfte in Rede und Gegenrede«[446] trieb, standen andere Stoßtrupps der »konservativen Revolution« – von den Freikorps bis zur Schwarzen Reichswehr, vom Stahlhelm-Bund bis zu den »Nationalbolschewisten« im Umkreis von Hans Zehrers Zeitschrift »Die Tat« – längst zum Marsch in den Führerstaat, in eine »Volksgemeinschaft von oben« bereit. Ihre Propaganda verteufelte die Weimarer Demokratie gleichermaßen als Ausgeburt der »goldenen Internationale« der Wallstreet wie der »roten Internationale« des sowjetischen Kollektivismus; sie schmähte die »jüdische Finanzaristokratie« ebenso wie die »verjudete« Großstadtzivilisation und die »jüdisch-bolschewistisch« gesteuerte Arbeiterbewegung – und sie mobilisierte erfolgreich die Affekte vor allem des Kleinbürgertums gegen eine unbegriffene, gefahrenreiche, »moderne« Welt, in der anonyme Gewalten des Geldes und der Industrie sich gegen den Menschen verschworen zu haben schienen.

Auch die »entfremdete« Industriearbeit und ihre schwer durchschaubaren Zwänge produzierten regressive Bewußtseinsformen, Sehnsucht nach bequemen Fluchtwegen. Die Kluft zwischen Arbeit und Nicht-Arbeit, zwischen den materiellen Notwendigkeiten und den emotionalen Bedürfnissen schien zunehmend unüberbrückbar. »Man ist gezwungen, die Stunden innerer Erhebung von den täglichen Bedürfnissen zu trennen – falls keine Katastrophe eintreten soll. Eine Stunde hellster Einsicht, und der Mensch müßte sich das Leben nehmen oder in einem Doppelleben Zuflucht suchen«, schrieb Ehrenburg in »Die Traumfabrik«.[447] Ein scheinhaftes Doppelleben als Überlebens-Mittel boten die Serienfabrikate der Kulturindustrie an; zumal die Gegenwirklichkeit des Kinos funktionierte als Narkotikum, das die Balance der Gefühle und das Selbstbewußtsein des verstörten Ichs wiederherzustellen schien. So bewährte sich zum Beispiel die melodramatische Konstruktion des »Gesellschaftsfilms« als Ersatzkonstruktion für nicht gelebtes Leben und versagte Daseinsbestätigung. In ihr strebte nach Erfüllung, was der Filmavantgardist und -theoretiker Hans Richter tief in der Kollektivseele deklassierter Konsumenten verwurzelt sah: der Wunsch, sich im Anblick erlesenen Reichtums und gediegenen Lebensstils mit einer »moralischen Qualität vollzusaugen«[448], die den besseren Kreisen zugeschrieben und mit der Abwesenheit von Alltagssorgen in eins gesetzt wurde. Horkheimer und Adorno werden dieses Phänomen später als »böse Liebe« der Beherrschten zur Ideologie der Herrschenden bezeichnen: die »Traumnahrung« (Richter) wird von den Konsumenten nicht als Provokation empfunden, sondern als Lebensmittel einer erborgten Empfindsamkeit akzeptiert.

Keineswegs zielten diese Filme darauf, die Lebenswirklichkeit der oberen Gesellschaftsschichten abzubilden: das Melodramatische wurde vielmehr zum Elixier einer Kino-Wirklichkeit, die mächtiger, in jedem Fall suggestiver war, als es jede realistische Widerspiegelung hätte sein können. Im Kino *ist* das Melodrama die »Wirklichkeit«: so verstanden, kam Ende der zwanziger Jahre in der Produktion der Ufa und anderer großer Konzerne der bürgerliche Film der Deutschen zu sich selbst.

Der Mangel an »einem lang erprobten Tatsachensinn und einer festen künstlerischen Realismustradition«[449] hat in Deutschland unter den Künstlern und Literaten der »neuen Sachlichkeit« einen Drang nach Authentizität, ja eine Fetischisierung der Empirie und des Dokumentarischen bewirkt. Derselbe Mangel begünstigte in der deutschen Filmindustrie (im Gegensatz etwa zur britischen, auch zur amerikanischen) eine weitgehende Schwächung des realistischen Elements zugunsten einer verschwommenen, »zauberhaft unklaren Dämmerwärme des Geistes und Gefühls«.[450] Wenn es in der zweiten Hälfte der zwanziger Jahre einen deutschen Film gab, der radikalen Realismus-Forderungen entsprach, dann war dies keinesweg – wie oft behauptet – Walter Ruttmanns Querschnittfilm *Berlin – Die Sinfonie der Großstadt* (Deutsche Vereins-Film AG,

1927), dessen musikalisch-kaleidoskopische Struktur eher das verflachte Demokratie-Modell der »neuen Sachlichkeit« – das »eines funktionsgerechten, pluralistischen Verteilersystems«[451] – widerspiegelte. Zu einem singulären Fall im Kino der späten Weimarer Republik wurde vielmehr Ernö Metzners von der Zensur verbotener *Polizeibericht Überfall* (Deutscher Werkfilm, 1928), der mit einer von keinem anderen Film erreichten oder auch nur angestrebten Nüchternheit ein alltägliches Straßenverbrechen in der Form eines kurzen Spielfilms als »factum brutum« protokollierte. Hier führte die Strategie der Desillusionierung, anders als in vielen Romanen der »neuen Sachlichkeit«, nicht zum Verlust an Sinnlichkeit. Metzners Film entdeckte im Gegenteil die Expressivität des Faktischen und setzte damit einen Gegenakzent zu einem Kino, das nur die Sinnlichkeit der schönen Illusionen gelten ließ und den Imaginationsraum des Melodramas als einzig gültige Wirklichkeit inauguriert hatte.

In zwei Ufa-Filmen Fritz Langs, *Metropolis* (1926/27) und *Spione* (1927), hat die »neue Sachlichkeit« ihre Spuren als gespenstische Zeichen hinterlassen, als Symbole und Hinweise auf eine furchterregende Zukunft. Das Bekenntnis zur Rationalität des technischen Zeitalters und zum Rhythmus der Maschinen in der grandiosen Einleitungssequenz von *Metropolis* ist zwiespältig und gerinnt, ähnlich wie in Ruttmanns Berlin-Film, zu »entseelter« Abstraktion: die »Sinfonie« der Maschinen als Kult der reinen Bewegung, die geisterhaft Raum und Zeit zerlegt, abgelöst und scheinbar unabhängig von menschlicher Arbeitskraft. In der mikrologischen Struktur der *Spione* hat A. Kraszna-Krausz in der Zeitschrift »Filmtechnik-Filmkunst« schon 1927 die Bewegungsform der »neuen Sachlichkeit« aufgedeckt: die vielen kleinen Episoden dieses Films seien »exakt ineinandergreifende Räder eines überkomplizierten Handlungswerkes (...) Kompliziertheit und Ausdehnung lassen hier jeder Szene allein eine bestimmte Bewegungstatsache zur Aufgabe übrig. Es ist wie in einer ultramodernen Fabrik, durch die ein hastig laufendes Band der Handlung rollt und in der am Rande des Bandes einzelne Bildabschnitte wie mechanisierte Arbeiter stehen, um einen raschen Handgriff zu tun. Rasch, ohne sich um Zusammenhänge zu kümmern, ohne über Motive und Zweckmäßigkeit des Ganzen nachdenken zu können oder zu wollen.«[452] »Neue Sachlichkeit« in ihrer Gestalt als Filmmontage: der Rhythmus industrieller Produktion, eingespiegelt in die Struktur filmischen Erzählens.

Die kulturelle Hegemonie der Ufa, die Wirkungen ihrer seichten Melodramen und ihrer ambivalenten Visionen auf die Alltagskultur und das Alltagsbewußtsein in der Endphase der Weimarer Republik verdankten sich auch einem fundamentalen kulturellen Versäumnis im »Lager« der Linken, der progressiven Intelligenz sowie aller Kräfte, die sich mit der Aufklärung im Bunde wähnten. Im Namen der Aufklärung überließen sie das Bedürfnis der Menschen nach »Traumnahrung« den Konzernen: »kampflos«, wie Ernst Bloch betont, denn die Vertreter des aufgeklärten Fortschritts waren ebenso wie die Kulturabteilungen der Arbeiterbewegung der Auffassung, daß der Kampf um die abgedunkelten Seiten des Bewußtseins, um seine verschwiegenen Wünsche und unterdrückten Gelüste, seine Bereitschaft zum Rausch und sein Verlangen nach Sinnenfreude nicht lohnend sei; vielfach wurden sie, offen oder insgeheim, als zum Absterben verurteilte bürgerliche Klassenrelikte in der Seele des Proletariers abgetan.

So entstand ein verhängnisvolles Vakuum. Denn weder die zeitkritischen, »authentischen«, an Moral und Vernunft appellierenden Filme des Realisten G. W. Pabst wie *Westfront 1918* oder *Kameradschaft* (1930 bzw. 1931, beide von der Nero-Film AG produziert) noch die von der Internationalen Arbeiterhilfe Willi Münzenbergs geförderten Produktionen der Linken wie Phil Jutzis *Mutter Krausens Fahrt ins Glück* (Prometheus-Film GmbH, 1929) oder Bertolt Brechts und Slatan Dudows *Kuhle Wampe* (Prometheus und Präsens-Filmverleih GmbH, 1932) beflügelten nachhaltig die Phantasie der Massen. Dies gelang vielmehr den Melodramen, den Lustspielen, den Preußenfilmen, den Walzerträumen und Kasernenhofkomödien der Ufa. Es wäre kurzsichtig, die Ursache dafür allein in der geballten ökonomischen Macht des Hugenberg-Konzerns zu suchen. Vielmehr fehlte es auf der Gegenseite an Einfühlungsvermögen und gründlicherem Verständnis für die Bewußtseinslage des Massenpublikums. In der Blindheit dafür, daß die Arbeiterschaft psychisch und emotional »mit der Bourgeoisie ganz außerordentlich verflochten« sei und ein nicht nur politisch diktiertes, sondern auch in ihrer Bedürfnisstruktur angelegtes Interesse an den »Übergangserscheinungen der spätbürgerlichen Ideologie« habe: in dieser Ignoranz sah Bloch einen folgenschweren Sündenfall der marxistischen Parteien und eine Bedingung für den Sieg des Faschismus in Deutschland. Der Erfolg seiner Ideologie quittiere »den allzu großen Fortschritt des Sozialismus von der Utopie zur Wissenschaft«.[453] Die Ufa war, jedenfalls vor Hugenbergs Machtübernahme, durchaus nicht identisch mit der Reaktion – aber sie half den reaktionären Kräften der Republik, das Monopol auf die Phantasie der Massen zu erobern und zu behalten, und dies um so müheloser, als es von keiner anderen Seite ernsthaft beansprucht wurde.

Von Anfang an ging es dem ersten deutschen Film-Konzern nicht nur darum, den Markt der Unterhaltungs- und Zerstreuungsmedien zu beherrschen, sondern auch um führenden Einfluß auf dem noch wenig entwickelten Gebiet des Kultur- und wissenschaftlichen Unterrichtsfilms. Die bereits 1918 unter Leitung von Ernst Krieger gegründete Kulturabteilung der Ufa wußte sich im Einklang mit den Konzentrationsprozessen in der großen Industrie und mit dem seit den siebziger Jahren des vorigen Jahrhunderts unübersehbaren Funktionswandel der Wissenschaften, vor allem der Naturwissenschaft, im internationalen Wettbewerb. Der Lehrfilm, so die Ufa in einer programmatischen Schrift von 1919, sei »ein politischer Pionier«; leichter und vielfältiger als durch das gedruckte Wort werde »durch das lebendige Bewegungsbild eine Anerkennung deutscher Erfolge auf wissenschaftlichem und wirtschaftlichem Gebiete bei den Völkern jenseits der Grenzen und jenseits des Ozeans erzielt werden«.[454]

Mit hohem Anspruch ging die Kulturabteilung, wie sie auf einer Mustervorführung ihrer Produkte im Dezember 1919 in Hamburg der Öffentlichkeit mitteilte, an die »Herstellung von Lehrfilmen auf allen Gebieten des Unterrichts und der Wissenschaft, der Volksbildung und der Volkswohlfahrt, des Handwerks und der Technik«[455], und sie suchte von Beginn an auf diesem Gebiet die Zusammenarbeit mit den deutschen Städten, mit Universitäten, Schulen, Fachschulen und Fortbildungsstätten. In einer eigenen Publikationsreihe informierte sie die interessierte Öffentlichkeit über ihr Programm und gab detaillierte Hinweise zu den Modalitäten des Vertriebs und der Vorführung ihrer Filme zu Ausbildungszwecken. Schon 1919 bot die Ufa über hundert mit einer Vielzahl

Wege zu Kraft und Schönheit

wissenschaftlicher Mitarbeiter erstellte Lehrfilme medizinischer, naturwissenschaftlich-technischer, völkerkundlicher und landwirtschaftlicher Thematik an.

Der Lehrfilm als »politischer Pionier« hatte nach den Vorstellungen der Ufa, ein Jahr nach der militärischen Niederlage Deutschlands und vor dem Hintergrund des Wiederaufrüstungsverbots, auch eine sehr konkrete ideologische Aufgabe zu übernehmen. Eine größere Zahl der zu Unterrichtszwecken hergestellten Filme widmete sich der »körperlichen Ausbildung« der Jugend wie auch, erklärtermaßen, der »militärischen Dienstausübung«. Der »unschätzbaren Kräftigung der Jugend« war auch der wichtigste Film gewidmet, der aus der Arbeit der Kulturabteilung hervorging: *Wege zu Kraft und Schönheit*, ein mit dem Prädikat »volksbildend« ausgezeichneter »Film über moderne Körperkultur« (Regie Wilhelm Prager, 1925), verhehlte bei allen kulturhistorisch-aufklärerischen Ambitionen keineswegs seine auf die Wiederherstellung germanischer Wehrtüchtigkeit gerichtete Tendenz. Über die von Giuseppe Becce arrangierten Musik-Collagen schrieb »Die Weltbühne«: »(...) herrlich wie am ersten Tag klingen die alten Militärweisen, wenn das Bild aus der großen Vergangenheit uns ad oculos demonstriert, wie der preußische Feldwebel den gemeinen Muschko zu Kraft und Schönheit erzog. Und es dürfte angesichts dieser Verbindung von Musik und Filmbild, bei dem sich nur reine Schönheit zu Schönheit gesellt, auch dem Kurzsichtigsten nicht zweifelhaft sein, daß unser lieber Hindenburg und die Einführung der alten Stammrolle samt der Unfreiwilligkeit des Heeresdienstes das einzige Ziel sind, auf das wir stoßen, wenn wir den Weg zu Kraft und Schönheit gehen.«[456]

Als politische Pioniertätigkeit im strikten Sinne verstand die Ufa auch die Arbeit ihrer Wochenschau-Abteilung. »Während des Weltkriegs entstanden, sind unsere Wochenschauen heute wertvolle Mitstreiter im Kampf gegen Versailles«[457]: so das eindeutige Bekenntnis in einer Festschrift von 1939 zum 25jährigen Bestehen der deutschen Wochenschauen. Aus der Messter-Woche und der Deulig-Woche hervorgegangen, eröffnete die Ufa-Wochenschau ihre erste Ausgabe am 17. September 1925 mit einem Bild des im April zum Reichspräsidenten gewählten Paul von Hindenburg. Ausgaben der Ufa-Wochenschau waren bald auch im Ausland, in Finnland, Holland, Österreich, in der Schweiz, der Tschechoslowakei und in Ungarn zu sehen, später auch in Bulgarien, Griechenland, den baltischen Staaten, in Norwegen, Portugal, Spanien und sogar in Brasilien, Südwestafrika und in den Vereinigten Staaten. Bis März 1933 vertrieb die Ufa ihre Wochenschau auch noch als Stummfilm-Ausgabe, aber schon am 10. September 1930 brachte sie die erste Ufa-Ton-Woche heraus, einen Tag vor der ersten Tönenden Wochenschau der Fox-Film AG; wenig später folgte die Emelka mit ihrer Ton-Woche. Die Ufa hatte für das Debüt Emil Jannings gewonnen, der sich in einer gutgelaunten »Tonbild-Ansprache« an sein Publikum wandte: »Auf der ganzen Welt kann nichts mehr geschehen, ohne daß Sie Augen- und Ohrenzeuge sind. Wo ein Vulkan ausbricht, steht unser Kameramann, wo ein Tiger brüllt, lauert unser Kameramann. Unsere Tonkamera versäumt nichts, fängt die Schönheitskönigin, wenn sie gekrönt wird und übermittelt Ihnen die Begrüßungsworte des Boxweltmeisters an sein Volk.«[458]

Die Einführung des Tonfilms Ende der zwanziger Jahre stieß in der deutschen Filmindustrie auf erhebliche Hemmnisse und Widerstände. Lange Zeit beobachtete die Ufa-Leitung mit großem Mißtrauen die von den amerikanischen Konzernen vorangetriebene technische Entwicklung, bevor sie, eingedenk ihrer Pionierfunktion und unter dem Druck der sich rapide verändernden Marktsituation, auch auf diesem Gebiet in Europa die Führung übernahm. Noch im April 1927 beschloß der Vorstand verbindlich, der Konzern solle sich mit dem »sprechenden Film vorläufig nicht weiter beschäftigen«[459]; zuvor hatte Direktor Bausback eine ernüchternde Zwischenbilanz der bisherigen Versuche mit dem Tonfilm gezogen. Hypnotisiert bis zur Handlungsunfähigkeit starrte man auf einen technischen Prozeß, der mit beträchtlichen finanziellen Risiken verbunden war und manchen Entscheidungsträgern das Gefühl vermittelte, dem technischen Fortschritt und seiner Eigendynamik hilflos ausgeliefert zu sein. Es entstand, wie Hans Richter analysierte, ein Gegensatz zwischen technischem Fortschritt und Rentabilität: »Die sich automatisch weiterbildende Technik ist im gewissen Sinne zum Feind der Industrie geworden, die in der gegenwärtigen, an Überproduktion krankenden Situation nicht so sehr Entdeckungen, Erfindungen und Fortschritt wünscht, sondern überhaupt keine Bewegung, die die Gegenwart noch schwieriger gestalten könnte.«[460]

Drei deutsche Erfinder – Hans Vogt, Jo Engl und der geniale Bastler und Autodidakt Joseph Massolle – hatten ab 1919 in ihrem Laboratorium für Kinematographie mit der Entwicklung hochempfindlicher Fotozellen sowie verbesserter Mikrofone und Verstärker die Voraussetzungen für eine moderne Lichttonaufzeichnung (Verwandlung von Schallwellen in Lichtschwankungen, die in elektrische Impulse übersetzt und wiederum als Schallwellen hörbar gemacht werden können) geschaffen. Die erste öffentliche Tonfilmvorführung nach ihrem

Die Erfinder des Lichttons: Joe Engl, Joseph Massolle und Hans Vogt mit ihren Lautsprechern

»Tri-Ergon« (= Werk der Drei)-Verfahren fand am 17. September 1922 im Kino Alhambra am Kurfürstendamm statt und begeisterte das Publikum, stieß jedoch bei der Presse und bei den Vertretern der Filmwirtschaft auf Unverständnis und Ablehnung. Gezwungen, ihre Patente an Schweizer Geldgeber zu verkaufen, arbeiteten die drei Erfinder als technische Berater der Triergon AG St. Gallen weiter. Massolle gelang es, mit wesentlich verbesserten Aufnahme- und Wiedergabeapparaten das Interesse der Ufa zu wecken; im Januar 1925 kam ein Lizenzvertrag zustande, und Massolle wurde, allerdings nur für einige Monate, technischer Leiter der ersten Ufa-Sprechfilmabteilung. Die Uraufführung des ersten Ufa-Tonfilms *Das Mädchen mit den Schwefelhölzern* im Dezember 1925 endete indessen in einem tontechnischen Debakel, und angesichts der heraufziehenden wirtschaftlichen Krise schien es der Direktion ratsam, alle weiteren Experimente auf diesem Gebiet vorerst einzustellen. Nach der Übernahme des Konzerns durch Hugenberg verfügte das Sparregime Klitzschs zunächst strikte Enthaltsamkeit gegenüber dem »sprechenden Film« mit seinen unkalkulierbaren technischen, finanziellen und patentrechtlichen Problemen.

Inzwischen war die Entwicklung in Amerika rasant vorangeschritten – und in Amerika zeigte sich auch zuerst, daß mit dem Tonfilm der Konkurrenzkampf innerhalb der Filmindustrie sich auf ein neues Terrain, das des Patentrechts, verlagert und neue Großindustrien, die Elektrokonzerne, auf den Plan gerufen hatte. 1925 brachte die Western Electric Company der Morgan-Gruppe ein Nadeltonverfahren auf den Markt, das die Warner Brothers aufgriffen, um sich mit »talking movies« vor dem drohenden Bankrott zu retten – ihr Film *The Jazz Singer*, mit Gesangsnummern und gesprochenen Dialogen, wurde zu einem weltweiten Erfolg und bewirkte auch in Europa den entscheidenden Durchbruch. Der Gegenschlag in den USA kam von der Firma William Fox, die von der Triergon in St. Gallen die amerikanische Lizenz für das deutsche Lichttonverfahren erworben und diese Erfindung zum Movietone-System weiterentwickelt hatte. Der erste Movietone-Film, *What Price Glory*, wurde im Januar 1927 aufgeführt. Um über die erforderlichen Verstärker zu verfügen, mußte sich die Fox mit der Western Electric arrangieren, die ihrerseits die Konkurrenz des größten amerikanischen Elektrotrusts, der General Electric, zu fürchten hatte. Eine Tochtergesellschaft der General Electric, die ab 1930 von Rockefeller kontrollierte Radio Corporation of America, hatte eine Variante des Lichttons, das Photophone-Verfahren entwickelt, und es war abzusehen, daß die beiden amerikanischen Giganten ihren Konkurrenzkampf nach außen, das heißt auf den europäischen Markt verlagern würden, um über das Lizenzrecht ihre wirtschaftliche Kontrolle auszudehnen.

In Europa konkurrierten mittlerweile fünfzehn unterschiedliche Verfahren mit insgesamt 3000 Einzelpatenten. 1925 hatte die der IG Farben nahestehende Deutsche Tonfilm AG für das deutsche Sprachgebiet eine dänische Lizenz erworben und mit der Phoebus-Film AG einen Monopolvertrag zur Produktion von Tonfilmen geschlossen. Wenig später bildete sich in Holland der Küchenmeister-Konzern und begann mit der Herstellung von Lichttonfilmen nach einem selbständig entwickelten System. »Bei dieser unübersichtlichen Lage der Dinge, in der jedes praktische Arbeiten unmöglich war und die Gefahr bestand, daß eine deutsche Tonfilmproduktion im Keime erstickt wurde« (Traub[461]), rief Generalkonsul Brückmann als Repräsentant der Deutschen Tonfilm AG 1928 die wichtigsten europäischen Patenthalter und Vertreter der Elektroindustrie in den Berliner Kaiserhof, um die Kräfte zu konzentrieren und alle zukunftsträchtigen Patente zusammenzufassen. Aus dieser Initiative ging die Tonbild Syndikat (Tobis) AG hervor, ein Zusammenschluß zwischen der Triergon-Musik AG St. Gallen, der H. J. Küchenmeister KG, der Deutschen Tonfilm AG sowie der Messter-Ton AG; das Stammkapital betrug 12 Millionen Reichsmark. Die technische Grundlage der Tobis bilde »deutscher Erfindergeist«, stellte Traub fest – die Finanzierung indessen liege überwiegend in ausländischen Händen.[462] Tatsächlich hielten der Küchenmeister-Konzern und mit ihm niederländische Finanzkreise bald mehr als 75 Prozent des Tobis-Kapitals.

Noch immer nahm die Ufa eine abwartende Haltung ein. An der Tobis-Gründung war sie ebenso wenig beteiligt wie die beiden großen Elektrokonzerne AEG und Siemens & Halske, die im Gegenzug zur Tobis-Initiative zwei Monate später, im Oktober 1928, die Klangfilm GmbH mit einem Stammkapital von 3 Millionen Mark ins Leben riefen. Zwischen den beiden Gruppen drohte ein mitteleuropäischer Patentkrieg auszubrechen, der auf längere Sicht alle beteiligten Kräfte blockiert hätte, so daß man sich im März 1929 zu einem »Freundschaftsvertrag« zwischen Tobis und Klangfilm entschloß. »Danach fielen der Tobis die Tonfilmherstellung und der Vertrieb der Aufnahmegeräte, der Klangfilm die Herstellung der Aufnahme- und Wiedergabegeräte zu. Das Aufnahmeverfahren wurde System Tobis-Klangfilm, das Wiedergabeverfahren System Klangfilm-Tobis genannt. Der Zweck des Interessengemeinschaftsvertrages war die monopolistische Beherrschung des Tonfilmmarktes. Alle Außenseiter wurden in kurzer Zeit ausgeschaltet.«[463]

In Europa existierte nun ein Tonfilm-Kartell, das entschlossen war, die Herrschaft über den kontinentalen Markt anzutreten und zu diesem Zweck die entscheidende Auseinandersetzung mit der amerikanischen Konkurrenz aufzunehmen. Noch waren die Europäer in der Defensive, da die amerikanischen Konzerne sowohl mit einer größeren Zahl von Tonfilmen als auch mit technisch ausgereiften Projektionsgeräten auftrumpfen konnten. Um ihre Ware erfolgreich auf dem europäischen Markt zu plazieren, setzten sie ihre bewährte Investitionspolitik fort: so erwarben Warner Brothers die Kapitalmehrheit am Verleih der deutschen National-Film AG und lieferten gleichzeitig den Kinos die zu ihren Filmen passenden Projektionsgeräte mit der Maßgabe, die Warner-Filme nur auf diesen Maschinen vorzuführen.

So gelangte am 3. Juni 1929 der Warner-Tonfilm *The Singing Fool* im Gloria-Palast zur deutschen Erstaufführung und eroberte das Berliner Publikum, entfesselte jedoch im Handumdrehen neue Patentkriege, die den gesamten Tonfilmmarkt zu lähmen drohten. Weder die Filmkonzerne, die bereits große Summen in die neue Technologie investiert hatten, noch die Elektroindustrien, die an der internationalen Auswertung ihrer Patente interessiert waren, konnten sich mit dieser durch Rechtsstreitigkeiten bedingten Stagnation zufriedengeben. Im Juni 1930 begruben die streitenden Parteien alle Auseinandersetzungen im »Pariser Tonfilmfrieden«, der nach dem Willen der Vertragspartner für die nächsten fünfzehn Jahre einen geregelten Wettbewerb sichern sollte. Zwei wichtige Beschlüsse wurden gefaßt: man einigte sich auf die Garantie der »interchangeability« – jeder Tonfilm der beteiligten Patentgruppen durfte von nun an auf jedem patentierten Gerät aufgenommen und vorgeführt werden. Darüber hinaus besiegelte man, wie nach Friedensschlüssen üblich, eine Neuaufteilung der Welt in Exklusivgebiete. Der Tobis-Klangfilm-Gruppe wurden Deutschland, Österreich, die Schweiz, Holland (mit seinen ostindischen Kolonien) sowie die Balkanstaaten und Skandinavien zugesprochen, den amerikanischen Konzernen außer den USA und Kanada auch Indien, Australien und die Sowjetunion. Der Rest des Weltmarkts wurde zum neutralen Gebiet erklärt und dem Spiel der freien Kräfte überlassen. »Die Gefahr eines amerikanischen Patentmonopols in Europa war damit beseitigt.« (Spiker[464])

In Deutschland hatte 1928 auch das größte deutsche Filmunternehmen seine zögernde Haltung aufgeben müssen. Im Juli hatte Ludwig Klitzsch eine Studienkommission für Tonfilm eingesetzt, auf deren Empfehlung Tonfilmprojektoren verschiedener Systeme in den Ufa-Kinos installiert wurden. Noch rechtzeitig vor dem Tobis-Klangfilm-Abkommen erwarb der Konzern Klangfilm-Geräte zur freien Verfügung, die ihn von den Tobis-Monopolinhabern unabhängig machten. Im August zeigte der Gloria-Palast einige von Küchenmeister in den Tempelhofer Ufa-Ateliers hergestellte Tonfilm-Experimente. Schließlich begab sich Ludwig Klitzsch – nach Traubs Darstellung aus nationaler Verantwortung und im Bewußtsein, stellvertretend für die gesamte deutsche Filmindustrie die Initiative ergreifen zu müssen – »mit einigen Herren abermals nach Amerika«, um sich selbst ein Bild von den Aktivitäten der mächtigen Konkurrenz zu verschaffen. »Hier wurden sie auf dem Broadway Augenzeuge einer fast unumschränkten Herrschaft des Tonfilms. Sie konnten sich der Überzeugung nicht verschließen, daß dieser neuen Entwicklung der Filmtechnik die Zukunft gehören werde. Das mußte die große Sorge wachrufen, wie Deutschland solchen Anforderungen international begegnen könne. Da wurde ein kleines Erlebnis maßgebend für die zuversichtliche Haltung, welche den nun folgenden schweren Entschlüssen ihre innere Berechtigung verlieh. In der Halle des Hotels lag das Musikprogramm der Unterhaltungskapelle aus. Es zählte dreizehn Musikstücke. Von ihnen waren neun deutschen oder österreichischen Ursprungs; und plötzlich zeichnete sich ein Zukunftsbild auf, in dem die deutsche Musikalität mit dem Tonfilm die Welt erobern werde. Nachdem auf der Rückreise die Londoner Verhältnisse studiert werden konnten, fiel in Berlin die Entscheidung, die Umstellung auf den Tonfilm durchzuführen. Mit diesem Entschluß gewann die Ufa als erste von allen deutschen Firmen einen unschätzbaren Vorsprung; denn bereits im Jahr 1929 wurden die notwendigen praktischen Schritte zur Durchführung des Entschlusses getan.«[465]

Für die von Hugenberg gelenkte Ufa entschied eine nationalkonservative Grundeinstellung oder – wie Traub schreibt – die Verpflichtung zu einer »inneren Haltung« die Frage, mit welchen Gruppen zusammenzuarbeiten sei: selbstverständlich kam im Interesse der deutschen Industrie nur die von der AEG und Siemens gegründete Klangfilm GmbH in Betracht. Die Spekulation auf das Alleinrecht der Tonfilmproduktion nach dem Klangfilm-System wurde zwar durch die Tobis-Klangfilm-Vereinbarung durchkreuzt, doch sicherte sich die Ufa Vorzugsrechte für den Bezug aller Geräte und gebot als einzige deutsche Firma über eigene Tonaufnahme-Apparaturen; alle anderen Gesellschaften waren darauf angewiesen, die Technik bei ihr oder bei der Tobis zu mieten. Das Projekt einer »Europäischen Interessengemeinschaft des Filmschaffens« unter deutscher Hegemonie – nach Traub ein großzügiger Plan, »um Deutschland vor der neuen drohenden amerikanischen Gefahr zu bewahren«[466] – konnte die Ufa indessen nicht verwirklichen.

Produktionschef Ernst Hugo Correll war es vorbehalten, sein Unternehmen in die Ära der Tonfilmproduktion zu führen: unter seiner Leitung wurde im Februar 1929 in Neubabelsberg der Bau geeigneter Ateliers in Angriff genommen. Das architektonische Gesicht der Ufa-Filmstadt veränderte sich. »Innerhalb weniger Monate erfährt Babelsberg ein neues Aussehen. Tag und Nacht wird fieberhaft gearbeitet. Bereits im Oktober ist die außergewöhnliche Leistung vollbracht.«[467] Am 29. September präsentierte der Konzern das »Ton-Kreuz« von Neubabelsberg der Presse: ein Komplex aus vier bunkerartigen, »kreuzförmig angelegten Ateliers, die sich um einen Innenhof gruppieren, an den die Räume für die Tonkameras fest angelagert sind. (...) Die Studios gelten als die am besten ausgestatteten Ton-Ateliers der Zeit. Lichtton- und Nadelton-Apparaturen sind vorhanden, die synchron geschaltet werden können. Allerdings wird das Nadelton- oder auch Plattenton-Verfahren vorwiegend zu Kontrollzwecken eingesetzt, da es für den Regisseur eine sofortige Wiederholung der ›Tonspur‹ ermöglicht und so auf Störungen der Aufnahme sofort reagiert werden kann.«[468] Im darauffolgenden Jahr wurden die große »Stummhalle« mit ihren drei Ateliers und das große Glashaus für Tonfilmzwecke in schalldichte und entsprechend massive Bauten umgewandelt; 1931 folgte der Umbau der beiden Glashäuser in Tempelhof.

Auch architektonisch verwandelte sich nun die Ufa, als Produktionsstätte, in eine Festung; mit den Glashäusern verschwand die Transparenz, wurden das Tageslicht und alle unkontrollierbaren Geräusche aus der Filmfabrik verbannt.

Eingang zum »Ton-Kreuz« in Neubabelsberg

Europas größter Filmkonzern mauerte sich ein; wenn gedreht wurde, war Lautlosigkeit das oberste Gebot. Um das »Ton-Kreuz« gruppierten sich bald neue Baukomplexe – Spezialwerkstätten und Schneideräume mit Tonfilmschneidetischen, neue Vorführräume, ein neues Trickatelier mit einer Einrichtung für Rückprojektionen, eine neue, für Tonfilmzwecke erweiterte Kopieranstalt. Ende September 1929, einen Monat vor dem Börsenkrach an der Wallstreet und dem Einbruch der Weltwirtschaftskrise, hatte sich die alte Filmstadt in ein modernes Medienzentrum verwandelt.

Der erste öffentlich gezeigte Tonfilm der Ufa war ein Werk der Kulturabteilung: *Gläserne Wundertiere*, aufgeführt am 2. August 1929 im Berliner Universum-Theater. Am 16. Dezember folgte, als Uraufführung im Ufa-Palast am Zoo, der erste lange Ufa-Spielfilm nach dem Lichtton-Verfahren der Klangfilm GmbH, *Melodie des Herzens*, eine in Ungarn spielende Liebesgeschichte zwischen einer Bauernmagd und einem Gefreiten mit tragischem Ausgang, inszeniert von Hanns Schwarz und mit Dita Parlo und Willy Fritsch in den Hauptrollen. Werner Richard Heymann hatte, unter Verwendung ungarischer Volkslieder und mit Beiträgen von Paul Abraham und Viktor Gertler, die Musik geschrieben; die Bauten stammten von Erich Kettelhut, Günther Rittau und Hans Schneeberger standen an der Kamera. Die Ufa ließ neben der Tonfassung eine stumme Version herstellen; für die fremdsprachigen Fassungen mußten die Darsteller ihre recht profanen Dialogtexte sowie die Texte ihrer Lieder auch auf englisch, französisch und ungarisch wiedergeben. Die Produktionsgruppe Erich Pommers, die *Melodie des Herzens* produziert hatte, wurde zum Zentrum der Ufa-Tonfilmproduktion; die vier anderen Produktionsgruppen unter Fritz Lang, Gregor Rabinovitsch, Günther Stapenhorst und Alfred Zeisler waren bis Anfang der dreißiger Jahre weiterhin hauptsächlich mit der Herstellung von Stummfilmen befaßt.

Melodie des Herzens signalisierte den Aufbruch in die Tonfilm-Ära, aber andere Produktionen hatten ihn im Laufe des Jahres 1929 vorbereitet. Von den 224 deutschen Filmen des Jahres waren immerhin schon 14 teilweise oder ganz als Tonfilme hergestellt.[469] Im Januar waren im Tauentzien-Palast die beiden ersten Kurztonfilme der Tobis, *Ramona* und *Das letzte Lied*, als Vorprogramm zu *Ich küsse Ihre Hand, Madame* (Super-Film GmbH und Deutsches Lichtspiel-Syndikat AG, Regie Robert Land) aufgeführt worden, einem Stummfilm mit einer einzigen Tonszene, in der Harry Liedtke als Partner Marlene Dietrichs mit der bereits im Playback aufgenommenen Stimme Richard Taubers den Titelschlager sang. Im März folgte mit Walter Ruttmanns Dokumentarfilm *Melodie der Welt*, den die Tobis in Zusammenarbeit mit der Hamburg-Amerika-Schiffahrtslinie produziert hatte, die Uraufführung des ersten abendfüllenden deutschen Tonfilms (Musik von Wolfgang Zeller); im Oktober und November erschienen die deutschsprachigen Versionen von E. A. Duponts in England produziertem Film *Atlantic* und Bryan Foys Warner-Produktion *Die Königsloge* mit Alexander Moissi und Camilla Horn; ferner der erste in Deutschland produzierte »hundertprozentige« Spieltonfilm *Dich hab' ich geliebt*, hergestellt von der Aafa-Film AG und inszeniert von Rudolf Walther-Fein. Eine Woche nach der Ufa-Premiere mit *Melodie des Herzens* schließlich brachte Carl Froelich in eigener Produktion seinen Tonfilm *Die Nacht gehört uns* mit Hans Albers heraus.

Im Bunde mit Klangfilm verfügte die Ufa über beträchtliche Privilegien, die es ihr ermöglichte, ihre rund hundert Kinos in relativ kurzer Zeit auf die Bedingungen der Tonfilmprojektion umzurüsten, während die annähernd fünftausend nicht konzerngebundenen Lichtspieltheater in Deutschland, weitgehend ohne eigene Kapitalbasis, die hohen Leihgebühren der Klangfilm GmbH akzeptieren mußten. 1929 konnten erst 223 Theater ihre Einrichtung auf Tonfilm umstellen, 1930 waren es bereits 1864, zwei Jahre später 3820 Kinos, aber erst 1935 war die Umrüstung in nahezu allen deutschen Theatern abgeschlossen – eine von zahlreichen Firmenzusammenbrüchen begleitete wirtschaftliche und technische Großaktion, die insgesamt weit mehr als 50 Millionen Mark verschlungen hatte. Allein die Ufa hatte in den Umbau ihrer Ateliers und Theater, in ihre Tonfilmversuche und in die erste Jahresproduktion 20 Millionen Mark investiert.[470]

Der Siegeszug des Tonfilms begleitete die Endphase der Weimarer Republik und überglänzte eine Periode politischer Krisen, die schließlich in den Kollaps der Demokratie mündeten. Während Ludwig Klitzsch in einer New Yorker Hotelhalle davon träumte, daß mit dem neuen Medium die »deutsche Musikalität« die Welt erobern werde, agitierte der Ufa-Aufsichtsratsvorsitzende und Chef der Deutschnationalen Hugenberg für die »rechte Sammlung«, gegen den »Plunder« der parlamentarischen Demokratie, für die »vollständige Verschmelzung« der sozialen Frage mit dem »nationalen Gedanken«, für die DNVP als »Weltanschauungspartei«, die allein »Seele und Wirtschaft des deutschen Volkes« zu retten berufen sei.[471] Und in eben jenen Septembertagen des Jahres 1929, als die Ufa ihre neue Tonfilm-Hochburg in Neubabelsberg der Presse vorstellte, mobilisierte Hugenberg im »Reichsausschuß für das deutsche Volksbegehren« reaktionäre Emotionen gegen den Young-Plan, trommelte er gemeinsam mit den Alldeutschen, mit Franz Seldte, dem Führer des Stahlhelm-Bundes, und mit Adolf Hitler gegen die Parteien der »Kriegsschuldlüge«, drohte er allen Regierungsmitgliedern, die das Abkommen über den Young-Plan unterzeichnen würden, Zuchthausstrafen für Landesverrat an.

Reichsaußenminister Gustav Stresemann, dem der Hauptstoß der Hugenbergschen Haßtiraden galt und der nach langen Verhandlungen mit Briand die Zusage zur Räumung des besetzten Rheinlands erreicht hatte, erlag Anfang Oktober 1929, bereits von schwerer Krankheit gezeichnet, einem Schlaganfall. »Sein Tod nahm symbolhaft den Tod der Republik vorweg, zu deren Protagonisten dieser Vorsitzende einer ursprünglich republikfeindlichen Partei geworden war (...) Auf die Dauer hätte er den gegnerischen Kräften wohl kaum Paroli bieten können, vielleicht aber wäre der Staat von Weimar nicht ganz so trostlos zugrunde gegangen.«[472] Graf Kesslers Bericht über Stresemanns Beisetzung am 6. Oktober gibt die düstere, von beklemmenden Ahnungen erfüllte Tristesse dieses Staatsaktes wieder: es war ein Akt pompöser Trauer, vorweggenommener Abschied der Republikaner von der Republik mit allen Insignien einer preußischen Kinotragödie: »Strahlend schöner, warmer Tag, aus dem man in den etwas dunklen, mit Flor verhängten Sitzungssaal des Reichstags wie in eine Gruft hineinkam. (...) Der Sarg war unter einer goldenen, mit dem schwarzen Reichsadler geschmückten Decke aufgebahrt. Da der Adler rote Krallen hatte, war die Decke *verschämt* Schwarz-Rot-Gold; nicht wie bei Walther Rathenau *offen* Schwarz-Rot-Gold. Auch unter den Schleifen an den Kränzen waren mehrere Schwarz-Weiß-Rot. Frau Stresemann saß tief verschleiert neben Hindenburg in der früheren Hofloge. Daneben in der Diplomatenloge alle Botschafter in großer Gala mit Orden. Hermann Müller hielt die Trauerrede; gut, aber schwunglos. Er selbst sah wie ein Todeskandidat aus, mager und gelb.«[473]

Während das Gesicht der Republik hippokratische Züge annahm, befand sich ihr größtes Filmunternehmen unverkennbar in einer Aufschwungphase; es war sogar, wie Traub behauptet, »auf dem Weg zur Freiheit«, Vorreiter der Emanzipation der deutschen Filmindustrie »von einer amerikanischen Überfremdung«[474]. Tatsächlich hatte Klitzsch schon auf seiner ersten Amerika-Reise im Sommer 1927 eine Neuaufnahme der Verhandlungen über den Parufamet-Vertrag erreicht. Da die amerikanischen Vertragspartner jegliche Modifizierung von einer Rückzahlung des 4 Millionen-Dollar-Kredits abhängig machten, mußte die Deutsche Bank einspringen; es wurde eine Rückzahlung zu festgesetzten Terminen ermöglicht, und Klitzsch konnte eine Lockerung der Parufamet-Bedingungen aushandeln. Die Laufzeit des Vertrags wurde um vier Jahre gekürzt, der Anteil der Ufa von 40 auf 20 Filme gesenkt und die Abspielverpflichtung für amerikanische Filme in den Ufa-Kinos von 75 auf 33 1/3 Prozent herabgesetzt. Die Parufamet verlieh nur noch amerikanische Filme und verlor allmählich ihre Bedeutung; 1932 wurde sie aufgelöst.

Der Aufschwung der Ufa täuschte indessen über die reale Lage der deutschen Filmindustrie hinweg. Im Kampf um die Tonfilmpatente hatten sich einige wenige Monopolinhaber auf Kosten der mittleren und kleinen Firmen durchgesetzt. Im Produktionssektor beherrschte die Tobis den Verleih der Tonapparaturen; ihr kam die Kapitalnot der kleineren Produktionsfirmen gelegen, um sich selbst an der Tonfilmproduktion zu beteiligen oder die kleinen Hersteller von ihren Produktionsstätten abhängig zu machen. So wurden 1932 nicht weniger als 32 Prozent der deutschen Gesamtproduktion in den Jofa-Ateliers der Tobis in Johannisthal realisiert. Die abrupt gestiegenen Produktionskosten brachten die kleineren Gesellschaften in schwerste Bedrängnis und führten zu einem sukzessiven Rückgang der deutschen Produktion von 224 (stummen) Filmen im Jahre 1928 auf 132 (bereits ausschließlich mit Ton produzierte) Filme 1932. Gleichzeitig ließ die Sprachbarriere das ausländische Spielfilmangebot schrumpfen. Das sinkende Volkseinkommen verringerte die Besucherzahlen und damit den Marktbedarf. Ungeachtet der beeindruckenden Bilanzen, welche die drei marktführenden Konzerne Ufa, Tobis und Terra vorlegen konnten, stand die deutsche Filmindustrie insgesamt abermals vor einer äußerst kritischen Situation. Die Weltwirtschaftskrise wirkte sich verheerend auf die Kaufkraft der Bevölkerung und damit auch auf die Umsätze im Kinogewerbe aus: zwischen 1928 und 1932 sanken das Volkseinkommen um 42, die Besucherzahlen in den Kinos um 32 und die Bruttoeinnahmen der Theaterbesitzer um 36 Prozent.[475]

Die Machtpolitik der Ufa zeitigte nun ihre Früchte. Aufgrund seines wirtschaftlichen Vorsprungs konnte der Konzern nicht nur die Krisenjahre vor 1933 heil überstehen, sondern auch in zahlreichen Fällen politischen Präferenzen gegenüber den rein ökonomischen Belangen den Vorrang geben. Im Jahr des Tonfilms, zwei Jahre nach der Konzernübernahme durch Hugenberg, machte sich, so Traub, »die nationalbewußte Haltung unter der neuen Leitung sogleich überall bemerkbar«.[476] Zunehmend regierte die Politik das Geschäft: so bei der Entscheidung, in den Ufa-Theatern keine Werbung linksgerichteter Zeitungen zuzulassen oder in der Weigerung, für Lewis Milestones nach Erich Maria Remarques Roman gedrehten Film *Im Westen nichts Neues* ein Synchronatelier oder gar ein Kino zur Verfügung zu stellen. Desgleichen beschloß die Direktion, keine sowjetischen Filme mehr für ihre Theater zu mieten; Kopieraufträge aus der Sowjetunion wurden abgelehnt. Man wollte, so die Interpretation des Hausautors Hans Traub, unbedingte Zurückhaltung wahren, »wenn ausländische Bestrebungen sich gegen das deutsche Ansehen wandten oder von weltanschaulich untragbar erscheinenden Tendenzen geleitet wurden«.[477] Als die Ufa im März 1928 in die Kaiser-Wilhelm-Gesellschaft zur Förderung der Wissenschaften aufgenommen wurde, sah Traub darin nicht nur eine Ehrung und gesellschaftliche Anerkennung des deutschen Films, sondern auch – wohl mit Recht – ein Resultat der Konzernsanierung durch den nationalbewußten Hugenberg.

Ludwig Klitzsch, seit Mai 1927 auch Präsident der Spitzenorganisation der Deutschen Filmwirtschaft (Spio), sorgte für eine innerorganisatorische Straffung des Dachverbands und für ein dynamisches Auftreten in filmpolitischen Fragen. Es ging dabei um die Regierungsbestimmungen zur Kontingentierung der Filmeinfuhr aus dem Ausland, um eine Reform des Lichtspielgesetzes, um Fragen der Filmzensur und vor allem, wie schon in früheren Jahren, um den Kampf gegen die Lustbarkeitssteuer. Anerkennung der Filmvorführung als steuerfreie, der »Volksbildung« und »Volkserholung« dienende Veranstaltung: so lautete die Forderung der Spio unter Klitzsch: Begriffe, die wenig später zum ideologischen Jargon der nationalsozialistischen Filmpolitik gehören werden.

Die innere Umstrukturierung des Konzerns war 1929 weitgehend abgeschlossen. Zugunsten der eigenen Filmherstellung wurden die lange Zeit üblichen Auftragsproduktionen, also die Zusammenarbeit mit kleineren Firmen, abgebaut. Waren 1927/28 noch mehr als 50 Prozent der Ufa-Filme in fremden Ateliers entstanden, so produzierte das Unternehmen bereits 1929/30 ausschließlich unter eigener Leitung. Der vor allem dank Erich Pommer gewachsenen Bedeutung der Produktionsleiter entsprach der Beschluß von 1928, ihre Namen in den Vorspanntiteln aufzuführen.

In jeder Hinsicht verstand sich die Ufa als Vorbild für eine noch immer desorganisierte Filmindustrie, die nach einer »inneren Haltung«, nach Richtlinien und einheitlichen Mustern suchte. Ob es um die zweckmäßige Verpackung der Filmrollen oder um ihre Ausstattung mit genormten Startbändern, um die sachgemäße Pflege der Kopien oder um die Schulung der Vorführer ging: in Hugenbergs Filmfabrik wurde nun alles einem System verbindlicher Handlungsanweisungen unterworfen. Aus der Hauszeitschrift »Ufa-Magazin« wurde das Publikumsorgan »Filmmagazin«: da Teile der Filmfachpresse der Ufa nicht wohlgesonnen waren, gedachte man über eine eigene Publikation den Geist des Hauses in der Öffentlichkeit zu verbreiten. Auf dem Gelände von Neubabelsberg ersetzte nun eine Asphaltstraße das ehrwürdige Kopfsteinpflaster; die störenden Schienenstränge einer alten Transportanlage mußten modernen Elektrokarren weichen. Ein »wilder Filmstreik« im Sommer 1928 wirkte sich, stellte Traub erleichtert fest, »weiter nicht schädigend aus«.[478] Ruhe und Ordnung wurden zur Devise in Deutschlands führendem Filmkonzern.

16. Kapitel

Revue und Untergang. Die letzten Jahre der Republik

Die großen Revue- und Operettenfilme der Ufa orchestrierten und illuminierten auf ihre Weise eine beispiellose zeitgeschichtliche Tragödie: die Agonie, schließlich den Untergang der ersten deutschen Demokratie. Wirtschaftliche Krise und selbstverschuldete politische Ohnmacht auf der einen Seite – *Liebeswalzer, Die Drei von der Tankstelle, Bomben auf Monte Carlo* und *Der Kongreß tanzt* auf der anderen: es schien, als treibe die Republik in einem Reigen musikseliger und tolldreister Ausgelassenheit auf den Abgrund zu.

Genau fünf Tage vor der Welturaufführung des Sternberg-Films *Der blaue Engel* im Gloria-Palast hatte eine lange Krankheitsgeschichte ihr kritisches Stadium erreicht: der Rücktritt des Kabinetts Hermann Müller am 27. März 1930 signalisierte den Zusammenbruch der letzten Koalition zwischen Sozialdemokratie und bürgerlicher Mitte, damit das Ende eines riskanten, doch eine Zeitlang tragfähigen demokratischen Experiments. Schon der »Blutmai« des Jahres 1929, als der sozialdemokratische Polizeipräsident Zörgiebel seine Truppen auf kommunistische Demonstranten schießen ließ, hatte unmißverständlich aufgedeckt, daß die vielbeschworene antifaschistische Einheitsfront der proletarischen Parteien nur als Phantasma in den Köpfen der Arbeiter und als demagogische Formel in den Reden ihrer Führer existierte. Und der Ausgang der thüringischen Wahlen vom Dezember 1929, mit dem Einzug des ersten Nationalsozialisten in ein deutsches Kabinett, hatte im kleinen Maßstab Entwicklungen und Weichenstellungen vorweggenommen, die das Reich in den kommenden Jahren zu erwarten hatte.

Mit der von Deutschnationalen, Nationalsozialisten, Kommunisten, aber auch von vielen Sozialdemokraten applaudierten Reichstagsauflösung am 30. Juli 1930 feierte die Republik bereits in aller Offenheit ihre letale Krise. »Mit dem Todestrieb, den man bei einigen Tierarten verwundert konstatiert«, beteiligte sich auch die SPD am Vernichtungswerk – die Neuwahlen am 14. September, die der NSDAP 6,4 Millionen Stimmen und 107 Sitze im Reichstag einbrachten, »ratifizierten« nur noch »das im Frühjahr erfolgte Ableben der Republik«. (Helmut Heiber[479])

Am Tag darauf zelebrierte die Ufa die Uraufführung ihres Musicals *Die Drei von der Tankstelle* in der Regie von Wilhelm Thiele. Es war der erste ganz von der Musik inspirierte Operettenfilm der Ufa und zugleich eine gelungene Operettenparodie, mit Lilian Harvey, Willy Fritsch, Oskar Karlweis, Fritz Kampers und Heinz Rühmann in den Hauptrollen, mit der Musik von Werner Richard Heymann und den berühmt gewordenen Liedtexten von Robert Gilbert (»Ein Freund, ein guter Freund«, »Erst kommt ein großes Fragezeichen«). Ein schwungvoll-frohsinniger Film über drei Arbeitslose, ein verpfändetes Haus und einen gescheiterten Bankier – die gleichzeitig produzierte französische Version erlebte unter dem Titel *Le chemin du paradis* im November Triumphe in Paris.

Es begann die Politik der Notverordnungen unter dem Zentrumskanzler Heinrich Brüning, dessen Herrschaftstechnik mit Hilfe des Artikels 48 nicht nur das Parlament überflüssig machte, sondern auch den Parlamentarismus als Philosophie eines demokratischen Gemeinwesens der öffentlichen Verhöhnung preisgab. Partei- und Parlamentsmüdigkeit strebte in den Kreisen des konservativen Bürgertums, aber auch bei den Staatsspitzen nach einer »vernünftigen« Lösung, die nur eine autoritäre sein konnte. Korruptionsskandale, bühnenwirksame Auftritte der Redner und ihres Fraktionsanhangs im beinahe funktionslosen Reichstag und Straßenschlachten zwischen Kommunisten und Faschisten begleiteten fast täglich die Selbstliquidation der Republik.

Eine Theater- und Kinoatmosphäre tauchte wieder einmal, wie in wilhelminischen Zeiten, den politischen Alltag in ein gespenstisches Licht und begünstigte den Frohsinn der Zyniker. Im September 1929 flogen die Millionenbetrügereien auf, die sich die Brüder Sklarek mit ihrer Berliner Textilfabrik geleistet hatten; als ruchbar wurde, daß dieses Unternehmen sozialdemokratische Kommunalpolitiker bestochen hatte, verbreitete der Skandal »unter der liebevollen Pflege der Rechtspresse üblen Geruch in der deutschen Politik«.[480] Wenig später lamentierten die Zeitungen über die aus den Londoner Slums stammende Schauspielerin Lilian Harvey: sie lasse ihre in Armut lebenden Angehörigen von der Tür ihrer palastartigen Villa vertreiben, »in der sie mit den Gebrüdern Sklarek rauschende Feste feierte«. Jeden Tag bade sie »in deutschem Sekt«, ihre Fingernägel lasse sie sich mit geschmolzenen Perlen überziehen.[481] Während die Zahl der Arbeitslosen permanent zwischen 4 und 5 Millionen schwankte und 1932 die Rekordhöhe von 6 Millionen erreichte, suchte die Reaktion ohne große Mühe von Tag zu Tag nach neuen Beweisen für die »Verdorbenheit« des demokratischen »Systems«.

Der Kurssturz der deutschen Papiere an den internationalen Börsen nach den Septemberwahlen von 1930, die Flucht ausländischen Kapitals und der Zusammenbruch der Darmstädter und Nationalbank, eines der vier großen deutschen Kreditinstitute, mochten viele Zeitgenossen an die Jahre der Inflation erinnern –

Die Drei von der Tankstelle: Olga Tschechowa, Fritz Kampers, Heinz Rühmann, Oskar Karlweis, Lilian Harvey, Willy Fritsch (v. l.)

und an die Gleichung von Börsenkrach und Weltuntergang, die Norbert Jacques und Fritz Lang mit ihren frühen Mabuse-Filmen suggeriert hatten. Die Politik der Notverordnungen, die der greise Reichspräsident Hindenburg zu unterzeichnen hatte, führte dahin, daß ausgerechnet er, »der sich in jenen Gefühlsbereichen, die sein Amtseid nicht erreichte, als hohenzollerischer Reichsverweser fühlte, die letzte Barriere vor der nationalsozialistischen Flut gebildet hat«.[482] In zwei Wahlgängen im März und April 1932 wurde Hindenburg, mit den Stimmen der sozialdemokratischen Klientel, erneut zum Präsidenten gewählt; mit sechs Millionen Stimmen Vorsprung siegte er klar über den einzigen chancenreichen Gegenkandidaten Adolf Hitler.

Im Gloria-Palast hieß der Triumphator dieses Frühjahrs Hans Albers, der in dem Ufa-Film *Der Sieger* von Hans Hinrich und Paul Martin als kleiner Postbeamter zwar sein Geld bei Pferderennen verspielt, aber – »Hoppla, jetzt komm' ich!« – das Herz einer Milliardärstochter gewinnt; gleich drei Orchester, die Comedian Harmonists, das Jazz-Orchester Hans Bund und das Sinfonie-Orchester der Ufa, spielten zu diesem fröhlichen Lob auf die Hochstapelei die kesse Begleitmusik.

»Immer wieder verzeichnet man mit Schrecken, daß wir ins Leere fliehen müssen, wenn wir uns amüsieren wollen«, schrieb Rudolf Arnheim[483] 1931 aus Anlaß der Uraufführung von *Bomben auf Monte Carlo* (Regie Hanns Schwarz). Die hohle Konstruktion der Filmfabel um einen Kriegsschiffkommandanten, der in Monte Carlo das Geld seiner Königin verspielt und damit droht, das Casino in Grund und Boden zu schießen, diese teils mediterran-elegante, teils teutonisch-brutale Kanonenboot-Operette öffnete freilich gerade dank ihrer Leere Fluchträume für eine aggressive Phantasie und für deutsche Rachegelüste,

Hans Albers

die in Hans Albers einen sportlich begabten Vollstrecker fanden, ein Muskelpaket mit nachgerade übernatürlich schillerndem Sex-Appeal: »Sein Gesicht ist von einem Siegesallee-Konditor im späthellenistischen Stil entworfen, aber es wird aufregend durch ein paar Raubvogelaugen, die in solcher Weißglut brennen, daß man sich wundert, wie die Feuerpolizei das in Lichtspieltheatern zuläßt. Gewiß, dies Feuer stammt nicht von Prometheus, es ist mehr innersekretorischer Natur, aber es wärmt dennoch bescheidene wie anspruchsvolle Seelen. Das macht, in diesem blendend scharfsichtigen Blick liegt zugleich eine Art verrückter Angst vor dem eignen Temperament, eine Art Schwäche gegenüber der eignen Stärke, und das versöhnt mit so vielen Muskeln.«[484]

Bomben auf Monte Carlo wurde am 31. August 1931 im Ufa-Palast am Zoo uraufgeführt. Wenige Wochen später, im Oktober, lud Ufa-Chef Hugenberg die »nationale Opposition« zur Heerschau nach Bad Harzburg. Im schwarzweißrot beflaggten Kurhaussaal trafen sich Alldeutsche, Deutschnationale und Nationalsozialisten mit Hugenberg und Hitler an der Spitze, die führenden Stäbe des Stahlhelm-Bundes und des Reichslandbundes, Vertreter der Deutschen Volkspartei (die sich nach Stresemanns Tod der äußersten Reaktion angenähert hatte) und der Wirtschaftspartei, eine Reihe pensionierter Generäle und Admiräle, unter ihnen Hans von Seeckt, bis 1926 Chef der Heeresleitung der Reichswehr, ferner die Hohenzollern-Prinzen Eitel Friedrich und August Wilhelm sowie etliche konservative Hochschullehrer. Die Gruppe der »Wirtschaftsführer« war unter anderem durch zwei Mitglieder des Ufa-Aufsichtsrats, Emil Georg von Stauss und Fritz Thyssen, vertreten. In seiner Eröffnungsrede behauptete Hugenberg: »Hier ist die Mehrheit des deutschen Volkes. Sie ruft den Pächtern der Pfründen und Ämter, den Machtgenießern und politischen Bonzen, den Inhabern und Ausbeutern absterbender Organisationen, sie ruft den regierenden Parteien zu: Es ist eine neue Welt im Aufstieg – wir wollen euch nicht mehr!«[485]

Hitler gab sich in Harzburg eher moderat, während die von Hugenberg vorgelegte gemeinsame Entschließung in Programmatik und Sprachduktus sich kaum von einem Dokument der NSDAP unterschied: »nur der starke nationale Staat« könne »das Leistungsprinzip in jeder Form verwirklichen und die zur Herbeiführung einer wahren Volksgemeinschaft notwendigen sozialen Maßnahmen durchführen. Wir verlangen von allen Volksgenossen Pflichterfüllung und Opfer.«[486] Das schwerste Opfer – das der politischen Selbstverleugnung – wird Hugenberg bald selbst zu erbringen haben: sein reaktionäres Trommelfeuer kam der NSDAP zugute, während Hitlers Aufstieg die deutschnationale Massenbasis von Tag zu Tag stärker schrumpfen ließ.

Aus der Distanz der Jahrzehnte stellt sich der Untergang der Weimarer Republik nicht zuletzt als eine kulturelle und psychische Tragödie der Deutschen dar, belastet vom seelischen Erbe des Feudalzeitalters, »das so tief im deutschen Gemüt schlummert: die bedingungslose Bereitschaft zum Dienst am Herrn, einem Dienst, der alle Mittel heiligt«, wie George W. F. Hallgarten schreibt. »Gar vieles in dieser Zeit gemahnt an das Nibelungenlied und die Edda. Die Tücke und List, mit der Seeckt und Schleicher die geheime Aufrüstung inszenieren, die Wendungen und Windungen in der Stinnes-Politik, Schleichers Dolchstöße gegen Seeckt und Gröner, Hindenburgs Treulosigkeit gegenüber Brüning, der Feldzug der Flick, Vögler und Thyssen zur Finanzierung der bankrotten Vereinigten Stahlwerke, Schachts Verrat an seinen früheren politischen Freunden, von Papens Spiel mit Brüning, Schleicher und Hitler, leiten die schaurige Periode ein, in der solche Taten nationales System werden (...)«[487]

Auch viele Köpfe der Republik hatten zweifellos eine Witterung für das Nibelungen-Klima – wäre dem anders gewesen, hätten nicht so viele Betrachter schon Fritz Langs Germanen-Epos als »modern« empfunden und als einen wie auch immer zu interpretierenden Kommentar zur Lage verstanden. Gerade das Übermaß an Tücke und Verrat, politischer List und demagogischer Niedertracht in den letzten Jahren der Republik förderte bei der Mehrheit der Deutschen die »bedingungslose Bereitschaft zum Dienst am Herrn«, und als Joseph Goebbels Fritz Langs Werk 1929 zum »Film der deutschen Treue« adelte, sprach er aus, was die Massen weniger dachten als empfanden. Die Wahrnehmungsparameter im Verhältnis zur Geschichte wie zur Gegenwart waren verhängnisvoll verschoben – und eben diese Verschiebung, die tief im seelischen Haushalt des Gemeinwesens wurzelte, half der Reaktion.

Ein ganz anders gearteter »Film der deutschen Treue«, der die masochistische Triebstruktur der Unterwerfung und die sadistische der Unterdrückung ausleuchtete, erlebte am 1. April 1930 im Gloria-Palast eine rauschende Gala-Premiere, die in anhaltende Ovationen des illustren Publikums und in zahllose Vorhänge für die Hauptdarsteller Emil Jannings und Marlene Dietrich mündete. Mit Josef von Sternbergs *Der blaue Engel* demonstrierte die Ufa nicht nur ihren Führungsanspruch und ihre Entschlossenheit, dem »Prestigefilm« als Synthese von Kunst und Kommerz zum Durchbruch zu verhelfen – der Konzern bewies auch, wie Jerzy Toeplitz schreibt, seine noch immer erstaunliche »politische Elastizität«.[488]

Die Vorlage, Heinrich Manns Roman »Professor Unrat« aus dem Jahre 1905, war das Werk eines prominenten Radikaldemokraten, der zudem als Schirmherr des linken Volksfilmverbandes und somit als Widersacher der Ufa bekannt war. Spekulationen, daß der Film »sozusagen hinter dem Rücken der Ufa-Gewaltigen«[489] entstanden sei, gehen in die Irre; die gut funktionierenden inneren Herrschaftstrukturen des Unternehmens schlossen »subversive« Produktionen, zumal dieser Größenordnung, vollkommen aus. Allerdings hatte Erich Pommer, als die Verfilmung beschlossene Sache war, sehr weitgehende Verhandlungsvollmachten. Toeplitz' These, Ludwig Klitzsch habe dem Geschäft den Vorrang gegeben und »für das Wohl der Firma«[490] aller politischen Bedenken ungeachtet auch eine Zusammenarbeit mit Heinrich Mann nicht gescheut, trifft den Sachverhalt genau.

Noch einmal bewies Deutschlands großes Filmunternehmen, daß merkantiler Energie eine qualitätsstiftende Kraft innewohnt und kapitalistischem Kalkül eine ungewollte politische Dialektik entspringen kann. Eine Dialektik, die sich, post festum, in einer heftigen Kontroverse entlud und an die Glanzzeit des Ufa-Pluralismus und des demokratischen Warenhauses erinnerte. Längst schon fest in deutschnationaler Hand, reagierte der Konzern noch immer reizbar auf die Impulse aus dem politischen und psychologischen Chaos der Zeit. Hinzu kam der enorme Qualitätsanspruch, der mit den in dieser Produktion versammelten Elitekräften postuliert wurde: mit dem Hollywood-Regisseur Sternberg, mit den Drehbuchautoren Carl Zuckmayer, Karl Vollmoeller und Robert Liebmann, mit dem Komponisten Friedrich Holländer, mit einer Besetzungsliste, die bis in kleine Rollen Stars wie Kurt Gerron, Rosa Valetti und Hans Albers aufwies, griff die Ufa nach dem internationalen Erfolg und konnte sich schon aus diesem Grund keine reaktionären Scheuklappen leisten.

Auf Josef von Sternberg als Regisseur eines großen Ufa-Films hatten sich Pommer und Jannings geeinigt; gute Kontakte bestanden seit der gemeinsamen Zeit in Hollywood, in der Jannings und Sternberg *The Last Command* (Paramount, 1928) gedreht hatten. Als der Regisseur im August 1929 in Berlin eintraf, wurde ihm zunächst ein Rasputin-Stoff vorgeschlagen, eine Idee von Jannings, für die Sternberg jedoch nicht zu gewinnen war. Während somit die Frage des Stoffs noch durchaus unentschieden war, erklärte Sternberg nur einen Tag nach seiner Ankunft vor der Berliner Presse, das geplante Vorhaben werde ein Spitzenfilm, »eine Weltmarke schon durch die fundierte Basis der Produktion«.[491] Jannings – unermüdlich auf der Suche nach Rollen, die ihm auf den Leib geschnitten waren – schlug Manns »Professor Unrat« vor und fand diesmal Zustimmung bei allen Beteiligten.

Die Verträge, die von der Honorarabteilung der Ufa unverzüglich ausgearbeitet wurden, dokumentierten die Bereitschaft des Unternehmens, überdurchschnittliche Ambitionen angemessen zu finanzieren: 25000 Mark erhielt Heinrich Mann für die Rechte an seinem Roman sowie eine Garantie über weitere 10000 Mark für den Fall des Verkaufs in die USA; die dramaturgischen Mitarbeiter Karl Vollmoeller und Carl Zuckmayer wurden für 23000 bzw. 16000 Mark engagiert; Sternberg wurden 40000 Dollar zugesichert, und Jannings erfreute sich der Rekordsumme von 200000 Reichsmark. Vergleichsweise bescheiden nahm sich dagegen die 20000 Mark-Gage für die noch fast unbekannte Marlene Dietrich aus. Wolfgang Jacobsen berichtet, daß Frau Gertrud Pommer ihren Mann auf die Schauspielerin aufmerksam gemacht habe; zuvor seien für ihre Rolle der Lola Lola die Tänzerin La Jana, Hertha von Walther und Trude Hesterberg im Gespräch gewesen.[492]

Pommer oblag, neben vielen anderen Aufgaben, die Zusammenstellung des technischen Teams, an das in der Frühzeit des Tonfilms besondere Anforderungen gestellt werden mußten. Mit seinen Entscheidungen für die Kameraleute Günther Rittau und Hans Schneeberger, für Otto Hunte und Emil Hasler als Architekten, für »den ersten genialen Tonmeister«[493] Fritz Thiery und den amerikanischen Cutter Sam Winston setzte Pommer auf unbestreitbare Qualität. Wieder einmal wurde der Produktionsetat erheblich überzogen; die Herstellungskosten kletterten auf fast zwei Millionen Mark – aber der Jubel des Premierenpublikums und der einhellige Erfolg bei der Presse wie auch wenig später im Ausland rechtfertigten die Investition vollauf.

Schon im zweiten Tonfilmjahr konnte die Ufa-Werkstatt mit diesem Film eine Leistung vorweisen, der Kurt Pinthus einen »rapiden Fortschritt der deutschen Aufnahmetechnik« zuschrieb: »(...) wie vielfältig sich bereits der Ton schattieren läßt; wie virtuos er überblendet oder, stimmungsangebend, Sekunden früher aufblendet als das Bild; wie wirkungsvoll stumme Augenblicke oder Augen-Blicke und Sprechsätze oder Geräusche sich gegenseitig steigern.«[494] Und entstanden war im gleichen Jahr, in dem die tödliche Krise der Republik begann, ein Film, dem Kracauer später einen durchdringenden Blick für die psychologischen Voraussetzungen der faschistischen Machtergreifung attestierte. Ein Grund für den Erfolg des Films sei »sein unverhohlener Sadismus« gewesen. *Der blaue Engel* wirft erneut das Problem der deutschen Unreife auf und zeigt darüber hinaus ausführlich deren Konsequenzen auf, die zutage treten im Verhalten der Jungen und der Künstler, die wie der Professor dem Mittelstand entstammen. Ihre sadistische Grausamkeit ergibt sich genau aus der Unreife, die von ihrem Opfer Unterwerfung erzwingt. Es ist, als ob der Film eine Warnung enthielte, denn diese Personen nehmen im Film vorweg, was ein paar Jahre später im wirklichen Leben passieren sollte. Diese Jungen sind geborene Hitlerjungen (...)« Die Hahnenschrei-Nummer, mit der sich der ehemalige Gymnasialprofessor vor dem Publikum seiner eigenen Stadt erniedrigt, sei »nur ein bescheidener Beitrag zu einer Reihe ähnlicher, wenngleich raffinierter ausgeklügelter ›Nummern‹, die in den Konzentrationslagern der Nazis zum Zuge kamen«.[495]

Die Drehbuchautoren hatten die sozialkritischen Aspekte des Romans zugunsten der individuellen Tragödie Unrats weitgehend reduziert und auf die sarkastische Zeichnung des wilhelminischen Kleinstadtmilieus fast ganz verzichtet – zweifellos auch eine Konzession an das politische Klima in den Leitungsgremien der Ufa. Aber solche vergleichsweise vordergründige Brisanz war durch eine andere, durchaus aktuellere ersetzt: sie zielte, auch wenn dies den meisten zeitgenössischen Betrachtern nicht bewußt wurde, in die seelischen Tiefenschichten eines nationalen Kollektivs, das sich in seiner politischen Unreife zu großen Teilen bereits für den Weg in die Katastrophe entschieden hatte. Heinrich Mann mochte diese untergründige Botschaft des Films erspürt haben, als er – zur Überraschung mancher seiner Freunde, aber auch der Ufa-Direktion, der eine Distanzierungserklärung des unbequemen Autors politisch sehr genehm gewesen wäre – der Verfilmung öffentlich Zustimmung und Lob aussprach.

Die Konzernleitung hatte verständlicherweise kein Interesse an einem offenen Konflikt mit einem Autor, den sie selbst engagiert hatte. Statt dessen ließ Hugenberg in der Scherl-Zeitung »Nachtausgabe« verbreiten, der Ufa sei es gelungen, »aus dem Schandwerk von Heinrich Mann ein Kunstwerk zu machen«.[496]

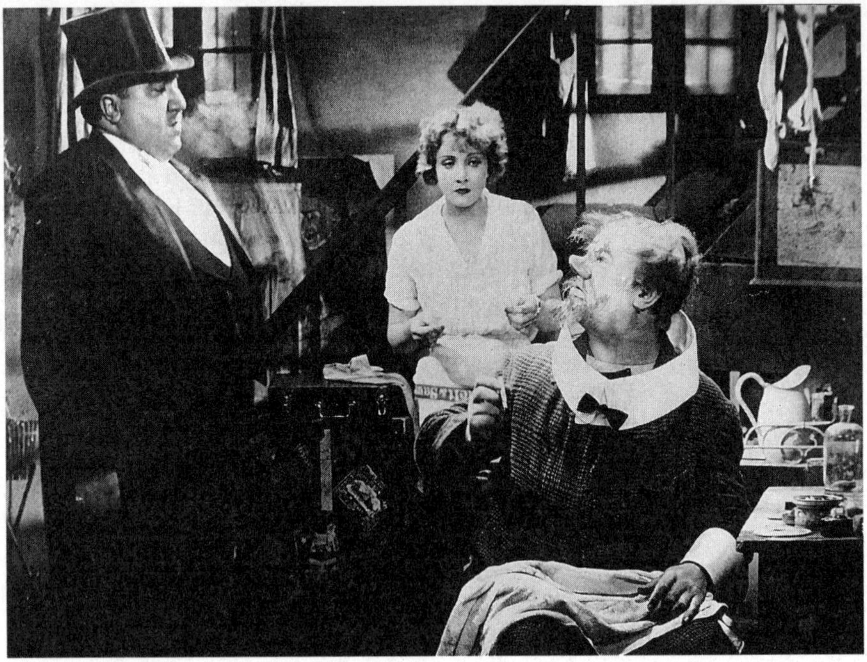

Der blaue Engel: Kurt Gerron, Marlene Dietrich und Emil Jannings (v. l.)

Auch interne Kritik des Vorstands bei der Abnahme des Films verstand Pommer sowohl als Angriff auf sein dramaturgisches Konzept wie auch als Herabsetzung Heinrich Manns, so daß er sich zu einem spektakulären Schritt herausgefordert sah. Am Tage der Premiere gab er in Mosses »Berliner Tageblatt« eine Erklärung ab, mit der er unumwunden auch seine Solidarität mit dem linksbürgerlichen Autor bekundete: »Es ist nicht nur die Fertigstellung des Manuskripts, sondern auch die Herstellung des Films selbst in dauernder Fühlungnahme mit Heinrich Mann erfolgt. Heinrich Mann hat auch bei einer Vorführung des Films, die ich eigens für ihn vor einigen Tagen in Nizza veranstaltete, sich mit der endgültigen Fassung des *Blauen Engel* vollinhaltlich einverstanden erklärt. Aus diesen Feststellungen geht wohl mit aller Deutlichkeit hervor, daß der *Blaue Engel* nicht gegen, sondern mit dem von mir hochgeschätzten Heinrich Mann gedreht wurde.«[497]

Den Nationalsozialisten ging Sternbergs präzise Analyse des autoritären Spießer-Typus unter die Haut – und haßerfüllt schlugen sie 1931, als der Film in München wiederaufgeführt wurde, in der Bayernausgabe des »Völkischen Beobachters« zurück: »Bewußt jüdische Zersetzung und Beschmutzung deutschen Wesens und deutscher Erziehungswerte ist hier am Werke, in dem sich jüdischer Zynismus selten gemein offenbart. – Man darf nur die Namen der Macher des Ganzen durchgehen; nichts als Juden mit galizischen Visagen, die als Brechmittel wirken.«[498]

1930/31: eine Zeit der Kino-Saalschlachten, der verschärften Filmzensur und des Widerstands war angebrochen – des Widerstands gegen ein »Regime der Gummiknüppel-Zufriedenheit und der politischen Filmgeschäfte«, wie Hans

Taussig in seiner Zeitschrift »Kino« die Herrschaft der Ufa und ihrer Freunde in Wirtschaft und Staatsapparat titulierte. Im Ufa-Palast am Zoo erhob sich lautstarker Protest gegen Gustav Ucickys *Das Flötenkonzert von Sanssouci* (1930), einen der aggressivsten und geschäftlich erfolgreichsten Filme der Fridericus-Serie, und in Dresden demonstrierten Studenten der Technischen Hochschule gegen eines der zahllosen als verlogen empfundenen Rührstücke der Ufa – »in beiden Fällen«, so Taussig, »hat der Gummiknüppel das gequälte und beleidigte Publikum aus dem Lichtspielhaus befördert.« Kurz zuvor, im Dezember 1930, hatte eine Horde von Nationalsozialisten, mit Goebbels an der Spitze, die Uraufführung des antimilitaristischen Films *Im Westen nichts Neues* (*All Quiet on the Western Front*, Lewis Milestones Universal-Film nach Remarques Roman, 1930) im Mozart-Saal gesprengt; als Reaktion darauf wurde der Film verboten.

Die nationalistische Rechte, von den Nationalsozialisten ganz abgesehen, beschwerte sich gleichwohl über die Fehlentscheidungen einer ihrer Meinung nach schwächlichen Zensur. Noch 1943 klagte der offizielle Ufa-Historiograph Hans Traub über die »Unordnung« der »Systemzeit«: viermal sei der Film *Revolte im Erziehungshaus* nach Peter Martin Lampels Theaterstück (Regie Georg Asagaroff, Grohnert-Film-Produktion, 1929) verboten worden, um am Ende doch zugelassen zu werden. Zwar sei der Film *Ins dritte Reich*, ein Propagandastreifen der SPD gegen die Nationalsozialisten, verboten, Milestones Remarque-Verfilmung jedoch unverständlicherweise zunächst freigegeben worden. Traubs Fazit gibt freilich zwischen den Zeilen deutlich zu erkennen, welcher politischen Seite sich die Zensurbehörde unter Brüning verpflichtet sah: »Wenn trotz alledem die deutsche Filmzensur sich ihrer nationalen Pflicht immer wieder bewußt blieb, ist das in erster Linie dem Einfluß des langjährigen Leiters der Zensurstelle, Ministerialrat Dr. Seeger, zuzuschreiben. Seine Haltung fand ihre öffentliche Anerkennung dadurch, daß ihm nach 1933 die Leitung der Abteilung Film im Reichsaußenministerium für Volksaufklärung und Propaganda übertragen wurde.«[499] Mit Befriedigung notiert Traub, daß schon 1931 die ersten Betriebszellen der NSDAP in den Filmtheatern und Theaterverbänden ihre Agitation aufnahmen.

Ein dramatischer Stimmungswechsel hatte sich vollzogen. Noch 1927 war, wie im Fall der Leipziger Messe, das Auswärtige Amt unter Stresemann den nationalistischen Eskapaden der Ufa kühl entgegengetreten, und ein Jahr zuvor hatten die Kinobesitzer gegen den Proteststurm der Reaktion Eisensteins *Panzerkreuzer Potemkin* durchgesetzt. Jetzt aber schwieg das Gewerbe samt seiner Spitzenorganisation zum faschistischen Terror und beugte sich kleinmütig der Spruchpraxis einer mit Hugenbergs politischen und geschäftlichen Interessen verbündeten Zensur. »Dieses Schweigen«, schrieb Taussig, »spricht eine sehr deutliche Sprache. Es zeigt, daß den Herren jedes, aber auch jedes Gefühl für die verletzte Würde einer Industrie abhanden gekommen ist, die zu den führenden Deutschlands zählen will.«[500]

Was linke und liberale Moralisten als politischen Gesichtsverlust beklagten, hatte allerdings handfeste materielle Ursachen. Wieder einmal war die Filmbranche, bedingt durch die Folgen der Weltwirtschaftskrise und die Umstellung auf den kostenintensiven Tonfilm, in eine wirtschaftlich äußerst schwierige Lage geraten. Der Produktionsrückgang zwischen 1928 und 1932 wies die Schieflage der Industrie als eine Strukturkrise aus, der zunächst die kleinen, kapitalschwachen Firmen zum Opfer fielen. Doch 1932 schlug auch den meisten Großunternehmen die Stunde: von zehn Aktiengesellschaften mit über einer Million Nominalkapital brachen innerhalb weniger Monate sieben zusammen. Nur die Ufa und die Tobis überlebten die kritische Phase aus eigener Kraft; der Sturz der Terra wurde von einer Schweizer Finanzgruppe aufgefangen. Auf der Strecke blieben die Emelka, deren Liquidationsreste in der Bavaria Film AG zusammengefaßt wurden, die National-Film AG, die Deutsche Lichtspiel-Syndikat AG, die Südfilm AG sowie einige mittelgroße und kleinere Unternehmen. Stützungsaktionen von seiten der Banken, die selbst am Rande des Abgrunds lavierten, waren ebenso wenig zu erwarten wie Finanzierungshilfen oder gar Subventionen durch den Staat. Wie die früheren Regierungen zeigte sich auch das Kabinett unter Brüning nicht einmal zu einer merklichen Senkung der Lustbarkeitssteuer bereit, die 1932 noch immer 10,5 Prozent des Bruttopreises einer Kinokarte betrug. Mit 18,5 Millionen Mark bestritten die Kinos fast die Hälfte aller kommunalen Vergnügungssteuereinnahmen.[501]

In dieser Situation entwickelte die Spitzenorganisation der Deutschen Filmindustrie, unter Federführung der Ufa, jenen »Spio-Plan«, von dem der Filmhistoriker Jürgen Spiker mit einigem Recht behauptet, daß er »den bruchlosen Übergang von einer privatkapitalistischen zu einer weitgehend staatseigenen, auch künftig dem Profitprinzip verpflichteten Medienwirtschaft«[502] mit befördert habe.

Die Ufa hatte – dank ihrer Exportbeziehungen, ihrer lukrativen Kultur- und Werbefilmproduktion und ihrer Einkünfte aus dem Kopierwerk Afifa – das Jahr des großen Sterbens glimpflich überstanden. Zwar mußte sie 1932/33 die Ausschüttung von Dividenden – in den Vorjahren hatten sie noch zwischen vier und sechs Prozent betragen – vorübergehend einstellen, aber die Tatsache, daß es ihr gelungen war, die Durchschnittskosten für die Produktion eines Tonfilms zwischen 1930 und 1932 von 579000 auf 450000 Mark zu senken[503], bewies, daß sie im Gegensatz zu den meisten anderen Konzernen die Strukturkrise auf der Kostenseite gemeistert hatte. Somit sah sich die Unternehmensleitung aufgerufen, stellvertretend für die gesamte deutsche Filmindustrie die Initiative zu einer Wirtschaftsreform zu ergreifen, und die von ihr beherrschte Spitzenorganisation schien ihr das geeignete Instrument: Ludwig Klitzsch, nunmehr auch offiziell Generaldirektor des größten deutschen Filmkonzerns, dirigierte den Dachverband als Präsident, Produktionschef Correll und Verleih-Direktor Wilhelm Meydam stärkten als Vorstandsmitglieder seine Position.

Klitzsch, der das Privileg genoß, in den USA von Will H. Hays, dem Präsidenten der Motion Pictures Producers and Distributors of America empfangen worden zu sein, schob sich »immer mehr als der Repräsentant des deutschen Filmwesens in den Vordergrund, der im In- und Ausland die Verdienste und Probleme der deutschen Filmwirtschaft veranschaulichte, um Vertrauen und Förderung warb – und zugleich den entscheidenden Anteil der Ufa an der quantitativen und qualitativen Entwicklung des deutschen Filmwesens herausstellte. Weil er wußte, wie wichtig eine öffentliche Selbstdarstellung des Mediums auch und gerade im Inland war, um den Staat zu Förderungsmaßnahmen zu bewegen, betrieb er seit Jahren mit großem Elan Sympathiewerbung.« (Spiker[504])

In seinen programmatischen Äußerungen, die zu Beginn der dreißiger Jahre zunehmend Beachtung fanden, bediente Klitzsch mit Geschick eine Argumentationsskala, die gleichermaßen die ökonomische Bedeutung der Filmindustrie im Exportgeschäft, die unterhaltenden, von den Alltagssorgen ablenkenden Qualitäten des Kinos, die pädagogische Funktion des Kulturfilms und die nationale Verpflichtung der Filmschaffenden, »an den Aufbauwillen und das Selbstbewußtsein unseres Volkes zu appellieren«[505], ins öffentliche Bewußtsein hob. Mochte sein guter Glaube, im Sinne des großen Ganzen zu handeln, auch nicht zu erschüttern sein, so war doch alles, was er sprach und tat, de facto dem Wohlergehen seiner Firma, ihrem wirtschaftlichen Gedeihen, ihrem öffentlichen Ansehen und ihrer politischen Zukunft dienlich. In der Tat zeichnete sich schon zwei Jahre vor Hitlers Machtergreifung ab, daß die Politik der Ufa der gesamten deutschen Filmindustrie den Weg weisen werde; bereits 1931/32 konnte man in Anbetracht der schwachen Konkurrenz »unschwer auf die Notwendigkeit zur Solidarität mit dem größten reindeutschen Unternehmen schließen«.[506] Die »reindeutsche« Substanz der Ufa hatte eine besondere Ausstrahlung: konkurrierende Gesellschaften konnten sich nur dank ausländischer Beteiligung am Leben halten, anderen wiederum (so der National-Film) wurde gerade die Beteiligung ausländischen Kapitals zum Schicksal.

Der unter maßgeblicher Beteiligung des Ufa-Aufsichtsratsmitglieds Konsul Salomon Marx ausgearbeitete Spio-Plan lief im wesentlichen auf eine stärkere Zentralisierung der Filmindustrie, auf eine Bevorzugung der Produktionsebene im Verhältnis zu den Verleih- und Theaterorganisationen und auf einen den Kräften des freien Wettbewerbs entgegenwirkenden Dirigismus hinaus. Der Plan unterstützte die Tendenz zu den großen, den Konzernen angeschlossenen Premierentheatern – auf Kosten der kleinen Kinos, die gezwungen waren, die Filme für eine ganze Spielzeit »blind«, d. h. ohne Vorbesichtigung und in der Regel noch vor Abschluß der Produktion zu buchen. Zur Durchsetzung notwendiger wirtschaftlicher Maßnahmen empfahl die Spio die Beseitigung der bisher praktizierten inneren Demokratie in den einzelnen Interessenverbänden zugunsten einer Politik der starken Hand: eine Konzeption, die der gleichzeitig geäußerten Idee eines Filmministeriums Nahrung gab und – wie sich schneller als geahnt zeigen wird – die Unterwerfung der Branche unter ein Reichsministerium mit diktatorischer Machtausstattung wesentlich beschleunigen sollte.

Vorerst maßte sich die Spio selbst – im Interesse der wenigen verbliebenen Großkonzerne – eine ausschließliche Entscheidungskompetenz über die Verteilung der verfügbaren Produktionsmittel sowie über die Distribution und Vermietung der Filme nach zentral vorgegebenen Richtlinien an. Die traditionellen Fachverbände sollten sich auf die Aufgabe beschränken, ihre Mitglieder auf die Einhaltung der Spio-Grundsätze zu überwachen und unbotmäßigen Produzenten, Verleihern und Theaterbesitzern die Existenzgrundlage zu entziehen. Jürgen Spiker, der die Umrisse des Spio-Plans aus den in Hugenbergs »Kinematograph« veröffentlichten Kommentaren rekonstruiert hat, faßt zusammen: »Damit aber wurden programmatisch schon vor dem 30. Januar 1933 die bisherigen Aufgaben dieser Verbände in ihr Gegenteil verkehrt: Statt als demokratisch legitimierte Interessenvertretungen ihrer Mitglieder nach außen zu wirken (...), sollten die Verbände jetzt der Disziplinierung ihrer Angehörigen und bei Zuwiderhandlung in letzter Konsequenz zur Aussprache des Berufsverbots dienen.«[507]

Während Hugenbergs Gehilfen in der Ufa-Spitze, verkappt als Spio-Funktionäre, die Entwicklung zum Staatszentralismus vorantrieben, der allerdings ihrer eigenen Auffassung zufolge nur von einem »starken nationalen Staat« in die Tat umgesetzt werden konnte, näherte sich der Konzern selbst einem Höhepunkt wirtschaftlicher Machtentfaltung und kultureller Ausstrahlung. 1931 befanden sich 71 Tochtergesellschaften unter seinem Dach, darunter sechs Produktionsfirmen, fünf Verleihorganisationen und 37 Theatergesellschaften; 19 Firmen operierten unter dem Markenzeichen der Ufa im Ausland.[508] Dazu kamen die Wiener Bohème-Verlag GmbH und, etwas später, der Ufaton-Verlag, die mit ihrer florierenden Noten- und Schallplattenproduktion die Musiken der Ufa-Operetten auf den Unterhaltungsmarkt brachten. »Das Spielen der Tonfilmmusik in den Cafés, bei öffentlicher Unterhaltung aller Art, im Rahmen der Hausmusik und vor allem sehr bald im Programm des Rundfunks bedeutete eine starke Belebung der Tonfilmfreudigkeit« – so sah es Hans Traub.[509] Nicht weniger als 115 Kinos, inzwischen ausnahmslos mit hochwertigen Tonwiedergabeapparaturen ausgestattet, waren 1931 als Ufa-Theater ausgewiesen, und über seine Verleihorganisationen belieferte der Konzern annähernd zweitausend Kinos von der Hauptstadt bis in die entlegensten Winkel der Provinz.

Nach Berechnungen des Deutschen Städtetags – der wegen der zu erwartenden Einnahmen aus der Lustbarkeitssteuer an einem Gedeihen der Filmindustrie und besonders der Filmtheater lebhaft interessiert war – strömten im Geschäftsjahr 1931/32 anderthalb Millionen Besucher mehr in die Ufa-Kinos als im Jahr zuvor; der Einnahmenrückgang um zehn Prozent war auf die durch Wirtschaftskrise und Arbeitslosigkeit bedingte Senkung der Eintrittspreise zurückzuführen. Die Auslandsgewinne steigerten sich in diesem Zeitraum, »trotz der bekannten Devisenschwierigkeiten«[510], gegenüber dem Vorjahr um 45 Prozent. Schon 1930/31 wies die Gewinnbilanz des Unternehmens mehr als 3 Millionen Reichsmark aus [511] – eine Ziffer, die seit der Krise von 1925 erstmals wieder eine rundum gesunde Geschäftspolitik dokumentierte.

Dem sprunghaften Anstieg des Auslandsgeschäfts kam in dieser Entwicklung eine besondere Bedeutung zu. Schon 1930 wurde der Ufa-Leih (der Verleihorganisation für das Inland) eine Auslandsabteilung angegliedert, die an den alten Zielen der Deutschen Lichtbild-Gesellschaft und an den Visionen Ludendorffs von 1917 anknüpfte: »Ihrer Arbeit«, so Traub[512], »ist ein kulturpolitisches Ziel gesteckt, wie es bei der Gründung der Ufa deutlich zum Ausdruck kam und seit 1927 wieder von neuem klar ins Auge gefaßt wurde. (...) Erlebte man es doch sogar, daß in den Balkanstaaten viele Menschen die deutsche Sprache erlernten, nur um den deutschen Tonfilmen folgen zu können.« Ufa-Uraufführungstheater gab es zum Beispiel in Budapest und in New York. Hindernissen, die sich zumal im angelsächsischen Lizenzgebiet den Ambitionen der Ufa entgegenstellten, suchte der Konzern durch die Einrichtung von Auslandspressestellen und Auslandsfilialen mit angegliederten Presse- und Propagandaabteilungen zu begegnen.

Vom Beginn der Tonfilmzeit an stellte die Ufa, um die Sprachbarrieren auf dem internationalen Markt zu überwinden und ihre Exportchancen zu verbessern, ihre wichtigsten Filme auch in fremdsprachigen Fassungen her. Noch wurden die Filme nicht synchronisiert; es wurden vielmehr aufwendige »Versionen« in den fremden Sprachen, oft mit ausländischen Schauspielern, hergestellt. Nicht nur hochkarätige Unterhaltungsware wie *Liebeswalzer* und *Die Drei von der Tankstelle*, sondern auch deutschnationale Gesinnungsfilme wie Gustav

Ucickys *Yorck* (1931) wurden mit englischen und französischen Dialogen in Londoner und Pariser Kinos einem Publikum zugemutet, dem sich Hugenberg und seine politischen Freunde in tiefer Erbfeindschaft verbunden wußten. Von 137 deutschen Tonfilmen der Spielzeit 1930/31 wurde mehr als ein Drittel, darunter hauptsächlich Ufa-Produktionen, in mehrsprachigen Fassungen hergestellt. Die »präfaschistische« Ufa agierte polyglott und gab sich bemerkenswert weltoffen: die dreißig Millionen, die der deutsche Film 1931 im Ausland einspielte, sanken nach 1933, mit der nationalsozialistischen Autarkiepolitik, beinahe von heute auf morgen auf drei bis vier Millionen Mark, die nur noch knapp fünf Prozent der Herstellungskosten deckten.[513]

Auch künstlerisch hielt sich die Ufa-Produktion Anfang der dreißiger Jahre auf einem beachtlichen Niveau. Noch immer war das Unternehmen eine Werkstatt der fähigsten Talente in allen künstlerischen und technischen Bereichen der Filmherstellung; noch immer waren die Mitarbeiter in den Ateliers, in den Schneideräumen, in den dramaturgischen Büros und in der Werbeabteilung von jenem Ehrgeiz erfüllt, der sie schon Mitte der zwanziger Jahre, in der Ära Murnaus und Fritz Langs, zu Höchstleistungen angespornt hatte.

Die Leitlinie Erich Pommers, daß »Geschäftsfilm« und »künstlerischer Film« eine Synthese bilden müssen, hatte sich in den Produktionsgruppen durchgesetzt und war zum Maßstab für den Stamm der Darsteller, Autoren, Regisseure, Kameraleute und Tonmeister geworden – mochte den Leitungsebenen auch mehr daran gelegen sein, den politischen und künstlerischen Freiheiten Grenzen zu ziehen, die von den Machtkämpfen in den letzten Jahren der Republik diktiert waren. Zweifellos hat der Konzern unter Hugenberg, zum Teil auch schon vor ihm, manche jener Schablonen gestanzt, die für den moralischen und ästhetischen Konformismus der Ufa-Produktion kennzeichnend wurden, doch erst den Nationalsozialisten blieb es vorbehalten, dem Konformismus Gesetzeskraft zu verleihen und die irregulären, eigensinnigen, »subversiven« Qualitäten der Kinematographie, die sich auch in den großen Unterhaltungsfilmen der Ufa gelegentlich entfalten konnten, dem Prinzip der Gleichschaltung zu unterwerfen.

Bis Ende 1932 bürgte Erich Pommer, Leiter der bedeutendsten Produktionsgruppe und energischer Widersacher des seichten Massengeschmacks, für eine kommerziell erfolgreiche, von der Kritik beachtete und auch im Ausland wahrgenommene Qualität. Die Filmgeschichten, die seine Verdienste in den ersten Jahren des Tonfilms auf die »Erfindung« der Ufa-Operette beschränken, übersehen, daß die herausragenden Filme aller Genres – das des »nationalen« Films ausgenommen – in diesen Jahren von Pommer als Produzent betreut wurden. Das gilt für die Musikfilme *Melodie des Herzens, Liebeswalzer* (Wilhelm Thiele, 1929/30) und *Liebling der Götter* (Hanns Schwarz, 1930) ebenso wie für die Komödien *Einbrecher* (Hanns Schwarz, 1930), *Der Sieger* (Hans Hinrich und Paul Martin, 1931/32), *Ein blonder Traum* (Paul Martin, 1932) und *Ich bei Tag und du bei Nacht* (Ludwig Berger, 1932); es gilt für Sternbergs *Der blaue Engel* ebenso wie für die originären Ufa-Operetten *Die Drei von der Tankstelle, Bomben auf Monte Carlo* und *Der Kongreß tanzt* (Erik Charell, 1931), für ein galantes Melodrama wie *Ich und die Kaiserin* (Friedrich Holländer, 1932/33) und für den Sensations- und Abenteuer-Film *FP 1 antwortet nicht* (Karl Hartl, 1932) – und es gilt nicht zuletzt für die frühen Filme Robert Siodmaks mit ihren doppelbödigen Handlungen und problematischen Charakteren.

Erich Pommer, Lilian Harvey und Willy Fritsch (v. l.) treffen in Wien zur Uraufführung von *Liebeswalzer* ein

Siodmaks Debüt bei der Ufa, das er selbst in seinen Erinnerungen in aller Ausführlichkeit dargestellt hat[514], war ein Beispiel für die Elastizität und Integrationsfähigkeit des Unternehmens – zu einem Zeitpunkt, als die deutschnationale Gesamtausrichtung nicht mehr zu übersehen und auch in der Produktionsplanung und im Verleihangebot des Konzerns abzulesen war.

Als Siodmak 1929 nahezu im Alleingang, fast ohne Geld und unter den schwierigsten technischen und organisatorischen Bedingungen seine ungewöhnlich realitätsnahe, dokumentarisch anmutende Milieustudie *Menschen am Sonntag* gedreht hatte, war zunächst kein Kinobesitzer bereit, das Risiko einer Aufführung auf sich zu nehmen. Hanns Brodnitz, der Leiter der Berliner Ufa-Kinos, hatte Vertrauen in die Originalität dieses Filmversuchs, der später in den Rang eines filmhistorischen Pionierwerks erhoben wurde, und organisierte die Uraufführung am 4. Februar 1930 im U. T. am Kurfürstendamm. Nur einen Tag später wurde Siodmak von der Ufa als Dramaturg engagiert und avancierte bald zum Regisseur; sein erster Film, *Abschied* (1930), eine einfühlsame Darstellung

Der Kongreß tanzt: Uraufführung im Ufa-Palast am Zoo

der menschlichen Tragikomödien in einer kleinen Pension, zeigte in seinen dichten Bildern und akustischen Nuancen alle Merkmale einer filmästhetisch durchdachten Komposition. Mit diesem Film, in dem Brigitte Horney debütierte und Eugen Schüfftan die Kamera führte, setzte die Ufa auf ein Experiment des poetischen Realismus und nahm bewußt einen eher mäßigen Kassenerfolg in Kauf.

Abschied hatte Bruno Duday produziert; die nun folgenden publikumswirksam besetzten Siodmak-Filme *Der Mann, der seinen Mörder sucht* (mit Heinz Rühmann in der Hauptrolle, 1930), *Voruntersuchung* (mit Albert Bassermann, Hans Brausewetter und Gustav Fröhlich, 1931), *Stürme der Leidenschaft* (mit Emil Jannings, Anna Sten und Trude Hesterberg, 1931) und *Quick* (mit Lilian Harvey und Hans Albers, 1932) wurden unter Pommers Leitung hergestellt. Nach Toeplitz führte Siodmaks Weg »vom glänzenden, avantgardistischen Experiment zum bombensicheren Kassenschlager«. Der Regisseur habe Schritt für Schritt »dem Druck des banalen Szenariums, der renommierten Schauspieler, der Kasse machenden Attraktion« nachgegeben.[515] Aber Avantgardismus und Kommerzialität waren zu diesem Zeitpunkt bei der Ufa noch nicht unversöhnlich getrennt; Pommer kämpfte um eine Verbindung beider Seiten, und was er in diesen Jahren dem jungen Siodmak vermitteln konnte, war für die spätere Karriere des Regisseurs in Hollywood von größtem Nutzen.

Als im Sommer 1931 *Der Kongreß tanzt*, der aufwendigste aller Revue- und Operettenfilme der Ufa, in den Neubabelsberger Ateliers von Erik Charell, dem Revue-Spezialisten des Großen Schauspielhauses, inszeniert wurde, stand die Weimarer Republik als ökonomisches Projekt vor dem Bankrott. Während vor der Kamera Carl Hoffmanns und in den Bauten Robert Herlths und Walter Röhrigs der Wiener Kongreß von 1814 und das Europa unter Metternich als Salonintrige, Milieukomödie und Walzermärchen wiederauferstanden, löste der

Zusammenbruch mehrerer großer Banken einen Massenansturm auf die Schalter der Kreditinstitute aus, wurden durch Notverordnung »Bankfeiertage« eingeführt, um dem Finanzkapital eine Atempause zu verschaffen. Und während sich Lilian Harvey in offener Kutsche, begleitet vom Kamerawagen, mehrere hundert Meter durch eine im Studio opulent nachgebaute österreichische Landschaft ins Lustschlößchen des Zaren Alexander (Willy Fritsch) tragen ließ; während das jubelnde »Volk« am Wegesrand ihr Lied »Das gibt's nur einmal, das kommt nie wieder« aufnahm und das Ufa-Orchester unter der Leitung von Werner Richard Heymann mit seinen schwingenden Rhythmen den Fluß der Bilder und Bewegungen zu einem bis heute bewunderten Leinwandzauber verschmolz – während also die Ufa alles unternahm, um »ein historisches Feuerwerk von Uniformprunk, Luxus, Vergnügungen, Festen abzubrennen«[516], führte die Regierung die Devisenzwangswirtschaft ein und erließ die »2. Verordnung zur Sicherung von Wirtschaft und Finanzen« mit Steuererhöhungen und Einsparungen, deren Strenge alle früheren Maßnahmen übertraf. »Die Grenze dessen, was wir unserem Volk an Entbehrungen aufzuerlegen vermögen, ist erreicht!«[517] – so das Eingeständnis des Brüning-Kabinetts.

Nach dem Drehbuch von Norbert Falk und Robert Liebmann feierten Otto Wallburg, Conrad Veidt, Carl Heinz Schroth, Lil Dagover, Alfred Abel, Adele Sandrock, Margarete Kupfer, Julius Falkenstein und Paul Hörbiger in den Rollen von Königen, Grafen und Fürsten die Niederlage Napoleons, während in London eine kurzfristig einberufene Sieben-Mächte-Konferenz über Deutschlands Finanzkrise beriet. Als der Charell-Film am 29. September 1931 in der Wiener Scala uraufgeführt wurde, hatte sich die wirtschaftliche Lage im Reich abermals verschlechtert. Der Reichsverband der Deutschen Industrie forderte eine Kürzung der öffentlichen Ausgaben sowie eine den Marktverhältnissen angepaßte Senkung der Löhne und Gehälter; maßgebliche Vertreter der Schwerindustrie setzten nun mehr oder weniger offen ihre Hoffnungen auf Hitler. Fritz Thyssen, Ruhr-Magnat und Mitglied des Ufa-Aufsichtsrats, fand sich bereit, nicht nur den Bau des Braunen Hauses in München, sondern auch Görings Bedürfnisse nach der »Lebenshaltung eines modernen Über-Nero«[518] großzügig zu finanzieren. Auf Thyssens Initiative kam schließlich, Ende Januar 1932, jenes Treffen im Düsseldorfer Industrieclub zustande, das Hitlers entscheidenden Durchbruch bei den deutschen Wirtschaftsspitzen vorbereitete.

Inzwischen war der Wahlkampf zu der Reichspräsidentschaftswahl im März 1932 voll entbrannt. Goebbels ließ 50000 kleinformatige Schallplatten mit Propagandatexten in Briefumschlägen durch die Post versenden und sprach zum ersten Mal zehn Minuten vor der Tonfilmkamera – der Streifen war dazu bestimmt, nach Einbruch der Dunkelheit auf zentralen Großstadtplätzen vorgeführt zu werden. In diesem Wahlkampf verschärfte die NSDAP ihre Auseinandersetzung mit Hugenberg und den Deutschnationalen – eine Abrechnung, die ihren Höhepunkt erreichte, als Goebbels im Oktober eine Versammlung der DNVP in der Berliner »Neuen Welt« mit Hilfe von zehntausend SA-Leuten in eine nationalsozialistische Propagandaveranstaltung umfunktionierte. Wenig später, Anfang November, erschütterte der von NSDAP und KPD gemeinsam gesteuerte Streik der Straßenbahnarbeiter die Reichshauptstadt – aus Goebbels' Sicht ein Entscheidungskampf um das rote Berlin und die Stimmen der Arbeiter im ganzen Reich.

Die deutschen Arbeiter, soweit sie nicht materiell verelendet und demoralisiert oder als Streikposten und Streikbrecher, als Fußvolk der SA oder der »Eisernen Front« in den Mahlstrom der Politik geraten waren, strömten in die Kinos. Die Ufa-Filme, die in der zweiten Hälfte des Jahres 1932 die Menschen von der Not des Tages ablenken und ihnen einen sorgenfreien Alltag oder ferne, sinnlich berückende Gegenwirklichkeiten vorspiegeln wollten, hießen zum Beispiel *Das Lied einer Nacht* (Anatole Litvak, mit dem Sänger Jan Kiepura und Magda Schneider) und *Das schöne Abenteuer* (Reinhold Schünzel), *Der weiße Dämon* (Kurt Gerron, mit Hans Albers und Gerda Maurus) und *Wenn die Liebe Mode macht* (Franz Wenzler, mit Renate Müller und Georg Alexander): musikalische Lustspiele um Liebe, Heirat und »frivole« Extravaganzen im »Gesellschaftsmilieu« – oder betörende Klischeebilder einer großen weiten Welt, die ihre Geheimnisse nur dem Tüchtigen erschließt. Unterdessen löste *Der Kongreß tanzt* auch im gehobenen bürgerlichen Feuilleton einen neuen Schönheitskult aus. Oscar Bie, Musikkritiker des »Berliner Börsen-Courier«, lobte die »photographierte Musik« der teuersten Ufa-Operette mit den Worten: »Das Gesetz von Ursache und Wirkung ist aufgehoben, der Zwang des Raums fällt fort, nur die Zeit läuft und läuft. Sie zaubert im schönen Abbild den lebendigen Rhythmus der Welt, der Geschichte, des Daseins.«[519]

Die Reaktion verstehe sich auf »Ungleichzeitigkeit«, erkannte 1932 Ernst Bloch. Die Wirtschaftskrise vollziehe sich in einem Land »mit besonders viel vorkapitalistischem Material«. Es gebe Galoschen des Elends, die ähnlich in vergangene Zeiten führen wie im Märchen die Galoschen des Glücks. »Und je deutlicher die bisherigen Machtmittel zur Unterdrückung des wirklichen Sozialismus versagen, je genauer das Großkapital fascistischer Diktatur bedarf und der Narkose dazu, als der Diktatur in anderer Gestalt: desto häufiger auch aktualisiert es den Festschein und Maskenball des vorigen Jahrhunderts, desto geschickter wieder kann Dekorationsmalerei siegen.«[520]

Die narkotische Wirkung vergangenheitstrunkener »Dekorationsmalerei« verband die Ufa-Operetten mit den »nationalen« Preußenfilmen: in jenem intimen Verhältnis von »Ungleichzeitigkeit und Berauschung« (Bloch) fanden beide Gattungen ihren geheimen und sehr zeitgemäßen Sinn. Toeplitz meint zwar, erst 1931/32 sei eine »sichtbare Wende in der Repertoirepolitik der Ufa«[521] eingetreten, und erst im Mai 1932, nach der Ablösung Brünings durch Hugenbergs Vertrauensmann Franz von Papen, habe der Konzern auf Geheiß des Reichsverbandes der Deutschen Industrie die Produktion »nationaler« Filme zur Tageslosung gemacht. In Wirklichkeit waren die Übergänge jedoch fließend, waren Politik und Geschäft schon seit 1927 sehr eng miteinander liiert.

Zweifellos verschärfte sich der politische Druck des Aufsichtsrats und der Direktion auf die Produktionsgruppen im Laufe des Jahres 1932 erheblich, und dem auf den politischen Tageskampf gerichteten Propagandaverständnis Hugenbergs war Otto Gebühr als Friedrich der Große vermutlich sympathischer als Willy Fritsch in der Rolle des Zaren Alexander im weinselig beschwingten Wien. Und ebenso zweifelsfrei reagierte die Jahreshauptversammlung der Ufa im Juli 1932, auf der Ernst Hugo Correll die »reinen Drehbuchtechniker« zu unzeitgemäßen Figuren erklärte und »deutsch fühlende dichterische Naturen«[522] forderte, auf die Kampagnen der rechten Industriellenfraktion für den autoritären Staat. In seinem Kommentar zu den neuen Produktionsplänen der

Ufa kündigte Correll an, der kommende Film wende sich »von der Befriedigung des Ablenkungsbedürfnisses« ab und müsse dem »Aufbaugedanken« Rechnung tragen; er werde Fragen stellen, »die wir beantworten müssen«: »Wir wollen in Zukunft im Film Menschen sehen, die positive und klare Ziele verfolgen, die aus charakterlicher Veranlagung den Kampf mit der Umwelt aufnehmen und die national oder in rein menschlicher Form um ein erstrebenswertes Ziel innerlich ringen (...)«[523] Eine Absichtserklärung aus nationalkonservativem Geist, die deutliche politische Präferenzen erkennen ließ.

Gleichwohl wies Kracauer in seiner Analyse des neuen Ufa-Programms, die Ende Juli in der »Frankfurter Zeitung« erschien, mit Recht auf einen interessanten Widerspruch hin. Im Gegensatz zu Corrells Ausführungen hielt eine andere, vom »Film-Kurier« veröffentlichte und auf Konzern-Informationen basierende programmatische Erklärung am »Zerstreuungsfilm« fest: »Die Ufa trägt mit ihrem Programm bewußt der seelischen Verfassung der heutigen Welt Rechnung. Die Wirtschaftskrise, die private Not, die politische Zerrissenheit sind Faktoren, die das Publikum von heute nervenmäßig ungeheuer belasten. Was erscheint also nötiger als ein Programm von Filmen, die geeignet sind, das Publikum aus seiner seelischen Not herauszuführen: ihm teils Erhebung, teils Zerstreuung und teils Unterhaltung zu bieten?«[524]

Der Widerspruch nahm bereits die sehr bald im nationalsozialistischen Lager geführte Auseinandersetzung »Weltanschauung« versus »Unterhaltung« vorweg. Im Krisenjahr 1932 war er noch ein Ausdruck widerstreitender Bewußtseinslagen und interner Gegensätze innerhalb des Konzerns selbst. Ein komplexes, widersprüchlich strukturiertes Unternehmen wie die Ufa konnte nicht umstandslos zum Transmissionsriemen von Beschlüssen des Reichsverbandes der Deutschen Industrie werden. Das Gewicht eines Fritz Thyssen im Aufsichtsrat, Hugenbergs permanente Agitation und die Direktorialgewalt eines Ludwig Klitzsch konnten wohl entscheidenden Einfluß auf die Richtung der Repertoirepolitik nehmen, keinesfalls aber eine Umstellung der Produktion gleichsam von heute auf morgen bewirken. Das Jahr 1932 brachte somit keine grundlegende Veränderung, allenfalls eine Verschärfung des seit 1927 latent angelegten Kurses.

Überdies zeigt ein Blick auf die Jahrgänge 1931 und 1932, daß von einer Umorientierung vom leichten Genre auf »nationale« Filme seit 1931 bei der Ufa nicht die Rede sein konnte. Schon 1922 hatte der Konzern mit Cserépys *Fridericus Rex* die lange Serie der Preußenfilme eröffnet; in den folgenden Jahren waren es überwiegend kleinere Firmen, die sich, im Auftrag der Ufa oder auch unabhängig von ihr, des Themas annahmen – und sie bestimmten, soweit sie überlebt hatten, auch in den frühen dreißiger Jahren den Preußen-Boom. Von acht vaterländischen Filmen, die 1931/32 uraufgeführt wurden, hatte die Ufa lediglich zwei – *Yorck* (Gustav Ucicky, 1931) und *Der schwarze Husar* (Gerhard Lamprecht, 1932) – produziert und in ihrem Verleih herausgebracht; die anderen stammten von kleineren Gesellschaften wie Zelnik, Aafa, Phoebus-Tonfilm oder Biograph. Auch und gerade für dieses Genre gilt, daß Deutschlands größter Konzern in den zwanziger Jahren Akzente gesetzt und kulturelle und sozialpsychologisch folgenreiche Tendenzen geschaffen hatte, die von anderen Unternehmen bald aufgegriffen wurden: das Fridericus-Thema und ähnliche »nationale« Stoffe bildeten ein Syndrom, an dessen Ausformung sich nahezu die gesamte Branche beteiligte.

Im übrigen dominierte im letzten Jahr der Republik bei der Ufa das heitere Genre in allen seinen Spielarten; musikalische Lustspiele, Gesellschaftskomödien, Romanzen und »volkstümliche« Schwänke wie *Der Frechdachs* von Carl Boese und Heinz Hille, *Die Gräfin von Monte Christo* von Karl Hartl (mit Brigitte Helm, Rudolf Forster und Gustaf Gründgens), *Ein toller Einfall* und *Es wird schon wieder besser* von Kurt Gerron, *Strich durch die Rechnung* von Alfred Zeisler, *Wie sag ich's meinem Mann* von Reinhold Schünzel und *Zwei Herzen und ein Schlag* von Wilhelm Thiele beherrschten das Verleihangebot des Hugenberg-Konzerns in den letzten Wochen und Monaten vor dem Ende der Demokratie. Im Goethe-Jahr 1932 sah sich das führende deutsche Filmunternehmen freilich auch aufgerufen, zwei Leinwandwerke »über Goethes Dichtungen in prägnanten Ausschnitten«[525] als festliches Beiprogramm in die Kinos zu bringen: *Der Werdegang* und *Die Vollendung*; Regie führte Fritz Wendhausen; Theodor Loos und Luise Ullrich waren als Hauptdarsteller aufgeboten.

Die Uraufführung der Goethe-Filme am 18. März fiel in die Zeit des »Osterfriedens«, den Reichskanzler Brüning im permanenten Wahlkampf dieses Jahres den streitenden Parteien auferlegt hatte und der den Berliner NS-Gauleiter und Propagandachef Goebbels zu wütendem Spott provozierte: »Das ist auch so eine typische bürgerliche Erfindung. Man führt Krieg, aber das Schießen wird auf drei Wochen verboten!«[526] Durch das ganze Reich geisterten in diesen Tagen Gerüchte von einem bevorstehenden Hitler-Putsch, von umfassenden Vorbereitungen zum Bürgerkrieg und vom Plan eines bewaffneten Arbeiteraufstands unter Führung der »Eisernen Front«.

Zehn Monate später, am 28. Januar 1933, notierte Harry Graf Kessler in sein Tagebuch: »Schleicher gestürzt, Papen mit Verhandlungen zur Regierungsbildung betraut. (...) Das Ganze ist eine Mischung von Korruption, Hintertreppe und Günstlingswirtschaft, die an die übelsten Zeiten der absoluten Monarchie erinnert. Beispiellos ist nur, wie schnell sich alle diese Giftpilze im Schatten der Diktatur dieses Mal entwickelt haben.«[527]

Die Sitzungen des Ufa-Vorstands im Januar 1933 waren, wie üblich, mit Routinearbeit angefüllt. Am 6. Januar stimmte man dem Ankauf eines Flugzeugs von den Klemm-Werken zum Preis von 12550 Reichsmark für einen »Fliegerfilm« zu; wenig später wurde der Film allerdings aus der Produktionsplanung gestrichen. Eine Woche danach segnete die Direktion einen neuen Regievertrag mit Reinhold Schünzel ab; dem Regisseur wurde ein Honorar von 30000 Mark für zwei Filme zugestanden. Die Architekten Herlth und Röhrig wurden, gegen ein Monatsgehalt von je 2000 Mark, für ein weiteres Jahr verpflichtet. Am 25. Januar hatte sich die Konzernleitung mit den Wünschen Willy Fritschs zu befassen, der eine Aufstockung seiner Monatsgage von 16000 auf 18000 Mark verlangte.[528]

Am 30. Januar 1933 traf Kessler abends im Berliner Kaiserhof zufällig Emil Georg von Stauss, Chef der Deutschen Bank und Ufa-Aufsichtsratsmitglied, und erlaubte sich einen »boshaften Scherz«: er habe sich gefreut, daß Otto Wolff (neben Hugenberg Hauptteilhaber an der Ufa) Hitlers Schulden bezahlt habe – »was Stauss sehr ungnädig und mit rotem Kopf aufnahm und mit einem ärgerlichen Gemurmel bestritt«. Berlin war an diesem Abend, so Kessler, »in einer reinen Faschingsstimmung. SA- und SS-Trupps sowie uniformierter Stahlhelm durchziehen die Straßen, auf den Bürgersteigen stauen sich die Zuschauer. Im und um den ›Kaiserhof‹ tobte ein wahrer Karneval; uniformierte SS bildete vor dem Haupteingang und in der Halle Spalier, auf den Gängen patrouillierten SA- und SS-Leute (...)«[529]

An diesem 30. Januar überreichte die Ufa-Direktion der Spitzenorganisation der Deutschen Filmindustrie in aller Form jenes Dokument, das die Forderung nach einer Filmpolitik der starken Hand erhoben hatte und, unter dem Stichwort »Spio-Plan«, bisher als geheime Verschlußsache der Ufa-Leitung behandelt worden war.

Am 31. Januar verlas Ludwig Klitzsch in der Direktionssitzung »einen an Herrn Geheimrat Dr. Hugenberg gerichteten Brief, in welchem der Vorstand der Ufa seine Glückwünsche anläßlich seiner Ernennung zum Reichsernährungs- und Reichswirtschaftsminister« durch Hitler aussprach. »Der Vorstand erklärt sich einstimmig mit Inhalt und Fassung des Briefs einverstanden.«[530]

Es folgten Routinebeschlüsse. Jene Tage, die als dramatischster und verhängnisvollster Einschnitt in die jüngere deutsche Geschichte eingehen sollten, waren für die Honoratioren des Ufa-Vorstands Arbeitstage wie alle anderen. Die Herren hatten das Ihre getan, um die Ereignisse vorzubereiten, und konnten nun, im vollen Einverständnis mit dem Lauf der Dinge, zur Tagesordnung übergehen.

Triumph des Willens, 1934/35

Zweiter Teil

17. Kapitel

Totenrituale. Das Jahr 1933

Die Morgengabe der Ufa für das neue Regime hieß *Morgenrot* – und der »Führer« und Reichskanzler nahm sie, drei Tage nach der Eroberung der Macht, persönlich entgegen: zur Premiere des Films von Gustav Ucicky am 2. Februar 1933 belegten Adolf Hitler und seine engsten Mitarbeiter den ersten Rang des Ufa-Palastes am Zoo; er selbst ließ sich von zwei bürgerlich-konservativen Mitgliedern seines Kabinetts, Franz von Papen und Alfred Hugenberg, flankieren. Eine Kernaussage des Films notierte Goebbels zwei Tage später sinngemäß in seinem Tagebuch: »Zu leben verstehen wir Deutschen vielleicht nicht; aber sterben, das können wir fabelhaft.«[1] *Morgenrot* war nicht nur die Visitenkarte der Ufa für die neuen Machthaber: der Film signalisierte mit seiner dumpf brütenden, gewalttätigen Todesmystik auch ein deutsches Leitmotiv und einen Grundzug der nationalsozialistischen Psychologie.

Gerhard Menzel, erfolgreicher Theaterautor und seit 1932 Mitarbeiter der Ufa, hatte das Drehbuch geschrieben und eine traumatische Erfahrung der Nation zum heroischen Thema verarbeitet. Der verlorene U-Boot-Krieg lastete noch immer lähmend auf den konservativen Gemütern. Ihrer Revanchelüsternheit kam dieser Film ebenso entgegen wie jenem Fatalismus, der mit patriotisch umflortem Blick auf eine vom Tode beherrschte Geschichte starrt: »Wieder fahren sie gegen England, die Kriegsflagge flattert stolz im Wind, denn: Deutschland lebt, und wenn wir sterben müssen!« – so umschrieb der »Illustrierte Film-Kurier« die Botschaft dieses Films.[2]

Die Ufa hatte ihn noch 1932 unter Leitung von Günther Stapenhorst in erster Besetzung produziert, mit Rudolf Forster (als Kapitänleutnant Liers), Adele Sandrock, Fritz Genschow und Camilla Spira; Herlth und Röhrig hatten die Bauten erstellt, und Carl Hoffmann führte die Kamera – zu einem Zeitpunkt, als noch keineswegs abzusehen war, daß die Premiere des Films mit dem politischen Sieg seiner Ideologie zusammenfallen würde. Mit *Morgenrot* erreichte das »vaterländische« Repertoire, das der Konzern nicht zuletzt mit Hilfe Ucickys, eines versierten, aber wenig originellen Routiniers, aufgebaut hatte, zum richtigen Termin seinen Höhepunkt. Ucicky und sein Autor Menzel werden bis Kriegsende nationalsozialistische Propagandafilme herstellen und auch nach 1945 weiterhin zusammenarbeiten (Menzel wird mit seinem Drehbuch zu Willi Forsts *Die Sünderin* 1950 zum größten Filmskandal der frühen fünfziger Jahre beitragen).

Morgenrot war 6000 gefallenen Seeleuten und 199 gesunkenen deutschen U-Booten gewidmet. »Vielleicht ist der Tod das einzige Ereignis im Leben«, sinniert Kapitänleutnant Liers. Die alte Weise vom Morgenrot, das zum frühen Tod leuchtet, grundierte auch musikalisch die destruktive Romantik dieses Films. Die nationalsozialistische Bewegung verstand sich seit ihren Anfängen auf eine spektakuläre »Propaganda mit der Leiche« (Graf Kessler). Es fiel dem großen

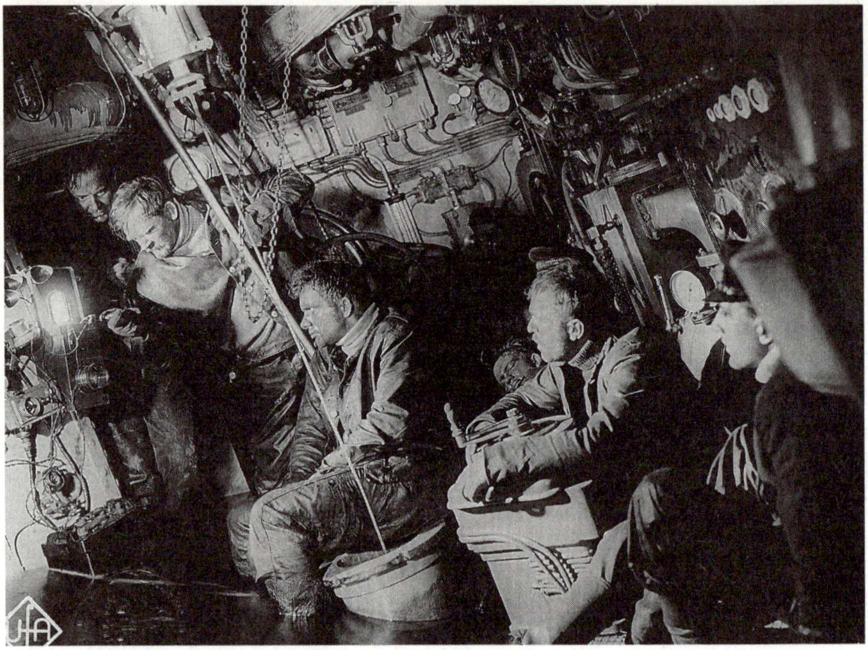

Morgenrot: Rudolf Forster (zweiter v. l.) mit Fritz Genschow und Gerhard Bienert (M.)

Filmkonzern zu, mit der ersten Premiere nach der »Machtergreifung« ihrem sinistren Totenkult die Stichworte zu liefern.

»Der Hitlerjunge Wagnitz wird zu Grabe getragen. Mit einer Beteiligung des Berliner Volkes, als wäre er ein König.« In solchen und ähnlichen Worten beschrieb Joseph Goebbels in seinem (später für Propagandazwecke redigierten) Tagebuch die zahlreichen von ihm selbst inszenierten Helden-Funeralien in den letzten Wochen vor dem 30. Januar. Ein »endlos langer Zug« schleppt sich »durch ewige Menschenmauern« zum Friedhof, um den Ermordeten »in den mütterlichen Schoß der Erde« zu betten. »Ein phantastisches Bild im grauen Nachtnebel der großen Stadt.«[3]

Bald werden die Nationalsozialisten den Gedenkmarsch zur Feldherrnhalle, die Totenehrungen auf dem Münchner Königsplatz oder auf dem Parteitagsgelände in Nürnberg – unter den Klängen des Horst-Wessel-Liedes – zu »Szenarien eines Karfreitagszaubers« ausgestalten, »in denen, ganz wie man von der Musik Richard Wagners gesagt hat, der Glanz für den Tod Reklame machte«. (Joachim Fest[4]) Die Reklame für den Tod, die Propaganda mit der Leiche war nicht das einzige, aber ein wesentliches Element der nationalsozialistischen Massenveranstaltungen. Die modernen Massenmedien waren dabei Hilfs- und Übertragungsmittel; sie multiplizierten, was Zehntausende unmittelbar erlebten, für die Augen und Ohren der Millionen Kinobesucher und Rundfunkhörer.

Filmpremieren wurden zu Totenritualen. Am 12. September 1933 trat Reichsjugendführer Baldur von Schirach vor den Vorhang des Münchner Ufa-Palastes und wandte sich in einer kurzen Ansprache an die in der Rangloge abermals versammelte Partei-Elite: »Es war in der Zeit des schlimmsten Terrors, da stand ich

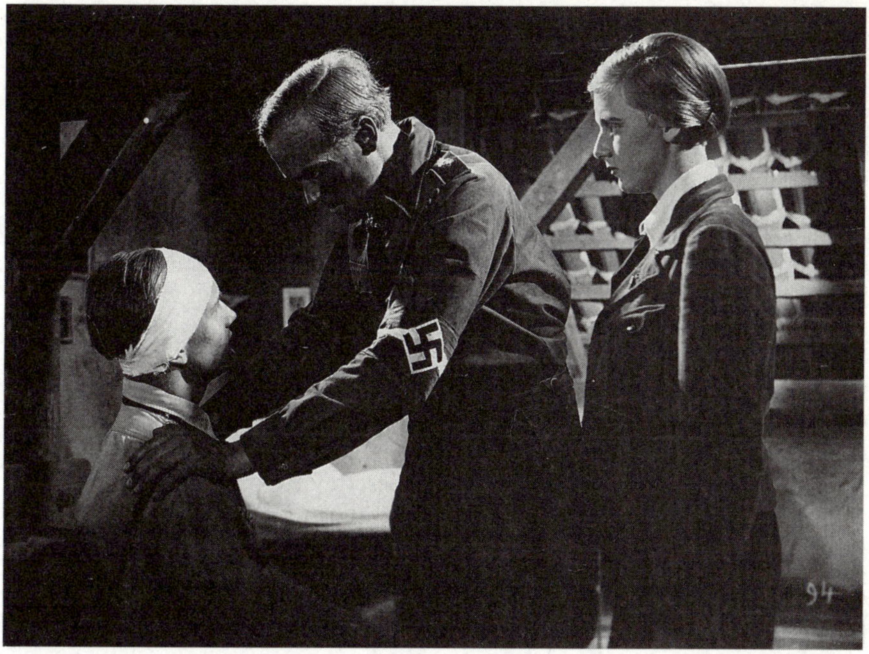

Hitlerjunge Quex: Claus Clausen (M.)

vor 2000 Berliner Hitlerjungen auf einem Generalappell der Berliner HJ und sprach zu ihnen vom Opfer, vom Führer und vom Heldentum. Es lag über diesem Appell eine drückende Atmosphäre, wir ahnten ein furchtbares Geschehen. (...) Am nächsten Morgen fiel der Hitlerjunge Herbert Norkus von der Hand marxistischer Mordbanditen.«[5] Die Saallichter verloschen, dumpfe Trommelwirbel erklangen, und der Vorhang hob sich für jenen Film *Hitlerjunge Quex*, mit dem die Ufa in angemessener Feierlichkeit den faschistischen Pompes funèbres ihren ersten offiziellen Tribut erstattete.

In einem Brief an Ernst Hugo Correll dankte Goebbels den Mitwirkenden, dem Regisseur Hans Steinhoff und den Darstellern Heinrich George, Berta Drews, Claus Clausen und Rotraut Richter, mit der Feststellung, sie hätten sich »um die künstlerische Gestaltung nationalsozialistischen Ideenguts ein großes Verdienst erworben«.[6] Deutschlands bedeutendste Filmfirma war wieder einmal unumstrittene Avantgarde. Vorausgegangen waren Monate der Unsicherheit, des Lavierens und Taktierens bei allen Beteiligten, im neu eingerichteten Ministerium für Volksaufklärung und Propaganda wie bei den Spitzen der Filmindustrie. Und vorausgegangen waren einige besonders peinliche Versuche übereifriger Opportunisten der Filmbranche, die faschistische Martyrologie auf der Leinwand womöglich noch zu überbieten.

Schon wenige Wochen nach Hitlers Machtübernahme beeilte sich die Bavaria-Film-AG, mit *SA-Mann Brand*, einer Verherrlichung des unbekannten Nazi-Kämpfers, dem neuen Regime ihre Ergebenheit zu demonstrieren. Man vertraute die Regie Franz Seitz an, einem bewährten Verfertiger zweitklassiger Gebrauchsware – mit dem Ergebnis, daß die NS-Zeitung »Der Angriff« sich scharf distanzierte und Oskar Kalbus später befand, der Film bewege sich »an der Grenze des Konjunkturkitsches«; der gute Wille habe hier nur »Rührkitsch und Talmikunst« erbracht.[7] Auch der Horst-Wessel-Film *Hans Westmar*, den die eigens gegründete Volksdeutsche Film GmbH in der Regie von Franz Wenzler nach dem Wessel-Buch von Hanns Heinz Ewers produzierte, stieß auf schroffe Ablehnung und wurde von der Filmprüfstelle zunächst sogar mit der Begründung verboten, daß er »weder der Gestalt Horst Wessels noch der nationalsozialistischen Bewegung als dem Träger des Staates gerecht« werde.[8] Goebbels hatte ein professionelles Gespür für den Schaden, den devote »Konjunkturritter« des Kulturbetriebs anrichten konnten; er wandte sich schon Anfang April mit einem Aufruf »gegen den überhandnehmenden nationalen Kitsch« an die Öffentlichkeit: »Das verdient die Bewegung nicht, daß sie nun in den schmierigen Händen von üblen Geschäftemachern verkitscht wird.« Der Nationalsozialismus, so Goebbels bei einer anderen Gelegenheit, bedeute »unter gar keinen Umständen einen Freibrief für künstlerisches Versagen«.[9]

Am 14. März wurde Goebbels, bis zu diesem Zeitpunkt NS-Gauleiter von Berlin, von Präsident Hindenburg als Reichsminister für Volksaufklärung und Propaganda vereidigt – und schon einen Tag später notierte er Schwierigkeiten bei der »Abgrenzung meines neuen Ressorts den anderen schon bestehenden Ministerien gegenüber«.[10] Zwar meinte er zuversichtlich, »wir Nazis werden immer sehr schnell einig, da wir solche Fragen mit gesundem Menschenverstand angehen«, doch in den kommenden Jahren sollte der gesunde Menschenverstand gegenüber parteiinternen Rivalitäten und verdeckten Machtkämpfen immer wieder das Nachsehen behalten. Das neue Ministerium gliederte sich in die Fachabteilungen Presse, Film, Rundfunk und Theater; zum Leiter der Abteilung Film wurde Ministerialrat Ernst Seeger berufen. Seeger, schon Ende des Ersten Weltkriegs Justitiar des Bild- und Filmamtes, hatte sich in der Weimarer Republik einschlägige Verdienste als Leiter der Film-Oberprüfstelle, mithin als höchster Filmzensor im Reichsinnenministerium erworben. Das Referat für Filmtechnik und Filmberichterstattung in Seegers Abteilung wurde Eberhard Fangauf, einem Mitarbeiter der Ufa-Kulturfilmabteilung und seit 1931 NSDAP-Mitglied, übertragen. Er wird im Sommer 1933 die technische Organisationsleitung bei Leni Riefenstahls Reichsparteitagsfilm *Sieg des Glaubens* übernehmen.

Goebbels hatte schon vor seiner Amtsübernahme klar zu erkennen gegeben, daß die neue Regierung im Zuge der Usurpation der Massenmedien keinen Widerstand dulden werde. Als Mitte Februar ein kommunistischer Sabotageakt die Übertragung einer Hitler-Rede durch den Rundfunk in Stuttgart verhinderte, wurde er deutlich: »Da wir in der Nacht nicht zurückfliegen können, lasse ich gleich die verantwortlichen Herren vom Rundfunk im Hotel antanzen und geige ihnen die Meinung in einer Art und Weise, daß ihnen Hören und Sehen vergeht. Gleich am anderen Tage sollen zwei von ihnen telegraphisch ihres Amtes enthoben werden. Jetzt wird den anderen wohl die Lust vergehen, uns durch Sabotage zu stören. – Es scheint sich im übrigen in Deutschland noch nicht herumgesprochen zu haben, daß eine Revolution im Gange ist.«[11]

Zu einer etwas vorsichtigeren Taktik entschloß sich Goebbels, als er am 28. März einen großen Kreis namhafter Vertreter der Filmindustrie zu einer ersten Begegnung in den Bankettsaal des Berliner Hotels Kaiserhof lud. Der Kaiserhof hatte schon 1916 die Vorbereitungen zur Gründung der Deutschen Lichtbild-Gesellschaft auf Initiative von Ludwig Klitzsch und im Tonfilm-Krieg des Jahres 1928 die Vorgespräche zur Tobis-Gründung erlebt; in den Wahlkämpfen von 1932 hatte das Hotel als eine Art Führerhauptquartier gedient. Nun ging es darum, die komplizierteste und unübersichtlichste, zugleich aber auch wichtigste Branche der Medienindustrie der nationalsozialistischen Propaganda verfügbar zu machen und die Stimmung der zahllosen schwer berechenbaren Künstler und Filmpraktiker, der Produzenten und Verleiher zu sondieren.

Nach der phantasiereich ausgestalteten Schilderung von Curt Riess[12] war der Kaiserhof-Saal schon eine halbe Stunde vor dem Auftritt des Ministers überfüllt; viele der Geladenen seien in SA- oder SS-Uniformen erschienen. Die Prominenz unter den Schauspielern, Hans Albers, Willy Fritsch, Conrad Veidt, Emil Jannings, sei zurückhaltend aufgetreten; eine Gruppe besonders eifriger Lobhudler des neuen Regimes habe sich über anwesende jüdische Schauspielerinnen wie Grete Mosheim und Lucie Mannheim empört. Goebbels erschien pünktlich, begleitet von Prinz Wilhelm August von Preußen und dem berüchtigten SA-Führer und späteren Berliner Polizeipräsidenten Graf Wolf Heinrich Helldorf. Produzent und Regisseur Carl Froelich hielt eine kurze, politisch eher unklare Ansprache. Der nun folgenden Rede des Ufa-Chefs Ludwig Klitzsch bescheinigt Riess Klugheit, Ernsthaftigkeit und sogar einen gewissen Mut. Tatsächlich gab Klitzsch der allgemeinen Unsicherheit innerhalb der Branche Ausdruck; er sprach von »Gerüchtemacherei« und meinte damit offensichtlich die gerade in diesen Tagen angelaufene Regierungskampagne gegen die in Deutschland lebenden Juden, und er erlaubte sich auch einen Angriff auf die tagespolitischen »Konjunkturritter«. Doch gerade diese Diktion bewies nur, daß Klitzsch

Auszeichnung des Films *Flüchtlinge* durch den Reichspropagandaminister, 1934: Ernst Hugo Correll, Ludwig Klitzsch, Gerhard Menzel, Gustav Ucicky, Eugen Klöpfer, Goebbels, Staatssekretär Funk (v. l.)

ein ausgezeichnetes Einfühlungsvermögen besaß – den Begriff des »Konjunkturritters« wird Goebbels wenige Tage später aufgreifen und auf die allzu eilfertigen Opportunisten des Kulturbetriebs münzen.

Des Ministers Antwort war konziliant und schien in großen Teilen diejenigen zu bestätigen, die von der neuen Regierung keine Beeinträchtigung der künstlerischen Freiheiten befürchteten. Der nationalsozialistische Staat wolle keineswegs »die künstlerische und geistige Betätigung in eine Uniform, in ein Schema pressen« – im Gegenteil: »Die Kunst ist frei, die Kunst soll frei bleiben.« Sittlich und politisch-weltanschaulich müsse sie sich allerdings an Normen gebunden fühlen, »ohne die ein nationales Zusammenleben unmöglich ist«. Der Staat werde regulierend eingreifen müssen, falls diese Normen verletzt werden würden. Goebbels selbst sah offenbar keinen Widerspruch zwischen einer freien und einer sittlich und weltanschaulich-politisch regulierten Kunst, denn er fuhr fort: »Glauben Sie nicht, daß wir uns berufen fühlen, Ihnen das Leben sauer zu machen. Die jungen Männer, die jetzt in der Regierung sitzen, sind den deutschen Filmkünstlern von Herzen zugetan.« Der Minister stellte freilich auch klar: »Jetzt sind wir da. (....) Das was ist, bleibt. Wir gehen nicht mehr.«[13]

Antisemitische Ausfälle leistete sich Goebbels in dieser Rede nicht – zweifellos wußte er genau, daß diese Frage gerade für die politisch unentschiedenen oder desinteressierten Künstler der Ufa und der anderen Konzerne ein Gradmesser für die moralische Vertrauenswürdigkeit des Regimes war. Im Gegenteil – er verblüffte alle Anwesenden, als er in einem filmhistorischen Exkurs einige Meisterwerke als Vorbilder hervorhob, die von jüdischen Künstlern gestaltet oder produziert und alles andere als Musterbeispiele für nationalsozialistische Gesinnung waren. Eisensteins *Panzerkreuzer Potemkin* etwa sei »so gut gedreht, daß ein Mensch, der weltanschaulich nicht auf festem Boden steht, Bolschewist werden könnte«. Ferner nannte Goebbels den von Irving Thalberg produzierten Metro-Film *Anna Karenina* mit Greta Garbo (Edmund Goulding, 1927), Fritz Langs *Die Nibelungen* und den Film *Der Rebell* (Luis Trenker und Kurt Bernhardt, Deutsche Universal-Film AG, produziert von Paul Kohner, 1932). Der Propagandachef ließ Kennerschaft und ein sicheres ästhetisches Urteil durchblicken; er demonstrierte seine Begeisterung für das Medium; er proklamierte, daß auch Tendenzkunst große Kunst sein könne, und schien in dieser Frage sogar bereit, die ideologische Frage nach dem Inhalt der Tendenz großzügig hintanzustellen.

Die antisemitische Indoktrination der Filmverantwortlichen erfolgte vertraulich und in Einzelgesprächen. Hans Barkhausen berichtet, im Anschluß an die Versammlung im Kaiserhof habe eine Unterredung zwischen Goebbels und Ufa-Generaldirektor Klitzsch stattgefunden. Vermutlich war Klitzsch, wie auch Hugenberg und die deutschnationale Führung, zu diesem Zeitpunkt noch davon überzeugt, Hitler werde sich höchstens einige Monate an der Macht halten und, nachdem er abgewirtschaftet haben werde, den traditionellen Konservativen Platz machen. Auf der anderen Seite gab es weder für Klitzsch noch für Hugenberg einen Weg zurück in die Demokratie. »Auf dem einen Flügel die Nationalsozialistische Partei und auf dem anderen die eigentliche Rechte, die Kampffront Schwarz-Weiß-Rot. Getrennte Marschwege, aber so ist es vereinbart: Gemeinsames Ziel.«[14] Dies war Hugenbergs Parole vor den Wahlen vom 5. März, die der amtierenden Koalitionsregierung nur unter Einsatz umfassender staatlicher Terrormaßnahmen 51,9 Prozent der Stimmen einbrachten. Im April, nach Verabschiedung des Ermächtigungsgesetzes, ging der deutschnationale Doppelminister daran, seine Amtsbereiche zu »säubern« – vor allem jüdische und sozialdemokratische Beamte fielen dieser Aktion zum Opfer.

Mochte Ufa-Direktor Klitzsch in der Frage der jüdischen Mitarbeiter seines Konzerns persönliche Skrupel haben oder nicht – ihm war in jedem Fall bewußt, daß ein erheblicher Teil des künstlerischen Potentials und einige entscheidende Stützen des Unternehmens bedroht waren. Einen Tag vor dem Treffen im Kaiserhof hatte Goebbels, angeblich zur Abwehr ausländischer »Greuelpropaganda«, einen Aufruf zum Boykott aller jüdischen Geschäfte in Deutschland entworfen. »Die jüdische Presse wimmert vor Entsetzen und Angst«, notierte er in seinem Tagebuch.[15] Am 28. März wurde der Aufruf veröffentlicht – und spätestens am Abend dieses Tages mußte Klitzsch klar sein, daß die Nationalsozialisten entschlossen waren, ihren Worten Taten folgen zu lassen. Dies mag die Bemerkung Barkhausens (der damals Angestellter in den Ufa-Theaterbetrieben war) erklären, Klitzsch habe im Gespräch mit Goebbels »keine Freude gewonnen«.[16] Jedenfalls überrascht die guillotineartige Perfektion, mit der schon am darauffolgenden Tag die Direktion der Universum-Film AG als Vollstreckungsmaschine in Aktion trat und die antisemitische »Säuberung« des Unternehmens in die Tat umsetzte. Die schwarzen Listen müssen vorbereitet gewesen sein.

Bereits am 3. Februar hatte der Ufa-Vorstand als einzigen Tagesordnungspunkt einen Erlaß seines Generaldirektors zur Kenntnis zu nehmen: »Den Verkehr mit der Regierung behält sich Herr Klitzsch persönlich vor. Sollten seitens der einzelnen Vorstandsmitglieder Wünsche vorliegen oder die Notwendigkeit vorhanden sein, mit der Regierung in Verbindung zu treten, so ist Herr Klitzsch vorher hierüber zu benachrichtigen. Gleichzeitig bittet Herr Klitzsch um Bericht, falls sich Verbindungen bzw. Verpflichtungen gesellschaftlicher Art aus irgendwelchen Gründen mit Mitgliedern der Reichsregierung bzw. der Preußischen Regierung ergeben sollten.«[17] Um keinen Preis wollte der Chef in diesen Tagen der allgemeinen Unsicherheit den Kontakt zu den neuen Machthabern aus der Hand geben.

Am 7. März widmete sich der Vorstand, nach Vortrag seines Mitglieds Wilhelm Meydam, eingehend der Frage des »nationalen Films« und einschlägigen Stoffen, die für die Produktionsplanung 1933/34 auf dem Tisch lagen. Das Bismarck-Thema wurde »wegen der zu großen Nähe dieser Epoche« verworfen. Bei einem Filmvorhaben über Prinz Louis Ferdinand und die Freiheitskämpfe gegen Napoleon sah man zwar eine Beziehung zur »jetzigen Erhebung Deutschlands«, fürchtete aber auch, ein Preußen-Stoff könnte angesichts der aktuellen Umwälzungen im Reich als überholt betrachtet werden. Ein Film über den Prinzen Eugen schien dem Vorstand immerhin geeignet, den Führergedanken und die »Abwehr der Bolschewisten-Gefahr« ins Bewußtsein zu rufen. Besonders ausführlich beriet man über einen Kolonialstoff: es solle gezeigt werden, »wie die hinausdrängende deutsche Jugend sich draußen Lebensraum und Lebensmöglichkeit schuf, weil hinter ihr ein mächtiges Reich mit 500000 Bajonetten und einer starken Flotte stand«. Der Stoff biete somit die Gewähr, für eine Idee einzutreten, »die wegweisend und vorausschauend ist«.[18] Unter dem Gesichtspunkt, daß gerade die Kolonialfrage für die Nationalsozialisten wenige Monate später der Anlaß sein wird, um den Altkonservativen Hugenberg aus dem Hitler-Kabinett zu stoßen, war dieser Diskussion eine besonders delikate Note eigen.

Das Protokoll vom 29. März, einen Tag nach dem Kaiserhof-Treffen, hält zunächst den Beschluß des Vorstands fest, einen Kulturfilm über Deutschland herzustellen, »da in nächster Zeit seitens des Theater besuchenden Publikums großer Wert auf Filme mit rein deutschem Charakter gelegt werden wird«. Die folgenden Beschlüsse wurden auf Extrablättern mit dem ausdrücklichen Vermerk festgehalten, daß ihr Inhalt nicht zur Verteilung gelangen solle. Tagesordnungspunkt 5 enthält den entscheidenden Passus:

»Mit Rücksicht auf die infolge der nationalen Umwälzung in Deutschland in den Vordergrund getretene Frage über die Weiterbeschäftigung von jüdischen Mitarbeitern und Angestellten in der Ufa beschließt der Vorstand grundsätzlich, daß nach Möglichkeit die Verträge mit jüdischen Mitarbeitern gelöst werden sollen. Es wird ferner beschlossen, zu diesem Zweck sofort Schritte zu unternehmen, die die Auflösung der Verträge der einzelnen in Betracht kommenden Personen zum Ziele haben. – Jedes Vorstandsmitglied soll die Entscheidung darüber treffen, welche Mitarbeiter und Angestellten in seinem Ressort sofort zu entlassen und welche im Wege eines langsamen Abbaues aus den Diensten der Ufa auszuscheiden sind. Fälle, die Härten aufweisen, sollen schonend behandelt werden. Gehaltsauszahlungen nach erfolgten Kündigungen sind mit Herrn Klitzsch zu besprechen.«[19]

Im einzelnen werden sodann, in Appellhof-Manier und in nicht zu überbietendem Kanzleideutsch, siebenundzwanzig Personalien abgehandelt. Im Laufe einer Sitzungsstunde und auf wenigen Seiten Papier entledigte sich die Ufa-Direktion vieler ihrer besten Regisseure, Darsteller, Produzenten, Komponisten, Autoren und technischen Spezialisten – und nicht nur das: sie leuchtete in ihre Büros und fand heraus, daß angesichts der »nationalen Umwälzung« auch in den Schreibstuben und Vorzimmern personelle Veränderungen unumgänglich seien.

Die Liste wurde angeführt von Erik Charell, dem Regisseur des Erfolgsfilms *Der Kongreß tanzt*. Ein bereits abgeschlossener Vertrag für einen Odysseus-Film müsse »sofort zur Auflösung gebracht« werden, »da die Persönlichkeit Charells nicht nur der Herstellung des Films hinderlich im Wege stehen, sondern vor allen Dingen die Auswertung des Films auf erhebliche Widerstände bei dem nationalen deutschen Publikum stoßen wird«. Mit der juristischen Seite der Vertragsauflösung wurden die Justitiare Dr. Donner und Dr. V. Boehmer betraut.

Auch die Verträge mit Charells Drehbuch-Mitarbeitern Franz Schulz und Robert Adolf Stemmle wurden »mit Rücksicht auf die veränderten Verhältnisse« aufgehoben. Schulz hatte die Skripte zu so erfolgreichen Filmen wie *Die Drei von der Tankstelle* und *Bomben auf Monte Carlo* mitverfaßt. Stemmle hatte am Theater als Regieassistent bei Charell und Ludwig Berger begonnen und galt nach seiner Drehbucharbeit für den Trenker-Film *Der Rebell* (1932) als vielversprechender Nachwuchsautor, der allerdings schon 1929 mit sozialkritischen Texten aufgefallen war. Allen Schwierigkeiten zum Trotz und seiner linken Neigungen ungeachtet wird Stemmle ab 1936 als Regisseur für die Ufa arbeiten und mit *Mann für Mann* (1939) und *Jungens* (1941) zwei nationalsozialistische Propagandafilme drehen, die neben der offiziell geforderten Tendenz einige genaue Beobachtungen des Arbeitermilieus im NS-Staat enthalten.

Der folgende Beschluß der Ufa-Herren betraf den bedeutendsten deutschen Filmproduzenten und Urheber fast aller großen Konzernerfolge der zurückliegenden Jahre, Erich Pommer. Sein Vertrag sei, »ebenfalls mit Rücksicht auf die Unmöglichkeit, bei den gegenwärtigen Verhältnissen die von ihm hergestellten Filme zu realisieren, zur Auflösung zu bringen«. Ludwig Bergers Film *Walzerkrieg*, dessen Drehbuch bereits vorlag, sollte noch produziert, ein weiteres Projekt, *Ljubas Zobel*, hingegen aufgegeben werden. »Herr Correll wird gebeten, durch persönliche Rücksprache mit Herrn Pommer die Angelegenheit zu erledigen.«

Erich Engel, erfolgreicher Regisseur spritziger Filmkomödien für die Terra und die Deutsche Universal-Film, wurde beschuldigt, während seiner Tätigkeit am Deutschen Theater sich »gegen die Beschäftigung von Christen« geäußert zu haben, was ihn in den Augen des Ufa-Vorstands zum »krassen Kommunisten« stempelte. Eine Mitteilung über den Fall war der Ufa von dem Regisseur Fritz Wendhausen zugeleitet worden. Wendhausen, so der Beschluß, sei noch einmal zu befragen; sollte sich seine Information als zutreffend erweisen, sei der Vertrag mit Engel (für einen Film mit Brigitte Helm) aufzuheben. Offenbar verlief die Angelegenheit im Sande, denn Engel konnte noch im gleichen Jahr für die Ufa den Film *Inge und die Millionen* drehen, einen Reißer mit zeitgemäßen Attacken auf die »Devisenschieber« der Weimarer Republik.

Für Werner Richard Heymann, den Leiter des Ufa-Orchesters und Komponisten beliebter Tonfilmschlager, wurde eine Ausnahmeregelung gefunden, deren Wortlaut exemplarisch die pervertierte Moral in den Leitungsgremien nicht nur der Ufa belegt: »Mit Rücksicht auf den anständigen Charakter von Werner Richard Heymann und auf die Tatsache, daß er als Frontsoldat den Krieg mitgemacht hat, beschließt der Vorstand, sich bei der Regierung für seine Weiterverwendung in den Diensten der Ufa einzusetzen, zumal er getauft ist und dem evangelischen Glaubensbekenntnis angehört.« Heymann reagierte auf diese Infamie unverzüglich mit seiner Emigration.

Keine Ausnahme machte der Vorstand im Fall des Drehbuchautors und Ufa-Dramaturgen Robert Liebmann und seines Kollegen Hans Müller – ebensowenig wie in den Fällen des Tonmeisters Dr. Goldbaum, des Produktionsassistenten Viktor Gertler, dem als Ungarn und Juden gekündigt wurde, und des Heymann-Assistenten Gérard Jacobson (»Einwendungen gegen eine Mitarbeit bei Werner Richard Heymann in dessen privaten Diensten sollen nicht erhoben werden.«). Ferner beschloß der Vorstand, den Vertrag mit Ludwig Berger nach Abschluß der *Walzerkrieg*-Produktion nicht zu verlängern. Über die Darsteller Julius Falkenstein und Otto Wallburg wurde im Protokoll festgehalten: »Da gegen ihre Persönlichkeiten bei den Regierungsparteien keine Bedenken bestehen, steht ihrer Weiterverwendung nichts entgegen, jedoch soll vermieden werden, ihnen tragende Rollen zu geben.«

Rudi Feld, der langjährige Presse- und Propagandachef der Ufa, sei »auf die Dauer nicht zu halten«, befand die Konzernleitung. Ihm wurde nahegelegt, sich selbständig zu machen; die Ufa sei bereit, ihm für die Dauer von sechs Monaten Aufträge zu garantieren. Weniger schonend verfuhr die Direktion mit einigen kleinen und mittleren Angestellten. Der Ateliersekretärin Hartmann wurde die Kündigung zum nächstmöglichen Termin in Aussicht gestellt. Die Entlassung der jüdischen Büroangestellten Lilienthal, Mikolajewicz, Grunewald und Breslauer solle zunächst zurückgestellt werden, jedoch sei »ihr langsamer Abbau ins Auge zu fassen«.[20]

Zwei Monate nach der nationalsozialistischen Machtergreifung löste Deutschlands mächtigster Filmkonzern in vorauseilendem Gehorsam durch einen Vorstandsbeschluß den zweiten großen Exodus deutscher Filmkünstler ins Ausland aus – soweit die Abwanderung nicht längst begonnen hatte. Prominente Schauspielerinnen und Schauspieler wie Elisabeth Bergner, Conrad Veidt, Fritz Kortner oder Peter Lorre hatten sich bereits ins Ausland abgesetzt oder bereiteten ihre Emigration vor. Ihnen folgten die Regisseure Hanns Schwarz, Wilhelm Thiele – und Erik Charell. Die Streichung seines Odysseus-Projekts wird noch 1936 zu einer Klage der Ufa gegen die Züricher Theater- und Verlags AG auf Rückzahlung von Tantiemen führen, der das Reichsgericht mit folgender Begründung stattgeben wird: »(Die Filmgesellschaft) wies darauf hin, daß infolge des völligen Umschwungs in Denkart und Geschmack des deutschen Volkes ein Film, an dem ein Nichtarier mitwirke, innerhalb Deutschlands nicht mehr vorgeführt werden könne. Es sei ausdrücklich vereinbart worden, daß dann, wenn Charell durch Krankheit, Tod oder ähnlichen Grund zur Durchführung seiner Regietätigkeit nicht imstande sein sollte, die Filmgesellschaft zum Rücktritt berechtigt und der Verlag zur Rückzahlung bereits empfangener Beträge verpflichtet sei. Die Rassezugehörigkeit Charells bilde einen in seiner Person liegenden Rücktrittsgrund im Sinne der erwähnten Vereinbarung.«[21]

Werner Richard Heymann – entschiedener Pazifist, schon 1918 Mitglied im revolutionären »Rat der geistigen Arbeiter«, in seinen Anfängen als Chansonkomponist verbunden mit Johannes R. Becher und Walter Mehring – emigrierte über das Saarland nach Paris und wird ab 1936 in Hollywood arbeiten, unter anderem auch für Ernst Lubitsch.[22]

Robert Liebmann und Hans Müller wurden als Autoren ihres letzten Ufa-Films *Walzerkrieg* im Vorspann nicht mehr erwähnt. Liebmann ging nach Paris und schrieb für Fritz Lang und Erich Pommer das Drehbuch zu *Liliom* nach dem Theaterstück von Franz Molnar; 1938 wird er in zwei Filmen mit Kurt Bernhardt zusammenarbeiten. »Über seinen weiteren Lebensweg ist nichts bekannt, möglicherweise ist er schon in den vierziger Jahren gestorben«, vermerkt der »Cinegraph« über das Schicksal des Chefdramaturgen und vielseitigsten Drehbuchautors der Ufa.[23]

Auch Ludwig Bergers Name wurde aus dem Vorspann zu *Walzerkrieg* entfernt. Nach drei Jahren ohne Arbeit erhielt der Regisseur einen Vertrag in Holland; er inszenierte später in Frankreich und England, um erst 1947 aus dem Exil zurückzukehren. Julius Falkenstein starb bereits 1933 in Berlin. Otto Wallburg emigrierte 1934, nach der Verhaftung seines Sohnes Reinhard, nach Österreich und von dort 1938 nach Paris. 1944 wird er in Holland in die Hände der SS fallen und, wenige Tage nach seiner Ankunft in Auschwitz, in der Gaskammer sein Ende finden.

Die Trennung von Erich Pommer hatte die Ufa etwas voreilig vollzogen; höheren Orts war man durchaus daran interessiert, Pommers Fähigkeiten für die deutsche Filmindustrie zu erhalten. Nach einem Bericht seines Sohnes John bemühte sich das Auswärtige Amt um den Produktionschef – er habe jedoch eine Zusammenarbeit mit dem neuen Regime abgelehnt. Pommer hatte schon 1932

Kontakte zur amerikanischen Fox aufgenommen und im Januar 1933 einen Vertrag als Leiter der Fox-Europa unterzeichnet. Curt Riess behauptet, Klitzsch persönlich habe sich für Pommer eingesetzt und sich in dieser Angelegenheit sogar an Goebbels gewandt; dieser habe versucht, die Fox zu bewegen, ihre europäische Filiale (wie ursprünglich vorgesehen) nach Berlin zu verlegen.[24] Nach dem Scheitern dieses Plans sei Pommer ein Paß mit dem Sichtvermerk des Propagandaministeriums und der ausdrücklichen Erlaubnis ausgestellt worden, jederzeit nach Deutschland zurückzukehren; Beamte des Ministeriums hätten ihn persönlich zum Fernzug nach Paris begleitet. John Pommer hat in einem von der ARD gesendeten Fernsehfilm[25] die Vorgänge ähnlich dargestellt.

Die fürsorgliche Behandlung durch die Regierung stimmte den prominentesten Mitarbeiter der Ufa offenbar mißtrauisch. Als er Ende Mai Berlin mit der Eisenbahn verließ, schickte er seinen Chauffeur mit dem Auto nach Hannover voraus; hier stieg er aus dem Zug und setzte sich im Wagen nach Frankreich ab.[26]

Auch Fritz Langs Abschied von Deutschland verlief dramatisch. Seine beiden letzten deutschen Filme, zugleich seine ersten Tonfilme – *M – Eine Stadt sucht einen Mörder* (1931) und *Das Testament des Dr. Mabuse* (1932) – hatte Lang nicht mehr für die Ufa, sondern für die Nero-Film gedreht. Am 28. März war der Regisseur der Einladung des Propagandaministers in den Kaiserhof gefolgt; am Tage darauf mußte er erfahren, daß die Filmprüfstelle seinen *Mabuse* verboten hatte. Goebbels soll geäußert haben, dieser Film beweise, »daß eine bis zum Äußersten entschlossene Gruppe von Männern, wenn sie es nur ernstlich will, durchaus dazu imstande ist, jeden Staat mit Gewalt aus den Angeln zu heben«.[27]

Wenige Tage später lud Goebbels den Regisseur zu einer Unterredung, über die Lang später oft und mit immer neuen Ausschmückungen berichtet hat. Danach ließ ihn der Minister zu sich rufen, um ihm im Auftrag Hitlers die »Leitungsposition der deutschen Filmindustrie« anzubieten. »Der Führer hat Ihren Film *Metropolis* gesehen und gesagt: ›Das ist der Mann, der uns den nationalsozialistischen Film schenken wird!‹« Für Fritz Lang war dieses Angebot Grund genug, Deutschland auf dem schnellsten Wege zu verlassen. »Das Gespräch mit Goebbels hatte bis halb drei nachmittags gedauert; währenddessen hatten die Banken bereits geschlossen, und ich konnte kein Geld mitnehmen. Ich hatte zu Hause gerade genug, um mir eine Fahrkarte nach Paris zu kaufen, und kam praktisch ohne einen Pfennig am Gare du Nord an.«[28] Allerdings ist Langs Reisepaß erhalten; er belegt, daß der Regisseur noch im Sommer 1933 Deutschland zweimal besucht hat.

Lang befürchtete, im Fall einer offenen Ablehnung des Angebots werde ihn die Rache des Propagandaministers ereilen, und noch im Schlafwagen nach Paris fühlte er sich vor Goebbels' Agenten nicht sicher. Lotte H. Eisner kommentierte später, der Regisseur habe die Gefahr, in der er zu schweben meinte, »leicht übertrieben« und sich nachträglich zum »politisch Verfolgten und Märtyrer des Nazismus« stilisiert.[29] Lang konnte Hitler-Deutschland unbehelligt den Rücken kehren, aber er wurde für die Filmindustrie im nationalsozialistischen Deutschland mit sofortiger Wirkung zur Unperson. Goebbels' Hofschreiber hatten nun eine Erklärung dafür zu finden, daß ein »Halbjude« und Deserteur mit den *Nibelungen* und *Metropolis* Filme geschaffen hatte, die von höchster Stelle zu Vorbildern einer nationalen Filmkultur deklariert worden waren.

Der März des Jahres 1933 stand im Zeichen dröhnender Paraden, Großkundgebungen und Massendemonstrationen unter einem Meer von Hakenkreuzfahnen. Die Nationalsozialisten feierten – allein ihre Siegesfeste nach der Wahl vom 5. März erstreckten sich über eine ganze Woche. Inszenatorischer Höhepunkt des Frühjahrs war der »Tag von Potsdam« am 21. März – ein Höhepunkt auch des faschistischen Totenkults im Dienst der Demagogie: Kranzniederlegungen an den Gräbern Friedrichs des Großen und Friedrich Wilhelms I. sollten das deutsche Volk und die internationale Öffentlichkeit glauben machen, das Hitler-Regime sei den Werten der preußischen Tradition verpflichtet. Radiogeräte übertrugen das Ereignis in die Schulen, die Geschäfte schlossen früh, und nach Einbruch der Dunkelheit beherrschten wieder einmal Fackelzüge das Bild auf den Straßen; mit den braunen Regimentern der SA verschmolzen die örtlichen Turnvereine und Schützengesellschaften und zogen auch unentschiedene oder politisch indifferente Zeitgenossen in den allgemeinen Taumel. Zwei Tage später war, mit dem vom Reichstag verabschiedeten Ermächtigungsgesetz, durch parlamentarischen Beschluß die Diktatur de jure etabliert.

»Rettungslos der Regression verfallen, mußte die Mehrheit des deutschen Volkes sich einfach Hitler ergeben. Da Deutschland so verwirklichte, was in seinem Film von Anfang an bereits angelegt war, nahmen die Leinwandgestalten tatsächlich Leben an«, schrieb Siegfried Kracauer am Ende seines Buches »Von Caligari zu Hitler«.[30] Eben diese Mehrheit, die den Nationalsozialismus an die Macht gebracht hatte, nahm freilich nicht wahr und wollte nicht wahrhaben, daß nun der »leibhaftige Homunculus« in Deutschland umging und »rasende Mabuses« unvorstellbare Verbrechen planten – und sie war durchaus nicht daran interessiert, den monströsen Kriminellen aus den Filmen Fritz Langs oder den Alptraumfiguren des expressionistischen Kinos in der politischen Realität wiederzubegegnen. Diese Mehrheit, gebeutelt von den Folgen der Weltwirtschaftskrise, abgestumpft durch das politische Ränkespiel und die gewaltsamen Auseinandersetzungen in den letzten Jahren der Republik, sehnte sich nach einem gesicherten wirtschaftlichen Auskommen, nach einem geregelten Alltag mit seiner großen Geborgenheit und seinen kleinen Fluchtmöglichkeiten – sie verlangte nach Normalität.

So standen die Nationalsozialisten vor der Aufgabe, ihren Maßnahmen einerseits den Glorienschein einer in der Geschichte einmaligen »nationalen Revolution« zu verleihen und sich dem Volk als vom Schicksal ausersehene, von der Tragik des Kampfes umwitterte Halbgötter zu präsentieren – andererseits aber den Menschen die Zuversicht zu vermitteln, daß ihr Regime der einzige Ausweg aus der täglichen Not, die einzige Gewähr für wirtschaftliche Stabilität und das kleinbürgerliche Glück im Winkel sei. Von Beginn an verfolgten die neuen Machthaber diese Doppelstrategie – und ihre pompösen Massenrituale, in denen sie sich selbst zu Herolden des Schicksals und des Todes stilisierten, hatten darin ebenso einen Stellenwert wie die »unpolitischen«, mit den Alltagsträumen verbündeten Unterhaltungsfilme der Ufa und der anderen deutschen Filmkonzerne. Von Beginn an waren die Propaganda mit der Leiche und die Reklame für den vollen Bauch wie für das friedliche Gemüt zwei Seiten einer Medaille.

»Der Staat soll ein komfortabler Stall werden, in dem alle gehorsamen Haustiere sich wohl fühlen und sich bei Bedarf artig schlachten lassen«, schrieb Harry Graf Kessler, als er am 8. März 1933 – wenige Tage nach dem Reichstagsbrand und den anschließenden Massenverhaftungen im ganzen Reich – Deutschland verließ.[31] Von einem komfortablen Stall war der Staat, mit über 6 Millionen Arbeitslosen, in den ersten Monaten nach dem 30. Januar noch weit entfernt. Aber der Regierung gelang es mit ihrer geräuschvollen Propaganda, den Eindruck zu erwecken, sie könne Berge versetzen – und sie hatte überdies den statistischen Erfolg auf ihrer Seite: schon Ende des Jahres war die Zahl der Arbeitslosen um ein Drittel gesunken.

Noch auf Jahre hinaus blieb für die meisten Deutschen der Arbeitsalltag, blieben das Freizeitverhalten und das Leben innerhalb der eigenen vier Wände im wesentlichen unverändert. Die überwältigende Mehrheit des Volkes blieb nicht nur vom Angstsyndrom der verfolgten Minderheiten, von der »ständigen Furcht vor dem Klopfen an der Tür in den frühen Morgenstunden«, verschont – in ihren vier Wänden lebte sie auch in einer sonderbar unzeitgemäßen, den »zeitlosen« Werten verpflichteten Harmonie mit der Welt und mit sich selbst. Viele Filme der dreißiger und auch noch der vierziger Jahre werden ihre unverfänglichen Handlungen entweder in einem konturlosen »Heute« oder in einem zeitlosen »Damals« ansiedeln – die Botschaft vom Wert des kleinen Glücks und stiller Selbstbescheidung wird ihnen gemeinsam sein.

Die Welt draußen, die Aufmärsche von SA und SS, die Reden des »Führers« und seiner Vasallen erreichten die Deutschen über den Volksempfänger – und wer ihn noch nicht besaß, ließ sich werben durch Parolen wie »Deutschland marschiert in Nürnberg! Erlebe es mit! Werde Rundfunkteilnehmer!« Als »Berieselung« wird oft bezeichnet, was eher ein Belagerungszustand war. Der Bürger, verkrochen in seinen vier Wänden, wurde umzingelt von Politik, und wenn in seinen Alltag eine neue Erfahrung trat, dann war es die, daß ihn die Politik – erstmals in der Geschichte der modernen Zivilisation – als Medienwirklichkeit ereilte.

Die Massenveranstaltungen waren gigantische Séancen – und die Hypnose zielte auf das aufmarschierte, in Blöcken angeordnete Volk. Am Abend des 1. Mai 1933 feierte Hitler seinen Triumph über den Marxismus und das Klassenbewußtsein der deutschen Arbeiter. Anderthalb Millionen Menschen hatten sich zum »Tag der nationalen Arbeit« auf dem Tempelhofer Feld versammelt – an eben jener Stätte, die schon die »atavistischen Strategiemuster« des Wilhelminismus und, im zweiten Jahr der Republik, den spontanen Volkszorn der ausgehungerten Statisten eines Lubitsch-Films gesehen hatte. Der französische Botschafter André Francois-Poncet war Zeuge jener Feier, die zum proletarisch-militaristischen Pontifikalamt um einen Halbgott wurde: »Die Scheinwerfer verlöschen mit Ausnahme derer, die den Führer in strahlende Helle tauchen, so daß er wie in einem Märchennachen über dem Gewoge zu seinen Füßen zu stehen scheint. (....) Es ist die Wirkung, die von ihm auf die Zuhörer ausgeht, eine Wirkung, die weit mehr körperlich als geistig ist, gesteigert durch die Umgebung, die theatralische Ausstattung, den Gegensatz von Licht und Schatten, die ganze romantische Aufmachung, die Fahnen und Uniformen, das Blitzen der Helme und Bajonette (...) Unter der lauschenden Menge sind zweifellos viele von Mißtrauen und Haß gegen diesen Menschen erfüllt; aber auch sie sind erschüttert und mitgerissen wie der Schiffer durch das Zauberbild der Lorelei.«[32]

Was der fremde Blick präzis erfaßte, waren – nun in die »Wirklichkeit« übersetzt – das Dekor, die Licht-und-Schatten-Kontraste, die romantische Aufmachung der *Nibelungen*. Abermals triumphierte, wie in den zwanziger Jahren in der »Bauhütte« der Ufa, die deutsche Synthese aus technischer Perfektion und Mystik, romantischem Pathos und inszenatorischem Kalkül, Modernität und Mittelalter. In der NS-Zeit wird es einige wenige Filme geben, die solche Propagandawirkungen mit Hilfe der Montage einzuholen und zu überbieten trachten; auch die Wochenschau der Ufa wird sich auf diesem Gebiet besondere Verdienste erwerben. Doch die Mehrheit der im Hitler-Staat produzierten Filme wird den Menschen Lebens-Ersatz anbieten, ein Anti-Serum gegen Propaganda und Politik, Erholung vom Pathos und Einstimmung in die kleinen Freuden des Alltags jenseits von Kampf und Tod.

In den ersten Monaten des Jahres 1933 spielten die Rundfunkorchester und Kaffeehaus-Kapellen noch die erfolgreichsten Schlager aus den Ufa-Tonfilmen des Vorjahres – etwa den Marsch aus Alfred Zeislers Radrennfahrer-Komödie *Strich durch die Rechnung* mit Heinz Rühmann: »Immer so weiter, immer so weiter, / immer im Schwung; das macht das Leben heiter; / sei immer froh und lach / sage nicht oh! und ach!« – oder Werner Richard Heymanns Musik aus dem beschwingten Volksstück *Ein blonder Traum* mit den Texten von Walter Reisch und Billie Wilder, gesungen von Lilian Harvey und Willy Fritsch: »Einmal schafft's jeder! / Jeder kommt dran, wenn er wirklich was kann. / Nur auf dich selbst kommt es an!«

1933 wurden insgesamt 135 abendfüllende deutsche Filme von der Filmprüfstelle freigegeben, darunter 22 Ufa-Filme; drei Fremdproduktionen nahm der Konzern zusätzlich in seinen Verleih auf.[33] Wie schon in den Vorjahren erfreuten sich die deutschen Landschaften mit ihren Eigenheiten der liebevollen Aufmerksamkeit vieler Autoren und Regisseure – die norddeutsche Tiefebene etwa in Erich Waschnecks *Abel mit der Mundharmonika* nach dem Roman von Manfred Hausmann oder in der ersten Verfilmung von Felicitas Roses *Heideschulmeister Uwe Karsten* (Regie Carl Heinz Wolff), in der Marianne Hoppe debütierte; mit diesem Film nahm die bis 1960 nicht abreißende Serie der klassischen deutschen Heimatfilme ihren Anfang.

Das Milieu der Operette und der großen Gesellschaft, der sorglosen Künstler und reisenden Müßiggänger pflanzte sich in Victor Jansons *Der Zarewitsch* (mit Marta Eggerth und Hans Söhnker), Joe Mays *Ein Lied für Dich* (mit Jenny Jugo und dem gefeierten Sänger Jan Kiepura) und Reinhold Schünzels *Saison in Kairo* (mit Renate Müller und Willy Fritsch) erfolgreich fort. Der Komponist Friedrich Holländer erlebte noch kurz vor seiner Emigration, mit der Uraufführung der letzten Pommer-Produktion *Ich und die Kaiserin* am 22. Februar, sein Debüt als Regisseur; die Musik für diese »historische Operette« hatte er gemeinsam mit Franz Wachsmann geschrieben, der wie Holländer über Paris nach Hollywood emigrieren wird. Ende Juni hatte die Komödie *Kind, ich freu' mich auf dein Kommen* mit Magda Schneider, Otto Wallburg und Julius Falkenstein Premiere – der letzte Ufa-Film des jüdischen, politisch links eingestellten Schauspielers und Regisseurs Kurt Gerron, der kurz vor Kriegsende in Auschwitz sterben wird. Gerron hatte allerdings noch während der Dreharbeiten die Regie an Erich von Neusser abgeben und Deutschland verlassen müssen.

Auch die Kriminal- und Hochstapler-Komödie der späten zwanziger Jahre erlebte 1933 neue Triumphe. Johannes Meyer verfilmte in *Die schönen Tage von Aranjuez* mit Brigitte Helm, Gustaf Gründgens und Wolfgang Liebeneiner eine Geschichte um Liebe und Juwelenraub auf internationalem Parkett, die 1936 mit der Paramount-Produktion *Desire* von Frank Borzage ein Welterfolg werden sollte; die weibliche Hauptrolle in dem amerikanischen Film wird, unter der künstlerischen Leitung von Ernst Lubitsch, Marlene Dietrich spielen. Gerhard Lamprecht befaßte sich in *Ein gewisser Herr Gran* (in der Titelrolle: Hans Albers) mit dem Spionagethema, Alfred Zeisler in *Eine Tür geht auf* mit einer Serie spannungsgeladener Banküberfälle. Sein *Stern von Valencia* schließlich, mit Liane Haid und Ossi Oswalda, faßte alle Motive des beliebten Kriminalgenres zusammen: sensationelle Verfolgungsjagden in exotischer Kulisse, die Skrupellosigkeit internationaler Mädchenhändler und die mühselige Arbeit der Polizei. Ungleichzeitigkeit: im ersten Jahr der Diktatur kamen die »Sumpfblüten« der Republik, frivole Lebensart und die kokette Liebe zum Verbrechen, zu später Reife und widersprachen denen, die nach Zucht und Ordnung riefen.

Toeplitz nennt die Mehrzahl der Filme des Jahres 1933 typische Produkte einer Übergangszeit, in der es schwer sei, sich für eine Richtung zu entscheiden – und am bequemsten, auf der Stelle zu treten. »Alles war wie zur guten alten Zeit, als wären keinerlei laute Aufrufe der Apostel der ›nationalen Revolution‹ gefallen.«[34] Gerade für die Produktion der Ufa gilt jedoch, daß die Stoffe aus der »guten alten Zeit« bis zum Ende der nationalsozialistischen Herrschaft nicht versiegen werden: noch in den letzten Kriegstagen wird das Unternehmen, nunmehr als Staatskonzern, Filme herstellen, die sich kaum von Durchschnittstiteln des Jahrgangs 1933 wie *Des jungen Dessauers große Liebe* (Arthur Robison) oder *Viktor und Viktoria* (Reinhold Schünzel) unterscheiden.

Sie alle waren »mittelmäßig, ohne Ausstrahlung und ohne künstlerische Ambitionen«, meint Toeplitz. Immerhin konnte gerade die Dutzendware aus der in den frühen Jahren der Ufa-Werkstatt entwickelten technisch-stilistischen Perfektion Nutzen ziehen, und zumindest Erich Engel, Reinhold Schünzel und Max Ophüls (der 1932/33 für die Elite Tonfilm Produktion seinen berühmten Film *Liebelei* nach Schnitzlers Schauspiel und für die Ufa die rheinische Posse *Lachende Erben* drehte) ist zuzugestehen, daß sie auch mittelmäßigen Sujets eine rhythmische Komposition, auch glanzlosen Geschichten Witz und Tempo abzugewinnen vermochten. In dieser »unpolitischen«, der Tagesaktualität abgewandten Unterhaltungsproduktion mit ihrem meist seichten Niveau und ihren soliden handwerklichen Standards wird sich ein großer Teil der bei der Ufa beschäftigten Künstler in den kommenden Jahren einquartieren und versuchen, sich dem permanenten staatsdirigistischen Druck und den ideologischen Anforderungen des Regimes, der Flut der Vorschriften und Erlasse, dem Klima der Angst und des Opportunismus so weit wie möglich zu entziehen. In der Tat war es am bequemsten, auf der Stelle zu treten, sich auf eine Periode des »Übergangs« einzurichten. Wer sich geschickt und unauffällig verhielt, trat zwölf Jahre lang auf der Stelle. Aus der Übergangsperiode wurde unversehens ein Dauerzustand.

Hans Steinhoffs *Hitlerjunge Quex* und Gustav Ucickys *Flüchtlinge* waren 1933 die einzigen, allerdings wegweisenden Tributleistungen der Ufa an die Propagandamaschinerie der neuen Machthaber. Die Produktion voreiliger SA-Hymnen oder pathetischer, unüberlegt montierter Kompilationsfilme wie *Blutendes Deutschland* (Regie Johannes Häußler, produziert von Erich Wallis, Deutscher Film-Vertrieb) überließ man zweitklassigen Herstellern und Regisseuren. Neben den Operetten und Lustspielen war das Repertoire an Filmen mit »ern-

Flüchtlinge: Hans Albers

ster« oder gar zeitbezogener Thematik bemerkenswert schmal. Ihm war das Blut-und-Boden-Drama *Du sollst nicht begehren* (Richard Schneider-Edenkoben) zuzurechnen, ebenso der mit einem Prädikat versehene »Sittenfilm« *Was wissen denn Männer* von Gerhard Lamprecht.

Für Ucickys *Flüchtlinge* hatte die Produktionsgruppe Günther Stapenhorst wieder einmal eine Reihe von Spitzenkräften aufgeboten. Das Buch schrieb, wie schon bei *Morgenrot*, Gerhard Menzel; Fritz Arno Wagner stand an der Kamera; die Bauten stammten von Robert Herlth und Walter Röhrig, die Musik von Herbert Windt; den Schnitt besorgte Eduard von Borsody, der als Kameramann zu der expressiven, schockierenden Wirkung von Ernö Metzners Kurzspielfilm *Polizeibericht Überfall* beigetragen hatte und in den kommenden Jahren die Regie wichtiger Ufa-Produktionen wie *Kautschuk* (1938) und *Wunschkonzert* (1940) übernehmen wird. Hans Albers spielte die Hauptrolle, einen deutschen Offizier, der sich 1928, »verbittert und angewidert von der Knechtseligkeit der deutschen Republik«[35], nach Ostasien absetzt und in den Kriegswirren der Mandschurei einer Gruppe von Wolgadeutschen zur Flucht in die Heimat verhilft. »Dieses Filmwerk ist vom ›neuen Geist‹ getragen, denn es verkörpert die hohen sittlichen Ideen der Selbsthilfe und des Führerprinzips«, schrieb Oskar Kalbus[36], und die Repräsentanten des »neuen Geistes« zeigten ihre Dankbarkeit: *Flüchtlinge* erhielt das Prädikat »Künstlerisch besonders wertvoll« und wurde am 1. Mai 1934 als erster Film mit dem neuen Staatspreis ausgezeichnet.

Ein knappes halbes Jahr vor der Premiere dieses Films am 8. Dezember 1933 war Alfred Hugenberg als Minister des Hitler-Kabinetts zurückgetreten; die Deutschnationale Volkspartei hatte sich aufgelöst. Der Geheime Finanzrat und unermüdliche Trommler der »nationalen Bewegung«, Herr des Scherl-Verlags und Aufsichtsratsvorsitzender der Universum-Film AG, der Hitler in den Sattel geholfen hatte in der Hoffnung, sich seiner bedienen und zu gegebener Zeit entledigen zu können – dieser Agitator und Medien-Zar war nun politisch ausgeschaltet.

Im März hatte Hugenberg noch der gesamten demokratischen Zivilisation den Kampf angesagt: »Die marxistisch beeinflußte Schule, die demokratischen Literaturklüngel, die international geleitete Zersetzungsarbeit in Theatern und Literatur, in Film und Presse – das alles hat geistig den Boden vorbereitet, auf dem heute Mord und Terror gedeihen.«[37] In den folgenden Monaten wurden die Deutschnationalen zum Aggressionsobjekt des zu diesem Zeitpunkt noch einflußreichen »linken« NSDAP-Flügels – und Hugenberg selbst zum Sündenbock für die wachsende Unzufriedenheit im deutschen Mittelstand. Die Nationalsozialisten stempelten ihn zum »Erzkapitalisten« und Protektor des Großgrundbesitzes, und als er im Juni 1933 als Delegierter auf der Londoner Weltwirtschaftskonferenz, ganz in nationalkonservativer Tradition, ein deutsches Kolonialreich in Afrika forderte, zwang ihn die NS-Führung zum Rücktritt: vor dem In- und Ausland konnte sie Hugenberg mühelos als Repräsentanten eines überwundenen Imperialismus anprangern und sich selbst als modern und gemäßigt hinstellen.[38]

Im Scherl-Verlag hatte es schon bald nach dem 30. Januar einen nationalsozialistischen Putschversuch gegeben. So berichtet Fritz Lucke, damals Chefredakteur der »Nachtausgabe«, sein Kollege Erich Schwarzer sei in der Uniform eines SS-Obersturmführers bei Generaldirektor Ludwig Klitzsch erschienen und habe ihn zum Rücktritt aufgefordert: seine Zeit sei abgelaufen, der Verlag müsse ihm, dem Statthalter der neuen Macht, übergeben werden.[39] Hugenberg hatte offenbar den politischen Druck der NSDAP-Anhänger innerhalb seines Imperiums, die Gleichschaltungsmaßnahmen des Propagandaministeriums und die wirtschaftliche Konkurrenz durch die NS-Presse unterschätzt.

Immerhin blieb der Geheimrat bis September 1944 Besitzer eines großen, dem Regime restlos ergebenen Zeitungskonzerns, und bis 1937 konnte er auch die Aktienmehrheit der insgesamt stabilen Ufa halten. Aber das politische Kapital, das die Filmfabrik in den Jahren vor 1933 abgeworfen hatte, war verloren. Noch 1931 hatten die Deutschnationalen ihre Wahlkämpfe nicht zuletzt aus den Dividendenzahlungen der Ufa finanzieren können – etwa eine Million Reichsmark waren aus den Überschüssen, die Hans Albers, Willy Fritsch und Lilian Harvey einspielten, in Hugenbergs politischen Dispositionsfonds geflossen.[40] Von seinen Machtambitionen mußte der Geheime Finanzrat nun Abschied nehmen. Die Ufa blieb einstweilen in seiner Hand, aber das politische Kommando in Neubabelsberg übernahmen andere.

18. Kapitel

Wiederankurbelung. Die Ufa auf dem Weg zum Staatskonzern

Die Monate, die den ersten Maßnahmen der neuen Regierung zur Unterwerfung und Zentralisierung der Filmindustrie vorausgingen, waren eine Periode bemerkenswerter kulturpolitischer Unsicherheit und fehlender wirtschaftlicher Konzepte auf der Seite des Regimes – sowie fortgesetzter Querelen und zügelloser Machtkämpfe innerhalb der Branche. Die Gründung der Filmkreditbank und der Reichsfilmkammer im Sommer 1933 beendete diese Phase und leitete eine Allianz von Staatsgewalt, Bankkapital und Filmindustrie ein, die Ludendorffs Vision aus der Zeit der Ufa-Gründung 1917 verwirklichen und, mit ihren verhängnisvollen Konsequenzen, weit übertreffen sollte.

Aber: was Goebbels »Gleichschaltung« nannte, geriet auch zur Zerstörung der gleichgeschalteten Systeme. Mit Recht werden in der umfangreichen Literatur die filmpolitischen Maßnahmen des NS-Staates als eine Strategie der totalen Erfassung aller am Filmgeschäft Beteiligten, der uneingeschränkten politischen Kontrolle und ideologischen Gängelung beschrieben. In der Regel wird jedoch die Frage nach dem Erfolg dieser Strategie ausgeklammert. Die wirtschaftliche Misere des deutschen Films unter nationalsozialistischer Herrschaft, die eine dynamische Entwicklung hemmenden Widersprüche innerhalb der zuständigen Apparate sowie die eher fragwürdigen ideologischen Ergebnisse der NS-Politik werden meist nicht diskutiert.

Am 18. Februar 1933 wurden die Überlegungen der Ufa-Leitung zur wirtschaftlichen und strukturellen Umorganisation des deutschen Filmwesens, als »Spio-Plan« in der Branche bereits hinlänglich bekannt und gefürchtet, veröffentlicht. Ihren natürlichen Widersacher fanden sie im Reichsverband der deutschen Lichtspieltheaterbesitzer, der seine vorwiegend mittelständische Klientel durch die Pläne der Ufa und der wenigen anderen noch verbliebenen Konzerne bedroht sah. Der konservative, jedoch noch nicht »gleichgeschaltete« Reichsverbandsvorstand hatte sich indessen mit einem neuen Gegner innerhalb der eigenen Organisation auseinanderzusetzen: eine Gruppe nationalsozialistischer Kinobesitzer unter Führung der Parteimitglieder Adolf Engl und Oswald Johnsen drängte im Verband zur Macht und bediente sich dabei einer besonders radikalen anti-monopolistischen Phraseologie, die auch an der Spitzenorganisation der Deutschen Filmindustrie und an der Ufa kein gutes Haar ließ. Dies trieb den Verbandsvorstand an die Seite der Spio und ihres Vorsitzenden Ludwig Klitzsch, der im Frühjahr 1933 seine Zentralisierungspläne noch im Bündnis mit Hugenbergs Wirtschaftsministerium zu verwirklichen hoffte.

Währenddessen zog die nationalsozialistische Fraktion der Theaterbesitzer gegen die »Macht der Monopole« zu Felde; Johnsen forderte sogar die Auflösung der Ufa und der anderen Konzerne. Seine Argumentation vermischte pseudo-sozialistischen Radikalismus mit kraß antisemitischen Tönen. Schon 1931 hatte eine Parteistudie über die »Lösung des Filmproblems im nationalsozialistischen Sinne« ein Bild gezeichnet, wonach die angeblich überwiegend »deutsch« geleiteten Kinos ein »Ausbeutungsobjekt« jüdischer Großproduzenten und -verleiher seien. In den Augen einiger hemmungsloser NS-Agitatoren galten die Spio, die Konzerne und sogar die Ufa als »verjudet« – auch wenn eingeräumt wurde, daß im Fall der größten deutschen Filmfabrik »wenigstens die Leitung in deutschen Händen« sei; sie werde allerdings »durch die Bindung mit den ausländischen Konzernen durch das jüdische Element wesentlich beeinflußt«.[41]

Die Errichtung des Reichsministeriums für Volksaufklärung und Propaganda durchkreuzte die Strategie beider Seiten. Der Ruf der Konzerne nach zentraler staatlicher Leitung hatte nun Gehör gefunden, aber die Fäden liefen nicht im deutschnational besetzten Wirtschaftsministerium, sondern bei Goebbels zusammen. Und Adolf Engl ergriff zwar, nur wenige Tage nach der Ernennung Goebbels' zum Minister, die Macht im Reichsverband der deutschen Lichtspieltheaterbesitzer, um dort alsbald das »Führerprinzip« durchzusetzen, aber seine antimonopolistischen Phrasen waren zu diesem Zeitpunkt nicht mehr aktuell: das Propagandaministerium war bereits im Begriff, sich den »Spio-Plan« in modifizierter Form anzueignen und den Umbau der deutschen Filmindustrie ganz im Sinne der Konzerne in Angriff zu nehmen.

Im Lager der NSDAP hatte sich Goebbels gegen die Nationalsozialistische Betriebszellenorganisation (NSBO) und Alfred Rosenbergs Kampfbund für deutsche Kultur durchgesetzt, deren Bestrebungen gleichfalls darauf zielten, alle »Filmschaffenden« in ihren Reihen zwangsweise zu organisieren – ein Vorhaben, das die Mehrheit der Betroffenen mit Schrecken erfüllte. Aber auch das neu gegründete Propagandaministerium fand keineswegs von Beginn an das Vertrauen der maßgeblichen filmwirtschaftlichen Kreise. Am 14. März meldete »Der Kinematograph«, das Sprachrohr der Ufa und der Spio im Scherl-Verlag, Bedenken gegen eine Politik der Planwirtschaft und der zentralen Reglementierung der Produktionspläne an.[42] Auch die Rivalitäten der verschiedenen nationalsozialistischen Organisationen untereinander trugen nicht gerade dazu bei, das Vertrauen der Filmwirtschaft in die Filmpolitik der NSDAP zu festigen. Ende April sah sich Goebbels, bei Gelegenheit eines Besuches auf dem Produktionsgelände in Neubabelsberg, zu einer grundsätzlichen Erklärung herausgefordert. Ihm seien »Nachrichten von Miesmacherei und Pessimismus« aus Kreisen der Filmindustrie zu Ohren gedrungen; offenbar herrsche Unruhe unter den Filmschaffenden. Der Minister versicherte, er sei »der Allerletzte, der den deutschen Film sterben lassen wolle« – im Gegenteil, gerade ihm sei die Filmkunst ans Herz gewachsen. Mit allen Mitteln werde er auf ihre Förderung bedacht sein. Allerdings müsse auch der Film endlich seine Hauptaufgabe erfüllen und zum »Vorkämpfer nationaler Kultur« werden, anstatt »Schuhputzerdienste« zu leisten und allen verderblichen Zeiterscheinungen nachzuhinken. Auch im Filmwesen, so Goebbels, sei Gleichschaltung unabdingbare Voraussetzung.[43]

Noch deutlicher wurde der Propagandaminister am 19. Mai auf einer Veranstaltung der NSBO in Berlin-Wilmersdorf. In seiner »zweiten Film-Rede« verwahrte er sich gegen Bestrebungen innerhalb seiner eigenen Partei, seinen Machtanspruch zu unterminieren, und stellte sich »schützend« vor die Filmkunst: »Mit roher Hand in das Schaffen einzugreifen, vernichtet schon die Wirtschaft und wieviel mehr die Kunst, die viel sensibler, geistiger und höhenflügiger ist.« Abermals polemisierte der Minister gegen »Gesellschaftskitsch« und

»schlechte Kunst« und ließ keinen Zweifel daran, daß sein Haus künftig eine lückenlose Kontrolle über die gesamte Filmindustrie ausüben werde. Notfalls müsse dem einzelnen der Respekt vor dem Ganzen »zwangsweise beigebracht« werden. Zugleich stellte Goebbels ein »ganz großzügig gedachtes Projekt« zur »Wiederankurbelung« der Filmwirtschaft in Aussicht.[44] Damit war das Programm der bevorstehenden Maßnahmen in großen Zügen umrissen. Der totale Kontroll- und Beeinflussungsapparat sollte sehr bald mit der Reichsfilmkammer verwirklicht werden; die wirtschaftliche »Wiederankurbelung« wurde zur Aufgabe der Filmkreditbank.

Die Errichtung der Filmkreditbank GmbH Ende Mai 1933 führte zu einer »Neuauflage jenes Bündnisses zwischen Filmindustrie, Großbanken und Repräsentanten des Staates«[45], das schon 1917 mit der Ufa-Gründung der Entwicklung des deutschen Films seinen Stempel aufgedrückt hatte. Noch 1938 wird eine Dissertation behaupten, die Filmkreditbank sei zur Stärkung der mittelständischen Unternehmer etabliert und »besonders in den Kreisen der kapitalarmen Produzenten lebhaft begrüßt« worden.[46] Aber schon 1933 war abzusehen, daß die neue Institution die Interessen der wenigen mächtigen Konzerne nach Kräften fördern und die Konzentrationsprozesse beschleunigen, die noch verbliebenen kleinen und mittleren Unternehmen hingegen endgültig in den Ruin treiben würde. Die Zusammensetzung des Stammkapitals für die Kreditbank von 200000 Reichsmark drückte in aller Klarheit die Interessenlage aus: drei führende Geldinstitute, die Deutsche Bank, die Dresdner Bank und die Commerz- und Privatbank, brachten zusammen 60000 Mark auf; 20000 Mark steuerte die staatliche Reichskredit-Gesellschaft AG bei – den Löwenanteil von 120000 Mark aber brachte Ludwig Klitzsch als Repräsentant der Spio und faktisch im Interesse der Universum-Film AG ein. Die Banken verpflichteten sich zu Krediten in einer Gesamthöhe von 10 Millionen Mark. Ihre Geschäftsanteile wie auch der Anteil der Spitzenorganisation wurden wenig später auf die neu gegründete Reichsfilmkammer übertragen, wodurch die Zentralisierung der Kontrolle und Entscheidungsbefugnisse vorläufig abgeschlossen war.

Die Zusammensetzung des Aufsichtsrats der Filmkreditbank spiegelte die gemeinsamen Interessen von Staat, Bankkapital und Filmkonzernen wider. Staatssekretär Walter Funk und Filmabteilungsleiter Arnold Raether vertraten das Propagandaministerium. Unter den Bankdirektoren fand sich ein Pionier von 1917 wieder ein, Mitbegründer der Ufa unter dem Schutzschild von Ludendorff und Stauss und noch immer Mitglied in ihrem Aufsichtsrat: Johannes Kiehl von der Deutschen Bank. Daß die Filmwirtschaft als ihren führenden Vertreter Ufa-Generaldirektor Klitzsch in das Aufsichtsgremium entsandte, stand außer Frage, ebenso die Mitgliedschaft Adolf Engls, der sich als Vorsitzender des Reichsverbands deutscher Lichtspieltheaterbesitzer inzwischen an die konzernfreundliche Politik seines Propagandaministers angepaßt hatte. Über den Vertreter der Agfa sicherte sich das größte und für die bevorstehende »Wiederankurbelung« der Rüstung wichtigste deutsche Wirtschaftsunternehmen, die 1925 gegründete IG Farben AG, Einfluß auf die Filmkreditbank. Unter der Aufsicht der nationalsozialistischen Herren saßen nun die alte und die neue Garde des deutschen Großkapitals, wenn auch in teilweise erzwungener Eintracht, beieinander, um nach dem Willen der NS-Führung dem nationalsozialistischen Filmschaffen zu »Weltgeltung« zu verhelfen.

Goebbels' Filmbank stellte, gegen Wechsel der Produktionsfirma und Akzepte (Annahmeerklärungen) des Verleihs, bis zu 70 Prozent (später 50 Prozent) der Herstellungskosten eines Films bereit. Zur Abdeckung der Kredite mußten alle Einnahmen aus dem Verleih des kreditierten Films an die Bank zurückfließen. Schon 1934 wurden für 49 von insgesamt 121 deutschen Spielfilmen Kredite in Höhe von über 7,5 Millionen Reichsmark gewährt; die kalkulierten Gesamtherstellungskosten der geförderten Filme beliefen sich auf knapp 15,3 Millionen. 1935 kletterte die Kreditsumme auf 15,7 Millionen und betrug bereits mehr als 60 Prozent der Gesamtherstellungskosten.[47]

Die Zahlen belegen zweifellos ein in sich schlüssiges Finanzierungssystem und schienen überdies eine erfolgreiche wirtschaftliche Wiederbelebung der deutschen Filmproduktion zu dokumentieren. Über die politischen und kulturellen Kosten freilich verrieten sie nichts. Kredite wurden ausschließlich an Produzenten oder Verleiher vergeben, die der Spitzenorganisation der Deutschen Filmindustrie angehörten und bereit waren, sich einer strikten Vorzensur zu unterwerfen. Anfänglich prüfte ein Arbeitsausschuß der Filmkreditbank – in dem Ludwig Klitzsch unter anderem mit dem engagierten Nationalsozialisten Adolf Engl und mit Arnold Raether, dem Vertrauensmann des Propagandaministers, zusammenwirkte – die Drehbücher auf ihre Kreditwürdigkeit und politische Zuverlässigkeit; später übernahm diese Aufgabe ein eigens eingerichtetes »Dramaturgisches Büro« in enger Zusammenarbeit mit der Reichsfilmkammer und dem im Februar 1934 erstmals ernannten Reichsfilmdramaturgen.

Politische Vorzensur widersprach keineswegs den Interessen der insgesamt konservativ eingestellten, zum Teil bereits freiwillig mit dem Geist der neuen Herren sympathisierenden Filmwirtschaft. Eine Produktion, die auf einem genehmigten, mit einem Kredit ausgestatteten Drehbuch basierte, war gegen etwaige Schnittauflagen oder gar ein Verbot durch die Nachzensur und die damit verbundenen finanziellen Verluste weitgehend abgesichert. Insgesamt gesehen, entsprach das Konzept der Filmkreditbank somit durchaus den Ideen, die von der Ufa-Leitung schon vor 1933 mit dem »Spio-Plan« lanciert worden waren, und als im Juni 1933 der Reichsrat eine Senkung der Lustbarkeitssteuer von durchschnittlich 10,5 auf 8 Prozent beschloß, mußte sich zumindest bei den Konzernen die Überzeugung festigen, daß die Nationalsozialisten alles unternahmen, um die Filmindustrie aus ihrer kritischen Situation herauszuführen.

Bei der Ufa wie in der gesamten Filmindustrie hatten die Monate der allgemeinen Unsicherheit nach dem 30. Januar zu finanziellen Einbußen geführt. Zwar konnte sich der Konzern in diesen Krisenjahren neben der Tobis als das einzige wirtschaftlich gesunde Unternehmen behaupten. Der Bericht über das Geschäftsjahr 1932/33, den der Vorstand im Oktober dem Arbeitsausschuß des Aufsichtsrats vorlegte[48], wies, mit einer nur geringen Abweichung gegenüber dem Vorjahr, einen Betriebsüberschuß von 28 Millionen Reichsmark aus. Der Reingewinn belief sich allerdings nur auf 40000 Mark, so daß sich der Aufsichtsrat, dessen Vorsitz zu diesem Zeitpunkt wieder Emil Georg von Stauss übernommen hatte, nicht entschließen konnte, der Generalversammlung eine Dividendenzahlung vorzuschlagen. Die »bekannte Entwicklung der wirtschaftlichen und politischen Verhältnisse im In- und Auslande sowie der völlige Umbau der deutschen Filmindustrie« habe für die Gewinn- und Verlustrechnung der letzten Monate einige »unvorhergesehene Ausfälle« erbracht. Auch wenn diese Negativa im einzelnen auf der Generalversammlung nicht zur Sprache kamen, ist der Tenor bemerkenswert, mit dem sie in dem internen Vorstandspapier festgehalten wurden.

Was die Produktionsbilanz betraf, erinnerte der Vorstand daran, daß Anfang 1933 zwei große Pommer-Projekte, *Odysseus' Heimkehr* und *Ljubas Zobel*, zurückgezogen werden mußten, nachdem ihre Herstellung in allen Einzelheiten vorbereitet und auch die Ateliertermine bereits festgelegt worden waren. »Die Widerstände gegen Erik Charell, Erich Pommer und eine Anzahl von Schauspielern und Manuskriptschreibern zwangen uns, kurzerhand beide Stoffe aus dem Produktions-Programm zu streichen.« Bei anderen in Vorbereitung befindlichen Filmen habe »die allgemeine Unsicherheit über die Stoffgestaltung« wesentliche Änderungen sowie Terminverschiebungen erforderlich gemacht. Konnte die Ufa aus diesen Gründen schon die Drehtermine in ihren eigenen Ateliers nicht einhalten, so verschärfte sich das Problem dadurch, daß ein erheblicher Teil der Auftragsproduzenten, mit denen der Konzern zusammenarbeitete, »seine Tätigkeit ins Ausland verlegte«. Den Ausfall »aus diesem unvorhergesehenen Leerlauf« bezifferte der Vorstand mit mindestens 500000 Mark. Im inländischen Verleihbetrieb sei ein Ausfall von 400000 bis 600000 Mark zu verzeichnen. Das Theatergeschäft habe notwendigerweise unter einem »Mangel an zugkräftigen Filmen« leiden müssen. Die Direktion erwähnte in diesem Zusammenhang einen offenbar noch immer umstrittenen Eklat aus dem Frühjahr: der »besonders geschäftsstarke« Fritz Lang-Film *Das Testament des Dr. Mabuse* sei sogar völlig verboten worden. Auch das Exportgeschäft sei durch den Boykott deutscher Filme im Ausland drastisch zurückgegangen. Alle Ausfälle zusammengenommen hätten das noch Ende Mai erwartete Geschäftsergebnis um etwa zweieinhalb Millionen Mark verschlechtert. Einen Verlustposten empfand die Konzernleitung als besonders schmerzlich: »Allein die Abfindung an ausgeschiedene jüdische Angestellte bzw. der dadurch verursachte Leerlauf erforderten einen Betrag von RM 250000.«

Gewiß wäre es abwegig, aus dieser Bilanzanalyse einen Dissens der Ufa-Direktion oder des Aufsichtsrats zur nationalsozialistischen Filmpolitik und zu den Maßnahmen des Propagandaministeriums abzuleiten. Im Grundsätzlichen war man sich einig; zudem hatte die Regierung mit der Errichtung der Filmkreditbank zu erkennen gegeben, daß ihr die »nationale Filmkunst« – mit anderen Worten: das Gedeihen der Konzerne – am Herzen lag. Sehr schnell hatte das größte deutsche Filmunternehmen dem Regime seine Ergebenheit bekundet, und seine erzkonservative Leitung hegte keinerlei Zweifel daran, auf dem richtigen Wege zu sein.

Dennoch ist in diesem zum internen Gebrauch bestimmten Papier die Unzufriedenheit mit den unmittelbaren Folgen der nationalsozialistischen Maßnahmen unüberhörbar. Vor allem der Rückgang des Auslandsgeschäfts gab zu Sorgen Anlaß. Einige Tage vor der Ufa-Generalversammlung vom 27. November 1933 machte der Vorstand in einem Brief an den amtierenden Aufsichtsratsvorsitzenden von Stauss noch einmal auf dieses Problem aufmerksam: der Boykott deutscher Filme im Ausland, der vorübergehend nachgelassen habe, sei nach dem Austritt Deutschlands aus dem Völkerbund wieder verstärkt und in nahezu allen europäischen Ländern spürbar geworden – allerdings mit Ausnahme des Hauptabsatzgebietes Frankreich.[49]

Die Stimmung in den Chefetagen war gemischt: man begrüßte den Kurs, den die Regierung eingeschlagen hatte, und war geneigt, optimistisch in die Zukunft zu blicken – zugleich war man bestürzt über einige allzu abrupte Einschnitte in den gewohnten Gang der Geschäfte wie auch über die aggressive politische Begleitmusik, mit der das Regime seine Aktivitäten der nationalen und internationalen Öffentlichkeit präsentierte.

Das Mißvergnügen der Ufa-Herren resultierte aus einem systemimmanenten Widerspruch der nationalsozialistischen Filmpolitik. Auf der einen Seite arbeiteten alle filmwirtschaftlichen Gesetze und Erlasse den Konzernen in die Hände. Goebbels forderte Leistungsfähigkeit, und er sah sie dort, wo die ökonomische Macht konzentriert war. In den Reihen der mittelständischen Unternehmer führte seine Sanierungspolitik zum Kahlschlag. Auf der anderen Seite ermächtigte eine Verordnung Hitlers vom Juni 1933 den Propagandaminister, die zentrale Verantwortung »für alle Aufgaben der geistigen Einwirkung auf die Nation«[50] an sich zu ziehen. Auch die wirtschaftliche Entwicklung lag damit nicht mehr im Ermessen der Konzerne, sondern in der Zuständigkeit staatlicher Organe. »Damit aber erhebt sich die Frage, ob die von den Nationalsozialisten gewählte Konstruktion – hier Beibehaltung der einzelunternehmerischen Selbständigkeit und Eigenverantwortlichkeit, dort staatsdirigistische Stabilisierung des Gesamtsystems – zu dem erhofften Erfolg führen konnte oder ob hierin nicht der Anstoß für eine erneute Verschärfung jener Finanzkrise lag, die der kapitalistische Profitegoismus in der Vergangenheit heraufbeschworen hatte.« (Spiker[51])

Neben den ausländischen Boykottmaßnahmen verminderte gerade die Autarkiepolitik, mit der das Hitler-Regime Deutschlands Stärke demonstrieren wollte, die Exportchancen des Filmgewerbes erheblich und bedrohte somit auch einen Lebensnerv der Konzerne. Da überdies das Interesse des Auslands am deutschen Markt merklich abnahm, entstand eine für jegliche Filmkultur heikle Situation. Abgeschnitten von den Impulsen aus dem Ausland und daran gehindert, ihre Produkte dem internationalen Wettbewerb auszusetzen, begann die deutsche Filmindustrie notgedrungen, sich in einer für das Medium zerstörerischen wirtschaftlichen, geistigen und ästhetischen Monokultur zu verschanzen. Die kulturelle Isolation bewirkte einen Qualitätsverfall, auf den besonders die Produktionsgruppen der Ufa, die ja einmal Maßstäbe gesetzt hatten, empfindlich reagierten. In einem Bericht an den Vorstand beklagte die Produktionsabteilung Mitte 1934 den durch die Entlassungswelle und die Abriegelung gegenüber dem Ausland entstandenen chronischen Mangel an fähigen Fachkräften: »Es fehlen die Autoren und Regisseure. Der Nachwuchs war in der Kürze der Zeit nicht heranzubilden, um brauchbare Drehbücher zu schreiben; es werden wahrscheinlich Jahre darüber vergehen. Begabte Regisseure sind auch nicht hervorgetreten.« Für die deutsche Jahresproduktion von etwa 120 Filmen seien nur neun begabte Regisseure vorhanden: Willi Forst, Karl Hartl, Gustav Ucicky, Reinhold Schünzel, Luis Trenker, Gerhard Lamprecht, Carl Froelich, Artur Robison und Erich Waschneck. »Jeder dieser Regisseure kann bei gewissenhafter Arbeit nur zwei Filme pro Jahr herstellen; Trenker stellt in der Regel nur einen Film her.« Somit könnten allenfalls 20 bis 25 gute Filme produziert werden. »Alles übrige ist Durchschnitt, meistens darunter.«[52]

Der Exodus namhafter und befähigter Filmkünstler hatte einen Schrumpfungsprozeß eingeleitet, der nicht ohne wirtschaftliche Folgen blieb und bereits 1935 in Zahlen meßbar wurde: gegenüber dem Vorjahr sank die Gesamtproduktion von 129 Filmen auf 92. Zugleich kletterten die durchschnittlichen Produktionskosten in die Höhe; 1935 erreichten sie annähernd 400000 Mark pro Film.[53] Es begann ein Konkurrenzkampf der wenigen verbliebenen Konzerne um die wenigen im Lande gebliebenen Spitzendarsteller und -regisseure. Ufa und Tobis, Terra und Bavaria überboten sich gegenseitig mit Gagen, Honoraren und langfristigen Starverträgen – obwohl bereits der »Spio-Plan« eine drastische Senkung der Stargagen vorgesehen hatte. Vor allem die Ufa, als wirtschaftlich mächtigstes Unternehmen, trieb die Personalkosten in die Höhe. Ende März 1933 erneuerte sie den Vertrag mit Willy Fritsch und erhöhte wunschgemäß sein Monatsgehalt auf 18000 Mark; einige Tage später wurde Hans Albers für drei neue Filme gegen ein Gesamthonorar von 210000 Mark verpflichtet.[54] Aber auch Darstellergagen von 200000 Mark und mehr pro Film waren in den folgenden Jahren keine Seltenheit.

Die künstlerischen Spitzenkräfte sahen sich nach der Vertreibung ihrer jüdischen oder politisch geächteten Kollegen in einer äußerst privilegierten Situation. Ein filmbegeisterter Minister, der keine Gelegenheit versäumte, sein »großes Herz« für die Kunst zu offenbaren, umwarb sie mit generösen Angeboten und gaukelte ihnen eine verheißungsvolle Perspektive vor: die einzigartige Möglichkeit, ihr Können für das Ansehen des deutschen Films einzusetzen und als Gegenleistung nicht nur glänzende Honorare, sondern auch beachtliche gesellschaftliche Vorzüge zu genießen. Das System der Zwangsorganisation in der Reichsfilmkammer (von ihr wird noch zu reden sein) empfand die Mehrzahl der Beschäftigten durchaus nicht als politische Zumutung: man sah sich im Gegenteil gleichsam geadelt und schmeichelte sich, in ein künstlerisches Elite-Kollegium aufgenommen worden zu sein; zudem bot die Organisation materielle Sicherheit, ja sogar Unabhängigkeit von der kommerziellen Willkür der Konzerne.

Öffentliche Ehrungen und Einladungen in den engsten Führungskreis aus festlichem Anlaß vermittelten manchem Star das Gefühl, nicht nur ein Idol der Massen, sondern auch Angehöriger einer kulturellen Ehrenlegion zu sein. Wenn die Staatsführung beschwörend an die Kooperationsbereitschaft der »Kulturschaffenden« appellierte, sahen die meisten von ihnen darin keine Drohung, vielmehr eine Anerkennung ihrer Leistung von höchster Warte. Ihre Privilegien verleiteten sie dazu, »mit wachsenden Ansprüchen und verminderter Anpassungsbereitschaft an ihre Aufgaben heranzugehen«, wie die »Frankfurter Zeitung« 1936 kritisch feststellte.[55] Hochbezahlte und verwöhnte Stars provozierten »zeitraubende und kostspielige Auseinandersetzungen über Manuskripte und Regie« oder erzwangen sogar mitten in der laufenden Produktion einen Wechsel des Regisseurs. Es entwickelte sich ein inniger Zusammenhang zwischen politischer Linientreue, Gagenhöhe und Verschwendungssucht. Wie weit die Korruption gedieh, belegt der Vertrag mit Gustav Ucicky über vier Filme, zu dem sich der Ufa-Vorstand im Herbst 1934 bereit fand. Dem Regisseur wurden 50000 Mark pro Film und folgende Bedingungen garantiert: »Jeweils sechs Wochen nach Beendigung des letzten Filmes hat die Ufa den Auftrag für den neuen Film zu erteilen, jedoch mit der Maßgabe, daß im Falle der etwaigen Nichtgenehmigung des Stoffes bzw. der Ersatzstoffe seitens des Reichsfilmdramaturgen das Honorar pro Film dennoch innerhalb (von) sechs Monaten von demjenigen Tage ab, an dem Ucicky den Auftrag für den neuen Stoff erhält, gezahlt werden muß.«[56]

Die Künstlergagen trieben auch die Aufwendungen für die technischen Fachkräfte in die Höhe und lösten schon Mitte der dreißiger Jahre, zusammen mit den steigenden Ateliermieten, opulenten Dekorationen und teuren Außenaufnahmen, eine Kostenspirale aus, die von Branchenkennern mit großer Sorge beobachtet wurde. Die Ufa – ab Herbst 1933 wieder unter der Führung Hugenbergs, der in der Zeit seiner Kabinettszugehörigkeit den Vorsitz im Aufsichtsrat an Stauss abgegeben hatte – mußte sich immer wieder heftiger Angriffe auf ihre Geschäftsmethoden, ihre steigenden Produktionskosten und ihre Gagenpolitik erwehren. Als Reichsfilmkammer-Präsident Fritz Scheuermann diese Kritik zu weit trieb und das gute Verhältnis des Propagandaministers zu den Konzernen ins Gerede brachte, wurde er abgesetzt; sein Nachfolger wurde der württembergische Staatsminister Oswald Lehnich.

Daß Goebbels der Ufa-Leitung wohlgesonnen war, half dem Konzern aus manchen politischen Mißhelligkeiten heraus, die zumal in den ersten Jahren der NS-Herrschaft aus Kompetenzstreitigkeiten im Regierungsapparat, aus persönlichen Rivalitäten und den Zensurgelüsten anderer Behörden außerhalb des Propagandaministeriums resultierten. Ein besonders grotesker Konfliktfall nahm am 21. Oktober 1933 seinen Lauf, als Richard Walther Darré, Hugenbergs Nachfolger im Reichsernährungsministerium und erbitterter Goebbels-Gegner, am frühen Morgen einen der Ufa-Direktoren, Paul Lehmann, mit einem Anruf aufschreckte. Aufgebracht erklärte Darré der Ufa den »Krieg des gesamten Nährstands«.[57]

Ein gerade fertiggestellter Film, das von dem nationalsozialistischen Autor Richard Schneider-Edenkoben verfaßte und inszenierte Blut-und-Boden-Drama *Du sollst nicht begehren*, hatte des Ministers helle Empörung erregt. Ende Oktober, einen Tag vor der Uraufführung, veröffentlichte die »Deutsche Zeitung« unter dem Titel »Hintergründe eines Films« einen Artikel des Schriftstellers Alfred Mühr, der gegen die Ufa den Vorwurf der »Konjunktur-Hascherei« erhob und ihn damit begründete, daß der Schauspieler Walter Griep in diesem Film physiognomische Ähnlichkeiten mit dem Reichstagsbrandstifter Marinus van der Lubbe habe, dem gerade zu dieser Zeit vor dem Reichsgericht in Leipzig der Prozeß gemacht wurde.

Verständlicherweise mokierte man sich bei der Ufa über den Verdacht, man habe im März einen Schauspieler engagiert, der einem Menschen gleichen solle, der erst im Oktober durch die Prozeßberichte zu einer öffentlichen Person wurde. Die wichtigsten nationalsozialistischen Zeitungen, »Der Angriff« und »Völkischer Beobachter«, brachten denn auch, wie die Ufa-Spitze erleichtert feststellte, sachliche und neutrale Rezensionen. Nichtsdestoweniger verbot das Agrarpolitische Amt des Gaues Groß-Berlin der NSDAP den Besuch des Films, und Minister Darré setzte Anfang November seine Kampagne mit einem kämpferischen Artikel »Marinus und die Scholle« in der »Nationalsozialistischen Landpost« fort. Der spätere Reichsfilmdramaturg Willi Krause nahm sich im »Angriff« der Affäre an und antwortete mit scharfer Polemik gegen diejenigen, die sich unaufgefordert zu Beschützern des Begriffs »Blut und Scholle« aufwerfen zu müssen glaubten. Als sich die »Vossische Zeitung« der Empörung Darrés und seiner Bauern anschloß, sperrte die Ufa dem Ullstein-Verlag kurzerhand die Anzeigen.

Die Pressekampagne gegen den Konzern ging bis Ende November mit unverminderter Heftigkeit weiter, und als die Gegner gar Filme aus vergangenen Jahren in ihre Kritik einbezogen, war für Ludwig Klitzsch der Zeitpunkt gekommen, um in einem persönlichen Schreiben den Propagandaminister auf den allmählich zur Belastung gewordenen Bauernkrieg aufmerksam zu machen. Die Angriffe Darrés zeigten »uns leider zu klar, daß die Ufa künftig mit erheblichen Störungen rechnen muß«. Klitzsch rechnete Goebbels vor, sein Unternehmen wende jährlich 16 Millionen Reichsmark für die Herstellung von Filmen auf – zwei Drittel des gesamten deutschen Filmproduktions-Kapitals. Bei Fortdauer der Kampagne des Reichsernährungsministers werde dieses Kapital »in absehbarer Zeit durch die alsdann mit Sicherheit zu erwartenden Verluste eine erhebliche Minderung erleiden«. Die Folgen seien geeignet, »den Bestand der übrigen deutschen Filmwirtschaft empfindlich zu berühren«. Allein die Verluste »aus dem Kampfe des Herrn Reichsministers Darré« veranschlagte Klitzsch auf 300000 Mark. Mit dieser Rechnung mochte der Generaldirektor etwas übertrieben haben, auch ist eine Antwort von Goebbels in den Konzernakten nicht überliefert. Wahrscheinlich jedoch reichte Klitzschs Beschwerde beim obersten Kulturwart des Reiches aus, um dem Treiben des »Nährstands« ein Ende zu setzen.

Am erklärten Ziel der wirtschaftlichen »Wiederankurbelung« gemessen, führte der nationalsozialistische Umbau der deutschen Filmindustrie keineswegs zu den Ergebnissen, die man sich 1933, auf dem Tiefpunkt der Krise, erhofft hatte. Mitte der dreißiger Jahre war das mittelständische Filmkapital nahezu ausgeschaltet, und bei den Konzernen brachte wie in früheren Jahren die zum großen Teil selbstverschuldete Kosteninflation die Bilanzen immer wieder aus dem Gleichgewicht. Der deutsche Filmexport, vor 1933 eine Existenzbedingung für die gesamte Industrie, war auf unbedeutende Prozentzahlen geschrumpft und spielte für die Ausgabenamortisation praktisch keine Rolle mehr. Im Zusammenhang mit dem Kostenanstieg sprach die »Rheinisch-Westfälische Filmzeitung« Anfang 1937 unverblümt von einer »Gefährdung des gesamten deutschen Filmwesens«.[58] Zwar nahmen seit 1933 die Kinobesuche wieder stetig zu und erreichten 1936/37 den Höchststand von 1927/28; im gleichen Jahr waren jedoch auch die Produktionskosten überproportional gestiegen und hatten die schleichende Finanzkrise akut werden lassen. Auf der ersten Jahrestagung der Reichsfilmkammer im März 1937 überschlugen Ludwig Klitzsch und Ferdinand Bausback, inzwischen Aufsichtsratsvorsitzender der Tobis, die Gesamtverluste der deutschen Filmindustrie im zurückliegenden Geschäftsjahr und kamen auf Zahlen zwischen 10 und 15 Millionen Mark.[59]

Mittlerweile war die Ufa der einzige vertikal gegliederte Konzern, der seit seiner Gründung in allen Geschäftssparten operierte. Mit seinen 110 Theatern beherrschte das Unternehmen vor allem den Markt der großstädtischen Spielstätten und Premierenkinos; das Kinoviertel an der Berliner Gedächtniskirche war 1936 vollständig in seiner Hand. Das Verleihgeschäft teilten Ufa, Tobis und Terra untereinander auf; einige wenige kleine Verleihorganisationen hatten allenfalls noch regionale Bedeutung. Ebenso war die Filmproduktion zu 60 Prozent unter dem Dach der beiden Giganten Ufa und Tobis konzentriert; je 10 Prozent entfielen auf Terra und Bavaria.

Der vom Propagandaministerium geförderten Tendenz zum nationalen »Großfilm« konnte nur noch die Kapitalkraft der Konzerne entsprechen – aber auch sie manövrierten sich mit stetig anwachsenden Ausgaben in unlösbare Schwierigkeiten. Zwischen 1929, dem ersten Tonfilmjahr, und 1937 verdoppelten sich die durchschnittlichen Herstellungskosten für einen Spielfilm von 275 000 auf 537 000 Reichsmark. Am Ende des Geschäftsjahrs 1936/37 stand die Tobis mit einer Minusbilanz von annähernd 5 Millionen vor dem Konkurs; nur geheimgehaltene staatliche Kredite konnten ihren Zusammenbruch abwenden. Der Tobis-Konzern, dessen Aktienmehrheit das Deutsche Reich seit 1935 unter vielfältigen Tarnungen aus holländischem Besitz aufgekauft hatte, war reif für die Verstaatlichung. Damit war auch der Ufa und dem Rest der deutschen Filmwirtschaft der weitere Weg unter nationalsozialistischer Herrschaft vorgezeichnet.

19. Kapitel

Die Zensurmaschine. Die Ufa und die Reichsfilmkammer

Die Errichtung der Reichsfilmkammer war das Ergebnis einer Entwicklung, die schon vor 1933, in Hugenbergs Planungsstäben, begonnen hatte, und sie schmeichelte jenen Machtgelüsten, die der Ufa-Vorstand mit dem »Spio-Plan« zu erkennen gegeben hatte. Ihr ging die Einrichtung einer »Spio-Kommission« voraus, der Ludwig Klitzsch vorstand und die ihre Aufgabe vor allem darin sah, die Spio in eine Zwangsorganisation umzuwandeln – unter Androhung des Berufsverbots für alle Produzenten, Verleiher und Theaterbesitzer, die sich nicht zum Eintritt in den für sie zuständigen Spio-Spartenverband bequemen mochten. Mit dem »Gesetz über die Errichtung einer vorläufigen Filmkammer« vom Juli 1933 wurde der Metamorphose der Spitzenorganisation zu einer staatlichen, den Weisungen der Regierung unterworfenen Berufskammer ständischen Charakters der Weg bereitet. »Vom Großunternehmer und Manager bis zum kleinen Techniker, vom Starschauspieler und -regisseur bis zum letzten Komparsen waren alle Berufsgruppen zwangsorganisiert.«[60]

Das Filmkammer-Gesetz war auf die totalitären Visionen des Reichspropagandaministers zugeschnitten. Es ermöglichte die Ablehnung oder den Ausschluß eines Mitglieds, wenn Tatsachen vorlagen, aus denen sich ergab, »daß der Antragsteller die für die Ausübung des Filmgewerbes erforderliche Zuverlässigkeit« nicht besaß.[61] Die vage Formulierung öffnete der Willkür Tür und Tor. Sie vermied jede präzise Festlegung auf das, was im Sinne der nationalsozialistischen Machthaber mit »Zuverlässigkeit« gemeint war. Sie ermöglichte es, je nach Opportunität die Kriterien wirtschaftlicher, politisch-ideologischer oder rassischer »Eignung« heranzuziehen – oder aber Ausnahmen zu verfügen, falls es ratsam erschien.

Ämterhäufung wurde zur Regel: der erste Präsident der Reichsfilmkammer, der Rechtsanwalt und Wirtschaftsexperte Fritz Scheuermann, hatte bereits den Vorsitz im Aufsichtsrat der Filmkreditbank inne. Ludwig Klitzsch indessen zog sich als Verbandsfunktionär zurück, nachdem die Umwandlung der alten Spitzenorganisation zur Filmkammer abgeschlossen und alle wichtigen Forderungen des »Spio-Plans«, vor allem der Traum von einem zentralisierten, einheitlich gelenkten Industriekomplex mit der Ufa an der Spitze, in Erfüllung gegangen waren.

Mit den anderen Kunstkammern war die Reichsfilmkammer beauftragt, die »Arisierung« des nationalsozialistischen Kunst- und Kulturbetriebs zu gewährleisten. Die wirtschaftlichen Engpässe in der Filmproduktion und der durch die Vertreibung jüdischer Künstler bewirkte Aderlaß zwangen das Propagandaministerium allerdings zu einer »Arisierung« mit Einschränkungen. Zwar wurde das schon in der Weimarer Republik erlassene Kontingentgesetz der Rassenpolitik des NS-Staates angepaßt – danach mußte jeder in der Filmindustrie Beschäftigte deutscher Staatsangehöriger und in der Lage sein, seine »deutsche Abstammung« nachzuweisen. Goebbels behielt sich jedoch vor, unter wirtschaftlichen und gelegentlich auch politischen Gesichtspunkten Ausnahmen für ausländische wie auch »nicht-arische« Künstler zuzulassen. 1935 beauftragte er den Staatskommissar und SS-Sturmbannführer Hans Hinkel mit der »Überwachung aller nichtarischen Künstler«. Diese Maßnahme sei notwendig geworden, »weil in letzter Zeit Dinge geschahen, die mit den nationalsozialistischen Grundsätzen nicht vereinbart werden können« – so die »12 Uhr Zeitung« vom 26. Juli 1935.

Die Novellierung des alten Reichslichtspiel-Gesetzes im Februar 1934 baute die staatliche Vorzensur zu einem scheinbar lückenlosen System aus und ermöglichte nunmehr eine Überwachung der Produktion vom Rohmanuskript bis zur Fertigstellung am Schneidetisch. Von jetzt an oblag es dem Reichsfilmdramaturgen, »die Filmindustrie in allen wichtigen Fragen der Filmherstellung zu beraten, die ihm vorzulegenden Manuskripte und Drehbücher zu prüfen und rechtzeitig zu verhindern, daß Stoffe behandelt werden, die dem Geist der Zeit zuwiderlaufen«.[62] Zum ersten Reichsfilmdramaturgen avancierte der Schriftsteller Willi Krause, ehemals Redakteur der Goebbels-Zeitung »Der Angriff« und von allen fachlichen Vorkenntnissen unbelastet – was ihn freilich nicht daran hinderte, sich unter dem Pseudonym Peter Hagen als Regisseur zu versuchen; 1935 drehte er zum Beispiel für die Delta-Film GmbH den Blut-und-Boden-Film *Friesennot*. Bei den Fachleuten stieß Krause auf Ablehnung; 1936 wurde er von Hans Nierentz, zuvor Leiter der Abteilung Kunst und Weltanschauung im Reichssender Berlin, abgelöst.

Die Erfassung und Begutachtung aller Filmprojekte durch den Reichsfilmdramaturgen, die dem eigentlichen Zensurverfahren der Filmprüfstelle vorausging, wurde von großen Teilen der Filmindustrie abgelehnt und vielfach boykottiert. Im Sommer 1934 beklagte sich die Produktionsabteilung der Ufa in einem internen, dem Vorstand zugeleiteten Bericht darüber, daß der Reichsfilmdramaturg zu langsam arbeite. »Nach der Verfügung des Herrn Ministers soll der Reichsfilmdramaturg Exposés innerhalb von 48 Stunden prüfen; Drehbücher soll er innerhalb einer Woche begutachten. In der Regel dauert es länger.«[63] Krause könne sich nicht genügend in die eingereichten Drehbücher vertiefen;

seine Tätigkeit sei »in der Hauptsache eine negierende«. Die Autoren stellten sogar den Sinn des Ein-Mann-Zensur-Betriebes grundsätzlich in Frage: »Es ist auch nicht möglich, daß eine einzelne Person über ein Werk, an dem vier bis fünf und noch mehr Leute oft monatelang gearbeitet haben – Leute von absolut nationalsozialistischer Gesinnung –, auf Grund der zwangsweise flüchtigen Durchsicht eines Drehbuches und ohne die Autoren zu hören, ein umfassendes Urteil abgeben kann.« Es komme vor, daß eine Gruppe von Autoren gegen Honorare bis zu 25000 Mark monatelang mit der Ausarbeitung von Manuskripten beauftragt werde – das Drehbuch dann aber mit dem Bescheid zurückkomme, es könne nicht verfilmt werden.

Solche und ähnliche Berichte alarmierten den stets auf Sparsamkeit bedachten Ufa-Vorstand. Interne Berechnungen ergaben »unproduktive Mehrkosten« aus dem umständlichen Vorzensurverfahren in Höhe von 520000 Mark – allein für ein Produktionshalbjahr 1934. Goebbels' Idee einer allumfassenden Vor- und Nachzensur bedrohte die Wirtschaftlichkeit des gesamten Produktionssystems. Zudem stellte sich heraus, daß viele Einwände und Auflagen Krauses während der Dreharbeiten ignoriert wurden, so daß immer wieder Filme, deren Drehbücher von Krause begutachtet worden waren, dennoch von der Nachzensur ereilt und verboten wurden. In zahlreichen Unterredungen mit Goebbels, seinem Staatssekretär Funk und mit Krause bemühte sich die Ufa-Direktion um Kompromißlösungen. Ende 1934 lockerte ein Kabinettsbeschluß die Bestimmungen. Die Vorlagepflicht bei Exposés und Drehbüchern entfiel nun; für die Produktionsfinanzierung durch die Filmkreditbank wurde jedoch weiterhin ein positives Gutachten des Reichsfilmdramaturgen vorausgesetzt.

Schließlich wurde Goebbels der täglichen Querelen mit den Produzenten und seinen verschiedenen Behörden überdrüssig und ließ sich durch das »Zweite Gesetz zur Änderung des Lichtspielgesetzes« im Juni 1935 zum Oberzensor mit unbegrenzter Verbots- und Weisungsbefugnis ernennen. Unter Umgehung seines eigenen Zensur-, Kontroll- und Überwachungsapparats konnte er nun in freischaltender Selbstherrlichkeit entscheiden, welche Filme in welcher Fassung dem Volke bekömmlich seien und welche nicht.

Mißtrauen wucherte auf beiden Seiten – bei den Kontrolleuren und bei den Kontrollierten, und hinter dem dichten Vorhang aus ministeriellen Richtlinien, Zensurvorgaben, Erlassen und Sprachregelungen gab es immer wieder Ungereimtheiten und Pannen, die sich unversehens zum Politikum auswuchsen. Die Besten unter den bei der Ufa beschäftigten Künstlern blieben unberechenbar. Noch immer arbeitete der prominente »Halbjude« Reinhold Schünzel in Neubabelsberg, ein Exponent drastischer Sittenmalerei und ein Meister der mal rüde-widerborstigen, mal elegant-doppeldeutigen Komödie. 1935 drehte er mit *Amphitryon* (Willy Fritsch, Käthe Gold und Paul Kemp spielten in den Hauptrollen) einen der respektlosesten und erfolgreichsten Ufa-Filme der dreißiger Jahre. Und seit 1934 gehörte Detlev Sierck, ein Spezialist des Melodrams, zu den meistbeschäftigten Regisseuren; Ende 1937 wird er mit seiner jüdischen Frau Hilde Jary emigrieren und ab 1941 unter dem Namen Douglas Sirk in Hollywood arbeiten.

Die staatlichen Stellen machten der Ufa auch nach Lockerung der Vorzensur weiterhin Schwierigkeiten. »Die Erfahrungen bei Stoffauswahl und Herstellung der vorjährigen Produktion 1933/34 haben uns zu besonders vorsichtiger und eingehender Planung veranlaßt«, heißt es in einem internen Arbeitspapier des Konzernvorstandes vom 9. Oktober 1935.[64] »Besondere Schwierigkeiten entstanden im Herbst 1934, als uns in kurzer Folge die Herstellung von vier Filmen (...) verboten bzw. uns Auflagen gemacht wurden, die schlechterdings nicht zu erfüllen waren.« Zwei dieser vier Projekte waren damit endgültig gescheitert; der Konzern nannte als direkte Verlustkosten eine Summe von 73500 Mark. Der Herstellungsbeginn für die beiden anderen Filme – *Frischer Wind aus Kanada* (Regie Heinz Kenter und Erich Holder) und *Zigeunerbaron* (Regie Karl Hartl, nach Johann Strauß) – verzögerte sich erheblich.

Der Bericht fährt fort, es sei zwar gelungen, »in monatelangen Verhandlungen mit dem Reichsfilmdramaturgen und sonstigen Behörden eine erträgliche Zusammenarbeit herbeizuführen«, nichtsdestoweniger habe die Terminverzögerung bei den komplizierten vertraglichen Verpflichtungen gegenüber Autoren, Regisseuren und Schauspielern zu empfindlichen finanziellen Einbußen geführt.

Die selbstherrliche Zensurgewalt des Propagandaministers förderte die bereits vorhandene Unsicherheit in seinen Behörden und veranlaßte nicht nur die Konzernchefs, sondern auch die mit der Zensurausübung unmittelbar befaßten Beamten zu äußerster Vorsicht. Es bildete sich ein kompliziertes System verantwortungsscheuer Rückversicherung auf Gegenseitigkeit heraus. Jeder, der sich mit der Begutachtung von Drehbüchern, der Prüfung von Stablisten oder der Bewilligung von Produktionskrediten zu beschäftigen hatte, war zu detektivischer Kleinarbeit entschlossen – und er war durchaus imstande, im Interesse der eigenen Karriere die unwahrscheinlichsten Bedenken gegen diesen oder jenen Darsteller, gegen diese oder jene Dialogstelle geltend zu machen. Gleichzeitig aber war keiner der Zensoren davor sicher, von den schwer kalkulierbaren Taktiken eines Vorgesetzten oder den willkürlichen Launen des Ministers bloßgestellt zu werden. Das weitverzweigte politisch-ideologische Überwachungssystem des NS-Staates hat die Legende begünstigt, seine Filmproduktion sei einer lückenlosen, widerspruchsfrei und mit der Logik einer Maschine funktionierenden Zensur unterworfen gewesen. Die Wahrheit ist eher, daß die Macht, eingebunkert und ohne Vertrauen zu sich selbst, ein unübersichtliches System aus den vielfältigsten bürokratischen Hebeln erfunden hatte, die keineswegs zahnradartig ineinandergriffen, sondern sich oftmals gegenseitig behinderten.

Nicht alles, aber vieles war möglich; das Mögliche galt oft als zu riskant, während »Unmögliches« gelegentlich übersehen, stillschweigend geduldet oder sogar belobigt wurde.

Die Wortwitze und geistreichen Anzüglichkeiten, die sich Schünzel in seiner schwungvollen, mit Spezialeffekten gespickten Satire *Amphitryon* leistete, wurden von der Ufa-Leitung, aber auch von Goebbels als irisierendes Beiwerk einer besonders aufwendigen Prestigeproduktion toleriert. Der Konzern hatte – neben der hervorragenden Besetzung – seine fähigsten Fachkräfte eingesetzt: Fritz Arno Wagner als Kameramann, das Gespann Herlth und Röhrig für die Bauten, Werner Bohne als Meister der Spezialeffekte, Rochus Gliese als Kostümbildner und Fritz Thiery als Tonmeister. Die Musik schrieb Franz Doelle; Produktionsleiter war Erich von Neusser; die Gesamtverantwortung lag bei der Herstellungsgruppe Günther Stapenhorst. *Amphitryon* war Stapenhorsts letzte Ufa-Produktion; von ihm war bekannt, daß er sich weigerte, der NSDAP beizutreten, und noch im gleichen Jahr emigrierte er, um zunächst in London für Alexander Korda und später in der Schweiz zu arbeiten. (Von seinem späteren Versuch, im nationalsozialistischen Deutschland erneut Fuß zu fassen, wird noch zu sprechen sein.)

Das Ergebnis war eine Pommer-Produktion – ohne Pommer; ein Film aus dem Geist und dem Elan der Ufa-Werkstatt in ihren besten Jahren, erfüllt von der »Insolenz der Kultur der Weimarer Republik«, im nationalsozialistischen Film »eine einsame Ausnahme«.[65] Wie andere Hochglanz-Produktionen der Ufa noch in den späten dreißiger Jahren, wurde auch *Amphitryon* in Kooperation mit der Alliance Cinématographique Européenne gleichzeitig in einer französischen Fassung hergestellt, die im September 1935, zwei Monate nach der deutschen Premiere im Gloria-Palast, in Paris erfolgreich uraufgeführt wurde. Nach dem bei der Ufa entwickelten Produktionssystem standen Schünzel für diese Version, neben den französischen Darstellern, die aufeinander eingespielten künstlerischen und technischen Fachkräfte von Neubabelsberg zur Verfügung.

Bei diesem Film bildeten ein begabter und noch geduldeter Regisseur, das Kapital und das Geltungsbedürfnis seiner Firma, die Kapricen des Propagandaministers und sein Interesse am internationalen Renommee, schließlich die doppelte Vorsicht der subalternen Zensoren einen geschlossenen Regelkreis. In der Vorbereitungsphase Ende 1934 und Anfang 1935 war die *Amphitryon*-Produktion mehrfach Gegenstand der Erörterung im Ufa-Vorstand. Zur Debatte standen die neuartigen und ziemlich aufwendigen optischen Tricks, die sich Schünzel und sein Stab einfallen ließen; indirekt kamen aber auch Bedenken zur Sprache, die sich auf die satirische Grundmelodie des Films bezogen. Interessant verlief die Vorstandssitzung am 11. Dezember 1934, zu der man Schünzel und Stapenhorst herbeigezogen hatte. Zunächst genehmigten die Direktoren die vorgelegten Modellbauten. Danach wurde die Titelfrage diskutiert; Schünzel plädierte von Beginn an für den Titel *Amphitryon* und berief sich dabei auf den Erfolg, den Ernst Lubitsch 1919 mit *Madame Dubarry* hatte feiern können. Mochte diese Logik nun zwingend sein oder nicht – der Regisseur jedenfalls nahm sich die Freiheit, an einen bedeutenden jüdischen Kollegen zu erinnern, der schon früh nach Amerika ausgewandert war und allen Bemühungen des Konzerns, ihn nach Deutschland zurückzuholen, widerstanden hatte; zudem rief er einen Film ins Gedächtnis, der wie kaum ein anderer zum Synonym für die revolutionären Turbulenzen der jungen Weimarer Republik und die Aufsässigkeit ihrer Kultur geworden war.

Schünzels Dreistigkeit muß den Ufa-Herren die Sprache verschlagen haben; jedenfalls vermerkt das Protokoll keine gewichtigen sachlichen Einwände gegen seinen Vorschlag. Statt dessen meldete Verleihchef Meydam seine Sorge an, daß der Film möglicherweise »zu wenig Herz habe« – gemeint war offenbar Schünzels Neigung zu sarkastischer Kaltschnäuzigkeit, die in seiner Bearbeitung des Amphitryon-Stücks von Plautus durchgeschlagen war. Der Regisseur suchte solche Bedenken mit dem Hinweis auf die zahlreichen »Schlager-Melodien« des geplanten Films zu zerstreuen; als geborener Komödiant trug er sogleich einige dieser Melodien vor und versah sie mit Erläuterungen. Die Ufa hatte zu Beginn der Tonfilmzeit mit ihren Musik- und Operettenfilmen große geschäftliche Erfolge erringen können, und Schünzel wußte genau, daß die Konzernherren auf diesem Ohr hellhörig waren – die »deutsche Musikalität«

Amphitryon oder...

war bekanntlich ein Steckenpferd von Ludwig Klitzsch. Meydam äußerte denn auch lediglich die Bitte, »die Handlung so zu führen, daß die Schlager von den Hauptdarstellern gesungen werden«. Abschließend erklärte Schünzel, »daß der Film entsprechend der Stellungnahme des Reichsfilmdramaturgen keinerlei Persiflagen aufweisen« werde.[66]

Aber schon der Untertitel – »Aus den Wolken kommt das Glück« – war eine so wagemutige wie unmißverständliche Persiflage. »Das Glück, das aus den Wolken kommt, war für den Volksgenossen von 1935 ganz eindeutig der göttliche Adolf Hitler, wie er in der berühmten ersten Sequenz von Riefenstahls *Triumph des Willens* aus den Nebelfetzen des Himmels über Nürnberg auf das seiner harrende Parteitags-Volk mit dem Flugzeug herniederschwebt. Unten im fränkischen Theben parodieren die vaterländischen Frauen Griechenlands die hehre Gesinnung der deutschen Kämpfers-Gattin: ›Seid mutig in der schweren Zeit / die Männer stehn in blut'gem Streit / und wer von ihnen draußen fällt, / der stirbt fürs Vaterland als Held!« (Hembus[67]) Einen à part gesprochenen Satz Käthe Golds als Alkmene – »Vor so vielen Leuten redet man leicht etwas, was man nachher selbst nicht glaubt« – ließ Goebbels aus den bereits gezogenen Kopien herausschneiden; die Anspielung auf den »Führer« und Reichskanzler war ihm zu deutlich.

Amphitryon war spritziges Kabarett, brillante Unterhaltung – und ein Affront gegen Hermann Göring. Wenn zum Beispiel Jupiters Gattin Juno (Adele Sandrock) sich von Merkur (Paul Kemp) mit »Hohe Frau« titulieren ließ, wußte das Publikum, daß die Schauspielerin Emmy Sonnemann gemeint war, die der Reichsluftmarschall wenige Wochen zuvor mit dem ihm eigenen Aplomb geheiratet hatte. Schünzel und sein Team erlaubten sich eine volkstümliche Pointe,

... aus den Wolken kommt das Glück: *Triumph des Willens*

die Ufa-Direktion setzte auf das Risiko, die beamteten Zensoren machten zaghafte Einwände oder stellten sich blind – Goebbels aber war hocherfreut über die Gelegenheit, seinen Rivalen Göring dem öffentlichen Gelächter preiszugeben. Wie alle despotischen Machtapparate funktionierte die NS-Zensur gleichzeitig perfekt und irrational, sie war dynamisch und störungsanfällig, sie arbeitete fieberhaft und doch mitunter gegen ihren eigenen Sinn.

Widersprüche dieser Art begleiteten auch die Herstellung der Revuefilme in den dreißiger und vierziger Jahren. Aus den von Helga Belach ermittelten Daten zur Produktionsgeschichte der Ufa-Revuefilme[68] ergeben sich vor allem genauere Einblicke in die Ausgabenpolitik des Konzerns. Sie belegen aber auch eindrucksvoll die Neigung der Direktoren, die Regisseure zu Befehlsempfängern zu degradieren, und sie werfen Schlaglichter auf das Propagandaministerium und seinen Chef, der selten eine Gelegenheit versäumte, sich in Fragen der Besetzung, der Dramaturgie und selbst der Inszenierung zur höchstrichterlichen Instanz aufzuschwingen.

Reinhold Schünzels ausgelassener Transvestiten-Ulk *Viktor und Viktoria* (1933, mit Renate Müller, Hermann Thimig und Adolf Wohlbrück; die Ausstattung besorgte der spätere Reichsbühnenbildner Benno von Arent) unterlag noch dem Sparsamkeitsregime der Krisenjahre: der Vorschlag von Produktionschef Ernst Hugo Correll, eine Traumszene in Trickaufnahmen zu drehen, wurde vom Vorstand mit der Begründung abgelehnt, die veranschlagten Kosten von 10000 Mark stünden zu dem erwarteten »Nutzeffekt« des Films in keinem Verhältnis. Bei *Mach' mich glücklich* von Arthur Robison (1935) lag die Endabrechnung mit mehr als 850000 Mark schon beträchtlich über der ursprünglichen Kostenkalkulation, und auch bei *Und Du, mein Schatz, fährst mit* (1936/37) nahm die Direktion mit der Entscheidung für Georg Jacoby als Regisseur kostspielige Revueeinlagen, anspruchsvolle Dekors und eine Kalkulationsüberziehung von fünfzig Prozent in Kauf. Mit dieser Produktion und dem folgenden Operettenfilm *Gasparone* (1937) baute Jacoby die Karriere Marika Rökks auf, die unter seiner Regie in *Kora Terry* (1940) endgültig zur Primaballerina des nationalsozialistischen Kinos avancierte.

Schon bei *Hallo Janine* (Carl Boese, 1939) gab es »eigentlich nur einen Fixpunkt: Marika Rökk«.[69] Eine Hauptrolle für den Tanzstar und ein Produktionsetat von 700000 Mark waren im Vorstand beschlossene Sache, lange bevor die Auseinandersetzungen um die Regie (zunächst war Georg Jacoby, später auch Herbert Maisch vorgesehen), um Stoff und Drehbuch (Karl Georg Külb), um die Herstellungsgruppe (die Entscheidung fiel schließlich auf Max Pfeiffer), um die Bauten (Erich Kettelhut) und Frau Rökks Partner (Johannes Heesters) einsetzten. Auch der Drehbeginn verzögerte sich um etliche Monate, so daß es als eine Glanzleistung der Ufa-Sparpolitik bezeichnet werden muß, daß bei der Schlußabrechnung die Kalkulation um fast 100000 Mark unterboten werden konnte. Wie penibel die Direktion – ungeachtet ihrer Großzügigkeit bei den Stargagen – in künstlerischen Fragen auf jeden Pfennig achtete, beleuchtet ein Detail aus der Produktionsgeschichte von *Mach' mich glücklich*: um einen zusätzlichen Aufwand von 3300 Mark einzusparen, entschieden die Direktoren Correll, Grau und Meydam unter sich (und offenbar, ohne den Regisseur Robison zu konsultieren), wie der Schluß des Films zu gestalten sei.

Der Propagandaminister war, als absolute Entscheidungsinstanz, auf den Kommandoebenen des Konzerns stets präsent. Auch und gerade dann, wenn er nicht von sich aus als oberster Dramaturg oder Besetzungschef eingriff, konnte er sich des vorauseilenden Gehorsams der Direktoren sicher sein. Die Bereitschaft, sich der ministeriellen Entscheidung zu unterwerfen, nahm diese vielfach vorweg oder machte sie gar überflüssig. Der Schauspieler Max Hansen, der für die männliche Titelrolle in *Viktor und Viktoria* vorgesehen war, stieß beim Vorstand hinsichtlich seiner »Abstammung« auf Bedenken, die man jedoch in den Wind zu schlagen bereit war, falls »sie auch vom Propagandaministerium nicht geteilt werden, das in der Angelegenheit zu befragen ist«.[70] Die Anfrage

Hallo Janine: Marika Rökk

genügte: Hansen wurde von Goebbels abgelehnt; die Rolle erhielt Hermann Thimig. Vorausgegangen war, nur wenige Tage vor Produktionsbeginn, ein von den Nationalsozialisten inszenierter Kinoskandal um den beliebten Komiker, der im Ruf stand, 1932 in einem seiner Schlager Adolf Hitler als homosexuell verspottet zu haben. Am 8. September 1933, bei der Premiere seines Films *Das häßliche Mädchen* (mit Dolly Haas und Otto Wallburg, Regie Hermann Kosterlitz, produziert von der Avanti-Tonfilm GmbH), wurde Hansen angegriffen, beschimpft und mit Tomaten beworfen. Er emigrierte bald darauf nach Wien, später nach Skandinavien.

Während der Vorbereitungen zum Operettenfilm *Gasparone* geriet die Besetzungsliste durcheinander, da das Ministerium zunächst nicht bereit war, die Genehmigung für Marika Rökk zu erteilen. Den Vorstandsprotokollen ist nicht zu entnehmen, welche Gründe Goebbels bewogen haben mögen, seine Bedenken gegen die Schauspielerin fallenzulassen, aber die vielfachen Umbesetzungen von Haupt- und Nebenrollen vor Produktionsbeginn in diesem und in vielen anderen Fällen bezeugen den permanenten Druck, den der Minister und seine zuständigen Beamten auf die künstlerischen und geschäftlichen Entscheidungen des Konzerns ausübten. Marika Rökk argwöhnt in ihren Memoiren, daß noch 1939, als sie mit *Hallo Janine* auf dem Weg zum Star-Ruhm war, »Goebbels die ganze Richtung ihrer Filme nicht gepaßt« habe[71]; ihr Lebensgefährte und späterer Ehemann Georg Jacoby habe diesen Film nicht inszenieren dürfen, weil er dem Minister wegen seiner jüdischen Freunde unangenehm aufgefallen sei. Die späteren Erinnerungen der Stars, die unter Hitler und Goebbels reüssierten, sind mit Vorsicht zu lesen, doch selbst dort, wo sie manche Details zur nachträglichen Selbstrechtfertigung umbiegen mögen, vermitteln sie einen

Frauen sind doch bessere Diplomaten: Ausstattung Erich Kettelhut

Eindruck von den atmosphärischen Bedingungen des Alltags in der nationalsozialistischen Filmproduktion.

Die Herstellung des ersten großen Ufa-Farbfilms, *Frauen sind doch bessere Diplomaten* (Georg Jacoby, 1939/41), war von Beginn an »Chefsache« und wurde dank der ministeriellen Einmischungen zum teuersten Unternehmen des Konzerns Ende der dreißiger und Anfang der vierziger Jahre. Sie beanspruchte vom Drehbeginn Ende Juli 1939 bis zur Uraufführung Mitte Oktober 1941 einen unverhältnismäßig langen Zeitraum voller Turbulenzen, Leerläufe, technischer und organisatorischer Pannen, die gegen Ende, als die Arbeit einen wider Erwarten erfolgreichen Abschluß gefunden zu haben schien, in einen beispiellosen Eklat mündeten. Nach Marika Rökks Darstellung wurde das gesamte Produktionsteam, das sich bereits aufgelöst hatte, nach Neubabelsberg »zurückgepfiffen«: der Darsteller einer wichtigen Nebenrolle, Karl Stepanek, war inzwischen »nach London gegangen und hatte im Rundfunk gesprochen«.[72] Stepanek war bekannt als Darsteller farbiger Volkstypen; er hatte in Ludwig Bergers *Walzerkrieg* (1933) und in den Tobis-Filmen *Fünf von der Jazzband* (Erich Engel, 1932) und *Es leuchten die Sterne* (Hans Zerlett, 1938) mitgewirkt. Der Schauspieler wurde vom Propagandaministerium unverzüglich zur Unperson gestempelt. Zensur geriet zur Annihilation: da eine Unperson für den Staat nicht existent war, mußte sie auch von der Leinwand – also aus dem Gesichtsfeld des Volkes – entfernt werden. Die Neubesetzung der Rolle mit Erich Fiedler bedingte Nachaufnahmen, die (da inzwischen auch das Kopierwerk das Agfacolor-Verfahren wesentlich verbessert hatte) nahezu eine halbe Million verschlangen.

20. Kapitel

Bacchantische Verwirrungen. Konsum, Erotik und Kino im NS-Staat

In *Frischer Wind aus Kanada*, einem Ufa-Film von Heinz Kenter und Erich Holder, saniert ein nordamerikanischer Kapitalist einen Berliner Modesalon und heiratet die Tochter des Besitzers: Happy-End. In *Die törichte Jungfrau* (Richard Schneider-Edenkoben) drohen die jährlichen Theaterfestspiele einer Kleinstadt in spießigen Querelen zu versinken, doch es geht gut aus, und am Ende umarmt der Spielleiter die Hauptdarstellerin. In *Liebeslied* von Fritz Peter Buch und Herbert B. Fredersdorf spielt Alessandro Ziliani (ein Sänger der Mailänder Scala, mit dem die Ufa ihren neuen Gesangsstar gefunden zu haben glaubte; er enttäuschte indessen und wurde 1936 durch Johannes Heesters ersetzt) einen berühmten Tenor, der sich in eine Provinzsängerin verliebt und mit ihrer Hilfe eine Aufführung der »Madame Butterfly« an der Pariser Oper retten kann. Ähnlich wird in Detlev Siercks *Das Hofkonzert* nicht nur das obligate Musikfest in einer kleinen Residenzstadt des 19. Jahrhunderts vor dem Scheitern bewahrt, sondern gleichzeitig die fürstliche Familie vervollständigt und eine standesgemäße Liebesheirat gestiftet.

Im *Weiberregiment* von Karl Ritter bringt der Kampf der Geschlechter eine bayerische Brauerei an den Rand des Abgrunds, doch am Ende des Chaos stehen geordnete Unternehmensstrukturen, und die fehlgelenkten Aggressionen zwischen Mann und Frau steuern allesamt in den Hafen der Ehe. *Incognito* von Schneider-Edenkoben: der jugendliche Chef eines großen Unternehmens muß einen regelrechten kapitalistischen Initiationsritus in Gestalt einer Verwechslungskomödie absolvieren, bis er am Ende die Gesetze der Betriebswirtschaft begreift und gleichzeitig die Frau seines Lebens ehelichen darf. In Paul Martins *Glückskinder* besiegelt das Happy-End der Liebenden die Karriere eines jungen Reporters in einem Zeitungskonzern und die Wiederherstellung der Ordnung in der Familie eines Ölmagnaten. Um Öl und Liebe geht es auch in Viktor Tourjanskys *Stadt Anatol*: eine kleine Balkanstadt, vom Fieber nach dem flüssigen Gold erfaßt, geht in Intrigen, Verbrechen und einem veritablen Feuersturm unter – der Held indessen wird, mit Hilfe einer liebenden Frau, die Stadt wiederaufbauen und auch den Ölboom aufs neue ankurbeln.

Der grüne Domino von Herbert Selpin handelt von der Wiederherstellung der Gerechtigkeit: eine junge Frau beweist die Unschuld ihres seit zwanzig Jahren im Zuchthaus einsitzenden Vaters und findet ihren »Lebenskameraden« in einem couragierten Juristen, der bei den Ermittlungen hilft. In *Einer zuviel an Bord* von Gerhard Lamprecht führt der Fall eines verschwundenen Kapitäns zu einer gerichtlichen Untersuchung, zu gerechter Sühne und zur glücklichen Wiedervereinigung eines getrennten Paares. Auch in *Schlußakkord*, Detlef Siercks erstem bedeutenden Melodrama, bringt eine Gerichtsverhandlung Licht in die tragische Familienaffäre eines Generalmusikdirektors, befreit eine junge Frau vom Mordverdacht und führt beide zu einem glücklichen Paar zusammen.

Das Mädchen Irene: Karl Schönböck, Lil Dagover, Sabine Peters und Geraldine Katt

Ähnlich belohnt das Happy-End in Siercks *Das Mädchen vom Moorhof* den Gerechten, in diesem Fall einen Jungbauern, der sich vom Milieu der reichen Großgrundbesitzer lossagt, um eine arme, von ihrem Dienstherrn geschwängerte Magd zu freien. Schließlich *Das Mädchen Irene* von Reinhold Schünzel: eine großbürgerliche Familie ohne Vater; eine Mutter, »Dame von Welt«, die sich in einen ihrer würdigen Kavalier verliebt; eine halbwüchsige Tochter, die im Kampf um ihre Mutter vor einem Mordversuch nicht zurückschreckt und sich am Ende selbst umbringen will – und ein Filmschluß, der alle Wogen glättet: die Tochter kommt zur Einsicht, die Liebe zu ihrem ehelichen Recht und das erschütterte Familienleben wieder ins Gleichgewicht.

Die genannten Titel umfassen etwas mehr als ein Drittel der abendfüllenden Spielfilme, die von der Ufa in den Jahren 1935 und 1936 produziert wurden: »gepflegte« Unterhaltung in parfümierten oder »volkstümlichen« Milieus und mit einem obligaten Happy-End, dessen Struktur sich bereits im »Gesellschafts-« und Unterhaltungsfilm der zwanziger Jahre herausgebildet hatte und keineswegs nur im deutschen Kino anzutreffen war. Sein Kennzeichen ist die enge Verflechtung von erotischer Wunscherfüllung (innerhalb des monogamen Kanons) mit der Rekonstruktion zerstörter oder bedrohter Lebens- oder Produktionszusammenhänge. »Liebeserfüllung« wird real unter der Bedingung, daß gleichzeitig beschädigte Familienverhältnisse repariert, innerbetriebliche Konflikte geregelt oder bestehende Ungerechtigkeiten ausgeräumt werden. Stereotyp geht es in erster Linie um die erotischen Wünsche des Mannes. Schünzels *Das Mädchen Irene* allerdings durchbricht dieses konservative Muster und zeigt, nachgerade programmatisch, den schwierigen Kampf einer Frau mittleren Alters um sexuelle Verwirklichung.

Glückskinder: Willy Fritsch (l.) und Lilian Harvey

Das traditionelle Schema des erfolgreichen Unterhaltungsfilms wirkte in der Mehrzahl der Lustspiele, Melodramen und Liebesfilme unter nationalsozialistischer Herrschaft fort und bewährte sich weiterhin als Medium der Sinnstiftung in einem – wie es schien – nur unwesentlich veränderten Alltagsgefüge. Der Rest der Produktion wurde von Abenteuerfilmen wie *Unter heißem Himmel* (Regie Gustav Ucicky, mit Hans Albers und Aribert Wäscher) oder Musik- und Operettenfilmen im Stil von *Der Bettelstudent* von Georg Jacoby (mit Carola Höhn, Johannes Heesters und Marika Rökk) bestritten. Nur vier der 34 Ufa-Produktionen aus den Jahren 1935 und 1936 werden nach dem Krieg von der Alliierten Militärregierung als nationalsozialistische Propaganda eingestuft und verboten werden.

Der »unpolitische« Gestus des Unterhaltungsfilms erlaubte einige harmlose Freiheiten, die in »ernsten«, »nationalpolitisch« gewichtigen Filmen undenkbar gewesen wären. So mochte der lockere Lebensstil, den Willy Fritsch, Lilian Harvey, Oskar Sima und Paul Kemp in *Glückskinder* vorführten, mochten zumal die den Müßiggang feiernden Liedtexte von Curt Goetz (»Ich wollt', ich wär' ein Huhn«) der angestrengt heroischen Lebensauffassung des deutschen Faschismus nicht gerade geschmeichelt haben. Andererseits waren bestimmte Ventile, die Entspannung, Ablenkung, Zerstreuung, ja einen gelegentlichen »Ausstieg« aus der täglichen Belagerung durch Propaganda und Indoktrination gewährten, beim Regime durchaus erwünscht. Gerade Goebbels war sich darüber im klaren, daß »unpolitische« Unterhaltung geeignet sei, auf den »Volkskörper« stabilisierend einzuwirken, die ziellos vagabundierende Unzufriedenheit im Gemeinwesen zu neutralisieren und die Menschen mit ihrem Schicksal als gehorsame Konsumenten auszusöhnen.

Die allmählich steigenden Reallöhne der Arbeiter und die gewachsene Kaufkraft der mittleren Schichten waren vor allem der Rüstungskonjunktur zu danken, aber sie spiegelten wirtschaftliche Stabilisierung und solide Verhältnisse in der Gesellschaft und im Staatshaushalt vor. Es entstand ein spezifisches Wirtschaftswunder-Klima, und breite Bevölkerungskreise entdeckten mit einer aus den Jahren der Republik unbekannten Intensität die Freuden des Konsums. Das Kino als Wunschmaschine, zumal das Panorama der begehrenswerten Dinge im »Gesellschaftsfilm« übernahm nun eine neue pädagogische Funktion.

Wilhelm Reich hatte 1933 die kommunistische Arbeiterbewegung mit der These provoziert, daß durch »jede Ritze des Alltags« das kleinbürgerliche Leben in die Wohnstuben, in die Köpfe und Herzen der Proletarier eindringe – und daß schon die Anschaffung eines kleinbürgerlichen Schlafzimmers oder das modische Abendkleid einer Arbeiterfrau Empfänglichkeit für reaktionäre Propaganda erkennen lasse.[73] Die fortschreitende »Verbürgerlichung« der deutschen Arbeiterschaft unter dem NS-Regime wurde bereits Mitte der dreißiger Jahre zu einem Problem des kommunistischen wie auch des sozialdemokratischen Widerstands. Und gerade das Kino schien Reich recht zu geben: während noch der exotische Luxus vieler Filme der Inflationszeit oder die großbürgerlichen Salons im Gesellschaftsfilm der Weltwirtschaftskrise als Traum-Material funktionierten und das Kino aus dem unüberbrückbaren Abstand zwischen Wirklichkeit und Wunschwelt seine Faszination gewinnen konnte, schienen jetzt manche der auf der Leinwand präsentierten Sehnsuchtsobjekte näherzurücken. Die Dinge, aber auch die Menschen in vielen Filmen winkten dem Zuschauer als einem potentiellen Konsumenten zu und sprachen von der Lust des Habens und den Verlockungen eines wenn auch bescheidenen Wohlstands.

Schon die »Angestelltenfilme« der späten Weimarer Republik hatten Alltagstypen als Identifikationsfiguren eingeführt: jene »Menschen wie du und ich« mit ihrem banalen Leben, das nur darauf wartet, von der Wendung ins Nicht-Banale, von Daseinssteigerung und Glückserfahrung eingeholt zu werden. »Glück« war dabei in aller Regel ein Synonym für die lang ersehnte und nun überraschend möglich gewordene Anhäufung materieller Güter. Der kleine, von Überschuldung bedrohte Geschäftsinhaber in *Frischer Wind aus Kanada*, die ehrgeizigen Reporter in *Glückskinder*, die zahllosen von Alltagssorgen geplagten Fabrikanten und Juweliere, Provinzkünstler und Ingenieure, die Verkäufer, Kellnerinnen und Bahnschaffner, die Bank-, Post- und Hotelangestellten, die in den »Gegenwartsfilmen« der dreißiger Jahre figurierten, setzten diese republikanische Tradition fort und bildeten nun mit dem Publikum eine imaginäre »Volksgemeinschaft«, die um so fester zusammenhielt, als ihre gemeinsamen Überzeugungen und Erwartungen auf materielles Wohlergehen und privates Glück gerichtet waren. Selbst die smarten Sportler, Künstler und Weltenbummler der Leinwand in ihren Knickerbockerhosen und mit ihrer Shagpfeife schienen nun dem Alltag nähergerückt – die »symbolischen Belohnungen«[74] des nationalsozialistischen Staates, die gerade den Arbeitern und kleinen Angestellten »Kraft durch Freude« versprachen, enthielten ja auch die Verheißung, langgehegte, vom Kino stimulierte Träume zu erfüllen.

Die Veranstaltungs- und Reiseangebote der »Kraft durch Freude«-Programme lockten mit »erlebnisreichen« Kreuzfahrten im Mittelmeer oder im Nordatlantik, mit »Lebenssteigerung« im Theater und im Konzertsaal, mit

Kursen in Reiten, Tennis oder Segeln – Sportübungen, die lange einer bürgerlichen Elite vorbehalten gewesen waren. Sie zielten nicht ohne Erfolg auf Integration und Zustimmung zum Regime. Ihr Klient war der »Normalbürger« mit seinen von Kinobildern und Illustriertengeschichten angeregten Tagträumen. Die an den »kleinen Mann« gerichtete Werbung für das Eigenheim und das eigene Automobil, für das Rundfunkgerät und den Fotoapparat, für moderne Küchengeräte, »schicke« Kleidung und »mondäne« Kosmetik rückten Dinge in greifbare Nähe, die bisher nur mit dem Lebensstandard der »Gesellschaftsfilme« in Verbindung gebracht worden waren. Die Werbung für Coca-Cola und das Alltagsgesicht des Kinostars propagierten gemeinsam, »ab und zu eine Pause« zu machen, die Freude am Dasein »eiskalt« zu genießen; zum Beispiel zeigt eine Fotografie von der »Morgenfeier der Coca-Cola-Gesellschaft« in der Essener Lichtburg um 1938 ein über die ganze Breite der Kinofassade gespanntes Reklametransparent mit dem lächelnden Coca-Cola-Girl, darüber ein Filmplakat mit Heinz Rühmann als Kellner.[75]

Das »Führer«-Versprechen, das deutsche Volk mit Hilfe des Volkswagens zu motorisieren – unter der Devise, der deutsche Verbraucher habe dieselben Bedürfnisse wie der amerikanische –, die Automobilausstellungen als festes Datum im Jahreszyklus nationalsozialistischer Großveranstaltungen, die drastischen Preissenkungen für beliebte Opel- und DKW-Modelle suggerierten nicht nur einen »verbraucherfreundlichen« Kurs der nationalsozialistisch geführten Wirtschaft – sie schienen auch Kinoträume von Mobilität und Freiheit wahrzumachen. 1935 stellte ein Rennwagen der Firma Adler auf der Berliner Avus dreizehn neue Rekorde auf – und gleichzeitig wurden im Kino Rennfahrer-Geschichten attraktiv, so in Richard Eichbergs deutsch-französischer Gemeinschaftsproduktion *Die Katz' im Sack* (die von der Filmprüfstelle im September 1939 wie andere Filme mit französischer Beteiligung verboten werden wird) und in Franz Wenzlers *Der stählerne Strahl* (Pallas Film GmbH). Zwei Jahre später, zur Eröffnung der Automobilausstellung in Berlin, starteten Deutschlands Spitzenrennfahrer Rudolf Caracciola, Bernd Rosemeyer und Hans Stuck zu Ehren Hitlers »mit heulenden Motoren«[76] von der Reichskanzlei zur Ausstellungshalle und versetzten die Berliner Bevölkerung in Begeisterung.

»Die Rennfahrer verkörperten das Abenteuerliche und Elementare ebenso wie die Helden der gegen das ewige Eis kämpfenden Nanga-Parbat-Expeditionen oder die Sahara-Flieger, bei denen es keine Kluft zwischen Herz, Kopf und Körper gab.«[77] Konsumismus und Technikverherrlichung, Sportbegeisterung und Sehnsucht nach Selbstentfaltung, Abenteuerlust und der Kult »schneidiger Männlichkeit« verschmolzen im Zeichen des Hakenkreuzes zu einer Symbiose, die für die aggressive Propaganda des Regimes nur allzu empfänglich war. Dokumentarfilm- und Wochenschauaufnahmen von den Kunst- und Schauflügen des »Lufthelden« Ernst Udet wie auch von den deutschen Nanga-Parbat-Expeditionen 1934 und 1937 gelangten über den Schmalfilmvertrieb der Ufa in viele Haushalte, in denen preiswerte und leicht handhabbare Amateurfilmprojektoren sich großer Beliebtheit erfreuten. Beinahe unversehens sickerte über die Amateurfilmtechnik die faschistische Ideologie bis in jene vier Wände, in die sich der »Volksgenosse« zurückzog, um den Erfassungsstrategien der Nationalsozialisten zu entgehen und seinen »privaten« Träumen und romantischen Bildern von Natur und männlicher Bewährung nachzuhängen – den Kampf-Mythos und die

»Propaganda für Höhenmenschentum« (Axel Eggebrecht[78]) hatten ja schon seit den frühen zwanziger Jahren die Bergfilme Arnold Fancks vorbereitet.

Die Mehrzahl der Unterhaltungsfilme, Melodramen, »Volksstücke« und Heimatepen wirkte dagegen kompensatorisch; das Kino wandte sich an das Harmoniebedürfnis der Menschen und besänftigte die von den permanenten Hochleistungsappellen des NS-Staats strapazierten Gemüter.

Näher am Rhythmus der Zeit waren die hauptsächlich von der Ufa, aber auch von Terra, Tobis und Bavaria produzierten Revuefilme: ihre choreographischen Muster, der Motorik der neuen Sachlichkeit entstammend, paßten sich ohne Schwierigkeiten den nationalsozialistischen Methoden der Massenbearbeitung an. Der Kult der Sinne, kaum entfesselt, geriet alsbald in die Zange der Disziplin; der deutsche Tanzschritt verriet seine Wahlverwandtschaft mit dem Marschrhythmus. Mit den ornamental überformten und zu Blöcken gepreßten Menschenkulissen der NSDAP-Großveranstaltungen teilten die Ballettgruppen der Revuefilme ihr Schicksal als »plastische Masse«, Knetmasse unter dem Zugriff einer ihrem Wesen nach körperfeindlichen, die Sinne knebelnden Demagogie: »Der Körper war ein Medium, mit dem man das Bewußtsein hinters Licht führte.«[79]

Zum Vorschein kam, wenn auch verwischt von sentimentalen Fabeln, glitzernden Dekors und rhythmisiertem Frohsinn, der Doppelcharakter einer repressiven Moral: Triebverzicht und Verdinglichung des Körpers auf der einen Seite – sportiv gedrosselte, im Rhythmus der Produktion und des Krieges stampfende Aggressionsbereitschaft auf der anderen. »Die Revuefilme sind die Heerschau des Propagandaministeriums, seine Paradebeispiele der höchsten Produktionskapazität und zugleich der höchsten Rezeptionsintensität, viel stärker noch als die manifest politisch intendierten ›Filme der Nation‹«, schreibt der Filmkritiker Karsten Witte.[80] Im Stechschritt der Girls, im »Gardemaß« ihrer uniformierten Körper, im »Schmiß« der Musik und der Filmmontage verkam die erotische Substanz der klassischen Revue zum Material: der weibliche Körper wurde zu Stückgut. Der Stumpfsinn der Zahlen- und Marschkolonnen, das rechteckige Weltbild des preußischen Korporals drängten auf die Bühne und vor die Kamera, warfen sich in uniformen Kostümflitter und bemühten sich keineswegs, ihre Affinität zur Kaserne zu verheimlichen: der Drill und der Krieg waren ja Gegenwart und Zukunft der Nation.

Was das bürgerliche Publikum des Wintergartens und des Admiralspalastes noch mit »weiblicher Anmut« oder »erotischem Charme« assoziiert hatte, schmolz die Revue der NS-Zeit ohne viel Federlesens in eine Ästhetik der »Zakkigkeit« ein. Der militärische Schwung des Hiller-Balletts bei seinem festlichen Auftritt zum 50jährigen Jubiläum des Wintergartens werde nur noch vom Musikkorps der Leibstandarte SS Adolf Hitler übertroffen, vermerkte ein begeisterter Rezensent.[81] Die männlichen Draufgänger-Typen und die noch immer in ihren Armen dahinschmelzenden Frauen tanzten und sangen sich über Abgründe hinweg, die auch der dröhnende Männlichkeitskult des Faschismus nur notdürftig verbergen konnte. Das patriarchale Weltbild war, spätestens nach dem Ersten Weltkrieg, auch in Deutschland brüchig geworden, und selbst der Revuefilm führte eher erbärmliche Männer »mit mangelhaft ausgeprägter Ichstärke« vor, »die mithin ihre Identität um so aggressiver gegen die Frauen erst entwickeln« mußten.[82]

Hallo Janine

Im Kontext der Revuefilme weist Karsten Witte darauf hin, daß im Alltag Hitler-Deutschlands der Begriff des »inneren Reichsparteitags«[83] entstanden sei: eine Metapher für die Verinnerlichung des faschistischen Monumentalitätswahns und seiner geometrisch-hierarchischen Ästhetik durch das überwältigte Kollektiv. Versammelte der »Führer« in Nürnberg sein Volk, in Blöcken aufgereiht nach dem Muster eines ständischen, jedoch modern durchrationalisierten Militärstaats, zum Massenappell, so projizierten die Revuefilme der Ufa den Appell an den Ordnungssinn und die Unterwerfungsbereitschaft des Volkes in die Seele jedes einzelnen und nahmen gerade das in Beschlag, was seine »Privatheit« ausmachte: sein Bedürfnis nach Entspannung, seine Erlebnisfähigkeit und seine Freude am Zweckfrei-Schönen. Strukturell bildete der »innere Reichsparteitag« die Wahrnehmungsmuster des äußeren nach; hier wie dort »wurde ernstgemacht mit der Umdeutung des schwachen Ich zum starken Wir«. (Gert Selle[84])

Allerdings: der nationalsozialistische Versuch, ein Volk über seine »soziale Sinnlichkeit« neu zu formieren und »gleichzuschalten«, hatte sich gegen noch immer sehr lebendige Elemente der republikanischen Kultur und vielfache Einflüsse aus dem Ausland durchzusetzen. Bis in die vierziger Jahre hinein wurde die Vorliebe zumal der jüngeren Generation für amerikanische Filme, für Jazz und Swing vom Regime stillschweigend toleriert, gelegentlich behindert, aber nicht massiv unterdrückt. Das deutsche Kinopublikum konnte seine Revuefilme mit amerikanischen Musicals wie Jack Conways *Dancing Lady* (dem Debütfilm Fred Astaires, mit Joan Crawford und Clark Gable, produziert von RKO 1933) und Roy del Ruths *Broadway Melody of 1936* (MGM, 1936) vergleichen – mit Filmen, die volle Häuser fanden und sie auch finden mußten, weil die deutschen Verleihfirmen zum Teil langfristige Verträge mit den amerikanischen Konzernen abgeschlossen hatten. Erst Anfang 1939 entschied der Ufa-Vorstand auf Druck des Propagandaministeriums, amerikanische Filme nicht mehr in Ur- oder Erstaufführungen herauszubringen.[85]

Die Komiker Stan Laurel und Oliver Hardy entzückten auf der Leinwand, aber auch als Gäste der Berliner Scala 1937 ein breites Publikum, und Walt Disneys »Mickey Mouse« wurde über multimediale Vertriebskanäle auch im nationalsozialistischen Deutschland populär. Kinos wie die Kamera in Berlin und Massenzeitschriften wie »Die Koralle« und »Stern« propagierten amerikanische Filmstars. Clark Gable, Greta Garbo, Joan Crawford, Katherine Hepburn, Claudette Colbert und andere Hollywood-Größen erfreuten sich in den dreißiger Jahren großer Beliebtheit beim deutschen Kinopublikum. Auch Marlene Dietrich war unvergessen; ihr Film *The Scarlett Empress* (Josef von Sternberg) wurde unter dem Titel *Die große Zarin* zu einem der großen Berliner Erfolge des Jahres 1934, und der von Lubitsch für die Paramount produzierte Film *Desire* (*Sehnsucht*, Regie Frank Borzage, mit Marlene Dietrich und Gary Cooper) wurde 1936 neun Tage vor der New Yorker Premiere im Berliner Capitol uraufgeführt. »Das Magazin« verteidigte in zahlreichen Artikeln Marlene Dietrich und mit ihr die Faszination des Vamps gegen nationalsozialistische Kampagnen, die gegen die »unverhüllte Erotik« der Dietrich deutsche Stars – etwa Paula Wessely oder Marianne Hoppe als »Vertreterinnen der neuen Zeit, gesund an Leib und Seele« – auszuspielen versuchten. 1936 amüsierte sich »Das Magazin«, das regelmäßig Bilder und Biographien der amerikanischen Filmstars publizierte, offen über die »hausbackene« Lebensfreude der nationalsozialistischen Freizeitkultur.[86]

Die amerikanischen Filme, allen voran die Musicals, fanden nicht nur ein begeistertes Publikum, sondern auch aufgeschlossene Rezensenten, die sich nicht scheuten, ihre Bewunderung für die souveräne amerikanische Selbstironie, für die mitreißenden Musiken Cole Porters oder Irving Berlins, für die Lockerheit der Hollywood-Girls, der Step-Tänzer und Jazz-Sänger in aller Offenheit auszusprechen. Der unverkrampfte Witz und das robuste Selbstbewußtsein der Amerikaner wurden von Kritikern wie Erich Pfeiffer-Belli und Hermann Christian Mettin ausdrücklich gelobt. Pfeiffer-Belli forderte aus Anlaß des US-Films *San Francisco* (Regie Woodbridge Strong van Dyke, produziert von MGM 1936), die deutsche Filmproduktion habe von Amerika »systematisch zu lernen«, um »ähnlich vollendete Filme« herzustellen.[87] Und 1942, im dritten Kriegsjahr, streckte sogar Propagandaminister Goebbels vor Hollywood die Waffen, als er wieder einmal »viel Besuch aus der Filmwelt« hatte (»die ganzen Produktionschefs sind da«) und er die Gelegenheit wahrnahm, an die Besichtigung des amerikanischen Films *Swanee River* (mit »Jazz Singer« Al Jolson) »Bemerkungen für die Schaffung eines neuen deutschen Volksliedfilmes« zu knüpfen: »Die Lage ist heute so, daß die Amerikaner es verstehen, aus ihrem verhältnismäßig geringen Kulturvorrat durch modernisierte Darstellung etwas auch für die augenblickliche Zeit Brauchbares zu schaffen. Wir sind demgegenüber zu viel mit Pietät und Tradition belastet. Wir scheuen uns, unser Kulturgut in ein modernes Gewand einzuhüllen, und es bleibt deshalb historisch oder museal und wird bestenfalls von Gruppen der Partei, der Hitlerjugend oder des Arbeitsdienstes aufgenommen. (...) Die Amerikaner haben nur ein paar Negersongs, aber sie stellen sie

Schlußakkord: Willy Birgel, Peter Bosse und Lil Dagover

so aktuell dar, daß sie damit große Teile der modernen Welt erobern, die sich natürlich auf eine solche Weise sehr angesprochen fühlt. Wir verfügen über viel umfangreichere Kulturgüter, aber wir besitzen nicht die Kunst und die Kraft, sie zu modernisieren.«[88]

Goebbels bewies mit seiner Einschätzung ein erstaunliches Gespür für die Qualitäten des internationalen Showbusiness, aber er irrte in einem wesentlichen Punkt: es ging weniger um den Widerspruch zwischen Tradition und Moderne als um den umfassenden Versuch der Nationalsozialisten, die Erotik aus der Welt zu schaffen. Die Einstellung des deutschen Faschismus zur Sinnlichkeit wurzelte, wie George L. Mosse betont hat, tief in der »Geschichte der Respektabilität und der bürgerlichen Moral«[89] – aber in ihrer körper- und sinnenfeindlichen Rigorosität ging sie weit über die traditionelle bürgerliche Prüderie hinaus. Der Nacktheit des »arischen« Körpers, wie sie in der offiziellen Bildhauerei eines Arno Breker oder Josef Thorak kultiviert wurde, haftete bei aller Muskelprotzerei auch stets eine leichenhafte, jedenfalls unlebendige Starre an: »Nacktheit ohne Sinnlichkeit« (Mosse). Die treibende Kraft der Sexualfeindschaft im NS-Staat war der Befehlshaber der faschistischen Todesschwadronen: Reichsführer der SS Heinrich Himmler. »Geopfert wurde die Sinnlichkeit, die Leidenschaft und zu einem gewissen Grade der Individualismus selbst.«[90]

Die Filmproduktion unter nationalsozialistischer Herrschaft geriet in einen elementaren Widerspruch: sie hatte es ja mit einem wesenhaft erotischen und mit der sinnlichen Neugier verbündeten Medium zu tun. Und tatsächlich hat dieses Medium in den interessantesten Produktionen der dreißiger und vierziger Jahre seine eingeborene Schamlosigkeit, seine Neigung, die Sinne zu »verführen« und zu »betören«, nicht verleugnet. Detlef Sierck etwa entfaltete in

Schlußakkord (Herstellungsgruppe Bruno Duday, mit Willy Birgel, Lil Dagover, Maria von Tasnady und Theodor Loos in den Hauptrollen) mit Hilfe seines Kameramanns Robert Baberske und des Orchesters der Berliner Staatsoper die Sensualität der filmischen Mittel in bester melodramatischer Tradition. Überblendungen, Spiegelungen, Traumszenen, der Ozean als filmische Metapher (»des Meeres und der Liebe Wellen«), die emotionsgeladene Musik: diese Mittel entwickeln sich bis zu jenem Punkt, in dem ihr Eigengewicht sich gegen die reaktionäre Fabel wendet und die bürgerliche Moral, die Lehre von der Unterordnung des Weibes und von der Frevelhaftigkeit sinnlicher Begierden der Lüge überführt. Siercks Filme hielten den Widerspruch zwischen einer biederen, stockkonservativen Sexualmoral und »betörender« filmischer Schönheit in einer verwirrenden Balance – dies erklärt die Faszinationskraft, die einige große Ufa-Melodramen selbst noch der NS-Zeit bis heute auf den Betrachter ausüben.

Die Ufa, in der Spitze weitgehend »gleichgeschaltet« und damit beschäftigt, den permanenten politischen und ideologischen Druck der Staatsführung von oben nach unten weiterzugeben, verwaltete die noch vorhandenen kreativen Potenzen, aber sie war nicht mehr in der Lage, sie wirksam zu fördern und an sich zu binden. Seine fähigsten Mitarbeiter hatte das Unternehmen zur Untätigkeit verurteilt oder ins Exil getrieben. Auf den Leitungsebenen konzentrierte man sich darauf, die wirtschaftlichen Bilanzen im Gleichgewicht zu halten und mit taktischem Geschick auf die erschwerten Produktionsbedingungen zu reagieren, die immer wieder durch Bedenken, Anfragen und Einwände des Reichsfilmdramaturgen oder durch die voluntaristischen Entscheidungen des Ministers geschaffen wurden.

Ein Filmkonzern, der nicht nur auf Anpassung bedacht war, sondern stets danach strebte, Vorbild zu sein, wenn Partei und Regierung an die »nationale Gesinnung« appellierten – ein solches Unternehmen konnte schwerlich ein Hort der Filmkultur sein. Ende 1934 schlugen die Direktoren Correll und Grieving vor, die Ufa solle ihre Einrichtungen der Organisation »Kraft durch Freude« öffnen und nach dem Modell der Theater-»Werkspiele« nunmehr auch »Werkspiel-Filme« herstellen.[91] Solche Liebedienerei gegenüber dem Regime stand in einem sonderbaren Widerspruch zu den Bemühungen, dem deutschen Film internationales Ansehen zu verschaffen und die nationale Filmproduktion, wie vom Propagandaministerium gefordert, auf ein neues, bisher nicht erreichtes Niveau zu heben.

Wie bereits in der Weimarer Republik war die Ufa auch unter den Bedingungen der Diktatur mehr als eine Filmfabrik. Sie war – mit ihren Filmen, ihren Stars, ihren Werbemethoden und Gala-Veranstaltungen – ein politisch-kulturelles Produktionssystem, das, auf staatlichen Druck reagierend, den gebrochenen Mut, die tödlichen Verblendungen und die gekrümmten Gefühle des Gemeinwesens widerspiegelte – eines gefährdeten Gemeinwesens, dessen Alltag durch die Eingriffe einer allmächtig scheinenden Staatsmaschine zunehmend deformiert wurde.

Die zyklischen Rituale der Partei und ihrer Massenorganisationen, die KdF-Aktionen und »Reichsstraßensammlungen«, die Eintopf-Sonntage und das Winterhilfswerk mit seinen Parolen (»Keiner soll hungern und frieren«) simulierten eine solidarische, dem Ideal der spontanen Selbstlosigkeit ergebene

Volksgemeinschaft: eine Fiktion, die im psychologischen Mikrokosmos zahlloser »Publikumsfilme«, Melodramen, Lustspiele und Kleinstadtidyllen ein tausendfaches Echo fand. Jedes Happy-End bestätigte die Flucht nach innen gleichermaßen wie die Zuversicht in die vorgegebene Ordnung.

Die Filme der Ufa spiegelten, nicht anders als die populistischen Programme der Regierung, menschliches Miteinander und lebendige Empfindungen in einem Kollektiv vor, das längst von Erkaltung bedroht war und begonnen hatte, einen beträchtlichen Teil seiner Wahrnehmungen auszublenden. Das Gefühl, in einer Maschine gefangen zu sein, die der Vernichtung entgegentrieb, fand Beschwichtigung in einem – begrenzten – Konsumismus und in einer seit vielen Generationen unter Bedingungen des Obrigkeitsstaats genormten Innerlichkeit. Ähnlich wie die Werbung »Deutscher Schaumwein ist kein Luxus mehr!« pries das Kino nationalgestimmte Lebensfreude durch sanfte Berauschung an – während in der gesellschaftlichen Realität der steigende Alkoholkonsum schon in den letzten Friedensjahren anzeigte, daß Teile des Volkes von Unsicherheit, Apathie und Niedergeschlagenheit befallen waren.

1939 gab es nach offiziellen Schätzungen eine Million alkoholgefährdete Menschen in Deutschland. Ein Jahr zuvor hatte die Hitlerjugend für das »Gesundheitsjahr« 1939 die Parole ausgegeben, im ganzen Reich den Kampf gegen den Alkohol- und Nikotinmißbrauch zu verstärken. Die geheimen Lageberichte des SS-Sicherheitsdienstes (»Meldungen aus dem Reich«, eine beispiellose Quelle zum Alltag des nationalsozialistischen Deutschlands zwischen 1938 und 1945) registrierten im ersten Vierteljahr 1939 ein »starkes Ansteigen der Ausschreitungen in trunkenem Zustand und der Zahlen der wegen Trunkenheit verhafteten Personen« vor allem in Pommern und Ostpreußen; gemeldet wurde in diesem Zusammenhang auch, daß sich »im gesamten Reichsgebiet die Fälle der Überarbeitung und nervösen Erschöpfung der werktätigen Bevölkerung« vermehrt hätten.[92] Besorgte Wächter über die »Volksgesundheit« stellten eine »nervöse« Vergnügungssucht im Volk fest, ein Pendeln zwischen Abstumpfung und oberflächlicher Reizbarkeit, eine labile Gefühlsmischung, die in der Warenwelt, in der Droge, aber auch in einer mechanisch gelebten sexuellen »Libertinage« nach Kompensation suchte. Auch in den Revuefilmen der Ufa verkamen ja die Gefühle zu maschinenhaften Reaktionen und durften nur im Drill des Stampfschritts über die Stränge schlagen.

Noch in den späten dreißiger Jahren freilich waren irritierende kulturelle Collagen möglich, die auf ihre Weise dazu beitrugen, den Blick der Menschen für die reale Lage und für das Wesen der faschistischen Diktatur zu trüben. Als im September 1937 aus Anlaß von Mussolinis Staatsbesuch die Reichshauptstadt zur Bühne großspuriger nationalsozialistischer Selbstverherrlichung wurde, bot der Amüsierbetrieb Berlins ein Gegenprogramm für den verfeinerten Geschmack der von allen Widersprüchen der Zeit unberührten Schickeria an. »Vom 25. bis 30.9.1937 wurde in der Kurbel am Kurfürstendamm eine Marlene-Dietrich-Woche veranstaltet. Während Mussolini die ›Via Triumphalis‹ entlangfuhr, konnte man in die Welt des Films *Shanghai-Express* eintreten, um anschließend in der Femina-Bar Teddy Stauffer zu applaudieren, der (...) mit ›Swingin' for the king‹ und ›Goody Goody‹ auf andere Weise die kriegerisch-völkischen Absichten des Hitler-Staates verleugnete. Am gleichen Abend begeisterte im Marmorhaus – wie schon zwei Monate lang – der 20th Century-Fox-

Film *Gehn wir bummeln*, und an der Kasse der Staatsoper bildeten sich Schlangen für die Premiere des Balletts ›Der Kuß der Fee‹ von Igor Strawinsky. Es gab viele Menschen, die diese der NS-Ideologie entgegengesetzte Welt zur realen erklärten; die in Wirklichkeit auseinanderklaffenden Widersprüche betrachteten sie als nicht existent und sperrten sich von der Wahrheit ab.«[93]

Die Leidenschaft für das Kino florierte wie zuvor nur während des Ersten Weltkriegs und in den Krisenjahren der Republik, und wer es sich leisten konnte, suchte und fand Entspannung im exzessiven Genuß. Zynisch praktizierte das Regime, im Widerspruch zu seiner eigenen Propaganda, seine primitive Anfälligkeit für grellen Luxus vor den Augen des Volkes. Zwar wurden krasse Korruptionsfälle vertuscht, aber die Korruption selbst stellte sich zur Schau und war, wie Görings pathologische Prunksucht, ein Teil der öffentlichen Inszenierung. Notorische Alkoholiker wie Robert Ley, der Reichsleiter der deutschen Arbeitsfront, waren Zielscheibe offenen Spotts; der Sexismus eines Joseph Goebbels wurde zum Tagesgespräch – und der Minister selbst als »Bock von Babelsberg« beinahe zur tragikomischen Figur. Genuß- und Vergnügungssucht griffen auch in der Bevölkerung um sich und vermischten sich diffus mit den latenten Angstgefühlen, mit dem Mißtrauen vor dem Nachbarn und der Furcht vor dem Krieg. Der deformierte Alltag des Hitler-Reichs zeigte die Bevölkerung in einem psychologischen Ausnahmezustand, der wenige Jahre später in zerbombten Städten extreme Reaktionen hervortreiben wird: Zustände einer »bacchantischen Verwirrung«, die zum Beispiel Hans Georg Studnitz beobachtete, als er nach einem Luftangriff die Bewohner eines zerstörten Hauses vor den brennenden Ruinen tanzen sah.[94]

Eine »bacchantische Verwirrung« eigener Art befiel 1936 den Propagandaminister und Filmenthusiasten Goebbels, als er sich in die tschechische Ufa-Schauspielerin Lida Baarova verliebte – eine Leidenschaft, die ihn an den Rand der persönlichen Katastrophe trieb und um ein Haar seine politische Karriere beendet hätte. Des Ministers Neigung zu schönen Frauen war hinlänglich bekannt; seine Seitensprünge lieferten dem Klatsch und Tratsch in der »Volksgemeinschaft« immer wieder neues Material. Sein eigener Unterstaatssekretär Karl Hanke, ein Vertrauter von Frau Magda Goebbels, führte akribisch Buch und stellte eine Liste mit 36 Namen zusammen, »teils von unbekannten jungen Mädchen, die meisten jedoch von Damen der Gesellschaft und Schauspielerinnen«.[95] Die Goebbels-Biographen Fraenkel und Manvell bestreiten, daß er dabei seine Machtstellung nutzte – die Damen erlagen seinem Charme. Im Fall Baarova erlag der Propagandachef offenbar selbst seinen Gefühlen und seiner Besessenheit vom weiblichen Geschlecht – Eigenschaften, in denen Helmut Heiber mit Recht einen überraschend menschlichen Zug im Bild des fanatischen Politikers ausmacht.[96] Goebbels verachtete gründlich den von der NSDAP propagierten »deutschen« Frauentyp und bevorzugte die Damen von Welt – und unter ihnen besonders fremdländische Schönheiten mit dem Flair des Rätselhaften: Frauen, die nach der verordneten Germanisierung von Kunst und Kultur in Deutschland selten geworden und allenfalls in der Filmindustrie, zumal bei der Ufa, anzutreffen waren.

Lida Baarova wurde 1934 als Zwanzigjährige von der Ufa verpflichtet. Sie gehörte nicht zu den Spitzenstars, gefiel aber dem Publikum als »Luxusweib« und Vamp mit exotischer Ausstrahlung in Filmen wie *Barcarole* (Gerhard Lamp-

Besuch bei den Dreharbeiten zu *Preußische Liebesgeschichte:* Goebbels, Staatssekretär Hanke, Willy Fritsch, Vittorio Mussolini (v. l.)

recht, 1934/35), *Leutnant Bobby, der Teufelskerl* (Georg Jacoby, 1935) und *Die Stunde der Versuchung* (Paul Wegener, 1936); ihr Partner in diesen Filmen war Gustav Fröhlich, mit dem sie auch eine private Liaison eingegangen war. Nach der Darstellung von Fraenkel/Manvell kamen Lida Baarova und Goebbels im Rahmen einer Parteitagsveranstaltung miteinander ins Gespräch; unmittelbar vor einer wichtigen Rede behauptete der Minister, er habe mit der Schauspielerin Einzelheiten ihrer nächsten Filmrolle zu besprechen. Die politischen Anforderungen bagatellisierend, spielte sich Goebbels zur Überraschung der jungen Dame wie ein Produktionschef der Ufa auf und erörterte mit ihr, während der Saal auf seinen Auftritt wartete, in aller Ruhe, welcher Regisseur und welche Produktionsgruppe ihrer weiteren Karriere besonders förderlich seien.

Die Liebesaffäre, die sich nun entwickelte, war heftig, dauerte zwei Jahre an und eskalierte zum politischen Skandal, als Magda Goebbels ihrem Mann das gemeinsame Haus auf der Wannseeinsel Schwanenwerder verbot und ernstlich die Scheidung in Erwägung zog. Die Angelegenheit wurde zur Chefsache; Hitler befahl seinen Minister zur Audienz. Als Goebbels sich auch gegenüber dem »Führer« weigerte, seiner Leidenschaft zu entsagen, und sogar seinen Amtsverzicht anbot (angeblich schlug er vor, als Botschafter nach Japan zu gehen), wurde seine Lage prekär. Hitler erteilte seinem entgleisten Gefolgsmann den »Führerbefehl«, auf Lida Baarova zu verzichten. Die Schauspielerin wurde ins Berliner Polizeipräsidium bestellt, wo ihr Graf Helldorf eröffnete, sie habe Deutschland auf dem schnellsten Wege zu verlassen. Das dramatische Telefongespräch, mit dem sich Goebbels von seiner Geliebten verabschiedete, regte auch seine seriösen Biographen zu ausführlichen Darstellungen an. Frau Baarova kehrte im Herbst 1938 nach Prag zurück; ab 1943 arbeitete sie in Italien.

Des Propagandaministers amour fou ist in die deutsche Filmgeschichte eingegangen, und er gehört auch in die Annalen des Ufa-Konzerns. Heiber behauptet, Goebbels' Unterstaatssekretär und SS-Führer Hanke habe bei der Uraufführung des Baarova-Films *Preußische Liebesgeschichte* (Paul Martin, 1938) eine »Pfeifdemonstration« organisiert.[97] Tatsächlich gab es keine Uraufführung. Der Film, der delikaterweise die Geschichte einer Jugendliebe Kaiser Wilhelms I. behandelt, wurde nach mehrmaliger Zensurvorlage im Dezember 1938 von der Filmprüfstelle verboten; die Herstellungskosten hatte Ludwig Klitzsch in der Rubrik der politischen Verluste abzubuchen. Erst im März 1950, fünf Jahre nach dem Ende des Hitler-Reichs, wird der Film unter dem Titel *Liebeslegende* von der Freiwilligen Selbstkontrolle der (bundes)deutschen Filmwirtschaft zur öffentlichen Vorführung freigegeben werden. Ein ähnliches Schicksal war dem Baarova-Film *Der Spieler* beschert, den 1938 die Euphono-Film GmbH in der Regie von Gerhard Lamprecht nach der gleichnamigen Novelle von Dostojewskij für den Tobis-Verleih produziert hatte. Drei Tage nach der Berliner Premiere Ende Oktober 1938 verschwand auch dieser Film aus den deutschen Kinos, um erst 1950, unter dem Titel *Roman eines Schwindlers*, erneut das Licht der Öffentlichkeit zu erblicken.

Die Ohrfeige hingegen, die der gedemütigte Baarova-Liebhaber Gustav Fröhlich seinem Rivalen Goebbels verabreicht haben soll, gehört dem Reich der Mythen an. Freilich nährte das Gerücht aufsässige Untertanenträume: noch lange erbaute man sich landauf, landab an der Vorstellung, auch einmal »fröhlich zu sein«.

21. Kapitel

Exkurs: Die Architektur, das Kino und der Tod

Léon Blums Feststellung, der Sozialismus sei eine Moral, der Kommunismus eine Technik und der Faschismus eine Ästhetik[98], wirft die Frage auf, ob es eine Ästhetik jenseits politischer Moral und jenseits politischer Herrschaftstechniken gebe. Hat der deutsche Faschismus Ästhetik nicht nur usurpiert und sich zu eigen gemacht, sondern war er selbst ein ästhetischer Entwurf von Politik – mit dem Resultat, daß Politik, die sich radikal als »Kunstwerk« versteht, zur Zerstörung pervertiert und die Errungenschaften der menschlichen Zivilisation aufs Spiel setzt?

Eine Untersuchung über Film und Kino unter nationalsozialistischer Herrschaft wird diese Frage nicht endgültig beantworten können, aber sie sollte sich ihrer Provokation stellen: nicht nur, weil es Filme gibt, die für den totalitären Machtanspruch des Regimes eine spezifische Ikonographie erfunden haben, sondern auch und vor allem, weil das Formenrepertoire faschistischer Selbstdarstellung in starkem Maße »filmisch« fundiert, weil die immer wieder beobachtete Synthese aus architektonischer Starre und bewegter (Menschen-)Masse wesentlich von der Wahrnehmungspsychologie des filmischen Sehens inspiriert war. Im Zentrum dieser Synthese stand der Tod. »Faschistische Choreographie«, schreibt Susan Sontag, »variiert zwischen pausenloser Bewegung und erstarrten, statischen, ›virilen‹ Posen. Faschistische Kunst glorifiziert die Unterwerfung, feiert den blinden Gehorsam, verherrlicht den Tod.«[99]

Die Bedeutung der modernen Massenmedien für die Durchschlagskraft der NS-Propaganda ist oft erörtert worden, ebenso der Übergang von (theatralisch) inszenierter Wirklichkeit zur Medienwirklichkeit mit Hilfe des Radios und der Kinematographie. Goebbels beschrieb ein Filmbild, genauer: eine in der Realität inszenierte filmische Ikone, als er am Schluß seines Tagebuchs »Vom Kaiserhof zur Reichskanzlei« den Abend des 1. Mai 1933 mit diesen Worten schilderte: »Ich sitze hinten im Wagen des Führers, als er im Triumphzug durch die Arbeitermassen fährt, die von der Reichskanzlei aus bis zum Tempelhofer Feld die Straßen umsäumt halten. Es ist unbeschreiblich. Auf dem Tempelhofer Feld kann man dies ungeheure Menschenmeer gar nicht mehr überschauen. Blitzend und leuchtend fahren die Scheinwerfer darüber hinweg. Man sieht nur Kopf an Kopf die grauen Massen stehen.« Das Film-Bild geht über in ein »Hör-Bild«, in dem die sinnliche Strategie des Rundfunks evident wird: »Ich eröffne kurz und lasse eine Minute Schweigen eintreten für die in Essen am selben Tage verunglückten Bergleute. Nun steht die ganze Nation still. Die Lautsprecher tragen die Stille über Stadt und Land. Ein erschütternder Augenblick der Gemeinsamkeit und Verbundenheit aller Schichten und Stände.«[100]

Wohl nicht nur in Goebbels' Phantasie »schwieg« die Nation: ein Schweigen, das nach dem strategischen Muster dieser Großveranstaltung »hörbar«-körperhaft war und so zum Bestandteil, ja zu einem Höhepunkt ihrer »Architektur« wurde. »Max Reinhardt kann seinen Vorhang zum letzten Mal fallen lassen, das größte nur denkbare Schauspiel gab das deutsche Volk«[101] – so lautete am folgenden Tag ein Zeitungskommentar, der intuitiv erspürte, daß megalomane und skrupellose »Künstlernaturen« im Begriff waren, ein ganzes Volk in formbare Masse zu verwandeln und es unter einen politischen Willen ebenso wie in ein ästhetisches Tableau zu pressen.

Nicht nur mit ihren monumentalen Architekturen, mit der Umgestaltung von Großstadtplätzen zu Aufmarsch-Arealen oder mit der Planung neuer, ihren kultischen Bedürfnissen angemessener Stadtzentren beanspruchten die Nationalsozialisten, eine neue Welt zu schaffen – sie betätigten sich auch als Bühnenbildner und Beleuchtungsspezialisten, sie beherrschten die Technik des Kulissenzaubers und die ästhetischen Gesetze der Montage. Als selbsternannte Magier des Theaters und der Filmkunst griffen Albert Speer, Joseph Goebbels, Benno von Arent und ihre Helfershelfer in das reale Material und formten es nach ihren Visionen. Theater- und Filmregie verschmolzen bei zahllosen Großveranstaltungen zur Synthese, Stadtlandschaften wurden zur Bühne einer aus Gips, Pappmaché und Licht-Spielen gebrauten Phantasmagorie.

Im September 1937 wurde im Rahmen einer Luftschutzübung über Berlins Innenstadt Totalverdunklung angeordnet; gleichzeitig galt es, die Stadt auf einen Besuch Mussolinis vorzubereiten. »Während der Verdunklungsübung hatte der Reichsbühnenbildner Benno von Arent die Innenstadt für den Staatsbesuch Mussolinis heimlich in eine Theaterlandschaft verwandelt. Unter den Linden

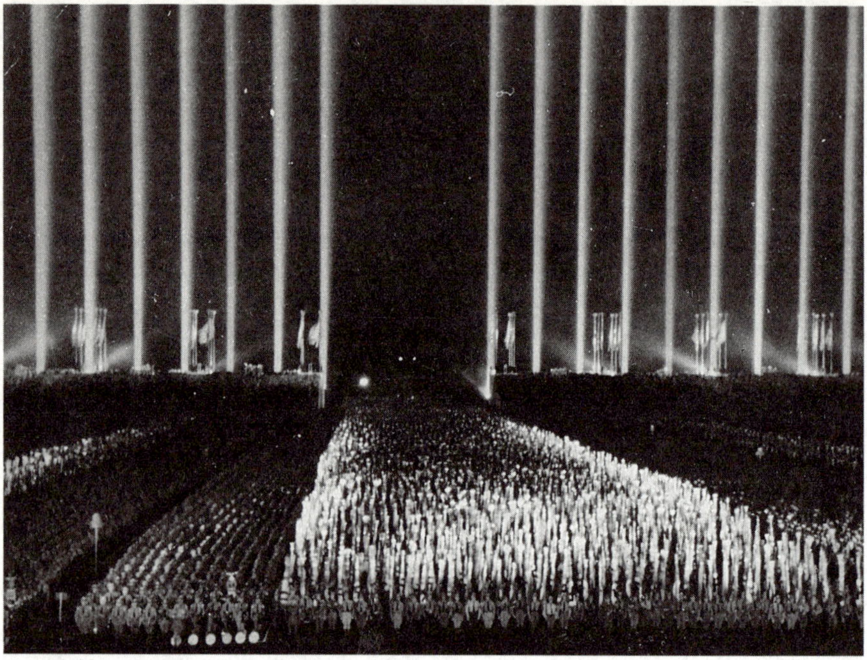

Albert Speers »Lichtdom«, Berlin 1937

wurden in vier Reihen schneeweiße Säulen mit goldenen Adlern aufgestellt; an verschiedenen Plätzen installierte man zweiundvierzig Meter hohe Fahnentürme sowie Sockel, die mit Liktorenbündeln und Hakenkreuzen verziert waren; die Hausfassaden wurden von Fahnenwänden zugedeckt. Als sich am frühen Abend des 27. September die Wagenkolonne Hitlers und Mussolinis der Innenstadt näherte, flammten die Scheinwerfer auf und wurden – nach der Verdunklung – als seelisches Wunder erlebt.«[102]

Das Fahnenmeer, so die zeitgenössische Presse, wirke »entmaterialisiert, wie farbiges Licht«, das sich über die verzauberten Menschen ergoß. Keine Frage: die Massenspektakel Max Reinhardts hatten hier ebenso Pate gestanden wie die Licht-Architekturen in Fritz Langs Ufa-Filmen oder die pompösen »Bühnenschauen« der großen Ufa-Premieren in den zwanziger Jahren. Jetzt aber kamen die epochale Umstellung auf das Auge, die Hofmannsthal 1920 proklamiert hatte, und die »Elektrifizierung« der Wahrnehmung, die zuvor kulinarischen Kunst- und Zerstreuungsbedürfnissen gedient hatte – von Reinhardts Lichtregie über die Schwarzweißkunst des deutschen Stummfilms bis zu den Operettenfilmen der Ufa – einem einzigartigen Betrugsmanöver zugute, einer ästhetisch-politischen Machination, die auf Berauschung und Entwirklichung hinauslief.

Faschismus als ästhetische Strategie war ein Angriff auf die Sinne und bedeutete Leugnung der Wirklichkeit, Umbau der Realität zu Theater- und Filmbildern. »Fahnentücher, Masten, Tribünen, Lichtkegel der Scheinwerfer waren die ersten baulichen Mittel«, schrieb Albert Speer.[103] Fadenscheinige, gewichtlose Materialien, die Effekte der Elektrizität, die Wirkungen des Lichts bauten »entmaterialisierte« Architekturen wie Speers »Lichtdome« in den Nachthimmel und prägten die phantasievoll-monotone Scheinproduktion der faschistischen Dauerpropaganda. Der Tendenz nach zielte sie auf die Abschaffung der Normalität im Bewußtsein der Unterworfenen – im Dienste eines alle Normen sprengenden Ziels. »Alle Bemühungen um die Ästhetisierung der Politik gipfeln in einem Punkt. Dieser eine Punkt ist der Krieg«, schrieb Walter Benjamin. Die Selbstentfremdung der Menschen unter nationalsozialistischer Herrschaft habe einen Grad erreicht, »der sie ihre eigene Vernichtung als ästhetischen Genuß ersten Ranges erleben läßt«.[104]

In der Parteilyrik wurde immer wieder »der Untergang als völkischer Wert« gepriesen, wurde die Hakenkreuzfahne, wie in einem SA-Lied von 1937, mit »Blut und Untergang und Tränen, Rauch und Trümmer(n), Leid und Haß und Fluch« in Verbindung gebracht. Joseph Peter Stern, der in seiner Untersuchung über Opferbereitschaft und Erlösungshoffnung diese Beispiele zitiert, betont den Zusammenhang von faschistischem Sado-Masochismus und pseudo-religiösem Geniekult – ein Kontext, der von der politischen Künstlergestalt des »Führers« überstrahlt wird: »Wir werdend Volk, wir sind der rohe Stein / Du, unser Führer, sollst der Steinmetz sein; / (...) Schlag immer zu! Wir halten duldend still, / da deine strenge Hand uns formen will.«[105] Im Bild des Steinmetz ist der roheste und primitivste Ausdruck physischer Gewalt (»Schlag immer zu!«) scheinbar ästhetisch gebändigt. Entfernt klingt ein Motiv deutscher Lyrik und deutscher Künstlerphilosophie des 19., auch noch des 20. Jahrhunderts an: das Lob der Baumeister, Maurer und Steinmetze, die die mittelalterlichen Kathedralen errichteten, der Mythos der Bauhütte als einer sakral-esoterischen Künstlerwerkstatt – Projektionen eines kapitalistisch-rationalistischen Zeitalters, die der Nationalsozialismus aufgegriffen und seiner destruktiven Ideologie einverleibt hat.

Nationalsozialistisches »Kino«, verstanden als politisch-ästhetische, in neue

Albert Speer: Modell der »Großen Halle«, 1939

Dimensionen getriebene Ikonographie, fand unter freiem Himmel statt – auf dem Tempelhofer Feld, dem Münchner Königsplatz oder auf den Reichsparteitagen in Nürnberg. Die Affinität zum Theater- und Kinospektakel war den Verantwortlichen bewußt. Hitlers Architekt, der spätere Rüstungsminister Albert Speer, erinnert sich, daß er sich schon als Student von den Ausstattungsrevuen Erik Charells begeistern ließ, während er am »bombastischen Pomp« des Amerikaners Cecil B. de Mille noch keinen Gefallen fand. Jahrzehnte später allerdings, bei der Wiederbegegnung mit den Modellfotos zu der von ihm als Zentrale einer »Welthauptstadt Berlin« geplanten Großen Halle, wird er Ähnlichkeiten mit der »Satrapenarchitektur« in de Milles Ausstattungsfilmen entdecken. »Neben dem Phantastischen wurde mir auch das Grausame dieser Architektur bewußt, präziser Ausdruck einer Tyrannis.« Und mit Verspätung erkannte Speer die enge Korrelation zwischen (faschistischer) Architektur und Untergang: bei »konsequenter Betrachtung« kündige sich in seinen Bauplänen bereits das Ende des Regimes an: er habe »Hitlers Sturz gewissermaßen in diesen Entwürfen vorausempfunden«.[106]

Unverkennbar sind die Altar- und Katafalkformen des Olympiageländes, der Nürnberger Reichsparteitagsstätte, aber auch der Messehallen und Verwaltungsbauten am Reichskanzler- und am Fehrbelliner Platz in Berlin. Nach Dieter Bartetzko, der die Stimmungsarchitektur der Nationalsozialisten eingehend untersucht hat, kehrten in den Staatsgebäuden des Regimes die Grundmotive jenes katafalkähnlichen Mahnmals wieder, das von Hitler im November 1933 unter dem Seitenbogen der Feldherrnhalle – dem Marschziel des mißglückten Putschversuchs von 1923 – enthüllt wurde. Beim alljährlichen Gedenkmarsch am 9. November bedienten sich die Inszenatoren einer spektakulären, den Hell-Dunkel-Effekten des Weimarer Stummfilms entlehnten Lichtregie: die Straßen der Münchner Innenstadt wurden verdunkelt; Fackeln und lodernde Flammen von zahlreichen Pylonen »sorgten für die angestrebte okkulte Atmosphäre«. Die Gruft wurde zum »öffentlichen Raum«.[107]

Die nationalsozialistische »Wirklichkeit« imitierte das Kino, und das Kino zog sich in die noch verbliebenen Nischen der Wirklichkeit zurück. Während in der Öffentlichkeit der düstere Pomp der Massenaufmärsche und Totenehrungen die Menschen auf die »Ewigkeit«, in Wahrheit auf das Sterben einstimmten, hielten die meisten Spielfilme bis zum Kriegsende Fluchtwege in das profane Diesseits offen, ermöglichten sie Rückzüge in die bürgerlich-kleinbürgerliche Idylle, in die (imaginären) Schutzräume der Privatheit und der Normalität.

Auch der Filmgeschmack der Parteispitze und vor allem des »Führers« stand in einem auffallenden Gegensatz zu jener Ästhetik des Heroismus und der neronischen Gesten in der nationalsozialistischen Fassadenkultur. Bis zum Kriegsbeginn ließ Hitler kaum einen Abend vergehen, ohne sich nach der Wochenschau einen oder zwei Spielfilme, das jeweils Neue aus den Berliner Kinos, vorführen zu lassen; über die Auswahl entschied er gemeinsam mit Goebbels. Nach Speer, der das zweifelhafte Privileg genoß, zahllose dieser »eintönigen Abende« im engsten Kreis in der Berliner Kanzlerwohnung oder auf dem Obersalzberg zu verbringen, galt Hitlers Kino-Leidenschaft vor allem anspruchslosen Unterhaltungs-, Liebes- und »Gesellschaftsfilmen«. Stark war die Nachfrage nach allen Filmen mit Jannings und Rühmann sowie mit den weiblichen Stars der dreißiger Jahre, an erster Stelle Lil Dagover, Olga Tschechowa, Zarah Leander, Jenny

Jugo und – noch immer – Henny Porten. Verpönt waren Filme mit tragischen Handlungen, Ausstattungs- und Revuefilme hingegen durchaus beliebt, zumal letztere mit ihren »vielen nackten Beinen konnten seines Beifalls sicher sein«.[108] Kein Verständnis hatte der »Führer« für die amerikanischen Groteskfilme, wenngleich im übrigen häufig ausländische Produktionen vorgeführt wurden, auch solche, die für die Öffentlichkeit verboten waren.

Das anschließende Gespräch kam nie über ein »Bagatellniveau« hinaus. Speers Erinnerungen vermitteln ein Bild trostloser stumpfsinniger Filmabende im Kreis ausgelaugter Entscheidungsträger, die zudem eine bemerkenswerte intellektuelle Trägheit kennzeichnete. Ihre geistigen und ästhetischen Bedürfnisse entsprachen präzis dem Niveau der Ufa-Produktion der dreißiger Jahre – und umgekehrt: die Ufa-Filme dieser Jahre sorgten für die Innenausstattung jenes teils aggressiv-cholerischen, teils manisch-depressiven Kleinbürgermilieus, das in Deutschland an die Macht gekommen war. Wenn der Faschismus eine Ästhetik und sein Sinn-Zentrum ein die Seelen von Millionen erfassender Totenkult war, so waren seine Urheber ganz offensichtlich ihren eigenen Posen nicht gewachsen. Nach dem heroischen Tagewerk, Politik genannt, zerfiel der Machtkern und löste sich in erschöpfte Protagonisten auf, die ihrer unausgelüfteten Phantasie zur »Entspannung« dieselbe Schmalkost verordneten, die sie dem Volk vorwarfen.

Bezeichnenderweise haben die großen Leistungen der Filmarchitektur in der Weimarer Republik, die gebauten Träume der Monumentalfilme Ernst Lubitschs oder Fritz Langs in der nationalsozialistischen Produktion der Ufa und der anderen deutschen Konzerne keine ebenbürtige Fortsetzung gefunden. Während die utopischen Modellbauten Otto Huntes, Erich Kettelhuts und Karl Vollbrechts für die Oberstadt von *Metropolis* in der »reglementierenden Staatsarchitektur«[109] der Machthaber, etwa in der Reichskanzlei oder im Olympiastadion, steinerne Wirklichkeit wurden; während Speers Scheinwerferkünste den »Führer« und seine Vasallen, getreu dem Vorbild der Lichtregie in den *Nibelungen*, zu magisch leuchtenden Allegorien des Schicksals modellierten; während Siegfrieds Gruft mit dem gewaltigen Steinsarkophag zu einem »Traumbild faschistischer Nekrophilie«[110] wurde und vielfache Nachahmung bei den Grab- und Weihestätten der NSDAP fand – während somit die Kolossalarchitekturen der frühen Ufa-Filme zur Inspirationsquelle für Hitlers Baumeister wurden, »vergaß« die Filmkunst der dreißiger und vierziger Jahre ihre bedeutende Vergangenheit und sank auf das Niveau gepflegter Interieurs, gezähmter Gesten und kleiner Gefühle herab. In diese Nischen flüchtete das vom täglichen Theaterdonner des Regimes benommene Volk: hier durfte es sich selbst mit seinen Wünschen und Tagträumen wiederfinden.

Bartetzko, der mit einer Fülle überzeugender Beispiele den Vorbildcharakter der *Nibelungen*-Szenarien für die Realbauten der NS-Diktatur belegt, meint, die Monumentalfilme der Weimarer Republik seien eine Art Sehschule gewesen, die der Rezeption der nationalsozialistischen Ästhetik zugute gekommen sei. »Bild und Bedeutung der Filmbauten schoben sich gleichsam wie ein Filter zwischen die reale Architektur und deren Rezipienten. Erst mit der massenhaften Verbreitung durch den Film wurde Stimmungsarchitektur für jedermann verständlich, war die Basis geschaffen für die Baukunst im Dritten Reich.«[111]

Tatsächlich gibt es nicht nur oberflächlich-stilistische Parallelen zwischen den

Filmarchitekturen Fritz Langs und den Prachtbauten des deutschen Faschismus. Ein gemeinsames, die Rezeption wesentlich bestimmendes Element ist der Tableau- und Ausstellungscharakter überdimensionierter, den menschlichen Maßstab übersteigender Bauten. Die Wolkenkratzer-Kulissen von *Metropolis* zum Beispiel gewinnen ihre Magie, bei aller vorgetäuschten Raumtiefe, aus dem Flächenhaften; sie sind »gebaute Bilder«; der Zuschauer wird nicht eingeladen, die innere Welt der utopischen Stadt zu betreten und sich in ihr zu bewegen – er soll vor ihrem äußeren Anblick erschauernd in die Knie sinken. Ähnlich bestand nationalsozialistische Baukunst »im Präsentieren sorgfältig komponierter Schaubilder, in Bild-Architektur«[112]: Tableaus einer pseudo-sakralen, die Sinne und die Vernunft überwältigenden Einschüchterungsstrategie.

In den Erinnerungen Speers wird gelegentlich ein Erschrecken darüber spürbar, daß die Repräsentationsbauten der Partei ohne und gegen den Menschen entworfen wurden – vor allem gegen das Bedürfnis des städtischen Menschen, seine Stadt zu bewohnen, in ihr zu kommunizieren, seinem Tagwerk und seinen Vergnügungen nachzugehen. Die maßstabslose, buchstäblich erdrückende Wucht kolossaler Bild-Architekturen stieß den einzelnen in seine Vereinzelung zurück und ließ ihn, den Normalbürger mit seinen normalen Bedürfnissen, vor sich selbst klein und nichtig erscheinen: »Du bist nichts, dein Volk ist alles.« Die Monumentalkulissen der Ufa in der Weimarer Republik hingegen waren noch Spielmaterial der Phantasie gewesen, Wunderwerke einer als solcher nie bestrittenen Fiktion. Sie sollten Staunen erregen und den Betrachter in Ehrfurcht erstarren lassen – aber er durfte auch über ihre letztlich nur scheinhafte Pracht triumphieren, wenn die Spezialisten ihre gebauten Visionen – wie in *Die Nibelungen* den Palast Etzels mit den eingeschlossenen Burgundern – in einem endzeitlichen Feuersturm untergehen ließen.

Leni Riefenstahls Reichsparteitagsfilme *Der Sieg des Glaubens* (1933) und *Triumph des Willens* (1934/35) sowie ihre Olympia-Filme *Fest der Völker* und *Fest der Schönheit* (1936–38) transponierten die Bild-Architekturen des NS-Staates ins Leinwand-Bild. Die Filme entstanden im direkten Auftrag Hitlers; *Der Sieg des Glaubens* wurde von der Reichspropagandaleitung der NSDAP produziert (verantwortlich war Arnold Raether); bei den anderen Filmen wie auch bei ihrem Propagandastreifen *Tag der Freiheit! – Unsere Wehrmacht* (1935) war Leni Riefenstahl, die Hitlers schrankenloses Vertrauen genoß, zugleich verantwortliche Produzentin. Alle genannten Riefenstahl-Filme wurden von der Ufa verliehen und im Ufa-Palast am Zoo uraufgeführt. Im übrigen hat weder die Produzentin noch die Regisseurin Leni Riefenstahl für die Ufa gearbeitet; ihre Kontakte zum Konzern beschränkten sich auf ihre Arbeit als Schauspielerin Mitte der zwanziger Jahre, als sie in einer Szene von Wilhelm Pragers Kulturfilm *Wege zu Kraft und Schönheit* (1924/25) mitwirkte sowie in den von der Ufa produzierten Bergfilmen Arnold Fancks, *Der heilige Berg* (1925/26) und *Der große Sprung* (1927), als Hauptdarstellerin agierte.

Die Propagandafilme Leni Riefenstahls gelten noch heute als Avantgardeleistungen der Kinematographie, aber die Gründe ihrer Apologeten sind so banal wie zwiespältig: der Regisseurin sei es stets einzig und allein um Schönheit, um die vollendete Form gegangen. Doch gerade, weil sie sich weigerte, ihre Arbeit politisch zu reflektieren, wurden sie und ihre Filme zum Politikum. Auf die Dynamik ihres Handwerks fixiert und ihren ästhetischen Obsessionen hingegeben, erfand Leni Riefenstahl für die extremen Inszenierungen vor ihren Kameras die authentische Bildsprache, »kongeniale« Kompositionen aus Kamerawinkel und Einstellungsgröße, einen korrespondierenden Rhythmus von Bild und Musik. Der »gebauten Megalomanie« (Speer) der Nationalsozialisten schuf sie filmische Denkmäler, in deren Montagekonstruktion das Wesen der faschistischen Bild-Architektur, die Synthese aus »Ornament und Masse«, Starre und Bewegung, ihren gültigen Ausdruck fand. Die sorgfältig für ihre Kameras präparierte Realität hat sie filmisch zu kaum überbietbaren emotionalen Wirkungen gesteigert: dies war der Dienst, den Leni Riefenstahl der Diktatur leistete, und hierin erschöpft sich wohl auch ihre Bedeutung für die Filmgeschichte.

Eine von Speer berichtete Episode belegt übrigens, daß sich der Inszenierungskult der Parteitage mühelos als Filminszenierung in einem Atelier von entsprechender Größenordnung reproduzieren ließ. Als sich nach dem Parteikongreß von 1934 herausstellte, daß einige Filmaufnahmen technisch mißraten waren, ordnete Hitler die Wiederholung wichtiger Szenen im Filmstudio an. Speer mietete das noch immer größte Atelier Europas: »In einer der großen Filmhallen in Berlin-Johannisthal wurde von mir als Kulisse ein Ausschnitt des Kongreßsaales sowie das Podium und das Rednerpult aufgebaut, Scheinwerfer darauf gerichtet, der Filmstab lief geschäftig herum – und im Hintergrund sah man Streicher, Rosenberg und Frank mit ihren Manuskripten auf und ab gehen, eifrig ihre Rollen memorierend. Hess kam an und wurde als erster zur Aufnahme gebeten. Genau wie vor den 30000 Zuhörern des Parteikongresses erhob er feierlich die Hand. Mit dem ihm eigenen Pathos aufrichtiger Erregung begann er sich dorthin zu wenden, wo Hitler nun eben nicht saß, und rief in strammer Haltung: ›Mein Führer, ich begrüße Sie im Namen des Parteikongresses. Der Kongreß nimmt seinen Fortgang. Es spricht der Führer!‹ Er wirkte dabei so überzeugend im Ausdruck, daß ich von diesem Zeitpunkt an nicht mehr ganz von der Echtheit seiner Gefühle überzeugt war. Auch die drei anderen spielten ihren Part wirklichkeitsgetreu in die Leere der Filmhalle und erwiesen sich als begabte Darsteller. Ich war reichlich irritiert; Frau Riefenstahl dagegen fand die gestellten Aufnahmen besser als die der originalen Darbietung.«[113]

Speer verdankte der frühen Ufa und ihrem Meisterregisseur Fritz Lang (den er an keiner Stelle seiner Memoiren erwähnt) viel, nicht nur dem *Nibelungen*-Film. Für den noch 1939 geplanten Umbau Berlins zur »Weltmetropole« (er sollte bis 1950 abgeschlossen sein) ersann der Architekt, angetrieben von Görings Ehrgeiz, ein Luftfahrtministerium am Rande des Tiergartens, dessen Festsäle von Görings Privatgemächern, einem überdimensionalen Penthouse hoch über der Stadt, gekrönt sein sollten. Die Dachfläche wollte Speer zu einem kitschigen Elysium für die Parteielite ausgestalten: »Gründe des Luftschutzes vorschiebend, wollte ich über der obersten Decke vier Meter hoch Gartenerde aufschütten, so daß selbst große Bäume hätten Wurzeln fassen können. Vierzig Meter über dem Tiergarten wäre eine 11800 Quadratmeter große Parkanlage mit Schwimmbecken und Tennisplatz entstanden; dazu Springbrunnen, Wasserbecken, Säulenumgänge, Pergolen und Erfrischungsräume sowie schließlich ein Sommertheater über den Dächern von Berlin für zweihundertvierzig Zuschauer. Göring war überwältigt und schwärmte bereits von den Dach-Gartenfesten, die er dort abhalten würde: ›Die große Kuppel werde ich bengalisch beleuchten lassen und von dort aus ein großes Feuerwerk für meine Gäste veranstalten.‹«[114]

Metropolis

Die Beschreibung liest sich wie ein für Görings Repräsentationsbedürfnisse zurechtgeschnittener Abklatsch jener Lustgärten, in denen die herrschende Dynastie von *Metropolis* ihrem dekadenten Müßiggang frönt. Schon Fritz Lang hatte, in einem bemerkenswerten Vorgriff auf die Postmoderne, das zierliche Rokoko, das schwülstige Empire und den nervösen Jugendstil bedenkenlos mit dem Funktionalismus der »neuen Sachlichkeit« vermischt – nun sollte das Formenchaos den Vergnügungen einer Herrenkaste dienen, die eingestandenermaßen auf das Stichwort »Kultur« mit dem Griff zum Revolver reagierte.

Die Lichtspieltheater, die mit ihren architektonisch so phantasievollen Varianten als Propagandabauten ihrer selbst in den zwanziger Jahren die Zentren der großen Städte verändert hatten, gingen nun in der universal gewordenen Feierlichkeit der nationalsozialistischen Baukunst auf. Schon die ersten Tonfilm-Paläste hatten die kommenden Staatsbauten vorweggenommen. Nach dem 30. Januar 1933 aber wurden Kino-Atmosphäre und filmische Licht-und-Schatten-Spiele in zuvor unbekannter Größenordnung zu Faktoren einer Staatsästhetik neuen Typs. In deren Programm wurden bald auch die Kinofassaden mit ihren Reklameflächen einbezogen. Die »zweite Haut« der Lichtspielhäuser, ihre Portale und Vorplätze, die einmal das Terrain ingeniöser Schauereignisse unter der Regie des Ufa-Werbechefs Rudi Feld gewesen waren, wurden jetzt, bei besonderen politischen Anlässen und zur Premiere »nationalpolitisch« wertvoller Filme, zum Bestandteil der allgemeinen Illusionsstrategie.

Der Ufa-Palast am Zoo, 1925 erstmals umgebaut und 1931 mit einem neuen Haupteingang versehen, verwandelte sich in eine riesige Scheinarchitektur aus provisorischen Bauteilen, hinter deren rechteckigen Gliederungen die alten romanisierenden Elemente, Zinnen und Arkaden zurücktraten; auch die düstere Bossenwand des Haupthauses wurde seit 1937 von einer Schauwand verdeckt.

»Zwei mächtige, steile Pylonen mit voluminöser Quaderung reckten sich beiderseits des Eingangs, in ihrer Mitte ein in mehreren Rücksprüngen eingetieftes, weites Wandfeld. Allein Ufa-Neonschriften und Plakate an Stelle von Hoheitszeichen und der totale Verzicht auf Fenster unterschieden das Großkino von den einige Kilometer weiter die Wilhelmstraße säumenden Fassaden der Neuen Reichskanzlei.«[115] Aus gegebenem Anlaß, etwa zur Premiere von *Triumph des Willens* 1935, dekorierte ein aus senkrechten Scheinwerfern beleuchteter Wald von Hakenkreuzfahnen die Hauptfassade, und ein riesiger Reichsadler, die Krallen auf einem Lorbeerkranz mit Hakenkreuz, überspannte mit seinen Schwingen das gesamte Hauptportal.

Vorbild dieser Nacht-Architektur aus Licht und Fahnen war Speers »Lichtdom« für den Reichsparteitag 1934. Hitlers Architekt hatte sich bei Göring 130 Flakscheinwerfer, »den größten Teil der strategischen Reserve«, ausgeliehen, um ihre Strahlen wie gigantische weiße Pfeiler vertikal in den Himmel zu lenken. Noch lange nach dem Krieg wird er diese Erfindung zu seiner schönsten Raumschöpfung erklären, der einzigen, die auf ihre Weise die Zeit überdauert habe. »Gleichzeitig feierlich und schön, als ob man sich in einer Kathedrale aus Eis befände« – so lautete das Urteil des britischen Botschafters Neville Henderson.[116]

Die vertikale Lichtführung bestimmte Mitte der dreißiger Jahre immer häufiger die nächtlichen Kinofassaden. Die Provinz folgte dem Berliner Vorbild: so zeigt zum Beispiel die Außenfront des größten Osnabrücker Kinos Capitol (ab 1943 Ufa-Capitol) auf einem Bild von 1935[117] ein Mittelfeld mit eindrucksvoll emporstrebenden Lisenen, die von gleißenden Lichtkegeln scharf herausgehoben werden. Unter den Nationalsozialisten, schreibt Bartetzko, wurde das Kino im Staatsbau aufgehoben – wie umgekehrt der Staatsbau im Kino. »Magie und Manipulation, die Triebkräfte der schöpferischen Bauideen des Lichtspielhauses, hatten ihre eigene Domäne verlassen und wurden allgemeinverbindlich.«[118] Sie wurden Teil eines die gesamte Kultur überschwemmenden Illusionsprogramms.

Das Ende des faschistischen »Gesamtkunstwerks« signalisiert eindringlich eine berühmt gewordene Fotografie. Sie zeigt eine Szene in den Trümmern Berlins, April 1945: vor der zerstörten Fassade des Ufa-Palastes schiebt eine menschliche Gestalt, das Gesicht von einer Gasmaske verdeckt, einen Kinderwagen über das aufgerissene Pflaster; über dem zerschossenen Portal hängt als Reliquie vergangener Pracht der unzerstörte Rhombus der Universum-Film AG.

22. Kapitel

Eine neue »Hamburgische Dramaturgie«. Die Ufa im Staatsbesitz

»Durch Leistung zum Erfolg!« – unter diesen alten Ufa-Leitsatz stellte der Konzern seinen Ausblick auf das Produktionsprogramm von 1937/38. Einleitend machte sich die Unternehmensspitze einige grundsätzliche Gedanken über die Lage der deutschen Filmindustrie. Die Entwicklung der letzten Monate sei von zwei Entwicklungen gekennzeichnet: von einer »Ballung der wirtschaftlichen Kräfte« einerseits und »höchster Entfaltungsmöglichkeit für die künstlerischen Kräfte« andererseits. Die Unterstützung des künstlerischen Potentials finde einen sinnfälligen Ausdruck in der Einrichtung von Kunstausschüssen in den maßgeblichen Konzernen. Die Ufa schmückte sich mit Namen: in den Kunstausschuß ihres Aufsichtsrats waren Professor Carl Froelich, Intendant Eugen Klöpfer, die Staatsschauspieler Mathias Wieman und Paul Hartmann, der Vizepräsident der Reichsfilmkammer Hans Weidemann sowie »Spielleiter« Karl Ritter berufen worden. Die »Ballung der wirtschaftlichen Kräfte« ermutigte den Konzern, für das bevorstehende Produktionsjahr vierzig neue Spielfilme anzukündigen – mehr als je zuvor seit dem Übergang zum Tonfilm. Mit seinen schöpferischen Anregungen habe der Propagandaminister ein »planmäßiges Ausreifen künstlerischer Ideen« ermöglicht; nunmehr sei eine gleichmäßige Nutzung der Ateliers über das ganze Jahr und eine erfolgreichere Auswertung der Filme gewährleistet. »Künstlerisches Niveau und höchste Anziehungskraft auf das Publikum müssen und werden auch im Jahre 1937/38 identisch sein«: das alte Credo Erich Pommers galt dem Wortlaut nach noch immer, aber es diente jetzt der Legitimationsrhetorik einer staatlich kontrollierten Filmfabrik.[119]

Mitte der dreißiger Jahre nahm der politische Druck auf die Filmindustrie erheblich zu. Die »Gleichschaltung«, die nach außen so erfolgreich abgewickelt worden war, stieß im Innenleben der Konzerne noch immer auf Widerstände, und auch bei der Ufa gab es, aus der Sicht des Propagandaministeriums, noch zu viele maßgebliche Kräfte, die sich ihre eigenen Auffassungen bewahrt hatten und ihre eigene, von der Staatsdoktrin abweichende Vorstellung vom Filmgeschäft umzusetzen versuchten. Goebbels begnügte sich nicht mehr damit, programmatische Reden zu halten und in die tägliche Produktion hineinzuregieren – er strebte einen Umbau an Haupt und Gliedern an und nahm die Leitungsebenen ins Visier. Ende 1936 wurde Generaldirektor Klitzsch in einem Schreiben kurz und bündig mitgeteilt, sein Produktionschef Ernst Hugo Correll genieße nicht mehr das Vertrauen des Ministers.

Die Widersprüche zwischen Goebbels und Correll hatten sich über einen längeren Zeitraum entwickelt; vordergründig betrachtet, waren sie nicht politischer Natur. Zwar war Correll kein Mitglied der NSDAP – ebensowenig wie Ludwig Klitzsch und im Gegensatz zu einigen anderen leitenden Herren der Ufa (zum Beispiel werden Hermann Grieving, Direktor der technischen Betriebe, und Oskar Kalbus, seit 1933 Geschäftsführer der Ufa-Verleihgesellschaft, 1940 der Partei beitreten). Aber Correll galt als Mann mit »nationaler Gesinnung«, und von ihm war nicht bekannt, daß er in grundsätzlichen Fragen gegen den Kurs der Regierung opponierte. Curt Riess beruft sich, wie so oft in seinem Werk, auf ungenannte »Eingeweihte«, um seine These zu untermauern, Correll habe Goebbels' Vertrauen verloren, weil er sich gegen einen langfristigen Vertrag für Lida Baarova ausgesprochen habe.[120] Wahrscheinlicher ist, daß der Propagandaminister in dem fachlich überlegenen und selbstbewußten Produktionschef den entschiedensten Widersacher seiner fortgesetzten Einmischungsversuche sah. Als deutscher Fachmann und Schöngeist wehrte sich Correll gegen Bevormundungen durch die Politik – nicht aus politischem Widerspruch, sondern weil er bei der Politik den Sachverstand und bei den politischen Ausführungsorganen das kultivierte Auftreten vermißte. Der Widerstand gegen die Vorzensur durch den Reichsfilmdramaturgen Willi Krause hatte sich vor allem in der Produktionsabteilung (wo ihre verheerenden Auswirkungen am spürbarsten waren) konzentriert, und es war Ernst Hugo Correll, der den Einspruch seiner Regisseure und Herstellungsleiter auf den Vorstandssitzungen zu Gehör brachte. Schließlich stieß Goebbels auch mit seinem Versuch, ergebene Gefolgsleute wie Hans Weidemann und Willi Krause in den Konzern einzuschleusen, auf Corrells Widerspruch.

Es ist Klitzsch wie auch einigen Herren des Aufsichtsrats zugute zu halten, daß es ihnen gelang, Goebbels' Vorstoß fürs erste abzuwehren. Auf der Sitzung des Arbeitsausschusses des Aufsichtsrats am 14. Dezember 1936, an der außer Hugenberg und von Stauss der pensionierte Kapitän Mann und Rechtsanwalt Donner teilnahmen, berichtete Klitzsch, »daß von maßgebender Stelle die Tätigkeit des Vorstandsmitgliedes Direktor Correll als Chef der Produktion bemängelt und der Vorschlag gemacht worden sei, ihn durch einen anderen Herrn zu ersetzen«.[121] Der Generaldirektor fügte sofort hinzu, seiner Ansicht nach seien diese »Bemängelungen« sachlich nicht gerechtfertigt, offenbar beruhten sie auf unrichtigen Informationen – vor allem aber könne er »zur Zeit keine andere Person als gleichwertigen oder auch nur zu verantwortenden Ersatz für Herrn Correll als Produktionsleiter in Vorschlag bringen«. Dies war der springende Punkt: Correll war in der Produktionsabteilung, vor allem mit Blick auf die für das Auslandsgeschäft so wichtigen »Prestigefilme«, in der Tat nicht zu ersetzen.

Der Arbeitsausschuß ließ sich den Vertrag mit Correll erläutern. Danach war der Produktionschef bis zum Ende des folgenden Jahres fest angestellt; der Vertrag verlängerte sich um zwei Jahre, sofern er nicht mit Jahresfrist gekündigt wurde. Die Kündigung, so Klitzsch, hätte also jetzt, im Dezember 1936, zu erfolgen. Die Überrumpelung glückte – »mit Rücksicht auf die außerordentliche Wichtigkeit einer sachgemäßen, guten und ungestörten Ausführung des Produktions-Programms im kommenden Jahr« sahen sich die leitenden Herren außerstande, dem Wunsch des Propagandaministers Folge zu leisten. Correll blieb im Amt. Nur Alfred Hugenberg ließ auch diese Gelegenheit nicht aus, den Nationalsozialisten, die ihn längst aufs Altenteil abgeschoben hatten, einen Gefallen zu erweisen: er regte an, zu prüfen, ob nicht eine Verkürzung der Vertragsdauer bis zum 31. Dezember 1938 möglich sei. Der Ausschuß, so das Protokoll, »beschloß einstimmig demgemäß«. Tatsächlich konnte sich Correll nur noch bis zum Frühjahr 1939 bei der Ufa halten.

Der politische Druck zeigte vielfältige Formen. Mitte der dreißiger Jahre häuften sich die Filmverbote, und auch Deutschlands Spitzenkonzern war vor ihnen nicht sicher. Im Oktober 1937 traf das Verbotsverdikt der Filmprüfstelle nachträglich den erfolgreichsten Tonfilm der Spielzeit 1931/32, Erik Charells *Der Kongreß tanzt*, dessen Stabliste zu viele jüdische, politisch mißliebige und emigrierte Künstler aufwies. Eine Filmkritik, die diesen Namen verdient hätte, existierte nicht mehr; mit einem Erlaß vom November 1936 hatte Goebbels jegliche Kunstkritik, die sich nicht den ideologischen Maßstäben der Reichskulturkammer verpflichtet sah, durch Verbot abgeschafft.

Als »positive Zensur« hatten sich die Nationalsozialisten ein kompliziertes System der Filmbewertung und -prädikatisierung ausgedacht. Bereits im Juni 1933 waren die bestehenden Bewertungen »künstlerisch«, »volksbildend« und »kulturell wertvoll« um die Prädikate »besonders wertvoll« und »staatspolitisch wertvoll« ergänzt worden. Das System wurde in den folgenden Jahren ausgebaut, und 1939 standen nicht weniger als acht Filmprädikate zur Auswahl, um die sich die Produzenten bewerben konnten. Für »nationalpolitisch« herausragende Werke winkte besonderer Ruhm: sie konnten als »Filme der Nation« herausgestellt werden. Insgesamt wurden von 1094 aufgeführten deutschen Spielfilmen zwischen 1933 und 1945 347, also fast ein Drittel der Produktion, prädikatisiert, etliche darunter mehrfach.[122]

Über die uniformierte Produktion breitete das Prädikatssystem einen Ordensteppich aus, der die genormten Produkte in leicht identifizierbare Kategorien zwängte – auch für das Publikum, das von Kennzeichnungen wie »staatspolitisch wertvoll« auf die Dauer eher abgeschreckt und vor einem Kinobesuch gewarnt wurde. Sogar die solchermaßen belobigten Künstler reagierten gelegentlich mit gemischten Gefühlen. Als Veit Harlan mit seinem Tobis-Film *Der Herrscher* (einer freien Verfilmung von Gerhart Hauptmanns »Vor Sonnenuntergang«, 1937) das Führerprinzip glorifiziert und dafür das Höchstprädikat »staatspolitisch und künstlerisch besonders wertvoll« sowie den Nationalen Filmpreis des Jahres 1937 errungen hatte, wandte er sich, obwohl überzeugter Nationalsozialist, für die folgenden drei Jahre wieder dem Unterhaltungsgenre und melodramatischen Stoffen zu, bis er sich 1940 mit *Jud Süß* erneut als Stütze des Regimes profilieren wird.

Den Konzernen kam das Bewertungssystem gelegen; ihre prädikatisierten Filme wurden von der Vergnügungssteuer ganz oder teilweise befreit. Die Auszeichnung der Filme oblag der zentralen Zensur, also der Berliner Prüfstelle. Goebbels gab damit unmißverständlich zu erkennen, daß staatliches Verbot und staatliche Belohnung, daß Zuckerbrot und Peitsche aus der Sicht des Herrschaftsapparats zwei Seiten einer Medaille waren.

Der Prädikatssegen täuschte die Branche nicht darüber hinweg, daß der verantwortliche Minister mit dem Ergebnis der »Wiederankurbelung« des deutschen Filmschaffens unzufrieden war. In seinen Reden polemisierte er gegen das niedrige Niveau der Filmproduktion, gegen Kitsch und kommerzielle Denkungsart. Goebbels forderte Kunst – und er meinte damit durchaus nicht nur die richtige nationalsozialistische Gesinnung. Vielmehr mißfielen ihm die Seichtigkeiten, die bei der Ufa und der Tobis, in den Filmen der Terra und der Bavaria als gute Unterhaltung ausgegeben wurden. Goebbels mißtraute den Geschäftemachern – und er appellierte immer wieder an das »Genie«, an die Kreativität und die stilbildende Aufgabe der Künstler, denen er einen größeren Einfluß auf die Produktionsplanung der Filmgesellschaften verschaffen wollte.

Zur Gewaltausübung stand ihm seine Bürokratie zu Gebote – eine Riege subalterner Beamte und umsichtige, auf ihre Weise perfekte Technokraten wie jener Max Winkler, seines Zeichens Wirtschafts- und Medienfachmann, den der Minister 1937 zum »Reichsbeauftragten für die Filmwirtschaft« ernannte. Seinen Anregungen, seinen versierten Manövern im Dienste einer staatlichen Zentralisierung der gesamten Filmindustrie war auch der Optimismus zuzuschreiben, der sich in der Produktionsplanung der Ufa für das Geschäftsjahr 1937/38 niederschlug.

Die erste Jahrestagung der Reichsfilmkammer im März 1937 brachte nicht mehr und nicht weniger als den Offenbarungseid der vom Ausland abgeschnittenen und von den Nationalsozialisten heruntergewirtschafteten deutschen Filmindustrie. Kammerpräsident Oswald Lehnich konstatierte die Unfähigkeit der wirtschaftlich Verantwortlichen, die Ausgabenpolitik mit den Ertragsmöglichkeiten in Übereinstimmung zu bringen, und Ludwig Klitzsch deutete in noch unklaren Formulierungen an, daß eine Neuorganisation der Filmwirtschaft unumgänglich sei. Schon seit einigen Monaten waltete Max Winkler im stillen seines Amtes. Seine vorläufig noch geheimgehaltene Weisung lautete, den Aufkauf des kompletten Produktions- und Verleihsektors durch den Staat in die Wege zu leiten.

Winkler hatte sich seit 1920 als Treuhänder im Dienst des Reiches einen hervorragenden Ruf als ebenso geschickter wie verschwiegener Finanzexperte in komplizierten Angelegenheiten erworben. Über die erforderlichen Fachkenntnisse im Medienbereich verfügte er, seitdem er sich im Reichsinteresse für die deutschsprachige Presse und damit für die »Erhaltung des Deutschtums« im benachbarten Ausland eingesetzt hatte. Nach 1933 stellte Winkler seine Erfahrungen dem Propagandaministerium und dem Reichspresseleiter der NSDAP, Max Amann, zur Verfügung, als es darum ging, den Privatbesitz im Zeitungswesen abzuschaffen und die Druckerzeugnisse selbst der staatlichen Kontrolle unterzuordnen. Zahlreiche Zeitungsverlage wurden durch Verbote und politische Schikanen an den Rand des wirtschaftlichen Ruins getrieben, bis ihnen keine andere Möglichkeit blieb, als zu verkaufen – zu Konditionen, die die nationalsozialistischen »Aufkäufer« diktierten.

Damit war auch die Zielperspektive für den Filmsektor vorgegeben. Mit den ersten Schritten zur »Nationalisierung« der Tobis 1935 begann eine Kette staatlicher Usurpationsmaßnahmen, die in der nahezu hundertprozentigen Verstaatlichung der deutschen Filmgesellschaften zu Beginn der vierziger Jahre ihren Abschluß fand.

Winkler bediente sich der von ihm im Jahre 1929 gegründeten Cautio Treuhandgesellschaft mbH, die nach einer Reihe diskreter Verhandlungen mit den Konzernspitzen die Aktienmehrheit aller bedeutenden Firmen an sich zog. Ohne selbst einen Aufsichtsrats- oder Vorstandsposten zu bekleiden, konnte der Unterhändler der Reichsregierung die Unternehmensleitungen seinen Weisungen unterwerfen. Seine Operationen verstand er – nicht anders als seine Verhandlungspartner – als Wirtschaftsmaßnahme. Sein Ziel war die Gesundung der deutschen Filmindustrie: es ging um das, was die Ufa in ihren Propagandaschriften als »Ballung der wirtschaftlichen Kräfte« bezeichnete. Die machtpolitischen und ideologischen Konsequenzen waren aus Winklers Sicht wie auch nach Auffassung der Konzernherren allenfalls ein Nebeneffekt, der billigend in

Kauf genommen wurde. Die Maßnahmen dienten in erster Linie der Erhaltung und dem Ausbau eines Produktions- und Distributionsapparats, den der kapitalistische Egoismus der Einzelunternehmer (so die Lesart des Propagandaministeriums) an den Rand des Bankrotts gesteuert hatte. Die Autarkiepolitik der Regierung hatte ihrerseits den Überlebenskampf der Konzerne nicht gerade erleichtert – nun mußte man nach Mitteln und Wegen Ausschau halten, um die Fortexistenz der gesamten Branche sicherzustellen.

Winkler befaßte sich mit den Bilanzen der großen Gesellschaften und kam zu dem Ergebnis, daß eine erfolgreiche »Zusammenfassung der filmpolitischen und wirtschaftlichen Interessen« sich vor allem auf die beiden wichtigsten Konzerne, die verschuldete und bereits nationalisierte Tobis mit ihren Tonfilm-Patentrechten und die vergleichsweise »gesunde« Ufa, erstrecken müsse. Die Ufa wurde zum »Dreh- und Angelpunkt für die Durchführung der beabsichtigten Umwälzungen im Filmbereich«.[123]

Noch immer betrug das Stammkapital der Ufa 45 Millionen Reichsmark; gut 23 Millionen waren im Besitz von Hugenbergs Scherl-Verlag. Die Deutsche Bank, Geburtshelferin der Ufa und Mehrheitsaktionär vor Hugenbergs Machtübernahme, kontrollierte noch ein Aktienkapital von ca. 13 Millionen Mark; den Rest teilten sich zahlreiche Kleinaktionäre. Über ein Aktienpaket von 2 Millionen Mark, das der IG Farben, also dem wichtigsten deutschen Rüstungskonzern, gehörte, besaß der Scherl-Verlag das Stimm- und Verfügungsrecht. Im Aufsichtsrat des Unternehmens gab sich unverändert die von Hugenberg zusammengerufene, ehemals deutschnationale Kamarilla aus Bankdirektoren, Schwerindustriellen, Rittergutsbesitzern, Domänenpächtern und pensionierten Marineoffizieren ein Stelldichein. Mitglied war seit einigen Jahren auch Generaldirektor Andrew Thorndike III. (ein Abkömmling eines der Pilgerväter auf der »Mayflower«), der Hugenbergs Ala-Anzeigen-GmbH leitete. Sein Sohn Andrew Thorndike IV. arbeitete zu dieser Zeit als Generalvertreter in der Ufa-Werbefilm-Abteilung; nach dem Krieg wird er in der sowjetisch besetzten Zone als Regisseur eine neue Karriere beginnen und das DEFA-Studio für Wochenschau und Dokumentarfilme aufbauen.

Im Vorstand unter Klitzsch saßen 1937 Ernst Hugo Correll als Produktionschef, Wilhelm Meydam als Verantwortlicher für den Verleih, Hermann Grieving, verantwortlich für Kulturfilm, Werbefilm und Wochenschau, Alexander Grau – der einzige aus der Gründerequipe von 1917 – als Leiter der Theaterbetriebe, sowie Paul Lehmann als technischer Direktor, der noch im Oktober dieses Jahres zur Tobis wechseln wird.

In dieser Schlachtordnung zog die Ufa in ihren letzten Kampf als privat geführtes Unternehmen – und ergab sich dezent und fast geräuschlos dem nationalsozialistischen Staat. Der Untergang vollzog sich ähnlich reibungslos wie jener Kapitulationsakt genau zehn Jahre zuvor, mit dem Emil Georg von Stauss und Ferdinand Bausback die angeschlagene Firma dem Medien-Mogul Hugenberg ausgeliefert hatten.

Die Verhandlungen mit Winkler führte Ludwig Klitzsch. »Nüchterne ökonomische Erwägungen und die intime Kenntnis der nationalsozialistischen Machtinteressen«, so Spiker[124], müssen es gewesen sein, die ihn und seinen alten Dienstherrn veranlaßt haben, Deutschlands größten Filmkonzern zwanzig Jahre nach seiner Gründung an den NS-Staat zu verkaufen. Hugenberg hat mit dieser Transaktion kein schlechtes Geschäft gemacht. Nach dem Krieg wird er versuchen, sich als politisch Verfolgten der nationalsozialistischen Diktatur zu präsentieren und über einen Wiedergutmachungsantrag für den angeblichen Schaden der Ufa 30 Millionen Mark zu erschleichen. Dieser Versuch wird fehlschlagen; die Stellungnahme des Rechtsanwalts Hans Werner Osthoff für den Wiedergutmachungsausschuß im Jahre 1950 besagt eindeutig: »Sowohl Klitzsch als auch Hugenberg und deren Familienmitglieder haben sich des besonderen Wohlwollens der Machthaber des nationalsozialistischen Staates erfreut. Sie waren sogar in gewisser Weise Wegbereiter des Nationalsozialismus. (...) Die Mitglieder der Geschäftsführung in den Gesellschaften sind nicht nur unbehelligt geblieben, sondern galten als so zuverlässige Staatsbürger, daß ihnen halboffizielle und offizielle Aufgaben übertragen wurden.«[125]

Für seine Kooperationsbereitschaft erhielt Geheimrat Alfred Hugenberg, 1933 noch Zielscheibe linksdemagogischer Angriffe der SA und des Propagandaministers, den Adlerschild der Reichsregierung; zudem konnte er auf eine günstige Ausgangsposition für seine Pläne in der immer bedeutsamer werdenden Rüstungsproduktion hoffen. Ludwig Klitzsch wurde 1943, aus Anlaß des 25jährigen Ufa-Jubiläums, mit der Goethe-Medaille ausgezeichnet.

Am 18. März 1937 wechselte die Ufa wieder einmal den Besitzer. Im Zeichen des Hakenkreuzes sollte Ludendorffs Traum von einer dem Reich einschränkungslos zu Gebote stehenden Filmfabrik endlich in Erfüllung gehen. Nach Winklers Rat übernahm die Regierung die Hugenberg-Aktien zum Kurs von hundert Prozent – eine politisch begründete Großzügigkeit der Käufer, denn der an der Börse gehandelte Kurs der Ufa-Aktie lag erheblich unter dem Nominalwert. Einwände gegen den Verkauf regten sich in den leitenden Gremien des Konzerns offenbar nicht. Die Mehrheit der Entscheidungsträger war längst über vielfältige Verbindungen mit dem staatlichen Machtapparat liiert und lebte in Übereinstimmung mit der Politik der Nationalsozialisten; sie war sich der Gunst des Propagandaministers sicher und blieb nicht nur von finanziellen Verlusten verschont, sondern war auch überzeugt, unter staatlichem Dach einer krisenfesten Zukunft entgegensehen zu können. Die überwiegende Zahl der Produktionsleiter, die kleine Gruppe der ideologisch verläßlichen Regisseure, die nun in der Ufa den Ton angab, sowie die zahlreichen staatlich dekorierten, im übrigen jedoch allen politischen Erwägungen weitgehend abgeneigten Darsteller und Künstler sahen die Entwicklung kaum wesentlich anders.

Das Reich bezahlte für den Hugenberg-Anteil an der Ufa die Summe von 21 250 000 Reichsmark. 9 Millionen davon erhielt Hugenberg bzw. sein Scherl-Verlag in Form von viereinhalbprozentigen Reichsschatzanweisungen; weitere 9 Millionen wurden ihm durch eine Schuldenübernahme gegenüber der Dresdner Bank gutgeschrieben. Den Rest strich der Geheime Finanzrat in bar ein. Die Aktien der Deutschen Bank erwarb Winkler für 8 Millionen Mark. Die kleineren Aktionäre überzeugte er vom Vorteil eines Umtauschs ihrer Papiere in festverzinsliche Teilschuldverschreibungen, so daß seine Cautio GmbH im März 1939 bereits fast hundert Prozent des Ufa-Stammkapitals für das Reich verwaltete.[126]

Am 4. Mai 1937 trat im Anschluß an die Generalversammlung ein völlig veränderter Aufsichtsrat zusammen. Aus der Gründergeneration hielten nur noch

Emil Georg von Stauss und Johannes Kiehl von der Deutschen Bank ihre Stellung. Goebbels-Vertraute wie der spätere Reichsfilmkammer-Präsident Carl Froelich und Hans Weidemann aus der Filmabteilung des Propagandaministeriums spielten nun maßgebliche Rollen; zudem waren jetzt, außer Froelich, nationalsozialistische Künstler und »Staatsschauspieler« wie Paul Hartmann (ab 1942 Präsident der Reichstheaterkammer), Eugen Klöpfer (unter anderem Intendant der Volksbühne Berlin und Mitglied im Reichskultursenat), Mathias Wieman (er wird sich noch kurz vor Kriegsende an Durchhalteveranstaltungen beteiligen) und Karl Ritter (der geschickteste Spezialist des nationalsozialistischen Propagandafilms) in den Aufsichtsrat aufgerückt. Zum Vorsitzenden wurde Staatsrat von Stauss gewählt, der auch die Leitung im Wirtschaftsausschuß übernahm; den Vorsitz im Kunstausschuß erhielt Carl Froelich.

Winklers Operationen wurden in den folgenden Jahren durch die positive Entwicklung des Unternehmens belohnt. Dabei kam ihm allerdings nicht nur der von den nationalsozialistischen Massenorganisationen »angekurbelte« Kino-Boom zu Hilfe, sondern auch der Zweite Weltkrieg, der, wie schon der Erste, die Filmleidenschaft der Menschen an der »Heimatfront« in dem Maße nährte, wie ihre Begeisterung über die Kriegslage abnahm.

Die staatliche Sanierung der anderen Konzerne betrieb Winkler nach den Grundsätzen, die sich beim Aufkauf der Ufa bewährt hatten. Aus der Tonbild Syndikat AG (Tobis) wurde die Tobis Filmkunst GmbH mit einem Stammkapital von 5 Millionen Reichsmark und der Cautio als alleiniger Gesellschafterin. Gleichfalls mit 5 Millionen Mark wurde die Terra-Film AG als Terra-Filmkunst GmbH neu gegründet; Gesellschafter zu gleichen Teilen waren die Ufa und die Cautio. Ein Jahr später wurde der Ufa-Anteil auf 51 Prozent erhöht; die Terra war damit als »Organgesellschaft« (unselbständige juristische Körperschaft) dem Ufa-Komplex einverleibt. Die hochverschuldete Bavaria AG in München wurde, mitsamt der Bavaria Filmverleih GmbH, liquidiert und – zunächst gegen Winklers Widerstand, jedoch auf ausdrücklichen Wunsch des »Führers«, der seiner »Hauptstadt der Bewegung« eine Filmfirma erhalten wollte – im Februar 1938 als Bavaria Filmkunst GmbH neu gegründet; alleinige Gesellschafterin im Auftrag der Reichsregierung: Winklers Cautio Treuhand GmbH.

In der deutschen Filmindustrie waren hochkomplexe staatswirtschaftliche Gebilde entstanden, die nach nationalsozialistischer Ideologie der »Volksgemeinschaft« zu dienen hatten und dem »Führerprinzip« unterworfen waren. Schon Ende Januar 1937 hatte ein neues Wirtschaftsgesetz die Aktionärsversammlung entmachtet und auch den Aktiengesellschaften das »Führerprinzip« vorgeschrieben. Was darunter zu verstehen sei, hämmerte Emil Jannings als Konzernherr Clausen in Veit Harlans *Der Herrscher* (Tobis, 1937) seinem Verwaltungsrat und seiner widerspenstigen Familie ein: »Der Volksgemeinschaft zu dienen, das muß das Ziel eines jeden Wirtschaftsführers sein, der sich seiner Verantwortung bewußt ist. Dieser mein Wille ist das oberste Ziel für mein Werk. Dem hat sich alles andere zu fügen, ohne Widerspruch, auch wenn ich damit den ganzen Betrieb in den Abgrund steuere.« Clausen enterbt seine Familie und vermacht seinen Konzern dem Staat, »also der Volksgemeinschaft«. Ein Berufener aus dem Volk werde, so der Filmtext, seine Arbeit fortsetzen: »Wer zum Führer geboren ist, braucht keine Lehrer für sein eigenes Genie.«

Der Herrscher: Marianne Hoppe und Emil Jannings

Der Filmdialog verdichtete die Propagandatexte der NSDAP zu gestanzten Leitsätzen. Die pathetische Klimax aller Texte war der Verweis auf Tod und Untergang: auch wenn das ganze Unternehmen »in den Abgrund« treibt, behält das Führer- und Gefolgschaftsprinzip seine eherne Gültigkeit; ja es erfährt – so die letzte Konsequenz der faschistischen Mythologie – durch den Untergang seine Bestätigung und feierliche Nobilitierung. Auch in der subalternen Mentalität jener konservativen Bürokraten an der Spitze der Filmkonzerne, die das, was sie aufgebaut hatten, einer leviathanartigen Staatsmaschine auslieferten, müssen sich die Einsicht in wirtschaftliche Zwänge und machtpolitische Obsessionen mit verborgenen selbstzerstörerischen Impulsen verwoben haben. Die Ahnung, daß dieses »Dritte Reich« im Gleichschritt in den Krieg und in einen geschichtlich beispiellosen Untergang marschieren werde, dämmerte 1937 vielen im Volk (auch wenn sie alsbald verdrängt wurde); sie konnte auch den »Wirtschaftsführern« vom Schlage der Hugenberg und Klitzsch, von Stauss und Winkler nicht vollständig fremd gewesen sein. Sie brauchten sie womöglich nicht einmal zu verdrängen: sie saßen, als graue Eminenzen und hochdotierte Vollzugsorgane der politischen Machtelite, in den Befehlszentralen ihrer gleichgeschalteten Imperien und taten das ihre, um so lange wie möglich die politischen Zustände aufrechtzuerhalten, denen sie ihre Privilegien verdankten.

Ende 1937 ordnete Hitler ein Staatsbegräbnis an: Erich Ludendorff, ehemals Generalquartiermeister des Heeres, war am 20. Dezember – fast auf den Tag genau zwanzig Jahre nach Gründung der Ufa – im Alter von 72 Jahren gestorben. Ludendorffs und Hugenbergs Wahnidee, daß Deutschlands Kolonialreich aufs neue erstehen müsse, war in diesem Jahr offiziell rehabilitiert worden. Im März hatte Außenminister Ribbentrop die Forderung nach deutschen Kolonien erhoben; der Reichsparteitag der NSDAP im September wiederholte sie, und Hitler selbst bekräftigte dieses Ziel noch einmal in seiner Rede zum Erntedankfest.

Die Sammlungen des Winterhilfswerks erbrachten in diesem Jahr 400 Millionen Reichsmark – ein Fünftel davon stammte aus »Opfern von Lohn und Gehalt«, also aus zwangsweise einbehaltenem Arbeitsentgelt. Der Traum von der Großmacht und der Appell an die materielle Opferbereitschaft formten das Denken der Parteigenossen und Mitläufer – und sie drangen auch in das diffuse Alltagsbewußtsein ein; sie übertönten manche Zweifel und ließen wohlbegründete Einwände verstummen. Die Siegerposen der Regierenden schienen alle Skepsis zu widerlegen und die Dreistigkeit ins Recht zu setzen: als Deutschland Anfang 1937 offiziell seine Unterschrift vom Schuldenartikel des Vertrags von Versailles zurückzog, mußte es nicht einmal mehr mit Reaktionen aus dem Ausland rechnen. Zur gleichen Zeit aber zeigte die Ufa-Wochenschau Bilder vom Baubeginn am Westwall und von der Befestigung der Ostgrenzen: das Reich, das nach Ausdehnung rief, wurde zum Bunker, und die Wochenschaubilder, die Zuversicht und Vertrauen in die Führung wecken sollten, lösten auch klaustrophobische Ängste aus. Im Juli 1937 wurde, keineswegs unbemerkt von der Bevölkerung, das Konzentrationslager in Buchenwald errichtet; kurz zuvor war Pfarrer Martin Niemöller nach einer Predigt gegen die Verfolgung von Kirchenanhängern verhaftet worden. Gustaf Gründgens wurde zum Generalintendanten der Preußischen Staatstheater in Berlin ernannt, und die Regierung verfügte die »Aussonderung deutscher Verfallskunst« zum Zweck ihrer Ausstellung; die Zahl der daraufhin beschlagnahmten Werke expressionistischer, kubistischer und neusachlicher Künstler ging in die Tausende.

Die Eröffnung des »Hauses der Deutschen Kunst« mit der »Großen deutschen Kunstausstellung« in München am 18. Juli sollte dem In- und Ausland eine Wende »gegenüber dem erlebten künstlerischen, bildhauerischen und malerischen Verfall« der »Systemzeit« und »den leidenschaftlichen Willen des Dritten Reiches und vor allem des Führers zu einer neuen, wahrhaft nationalen Kunst« demonstrieren. Das Publikumsinteresse – 420000 Besucher im Laufe des Jahres 1937 – war beträchtlich, wurde aber von der Neugier weit übertroffen, die zwei Millionen Besucher in die Parallelausstellung »Entartete Kunst« trieb.

Goebbels benannte auf der Festsitzung der Reichskammer der bildenden Künste am 17. Juli 1937 die »Gefahr, daß der Kampf gegen den Kulturbolschewismus zum gegenteiligen Extrem eines spießbürgerlichen, jeder neuartigen Formung abholden, biedermeierlichen nationalen Kitsches führen könnte«.[127] Der Minister meinte, dieser Gefahr sei die Ausstellung erfolgreich begegnet. Aber die Formulierung verriet auch uneingestandene Bedenken gegen die Folgen des nationalsozialistischen Kurses in der Kunstpolitik, Zweifel an der Substanz dessen, was hochtrabend propagiert wurde. Und sie offenbarte, was Goebbels persönlich betraf, die Schizophrenie des Intellektuellen, der die Extreme, mit denen er jonglierte – den »Kulturbolschewismus« und den spießbürgerlichen Kitsch –, in seinem eigenen Seelenhaushalt zu bändigen hatte.

Das Regime hatte sich mit den Kunstkammern und der sie überwölbenden Reichskulturkammer, mit dem »Haus der Deutschen Kunst« und nicht zuletzt mit den staatlich zentralisierten Filmfabriken monströse Propaganda-Hochburgen geschaffen, aber es gebrach an entwickelten und haltbaren Konzepten, die dem permanenten, weltanschaulich aufgeblasenen Veröffentlichungsgetöse der Nationalsozialisten inhaltliche Überzeugungskraft und eine nicht nur geliehene, dem Akademismus des vergangenen Jahrhunderts entlehnte Form hätten geben können. Was die Diktatur geschaffen hatte, waren Strukturen – Strukturen einer Gewaltausübung, die mit gleichbleibenden ideologischen Phrasen verbrämt wurde. Die »Hohlräume« des bürgerlichen Zeitalters, von denen Ernst Bloch zu Beginn der dreißiger Jahre gesprochen hatte, waren zu bedrohlichen – imaginären und realen – Festungen ausgebaut worden, die als Produktionsstätten einer neuen Kultur auf das kläglichste versagen mußten. Die Staatsführung, die ein neues Zeitalter schaffen wollte, war aller Rhetorik ungeachtet ideenlos – auch in der mit vollmundigen Grundsatz- und Absichtserklärungen ausgeschmückten Filmpolitik.

Die zahlreichen Versuche der NS-Ideologen, die deutsche Filmproduktion als Teil der von ihnen beschworenen »Nationalkultur« zu reklamieren und ihre zentralistische Filmpolitik gleichsam kulturtheoretisch zu begründen, waren von deprimierender intellektueller Dürftigkeit. Über sie wäre kein Wort zu verlieren – hätten die Propagandisten (Goebbels etwa in seiner Rede auf der ersten Jahrestagung der Reichsfilmkammer im März 1937, später sein Abteilungsleiter Fritz Hippler in seinen »Betrachtungen zum Filmschaffen«) nicht immer wieder mit hemmungslosem Pathos ihren Führungsanspruch hervorgekehrt und sich dabei als Erneuerer der Filmkunst im Geiste Lessings und seiner »Hamburgischen Dramaturgie« aufgespielt.

Der Widerspruch zwischen verbalem Anspruch und geistigem Ertrag in ihren Ausführungen kann den nachdenklichen Teilen des Fachpublikums nicht entgangen sein. Als Dokumente sind freilich gerade diese beiden Texte mit ihrem polemischen Tenor bis heute von Interesse: indirekt erteilen sie Auskunft über die in der nationalsozialistischen Filmindustrie latenten oder manifesten Strömungen, die, bis in die Kriegsjahre hinein, aus der Sicht des Regimes als kontraproduktiv und bekämpfenswert galten. Goebbels und seine ideologischen Gehilfen stritten mit der ihnen eigenen Militanz gegen Positionen, die besonders in der Ufa lebendig geblieben waren – der einzigen deutschen Filmproduktionsstätte, die vom Zusammenbruch des Kaiserreichs bis zum Ende der Republik die vielfältigen Impulse einer pluralen Gesellschaft verarbeitet und ihre demokratische Massenkultur mitgeformt hatte.

In schwülstigen Formulierungen feierte der Propagandaminister vor der Filmkammer die Kunst »an sich« und verteidigte sie gegen das Prinzip der Rentabilität. Ähnlich wie schon Ludendorff zwei Jahrzehnte zuvor, wenngleich mit weitaus raffinierterer Rhetorik, polemisierte Goebbels gegen den Egoismus und die kommerzielle Einstellung der Kapitaleigner: hier liege »die Wurzel einer Krankheit, die als schleichendes Gift das deutsche Filmleben überschattet« – so sehr, »daß man heute mit größerem Recht von der Filmindustrie als von der Filmkunst sprechen kann.«[128] Der Minister zog gegen den Kapitalismus zu Felde – aber er meinte die robusten Unwägbarkeiten einer bürgerlich-demokratischen Unterhaltungskultur, die in der Tat nur unter den Bedingungen der Profitwirtschaft hatten gedeihen können. Sein Haß galt den phantasievollen Scham- und Geschmacklosigkeiten eines ungezügelten Amüsierbetriebs, die sich in der Filmproduktion der Weimarer Republik durchgesetzt hatten und auch noch in den Lustspielen, Operetten und Verwechslungskomödien der NS-Zeit versteckt oder offen ihr Unwesen trieben. Goebbels eiferte gegen die »rein geschäftlichen Tendenzen« im Filmwesen – aber sein Abscheu galt den Formen und Inhalten einer quirligen, »richtungslosen«, anarchischen Großstadtkultur, die in manchen Ufa-Filmen noch immer lebendig war; er galt dem Geist der Couplets eines Curt Goetz und den kleinbürgerlichen Aufsässigkeiten des verbotenen Erich Kästner, den Frechheiten Reinhold Schünzels und den Ironien und Anzüglichkeiten in den Komödien von Erich Engel – kurzum, Goebbels schmähte mit der Inbrunst seines angelesenen Pathos die Relikte von Weimar, er witterte in ihnen das semitische Element, und er brauchte es nicht mehr ausdrücklich zu benennen, um es zu denunzieren.

Im darauffolgenden Jahr wird der »Jahreslagebericht« des Sicherheitsdienstes der SS Goebbels' Argwohn bestätigen. Überall im Reich und in allen gesellschaftlichen Schichten hatten die SS-Spione besorgniserregende Tendenzen aufgespürt: »Die Spannungszeiten des Jahres 1938 mit den mehrmaligen Krisen haben gezeigt, daß durch die Zerschlagung liberalistischer und pazifistischer Organisationen diese Gegnerkreise nicht ausgeschaltet sind. Die Bedeutung des Liberalismus liegt nicht in den Organisationsformen, sondern in der inneren Haltung der einzelnen Träger liberalistischen Gedankengutes. (...) Auf dem Gebiete der Kunst haben sich die liberalistischen Einflüsse verstärkt. (...) Film und Schlagermusik verfallen wieder mehr und mehr in die inhaltlose und nur auf Erotik abzielende Plattheit der Systemzeit.«[129]

Die positiven Wertmaßstäbe, die der Propagandaminister dem Liberalismus in der Kultur und dem Rentabilitätsdenken der Kaufleute und Aktieninhaber entgegensetzte, waren von hochgradiger Allgemeinheit. Sie bildeten eine Mischung aus drakonischer Kunstjustiz, bürgerlichem Geniekult und ästhetischem Anti-Rationalismus, die bei den Zuhörern nur Verwirrung hinterlassen konnte. Auf den Film seien »die seit jeher gültigen Gesetze für die Kunst im allgemeinen anzuwenden. Denn diese Gesetze sind ewig.« Der Film der Gegenwart stehe ungefähr da, »wo das deutsche Theater stand, als Lessing seine ›Hamburgische Dramaturgie‹ schrieb«. Er, Goebbels, habe »die felsenfeste Überzeugung, daß irgendwo und irgendwann in Deutschland einmal der Mann aufstehen wird, der nun auch dem Film sein ehernes und unabänderliches Gesetz verleihen wird, und daß diese Gesetze auch wieder das Vorbild für eine jahrhundertelange Entwicklung in der ganzen Welt bedeuten werden«.

Dieser Neigung, die Filmkunst »ehernen«, wenn auch nicht genauer definierten Gesetzen zu unterwerfen, widersprach auf das merkwürdigste eine andere Argumentationskette in Goebbels' Rede, die mit Emphase die emotionalen Werte der Kinematographie betonte, ja einen geradezu anarchischen élan vital beschwor. Wie alle Kunst sei auch der Film nicht eine Sache des Verstandes, sondern des Gefühls; der Filmkünstler sei nichts anderes als »der Sinngeber dieses Gefühls«. Sein Bestreben sei es, »das Leben zu fangen« und es »in der ihm gegebenen genialen Form zu gestalten«. Bliebe er nur dem Leben nahe, so wollte ihm der Minister auch das Recht zu »den mutigsten, kühnsten, abruptesten und improvisiertesten Umformungen« einräumen. In Fragen der Kunst mochte Goebbels keine Mehrheiten akzeptieren – weder die Positionen der Aufsichtsräte noch die Meinungen im Volk. Es müsse vielmehr der »Einzelmensch« zum Erfolg kommen, die »Befruchtung des künstlerischen Elementes des Films«

habe von der Persönlichkeit auszugehen. Am Ende seiner »Kapuzinerpredigt« verstieg sich Goebbels gar zu der riskanten Behauptung, in der gegenwärtigen Stagnationsperiode des deutschen Films müsse man den Mut haben, einfach »einen Motor anzulassen und laufen zu lassen, ohne im Augenblick zu überlegen, wohin nun die Reise gehen soll«.

1942 veröffentlichte Fritz Hippler – seit 1939 Leiter der Abteilung Film im Propagandaministerium, später Reichsfilmintendant – eine zuvor im »Film-Kurier« publizierte Artikelserie unter dem Titel »Betrachtungen zum Filmschaffen« in der Schriftenreihe der inzwischen von Carl Froelich geleiteten Reichsfilmkammer. Längst waren die Aufsichtsräte der Konzerne entmachtet und die Maßnahmen zur staatlichen Zentralisierung der Filmindustrie abgeschlossen. Gleichwohl ließen die Produktionsstätten als Propagandafabriken noch immer erheblich zu wünschen übrig.

Auch Hipplers »Betrachtungen« reflektieren, wenn auch in zynischen und erschreckend primitiven Verzerrungen, die Widerstände, die sich noch in den Kriegsjahren gegen den politischen Druck und die ideologische Diktatur des Propagandaministeriums regten. Mehrere Seiten seiner Broschüre verwandte der Autor auf die Auseinandersetzung mit den »Freiheitsfanatikern«, die, »wie ein Kaninchen auf die Giftschlange«, gebannt auf die Institutionen des Staates starrten und »mit leidverklärter Märtyrermiene« ihre künstlerische Unfreiheit beklagten. Hippler erteilte ihnen den Rat, ihre Intelligenz zu gebrauchen und »die Dinge so zu sehen, wie sie sind und so vernünftig und zweckmäßig zu arbeiten, wie dies im Interesse der Sache liegt«. Schließlich sei es klar, daß der Staatsfeind sich unterdrückt und der Kriminelle sich verfolgt sehe.[130] Obstruktion und offene Unzufriedenheit waren in der Filmindustrie auch mitten im Krieg und bald zehn Jahre nach der nationalsozialistischen Machtübernahme noch keineswegs zum Schweigen gebracht.

Im Hauptteil seiner Schrift befaßte sich Hippler mit dramaturgischen Fragen und bediente sich dabei einer Technik, die sein Pamphlet zu einer interessanten historischen Quelle macht. Am Beispiel abgelehnter Exposévorschläge demonstrierte er, als Anwalt des »gesunden Menschenverstandes«, typische Handlungsmuster und Erzähltechniken des deutschen Gegenwartsfilms, um sie als haarsträubende dramaturgische Fehlleistungen an den Pranger zu stellen. Zwischen den Zeilen werden seine ideologischen Positionen erkennbar – und aus der Heftigkeit seiner Polemik wird deutlich, daß durch die Stoffe der nationalsozialistischen Filmproduktion weiterhin die alten Laster der »Systemzeit«, die anrüchigen Doppeldeutigkeiten einer bürgerlich-demokratischen Bohème-Kultur irrlichterten.

Dies galt vor allem für Sujets, die in der Weimarer Republik selbst angesiedelt waren: »Sehr unzureichend und schlecht ist meist auch die filmische Gestaltung von Inflations- und Nachkriegsszenen.« Dazu gehörten »beispielsweise immer ins Lasterhafte entartete Bars mit zumindest halbnackten Frauen, lasziver Erotik und gutturalen Negergesängen, weiterhin alkoholische Getränke vom Sekt aufwärts, gesellschaftliche Kleidung mit Frack als Minimum«.[131] Ebenso brachte die allzu starke Betonung »einer rein privaten Liebesaffäre« – ein altes Vorrecht des Unterhaltungskinos – den Abteilungsleiter Hippler in Zorn, erst recht, wenn »eine Frau der allzu aktive Teil eines Liebesverhältnisses ist« oder wenn sich »eine die Grenzen durchschnittlichen Fassungsvermögens überschreitende, an Verschrobenheit nichts zu wünschen übriglassende Liebeshandlung ergibt«.[132]

Hippler kämpfte gegen »das Ausgefallene und Seltsame, die Ausnahme und die Abwegigkeit« – also gegen Qualitäten des Trivialkinos, die das Medium erst zu einem Vergnügen der Massen, zu einem Transportmittel ihrer Sehnsüchte hatten werden lassen. Ganz im nationalsozialistischen Geist betrieb der designierte Reichsfilmintendant die Unterdrückung der Sinnlichkeit; er haßte die Erotik im Film und den Film als erotisches Medium. Im Namen spießbürgerlicher Normalität verfolgte er alles, was sich den Normen nicht fügen wollte: den abenteuerlichen Zufall und die bizarre Begebenheit, das übermächtige Gefühl und die sinnliche Begierde, unstillbare Wünsche und »abwegige« Leidenschaften. Damit aber stellte er das Kino selbst unter Anklage. Und seine Kampfschrift gab unfreiwillig preis, daß die Kinematographie, das Massenmedium des zwanzigsten Jahrhunderts, unter faschistischer Herrschaft bedroht und ihrer Entfaltungsmöglichkeiten beraubt, aber noch immer lebendig war.

23. Kapitel

Sport auf dem Panzerschiff. Wochenschau, Kulturfilm und Kriegserziehung

In die politische Bewußtseinsgeschichte des deutschen Volkes sind die Filmproduktionsstätten der dreißiger und vierziger Jahre, an der Spitze die Ufa, als nationalsozialistische Propagandafabriken eingegangen. »Nirgendwo war die Filmindustrie so vollständig der staatlichen Propaganda unterstellt, nirgendwo sonst hat sich ein Staat so obsessiv im Film selbst dargestellt.«[133]

Die Gründungsgeschichte von 1917 unter der Kontrolle der Militärs, mehr noch die politische Entwicklung unter Hugenberg seit 1927 hatten die Ufa zum Propagandainstrument der NS-Regierung besonders prädestiniert. Tatsache ist jedoch auch, daß dieselbe konservative, von Hause aus deutschnationale Konzernspitze, die ihr Unternehmen 1933 ohne grundsätzliche politische Vorbehalte dem Zugriff des nationalsozialistischen Regimes und 1937 der Verstaatlichung auslieferte, ihre Abneigung gegen unmittelbaren staatlichen Zwang wie auch gegen den staatlichen Propagandaauftrag in den ersten Jahren nicht verleugnete. Ihre Bedenken äußerten die leitenden Herren – den politischen Umständen entsprechend – vorzugsweise intern und in Geheimpapieren: in Dokumenten, die, soweit sie überliefert sind, anschaulich belegen, wie schwer sich bürgerlich-konservative Geistesverfassung tat, die bitteren Konsequenzen der nationalsozialistischen Gängelung zu akzeptieren.

Die internen Anpassungsschwierigkeiten machten sich bereits Mitte Februar 1933 bemerkbar, zwei Wochen nach Hitlers »Machtergreifung« und sechs Wochen vor der Kaiserhof-Rede des gerade ernannten Propagandaministers Goebbels. Am 18. Februar hielt es Produktionschef Ernst Hugo Correll für geboten, in einem streng vertraulichen Schreiben Generaldirektor Klitzsch über eine Unterredung mit Richard Schneider-Edenkoben zu informieren – jenem Ufa-Regisseur, der nur wenige Monate später mit seinem Film *Du sollst nicht begehren* den Zorn des Reichsnährstands provozieren wird.

Schneider-Edenkoben, ein Vetter des führenden NS-Juristen Hans Frank, hatte, wie Correll durchblicken ließ, die »maßgebenden, um die Wiederherstellung der deutschen Kultur im Sinne der Auffassung der NSDAP bemühten und von der Partei berufenen Leute«[134] ausspioniert. Zunächst aber war der Regisseur selbst befragt worden – und zwar, »ob er über die Fabrikationspläne der Ufa orientiert sei, insbesondere, ob die Ufa nun dazu übergehen wolle, sich zu rein deutschen Stoffen zu bekennen, also zu volksstückhaften Stoffen, und abzurücken von dem internationalen Kitsch«, der nur ein Geschäft im Ausland verspreche.

Correll versicherte seinem Chef, er habe seinem Gesprächspartner die besondere Situation der Ufa erklärt: das Volk wolle nun einmal weder Volksstücke noch ernste Problemfilme, außerdem müsse der »Mentalität des Auslandes« Rechnung getragen werden, »denn Deutschland sei – insbesondere unter der Wucht der steuerlichen Belastung der Kinos –, nicht mehr in der Lage, solche Filme allein zu amortisieren«. Schneider-Edenkoben habe ihm daraufhin anvertraut, daß die Nationalsozialisten nach den bevorstehenden Märzwahlen andere Saiten aufziehen und »radikal vorgehen« würden: »Hitler habe von je dem Film ein großes Interesse entgegengebracht, denn er habe die Propagandamöglichkeiten erkannt, die von dem Film ausgegangen sind, und er wisse, wie man in Rußland durch den Film das Volk beeinflußt habe.« Er, Schneider-Edenkoben, habe in Erfahrung gebracht, daß das Regime beabsichtigte, sehr bald nach den Märzwahlen »die Filmindustrie in eine staatliche Verwaltung zu nehmen, vorzuschreiben, welche Art Filme gemacht werden dürfen und die Filmherstellung absolut unter eine Diktatur zu stellen«. In der NS-Führung sei man sich klar darüber, daß Tendenzfilme keineswegs eine breite Resonanz im Publikum fänden. Aber das Kassendefizit werde der Staat übernehmen, und eine Reduzierung der Stargagen werde das Loch im Haushalt einigermaßen erträglich machen.

Correll fügte an dieser Stelle für seinen Generaldirektor die Bemerkung ein, Schneider-Edenkoben sei wahrlich kein »Flaneur«, man habe bei ihm den »Eindruck absoluter Aufrichtigkeit«. Sein Fazit lautete: »Ich glaube, daß man hier den Kopf nicht in den Sand stecken darf, sondern daß man, gewarnt, diesen Dingen bzw. den Absichten der Nationalsozialisten volles Augenmerk zuwenden muß, um nicht eines Tages vor einer Überraschung zu stehen.« Beiläufig setzte Correll hinzu, Hanns Heinz Ewers habe der Ufa unter anderem seinen Horst-Wessel-Roman zur Verfilmung angeboten, und der (mit der NSDAP sympathisierende) Autor Heinz Steguweit habe »wieder einen seiner heftigen Briefe« geschrieben und die »baldige Inangriffnahme seiner Romane« eingeklagt.

Das geheime Memorandum des Ufa-Produktionschefs enthält nicht nur Hinweise darauf, daß die Verstaatlichung der Filmindustrie für die Nationalsozialisten von Beginn an beschlossene Sache war. Sein Inhalt und sein konspirativer Charakter spiegeln auch die gemischten Gefühle wider, mit denen die konservativen Direktoren auf die Pläne des Regimes reagierten. Man tauschte Warnsignale aus und machte sich auf unliebsame Überraschungen gefaßt. Man war durchaus gewillt, die Marktpositionen des Konzerns und damit auch eine seit

Jahren bewährte Programmpolitik zu verteidigen – aber zwischen den Zeilen deutete Correll bereits an, daß es schwer, wahrscheinlich unmöglich sein werde, dem Druck des neuen Regimes standzuhalten. Eingedeckt mit Vorschlägen, Anforderungen und Stoffangeboten aus der Richtung der NSDAP, bat Correll seinen Chef am Ende seines Schreibens um »klare Richtlinien«: »Es ist unmöglich, alle die vorgelegten Stoffe aus dem Stoff selbst heraus abzulehnen.« Die leitenden Kräfte der Ufa ahnten, daß ein Umbau ihres Unternehmens zur staatlichen Propagandainstitution geplant war, und sie suchten, erkennbar verunsichert, angesichts der von Grund auf veränderten Lage nach einer eigenen Position.

In den folgenden Jahren regte sich, wie bereits gezeigt, die Unzufriedenheit mit den staatlichen Maßnahmen vor allem in den Produktionsgruppen. Aber auch aus der Sicht des Vertriebs und der Verleihgesellschaft war der scharf dirigistische Kurs der Reichsregierung ein schweres Hemmnis. In einer Vorlage zum Umsatz des bevorstehenden Geschäftsjahres für die Direktionssitzung vom 12. Juli 1935 machte Verleihchef Wilhelm Meydam kein Hehl aus seiner Verbitterung: »Nach wie vor muß die Ansicht der Reichsfilmkammer, daß man die Erzeugung und den Vertrieb von Filmen in von oben angeordnete, allgemein gültige Vorschriften und Schematismen pressen kann, uns mit schwerer Sorge für die Entwicklung unseres Geschäfts erfüllen.«[135] Die Sorgen des Vorstands galten der wirtschaftlichen Zukunft – gleichwohl bezeugt Meydams Wortwahl einen tieferen Dissens, der sich auf die vom Regime diktierten Propagandaaufgaben bezog.

Ohnehin hatte sich in diesem Sommer 1935 der Konfliktstoff gehäuft. Die Ufa-Herren wähnten sich von der Regierung benachteiligt. Für den Wettbewerb um den Preis des Duce im Rahmen der dritten Internationalen Filmkunstausstellung von Venedig hatten sie einen ihrer Prestigefilme, Reinhold Schünzels aufwendige Satire *Amphitryon*, nominiert. Das Propagandaministerium entschied sich jedoch für Leni Riefenstahls Reichsparteitagsfilm *Triumph des Willens*; ferner sollten Hans Steinhoffs nationalsozialistisch zurechtgestutzter Preußenfilm *Der alte und der junge König* (ein Emil-Jannings-Film der Deka-Film GmbH, 1934/35) und die Terra-Produktion *Hermine und die sieben Aufrechten* (nach einer Novelle von Gottfried Keller, inszeniert von Frank Wysbar, mit Heinrich George, Karin Hardt und Albert Lieven, 1934/35) im Wettbewerb gezeigt werden. Dem Ufa-Film war lediglich eine bescheidene Rolle am Rande des Festivals zugedacht; er sollte als Rahmenprogramm in verschiedenen Kinos von Venedig vorgeführt werden. Die Konzernleitung reagierte gekränkt und beschloß, *Amphitryon* unter diesen Umständen ganz zurückzuziehen, »da seine Zugkraft durch eine Vorführung außerhalb des offiziellen Wettbewerbs beträchtlich leiden würde«.[136] Ludwig Klitzsch gab zu Protokoll, er werde die Angelegenheit beim Präsidenten der Reichsfilmkammer zur Sprache bringen.

Kurz zuvor, im Mai 1935, hatte eine Konferenz der Wochenschauleiter im Propagandaministerium die Ufa-Direktion alarmiert. Der Goebbels-Vertraute Hans Weidemann hatte die Konzernvertreter über die Absicht informiert, die Tätigkeit der einzelnen Wochenschauen zu einer »Gemeinschaftsarbeit« zusammenzufassen. Zu diesem Zweck sei das Deutsche Film-Nachrichtenbüro gegründet worden. Der Ufa-Vorstand sah auf einem wichtigen Gebiet seine Eigenständigkeit bedroht und legte »grundsätzlich fest, daß bei etwaigen weiteren

Verhandlungen in dieser Frage die völlige Selbständigkeit und Handlungsfreiheit der Ufa-Wochenschau gewahrt bleiben muß und daß irgendwelche Erklärungen zu diesem Thema nur nach vorangegangener Besprechung im Vorstand abgegeben werden sollen«.[137]

Nach Lage der Dinge führte die Ufa freilich längst ein Rückzugsgefecht. Formal hielt sie an einer »Selbständigkeit«, einer »Handlungsfreiheit« fest, die nur noch auf dem Papier standen und die sie selbst durch ihre Bereitschaft zum vorauseilenden Gehorsam von Beginn an ausgehöhlt hatte. Gerade ihre traditionelle politische Domäne, die Wochenschau – aus der Sicht der Nationalsozialisten das Propagandainstrument par excellence –, hatte sie schon 1933 dem begehrlichen Zugriff der neuen Regierung wie auch der Reichsleitung der NSDAP preisgegeben.

Eberhard Fangauf, ehemals Mitarbeiter der Ufa-Kulturfilmabteilung und seit 1931 Mitglied der NSDAP, war als Referent für Filmtechnik und Filmberichterstattung im Reichspropagandaministerium mit der Aufgabe betraut worden, die Arbeit seiner Wochenschau-Kollegen zu koordinieren und ihren Einsatz im staatlichen Interesse zu lenken. Wurde nach dem Reichstagsbrand die SA als »Hilfspolizei« vereidigt und mit weißen Armbinden ausgestattet, so leistete Fangauf der staatlichen Willkür auf seine Weise Vorschub: alle aktiv an der Wochenschau-Berichterstattung beteiligten Personen erhielten grüne Ausweise und grüne Armbinden mit Adlerschild, und ihre Fahrzeuge wurden mit der Aufschrift »Amtlich zugelassener Filmberichterstatter« versehen. In krasser Amtsanmaßung verfügte Goebbels als Reichspropagandaleiter der NSDAP (noch vor seiner Ernennung zum Minister), alle staatlichen Stellen hätten den Wochenschau-Abteilungen jegliche praktische Unterstützung zu gewähren. So wurde lange vor den umfassenden Zentralisierungsmaßnahmen die Wochenschau zum Instrument der Nationalsozialisten. Ihre öffentliche Funktion erhielt einen quasi-staatlichen Charakter, der in aller Offenheit von Parteiinteressen reklamiert wurde. Der Einfachheit halber wurde Fangauf auch gleich dem Stab der Reichspropagandaleitung der NSDAP zugeordnet.

Unter Goebbels' Regie wurden die Großveranstaltungen von Partei und Regierung mit penibler Genauigkeit vorbereitet – vom minutiösen Zeitplan für die Filmteams über den Standort der Kameras bis zu Fragen der Beleuchtung und Tonaufnahme. Einen ersten Propagandaerfolg feierten die gleichgeschalteten Wochenschauen am 21. März 1933, dem »Tag von Potsdam«: die Filmberichte dieses Tages empfahl der »Film-Kurier« der Aufmerksamkeit aller Filmschaffenden, denn das dokumentarische Abbild sei, vielleicht mehr als andere filmische Formen, berufen, »den Geist des nationalen Erwachens hoch zu halten«.[138] Am 1. Mai, dem ersten »Nationalen Feiertag der Arbeit«, den Goebbels mit Unterstützung Albert Speers und unter Indienstnahme des Rundfunks zu einem frühen multimedialen Großereignis werden ließ, entstanden auch die ersten von einem Luftschiff aus aufgenommenen Wochenschauaufnahmen. Die »Licht-Bildbühne« kommentierte: »Nicht weniger als vier Tonwagen mit insgesamt 15 Apparaturen, bedient von einem technischen Stab von etwa 30 Mann, wird die Ufa-Tonwoche auffahren. Die Emelka-Wochenschau wird neun Apparaturen mit 24 Mann technischem Stab einsetzen, und auch die Fox-Tönende Wochenschau, die große ausländische Wochenschau, die ständig in Deutschland dreht, wird ihren gesamten Apparat aufwenden. Neben der reinen Aufnahmearbeit aber wird von jeder Wochenschau ein Sonderapparat eingesetzt, der die sofortige Bearbeitung des gedrehten Materials sicherstellt, der es ermöglicht, daß in der Nacht zum 2. Mai das Material bereits entwickelt und kopiert ist, so daß es gleichfalls in derselben Nacht noch redigiert und zu einem geschlossenen Bild zusammengestellt werden kann.«[139]

Als die Ufa 1936 den Bau einer ausschließlich für Wochenschauzwecke vorgesehenen Kopieranstalt auf dem Gelände der Afifa beschloß, hatte der Vorstand alle Bedenken gegenüber staatlichen Eingriffen in seine Autonomie aufgegeben: nunmehr erhoffte er sich von Wehrmachtsaufträgen zur Bearbeitung geheimer militärischer Aufnahmen ein lukratives Geschäft. Neben den Wochenschauen für die Kinos produzierte der Konzern mittlerweile ein monatliches 16-mm-»Schmalfilm-Magazin« mit einer Auswahl wichtiger politischer Ereignisse, das für Sondervorführungen der Partei, der Wehrmacht oder des Reichsarbeitsdienstes vorgesehen war.

Im Zuge der geheimen Vorbereitungen für den Einmarsch deutscher Truppen ins entmilitarisierte Rheinland im März 1936 rekrutierte die Reichsregierung die ihr genehmen Presse- und Filmberichterstatter auf dem Wege einer Überrumpelungsaktion. Etwa dreißig Journalisten und Pressefotografen wurden ins Propagandaministerium gerufen. Hans Barkhausen berichtet: »Sie mußten stundenlang warten, ohne daß es eine Erklärung gab. Sie wurden zwar mit Getränken und Broten versorgt, aber kein maßgebender Referent kümmerte sich um sie. Man rätselte, ob man ihnen was vorzuwerfen hätte. So verging nicht nur der Abend, sondern die Nacht, bis zum frühen Morgen. Dann wurden sie aufgefordert, einen Bus zu besteigen. Sie wurden zum Flughafen Tempelhof gebracht und von dort nach Köln geflogen. Inzwischen hatten auch Filmkameraleute, ohne Kenntnis wozu, Fahranweisungen und Fahrkarten für eine Eisenbahnfahrt nach Köln bekommen. Bei ihrer dortigen Ankunft wurde ihnen eröffnet, die Rheinlande würden von deutschen Truppen, die bereits auf dem Anmarsch über den Rhein seien, besetzt. Sie sollten darüber für ihre Zeitungen bzw. für die Wochenschauen berichten. Aus den Bildern dieser Märztage im Rheinland ist bekannt, mit welchem Jubel die deutschen Truppen bei ihrem Einmarsch in die Städte Köln, Koblenz und andere empfangen wurden. Die Berichterstattung schloß sich diesem Jubel an.«[140]

Zu seinem triumphalen Einmarsch in Österreich im März 1938 schließlich orderte Hitler persönlich bei der Ufa die Produktion eines Dokumentarfilms von etwa 20 Minuten Länge, für den die Regierung die bemerkenswerte Summe von 94000 Reichsmark bereitstellte.[141]

Im Mai 1938, aus Anlaß des Hitler-Besuchs in Italien, konnte das Propagandaministerium für die Beschäftigten der Wochenschau erstmals eine Uniform durchsetzen – allerdings nur »eine gänzlich neutral gehaltene uniformähnliche Berichterstatter-Einheitsbekleidung in Hechtblau«[142]. Allen Versuchen, sie in Braunhemden zu zwängen und so ihre Dienstverpflichtung für Staat und Partei auch im äußeren Erscheinungsbild zu signalisieren, hatten sich die Kameraleute, die Tonmeister und ihre Assistenten offenbar erfolgreich widersetzt.

Auf wenig Gegenliebe stieß die zum monotonen Regierungssprachrohr degenerierte Wochenschau bei großen Teilen des Publikums. Zum Unbehagen der Kinobesitzer ordnete Goebbels im Oktober 1938 an, die Wochenschau sei zu Beginn jedes Programms, also noch vor dem Kulturfilm, vorzuführen. Der Effekt war, daß viele Zuschauer verspätet kamen, während der Wochenschau nach ihren Plätzen suchten und so die Propaganda um ihre Wirkung brachten. Die geheimen Lageberichte des Sicherheitsdienstes der SS, die im übrigen eine begeisterte Aufnahme der ersten Kriegswochenschauen in der Bevölkerung registrierten, stellten immerhin fest, daß die Zustimmung beim Publikum noch größer wäre, »wenn die vier deutschen Wochenschauen (...) verschiedenartiger gestaltet würden«.[143] Im März 1941 wurde eine fünfminütige Pause zwischen der Wochenschau und dem Hauptprogramm zur Vorschrift gemacht; Kinobesitzer, die dieser Auflage nicht folgten, konnten zu einer Geldstrafe von 10000 Mark verurteilt werden. Vielfach drängten sich nun die Besucher im Foyer, um das Ende der Wochenschau abzuwarten. Goebbels zog daraufhin die Schraube im Kleinkrieg gegen das renitente Kinopublikum schärfer an und befahl, die Saaleingänge nach Beginn der Wochenschau zu schließen; wer sich ein Filmerlebnis gönnen wollte, war nun gezwungen, auch die Propaganda über sich ergehen zu lassen. Dem buchstäblich eingesperrten Zuschauer blieb in den letzten Kriegsjahren nur die Möglichkeit, seinen Frustrationen angesichts der Wochenschaubilder durch Lachen, Pfeifen und Johlen Ausdruck zu verschaffen.[144]

Im November 1940 wurden die vier deutschen Wochenschau-Gesellschaften offiziell verstaatlicht und zur Deutschen Wochenschau GmbH zusammengefaßt. Dies war auch das Ende der alten Ufa-Wochenschau und ihrer langen, in die Zeiten Oskar Messters zurückreichenden Tradition. Ihren demokratischen Geist hatte sie allerdings schon unter Hugenberg, spätestens aber nach der Machtübernahme der Nationalsozialisten aufgegeben.

Technischer und künstlerischer Ehrgeiz, selbstlose Hingabe ans Metier und ein ausgeprägter Hang zur Perfektion waren den Redakteuren und Kameraleuten, den Tonspezialisten und Schnittmeistern der Ufa-Tonwoche nicht abzusprechen. In »historischen« Augenblicken brachte man Rekordleistungen zustande – wie auf der Münchner Konferenz Ende September 1938, als es gelang, das belichtete Material im Laufe eines halben Tages mit dem Flugzeug zur Afifa-Kopieranstalt in Berlin-Tempelhof zu transportieren, eine Arbeitskopie zu schneiden und redaktionell zu bearbeiten, die gewünschte Anzahl von Kinokopien herzustellen und sie pünktlich zur zweiten Abendvorstellung um 21 Uhr in die Berliner Ufa-Theater zu bringen.

»Künstlerisch gestaltete Dokumente unserer Zeit« verlangte Heinrich Roellenbleg, ab 1939 Leiter der Ufa-Wochenschau-Abteilung, von seinen Mitarbeitern – und wenn auch sein ästhetisch-journalistisches Konzept vage blieb, verriet es doch hochgesteckte Ambitionen: der Wochenschaumann habe an seine Gegenstände »ganz bewußt« heranzugehen, »um einen an sich natürlichen Ablauf dramaturgisch zu gliedern und damit zur höchsten Wirkung zu bringen«. Den Berichten sei eine »innere Dynamik« zu vermitteln; Wochenschauarbeit sei schon heute »über das rein Handwerkliche hinaus auf eine höhere Ebene künstlerischen Schaffens gehoben«.[145] Tatsächlich beeinflußte die Ufa-Wochenschau für Jahrzehnte entscheidend die Entwicklung der Filmberichterstattung; die Wochenschau der fünfziger Jahre und selbst noch die Anfänge des Fernsehens werden der Dramaturgie der Ufa-Tonwoche ebenso wie ihrem Montage-Rhythmus, ihren Bild-Stereotypen und der Sprechtechnik ihrer Kommentatoren verpflichtet sein.

Ende der dreißiger Jahre ließen die Verantwortlichen des Konzerns keinen

Zweifel mehr daran, woran sie glaubten und in welche Richtung ihre Bemühungen zielten. Eine grundlegende Umstellung der Wochenschau – so die Ufa 1939 in einem historischen Rückblick – habe der Erste Weltkrieg gebracht, »der erstmalig den propagandistischen Wert dieses modernsten Berichterstattungs- und Aufklärungsmittels erwies. Von hier führt der Weg schnurgerade in das Wesen unserer heutigen Wochenschauen.«[146]

Mit dem Kulturfilm, jener deutschen Variante des dokumentarischen Films, brachte die Ufa eine eigene Schöpfung in das Arsenal der nationalsozialistischen Propaganda ein – und ein formales Muster, das den NS-Ideologen für den Appell an die Volksgemeinschaft wie für ihre subtileren Techniken der Insinuation gleichermaßen geeignet schien. »Nicht nur die Ästhetik des Kulturfilms ist eine typisch deutsche Erscheinung, sondern auch der Begriff ›Kulturfilm‹ selbst«, schreibt Hilmar Hoffmann.[147] »Die deutschen Kulturfilmgestalter entzaubern Schöpfung und Kosmos«: kein Wissensgebiet, kein Sachverhalt der Empirie war vor ihrem popularisierenden Zugriff sicher, und alles, wonach sie griffen, vereinnahmten sie auf eine »spezifische Art höherer Weltbetrachtung«.

Im Hinblick auf die besonderen Umstände der Ufa-Gründung war es kein Zufall, daß die am 1. Juli 1918 eingerichtete »Kulturabteilung« des Konzerns bei Ernst Krieger in besten, nämlich militärischen Händen lag; der Major war ein Regimentskamerad des Ufa-Direktors Alexander Grau. Die »alte Verbindung vom Kasernenhof her« (Kalbus[148]) überdauerte die Wechselfälle der republikanischen Jahre und stand für die Kontinuität eines politisch nur scheinbar »wertfreien«, den Wissenschaften und dem technischen Fortschritt gegenüber aufgeschlossenen Konservativismus, der der totalitären Ideologie der Nationalsozialisten keinen Widerstand entgegensetzte.

Der »theaterfähige Beiprogrammfilm«, dem kein Phänomen der Pflanzen- und Tierwelt verborgen, kein Faktum der Naturgeschichte oder der technischen Zivilisation fremd blieb, diente auch problemlos als politisch-pädagogisches Glossar zum täglichen Leben im Hitler-Staat. Zwischen der seit 1929 von der Ufa-Kulturabteilung entwickelten »Insektenoptik« und dem gleichermaßen makro- und mikrokosmisch systematisierten Gesellschaftsbild des Nationalsozialismus gab es keine unüberbrückbare Kluft. Die Begeisterung für kameratechnische Errungenschaften wie Zeitlupe und Zeitraffer, Tele-Objektiv und wechselnde Brennweiten war nicht immun gegen eine naturwissenschaftlich-darwinistisch begründete Soziologie, »die Gesellschaften systematisch mißt, berechnet, benennt, erklärt und begründet« (Bitomsky[149]), um sie effektiver zu überwachen.

Bindeglieder waren die Technik-Obsession, die Affinität zwischen Bio- und Soziometrie – und ein Arbeitsbegriff, der sich ohne weiteres von populärwissenschaftlichen Filmen wie *Der Ameisenstaat* (Ulrich K. T. Schulz, 1934) auf populistische Propaganda in Kulturfilmen wie *Arbeitsdienst* (Hans Cürlis, 1933) oder *Deutsche Arbeitsstätten* (1940) von Svend Noldan (der schon als Kameramann am Ufa-Kompilationsfilm *Der Weltkrieg*, 1927, beteiligt gewesen war) übertragen ließ. Nicholas Kaufmann, ein Exponent des Ufa-Kulturfilms, Mitgestalter von *Wege zu Kraft und Schönheit* (1925), produzierte noch im Kriege seine Filme *Das Sinnesleben der Pflanzen, Radium, Röntgenstrahlen* und *Können Tiere denken?* – gleichzeitig formulierte Hans Traub, der Leiter der Ufa-Lehrschau, das Programm der deutschen Kulturfilmproduzenten im nationalsozialistischen Staat: »Kriegserziehungsfilm und Kulturfilm stehen ebenfalls unter dem Totalitätsanspruch des deutschen Freiheitskampfes. (...) Gerade die staatspolitischen und parteipolitischen Themen haben während der letzten Jahre in wachsendem Ausmaß von dem Kulturfilm Besitz ergriffen.«[150]

Mit den parteieigenen Produktionen ihrer im November 1930 gegründeten Reichsfilmstelle (z.B. *Hitlers Kampf um Deutschland*, 1931) hatte die NSDAP schon Jahre vor der »Machtergreifung« den dokumentarischen Film als Propagandamedium getestet. Für die Produktion eines Dokumentar- oder Kulturfilms von etwa 15 Minuten Länge sah das Goebbels-Ministerium den vergleichsweise großzügigen Finanzrahmen von 30000 Reichsmark vor – mit intuitivem Gespür für die Manipulierbarkeit des Mediums, die gleitenden Übergänge zwischen »objektivem« Wirklichkeitsabbild und demagogischer »Aufbereitung« der abgebildeten Wirklichkeit. Die spezifische Neigung deutscher Dokumentaristen zur virtuosen Ästhetisierung sozialer Themen, die schon 1927 in Walter Ruttmanns Querschnitt-Film *Berlin – Die Sinfonie der Großstadt* einen Höhepunkt erreicht hatte, wurde nun der Ästhetisierung des Politischen dienstbar, einer »Flucht in die Form« (Hoffmann[151]), die sich gleichwohl dem Propagandaauftrag nicht entzog. Ruttmann stellte für das NS-Regime seine »Kulturfilme« *Metall des Himmels* (1934), *Altgermanische Bauernkultur* (1939) und *Deutsche Panzer* (1941, produziert von der Ufa) her: Kriegserziehungsfilme, Filme für eine Kultur des Todes und der Bereitschaft zu töten.

Die verdinglichte Montage des Kulturfilms, neu-sachlichem Geist entsprungen, erwies sich als praktikabel im Sinne einer reaktionären Ästhetisierung der Wirklichkeit. Nach Hartmut Bitomsky, der 1983 eine größere Zahl nationalsozialistischer Kulturfilme analysiert hat, sucht die Montage »sich zusammen, was sie benötigt, und der Zusammenstellung entspricht nichts in der Wirklichkeit der einzelnen Aufnahme«.[152] Der Filmschnitt, der Bilder trennt und nach abstrakten ästhetischen Kriterien neu zusammenfügt, vernichtet seiner Tendenz nach den realen »Inhalt«, den Bedeutungsreichtum des Einzelbildes. »(...) durch jeden Schnitt geht eine gleichförmige Bewegung durch, sie ergreift mit rotierenden, stoßenden Gesten jedes Bild, das in den Weg kommt.« Ähnlich wie im Marschrhythmus der Revuefilme ging es in den Kulturfilmen über Fabrikarbeit oder über Deutschlands Panzer letztlich um eine Neuorganisiation der sozialen Sinnlichkeit: »Anpassung des Maschinenrhythmus an den Blutsrhythmus« – so lautete die Formel der NS-Ideologen. Der Dokumentarfilm *Sport auf dem Panzerschiff ›Deutschland‹* war nicht nur (wie Bitomsky vermutet) von Sergej Eisensteins *Panzerkreuzer Potemkin*, sondern auch von der Ufa-Operette *Bomben auf Monte Carlo* (Hanns Schwarz, 1931) inspiriert: die sportive Choreographie der Matrosen unter ausschwenkenden Kanonenrohren war hier mustergültig vorformuliert.

Mitte September 1940, ein Jahr nach Beginn des Zweiten Weltkrieges, meldete der Sicherheitsdienst der SS aus allen Teilen des Reiches ein steigendes Interesse an Kulturfilmen mit nicht-politischen Themen, vor allem an Filmen über Landschaften, Darstellungen aus dem Tierleben und populärwissenschaftlichen Lehrfilmen. Das Gespräch über Bäume kompensierte die tägliche Erfahrung des Krieges. Gerade im Hinblick auf die erweiterten Kriegswochenschauen werde eine verstärkte Berücksichtigung von Kulturfilmen im Vorprogramm angeregt – so die Beobachter der SS. Die Kulturfilm-Matineen an Sonntagen seien für zahlreiche Menschen eine Art »Kirchgang« geworden. »Ihr systematischer Ausbau zu ›Filmmorgenfeiern‹ werde nach Meinung interessierter Kreise die propagandistische Wirkung des Films auch im Kriege wesentlich ergänzen.«[153]

Wenige Wochen zuvor hatte die Regierung, unter maßgeblicher Beteiligung der Ufa, die Deutsche Kulturfilm-Zentrale eingerichtet und unter Goebbels' Leitung gestellt. Zumindest in diesem Sektor der Filmproduktion schien die Rechnung des Propagandaministers, sein Konzept einer subtilen Verzahnung von Belehrung mit politischer Indoktrination, von Kriegserziehung mit beschwichtigender Zerstreuung, aufzugehen.

24. Kapitel

Die Giftküche. Propaganda und »unpolitische Unterhaltung« vor dem Krieg

Im letzten Friedensjahr, 1938, registrierten die deutschen Kinos mit 440 Millionen verkauften Eintrittskarten einen Rekordbesuch. Die inländische Jahresproduktion war gegenüber 1934 (147 Filme) auf 114 zurückgegangen, aber im Verleihangebot (insgesamt 152 Filme) hatten die deutschen Produktionen (95 abendfüllende Spielfilme) mittlerweile eine deutliche Mehrheit.[154]

Nach der Annexion Österreichs durch Hitler-Deutschland bedurften die Verhältnisse in Wien, so der Lagebericht der SS, »einer besonderen Bereinigung«.[155] Mehr als die Hälfte von 174 Kinos in der Wiener Innenstadt befand sich in jüdischer Hand. Die österreichische Filmindustrie sah sich durch die Machtpolitik der staatlich gelenkten deutschen Konzerne bedroht. Um der »Verstimmung der ostmärkischen Filmfachleute« zu begegnen, betrieb Goebbels die Gründung einer Außenstelle der Reichsfilmkammer in Wien; ferner wurde unter Beteiligung der Ufa und ihrer österreichischen Niederlassungen und Tochtergesellschaften die Wien-Film GmbH ins Leben gerufen. Ihre Bestimmung war nicht zuletzt, »die Eigenart der Ostmarkkunst«, den »Wiener Charme und Schwung« dem deutschen Film zu erhalten.

1938: auf dem Gelände der Ufa in Neubabelsberg weihte Goebbels die Deutsche Filmakademie ein und bestimmte zum »Idealziel« eine jährliche Auslese von dreißig bis vierzig Nachwuchskünstlern aus tausend Bewerbern: »Jeder, der in Zukunft in der Deutschen Filmakademie aufgenommen werden will, muß – ganz gleich, als was er im Filmschaffen einmal tätig sein will – die Spuren eines Genies zeigen.«[156] Doch selbst die Beobachter der SS mahnten zur Nüchternheit: ein nachhaltiger Einfluß auf das deutsche Filmschaffen sei vorläufig nicht zu erwarten, da der Nachwuchs fehle.[157]

Die SS-Spione notierten auch eine in der Bevölkerung verbreitete Unzufriedenheit mit der Filmberichterstattung in der Presse, die offensichtlich der Meinung sei, alle deutschen Produktionen »verherrlichen zu müssen«: eine Folge des von Goebbels erlassenen Kritikverbots. »Einmütige Anerkennung« fanden andererseits die Filmvorführungen der NSDAP-Gaufilmstellen, deren Zulauf allerdings auch darauf zurückzuführen war, daß sie die Freizeit der Bevölkerung vorwiegend mit ausgewählten älteren Filmen zu bereichern suchten.

Insgesamt glaubten die SS-Beobachter eine Aufwärtsentwicklung im Filmwesen festhalten zu können. Sie sei bedingt durch die Olympia-Filme Leni Riefenstahls, aber auch durch zwei große Spielfilme der Ufa, *Urlaub auf Ehrenwort* und *Pour le mérite*.

Die beiden Karl Ritter-Filme waren in der Tat, aus nationalsozialistischer Sicht, Glanzbeispiele für gelungene, vom Massenpublikum positiv aufgenommene Propaganda im Spielfilm, und sie haben den Ruf der Ufa als einer zentralen Ideologiefabrik des Hitler-Regimes wesentlich geprägt. Lange Zeit hat das relativ kleine Kontingent unverhüllter Tendenzfilme den Blick für die Tatsache verstellt, daß die überwältigende Mehrzahl der unter NS-Herrschaft produzierten Filme keineswegs darauf setzte, appellatorisch für faschistische »Prinzipien« wie Volksgemeinschaft, Führerprinzip oder Rassenstaat zu mobilisieren. Goebbels vertraute mehr den verborgenen, in Alltagssujets und Unterhaltungswerten verkappten Winkelzügen der Insinuation, und der als »unpolitisch« erklärte Unterhaltungsfilm bestritt auch den Hauptanteil an der Gesamtproduktion.

Von den 88 deutschen Produktionen des Zeitraums 1933 bis 1945, die Erwin Leiser in seiner Untersuchung über Propaganda im Film des Dritten Reiches [158] als Beleg heranzieht, entfallen 35 auf die Ufa; 27 dieser von ihr produzierten und verliehenen Filme wurden nach der Niederlage Hitler-Deutschlands gemäß Entscheidung der Alliierten Militärregierungen verboten. Zahlreiche repräsentative Propagandafilme entstanden außerhalb der Ufa, darunter einige wichtige Preußenfilme: Carl Froelich drehte *Der Choral von Leuthen* 1933 in eigener Produktion; *Der alte und der junge König* (Hans Steinhoff, 1934/35) war eine Deka-Produktion und *Der große König*, in Veit Harlans Regie (1942), ein Film der Tobis. Für die Tobis drehte Harlan auch *Der Herrscher* (1937) – und für die Terra den berüchtigten antisemitischen Hetzfilm *Jud Süß* (1940). Fritz Hipplers »Dokumentarfilm« *Der ewige Jude* entstand 1940 im unmittelbaren Auftrag der Reichspropagandaleitung der NSDAP; antisemitische Filme wurden darüber hinaus von der Tobis (*Robert und Bertram* von Hans Heinz Zerlett, 1939) und von kleineren Gesellschaften wie der Wiener Styria-Film GmbH hergestellt (*Leinen aus Irland*, Heinz Helbig, 1939). Wolfgang Liebeneiner – Leiter der künstlerischen Fakultät an der Deutschen Filmakademie und von 1942 bis zum Kriegsende Produktionschef der Ufa – drehte seine dem Führer-Mythos gewidmeten Filme *Bismarck* (1940) und *Die Entlassung* (1942) sowie seinen »Euthanasie«-Film *Ich klage an* (1941) für die Tobis, und hier entstanden auch die meisten jener heroischen Biographien, die von den Nationalsozialisten für ihre Propaganda in Beschlag genommen wurden: so etwa *Friedrich Schiller* von Herbert Maisch (1940) und die Steinhoff-Filme *Robert Koch, der Bekämpfer des Todes* (1939) und *Ohm Krüger* (1941). Maischs Film *Andreas Schlüter* (1942) produzierte die Terra, Herbert Selpins *Carl Peters* (1941) die Bavaria. Schon diese wenigen Beispiele belegen, daß unter dem Primat der Propaganda die großen deutschen Filmkonzerne – zumal nach ihrer Verstaatlichung – als arbeitsteilig organisiertes Verbundsystem funktionierten; die vertikale »Gleichschaltung« bedingte horizontale »Zusammenschaltung«; die Entscheidung über die Produktionspläne fiel ohnehin im Propagandaministerium.

Soweit politische Propaganda gefordert war, bestimmten technische Perfektion und ästhetische Gleichförmigkeit das Bild. Künstlerische Individualität und originelle Filmsprache waren eher hinderlich; die unterschiedlichen »Handschriften« der Regisseure und Produzenten verschmolzen zu einer einheitlich gestanzten ideologischen »écriture«. Der Typus des »Ufa-Regisseurs«, den Fritz Lang, Ludwig Berger, Joe May, Hanns Schwarz und andere einmal verkörpert hatten, verschwand. An seine Stelle trat der politisch willfährige Allround-Regisseur, der vielfach schon in der »Kampfzeit« zur NSDAP gefunden hatte; in der Folgezeit erwies sich dieser Künstlertypus als vielseitig verwendbar. Ob Carl Froelich oder Hans Steinhoff, Karl Ritter oder Veit Harlan: Sie waren Autoren, Regisseure, Produktionsgruppenleiter und Produzenten, sie dienten als Mitglieder der »Kunstausschüsse« und standen als »Fachschaftsleiter« (wie Liebeneiner) oder als Präsidenten (wie Froelich) der Reichsfilmkammer zur Verfügung. Sie waren Kommandeure und Komplicen der Macht, sie wirkten als Vollstreckungsgehilfen des allgewaltigen Ministers – kurzum, sie waren die unerläßlichen Vermittler zwischen der politischen Zentrale und der so lautstark geforderten »nationalen Kunst«, soweit diese in Gestalt des Propagandafilms die Massen erreichen und sie für die Ziele des Faschismus in Bewegung setzen sollte.

Hans Steinhoff zum Beispiel hatte sich seit 1921 als handwerklich versierter Theater- und Filmregisseur mit einem Hang zu publikumssicheren Unterhaltungsfilmen, aber auch zu nationalkonservativen Stoffen (wie in seinem Ufafilm *Rosenmontag*, 1930) einen Namen gemacht, bevor er 1933 mit *Hitlerjunge Quex* seinen Aufstieg zum Spitzenregisseur durch ein nachdrückliches Bekenntnis zum neuen Staat besiegelte. Als Protegé Baldur von Schirachs (der eigens für den Film den Text des HJ-Liedes »Unsere Fahne flattert uns voran« verfaßt hatte) wurde Steinhoff mit dem goldenen Ehrenorden der Hitlerjugend ausgezeichnet, avancierte zum Hauptreferenten der Reichsjugendführung für das Filmwesen und befaßte sich in den folgenden Jahren mit der Produktion von Schmalfilmen für die politische Erziehung der Jugend im Sinne der NSDAP. Künstlerische und politische Funktionen, die Arbeit im Atelier und die Dienste für den Machtapparat waren in seiner Karriere auf das engste verflochten.

Gustav Ucicky drehte für die Ufa und für die mit ihr verbundene Wien-Film GmbH mit *Flüchtlinge* (1933), *Das Mädchen Johanna* (1935) und *Heimkehr* (1941) Filme, die alle Klischees des Nationalismus und des Führermythos bedienten – zugleich war er darum bemüht, mit seinen Literaturverfilmungen *Der zerbrochene Krug* (Tobis-Magna-Filmproduktions GmbH, 1937) und *Der Postmeister* (nach Alexander Puschkin, Wien-Film, 1939/40) seinen Ruf als »unpolitischer Künstler« zu retten. Sein pessimistisch gestimmtes Holzfäller-Drama *Am Ende der Welt* (Wien-Film, 1943) wurde im Dezember 1943 von der Filmprüfstelle verboten.

Veit Harlan, der im Ersten Weltkrieg als Statist bei dem Stummfilmpionier Max Mack begonnen und seither als Schauspieler gearbeitet hatte, bekannte sich 1933 öffentlich zur NSDAP, profilierte sich jedoch nach seinem Regiedebüt 1935 zunächst vorwiegend als Autor effektvoller Melodramen wie *Jugend* (1937/1938), *Verwehte Spuren* (1938) und *Die Reise nach Tilsit* (1939), die er mit Kristina Söderbaum als Hauptdarstellerin und seinem Kameramann Bruno Mondi für die Tobis realisierte. *Der Herrscher* (1937) wurde zum Tribut an das nationalsozialistische »Führerprinzip«, und seine im selben Jahr gedrehte Ufa-Komödie *Mein Sohn, der Herr Minister* geriet zu einer infamen Persiflage auf die parlamentarische Demokratie. Die Ufa-Farbfilme *Die goldene Stadt* (1942), *Immensee* (1943) und *Opfergang* (1943/44) prädestinierten Harlan schließlich zu jener megaloman-todessüchtigen Durchhalte-Produktion *Kolberg*, mit der sich das Hitler-Regime in den letzten Kriegswochen aus der Filmgeschichte verabschieden wird. Zwei Jahre zuvor war der Regisseur von Goebbels mit dem Professorentitel ausgezeichnet und als Leiter der »Herstellungsgruppe Harlan« zum Ufa-Produzenten ernannt worden. Zu seinen festen Mitarbeitern gehörten der Drehbuchautor Alfred Braun und sein Regieassistent Wolfgang Schleif; beide werden – wie auch vorübergehend Harlan selbst – im westdeutschen Nachkriegsfilm eine neue Karriere beginnen.

Jeder Filmstoff sei dann nationalsozialistisch, »wenn er geschaut und geordnet wurde von einer nationalsozialistischen Persönlichkeit, der die Gesetze und Ziele der Bewegung bereits zur zweiten Natur geworden sind«.[159] Als Wilhelm Müller-Scheld, Präsident der Deutschen Filmakademie, zuvor Gaupropagandaleiter in Hessen-Nassau, diese Sätze für eine Festschrift zu Hitlers fünfzigstem Geburtstag 1939 schrieb, dachte er möglicherweise an den Ufa-Regisseur und -Produktionsleiter Karl Ritter, der beispielhaft die vom Regime geforderten Tugenden verkörperte, zudem von bedingungslosem Glauben an den »Führer« durchdrungen war. Das Publikum war in seinen Augen Material – und der Film die Maschine, die es zu bearbeiten hatte: »Wir wollen in unseren Filmtheatern nichts anderes sitzen sehen als überzeugte Nationalsozialisten. Der Weg des deutschen Films wird kompromißlos dahin führen müssen, daß jeder Film im Dienst der Gemeinschaft, der Nation und unseres Führers stehen muß.«[160] Hinter solchen Überzeugungen stand ein monotones und monokausales, von Gewalt und Unterwerfung geprägtes Weltbild, eine Anschauung vom Menschen, die Ritter wie keinen anderen Filmkünstler unter Hitler zum Ideologen der faschistischen Todesmaschinerie werden ließ.

Es gehört zu den Ironien der Filmgeschichte, daß Ritter seine Laufbahn als Regisseur mit einer Karl Valentin-Posse (*Im Photoatelier*, Reichsliga-Film GmbH, 1932) begann – schon ein Jahr später stieg der Weltkriegsmajor zum Produzenten bei der Ufa auf und machte sich als Herstellungsleiter von *Hitlerjunge Quex* alsbald unentbehrlich. Seine Unfähigkeit, im zivilen Leben der Republik Fuß zu fassen, und sein Haß auf die Weimarer Demokratie, auf ihren Kosmopolitismus und ihre liberale Kultur hatten ihn schon Anfang der zwanziger Jahre zur NSDAP geführt. Bis zum Kriegsende war Ritter – zunächst als Produzent von Filmen Frank Wysbars, Hans Steinhoffs, Herbert Maischs und anderer, ab 1936 als Regisseur, zeitweise auch als künstlerisches Mitglied im Aufsichtsrat – der Filmfabrik in Neubabelsberg treu ergeben. Der nationalsozialistische Propagandafilm, Marke Ufa, war im wesentlichen sein Werk.

Die Tendenz zahlreicher vor dem Krieg entstandener Filme, die psychologischen Voraussetzungen für die deutsche Aggressionsstrategie zu schaffen und die Stimmungen in der Bevölkerung auf die gewünschten Feindbilder zu lenken, war nicht zu übersehen. Aber die Propagandalinie machte auch Differenzierungen notwendig, die teils mit den diplomatischen Manövern der NS-Regierung, teils mit der unterschiedlichen Einstellung der Produzenten und Regisseure zu ihren Sujets zusammenhingen.

Mitte der dreißiger Jahre produzierte die Ufa drei Filme, die sich aus wechselnden Blickwinkeln mit England auseinandersetzten. In Gerhard Lamprechts historischem Film *Der höhere Befehl* (mit Lil Dagover, Karl Ludwig Diehl, Friedrich Kayßler und Siegfried Schürenberg, 1935) hilft ein preußischer Rittmeister dem britischen Gesandten in Österreich, inkognito von Wien nach London zu gelangen und das europäische Bündnis gegen Napoleon zu schmieden. Im Jahr des Flottenabkommens mit Großbritannien gab es ein objektives Interesse der Nationalsozialisten, an die historische Koalition zwischen Preußen und England zur Befreiung Europas von Bonaparte zu erinnern. Lamprecht war zwar mit dem Preußenthema verwachsen, taugte jedoch keineswegs zum Propagandisten Goebbelsscher Prägung. In diesem Fall erntete er allerdings den Beifall des Ministers: *Der höhere Befehl* sei »ein nationaler und hinreißender Film«[161], vermerkte Goebbels und empfahl ihn mit dem Prädikat »staatspolitisch und künstlerisch besonders wertvoll« dem deutschen Publikum, das einige Monate zuvor die Einführung der allgemeinen Wehrpflicht erlebt hatte und sich auf einen schärferen Kurs gegenüber Frankreich gefaßt machen mußte.

Einen englandfreundlichen Akzent setzte auch Paul Wegener, als Regisseur des patriotischen Abenteuerfilms *Ein Mann will nach Deutschland* (mit Karl Ludwig Diehl und Brigitte Horney, 1934), in der Zeichnung eines von Willy Birgel gespielten britischen Offiziers, der sich zu Beginn des Ersten Weltkriegs dagegen sträubt, ein Lager mit internierten Deutschen zu bewachen. Aber schon *Verräter*, der erste eindeutige Tendenzfilm Karl Ritters (mit Lida Baarova, Willy Birgel und Rudolf Fernau, 1936), zielte darauf ab, England zum Hauptfeind zu stempeln, die Deutschen vor den Aktivitäten des britischen Geheimdienstes zu warnen und ihren Haß auf die Verräter in den eigenen Reihen zu schüren.

»Filmische Panzerwagen, die an die vorderste Propagandafront gehören« – so nannte die Zeitschrift der Reichsfilmkammer, »Der deutsche Film«[162], Ritters »Soldaten-Filme«. Der Regisseur selbst sprach von seinen »heldischen Filmen«, und im Jahre 1937, als Hitler der Wehrmachtsführung erstmals seine Kriegspläne enthüllte, realisierte Ritter als Produzent und Regisseur nicht weniger als drei Heldenepen in unmittelbarer Folge. Von der Prüfstelle wurden sie umgehend mit hohen Prädikaten ausgezeichnet: *Patrioten* (mit Lida Baarova, Mathias Wieman, Hilde Körber und Paul Dahlke), *Unternehmen Michael* (mit Heinrich George, Mathias Wieman, Willy Birgel und Hannes Stelzer) und *Urlaub auf Ehrenwort* (mit Ingeborg Theek, Fritz Kampers, Rolf Moebius, Berta Drews, René Deltgen und Carl Raddatz, der hier seine erste Filmrolle spielte). Die Bauten zu allen Filmen gestaltete Walter Röhrig; Ritters Kameramann war Günther Anders, sein meistbeschäftigter Drehbuchautor der Schriftsteller Felix Lützkendorf, der 1936 die »Dichtung einer neuen Männlichkeit«[163] proklamiert hatte.

Stattete Ritter in *Patrioten* die Liebesgeschichte zwischen einem hinter den Linien abgeschossenen deutschen Flieger und einer französischen Schauspielerin noch mit subtilen Nuancen aus, so verzichtete er in *Unternehmen Michael* zugunsten der Glorifizierung sinnlosen Sterbens auf jegliche Psychologie. Eine Episode aus der Frühjahrsoffensive an der Westfront 1918: der Führer eines eingeschlossenen Bataillons, das von französischen und britischen Truppen bedrängt wird, fordert seine Artillerie auf, das Feuer auf die eigene Stellung zu richten: »Nicht nach der Größe unseres Sieges wird man uns einmal messen, sondern nach der Tiefe unseres Opfers« – so die Schlußworte des kommandierenden Ge-

Unternehmen Michael: Heinz Welzel

Urlaub auf Ehrenwort: Elisabeth Wendt und Carl Raddatz

nerals.[164] Das Massensterben, das Ritter inszenierte, und die sadomasochistische Todesmystik, die dem Film zugrunde lag, provozierten den Protest hoher Offiziere und führten zu einer polemisch ausgetragenen Auseinandersetzung zwischen Reichswehr und Propagandaministerium.

Urlaub auf Ehrenwort, fast zur gleichen Zeit entstanden, war ein Loblied auf »dieses verdammte Pflichtgefühl«, dem sich vier Fronturlauber nicht einmal im revolutionären Berlin des Oktobers 1918 entziehen wollen: ausgerechnet der »linke Intellektuelle« unter ihnen formuliert gegenüber seinen pazifistischen Freunden von einst die patriotische Sentenz: »Wir Soldaten sterben für unser Land, während ihr sauft, Treffen abhaltet und liebt.«[165]

Dieser Satz entsprach präzis der nationalsozialistischen Propaganda gegen die »November-Verbrecher« von 1918, die der kämpfenden Front in den Rücken gefallen seien, um Deutschland in den Untergang zu treiben. Mit den Filmen Karl Ritters kommentierte Deutschlands größtes Filmunternehmen die politischen Bedingungen seiner eigenen Entstehungsgeschichte: die militärische Lage in den letzten Kriegsjahren, die zur Gründung der Ufa geführt – und das revolutionäre »Chaos« an der »Heimatfront«, das ihre schnelle Entwicklung begünstigt hatte. Zwanzig Jahre später kehrte der Konzern zu jenem verhängnisvollen Geschichtsbild zurück, aus dem er hervorgegangen war – und es waren die »Kriegserziehungsfilme« Karl Ritters, die Ludendorffs Vermächtnis erfüllen sollten: »Je länger der Krieg dauert, desto notwendiger wird die planmäßige Beeinflussung der Massen im Inland.« Mit einem Film wie *Unternehmen Michael* hatte der Zweite Weltkrieg in einem psychologischen Sinne bereits seinen Anfang genommen.

Kurz vor Weihnachten 1938 sahen Hitler, die Spitzen der NSDAP und der gesamte Generalstab im Ufa-Palast am Zoo die Premiere eines Karl Ritter-Films, der schon Tage zuvor von Himmlers Presse als filmische Deklamation des Parteiprogramms gefeiert worden war. *Pour le Mérite* war ein enzyklopädisch-kaleidoskopischer Spiegel aller nur denkbaren nationalsozialistischen Geschichtsklitterungen, »eine der bösartigsten und gemeinsten Darstellungen Weimars im Nazi-Film«.[166] Mit 102 Darstellern – unter ihnen Paul Hartmann, Fritz Kampers, Josef Dahmen, Elsa Wagner, Gisela von Collande, Paul Dahlke und Wolfgang Staudte – entfaltete Ritter in vierzig Episoden ein zeitgeschichtliches Panorama aus der NS-Perspektive: vom »Heldenkampf« deutscher Jagdflieger im Ersten Weltkrieg über das schwere Los »anständiger« Frontsoldaten in der Weimarer Republik und ihren Kampf für die illegale Wiederaufrüstung bis zu jenem Tag im März 1935, an dem Goebbels das Gesetz zur allgemeinen Wehrpflicht und zum Aufbau der Wehrmacht verkündete, »während jubelnde Menschenmassen unter den Kriegerdenkmälern des Ersten Weltkriegs zusammenströmen. Die alten Kämpen tragen die neuen Uniformen, und die Motoren des ersten Kampfgeschwaders des Dritten Reiches dröhnen ›das Heldenlied des Geistes vom Pour le Mérite‹.«[167]

Einer der alten Kämpen, in der Weimarer Zeit vor Gericht gestellt, erklärt, was von dieser Republik der »jüdischen Gauner« und des »kommunistischen Mobs«, der »politischen Korruption« und »sittlichen Verwahrlosung« zu halten sei: »Ich habe mit diesem Staat gar nichts zu schaffen, denn ich hasse die Demokratie wie die Pest. Was immer Sie tun mögen, ich werde sie schädigen und stören, wo ich nur kann. Wir müssen wieder ein Deutschland auf die Beine stellen, das den Vorstellungen eines Frontsoldaten entspricht.«[168]

Pour le Mérite

Dorothea Hollstein, die in ihrer Untersuchung über antisemitische Vorurteile im nationalsozialistischen Spielfilm eine zuvor kaum beachtete antisemitische Sequenz in *Pour le Mérite* aufgedeckt hat, weist darauf hin, daß Ritter über seinen Schwiegervater – ein »glühender Nationalsozialist und fanatischer Antisemit« – Zugang zum Wagner-Hause Wahnfried in Bayreuth und somit auch einen engen Kontakt zu Hitler hatte, der ihn vor gewissen »Animositäten« des Propagandaministers geschützt habe. Obwohl sich Ritter, als einziger prominenter Ufa-Regisseur, offen zum Antisemitismus bekannte, habe er wohl kein Interesse an ausgesprochen antisemitischen Filmen gehabt; ihm sei es mehr darum gegangen, »einen überzüchteten Nationalismus und monumentalen Heroismus zu pflegen«.[169]

Über die künstlerischen Fähigkeiten Ritters wurden in der Filmgeschichtsschreibung der Nachkriegszeit kontroverse Thesen aufgestellt. Francis Courtade und Pierre Cadars, die es sich als Franzosen leisten können, die NS-Filme vorwiegend unter ästhetischen Gesichtspunkten zu beurteilen, sind der Meinung, *Urlaub auf Ehrenwort* sei, abgesehen von seinem »spekulativen Thema«, technisch und künstlerisch ein ausgezeichneter Film.[170] Sogar der polnische Filmhistoriker Toeplitz entdeckte einige Qualitäten: »Wenn Karl Ritter bessere, konsequenter gebaute Drehbücher gehabt hätte und wenn er gegenüber der Gefahr des deklamatorisch-rhetorischen Dialogs aufgeschlossener gewesen wäre, hätten seine Werke ungemein gewonnen. Sie sind lebendig, meist interessant, aber ihnen fehlt die künstlerische Tiefe, sie kommen über eine ziemlich laute, aufdringliche Publizistik nicht hinaus.«[171]

Eben diese laute, aufdringliche Publizistik der Propaganda, verbunden mit einer meist schwerfälligen, normativ-schematischen Dramaturgie, thesenhaften Charakteren und visueller Phantasielosigkeit, bestimmte die große Mehrzahl der nationalsozialistischen Tendenzfilme. Die ästhetischen Errungenschaften der alten Ufa-Werkstatt waren unter Hitler und Goebbels in Vergessenheit, wenn nicht in Verruf geraten. Auch Karl Ritter, der in einem seiner Pamphlete den Intellektualismus im Film der »System-Zeit« anprangerte[172], hat zu ihrer Demontage beigetragen.

Obwohl die Ufa-Leitung spätestens nach der Verstaatlichung die Propagandafunktion, die das Regime ihrem Unternehmen zugedacht hatte, widerstandslos akzeptierte, kam es weiterhin zu Unstimmigkeiten im Verkehr mit dem zuständigen Ministerium und seinem unberechenbaren Chef. Mitte Februar 1938 rekapitulierte Ernst Hugo Correll in einer sachlich gehaltenen, in den Zwischentönen jedoch merklich verbitterten Aktennotiz die Vorgänge um den verbotenen antikommunistischen Film *Starke Herzen.*[173]

Danach hatte im November 1936 das Goebbels-Ministerium in einer Besprechung mit Produzenten, Regisseuren und Darstellern die Herstellung antibolschewistischer Filme verlangt. Der Zeitpunkt war kein Zufall: im Herbst 1936 verstärkte das NS-Regime seine »Volk-ohne-Raum«-Propaganda, und in einer Denkschrift zum Vierjahresplan stellte Hitler einleitend fest, Europa habe nur zwei dem Bolschewismus gegenüber standfeste Staaten, das nationalsozialistische Deutschland und das faschistische Italien.[174] Die Filmleute ließen sich die Propagandalinie erläutern, und die Ufa vergab – »in der besten Absicht, diesen Willen zu verwirklichen« (Correll) – den Auftrag zur Ausarbeitung eines entsprechenden Sujets. Optimistisch kündigte der Konzern für 1937/38 ein Projekt mit dem Titel *Starke Herzen* an: »Das Schicksal einer Stadt, die 1919 in den Hexenkessel einer Revolution hineingezogen wird. Der Kampf einer verschworenen Schicksalsgemeinschaft gegen die Abgesandten des Bolschewismus. In diesem Wirrwarr finden sich zwei Menschen – klingen durch Opferbereitschaft und in der Pflicht verbunden zwei Herzen zusammen zu einem hinreißenden Bekenntnis siegender Liebe über Haß und Tod.«[175]

Der neue Reichsfilmdramaturg Ewald von Demandowsky akzeptierte das Treatment und meldete lediglich einige Änderungswünsche an, »die den Stoff in seinem Kern nicht betrafen« – so Correll in seinem Aktenvermerk. Die Ufa sei diesen Wünschen nachgekommen und habe ein Drehbuch abgeliefert, mit dem der Reichsfilmdramaturg einverstanden gewesen sei; bei den Aufnahmen im Atelier (Regie: Herbert Maisch; in den Hauptrollen spielten die Sängerin Maria Cebotari, Gustav Dießl und Walther Franck) sei Demandowsky zeitweilig zugegen gewesen. Auch das Propagandaministerium habe einen Stoffauszug genehmigt. Den weiteren Gang der Dinge schildert Correll wie folgt:

»Im Juni 1937 wurde der Film dem Propagandaministerium vorgelegt. Es wurden verschiedene Änderungswünsche geäußert. Es wurden Nachaufnahmen verlangt, die in einem Ausmaß von RM 141000,–, nachdem vorher auf die Höhe der Summe hingewiesen war, gemacht wurden. Nach erfolgter Änderung wurde der Film der Zensur vorgelegt. Von der Zensur wurde uns nahegelegt, den Antrag zurückzuziehen, da der Film sonst verboten würde. Der Film hat insgesamt RM 799000,– gekostet. Er liegt jetzt brach und kann nicht ausgenutzt werden.«

Tatsächlich wurde der Ufa-Film *Starke Herzen*, der dazu ausersehen war, die

Gefühle der Deutschen gegen den Bolschewismus aufzustacheln, nach mehrmaliger Zensurvorlage im November 1937 von der Filmprüfstelle endgültig verboten. Die Gründe des Propagandaministeriums konnte auch Friedrich P. Kahlenberg in seiner ausführlichen Rekonstruktion der Produktionsgeschichte dieses Films nicht abschließend ermitteln; er fand jedoch ein inhaltliches Indiz »in der wesentlich schlüssigeren Präsentation der Seite der revolutionären Aufrührer im Vergleich zur Darstellung der Vertreter der nationalen Sache«[176]. Nach Kriegsende veranlaßten sowjetische Empfindlichkeiten die Alliierte Militärkommission, den Film, der bis zu diesem Zeitpunkt nicht öffentlich aufgeführt worden war, abermals auf den Index zu setzen. Erst 1952/53, als in der Bundesrepublik unter Konrad Adenauer antikommunistische Gesinnung von neuem erwünscht war, gab ihn die Freiwillige Selbstkontrolle unter dem Titel *Starke Herzen im Sturm* für die westdeutschen Kinos frei.

Die Auseinandersetzung mit dem Kommunismus barg für die Nationalsozialisten manche Probleme, die in der Sozialgeschichte ihrer eigenen Bewegung wurzelten; hinzu kamen die Komplikationen durch Hitlers Außenpolitik Ende der dreißiger Jahre und seinen Nichtangriffspakt mit der Sowjetunion. Die Ufa hatte mit ihren beiden Tendenzfilmen des Jahres 1933 – Steinhoffs *Hitlerjunge Quex* und Ucickys *Flüchtlinge* – die Linie für die antikommunistische Agitation vorgezeichnet. In *Flüchtlinge* gerät eine Gruppe von Wolgadeutschen – so Oskar Kalbus – »aus der Hölle Rußlands ins Fegefeuer des chinesischen Generalkrieges (...), zerzaust vom Sturm über Asien, im Rücken die Bolschewiken, vor sich die chinesischen Kugeln«: der Kommunismus ist eine aus den Tiefen Asiens hervorbrechende Weltgefahr, deren Sendboten die Zentren der Zivilisation unterwandern und Deutschland in den Jahren der Republik an den Rand des Abgrunds gebracht haben. Die Wolgadeutschen in diesem Film, »voll innerer Zerrissenheit und Qual, voll Hoffnungslosigkeit und Schwäche«[177] – sie sind das Deutschland der Weimarer Republik, das im Zustand seiner tiefsten Erniedrigung auf seinen Führer wartet.

Hitlerjunge Quex freilich zeigte die gemeinsame proletarische Klassenbasis der nationalsozialistischen und der kommunistischen Bewegung, und mit perfider Intelligenz rekapitulierte der Film in einigen Sequenzen das dramaturgische Inventar, die psychologischen Muster und die Atmosphäre herausragender Werke des linken Kinos wie Phil Jutzis *Mutter Krausens Fahrt ins Glück* und Slatan Dudows *Kuhle Wampe* – nicht zuletzt dank der Ausstrahlungskraft Heinrich Georges in der Rolle eines kommunistischen Arbeiters. »Die Kommunisten werden als die Antitypen der nationalsozialistischen Ideale dargestellt, wobei die Attribute, die den Kommunisten zugeteilt werden, ihre psychologischen Wurzeln im Charakter der Nationalsozialisten haben.« (Leiser[178]) Die eine Bewegung als das »Selbstporträt« der anderen: mit diesem Film traf die Ufa in der Tat einen Nerv der Realität.

Der Hitler-Stalin-Pakt von 1939 tabuisierte jegliche antisowjetische und antibolschewistische Tendenz und wurde sogar einem prominenten Film zum Schicksal: *Friesennot* (1935) von Peter Hagen (alias Reichsfilmdramaturg Willi Krause) wurde nach Unterzeichnung des Vertrags verboten und erst nach dem Angriff der deutschen Wehrmacht auf die Sowjetunion 1941 unter dem eindeutigen Titel *Dorf im roten Sturm* zur Wiederaufführung freigegeben. Und auch die Ufa wird erst mit Karl Ritters reißerischem Hetzfilm *GPU* (1942) die Propaganda gegen die kommunistische Weltgefahr wieder aufnehmen.

Hitlerjunge Quex: Hermann Speelmans und Heinrich George

Während Hitler und sein führender Ideologe Alfred Rosenberg, Goebbels' entschiedenster Widersacher im parteiinternen Streit um die politische »Ausrichtung« des kulturellen Lebens, mit Nachdruck den politischen Gesinnungsfilm forderten und ihn streng vom »unpolitischen« Unterhaltungsfilm unterschieden wissen wollten, dachte der Propagandaminister über die Durchlässigkeit der populären filmischen Genres für die vom Regime erwünschten »Botschaften« nach. Tatsächlich entstanden, in der breiten Grauzone zwischen Propaganda und Unterhaltung, zahlreiche Mischprodukte, in denen sich die genrespezifischen Merkmale und die ideologischen Zutaten merkwürdig die Waage hielten, mal das unverfängliche Ambiente gegenüber der eingeschleusten Tendenz, mal umgekehrt die politische Interlinearversion gegenüber dem filmischen Haupttext die Oberhand zu behalten schien. Im Extremfall führte dies zum Auslegungsstreit, der bis heute andauert: war der Friedrich Schiller-Film von Herbert Maisch, mit Horst Caspars Ruf nach Freiheit und Menschenwürde, nun »eine flammende Anklage gegen die Unterdrückung des Geistes durch einen Tyrannen«[179] und somit (was sonst?) ein offen antifaschistischer Film – oder war dieser Film eine als »staatspolitisch wertvoll« prädikatisierte Heldenbiographie, die in allen Einzelheiten auf den Genie- und Führerkult zugeschnitten war? Zweifellos folgte die – leichter reglementierbare – Dialogführung den Bedürfnissen der Propaganda und wurde von den gesinnungstreuen Teilen des Publikums kaum anders als im nationalsozialistischen Sinne rezipiert; das Fluidum dieses Films aber, die Atmosphäre militärischer Tyrannei und die Ausstrahlung des jugendlichen Horst Caspar in seiner Freiheitspose schlugen durch auf die Erwartungen und Wahrnehmungen anderer und anders denkender Zuschauergruppen, die den Mut aufbrachten, im Kino durch Akklamation an den »richtigen« Stellen ihre oppositionelle Haltung zum Regime zu bekunden.

Nicht wenigen Filmen war so bereits vom Sujet her eine Ambivalenz eigen, die der beabsichtigten Indoktrination zuwiderlief – in anderen Fällen kam das aktuell Gemeinte, eingehüllt in eine Kostümhandlung und befrachtet mit geschichtlichem oder melodramatischem Stoff, als politische Parabel wirkungsvoll zur Geltung. Zwei Ufa-Aufführungen des Jahres 1937 waren Lehrbeispiele für entgegengesetzte Formen politischer »Meinungsbildung« im Medium des geschichtlichen bzw. zeitgeschichtlichen Films. In Herbert Maischs *Menschen ohne Vaterland* (mit Willy Fritsch, Maria von Tasnady und Willy Birgel) entscheidet sich ein deutsch-russischer Adliger, der 1918 im Baltikum zwischen die Fronten geraten ist, nach mancherlei Zweifeln für die Unterstützung einer deutschen Kompanie, also für die »richtige« Seite; die feindliche Kugel, die ihn am Ende niederstreckt, befördert ihn zum Helden und weiht seinen Tod dem Vaterland. Herbert Maisch – von Hause aus Berufsoffizier, auf die Mythologien des Krieges und der Gewalt fixiert und wie sein Förderer Karl Ritter ein chauvinistischer, der Männerbündelei ergebener »Kulturbürger« – ließ in diesem Film keine Polyvalenz, keine Zwischentöne zu. Die sehr ähnlich strukturierte Fabel von *Ritt in die Freiheit* (Regie Karl Hartl, mit Willy Birgel, Ursula Grabley und Hansi Knoteck) stellte neben den patriotischen Gedanken gleichrangig die Idee der Freiheit; zudem verhinderte der Stoff aus den polnischen Freiheitskämpfen gegen die russische Vorherrschaft um 1830 jede Deutschtümelei. Hier ist es ein polnischer Rittmeister, der durch sein Zögern zunächst seine Kameraden in Gefahr bringt, sie am Ende jedoch unter Einsatz seines Lebens aus der Hand der Russen befreien kann. Polen und Russen werden als »faire Gegner« gezeichnet und sind gleichermaßen von patriotischen Empfindungen erfüllt: es fehlt das für jegliche NS-Propaganda unerläßliche Feindbild. Die Ufa produzierte diesen Film mit Hilfe des polnischen Kriegsministeriums, das für die Außenaufnahmen (Kamera Günther Rittau) bei Ostroleka fünf Ulanenregimenter bereitstellen ließ: eine polnisch-deutsche Zusammenarbeit, aus der wenige Jahre vor Hitlers Überfall auf Polen auch Gemeinschaftsproduktionen wie *August der Starke* (1936, Regie Paul Wegener) und *Abenteuer in Warschau* (1937, Carl Boese, beide produziert von der Nerthus-Film GmbH) hervorgingen. Die Uraufführung von *Ritt in die Freiheit* im Ufa-Palast am Zoo, am 14. Januar 1937, beehrte Polens Botschafter Lipski mit seiner Anwesenheit.

Es gehört zu den Legenden der Filmgeschichte, daß es den Nationalsozialisten gelungen sei, alle Genres der Kinematographie, jeden Film, jeden Stoff und jedes noch so entlegene Thema mit den Einflüsterungen aus ihrer ideologischen Giftküche zu infizieren. Mochten auch die Wünsche des Ministers und der Ehrgeiz seiner Erfüllungsgehilfen durchaus in diese Richtung zielen, so entglitt dem Apparat trotz seiner differenzierten Überwachungsinstrumente nicht selten der Stoff, den es politisch zu formen, ideologisch zu »meißeln« und in eine für die Massenbeeinflussung taugliche Schablone zu pressen galt. Das Wesen des Filmischen selbst mit seinen unberechenbaren, irrlichternden Eigenschaften und seiner Affinität zu mikrologischen Strukturen verweigerte sich letztlich der »Makrotechnik« der Goebbelsschen Kontrollmaschine.

Zweifellos boten sich die Klischees des »unpolitischen« Abenteuerfilms, des

Melodramas und selbst der Gesellschaftskomödie der ideologischen Ausbeutung an: »männliche« Tugenden, Frauenfeindlichkeit, das Familienidyll und die Ächtung ungehemmter Erotik kamen dem faschistischen Welt- und Menschenbild entgegen. Aber diese Motive hatten sich schon lange vor 1933 als herrschende Standards im Film der Weimarer Republik und darüber hinaus in der internationalen Kinematographie herauskristallisiert. Die Nationalsozialisten, besonders nach der Verstaatlichung der Konzerne auf den Kassenerfolg angewiesen und nicht ohne Gespür für die systemerhaltende Funktion »reiner« Unterhaltung, ließen diese Genres weiterwuchern; zudem erwies sich die totale Kontrolle, die sie anstrebten, nur als begrenzt durchführbar.

So existierte weiterhin der zwar nicht »unpolitische«, aber von der Propaganda als peripher eingeschätzte und von der Gesinnungsdiktatur schwer lenkbare Unterhaltungsfilm. Innerhalb seiner Grenzen entstanden gelegentlich Produkte, die nicht nur »neutrale«, sondern auch dem offiziellen Freund-Feind-Schema widersprechende Positionen behaupteten. Ein Beispiel ist *Kautschuk* (1938), einer der klassischen Abenteuerfilme der Ufa. Formal bestachen seine perfekte narrative Dramaturgie und die virtuos integrierten Dokumentaraufnahmen aus dem brasilianischen Urwald (Kamera Willi Winterstein und Edgar Eichhorn) – einer politischen Analyse wäre indessen kaum verborgen geblieben, daß Eduard von Borsodys Film, im Jahre 1938, eine Hymne auf den britischen Kolonialimperialismus, auf britischen Forscherdrang und Unternehmungsgeist war.

Von Borsody, im Ersten Weltkrieg Offizier der österreichischen Armee, hatte ungleiche Lehrmeister: wie Karl Hartl kam er als Mitarbeiter Ucickys und der Wiener Sascha-Filmindustrie AG zum Film, fand dann in Berlin Kontakt zu linken Kreisen und arbeitete als Kameramann Ernö Metzners (u. a. in dem beklemmend realistischen Kriminalfilm *Polizeibericht Überfall*, 1928). Seit 1930 als Regieassistent und Cutter Ucickys bei der Ufa, verlegte er sich auf das Abenteuergenre (*Brillanten*, 1937; *Sensationsprozeß Casilla, Kongo-Expreß*, beide 1939). Gestützt auf Drehbücher des (halb) geläuterten Rathenau-Attentäters Ernst von Salomon, der sich unter der NS-Herrschaft in die »innere Emigration« zurückgezogen hatte und zu einem erfolgreichen Lieferanten der Ufa-Dramaturgie geworden war, wetteiferte von Borsody, unbekümmert um politische Vorbehalte, mit dem action-Kino Hollywoods und gab dabei, ähnlich wie Herbert Selpin in *Die Reiter von Deutsch-Ostafrika* (Terra, 1934), seinen anglophilen Neigungen nach. Mit Karl Hartl gehörte der Regisseur zu jenen (konservativen) Abkömmlingen der Donaumonarchie, die bei der Ufa das Genre des patriotischen Abenteuerfilms pflegten, ohne den »staatspolitischen« Implikationen Bedeutung beizumessen. Sie bildeten ein Gegengewicht zu den reaktionären Kunst-Korporalen vom Schlage Karl Ritters und anderer.

»Als einziger Ausweg für diejenigen, die sich mit dem Regime nicht abfinden konnten und in der Filmproduktion weiterarbeiten wollten, blieb die Neutralität«, schreibt Jerzy Toeplitz.[180] »Nicht einmal im Unterhaltungsfilm konnte man sich ganz von den Geboten und Empfehlungen der Behörden lösen, aber man konnte sie dosieren und mildern. Man konnte zum Vorwand nehmen, daß die Filmwirklichkeit in anderen räumlich-zeitlichen Dimensionen entsteht, außerhalb des Gebietes des Dritten Reiches.«

Unter denen, die Toeplitz der Gruppe der »Neutralen« zurechnet, gab es eigensinnige Köpfe, die ihre Neutralität bewußt nutzten, um die verbliebenen Möglichkeiten zu testen und dem ungeliebten Regime, soweit sie nicht daran gehindert wurden, zumindest Nadelstiche zuzufügen. Dies gelang Reinhold Schünzel, der bereits mit dem genialen Quid-pro-quo der Geschlechter in *Viktor und Viktoria* (1933), mit dem radikal femininen Thema von *Das Mädchen Irene* – Goebbels: eine »ganz schlechte, überforcierte, ekelhafte Sache«[181] – und erst recht mit *Amphitryon* (1934) die Lust an der Subversion hatte durchblitzen lassen. Nun schien es, als wolle er, der als »Halbjude« ohnehin in einer Grauzone obrigkeitlicher Duldung operierte, mit *Land der Liebe* alles auf eine Karte setzen. Nach seinen letzten Arbeiten für die Ufa (*Donogoo Tonka*, 1935/36, und *Das Mädchen Irene*, 1936), produzierte diesen Film die Georg Witt-Film GmbH im Auftrag der Tobis; die Kamera führte Werner Bohne, in den Hauptrollen spielten Albert Matterstock, Gusti Huber und Valerie von Martens. Die Premiere fand am 11. Juni 1937 im Tauentzien-Palast statt; kurz zuvor hatte Schünzel Deutschland bereits verlassen und sich in die USA abgesetzt.

Land der Liebe war konstruiert wie eine jener zahllosen raumzeitlichen Phantasiemaschinen des Eskapismus: in einem Operetten-Königreich lösen explodierende Knallfrösche chaotische Zustände, Polizeiaktionen und die Verhaftung eines verliebten Poeten aus; der Monarch flieht und muß, so wollen es die Hofschranzen, ausgerechnet von seinem »Attentäter« gedoubelt werden; Kabale und Liebe, Tumult und höfische Intrigen münden schließlich in ein champagnerseliges Happy-End mit Doppelhochzeit – kurzum, viel Lärm um nichts; was Revolte schien, war nur das vorübergehende Durcheinander in einem Nachtwächterstaat. Und doch entpuppte sich dieses Nichts als ungemein anzügliche Persiflage auf den falschen Prunk der NS-Schranzen und ihren Polizeistaat, auf martialisch stampfende SA-Kolonnen und die Gutgläubigkeit des immer wieder betrogenen Volks. Die Liedtexte stammten von Hans Fritz Beckmann und Kurt E. Heyne; ungenannt war an den Dialogen auch Curt Goetz beteiligt, der 1939 emigrieren wird.

Der Film wurde Ende April der Zensur vorgelegt. Auch Goebbels sah ihn und schäumte in seinem Tagebuch: »Eine typische Judenmache. Ganz unausstehlich. Der darf so nicht heraus. Nun werde ich diesen Unrat ausmisten.« Und zwei Tage später: »Furchtbarer Ärger mit dem Schünzel-Film, der 1,3 Millionen kostet und gänzlich unbrauchbar ist. Das hat dieser Halbjude mit Absicht gemacht.«[182] Mit Verspätung und erheblichen Schnittauflagen wurde *Land der Liebe* Anfang Juni freigegeben. Schünzel wußte zu diesem Zeitpunkt bereits, daß er in Ungnade gefallen war. Fritz Mainz, Produktionschef der Tobis, verlor noch im selben Jahr seinen Posten.

Arthur Maria Rabenalt, der als Regisseur »unpolitischer« Lustspiele Erfahrungen sammeln konnte, beschreibt in seinem Buch »Film im Zwielicht«[183] die Flucht in die Vergangenheit als Tarnungsmöglichkeit und das »Camouflageelement« von Kostüm und Dekor als Mittel der Abschirmung gegen die geforderte Ideologie. Auch das Dilemma des Unterhaltungsfilms wird von ihm klar benannt: er mußte lebensfern sein, wenn er unpolitisch bleiben wollte. »Er kam aus der Retorte. Seine Menschen waren Homunkuli, die gesellschaftliche Lebensform war keimfrei destilliert, ihr Lebensraum sterilisiert.« So sei die spezifische Opera buffa des NS-Staats entstanden: unverfänglich, »eine Operette in Konversation sozusagen, mit gelegentlichen gemäßigten Schlagereinlagen«.

Der Mann, der Sherlock Holmes war: Heinz Rühmann und Hans Albers

Zahlreiche Regisseure der Ufa balancierten auf dieser vagen Grenzlinie zwischen »innerer Emigration« und resignativem Eskapismus. Satire und weltläufige Ironie dagegen stießen bei den Nationalsozialisten eher auf Unverständnis und Mißtrauen. Filme, die im Gloria-Palast oder im Marmorhaus »das anspruchsvolle Publikum zu hellem Entzücken brachten«, wurden (so Rabenalt) im Propagandaministerium »in unheimlicher Grabesstille« vorgeführt: Angst und Argwohn, aber wohl auch die simple Unfähigkeit zum Humor muß den verkrampften Bürokraten im Goebbels-Apparat buchstäblich die Sprache verschlagen haben.

Als geglückten Beweis dafür, »daß Deutschland eine Kriminalgroteske schaffen kann, die den besten Amerikanern auf diesem Gebiet in keiner Weise nachsteht«, feierte die »Lichtbild-Bühne«[184] im Juli 1937 den Ufa-Film *Der Mann, der Sherlock Holmes war.* Den Erfolg teilten sich Karl Hartl als Regisseur, Hans Albers und Heinz Rühmann als kleine Detektive, die sich die Rollen von Sherlock Holmes und Dr. Watson anmaßen, Fritz Arno Wagner als Kameramann und Hans Sommer als Komponist des Evergreens »Jawoll, meine Herr'n«; als Regieassistenten hatte sich Hartl seinen österreichischen Kollegen Eduard von Borsody geholt.

Der Film bezog seinen Witz aus einer Fiktion, aus seinem Spiel mit Kunstfiguren. Mit Recht lobten die Rezensenten die Komik des Disparaten im Gespann Albers–Rühmann, das Tempo des Films und seine parodistischen Qualitäten. Allerdings war der Vergleich mit der amerikanischen sophisticated comedy zu hoch gegriffen: um die grotesken Verwirrungen am Ende zu lösen, mußte Hartl alle Eleganz in einer plumpen Schlägerei ersticken und mit der Polizei einen sattsam bekannten deus ex machina aus dem deutschen Großstadtfilm auftreten lassen. Der Film ging als eine der originellsten Komödien der Ufa in die Filmgeschichte ein. Ausnahmslos gehörten die maßgeblich Beteiligten den »Neutralen« an, die zwischen unauffälliger Anpassung und ironischer Distanz, zwischen Opera buffa und Parodie ihre Position zu behaupten suchten. Ein Jahr später bot Goebbels dem Regisseur Karl Hartl die künstlerische Leitung der neugegründeten Wien-Film-GmbH an, nachdem Willi Forst abgelehnt hatte; auf Drängen seiner österreichischen Kollegen nahm Hartl nach langem Zögern das Angebot an.

Mitautor am Drehbuch zum Sherlock Holmes-Film war der Schriftsteller, Kabarettist, Theaterdramaturg und Rundfunkautor R(obert) A(dolf) Stemmle, der, in den Jahren der Weimarer Republik ein Sympathisant der Linken, seit 1936 als Regisseur bei der Ufa arbeitete und (klassischer Fall eines »Neutralen«) in seinen Vorkriegsfilmen mal das Gangstermilieu in einer genau beobachteten Topographie (*Gleisdreieck*, 1936/37), mal die exotische Abenteuerkulisse (*Das Geheimnis um Betty Bonn*, 1937/38), mal die filmische Denunziation des »jüdischen Schieberkapitals« (*Am seidenen Faden*, 1938) ausprobierte. Der Anpassungsversuch mißglückte; die nationalsozialistische Presse hatte an seinem Schieber-Film auszusetzen, daß die »Idee« sich gegen die Darstellung privater Schicksale nicht durchsetzen könne.[185] Stemmle oszillierte wie viele seiner Kollegen zwischen seinen eigenen aufklärerischen Ansprüchen, den von der Industrie geforderten Konzessionen an den Publikumsgeschmack und gelegentlicher Kollaboration mit den politischen Anforderungen des Regimes: ein »Neutraler«, dem das sonderbare Schicksal widerfuhr, daß nach Kriegsende fast alle seine Filme, wie harmlos sie immer sein mochten, von der Alliierten Militärkommission verboten wurden.

Das Bild der Ufa blieb auch in den letzten Vorkriegsjahren widersprüchlich. Die Entscheidung der Konzernleitung für die Zusammenarbeit mit dem NS-Regime in allen wichtigen politischen Fragen war unmißverständlich, und die der »Kriegserziehung« gewidmeten Propagandafilme Karl Ritters, Herbert Maischs und anderer ließen an Deutlichkeit nichts zu wünschen übrig. Aber im Innern des Riesenschiffs Universum-Film AG waren die Stimmungen gemischt; die Zahl der überzeugten Parteigänger war klein, und selbst in ihrer Gegenwart wurde immer wieder Kritik geäußert, regte sich das Mißvergnügen am Kommandoton, der zur offiziellen Verkehrsform geworden war, und an der allgemeinen Unsicherheit, die das Zensursystem über die Produktion verhängt hatte.

Goebbels war kein enthusiastischer Anhänger des Konzerns. Wenn er von der Misere des deutschen Films sprach oder das noch immer virulente Profitdenken und andere »kunstfeindliche« Tendenzen anprangerte, meinte er vor allem die Ufa. Er wußte, daß in Neubabelsberg zwar der Offiziers-Komment beliebt war, der Hitler-Gruß aber als unfein galt und stillschweigend vermieden wurde. Er wußte, daß in den Ateliers und im dramaturgischen Büro noch immer unberechenbare Charaktere ein Auskommen fanden, denen jede Doppeldeutigkeit zuzutrauen war. Bis 1937 konnte der brillante Moralist, Sprach-Artist und Ironiker Curt Goetz für die Ufa arbeiten: nicht nur für Schünzels *Land der Liebe*, sondern auch für Paul Martins Komödien *Glückskinder* (1936) und *Sieben Ohrfeigen*

(1937), die mit dem Nonsense der amerikanischen screwball comedy wetteiferten, verfertigte er seine respektlos funkelnden Dialoge. Noch kurz vor seiner Emigration hat Goetz für die Tobis sein Stück *Napoleon ist an allem schuld* (1938) in eigener Regie verfilmen können – eine Hommage an die Musical-Tradition vor 1933, gleichermaßen anglo- wie frankophil, ohne jede Konzession an den Geist Preußens und seiner Epigonen.

Bei der Ufa fand nicht zuletzt ein Avantgardist und krasser Außenseiter vorübergehend Arbeit, der in den zwanziger Jahren als Filmkritiker für eine sozialdemokratische Tageszeitung in Hamburg und Pionier des proletarischen Kinos begonnen hatte: Werner Hochbaum. Auf Grund seiner linken Sympathien, möglicherweise auch seiner homosexuellen Veranlagung galt er den Nationalsozialisten als suspekt und wurde nach der »Machtergreifung« mehrfach polizeilich verhört; sein von der Wiener Styria produzierter Film *Vorstadtvarieté* (nach dem Schauspiel »Der Gemeine« von Felix Salten, mit Luise Ullrich, Mathias Wieman und Oskar Sima, 1934) wurde wegen seiner antimilitaristischen Tendenz von der Filmprüfstelle erst nach Schnittauflagen freigegeben. Nachdem Hochbaum mit seinem Melodrama *Die ewige Maske* (1935), einer österreichisch-schweizer Koproduktion, international erfolgreich und sogar von der amerikanischen Kritik gefeiert worden war, engagierte ihn die Ufa für die Regie ihres ersten Marika Rökk-Films, *Leichte Kavallerie* (1935). Ernst Hugo Correll hatte im Oktober 1934 im Zirkus Renz die ungarische Tänzerin für den deutschen Film »entdeckt«. *Leichte Kavallerie*, produziert von der Fabrikation deutscher Filme GmbH (FDF.) für den Ufa-Verleih, war einer jener Zirkus- und Artistenfilme, die nach Rabenalt »in einem eigenen Ghetto« gediehen, in einem gegenüber der nationalsozialistischen Realität hermetisch abgeschlossenen Milieu.[186]

Zwei weitere Hochbaum-Filme für die Ufa führten zu Problemen. *Ein Mädchen geht an Land* (1938, nach einem Roman von Eva Leidmann, mit Elisabeth Flickenschildt, Günther Lüders und Heidi Kabel) zeigte bedrückende Schicksale aus dem Hamburger Seemanns-Milieu. Hochbaum stellte die Klischees der NS-Ideologie auf den Kopf: den starken Frauencharakteren dieses Films standen ich-schwache, psychisch gefährdete und sozial deklassierte Männer gegenüber; »gewisse Szenen, Dialoge und psychologische Entwicklungen« erregten dann auch Anstoß beim Rezensenten der Goebbels-Zeitschrift »Der deutsche Film«.[187] Nach der Uraufführung im September 1938 im Hamburger Lessing-Theater mußte *Ein Mädchen geht an Land* nochmals die Zensur passieren und wurde um sechzig Meter gekürzt.

Mit seinem letzten Ufa-Film, *Drei Unteroffiziere* (1938/39), übernahm Hochbaum einen Propaganda-Auftrag des Ministeriums; der Stoff der Handlung – Liebe im Konflikt mit dem Postulat militärischer Pflichterfüllung – stand im Geist der »Kriegserziehung«. Ulrich Kurowski zufolge gelang es Hochbaum, die Botschaft in einen subversiven Protest »gegen die Einverleibung der Jugend durch die Erwachsenenwelt«[188] umzubiegen. Nationalsozialistische Vorbehalte gegen diesen Film, vielleicht auch Hochbaums Homosexualität besiegelten im Juni 1939 seinen Ausschluß aus der Reichsfilmkammer; als Begründung wurde ein Hochverratsprozeß von 1923 herangezogen, obwohl Hochbaum damals von der Anklage der Spionage für Frankreich freigesprochen worden war.

»Vaterlandslose Gesellen«, Kosmopoliten, hochbezahlte Durchreisende, die auf ihren Koffern saßen, mit der Direktion um den nächsten Auftrag pokerten und gleichzeitig auf ihre Chance in Hollywood warteten – sie stellten seit jeher, seit den Zeiten Ernst Lubitschs, die künstlerische und intellektuelle Avantgarde der Ufa. Sie schufen die aus dem Massenangebot herausragenden Filme, und ihnen ist es zu danken, daß die deutsche Kinematographie der Weimarer Republik ein Jahrzehnt lang internationale Geltung besaß. Lang, Lubitsch, Berger, Pommer, E. A. Dupont, Murnau und ihre besten Mitarbeiter – die erste Generation der Ufa – hatten Deutschland schon lange verlassen. Unter Hugenberg war es noch gelungen, Pommer nach Berlin zurückzuholen und einen internationalen Regie-Star, Josef von Sternberg, als Gast zu gewinnen – schon damals gegen den Hauptstrom der Politik und den reaktionären Geist der Zeit. Der Anschluß an das internationale Niveau wurde im Propagandaministerium heftig herbeigesehnt – und gleichzeitig mit jeder einzelnen Maßnahme hintertrieben. Schünzel war seit 1937, Detlef Sierck seit 1938 in den USA. Wer in Neubabelsberg blieb und überleben wollte, paßte sich an und testete vorsichtig die Möglichkeit der »inneren Emigration«.

25. Kapitel

Soldaten der Kunst?
Die Stars der Ufa

Wenn in der gefilmten Großaufnahme »das Muskelspiel der Gesichter wie aufgeschlagenes Leiden, Freuden, Hoffen« (Ernst Bloch[189]) erscheint, so ist es der Star, dessen Aura die entblößten Emotionen mit seiner einschmeichelnden Erotik überglänzt. Und wenn jeder erfolgreiche Film »mit lauter gespiegeltem Auf und Ab von Wunschtraumbewegung« angefüllt ist, dann zeigt der Star mit Hilfe seiner »mikrologisch ausgeformten« Mimik und Gebärdensprache die Richtung an, in die sich Wünsche und Träume bewegen sollen.

Der Star ist nicht zuletzt ein synthetisches Produkt der Kulturindustrie – aber er wäre nicht Star, wenn er die »Mikrologie des Nebenbei«, die ihm die Kameratechnik mit ihren nuancierten Möglichkeiten zuspielt, nicht auch als Darsteller zu adaptieren und zu beherrschen wüßte. Mit mimischen Instanzen aus dem Unterbewußten und dem Geahnten sei bereits jeder gute Spannungsfilm geladen, sagte Bloch. Es ist vielleicht gerade der »Trivialfilm«, der sich als Gefäß jener fein verästelten Schwingungen zwischen Bewußtsein und Ahnung, Wachtraum und Wunschaffekt besonders bewährt hat. Die aus vielen Ingredienzen konstruierte Erotik des Stars ist das Lebenswasser, das die Wünsche nährt – sei es, daß sie auf Identifikation zielen, sei es, daß sie am unüberbrückbaren Abstand festhalten, um als Sehnsucht nach dem Unerfüllbaren zu überdauern.

Die deutschen Spitzendarsteller waren freilich schon immer eher eingeschränkte Ausgaben des internationalen, von Hollywood geprägten Star-Bildes gewesen; auch die Ufa hatte nicht einmal in der Periode ihres scharfen Konkurrenzkampfes mit den amerikanischen Konzernen diesen Abstand zum internationalen Niveau überwinden können. Nach 1933 verengte sich die Traumspur, die das deutsche Kino-Idol seinen Zuschauern vorzeichnen durfte, erheblich. Den Träumen wurden Fesseln angelegt, die auch das Bild der Helden schmaler werden ließen. Zensur und Kontrolle hinderten das Kino daran, den unbewußten Neigungen des Publikums Gestalt zu verleihen: »Stars als Manifestationen der kollektiven Mentalität einer Periode hätten den politischen Autoritäten Abbruch tun können.« (Enno Patalas[190]) Die schauspielerische Prominenz habe entweder die Autorität oder die kleinbürgerliche Selbstbescheidung verkörpert. Allerdings gilt auch hier, daß der Eigensinn des Mediums nicht vollständig zu kontrollieren war. Auch die Leitbilder des nationalsozialistischen Kinos waren nicht gegen unkalkulierbare Abweichungen von der gestanzten Norm gefeit – gegen »Ungereimtes«, das die Autorität in ihrer Schwäche zeigte oder aber den Hang zur Selbstbescheidung in einen plötzlichen Mut zur Auflehnung changieren ließ.

Es fällt auf, daß die zeitgenössische »Filmbetrachtung«, die auf Goebbels' Geheiß die Funktion der Fachkritik übernommen hatte, den »Wunschtraumbewegungen« des Kinos fremd gegenüberstand und der spezifischen Aura der schauspielerischen Prominenz keine Aufmerksamkeit widmete. Dem Jargon des Propagandaministeriums und der gleichgeschalteten Konzerne gemäß sprach man von »Spitzenfilmen« und würdigte die je unterschiedliche Ausstrahlung der Stars mit gleichbleibender Monotonie als »überragende schauspielerische Leistung«, die in der Regel als Transportmittel für einen Stoff, eine Botschaft, einen positiv oder negativ zu bewertenden Sinngehalt aufgefaßt wurde.

Fraglos existierte auf höchster Ebene ein Bewußtsein für den Stellenwert des internationalen Starwesens. Goebbels war, was bei seiner Vorliebe für das amerikanische Kino nicht überrascht, nachgerade begierig, ausländische Spitzenkräfte für seine Konzerne zu gewinnen. Vergeblich versuchte er, Asta Nielsen dem deutschen Film zu erhalten. Ende Juni 1935 berichtete Ernst Hugo Correll den Kollegen im Ufa-Vorstand, auf Veranlassung des Propagandaministeriums seien Verhandlungen mit dem Ziel einer Verpflichtung Greta Garbos für eine deutsche Filmgesellschaft angebahnt worden. Beabsichtigt sei eine Verfilmung des Romans »Pan« von Knut Hamsun. Der Vorstand paßte sich im Handumdrehen den Wunschträumen des Ministers an und entschied, der Stoff solle weiter »verfolgt werden«, falls eine Besetzung mit Greta Garbo möglich sei.[191] (Tatsächlich wurde zwei Jahre später ein Film *Pan* nach Hamsun produziert – allerdings nicht von der Ufa, sondern von der Olof-Fjord-Film GmbH, und auch nicht mit Greta Garbo, sondern mit Marieluise Claudius und Hilde Sessak in den weiblichen Hauptrollen.)

Die großen Firmen zeigten eine sehr weitgehende Bereitschaft, den Spitzendarstellern bestimmte Konzessionen zu machen und Privilegien einzuräumen – nicht nur im Hinblick auf die Gage. Als Hans Albers, der keineswegs das besondere Vertrauen des Propagandaministers genoß, 1935/36 für vier »Ufa-Spitzenfilme« bei einer Mindestgage von 100000 Reichsmark pro Film verpflichtet wurde, kam der Vorstand der Antipathie des Schauspielers gegen historische Filme bereitwillig entgegen: mehr als ein Kostümfilm werde ohne besondere Zustimmung von Albers nicht darunter sein. Der Vertrag sollte ferner das bedeutsame Zugeständnis enthalten, daß Albers »seine Zustimmung zu Stoff, Regisseur und evtl. zu Schnitten« verweigern könne. Damit gab der Vorstand indirekt der bekannten Abneigung des Schauspielers nach, in nationalsozialistischen Propagandafilmen mitzuwirken – eine Konzession, die der Ufa vom Goebbels-Ministerium zweifellos verübelt wurde, jedoch notgedrungen akzeptiert werden mußte, weil Albers zu den wenigen international anerkannten Spitzendarstellern gehörte.[192]

Der Unterhaltungsstar Willy Fritsch, dessen Vertrag im gleichen Zeitraum bei einer Jahresgage von 200000 Mark erneuert wurde, galt inzwischen in jeder Hinsicht als Markenzeichen der größten deutschen Filmfabrik. Fritsch wurde verpflichtet, während der gesamten Vertragsdauer ausschließlich für die Ufa zu arbeiten. Die Verwendung seines Namens sowie von Fotos und sonstigen Bildern, aber auch »das Fotografierenlassen zum Zwecke der geschäftlichen Verwendung oder des öffentlichen Vertriebes sowie die aktive Teilnahme an öffentlichen Versammlungen sind Fritsch nur mit Zustimmung der Ufa gestattet«.[193] Der Schauspieler war, mitsamt seinem Namen, seinem Konterfei und seinen Lebensgewohnheiten, buchstäblich zum Leibeigenen des Konzerns geworden.

Von seinen Anfängen und seiner schauspielerischen Entwicklung her betrachtet, verkörperte Fritsch keineswegs den klassischen Typus des Glamour-Stars. Die Ausbildung an der Max-Reinhardt-Schule und am Deutschen Theater zeichnete eine Karriere durch die traditionellen Rollenfächer vor – vom jugendlichen Liebhaber über den jugendlichen Helden zum Charakterdarsteller: eine Laufbahn, die er im Film, wenn auch mit Verzögerungen und über Jahrzehnte hinweg, verwirklichen sollte. Allerdings war es gerade der Film (genauer: die Pommer-Produktion *Der Farmer aus Texas* von 1925), der seine ursprünglichen Anlagen freisetzte: jenen sorglos-beiläufigen Charme des lebenslustigen Draufgängers, der zu seinem Nimbus wurde und seine Anhängerschaft von den Reizen einer optimistischen, maßvoll ausgelebten Anarchie des Alltags überzeugte.

Die dreißiger Jahre beherrschten Willy Fritsch und Lilian Harvey als »Traumliebespaar« des deutschen Films: eine mal burschikose, mal süßlich-sentimentale Allianz flatternder Seelen, die halb in der Operette, halb in den täglichen Erfahrungen des kleinbürgerlichen, von tausend Nöten bedrängten Publikums angesiedelt war. Das Traumpaar Fritsch/Harvey wurde zu jener sonderbaren, leichtfüßig über dem Erdboden schwebenden Doppel-Kunstfigur, der erst das weibliche Element internationalen Glanz, den Hauch des Glamour und des Showbusiness hinzufügte. Die aus England gebürtige Lilian Harvey – kokett, naiv, libertin, aber auch zur Melancholie begabt, kurzum: eine biegsame und schmiegsame Figurine der späten Republik – wurde um 1930 bei der Ufa innerhalb von zwei Jahren zum vielfach talentierten, zudem arbeitsbesessenen Spitzenstar. Lilian Harvey tanzte und sang; sie war, als Tochter deutsch-britischer Eltern, überaus sprachbegabt, so daß sie in den englischen und französischen Versionen nicht gedoubelt werden mußte. Ihr Ausflug nach Hollywood 1933 mißlang – als sie 1935 nach Deutschland zurückkehrte, entschloß sich der Ufa-Vorstand, aller Sparsamkeit ungeachtet, die Filmjournalisten zu einem »Pressetee« einzuladen.

Paul Martin, in den folgenden Jahren Lilian Harveys Regisseur und Lebensgefährte, formte ihre Anlagen aus und entlockte der Tänzerin in *Schwarze Rosen* (1935) dramatische Gefühle und in *Glückskinder* (1937) die phantasievollen Überspanntheiten der screwball-comedy. In Karl Ritters ungeschlacht-dröhnender

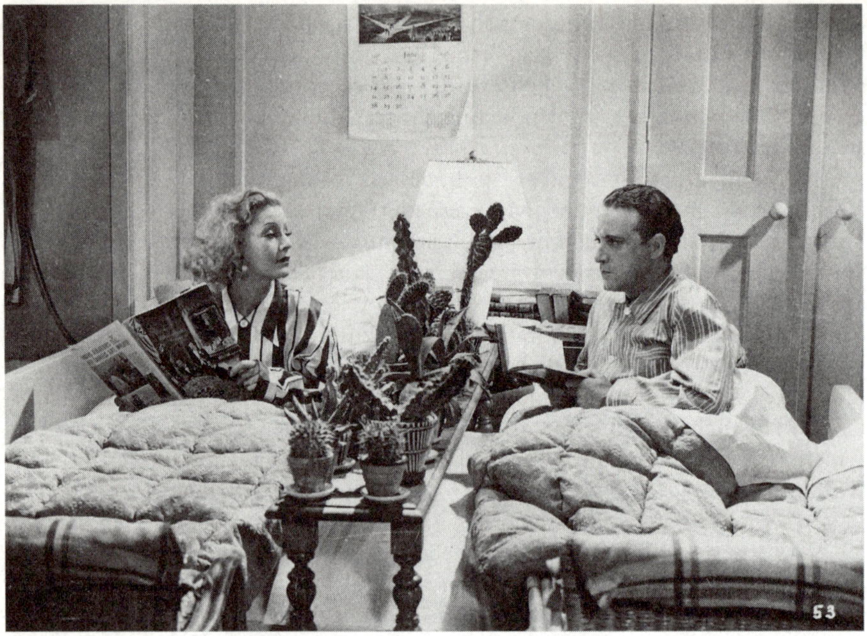

Glückskinder: Lilian Harvey und Willy Fritsch

Opernparodie *Capriccio* (1938) brillierte sie in einer Junkerrolle: locker, elastisch und temperamentvoll bis in die Fingerspitzen. 1939, noch vor Kriegsbeginn, ging Lilian Harvey nach Frankreich – aus Protest dagegen, daß ihr nicht mehr ein Teil der Gage, wie ihr Vertrag vorsah, in Devisen ausgezahlt wurde. Es folgten noch zwei Filme, aber ihre Kino-Karriere hatte keine Zukunft mehr: eine Karriere, die wie nur wenige andere an die Gunst, an den Ehrgeiz und an das Kapital der Ufa gebunden war.

Nach der Definition Mathias Wiemans hätten sich die Stars der dreißiger und vierziger Jahre, hätten sich Willy Fritsch und Lilian Harvey als »Soldaten der Kunst« verstehen müssen. Davon waren sie allerdings, nicht nur in den leichtlebigen, liebenswert-frivolen *Glückskindern*, weit entfernt. Ihre Filme zeigten, daß »amerikanischer« Starkult, soweit er rudimentär auch noch bei der nationalsozialistischen Ufa existierte, für den Heroen- und Führerkult des Regimes schwerlich zu instrumentalisieren war; zu diesem stand er nicht gerade in Opposition, aber er hatte auch nichts mit ihm gemeinsam. Der Star, sollte er der Propaganda dienen, mußte umgeformt und nach ideologischen Schablonen neu geschaffen werden. Das ist der deutschen Filmindustrie unter Hitler und Goebbels, aufs Ganze gesehen, mißglückt.

Im Fall von Hans Albers zum Beispiel bahnte sich – nach der teutonischen Leitfigur, die er 1933 in *Flüchtlinge* zu spielen hatte – der Umbau eines Kino-Idols der späten Republik zum deutschen Tat- und Willensmenschen an, eine Umformulierung seiner Eigenschaften, die Oskar Kalbus mit Blick auf den Ufa-Abenteuerfilm *Gold* (Karl Hartl, 1934) so beschrieben hat: »An der Spitze der Besetzung steht Hans Albers als Willensmensch, Ingenieur und Erfinder. Wieder gibt er eine Menschengestaltung, die endgültig mit der Ansicht auf-

Lilian Harvey in *Glückskinder*

räumt, Hans Albers sei nur der geborene Hansdampf in allen Gassen (...)« Er sei vielmehr »Träger und Künder der deutschen Vorstellung vom Mann schlechthin«.[194]

Seiner Abneigung gegen das Regime ungeachtet, mußte Albers auch nationalsozialistische Propagandarollen akzeptieren – so etwa die des chauvinistisch-antisemitischen Kolonialpioniers Carl Peters in Herbert Selpins gleichnamigem Bavaria-Film (1940/41). Es entsprach seiner kaltschnäuzigen, den jeweiligen Auftraggebern gegenüber gleichgültigen Einstellung, die verwegen und nicht frei von Zynismus war, daß er auch diesen Rollen die unverwechselbare Albers-Pose mit ihrer Mischung aus Haudegenallüren und Sentimentalität, rauhbeiniger Eleganz und magischer Unbesiegbarkeit verlieh. 1932 hatte Herbert Jhering die Vermutung geäußert, Albers sei der populärste Schauspieler Deutschlands, »weil sich in ihm volkstümlicher Kitsch und moderne Rollen begegnen, weil er ein Stück Henny Porten und ein Stück Mackie Messer, ein Stück Vicky Baum und ein Stück Bert Brecht in seiner Schauspielkunst verkörpert«.[195] Diese brisante Widersprüchlichkeit ist Albers und seinen Rollen erhalten geblieben – und es war diese kunstvolle Ambivalenz, die der Umkostümierung eines der wenigen authentischen, wahrhaft volkstümlichen Stars des NS-Kinos zur faschistischen Galionsfigur im Wege stand.

»Der Sieger siegt sich um sein Glück« (Hans C. Blumenberg[196]): schon in Karl Hartls Science-fiction-Film *F.P. 1 antwortet nicht* (1932), der Hans Albers' endgültigen Durchbruch zum Star des deutschen Kinos brachte, zeigten sich Risse melancholischer Resignation »in der wetterfest verputzten Helden-Fassade«, und eine (wenn auch nur vermeintlich) unglückliche Liebe brach dem sturmerprobten Salonlöwen und smarten Piraten der Lüfte das Herz. Bei Albers war es immer schwer, die Pose von der Biographie zu trennen, gelebtes und gespieltes Leben auseinanderzuhalten. Die Feindschaft des Propagandaministers zog er auf sich, weil er sich weigerte, sich von seiner jüdischen Freundin und Kollegin Hansi Burg loszusagen: Goebbels soll sich darüber empört haben, daß »dieser blauäugige, blonde Mann«, ein physiologischer Inbegriff des Deutschtums, mit einer Jüdin zusammenlebte. Hansi Burg emigrierte nach England – und kehrte nach dem Krieg zu Albers zurück; ihr Vater Eugen Burg – Partner von Albers in Richard Eichbergs Film *Der Greifer* (1930) – starb im Konzentrationslager.

Anders als Albers avancierte Heinz Rühmann, sein ungleicher Partner in *Bomben auf Monte Carlo* (Hanns Schwarz, 1931), und *Der Mann, der Sherlock Holmes war* (Karl Hartl, 1937), 1940 zum Staatsschauspieler. Der Held des kleinbürgerlichen Alltags, der seine Filmkarriere in der Rolle eines aggressiven Kriegsdienstverweigerers (*Das deutsche Mutterherz*, Regie: Geza von Bolvary, Ewe-Film GmbH, 1926) begonnen hatte, wurde zwar 1939 als systemerhaltender Komödiant hochoffiziell »u. k.« (für die Wehrmacht unabkömmlich) gestellt. 1941 aber eilte er freiwillig zu den Fahnen des Fliegerhorsts Rechlin, um sich zum Abwehrflieger ausbilden und in der Deutschen Wochenschau als Musterbeispiel eines patriotischen Kurierfliegers präsentieren zu lassen: eine Rolle, die (wie auch seine Freundschaft mit dem Lufthelden Ernst Udet) seiner Popularität beim Regime ebenso wie seinen Erfolgen in den Terra-Filmen *Quax der Bruchpilot* (Kurt Hoffmann, 1941) und *Quax in Fahrt* (Helmut Weiß, 1943/44) zugute kommen wird.

Bei der Ufa konnte sich Rühmanns »blonde Sanftmut« (Herbert Jhering[197]) – durchsetzt von zänkischer Renitenz und unterdrückter Auflehnungsbereitschaft – erstmals in adäquaten Sujets entfalten: in Wilhelm Thieles Musical *Die Drei von der Tankstelle* (1930), in Hanns Schwarz' »musikalischer Ehekomödie« *Einbrecher* (1930) und in Kurt Gerrons Krisenkomödien *Meine Frau, die Hochstaplerin* (1931) und *Es wird schon wieder besser* (1931/32). »Ich sehe die Aufgabe des Films darin, den von schwersten Existenzsorgen bedrückten Zeitgenossen aufzuheitern und ihn aus seiner Atmosphäre von Pessimismus und Mutlosigkeit zu befreien, indem man ihn mit frischer Hoffnung und neuer Energie vollpumpt – diesen wichtigen Waffen, mit denen man den Sieg im Kampf ums Dasein zu erringen vermag.«[198] Dies sagte Rühmann selbst 1931 – ein Bekenntnis, dem zwischen den Zeilen schon jener Opportunismus abzulesen war, der seine Komik zum festen Bestand affirmativer Unterhaltung im KdF-Staat werden ließ.

Die Ufa-Regisseure der Krisenjahre, unter denen Rühmann als erbaulicher Spaßmacher und »Vorwegnahme des Mitläufers« (so der Filmhistoriker Ulrich Kurowski) begonnen hatte, waren längst emigriert oder beruflich ausgeschaltet, als ihr Held in den späten dreißiger Jahren in den Heinrich Spoerl-Filmen der Terra Triumphe feierte und 1940 mit seinem Song »Das kann doch einen Seemann nicht erschüttern« (zusammen mit Hans Brausewetter und Josef Sieber) den Durchhalte-Film *Wunschkonzert* von Eduard von Borsody (Cine-Allianz GmbH/Ufa) bereicherte. Rühmanns Pendeln zwischen duckmäuserhafter Schüchternheit und Aufsässigkeit enthielt keineswegs jene subversiven Elemente, die Goebbels gewittert haben mochte, als er den Film *Die Feuerzangenbowle* (Regie Helmut Weiß, Terra, 1943) als autoritätsfeindlich einstufen und zurückhalten ließ. Der Schauspieler setzte sich mit Hitler persönlich in Verbindung und erreichte die Freigabe des Films.

Rühmann, Willy Fritsch, auch Gustav Fröhlich und Hans Brausewetter brachten im Film der dreißiger Jahre die Degradierung und Verweltlichung des Stars zum Alltagsmenschen zum Ausdruck, den die Anonymität der Großstadt und die Sachlichkeit der späten Republik geformt hatten. In ihren Figuren wurde der »Mann auf der Straße« zum Helden grotesker Verwicklungen oder gefühlsseliger Dramen, in denen die Gefühle freilich nur noch Zitate waren – Abglanz einer schon verwehten Kultur, die einmal tiefer empfunden haben mochte. Um Geld und Liebe ranken sich die meisten Geschichten, in die sich ihre unsteten Alltagsseelen verstricken, und in der Mehrzahl der Fälle obsiegt das Geld – oder das durch Geldbeziehungen regulierte gesellschaftliche Ordnungsgefüge – über die Leidenschaften und ihre zweifelhafte Konsistenz.

Der Typus von der Straße, der mehr aus Versehen in den Salon, in halbseidene Affären oder in exotische Abenteuer gerät, ist smart, aber ihm fehlt die Sensualität und der artifizielle Glanz des Hollywood-Stars – ebensowenig verfügt er über die Voraussetzungen, die ihn zum »blonden Heros« im Sinne Alfred Rosenbergs, zur stilbildenden Erscheinung des nationalsozialistischen Rassenstaats disponiert hätten. Im Kern seines Wesens ist dieser Normalmensch zutiefst bieder, aber keineswegs in jeder Situation angepaßt; er ist obrigkeitsfixiert, aber nicht fanatisch; die Ideale, die er hegt, entpuppen sich letztlich als Betriebsanleitung für ein unauffälliges Leben, in dem gelegentlich Kapriolen, aber keine Umwälzungen vorgesehen sind. Der Alltags-Star der Ufa: das war der deutsche Untertan, der sich dem Faschismus unterwarf, ohne die Folgen zu bedenken – und der sich in das Gehäuse seiner labilen und um so ängstlicher gehüteten Innerlichkeit zurückzog, als die Folgen nicht mehr zu übersehen waren.

Bei Gustav Fröhlich mischte sich in die Attitüden des sentimentalen oder lebenslustigen, stets aber maßvollen Kavaliers ein Hauch von pueriler Einfalt, der möglicherweise dazu beitrug, daß er als Idealbild des »direkten, ehrlichen und sympathischen deutschen Mannes«[199] zur Identifikationsfigur eines politisch entmündigten Kinopublikums wurde. Die Tumbheit des idealistischen Jünglings, die in *Metropolis* 1927 seinen Starruhm begründete, haftete ihm lange an und trieb ihn in Joe Mays *Asphalt* (1928) – in der Rolle eines jungen deutschen Polizisten, der den Reizen einer schönen Gaunerin verfällt – nahezu an den Rand sanfter Debilität: eine wohl ungewollte Diskreditierung des deutschen Ordnungshüters, die Fröhlich erst mit seiner reiferen Leistung als *Oberwachtmeister Schwenke* (Regie Carl Froelich, 1935) kompensieren konnte. Für ihn gilt wie für den gleichaltrigen Mathias Wieman, daß gerade das »klassenlose«, auch individuell nur vage ausgeprägte Alltagsgesicht die unterschiedlichsten Masken annehmen konnte – immer vorausgesetzt, daß sie den Rahmen bürgerlicher Reputation und Tugendhaftigkeit respektierten. Wieman, dem Staatsschauspieler, eignete zudem eine modulationsfähige Stimme, die ihn zu »innerem Adel« gleichermaßen wie zum metallischen Pathos der Offiziere in den Filmen Karl Ritters tauglich erscheinen ließ.

Sein aristokratisches Pendant war Willy Birgel, den Ernst Hugo Correll 1934 bei einem Theatergastspiel für die Ufa »entdeckt« hatte. In der Rolle eines Oberstleutnants in Paul Joseph Cremers vaterländischem Kriegsstück »Marneschlacht« konnte er auch Paul Wegener überzeugen, der ihm auf der Stelle eine

Oberwachtmeister Schwenke: Gustav Fröhlich (M.)

... reitet für Deutschland: Willy Birgel

wichtige Nebenrolle in *Ein Mann will nach Deutschland* (1934) anvertraute. Birgel war bereits 43 Jahre alt, und unter den Rezensenten machte das Bonmot vom »Marnewunder eines Schauspielers« die Runde: Theater, Film, nationalbewußte Metaphorik und der Geist der »Kriegserziehung« lagen dicht beieinander.

Mit seiner stoischen, gelegentlich ins Weiche und Salbungsvolle spielenden Noblesse brachte Birgel die Statur mit, die ihn für die Variante des distinguierten Patrioten in den Filmen von Karl Ritter, Herbert Maisch und Karl Hartl prädestinierte und ihn schließlich in Arthur Maria Rabenalts *... reitet für Deutschland* (1941) zum »Herrenreiter des deutschen Kinos« stempelte. Der Kritiker Thomas Brandlmeier weist allerdings in seiner kleinen Birgel-Studie[200] darauf hin, daß dieses Klischee das eigentliche Thema des Schauspielers verdeckt habe: hinter der vornehmen Steifheit seiner Figuren seien »die Zweifel des Überlegenen, die Schwächen des Starken« spürbar gewesen. In den Sierck-Filmen *Schlußakkord* (1936) und *Zu neuen Ufern* (1937) spielte er gespaltene, grüblerische, ichschwache Charaktere der besseren Gesellschaft, die ihre Beschädigungen hinter der souveränen Attitüde verbargen. Zum nationalsozialistisch aufgeblähten Helden eignete sich Birgel mitnichten – eher schmeichelten seine gemessenen Posen jenen vom NS-Staat enttäuschten Konservativen, die den ramponierten oder mißbrauchten Werten der Tradition nachtrauerten.

Ein Charakteristikum des Ufa-Stars sei es gewesen, daß das Publikum ihn zu einem »Gesellschaftsersatz« gemacht habe, schrieb der Publizist Walter Kiaulehn.[201] Die je unterschiedlichen Publikumsschichten wählten sich aus dem Star-Angebot die Gesichter aus, die jeweils dem Programm ihrer Wünsche angemessen waren: Gesichter »einer vom Publikum erträumten Autorität, die fleischgewordene Realität eines Traums«. Den Drang nach Bewunderung und Autorität habe das Hitler-Regime ausgenutzt, »indem es die Filmstars auf die Staatsempfänge holte, indem es die schönen Schauspielerinnen ein Spalier für Mussolini bilden« und die Stars noch bei der Sportpalast-Rede von Goebbels zum »totalen Krieg« als begeisterten Chor agieren ließ.

In den späteren Schauspielermemoiren wird sich stereotyp die Beteuerung finden, man sei dergleichen Dienstverpflichtungen peinlichst aus dem Wege gegangen, auch der Einladung zu Staatsempfängen sei man nur in Notfällen – und dann widerwillig – gefolgt. Meist knüpfen sich daran Anekdoten, die belegen sollen, wie respektlos man sogar im inneren Zentrum der Macht aufgetreten sei. Aber nicht selten stilisieren hier Verdrängung und Selbstbetrug im nachhinein, was sich wirklich ereignet hat. Viele Stars empfanden den Verkehr bei Hofe keineswegs als Zumutung. Manche immerhin nutzten ihren Einfluß, um sich – in der Regel erfolglos – für verbotene oder bedrängte Kollegen einzusetzen (Heinrich Fraenkel zählt namentlich Henny Porten, Hans Albers, Käthe Dorsch und Brigitte Horney zu jenen, die couragiert genug waren, um für Verfolgte einzutreten[202]). Das Regime schmückte sich mit den Stars – und die Stars sonnten sich im Glanz des Regimes. Eines jedoch mißlang dem Staat fast vollständig: aus der noch immer beträchtlichen Zahl gut ausgebildeter und beim Publikum beliebter Darsteller den positiven Homunculus der »neuen Zeit«, den Prototyp des »nationalsozialistischen Menschen« zu konstruieren.

Zweifellos gab es schauspielerische Führer-Naturen und »Tatmenschen«, die zeitweilig, wie Emil Jannings, ihren Ehrgeiz durch Anpassung an das nationalsozialistische Herren-Klischee zu befriedigen suchten. Jannings war schon in den Anfängen der Ufa, in seinen Potentaten-Rollen unter Lubitsch, zum Spitzenstar aufgestiegen. Mitte der zwanziger Jahre hatte er in Murnaus *Der letzte Mann* und Duponts *Varieté* mit großer Einfühlsamkeit die Gefühle der Gescheiterten, den Lebenswillen der Erniedrigten und Beleidigten verkörpert. 1926, auf dem Tiefpunkt ihrer wirtschaftlichen Krise, verlor die Ufa ihren damals populärsten Schauspieler an Hollywood, wo er 1928 für zwei seiner amerikanischen Filme den ersten Oscar der Filmgeschichte erhielt. Nach Deutschland zurückgekehrt, stand Jannings bei der Premiere des *Blauen Engel* 1930 im Schatten Marlene Dietrichs, die über Nacht zum Weltstar geworden war.

Nun, unter den Nationalsozialisten, brillierte er in den Rollen tyrannischer Naturen, im Vollbewußtsein seiner eigenen Autorität (als Filmproduzent und Darsteller) und der Ausstrahlung seiner autoritätsheischenden Figuren: nach dem Deka-Film *Der alte und der junge König* (Hans Steinhoff, 1934/35) folgte die Tobis-Serie *Der Herrscher* (Veit Harlan, 1936/37), *Robert Koch, der Bekämpfer des Todes* (Hans Steinhoff, 1939), *Ohm Krüger* (Hans Steinhoff, 1940/41) und schließlich der Bismarck-Film *Die Entlassung* (Wolfgang Liebeneiner, 1942). Von seinen politischen Gönnern mit Sonderrechten ausgestattet, verfügte Jannings bei der Tobis über ein hohes Maß an Produktionsfreiheit, mit dem kein Ufa-Star konkurrieren konnte. 1936 Mitglied und 1938 Vorsitzender des Tobis-Aufsichtsrats, beanspruchte er zunächst die »künstlerische Oberleitung« und später die eigenständige Produktion seiner Filme, die mit einer Ausnahme (*Der zerbrochene Krug*, Regie Gustav Ucicky, 1937) der ersten Garnitur nationalsozialistischer Propagandastreifen zuzurechnen waren.

Führerfiguren, rigoros durchgreifende Machtmenschen, harte Väter und jene Starken, die nach einem Ibsen-Wort am mächtigsten allein sind, wurden auch zur Spezialität Heinrich Georges. Gerade er, der als Kontraktbrüchiger vom Theater entlassen worden und so zum Film gekommen war; er, der in seiner Jugend ein von den kommerziellen Verlockungen unabhängiger Künstler zu sein begehrte; er, der drei Jahre an Erwin Piscators Volksbühne gespielt, 1931 im Allianz-Film *Berlin Alexanderplatz* des linken Phil Jutzi den Franz Biberkopf und in Richard Oswalds *Dreyfus* (1930) mit Verve den Kämpfer Emile Zola dargestellt hatte – ausgerechnet er, 1928 noch ein Förderer des Volksfilmverbandes, lief als einer der ersten Protagonisten ins nationalsozialistische Lager über. In Steinhoffs *Hitlerjunge Quex* (1933) und Harlans *Kolberg* (1944/45), dem ersten und dem letzten propagandistischen »Spitzenfilm« der Ufa, übernahm George tragende Rollen. In der Zwischenzeit vervollkommnete er seine Anlage zum autoritär polternden »Urgestein« – oder, wie er selbst sagte: seine »kontrollierte Trance« – bei der Ufa und den anderen Firmen in *Stützen der Gesellschaft* (Detlef Sierck, nach Ibsen, Robert Neppach-Filmproduktion für die Ufa, 1935), *Unternehmen Michael* (Karl Ritter, Ufa, 1937), *Ein Volksfeind* (Hans Steinhoff, nach Ibsen, Terra, 1937), *Heimat* (Carl Froelich, produziert für die Ufa, 1938), *Das unsterbliche Herz* (Veit Harlan, Tobis, 1938/39), *Jud Süß* (Veit Harlan, Terra, 1940), *Andreas Schlüter* (Herbert Maisch, Terra, 1941/42).

Die deutschen »Originalgenies« erwiesen sich als anfällig – aber sie erlagen weniger dem Bazillus der faschistischen Ideologie als ihren eigenen Wunschträumen und der Illusion, daß der Propagandaminister sie erfüllen werde. Zu politisch Willfährigen wurden sie aus künstlerischem Ehrgeiz. Nicht die Überein-

Ohm Krüger: Emil Jannings (r.)

Goebbels verleiht Emil Jannings die Goethe-Medaille, 1939; Mitte: Prof. Lehnich, Präsident der Reichsfilmkammer

Jud Süß: Werner Krauss (r.)

stimmung mit der Weltanschauung und der Politik der NSDAP, sondern die Versuchung, sich bei sehr weitgehender Ausblendung der politischen Tatsachen und Zusammenhänge künstlerisch »frei entfalten« zu können, ließ die Stars von Bühne und Leinwand, ließ international geachtete Darsteller wie Jannings, George und Werner Krauss zu halb bewußten, halb uneingestandenen Kollaborateuren, zu »staatspolitisch wertvollen« Charakterdarstellern werden.

Hinzu kamen die materiellen und gesellschaftlichen Privilegien: George wurde 1937 Intendant des Schiller-Theaters in Berlin und konnte ein künstlerisch hochqualifiziertes Ensemble aufbauen; Krauss, der neben seiner Filmtätigkeit am Wiener Burgtheater und am Berliner Staatstheater spielte, erfreute sich persönlicher Verbindungen zur Reichsführung und wurde von Goebbels zum stellvertretenden Präsidenten der Theaterkammer ernannt. Der deutsche Stummfilm hatte ihn zum Dämon der Caligari-Ära gestempelt. Zu Beginn der Tonfilmzeit ließ er sich in Ucickys Ufa-Filmen *Yorck* (1931) und *Mensch ohne Namen* (1932) auf das vaterländische Genre ein, und der Ufa wird er auch in nationalsozialistisch eingefärbten Filmen wie *Annelie* (Josef von Baky, 1941) zur Verfügung stehen. Die Rolle, die ihn nach dem Krieg vor die Schranken der Gerichte bringen wird, spielte er in Harlans *Jud Süß*: fünf verschiedene Versionen des »ewigen Juden«, fünf Temperamente, in denen sich Krauss als mimisch-gestisches Genie »verwirklichen« konnte – fünf jüdische Masken, die (so Harlan) »letzten Endes aus einer Wurzel kommen«.[203]

Vermochten Jannings und George in einigen ihrer Rollen dem nationalsozialistisch erwünschten Führer-Typus oder dem teutonischen Kraftmenschen Gestalt zu geben und gelangen Krauss gelegentlich opportunistische Zerrbilder des Anti-Typs (des Juden, des Intellektuellen, kurzum: der »zersetzenden« Kraft), so mangelte es andererseits an »arischen Lichtgestalten«, die dem Volk Zukunft und Perspektive im Sinne des Rassenstaats hätten weisen können. Der junge Siegfried war schon von der Republik und ihrem bedeutendsten Filmregisseur Fritz Lang verbraucht worden und nicht wiederholbar. Der aus Mähren gebürtige Viktor Staal, seit 1935 bei der Ufa, entsprach in idealer Weise dem »nordischen« Menschenbild, war aber auf die Rolle des souveränen Liebhabers im Unterhaltungsfilm festgelegt. Allenfalls die Kriegswochenschau konnte der »Heimatfront« vorspiegeln, daß mit den Helden der Stuka-Staffeln, mit den Gebirgsjägern von Narvik oder den Desperados der Kriegsmarine wie dem U-Boot-Kommandanten Günter Prien der germanische Mythos des im Heldentod verklärten Siegers wiedererstanden sei. (Eine entsprechende Anweisung an die Kameraleute der Wochenschau, deutsche Soldaten nach Möglichkeit in körperästhetisch beeindruckender Pose zu fotografieren, wurde mit Kriegsbeginn erlassen; die Presse würdigte dann auch gebührend »das klare und edle Bild des immer selbst in größter Hitze noch aufrechten, optimistischen, sieggewohnten deutschen Soldaten«.[204])

Eine Kriemhild gar fehlte weit und breit; die Typologie des weiblichen Stars erwies sich gegenüber den nationalsozialistischen Klischees des Jungmädels, der gebärfreudigen deutschen Mutter und der tapferen Lebenskameradin als weitgehend immun – auch Luise Ullrich und Ilse Werner verkörperten nur Annäherungen an das Idealbild der deutschen Frau. In den Träumen der deutschen Männer herrschten Marlene Dietrich, Lilian Harvey und Zarah Leander: ihr internationales Flair und ihre mondäne Erotik dominierten die Gefühle und triumphierten mit Eleganz über alle Richtlinien der Reichsfilmkammer und der Rosenbergschen Lehre vom arischen Menschen.

Freilich: es gab die in Schweden geborene Kristina Söderbaum, der ein Nachwuchswettbewerb der Ufa 1936 das Debüt in Erich Waschnecks *Onkel Bräsig* (Fanal-Filmproduktion GmbH) ermöglichte und die, von Veit Harlan zum blonden Unschuldsengel stilisiert, alsbald zur tragischen Heroine seiner Melodramen ebenso wie seiner nationalsozialistischen Tendenzfilme wurde. Indes: die dralle Schönheit geriet nach dem Willen ihres Regisseurs und ihrer Drehbuchautoren nur allzu oft in Konflikte, die sie in den »Freitod« trieben, und da mit fortschreitender Handlung meist vorauszusehen war, daß düstere Gewässer oder brackige Sümpfe ihren weißen Leib mitsamt seiner germanischen Sinnlichkeit verschlingen würden, eignete ihr bald der halb zärtlich gemeinte, halb zynische Titel der »Reichswasserleiche«. Die Filmindustrie opferte sie, die zur teutonischen Vestalin begabt war, auf dem Altar der herzzerreißenden Seelenschnulze – und somit war auch mit ihr letzten Endes kein (nationalsozialistischer) Staat zu machen.

In anderer Hinsicht gilt dies auch für Marika Rökk, die zwar dank der Strategie der Ufa und durch aufopferungsvollen Selbsteinsatz zur Spitzen-Nummer des Revuefilms wurde, mit ihren Tanz- und Gesangsleistungen jedoch in keinem ihrer Filme internationalen Maßstäben standzuhalten vermochte. Sie blieb letztlich, bei allem Fleiß, die etwas derbe, beängstigend vitale, allzu heftig grimassierende ungarische Zirkusreiterin. Ein »Ausbund an Temperament, ein mimischer Vulkan«, so nannte sie sich selbst[205] – aber es fehlten ihr die künstlerischen

Kristina Söderbaum

Marika Rökk in *Kora Terry*

Mittel, die es ihr ermöglicht hätten, ihre robuste Statur und ihre artistischen Fertigkeiten subtileren filmischen Anforderungen, den Nuancen einer komplizierten Geschichte oder gar der Darstellung differenzierter Frauencharaktere anzupassen.

Obwohl Ernst Hugo Correll ihre akrobatischen Leistungen im Zirkus Renz bewundert und für die Ufa »entdeckt« hatte, verfolgte die Konzernspitze bald mit Mißtrauen ihre Entwicklung; nach dem nur mäßigen Erfolg ihrer frühen Filme, die sie gemeinsam mit dem anderen Revue-Star der Ufa, Johannes Heesters, gedreht hatte, war die anfängliche Begeisterung einer gewissen Nüchternheit gewichen. Die Schlankheitskur, die man Marika Rökk verordnet hatte, war kaum vom Erfolg gekrönt, und die Experimente ihres Kameramanns Konstantin Irmen-Tschet, »der sich sogar Löcher im Studioboden anlegte, um ihre Beine aus der Froschperspektive aufzunehmen«[206], hatten ihre Figur nicht wesentlich graziler machen können. So mochten zwar ihre dragonerhafte Erscheinung und ihre ruckartige Körpersprache dem Liebhaber militärischer Rhythmen unter die Haut gehen, aber da es ihr mißlang, lebendige Charaktere darzustellen, ermangelten ihre Gestalten aller Eigenschaften, die an die Passion des Zuschauers und seine Neigung zur mitleidenden Anteilnahme hätten appellieren können. Marika Rökk blieb »in ständiger Variation des eigenen Typs immer der Bühnenstar, der durch eine flache Fabel banaler Intrigen, Verwechslungen oder Mißverständnisse geschickt wird, bis er am Ende im überwältigenden Arrangement einer Schlußrevue brillieren kann und obendrein den Mann fürs Leben gewinnt«. (Carla Rhode[207]) Dieses Schema war zwangsläufig schnell verbraucht.

Was der Ufa-Vorstand Marika Rökk und Lilian Harvey 1939 verweigerte – die Auszahlung eines Teils ihrer Gage in Devisen –, hatte er einige Jahre zuvor seiner Diva Zarah Leander noch großzügig zugestanden. Als die Schwedin im Herbst 1936 nach Deutschland kam, witterte die Ufa und mit ihr der nationalsozialistische Propagandaapparat die einmalige Chance, Marlene Dietrichs Abwanderung nach Hollywood und Greta Garbos Weigerung, in deutschen Filmen zu spielen, durch eine neue Kreation wettzumachen. Zarah Leander sollte die spröde Schönheit der »Göttlichen« und die souveräne Verworfenheit des Vamps vergessen lassen; sie sollte den Träumen neue Irritationen, aber auch neue Synthesen und Beschwichtigungen bieten.

Der Reiz des Fremdrassigen und der Hang zu »deutscher Treue« und deutschem Triebverzicht; Sinnengier und wehmütiges Sichfügen in das Schicksal fremdbestimmter Weiblichkeit; die weiten Horizonte einer abenteuerlichen Welt und die Übereinstimmung mit dem Glück im Winkel; Utopie und Alltag; chaotisches Verlangen und Sehnsucht nach Ordnung – zwischen diesen Polen bewegte sich die »Unergründlichkeit« dieser Schauspielerin, die nur bei der nationalsozialistischen Ufa zum Star werden konnte – und nur, weil sie hier alle anderen zu ersetzen hatte: »Mit der Garbo hatte sie die Melancholie und den Akzent, mit der West Figur und Gang gemeinsam; und wie die Dietrich und West spielte sie Sängerinnen und Kurtisanen. Statt ein Vamp zu werden, endete die Leander als Soldatenfrau, eine Konversion, die den Film *Die große Liebe* (1942) zum größten Publikumserfolg der Kriegszeit werden ließ.« (Patalas[208]) Sicher ist, daß es nur Zarah Leander gelingen konnte, einen nationalsozialistischen »Kriegserziehungsfilm« zu einem Kassenmagneten zu machen. Der überwältigende Erfolg, den die Schwedin im September 1936 in der Wiener Weltpremiere des musikalischen Lustspiels »Axel an der Himmelstür« von Ralph Benatzky feierte, veranlaßte zunächst Carl Froelich und Hans Weidemann, den Vizepräsidenten der Reichsfilmkammer, mit ihr Kontakt aufzunehmen. Der Regisseur des Erfolgsstücks war kein anderer als Max Hansen, der 1933, nach angeblicher »Beleidigung des Führers«, Deutschland verlassen hatte und nach Österreich gegangen war. Eine Reise nach Skandinavien hatte ihn auf Zarah Leander aufmerksam gemacht, die er alsbald für die Benatzky-Operette engagierte und nun, sicher unfreiwillig, den Talentsuchern aus Berlin in die Arme trieb. Die Verhandlungen für die Ufa führte noch in Wien Ernst Hugo Correll, der dank der ihm eigenen Courtoisie und einem interessanten Angebot (200000 Reichsmark für drei Filme) mit Zarah Leander handelseinig wurde. Der Schauspielerin wurde zugestanden, Drehbücher zu sichten und sich selbst für geeignete Stoffe zu entscheiden; 53 Prozent ihrer Gage, so der Vertrag, waren in schwedischen Kronen an ihre Stockholmer Bank zu überweisen.

Ende 1936 begann ein aufwendiger Reklamefeldzug, wie ihn, gestützt auf zwanzigjährige Erfahrung, nur die Ufa führen konnte. Werbechef Carl Opitz versorgte die zentralen Pressestellen des Reiches mit Informationen und Legenden über die »neue Garbo«, eine Pressekonferenz jagte die andere, Fototermine wurden zu Weltereignissen – und innerhalb von Wochen erreichte über das tausendfache Echo einer gleichgeschalteten Presse ein neuer Star die Erwartungen des Publikums – ein Star, dessen Aura präpariert worden war, noch bevor im Atelier von Neubabelsberg die erste Klappe fiel. Auch in den folgenden Jahren wird die Diva von ihrem Konzern nach allen Regeln der Publicity-Künste vermarktet, wird jeder ihrer Auftritte minutiös verplant werden: »Wenn sie längere Repräsentationsreisen ins Ausland unternahm, bestimmte nicht sie, was sie wann, wo und wozu tragen würde, sondern die Kostümabteilung der Ufa. Damit ihr auch ja kein Fehler unterliefe, gab man ihr umfangreiche Listen mit auf den Weg, auf denen die Zusammenstellung ihrer Garderobe und der dazu passenden Accessoires für die jeweiligen Anlässe bis ins letzte Detail vorgegeben war.« (Cornelia Zumkeller[209])

Zu den Konstrukteuren des neuen Stars gehörte vor allem Franz Weihmayr, Fotograf und Kameramann sämtlicher Leander-Filme, die bei der Ufa entstanden. Weihmayr machte aus der Ausleuchtung ihres großflächigen Gesichts mit den sehnsüchtig schmachtenden Augen eine Geheimwissenschaft, die ihn beflügelte, für die Einrichtung einer Nahaufnahme mehrere Stunden aufzuwenden, um eben jenen Schimmer des Rätselhaften, jene schwerblütige Melancholie zu treffen, die in Zarah Leanders zehn Ufa-Filmen zum Inbegriff »unsagbarer Trauer« wurden – einer Trauer, in der die Deutschen des NS-Staats, wenige Jahre vor Kriegsbeginn und erst recht im Kriege selbst, eine Romantik entdeckten, die ihrem Alltag versagt war – und eine Stärke, die sie dringend benötigten. Ihre dunkle Stimme tat ein übriges, um die Triebsublimierungen, von denen alle ihre Lieder handelten, romantisch zu veredeln.

Beträchtliche Verdienste um den Zarah-Mythos erwarb der Regisseur ihrer ersten beiden Filme, Detlef Sierck. Er hatte bereits vier Filme für die Ufa gedreht, darunter *Schlußakkord* mit Lil Dagover und Willy Birgel (1936), und widmete sich nun angelegentlich den Drehbüchern, den Liedtexten, den Kostümen und dem Make-up der stattlichen, zu gefährlicher »Vollschlankheit« neigenden Diva. »Mit vorteilhafter Kleidung, viel Schmuck und dekorativen Hüten lenkt er von Zarah Leanders Figurproblem ab. Er läßt ihr das Hoheitsvolle ihrer klassisch-theatralischen Schönheit und betont ihre Weiblichkeit, fügt aber, wo immer es die Handlung erlaubt, viel Glamour hinzu und verleiht Zarah Leander so die attraktive, mondäne Sinnlichkeit einer vergangenen Zeit.«[210]

Sierck entwickelte 1937 in *Zu neuen Ufern* und *La Habanera* das Ufa-Melodrama mit seiner Grundmelodie von Sehnsucht und Entsagung zu einer Reife, die den Kritiker Jon Halliday zu dem Urteil bewog, diese Regiekunst zeige, wie der deutsche Film nach 1933 hätte aussehen können: »Trotz der politischen Lage gelang es Sierck, auf den kulturellen Traditionen Deutschlands vor Hitler aufzubauen.«[211] Ähnlich wie schon in *Schlußakkord* brach Sierck mit seiner Bildphantasie, mit seinem Sinn für Spiegeleffekte und komplizierte Kamerabewegungen die flachen Stoffvorlagen auf und erreichte einen »psycho-symbolischen Realismus« (so der Filmwissenschaftler Thomas Elsaesser), der die verschwommene Ideologie der sentimentalitätstriefenden Fabeln, aber auch die von Sierck intendierte Sozialkritik (am britischen Imperialismus des 19. Jahrhunderts in *Zu neuen Ufern*, am Kolonialkapitalismus in *La Habanera*) unterminierte. Es offenbarte sich der Doppelcharakter des Melodramas, die widersprüchliche Einheit von »Edelschnulze« und virtuosem Kammerspiel, reaktionärer »Handlung« und avanciertem Formbewußtsein, Gefühlsseligkeit und Ironie – all dies grundiert von Zarah Leanders Liedern, die bewirkten, daß sich große Teile des Premierenpublikums in Tränen auflösten: »Ich steh' im Regen«, »Yes, Sir«, »Der Wind hat mir ein Lied erzählt«. An Siercks Leistungen gemessen verfiel das Ufa-Melodrama in den folgenden Leander-Filmen zur Talmi-Ware und geriet zudem

Der Weg ins Freie: Zarah Leander und Hans Stüwe

ins Fahrwasser salbungsvoll-verzichtsseliger Seelennahrung für die Frauen an der »Heimatfront«.

Ufa-Produzent Bruno Duday und Kameramann Weihmayr, die Komponisten Ralph Benatzky und Lothar Brüne, die Textdichter Bruno Balz und Franz Baumann – sie bildeten den künstlerischen Hofstaat Zarah Leanders in den beiden Sierck-Filmen, zusammen mit den Partnern Willy Birgel und Viktor Staal in *Zu neuen Ufern* und Ferdinand Marian und Karl Martell in *La Habanera*. Marian, der in der Rolle des zügellosen Verführers und psychopathischen Machtmenschen Don Pedro faszinierte, wurde nach diesem Erfolg auf den Part des eleganten Schurken in antibritischen Filmen wie *Ohm Krüger* festgelegt; 1940 spielte er – allerdings erst nach massivem Druck, den Goebbels persönlich auf ihn ausüben mußte – die Titelrolle in Harlans Propagandafilm *Jud Süß*.

Die Außenaufnahmen zu *La Habanera* wurden Mitte August bis Ende September 1937 auf Teneriffa gedreht. Die scheinbar weltabgeschiedene subtropische Idylle störten aufkreuzende Kanonenboote und bewaffnete Zusammenstöße in den Häfen – Auswirkungen des spanischen Bürgerkriegs. Die Premiere, für Zarah Leander ein einzigartiger Triumph, fand am 18. Dezember 1937 im Gloria-Palast statt; noch vor Jahresende emigrierte Detlef Sierck mit seiner jüdischen Frau nach Rom. Den Film *Dreiklang*, den er nach Motiven von Turgenjew und Puschkin für die Ufa bereits bis zur Besetzung und den Dekorationen vorbereitet hatte, übernahm 1938 Hans Hinrich.

Die folgenden Filme Zarah Leanders brachten einen eklatanten Qualitätsverfall, der die Diva zunehmend enervierte und auch ihre Arbeitgeber bei der Ufa allmählich beunruhigte. Nach Carl Froelichs *Heimat* (1938) produzierte der Konzern mit Viktor Tourjanskys *Der Blaufuchs* (1938), *Es war eine rauschende Ball-*

nacht (Regie Carl Froelich, mit Marika Rökk, 1939), *Das Lied der Wüste* (Paul Martin, 1939) und *Das Herz der Königin* (Carl Froelich, 1940) einen künstlerischen Mißerfolg nach dem anderen: entweder wetteiferte eine uninspirierte Regie mit dem einfältigen Drehbuch, oder Ausstattung, Kostüm und musikalische Gestaltung ruinierten die Ausstrahlung des Stars. Da auch die Leander-Lieder zunehmend an Glanz einbüßten, hielten die Ufa-Verantwortlichen nach einem neuen Regisseur Ausschau, um das sang- und klanglose Ende ihrer mit Aplomb aufgebauten Gala-Attraktion Zarah Leander abzuwenden.

Die Diva selbst bestand auf Rolf Hansen, der allerdings das Mißvergnügen des Propagandaministers erregt hatte. 1938 hatte Hansen, bis dahin Regieassistent von Froelich, die Inszenierung eines Films mit dem Titel *Ultimo* nach dem gleichnamigen Bühnenstück von Jochen Huth übernommen. Bis Ende des Jahres erlebte der Filmtitel eine Reihe merkwürdiger, ideologisch eingefärbter Metamorphosen: aus *Ultimo* wurde *Ein Mensch wird geboren*, dann *Glück auf Raten* und später *Das Leben könnte so schön sein* – ein Konjunktiv, der offenbar noch immer zu problematisch war, denn die letzte Version lautete *Das Leben kann so schön sein.* Unter diesem Titel wurde der Film schließlich noch vor der Premiere aus dem Verkehr gezogen: auf seiner Sitzung am 3. Februar 1939 mußte der Ufa-Vorstand zur Kenntnis nehmen, daß ihn Goebbels verboten hatte, »weil er die Bevölkerungspolitik der Regierung zu sabotieren geeignet« sei.[212] Tatsächlich hatten Hansen und sein Autor Jochen Huth, im Stil des Realismus der neuen Sachlichkeit, ein kritisches Bild wirtschaftlicher Nöte und sozialer Bedrängung am Beispiel einer jungen Ehe im nationalsozialistischen Deutschland gezeichnet. Unter seinem sechsten Titel, *Eine Frau für's Leben*, wird der Film erst 1950 zur Uraufführung gelangen.

Zarah Leander konnte Rolf Hansen als Regisseur durchsetzen – auch gegen Goebbels, der einsehen mußte, daß Konzessionen unvermeidlich waren, wenn es darum ging, den teuersten Star der Ufa in Deutschland zu halten. Inzwischen war die Jahresgage der Schauspielerin auf 400000 Mark angestiegen, und ihre Filme gehörten zu den wenigen, die noch international verkäuflich waren. Tatsächlich gelang es Hansen, das Blatt noch einmal zu wenden. Das Melodrama *Der Weg ins Freie* (1941), in dem Zarah Leander als Opernsängerin und Gattin eines Gutsbesitzers (Hans Stüwe) ihren Freiheitsdrang mit dem Selbstmord büßte, knüpfte am Erfolg der Sierck-Filme an, und *Die große Liebe* (1942) wurde sogar ihr größter Triumph, darüber hinaus der wohl wirkungsvollste Beitrag der Ufa zur Stabilisierung der Gefühle an der von Gefallenenmeldungen und Bombennächten zermürbten »Heimatfront«. *Die große Liebe* wurde am 12. Juni 1942 uraufgeführt. Genau zwei Wochen zuvor, in den letzten Maitagen, hatte der erste große britische Luftangriff die Innenstadt Kölns innerhalb von neunzig Minuten in Schutt und Asche gelegt. Von Zarah Leanders vorletztem Film in Hitler-Deutschland wird noch zu reden sein.

Ihr letzter Film hieß *Damals* (Rolf Hansen, 1942/43) und war die in kunstvollen Rückblenden erzählte Geschichte einer leidenschaftlichen Liebe, einer bedrohten Ehe und eines Mordverdachts. In den Kinos hatte dieser Film keine lange Lebensdauer – sechs Wochen nach der Premiere hatte Zarah Leander Deutschland verlassen, um ihre inzwischen ausgebombte Villa in Berlin-Dahlem mit ihrem Landgut in Schweden zu vertauschen. Von diesem Zeitpunkt an galt sie im NS-Staat als Un-Person; ihre Filme wurden als bedauerlicher Irrtum abgetan und verschwanden in den Archiven.

Vorausgegangen war eine Auseinandersetzung mit der Ufa, die sich zum Konflikt mit Goebbels ausweitete und die Diva schließlich bewog, sich auf ihre schwedische Heimat zu besinnen (dir ihr allerdings nach ihrer Kollaboration mit dem deutschen Faschismus keine warmen Gefühle mehr entgegenbrachte). Die Dreharbeiten zu *Damals* waren noch im Gange, als Zarah Leander erfuhr, daß die Ufa jene Vertragsklausel, wonach 53 Prozent ihrer Gage nach Schweden zu transferieren seien, nicht eingehalten hatte. Die Künstlerin brach die Aufnahmen ab und erreichte auf diese Weise die korrekte Überweisung des Geldes. Nun sah sich Goebbels persönlich herausgefordert; er versuchte, sie zum Verzicht auf die Devisen zu bewegen, und bot ihr als Ausgleich die deutsche Staatsbürgerschaft, einen Landsitz nebst beträchtlicher Leibrente und den Ruhm einer »Staatsschauspielerin« an. Zarah Leander lehnte ab – sei es, um ihre Heimat nicht zu verraten (so ihre spätere Behauptung), sei es, um sich selbst und ihre kostbaren Mobilien vor den Bombenangriffen zu retten.

Zarah Leander verkörperte beispielhaft die Aporien, die Selbstsucht und den zynischen Pragmatismus des Ufa-Stars in nationalsozialistischer Zeit. Dem deutschen Konzern hatte sie sich verdingt, weil sie sich darüber im klaren war, daß sie nur in Deutschland und nur unter den Bedingungen einer vom Exodus der Besten betroffenen Filmindustrie in die Spitzenklasse aufsteigen konnte – angeblich lukrativere Angebote aus den USA und England boten ihr keineswegs diese Sicherheit. Sie zögerte nicht vor der Liaison mit einem menschenfeindlichen Regime – und wiegte sich dabei stets in der Suggestion, ihre Kunst wie ein edles Gewächs gegen die unzüchtigen Zumutungen der Politik abschirmen und sich selbst aus allen politischen Verstrickungen heraushalten zu können. Ihr von der Ufa genährter Egoismus soufflierte ihr, sich blind zu stellen für das, was in ihrer näheren und weiteren Umgebung geschah: für Verbote, Zensurfälle und Verfolgung auch in ihrem eigenen Arbeitsbereich. Als Zarah Leander, von der Ufa-Direktion wegen ihrer homosexuellen Freunde zur Rede gestellt, darauf bestand, über ihre privaten Kontakte selbst zu entscheiden, verriet sie alles über die abgründige Lebenslüge des gefeierten Stars, der seine Privatheit – und die vorgebliche seiner Kunst – gegenüber einer Welt der Schrecken zu bewahren hoffte und nicht wahrhaben wollte, daß dieses Private längst ein Teil der Öffentlichkeit und an ihren Schrecken mitschuldig geworden war.

26. Kapitel

Deutsche Werkstoffe. Die Ufa marschiert in den Krieg

Am 31. August 1939, einen Tag vor dem deutschen Überfall auf Polen, teilte der »Film-Kurier« seinen Lesern mit, warum die jeden Donnerstag übliche neue Ausgabe der Wochenschau dieses Mal ausgefallen sei: die aktuelle Ausgabe werde, garantiert auf dem letzten Stand der Ereignisse, ausnahmsweise verspätet, am 3. September, zu sehen sein.[213] Was die Logistik der Massenmedien betraf, so bereitete das Propagandaministerium offenbar einen Überraschungscoup vor.

Bei der Ufa war man spätestens am 29. August vorgewarnt: an diesem Tag verfügte die Direktion auf Grund »ministerieller Anordnung«, der gerade fertiggestellte Marika Rökk-Film *Hallo Janine* und eine Reihe weiterer neuerer Produktionen seien mit polnischen Untertiteln zu versehen.[214] Wohl nicht nur aus der Sicht der Filmindustrie galt Polen bereits als erobert, bevor der erste Schuß gefallen war.

Über Vorkehrungen für den Kriegsfall hatte der Konzernvorstand schon fünf Jahre früher, auf einer Sitzung im November 1934, nachgedacht, als er 34000 Reichsmark für eine Geländeerhebung auf dem Terrain von Neubabelsberg bewilligte. Die Aufschüttung sollte als Freihorizont für Außenaufnahmen dienen; gleichzeitig wurde erwogen, »den Luftschutzkeller in diese Anlage einzubauen«.[215] Seit der Errichtung des »Ton-Kreuzes« hatte sich die Ufa-Stadt in eine Bunkerlandschaft verwandelt, die nun, für den Ernstfall, auch unterirdisch vervollständigt wurde.

Als die deutsche Wehrmacht in Polen einfiel, waren in Neubabelsberg seit einem Monat die Dreharbeiten zu *Frauen sind doch bessere Diplomaten*, dem ersten großen Farbfilm der Ufa, in vollem Gange. Mit Gespür für den geheimen Zusammenhang zwischen Krieg und Kino prägte das Ensemble die Redensart »Wenn der Film vorbei ist, ist auch der Krieg vorüber« als Atelier-Slogan. Obwohl Georg Jacobys Film zur langwierigsten Produktion in der Geschichte der Ufa wurde, war die Prognose leichtfertig: als zwei Jahre später, am 31. Oktober 1941, endlich im Capitol am Zoo Premiere war, hatte Hitlers Krieg mit dem Überfall auf die Sowjetunion neue Dimensionen angenommen. Der »Film, der nie zu Ende geht« (Marika Rökk), konnte noch für dreieinhalb weitere Kriegsjahre den deutschen Kinobesuchern Kraft durch Freude spenden und spielte bis November 1944 mit 7,9 Millionen Mark fast das Dreifache seiner Herstellungskosten ein.

»Licht, Licht und nochmals Licht brauchte dieser Schöpfungsakt«[216] – so Marika Rökk über die Ufa-Großproduktion, die aus dem Frieden plötzlich in den Krieg hinüberfiel. »Die Techniker bastelten immer noch an der Verbesserung der Farbfilmmethode, während wir schon tapfer drehten« – und die ersten deutschen Panzerverbände polnische Dörfer niederwalzten. »Wenn wir dachten, wir hätten nun eine Szene glücklich im Kasten, kam bestimmt irgendein widerlich begabter Techniker auf eine Verbesserungsidee.«

An vielen Fronten arbeiteten in diesen Tagen und Wochen begabte deutsche Techniker an der Perfektionierung ihres Handwerks. Andere wechselten das Metier oder unterzogen sich einem Spezialtraining, um den Anforderungen der Zeit gewachsen zu sein. In den ersten Septembertagen beschloß zum Beispiel Leni Riefenstahl, eine Filmgruppe für die Frontberichterstattung zu organisieren; zusammen mit ihrem Kameramann Sepp Allgeier und Tonmeister Hermann Storr ließ sie sich von einem Major im Grunewald den Umgang mit Gasmaske und Pistole erklären. [217]

Zu einem Opfer des Kriegsausbruchs wurde ausgerechnet der Spezialist des »Kriegserziehungsfilms« und überzeugte Nationalsozialist Karl Ritter. Am 9. August hatte er in den Ateliers von Neubabelsberg, unter Mitarbeit des Fliegergenerals Wilberg, mit den Aufnahmen zu seinem Spanien-Film *Legion Condor* begonnen. Das Buch hatte Felix Lützkendorf verfaßt, an der Kamera stand Günther Anders. Als Hauptdarsteller war Paul Hartmann verpflichtet worden; für weitere Rollen waren Albert Hehn, Herbert A. E. Böhme, Karl John, Wolfgang Staudte, Fritz Kampers, Josef Dahmen und etliche andere bekannte Namen aus dem Ufa-Troß vorgesehen. Ende August wies der Vorstand seinen Regie-Star Ritter diskret darauf hin, daß es Zensurprobleme wegen des Hitler-Stalin-Paktes geben könne. Unmittelbar nach Kriegsbeginn wurden die Dreharbeiten abgebrochen und nie wieder aufgenommen.

Auch Ritters Dokumentarfilm *Im Kampf gegen den Weltfeind. Deutsche Freiwillige in Spanien*, gleichfalls in Zusammenarbeit mit der Wehrmacht und nach einem Buch von Werner Beumelburg gedreht, wurde Ende August 1939 aus dem Verleih gezogen: der Weltfeind Bolschewismus war, seit Beginn der Kumpanei des nationalsozialistischen Deutschlands mit Stalins Sowjetunion, kein Weltfeind mehr. Doch damit nicht genug: auch Ritters Spielfilm *Kadetten* (mit Mathias Wieman und Carsta Löck in den Hauptrollen) war zwar zur Gala-Aufführung auf dem 11. Reichsparteitag der NSDAP in Nürnberg am 5. September auserkoren, wurde jedoch aus denselben politischen Gründen zurückgestellt. Erst Ende 1941, nach dem Überfall auf die Sowjetunion, war dieser Film wieder opportun; seine Uraufführung fand in Danzig statt.

Alfred Bauer behauptet in seinem »Deutschen Spielfilm-Almanach«[218], die Dreharbeiten zu *Legion Condor* seien »im Hinblick auf den Kriegsbeginn und die für den Kriegseinsatz benötigte Luftwaffe abgebrochen« worden. Das ist unwahrscheinlich. Noch in den letzten Kriegswochen werden Goebbels und Veit Harlan mit der *Kolberg*-Produktion beweisen, daß es möglich ist, sogar eine bereits geschlagene Armee als Massenkomparserie in einem Propagandafilm für den »totalen Krieg« einzusetzen.

Herbst 1939: während die Filmindustrie, obwohl bestens informiert, bei der Umstellung ihres schwerfälligen Apparats auf die neuen ideologischen Anforderungen einige Schwierigkeiten zu überwinden hatte, gewöhnte sich die Bevölkerung relativ schnell an die veränderte Situation. Man fand sich damit ab, nun täglich die Anzeigen gefallener Soldaten in den Zeitungen zu finden; man beanstandete nur, so ermittelten die Spitzel der SS, »die etwas unwürdige Einfügung (der Todesanzeigen) in den Satzspiegel der Zeitungen«[219] – die Nachbarschaft zu den Annoncen für Vergnügungsetablissements wurde als pietätlos empfunden. Westfälische Gastwirte beklagten sich darüber, »daß nach Einführung der 24-Uhr-Polizeistunde viele zahlungskräftige Wochenendgäste ausblieben«: sie suchten die Gaststätten in der nahen Rheinprovinz auf, die erst um zwei Uhr schließen mußten. Die Westfalen forderten »gleiche Regelung« – zumindest für den Amüsierbetrieb in ihren Großstädten.

Die der Kriegssituation angemessene Filmversorgung der Provinz und die Filmarbeit der nationalsozialistischen Massenorganisationen stießen anfänglich auf beträchtliche Nachschubprobleme. Ende November meldete der SD in seinem Bericht zur innenpolitischen Lage, daß bei einer im ganzen Reichsgebiet durchgeführten Filmstunde der Hitlerjugend (HJ) verschiedene Mißstände aufgetreten seien, deren Abstellung zweckmäßig erscheine. In Stuttgart z. B. sei den zwölf- bis vierzehnjährigen Pimpfen und Jungmädeln der Einfachheit halber das laufende Kinoprogramm – darunter Filme wie *Gern hab ich die Frauen geküßt* (Georg Zoch, Majestic-Film GmbH, 1934) und *Andalusische Nächte* (Regie Herbert Maisch, eine von Goebbels der Ufa aufgezwungene Koproduktion mit der spanischen Hispano-Film, 1938) – vorgesetzt worden. »Die zuständigen Bannführer verwahrten sich fast überall gegen die Vorführung solcher Filme, fanden aber bei den Kinobesitzern kein Gehör, die sich damit entschuldigten, daß sie von Berlin aus keine anderen Filme zugewiesen erhalten hätten.«[220]

Nur zwei Wochen später verzeichneten die Beobachter in der Provinz indessen erste Propagandaerfolge. Die Kulturveranstaltungen der NSDAP, vor allem die Wochenschauen, fänden brennendes Interesse, und die verstärkte Arbeit der Gaufilmstellen werde von der Landbevölkerung außerordentlich dankbar aufgenommen. Kriegsfilme wie *Dreizehn Mann und eine Kanone* (Johannes Meyer, Bavaria, 1938), *D III 38* (Herbert Maisch, Tobis, 1939), Ritters *Pour le mérite* und Ucickys alter Ufa-Film *Morgenrot* fänden Resonanz bei allen Bevölkerungsschichten; Hans Steinhoffs *Robert Koch* sei »zu einem positiven Erlebnis fast des ganzen Volkes geworden«.[221]

Ausdrücklich wurde erwähnt, daß die Kurzstreifen mit den volkstümlichen Propagandafiguren »Hamsterer« und »Meckerer« sich großer Beliebtheit erfreuten. Zumal die in breiten Teilen der Bevölkerung ausgebrochene Hamstertätigkeit beobachtete die Reichsregierung mit Sorge. Die Kriegswirtschaftsordnung bedrohte denjenigen mit Zuchthaus, der Rohstoffe oder lebenswichtige Erzeugnisse »vernichtet, beiseite schafft oder zurückhält«.[222] Nach den Beobachtungen der SS bezweifelten viele Deutsche, daß ein Anhäufen zum späteren Verbrauch als »Beiseiteschaffen« bezeichnet werden könne – und verhielten sich entsprechend. Die »Hamsterer«-Humoresken im Kino sollten ihnen auf unterhaltsame Weise den Ernst der Lage deutlich machen.

Zum ersten Mal erprobte eine deutsche Regierung – in »einer mit Propaganda aufgesäugten, überfütterten, angeekelten Zeit« (so der Filmavantgardist Hans Richter[223]) – eine umfassende und integrierte Strategie auf den Gebieten der Kriegsführung, der ideologischen Massenbeeinflussung mit Hilfe der technischen Kommunikationsmittel und der innenpolitischen Maßnahmen zur Stabilisierung des »Volkskörpers«. Die Vorteile eines staatlich zentralisierten Filmwesens für die innenpolitische Lage im Kriegsfall lagen auf der Hand. Aber auch die Außenpolitik verfügte mit dem Film über ein hervorragendes Instrument der Kriegsdiplomatie, dessen variable Einsatzmöglichkeiten von der Obersten Heeresleitung im Ersten Weltkrieg noch gar nicht erkannt worden waren.

Hans Richter hat in einem 1944 in der Emigration erschienenen Aufsatz eine verblüffende Gesetzmäßigkeit im Umgang der nationalsozialistischen Kriegstreiber mit dem Medium Film aufgedeckt. Danach lud die deutsche Gesandtschaft in Wien Anfang 1938 die österreichische Regierung zu einer Vorführung von *Triumph des Willens* ein – »ein paar Wochen später reiste Schuschnigg eilig zu Hitler, und nach einigen Tagen wurde Österreich besetzt«.[224]

Nach diesem Paradigma vollzog Hitler-Deutschland bis in die Kriegsjahre hinein die Unterwerfung Europas auf dem Parkett der Diplomatie. Kurze Zeit nach einer festlichen Vorführung deutscher Filme für tschechoslowakische Regierungsvertreter in der Prager Gesandtschaft Anfang 1939 wurde das »Protektorat Böhmen und Mähren« dem Reich angegliedert. Dem Überfall auf Polen ging ein Gala-Filmabend in der deutschen Gesandtschaft in Warschau voraus. Den Regierungen von Rumänien, Norwegen, Holland und Belgien wurden in den jeweiligen diplomatischen Vertretungen Filme über den Polen-Feldzug präsentiert, bevor ihre eigenen Länder überfallen wurden. Als es 1941 galt, Griechenland und Jugoslawien zu okkupieren, konnten die Deutschen bereits den Film *Sieg im Westen* über den Krieg in Frankreich als Droh- und Erpressungsmittel einsetzen. Und schließlich: nur neun Tage vor dem Angriff auf die UdSSR wurde die sowjetische Regierung feierlich zu einer Vorführung des Films *Über den Feldern im Balkan* eingeladen. Richter: »So haben die Nazis den Film zu einem Instrument ihrer politischen Demagogie gemacht. Aber man muß ihnen lassen, daß sie es konsequent und weitsichtig getan haben. Sie haben den Film als Waffe geschärft und ihn als Instrument der Politik stabilisiert.«[225]

Die Produktion der zentral gelenkten Kriegsberichterstattung für die Kinos in der Heimat und im besetzten Ausland fand unter Federführung der Ufa-Wochenschau statt. Die Verkürzung der Laufzeit der jeweils aktuellen Wochenschau-Ausgabe von sechzehn auf vier Wochen, vor allem über die Erhöhung der im Reich zirkulierenden Kopienzahl von 400 auf 1700, deren Hauptkontingent die Ufa zu finanzieren hatte, brachten dem Konzern einen Kostenanstieg auf jährlich 5,3 Millionen Reichsmark allein für Wochenschaukopien.[226]

In der Deutschen Wochenschau schrumpfte die Realität auf das Kriegsgeschehen – zugleich dehnte sie sich zu zwanzig- bis vierzigminütigen »totalitären Panoramen« (Kracauer[227]) aus, dazu bestimmt, die Seelen der deutschen Kinobesucher »wie Kriegsgefangene« zu behandeln. In der nationalsozialistischen Kriegsberichterstattung verschmolz die Organisationsbesessenheit des Oberkommandos der Wehrmacht (OKW) mit der Vision des Propagandaministers von Massenbeeinflussung als »schöpferischer Kunst«. Auf Weisung des OKW hatte das Heer schon im August 1938 begonnen, bei seinen Generalkommandos »Propagandakompanien« (PK) einzurichten, die mit Kriegsbeginn die Aufgabe übernahmen, »das Zusammenwirken zwischen Propaganda- und Waffenkrieg im Operationsgebiet sicherzustellen«; ein bereits im Winter 1938/39 zwischen Goebbels und OKW-Chef Keitel geschlossenes »Abkommen über die Durchführung der Propaganda im Kriege« hatte die Propaganda als ein dem Waffenkrieg »gleichrangiges Kriegsmittel« anerkannt.[228]

In militärischen Kurzlehrgängen wurde das Fachpersonal der Propagandakompanien – Reporter, Fotografen, Kameraleute, Rundfunkjournalisten und Zeichner – für den Dienst an der Waffe ausgebildet. Die militärische Konfrontation wurde zum »Wahrnehmungskrieg« (so der französische Theoretiker Paul Virilio) – und das Kamera-Auge ordnete sich dem Totalitätswahn eines Regimes unter, das nun begonnen hatte, im »Blitzkrieg« die Gesetze von Zerstörung und

Eroberung zum Maßstab der Wahrnehmung, zur alleingültigen Richtschnur von Raum und Zeit zu machen: »Was aber das Filmauge zu erfassen vermag, Leben, gefüllt bis zum Rande des Todes, Landschaft, gespenstisch durchlodert von Fackeln, Raum in endlosen Wegen ausgebreitet, Mündungsblitze vorrollender Gespensterwagen. Tat, Angriff, Willen, schneller Einsatz und zähe Energie, Menschliches und Motorisches phantastisch ineinanderdrängend, hier hat es auf eine Weise Gestalt gefunden, die nicht mehr das Erregende, die Sensation der Wochenschau von einst zum Ziele hat, sondern die Darstellung des Bewegenden, des Geistes, der dies alles bewegt.«[229]

Während die Abbildung gefallener deutscher Soldaten in den Filmberichten tabuisiert war und die Wochenschau, die von der Vernichtung des Feindes sprach, buchstäblich die »bildliche Abschaffung des Todes« (Kracauer[230]) betrieb, wurde der »Heldentod« deutscher Kriegsberichterstatter ausdrücklich, auch in den Filmen selbst, herausgestellt. 1940 gab das Propagandaministerium die Meldung, daß seit Kriegsausbruch 23 PK-Angehörige gefallen seien, gezielt an die Auslandspresse weiter.

Die Integration von »Propaganda- und Waffenkrieg« war Bestandteil einer »modernen«, totalitären Eroberungsstrategie, die nach außen die potentiell grenzenlose Weite geographischer Räume umfaßte, nach innen aber (wie es Goebbels in seiner Sprache ausdrückte) auf die »tiefsten Schichten der nationalen Seele« gerichtet war: »Eine auf Kanonen gestützte Macht kann gut sein, es ist jedoch besser und angenehmer, wenn man das Herz eines Volkes erobert und zu halten versteht.«[231] Das Bild von der Filmkamera, die »auf Schußnähe gegangen« ist und »von der gleichen Hand getragen wurde, die im anderen Augenblick die Waffe an sich riß«[232], wurde zum Emblem einer Propaganda, die ihrerseits den Tatsachen der Wirklichkeit, den Gesetzen der Wahrnehmung und dem Bewußtsein des Volkes den Krieg erklärt hatte.

Die Realität sah erheblich nüchterner aus. PK-Berichterstatter Hans Ertl, 1936 Kameramann in Leni Riefenstahls Olympia-Filmen, bezeugte, es sei schlechthin unmöglich, »die Gefahr, wie sie wirklich besteht, optisch festzuhalten«.[233] Kriegsreporter mit der Waffe in der Hand – etwa als Maschinengewehrschützen im Heck eines Kampfflugzeugs – blieben die Ausnahme. Das pathetische Bild vom bewaffneten Kameramann diente letztlich der ästhetischen Überhöhung des realen Kriegsgeschehens – einer Emotionalisierung, die auf das »Volksganze« zielte und dem einzelnen »Helden«, dem individuellen Sterben nur als Signum eines theatralischen, in der Erlösung des »Endsiegs« kulminierenden Szenarios Raum gewährte: »In der moribunden Kulisse ist kein Platz für als Individuen ausgewiesene Helden; sie verschwinden in der Komparserie, gehen in Hitlers anonymer Statistik der Todgeweihten auf. Dem heroischen Kampf der Schicksalsgemeinschaft verleiht der Bühnenzauber auf der Walstatt mitten im Feindesland jenes mystische Flair des Unwirklichen, das dem Zuschauer im Theatersessel daheim das Gefühl vermitteln hilft, Bühne und Parkett gehörten zusammen.« (Hilmar Hoffmann[234])

Ende 1940, mit der Gründung der Deutschen Wochenschau GmbH, hatten sich die Propagandakompanien des OKW, die zuständigen Stellen des Goebbels-Ministeriums und die Wochenschauabteilungen der Filmkonzerne zu jenem monolithischen Komplex formiert, der eine Unterscheidung zwischen zivilen und militärischen Stäben, ökonomischen und politischen Interessen überflüssig machte: der gesamte Apparat stand im Dienst der Kriegsführung, und seine Zahnräder griffen, solange die Siege der Wehrmacht die Propagandaverheißungen zu erfüllen schienen, »reibungslos« ineinander. Der Anteil der Ufa an der nationalsozialistischen Kriegsberichterstattung war beträchtlich und entsprach, in den pompösen Verlautbarungen des Konzerns und seines Hausautors Hans Traub, der »historischen Bedeutung« des Unternehmens. Aber die historische Bedeutung der Ufa reduzierte sich jetzt auf jene Funktion, die einst von wilhelminischen Militärstrategen ausgebrütet worden war und sich nun, ein Vierteljahrhundert später, erfüllen sollte. Es war ein Kameramann der Ufa, der in der Festschrift zum 25jährigen Bestehen der Wochenschau über seinen ersten Feindflug über Polen an Bord eines Bombers berichtete: »Von der Bugkanzel aus kurbelte ich, was die Kamera ergattern konnte. Feindliche Jäger versuchten, uns von unserem Ziel abzubringen. Die einzige Folge war: eine kurze Verständigung zwischen Beobachter und Pilot, und ein kaltblütiges Manöver entzog unsere stabile Maschine dem polnischen Feuer. Über brennende Dörfer hinweg und oft noch über den Wolken suchten wir den Feind, zum Letzten entschlossen und gewappnet durch das Wissen, daß gleich uns jeder zum Einsatz seines Lebens entschlossen war.«[235]

Die aus Wochenschaumaterial kompilierten abendfüllenden »Dokumentarfilme« *Feldzug in Polen* und *Feuertaufe* (1939/40), denen nach der Kapitulation Frankreichs der Film *Sieg im Westen* folgte, waren gleichermaßen Produkte der militärischen Führung und des Propagandaministeriums – aber sie wären ohne den Beitrag erfahrener Kameraleute, Toningenieure und Filmtechniker, die sich in Friedenszeiten bei der Ufa oder der Tobis zu künstlerischen Spezialisten und leidenschaftlichen Handwerkern ausgebildet hatten, nicht entstanden. Der Perfektionskult der Ufa, die »Arbeitsethik« und das Sendungsbewußtsein ihrer Mitarbeiter, der »Stolz auf die Firma«, der man angehörte, waren wesentliche psychologische Faktoren, die für die nahezu vollständige Ausblendung der kritischen Reflexion dessen, was geschah, mit verantwortlich waren.

Noch während des Krieges, 1942 in der amerikanischen Emigration, hat Siegfried Kracauer die nationalsozialistischen Kriegswochenschauen und die aus ihnen geformten Kompilationsfilme einer bis heute beispielhaften Analyse unterzogen.[236] Die Resultate seiner Untersuchung wurden nie widerlegt: Der vorgetäuschte Dokumentarismus der NS-Kriegsberichterstattung simulierte eine Realität, die eine von derselben Propaganda geschaffene Leere der Erschöpfung in den Köpfen auszufüllen hatte. Die »prächtige Orchestrierung« des Materials mit Hilfe der Montage, der Musik und des Kommentars war ein Taschenspielertrick, der die Tatsachen aus dem Blickfeld manipulierte, um dem Rausch, dem »Enthusiasmus« (Goebbels), der Hysterie freie Bahn zu schaffen. Die mittels Landkarten eingeblendeten magischen Schlachtordnungen der Deutschen zerteilten riesige Geographien nach Begriffen von Raum und Zeit, über die allein das strategische Genie des Führers gebot. Die epische Struktur des Heldenlieds schließlich, die den Aufbau der Kompilationsfilme bestimmte, belebte den Mythos von deutscher Unfehlbarkeit und Unbesiegbarkeit.

Aus naheliegenden Gründen hat Kracauer, ein einsamer Forscher im amerikanischen Exil, die Frage nach den Wirkungsmechanismen der nationalsozialistischen Kriegspropaganda offen lassen müssen. Seine Formulierung, sie habe dazu gedient, »das deutsche Publikum in eine Strafkolonie verketteter Seelen zu verwandeln«[237], konnte nur eine metaphorisch verkleidete Hypothese sein. Als immerhin erwähnenswert zitierte er eine Beobachtung des US-Korrespondenten William S. Shirer, der am 18. Juli 1940 nach der Kapitulation Frankreichs die Siegesparade durch das Brandenburger Tor in Augenschein nahm: »Ich war unter der Menge am Pariser Platz, es herrschte die reinste Ferienstimmung. Nichts an der Menge hier war martialisch. Sie wollte sich nur vergnügen.«[238]

Die alles andere als martialische Haltung der deutschen Bevölkerung in den ersten Kriegstagen, sogar Stimmungen der Apathie und Niedergeschlagenheit werden durch zahlreiche private Aufzeichnungen und durch die »Deutschland-Berichte« der Exil-SPD[239] belegt. Auch die Spione des SS-Sicherheitsdienstes konnten ähnliche Erscheinungen nicht vollständig übersehen – gerade ihre Berichte über die Rezeption der Kriegswochenschauen enthalten zahlreiche Hinweise auf beunruhigende Stimmungsschwankungen in Teilen der Bevölkerung. Am 14. Mai 1940 beschäftigte sich der Lagebericht ausführlich mit den Reaktionen auf den Kompilationsfilm *Feuertaufe* und faßte auch kritische Stimmen aus allen Teilen des Reichsgebiets zusammen. Viele Zuschauer bemängelten an diesem Film eine dominierende Tendenz der NS-Propaganda: man habe zwar den Vormarsch der Wehrmacht und die Überlegenheit der deutschen Luftwaffe gesehen, jedoch keinen Eindruck von der polnischen Gegenwehr erhalten. Das Mißtrauen, das sich hier versteckt äußerte, mochte die Autoren des Berichts zu dem Stoßseufzer veranlaßt haben, daß »eine einheitliche Reaktion, ganz gleich wie man den Film anlegt, bei allen Zuschauern einfach nicht zu erzielen« sei. Vor allem Frauen hätten Mitleid mit den Polen geäußert; etliche Zuschauer hätten »keine heroisch stolze, sondern eine bedrückte, verängstigte Stimmung über die Schrecken des Krieges« an den Tag gelegt.[240]

Die Anfangserfolge der Wehrmacht in Polen und Frankreich verstärkten zweifellos die Zustimmung zum Regime, förderten aber auch einen oberflächlichen Optimismus und eine Art doppelbödiger Lebensfreude, die anfängliche Depressionen schnell zu verdrängen schien. Keineswegs waren die Deutschen bereit, dem Krieg und ihrer auf den »Endsieg« versessenen Regierung zuliebe ihr Konsumverhalten einschneidend zu verändern. Im Gegensatz zur britischen Führung reduzierte das NS-Regime die Konsumgüterproduktion nur geringfügig; im letzten Kriegsjahr lag sie nur um sieben Prozent unter dem Niveau von 1938. Der Krieg verschlechterte die Versorgungslage, aber noch 1943 entsprach die Nachfrage nach attraktiven Modeartikeln, markenfreien Delikatessen und Spirituosen »der Strategie der nationalsozialistischen Diktatur, die Verbindung zu den Werten der Vorkriegsjahre und des künftigen Friedens nicht abbrechen zu lassen«.[241] Wenn die Seele des Volkes, terrorisiert von der Propaganda der Vernichtung und von der Reklame für den Tod, in Ketten lag, so suchten seine Augen dennoch begehrlich nach den Dingen, die vom Nicht-Krieg, vom Leben-Wollen und vom friedlichen Genießen sprachen. »Im Kriege sparen – später bauen«: so warb noch im Februar 1945, als Deutschland in Trümmern lag, die Ludwigsburger Bausparkasse für das deutsche Eigenheim.[242]

Es war nicht zuletzt diese zwiespältige Bewußtseinslage mit ihren Mischungen aus aufgepeitschtem Enthusiasmus und Existenzangst, patriotischen Aufwallungen, Konsumismus und Sehnsucht nach einer unbeschädigten Welt, die der Kinoleidenschaft der Deutschen aufs neue Auftrieb verlieh. Nicht ohne Sorge beobachtete die Regierung, daß vor allem Jugendliche dieser Leidenschaft erlagen. Im April 1940 meldete der Sicherheitsdienst aus Städten wie Chemnitz, Halle, Dortmund und Breslau, daß immer wieder Jugendliche in jugendverbotenen Filmen angetroffen worden seien; in Stuttgart sei sogar beobachtet worden, daß sich Jugendliche seit Kriegsbeginn in steigendem Maße »in die Vorführung von Kriminalfilmen und von jugendverbotenen Liebesfilmen drängen«.[243] Beim Kino Glaspassage in Gelsenkirchen wurden Zusammenrottungen »zweifelhafter Jugendgestalten« gesichtet. Nachtvorstellungen in den oberschlesischen Städten Oppeln und Neisse seien überwiegend von Jungen und Mädchen im Alter zwischen 15 und 18 Jahren besucht worden. In Chemnitz veranstaltete die Polizei im März 1940 regelrechte Razzien, um halbwüchsige Besucher aus Filmen wie *Weltrekord im Seitensprung* (ein mit Jugendverbot belegtes »rheinisches Verwechslungslustspiel« von Georg Zoch, produziert von der Deka, 1939/40) und *Ehe in Dosen* (Regie Johannes Meyer, Cine-Allianz, 1939) herauszuholen. In Breslau, so die SS-Voyeure, grassiere unter jungen Menschen eine »direkte Filmsucht«, und in Halle forderte die HJ, sowohl gegen die süchtigen Jugendlichen als auch gegen verantwortungslose Kinobesitzer mit größerer Strenge vorzugehen. Streifendienste der HJ unterstützten die Razzien der Polizei und konnten zu ihrer Genugtuung feststellen, daß die aufgegriffenen Kino-Enthusiasten »nur zu einem geringen Prozentsatz« der HJ oder der Mädchenorganisation BdM angehörten. Kritisch wurde allerdings vermerkt, daß es zu wenige »jugendwerte« Filme gebe, um das Kino »in ausreichendem Maße in die Kulturarbeit der HJ einzubauen«.[244]

Jugendliche wie Erwachsene verlangten, stärker als in Friedenszeiten, nach Zerstreuung: eine Forderung, die auch vom Propagandaministerium grundsätzlich akzeptiert und hellhörig aufgegriffen wurde. Eine neue Welle des von allen Alltagssorgen gereinigten Unterhaltungsfilms setzte ein; wieder einmal trieb die Liebes- und Ehekomödie – so Arthur Maria Rabenalt[245] – »ihr munteres Spiel in einer gläsernen Welt«: auf dem Höhepunkt eines angeblich bereits gewonnenen Krieges »sollte der deutsche Unterhaltungsfilm (...) eine zivile Werbung veranstalten und die politische Hegemoniebestrebung des Reiches auf seine Weise unterstützen, europäisch und – sowohl in modischer Hinsicht wie in seinem eleganten und mondänen Lebensstil – geschmacksbildend und beispielgebend wirken«. Verständlich, daß zahlreiche Unterhaltungsspezialisten in amourösen Stoffen mit exotischen Kulissen oder »mondänen« Interieurs eine Chance sahen, der KdF-Kultur und dem Blut-und-Boden-Dunst der NS-Ästhetik zu entrinnen; verständlich ebenso, daß sich das Publikum, bedrängt von Kriegssorgen, von den eleganten Nichtigkeiten des neuen Gesellschaftsfilms nur allzu bereitwillig in eine vage, schwerelose und verführerisch glitzernde Zeitlosigkeit entrücken ließ.

Zwar dekretierte Goebbels auf der Tagung der Reichsfilmkammer im Februar 1941 nicht zum ersten Mal, der Film sei ein »Erziehungsmittel«, er müsse eine »staatsmoralische Tendenz« haben und dazu beitragen, das Volk »für die Durchsetzung seiner Lebensansprüche mit zu befähigen und zu erziehen«.[246] Aber ein Jahr später äußerte er sich, mit der ihm eigenen Neigung zur Widersprüchlichkeit und zu offenem Zynismus, im genau entgegengesetzten Sinn: nicht jede Firma sei gezwungen, »einen Großfilm nach dem anderen und eine Heldenschwarte nach der anderen zu produzieren«. Die Großfilme »nationalpolitischen Charakters« werde er schon selbst in Auftrag geben. Sie sollten nicht mehr als 20 Prozent der Gesamtproduktion umfassen, die restlichen 80 Prozent sollten dem »guten, qualitätssicheren Unterhaltungsfilm« gewidmet sein. »Ich brauche also im Film nicht so sehr belehrend aufzutreten, sondern in Zeiten, die von so schweren Spannungen erfüllt sind, muß ich in der Kunst für Entspannung sorgen.«[247]

Die Produktionsmasse, die Goebbels in Prozente aufteilte, war allerdings gerade in diesem Zeitraum, dem zweiten und dritten Kriegsjahr, erheblich kleiner geworden. 1941 wurden 72 abendfüllende deutsche Spielfilme uraufgeführt. 1942 waren es nur noch 53; der Anteil der Ufa-Filme (ohne die Produktion der Wien-Film GmbH) lag in diesen beiden Jahren bei etwa 20 Prozent. In den vier Jahren 1939 bis 1942 produzierte die Ufa 63 abendfüllende Spielfilme, von denen 18 eine zweifelsfreie, offen propagierte »staatsmoralische Tendenz« aufwiesen: danach hat der Konzern, zumindest in diesen vier Kriegsjahren, das von Goebbels aufgestellte Soll diensteifrig übererfüllt. Bei einem genaueren Blick auf die Statistik verändert sich jedoch das Bild; es erweist sich, daß der »Überhang« an NS-Propaganda auf die Situation in den beiden Jahren 1941 und 1942 zurückzuführen ist, in denen die Gesamtproduktion beträchtlich zurückging, die Zahl der »Staatsaufträge« indessen sprunghaft anstieg.

So standen noch 1939 bei der Ufa 19 Unterhaltungsfilmen nur drei Produktionen gegenüber, die »nationalpolitischen« Anforderungen im strengen Sinne gerecht zu werden versuchten: Werner Hochbaums eher verunglücktes Loblied auf die militärische Pflichterfüllung, *Drei Unteroffiziere*; Robert A. Stemmles Reichsautobahn-Film *Mann für Mann*, der freilich von der Ideologie der Deutschen Arbeitsfront so sehr abwich, daß er sich eine herbe Kritik der Goebbels-Zeitschrift »Der deutsche Film« gefallen lassen mußte, und K. G. Külbs *Der Stammbaum des Dr. Pistorius*, ein Film, der dem Volk den Gedanken der »Volksgemeinschaft« plausibel machen sollte und, gemessen am Kassenergebnis, ziemlich erfolglos war. Einen »Kriegserziehungsfilm« konnte die Ufa im Jahr des Kriegsausbruchs auf ihrem ideologischen Konto nicht vorweisen. Das änderte sich erst 1940 mit dem Film *Wunschkonzert*, der zusammen mit dem antisemitischen Propagandafilm *Die Rothschilds* von Erich Waschneck einer Mehrheit von zwölf Unterhaltungsfilmen ohne jede »nationalpolitische« Thematik gegenüberstand.

Die beiden folgenden Kriegsjahre zeigen ein vollständig verändertes Bild. 1941 eröffnete Hitler-Deutschland mit seinem Angriff auf Jugoslawien und der Besetzung Griechenlands die Front in Südosteuropa. Mit spektakulären Anfangserfolgen fiel die Wehrmacht im Sommer in die Sowjetunion ein, doch als ihre Panzer in den Wintermonaten vor Moskau zum Stehen kamen, mußte Goebbels sein feierliches Versprechen, daß die Rote Armee in wenigen Wochen zerschlagen sein werde, in aller Form zurücknehmen. In den besetzten Ländern, vor allem in Frankreich und der Tschechoslowakei, verstärkte sich der Widerstand gegen die deutsche Okkupation. Gegen Ende des Jahres zog der japanische Luftangriff auf Pearl Harbor die USA in den Krieg – Hitler hatte nun, von Italien, Japan und den unsicheren Satelliten in Südosteuropa abgesehen, die ganze Welt zum Feind. Roosevelt und Churchill nahmen erste Gespräche über die Neuordnung der Welt nach dem Zusammenbruch des deutschen Faschismus auf.

1942 erklärten marginale Staaten wie Panama, Luxemburg, Brasilien und

Abessinien dem nationalsozialistischen Deutschland den Krieg. Ende des Jahres war die 6. Armee unter General Paulus bei Stalingrad von der Roten Armee hoffnungslos eingeschlossen. Albert Speer, Architekt megalomaner Träume einer nationalsozialistischen Baukultur, sollte nun als Reichsminister für Bewaffnung und Munition und als Generalinspektor für Straßen, Wasser und Energie die bedrohte Logistik dieses bereits verlorenen Krieges sichern. Das Attentat auf den »Reichsprotektor von Böhmen und Mähren«, SS-Führer Reinhard Heydrich, beantwortete Hitlers Soldateska mit der Vernichtung des Dorfes Lidice und seiner Einwohner. Gleichzeitig begann, was die Wannseekonferenz zur »Endlösung« erklärt hatte: die Ermordung von sechs Millionen Juden in Auschwitz, Maidanek, Treblinka und anderen Vernichtungslagern.

In diesen beiden Jahren vollendete sich – bei fortdauernden Querelen mit dem Propagandaministerium – der politische und moralische Niedergang der Universum-Film AG. Deutschlands führender Filmkonzern brachte 1941 und 1942 lediglich 26 abendfüllende Spielfilme heraus – zwölf von ihnen erfüllten einschränkungslos das Programm einer aggressiven, auf Hochtouren laufenden Propaganda für den Krieg. Karl Ritter verschaffte 1941 dem verordneten Hurra-Patriotismus mit seinem Episodenfilm *Über alles in der Welt* Ausdruck (Buch: Felix Lützkendorf, Kamera: Werner Krien, Musik: Herbert Windt; in den Hauptrollen spielten Carl Raddatz, Hannes Stelzer, Marina von Ditmar und Fritz Kampers). Im selben Jahr drehte er, wieder mit Raddatz und Stelzer, die martialische Luftwaffen-Hymne *Stukas*. Im Jahr darauf erreichte sein grobschlächtig-effektvolles Agitations-Kino einen weiteren Höhepunkt mit *GPU*, einem Polit-Melodrama über die sowjetische Geheimpolizei (mit Laura Solari, Will Quadflieg und Marina von Ditmar).

Günther Rittau, seit Fritz Langs *Metropolis* einer der prominentesten Kameraleute der Ufa, feierte in *U-Boote westwärts* (mit Ilse Werner, Herbert Wilk und Heinz Engelmann, 1941) Kampf und »Heldentod« deutscher Seeleute im Atlantik. 1941 konnte sich auch Robert A. Stemmle, in seinem Film *Jungens* (mit Albert Hehn, Bruni Löbel und Hilde Sessak; Kamera: Robert Baberske; an der musikalischen Gestaltung war Werner Egk beteiligt), der Propaganda für Hitlers »Volksgemeinschaft« nicht mehr entziehen. Arthur Maria Rabenalt drehte in diesem Jahr für die Ufa, mit Willy Birgel in der Hauptrolle, seinen Film *... reitet für Deutschland*, die Geschichte eines im Ersten Weltkrieg schwer verwundeten Rittmeisters, der nach dem Krieg als Turnierreiter die Ehre der Nation erfolgreich repariert.

Es fehlte nicht an patriotisch veredelten Familien-Rührstücken wie *Annelie – Die Geschichte eines Lebens* (Regie Josef von Baky, mit Luise Ullrich, Werner Krauss, Karl Ludwig Diehl und Käthe Haack), und auch das seit 1933 so populäre Thema der Auslandsdeutschen, die gegen die Widerstände einer feindlichen Welt »heim ins Reich« streben, erlebte in *Heimkehr* von Gustav Ucicky (Buch: Gerhard Menzel, mit Paula Wessely, Peter Petersen und Attila Hörbiger) eine Neuauflage. Auf ausdrücklichen Befehl des Propagandaministers von der Wien-Film GmbH produziert, wurde dieser Film, der in blutrünstigen Szenen die Polen zu »Untermenschen« stempelte, als »Film der Nation« mit dem Höchstprädikat ausgezeichnet. Schließlich: auch jene antisowjetischen Filme, die seit Kriegsbeginn aus politischen Gründen in den Archiven zurückgehalten wurden, kamen nun, teilweise in aktualisierter Fassung, in die Kinos – so Karl Rit-

Annelie: Luise Ullrich

ters *Kadetten* und Fritz Kirchhoffs *Anschlag auf Baku* (mit Willy Fritsch, René Deltgen, Fritz Kampers und Aribert Wäscher, 1942).

Das Gegenprogramm zur Kriegspropaganda bestritten die munteren Spiele des Eskapismus, »elegante Welt« und Biedermeier, das Milieu der Künstler und die urige Bauernkomödie. Das »musikalische Verwechslungslustspiel« vom Typus *Tanz mit dem Kaiser* (Regie Georg Jacoby, mit Marika Rökk und Wolf Albach-Retty, 1941) bot immer neue Variationsmöglichkeiten an; der Lebensstil der königlich-kaiserlichen Donaumonarchie sorgte, wie in Erich Engels *Hotel Sacher* (mit Sybille Schmitz und Willy Birgel, 1941) für träumerische Abstecher in eine versunkene, aber im Seelenhaushalt der Deutschen noch immer lebendige Welt. Sudermann bot, nicht nur in *Hochzeit auf Bärenhof* von Carl Froelich (mit Heinrich George, Paul Wegener und Ilse Werner, 1942), ein schier unerschöpfliches Reservoir an Motiven für ein vergangenheitssüchtiges, harmoniebedürftiges Publikum an. Das 19. Jahrhundert wurde in dem Maße zum Paradies der Ufa und des deutschen Kinos, wie sein Erbe Adolf Hitler auf seine Weise die Welt veränderte: Filme wie *Die Hochzeitsreise* von Karl Ritter (1939) oder die Postkutschen-Erotik in Fritz Peter Buchs *Das leichte Mädchen* (1941) vermittelten die Melodie, den Schmelz und die Sorglosigkeit einer Epoche, die es nie gegeben hatte und gerade darum um so inständiger herbeigesehnt wurde.

Daneben standen das Derbe und Bodenständige, die vulgäre Zote und der pralle, »blutvolle« Spaß am Dasein hoch im Kurs – etwa in *Hochzeitsnacht* von Carl Boese nach einem Skript von Richard Billinger (1941) oder in Johannes Meyers *Männerwirtschaft* (mit Volker von Collande und Karin Hardt, 1941). Die Ufa konnte, auch und gerade in den Kriegsjahren, alle Register ihrer in mehr als zwei Jahrzehnten erworbenen organisatorischen und technischen Erfahrungen ziehen: der Juwelenraub (*12 Minuten nach 12* von Johannes Guter, 1939) war ihr gleichermaßen vertraut wie die an der Eisenbahnstrecke Hannover-Celle erstellte tropische Kulisse für den Mythos Afrika in Eduard von Borsodys Abenteuerfilm *Kongo-Expreß* mit Marianne Hoppe, Willy Birgel und René Deltgen (1939). Zum neuen Star der Firma avancierte in dieser Zeit die junge Ilse Werner, Typ »Tochter aus gutem Haus«, die für ihre »Blitzkarriere« die so geschätzte deutsche »Natürlichkeit« und »Anmut« mitbrachte: so in Erich Waschnecks *Fräulein*, in Carl Boeses *Drei Väter um Anna* und in Josef von Bakys *Ihr erstes Erlebnis* – Filme aus dem Jahre 1939, die in den folgenden Kriegsjahren den deutschen Kinobesuchern in Stadt und Land das alte Lied von Liebe und Leid, von den Irrtümern des Herzens und dem Glück der Ehe erzählen werden.

Eine besondere Anziehungskraft auf das mit der Organisation des Kriegsalltags beschäftigte Publikum übte das zeitlos-»ungebundene« Milieu der Bohème, der Künstler, Verleger und Theaterleute mit ihren vorgeblich lockeren Sitten und libertinen Lebensgewohnheiten aus – etwa in Georg Jacobys Kriminalfilm *Der Vorhang fällt* mit Anneliese Uhlig und Hilde Sessak (1939), in Ritters *Bal paré* mit Ilse Werner, Paul Hartmann und Pamela Wedekind (1940), in Viktor Tourjanskys einfühlsamer psychologischer Studie *Illusion* mit Johannes Heesters und Brigitte Horney (1941) und in Harald Brauns musikalischer Komödie aus dem Theatermilieu *Hab' mich lieb* mit Marika Rökk, Viktor Staal und Hans Brausewetter (1942). Gerhard Lamprecht gelang es, sogar in dieses Ambiente genormter Leichtlebigkeit und gebremster erotischer Anarchie Erfahrungen aus dem Alltag und Einblicke in die soziale Wirklichkeit zu mischen – so in *Mädchen im Vorzimmer*, nach einem Buch von Walter von Hollander, 1940. Lamprecht gehörte zu jenen Regisseuren der Ufa, die immer wieder versuchten, die ideologischen Strukturen des NS-Films zu unterlaufen und selbst dort, wo nationalpathetische Idealisierung erwartet wurde (*Diesel*, mit Willy Birgel, 1942), die vorgegebenen Klischees durch realistische Momente zu brechen.

Marika Rökk tanzte weiter durch die Kriegsjahre. Aus der Produktionsgeschichte ihrer Filme sind einige bemerkenswerte Irregularitäten überliefert. Nicht nur die Flucht des Schauspielers Karl Stepanek nach den Dreharbeiten zum Farbfilm *Frauen sind doch bessere Diplomaten* brachte die Ufa in Verlegenheit. Fast gleichzeitig, während der Produktion von *Kora Terry* (Georg Jacoby, 1940), legte sich der Konzern wieder einmal in filmdramaturgischen Fragen mit dem Propagandaminister an. Produktionschef der Ufa im Spielfilmbereich war inzwischen Ernst Leichtenstern, zuvor Ministerialrat im Goebbels-Ministerium. Ernst Hugo Correll hatte die Ufa im Februar 1939 endgültig verlassen müssen. Seither operierte das Propagandaministerium in der Besetzung dieses wichtigen Postens ohne Fortune. Corrells Nachfolger, Alfred Greven, kam von der Terra und galt als fähiger Produktionsfachmann; seine programmpolitischen Vorstellungen führten jedoch schon nach wenigen Wochen zu seiner Ablösung. Aber auch der linientreue Leichtenstern mußte schon im Mai 1941 auf Drängen des Reichsfilmbeauftragen Winkler wegen erwiesener Unfähigkeit seinen Posten quittieren und an Otto Heinz Jahn abgeben.

Der Schlußbericht der Produktionsabteilung zu *Kora Terry* gibt einen Hinweis auf die Querelen mit dem Propagandaminister wie auch auf die anhaltenden Bemühungen der Ufa-Leitung, eine selbständige Produktionspolitik auf-

Kora Terry: Ausstattung Erich Kettelhut

rechtzuerhalten. Danach sah das Drehbuch für Marika Rökk eine Doppelrolle vor:

»Der Film war bereits begonnen, als das Propagandaministerium einen Einspruch gegen die Doppelrolle erhob. Da die Handlung des Films sich jedoch gerade hierauf aufbaute, entschied Herr Leichtenstern, daß zwei Fassungen gedreht werden sollten, um auf diese Weise nach Fertigstellung des Films die endgültige Entscheidung dem Ministerium zu überlassen. Die Folge davon war, daß viele Szenen, je nach den Erfordernissen der betreffenden Fassung, doppelt gedreht werden mußten und große Zeitverluste eintraten. Da beide Fassungen synchronisiert und gemischt werden mußten, ergab sich u. a. ein ganz besonders hoher Verbrauch an Filmmaterial. (...) Durch den Krieg bedingte Belegschaftsschwierigkeiten wirkten sich höchst ungünstig auf das Arbeitstempo aus, Mangel an Baubelegschaft zwang mehrmals zur Unterbrechung der Dreharbeit. An mehreren Tagen konnte nicht gedreht werden, da das Ballett von anderen Firmen gebraucht wurde, der Film *Kora Terry* aber infolge von Bauschwierigkeiten kein Ausweichatelier zur Verfügung hatte.«[248]

Die Klagen in diesem Bericht setzen sich fort: noch immer haderte die Produktionsabteilung der Ufa mit den Einmischungen des Ministeriums, und noch immer äußerte sie ihren Ärger über die sachfremden Zwänge in aller Deutlichkeit. Übrigens spielte *Kora Terry* die gegenüber der Kalkulation nur leicht überzogenen Produktionskosten von 1,4 Millionen Reichsmark innerhalb weniger Monate ohne Schwierigkeiten wieder ein. Die Gründe für Goebbels' zeitweiligen Einspruch gegen Marika Rökks Doppelrolle (mit der dieser Film in der Tat steht oder fällt) sind aus den Konzernakten nicht zu ermitteln. Einer etwas apokryphen Mitteilung des Filmkomponisten Peter Kreuder zufolge hatte der Konzern ein geeignetes Double für die Tänzerin, das in bestimmten Kameraeinstellungen benötigt wurde, in einem Konzentrationslager ausfindig machen können. Der Ufa sei es gelungen, diese Doppelgängerin aus dem Lager herauszuholen und nach Abschluß der Dreharbeiten ihre Freilassung zu erwirken.[249]

Die deutsche Filmindustrie mußte sich auf die Bedingungen der Kriegswirtschaft einstellen. Ministerialrat Leichtenstern erteilte Anfang Mai 1940 in der Zeitschrift »Filmwelt« bereitwillig Auskunft über die politischen und wirtschaftlichen Beschränkungen, mit denen sich die Ufa seit Kriegsbeginn auseinanderzusetzen hatte. Danach sei, bei grundsätzlicher Aufrechterhaltung des Vorkriegsprogramms, eine Gruppe von »unter dem Gesichtspunkt des Krieges unerwünschten und unmöglichen Stoffen« für die Verfilmung ausgefallen. Leichtenstern rechnete zu dieser Gruppe solche Filme, die im Ausland spielen, »insbesondere in den heutigen Feindländern, aber auch in neutralen Ländern dann, wenn die begreiflicherweise in Krisen- und Kriegszeiten besonders starke Empfindlichkeit irgendwie hätte gefährdet sein können«. Der Krieg habe jedoch nicht nur frühere Stoffe verdrängt, sondern auch neue möglich gemacht: sie »nehmen den Krieg in sich auf, indem sie erstens die Mitarbeit und das Miterleben des Volkes zeigen, zweitens, wie alle propagandistischen Mittel, den Gegner entlarven und drittens durch leichte und unterhaltende Stoffe zur Hebung der Stimmung beitragen«.[250]

Der Krieg, der »Vater aller Dinge«, räumt auf und stellt mit eisernem Besen klare Verhältnisse her – so etwa bildete sich die Welt im Kopf des Nationalsozialisten Leichtenstern und seiner Gesinnungsfreunde ab. Mit Blick auf den nicht nur bei der Ufa üblichen Materialaufwand predigte der neue Produktionschef »äußerste Sparsamkeit«; allerdings dürfe die Ausstattung und das »Ausmaß« der Filme keinen Rückschlag erleiden. Anstelle nicht zur Verfügung stehender Materialien empfahl Leichtenstern »deutsche Werkstoffe«, die »gleichwertig oder gar besser« seien. So seien für Kleider tunlichst »deutsche Stoffe« zu verwenden, für Kostümfilme böten sich Dekorationsstoffe an. »Bezugsscheinpflichtige Ware bedarf zu ihrer Anschaffung der Genehmigung der zuständigen Behörden. Alles, was für einen Film neu angeschafft wird, kommt dann in den Fundus und steht zur Neuverwendung nach Umänderung, Kombination und dergleichen wieder zur Verfügung.« Während die Bevölkerung in großangelegten Sammelaktionen abgelegte Kleider, Altpapier, Konservendosen und gebrauchte Materialien jeglicher Art für das Winterhilfswerk und für die Front zusammentrug, führte der Ufa-Fundus im Zeichen der Kriegswirtschaft ein kostensparendes Recycling-Verfahren für Rokoko-Kostüme und Phantasie-Uniformen ein.

Die Unterhaltungsfilme der Kriegsjahre erzielten den Berichten des Sicherheitsdienstes zufolge in der breiten Bevölkerung eine sehr geteilte Resonanz. Um so überschwenglicher konnten die Autoren des Lageberichts Anfang 1941 von der »außerordentlich begeisterten Aufnahme« des Films *Operette* berichten, den Willi Forst für die Wien-Film GmbH und den Tobis-Verleih inszeniert hatte – ein musikalisches »Zeitbild« über die Entstehung der Wiener Operette in Form einer Spielfilmhandlung; das Buch hatte Forst mit Axel Eggebrecht geschrieben. Dieser Film vermittle »endlich wieder einmal wirklich leichte Unterhaltung ohne die Beimischung von Flachheit, Witzlosigkeit und platter Erotik«[251] – so faßten die SS-Beobachter die Meinungen im Volk zusammen. Wie nur selten bei einem Tonfilm seien die Musik-Collagen von Willy

Schmidt-Gentner ein »Wesensbestandteil der Gesamthandlung« und nicht nur Untermalung oder eine Abfolge von Schlagern. Zwar imitierte dieser Lagebericht auffallend die Sprache der Goebbels-Presse, aber die Unzufriedenheit zahlreicher Kinobesucher mit dem durchschnittlichen Unterhaltungsangebot war dennoch deutlich herauszuhören.

Wenige Tage zuvor, am 17. Februar 1941, hatte der SD freilich »größte Anteilnahme und begeisterte Zustimmung« zu dem Ufa-Film *Wunschkonzert* melden können. Die Beliebtheit der Wunschkonzerte im Radio sei für die Voraus-Propaganda überaus günstig gewesen. Es handle sich um einen erfolgreichen Versuch, gegenwärtiges Geschehen – also Kriegsgeschehen – mit einer Spielhandlung zu verbinden sowie bekannte Originalaufnahmen von den Olympischen Spielen, dem Einsatz der Legion Condor in Spanien und dem Polenfeldzug in einen fiktiven Zusammenhang einzubeziehen. Dieser Film komme »dem Wunsch der breiten Masse der Bevölkerung nach Vielseitigkeit und Aktualität in umfassender Weise entgegen«.[252]

Ein Katalysator aller Hoffnungen und Sehnsüchte, intimster Regungen und staatlich erwünschter vaterländischer Gefühle war in diesem von der Cine-Allianz für die Ufa produzierten Film (Regie Eduard von Borsody, 1940) die Radiosendung »Wunschkonzert«, die während des Krieges jeden Sonntagnachmittag über den Äther ging und als »Mittler des Gemeinschaftsgefühls«[253] die »kämpfende und siegende Front« mit der Heimat zusammenschmieden sollte. Mit einfacher Dramaturgie, aber psychologischer Raffinesse appellierte die Sendung an den »Gleichklang der Herzen« und spielte virtuos mit Sentiments und Sentimentalitäten, mit echten und manipulierten Gefühlen. Die Darbietungen Marika Rökks und Heinz Rühmanns, Paul Hörbigers und Hans Brausewetters, die Einlagen von Josef Sieber und Weiß-Ferdl, von Wilhelm Strienz und Albert Bräu verrührten den Kummer der Getrennten und die Trauer der Einsamen, Heldenpathos und Landserhumor, Totenkult und Lebenshilfe für die »Heimatfront« zu einem Potpourri aneinandergeklebter Empfindungen, deren gemeinsame Quelle, das »deutsche Gemüt«, von den Volksliedern und der samtenen Stimme des Conferenciers Heinz Gödecke evoziert wurde. Die sonntägliche Sendung war eine Andachtsstunde der Deutschen in den Kriegsjahren – ein Orientierungspunkt für die in ihrem Gleichgewicht bedrohten Emotionen.

In Borsodys Film wird sie zur zentralen Schaltstelle für das Schicksal eines deutschen Muster-Liebespaars (Ilse Werner und Carl Raddatz), das sich bei den Olympischen Spielen 1936 kennenlernt und, durch die politische Entwicklung zunächst auseinandergerissen, nach Jahren bangen Wartens, nach Feindflügen, Verwundung, Lazarett und mancherlei Mißverständnissen endlich zusammenfindet: das Happy-Ending zwischen einem schneidigen Fliegerleutnant und seiner tapferen »Lebenskameradin« verkündete den »Gleichklang« von Truppe und Heimat und antizipierte zugleich den »Endsieg«, das unablässig beschworene Telos aller Propaganda im NS-Staat. Der spätere Reichsfilmintendant Fritz Hippler, in diesem Fall eine verläßliche Quelle, teilte zur Entstehungsgeschichte von *Wunschkonzert* kategorisch mit: »Es handelt sich bei diesem Film (...) um das Musterbeispiel eines wirklichen, sogar auf Einzelheiten festgelegten Auftragswerks, das der Filmproduktion vom Staate auferlegt worden ist. Die Aufgabe war insofern präzisiert, als dieser Film seinen Ursprung in der Olympiade nehmen und im heutigen Kriegsgeschehen und im Erlebnis der Wunschkonzert-

Wunschkonzert: Ilse Werner und Carl Raddatz

veranstaltungen seinen Ausklang finden sollte.«[254] Der Film wurde bis zum Ende der NS-Herrschaft von 26,5 Millionen Besuchern gesehen; mit seinem Einspielergebnis von 7,6 Millionen Reichsmark gehörte er zu den finanziell ergiebigsten Produktionen der Kriegsjahre.

Knapp übertroffen wurde dieses Ergebnis 1942 von Zarah Leanders Triumph in *Die große Liebe*, dem erfolgreichsten »Kriegserziehungsfilm« der Ufa: Unterhaltung und Propaganda verschmolzen hier, wie auch in *Wunschkonzert*, zu jener effektvollen Legierung, die Goebbels' Philosophie von durchschlagender Massenbeeinflussung wohl stets angestrebt hatte und die doch, von diesen wenigen Ausnahmen abgesehen, nie verwirklicht wurde. Kalkuliert war Rolf Hansens Film ursprünglich auf etwas mehr als 1,5 Millionen Reichsmark; den tatsächlichen Kosten von 3,1 Millionen stand bis November 1944 ein Einspielergebnis von 9,2 Millionen Mark gegenüber; fast 28 Millionen Besucher hatten bis Kriegsende *Die große Liebe* gesehen.[255] Die Dreharbeiten unter der Herstellungsleitung von Walter Bolz im Tonfilmstudio Carl Froelich, in Wien sowie in Rom, wo die Außenaufnahmen entstanden, dauerten von September 1941 bis März 1942.

Die Ufa hatte ihre Spitzenkräfte aufgeboten. Das Buch von Peter Groll und Rolf Hansen basierte auf einer Idee von Alexander Lernet-Holenia; für die Kamera war der Zarah Leander-Spezialist Franz Weihmayr verantwortlich; die Musik, für die ursprünglich Ralph Benatzky vorgesehen war, schrieb Michael Jary, die Liedtexte für Zarah Leander stammten von Bruno Balz. Entsprechend eindrucksvoll das Ensemble der Darsteller: neben der Diva verhalfen Grethe

Die große Liebe: Viktor Staal und Zarah Leander

Weiser, Viktor Staal, Paul Hörbiger, Wolfgang Preiss, Hans Schwarz jr., Victor Janson, Paul Bildt und viele andere Publikumslieblinge der entsagungsvollen Liebesgeschichte zwischen einem Oberleutnant der Luftwaffe und einer Varietésängerin zu äußerem Glanz und einer »schicksalsschweren«, von Wehmut gebrochenen Innigkeit.

Bemerkenswert, wie das Drehbuch die Kriegsschauplätze zwischen Afrika, Frankreich, Italien und Rußland zu einem Szenario mächtiger Gefühle verspannte – und wie die Protagonistin einer von der NS-Realität hermetisch abgetrennten Gegen-Wirklichkeit, eine Brettlkünstlerin, für den Gleichklang der deutschen Herzen dienstverpflichtet wurde. »Zielgehemmte Erotik im Fronteinsatz muß auch der Heimat Triebaufschub auferlegen«, so umschrieb der Kritiker Karsten Witte die Sinnstruktur dieses Films; er wies auch darauf hin, daß dem Propagandaeffekt entgegen in Zarah Leanders Darstellung eine irritierende, »neurotisch gezeichnete Sinnlichkeit« die Oberhand behielt.[256] Ihre Lieder – »Davon geht die Welt nicht unter«, »Ich weiß, es wird einmal ein Wunder geschehen« – spielten auf das Paradies nach dem »Endsieg« an – jedenfalls war ihnen nicht anzuhören, daß Bruno Balz sie in Gestapo-Haft geschrieben hatte; dem Komponisten Michael Jary soll es gelungen sein, ihn daraus zu befreien.[257]

Sieben Monate nach der glanzvollen Uraufführung des Films im Ufa-Palast am Zoo, am 18. Februar 1943, rief Goebbels im Sportpalast den »totalen Krieg« aus. Am 8. Juli 1943 meldete der geheime Lagebericht des Sicherheitsdienstes, daß »viele Volksgenossen unter dem Eindruck des Luftterrors gegen Westdeutschland (...) gedrückt und vielfach nervös« seien. Änderungen in der

Grundeinstellung der Bevölkerung deuteten sich an. Als Indizien führten die SS-Agenten das verstärkte Abhören ausländischer Rundfunksender, eine wachsende Empfänglichkeit der Bevölkerung für »Feindpropaganda«, die Vernachlässigung des »deutschen Grußes« und eine allgemein verbreitete »Kritiksucht gegenüber der Führung von Staat und Partei« an. Mit großer Besorgnis wurde festgehalten, »daß auch die unsinnigsten und bösartigsten Gerüchte über führende Männer der Partei oder des Staates« schnellste Verbreitung fänden. So habe sich das Gerücht, Reichsleiter Baldur von Schirach sei bei einem Fluchtversuch in die Schweiz erschossen worden, innerhalb von zwei Wochen von Bayern bis nach Danzig fortgepflanzt. Ähnlich verhalte es sich mit der Weitergabe »von staatsabträglichen und gemeinen Witzen, selbst über die Person des Führers«. Allgemein werde vorausgesetzt, »daß einer heute schon jeden Witz erzählen könne, ohne mit energischer Abfuhr, geschweige denn Anzeige bei der Polizei rechnen zu müssen«.[258]

Einer der staatsabträglichen Witze, die der SD als besonders infame Beispiele anführte, entstammte dem Liedgut aus *Die große Liebe*: Zarah Leander wird ins Führerhauptquartier verpflichtet, sie muß Hitler vorsingen: »Ich weiß, es wird einmal ein Wunder geschehen.«

27. Kapitel

Fünfundzwanzig Jahre Ufa: Ich hatt' einen Kameraden oder Überleben ist alles

Als die Ufa im Winter 1942/43 ihr fünfundzwanzigjähriges Bestehen feierte, zeichnete sich eine entscheidende Wende des Krieges ab. In Stalingrad kapitulierte die eingeschlossene 6. Armee unter General Paulus; fast 150000 deutsche Soldaten starben bei der sowjetischen Offensive, 90000 wanderten in die Gefangenschaft. Anfang Februar 1943, während der Vorbereitungen für das Ufa-Jubiläum, das im März in der Uraufführung des Films *Münchhausen* kulminieren sollte, überschattete die Lage an der Ostfront alle anderen Ereignisse und beherrschte vollständig die Stimmungen in der Bevölkerung. Am Nachmittag des 3. Februar brachte eine Sondermeldung des Reichsrundfunks die Nachricht, daß in Stalingrad der letzte Widerstand aufgegeben worden sei. Danach wurde das Lied vom guten Kameraden gespielt; nach Darstellung des Lageberichts dieser Woche gelang es der Musik, die bedrückenden Empfindungen im Volk, Lähmung und Trauer zu »überhöhen«, sie in »Ehrfurcht vor dem Heldenkampf der Männer in Stalingrad« zu verwandeln. Der Nachruf des Reichsrundfunkleiters Hans Fritzsche auf die Toten hingegen wurde von der Bevölkerung mit gemischten Gefühlen aufgenommen, viele empfanden diese Rede als »zu glatt und wortgewandt«.[259] Pathos und heroische Rhetorik verfingen nicht mehr.

In diesen Tagen, in denen »Ehelustspiele« wie E. W. Emos *Zwei glückliche*

Menschen, Gesellschaftsfilme wie Ucickys *Späte Liebe* (beide von der Wien-Film produziert), Romanzen aus dem Künstlerleben wie Tourjanskys *Liebesgeschichten* (Ufa) und musikalische Komödien wie Hubert Marischkas *Ein Walzer mit Dir* (Berlin-Film GmbH) uraufgeführt wurden, lag die Gesamtzahl der seit 1933 in die Konzentrationslager deportierten Menschen bereits bei zehn Millionen. Am 26. Januar 1943 wurden erstmals Hitlerjungen als Luftwaffenhelfer eingesetzt. Einen Tag später sollte die Verordnung des Reichsverteidigungskommissars Fritz Sauckel »zur Meldung von Männern und Frauen für Aufgaben der Reichsverteidigung« die nichtberufstätige Bevölkerung, vor allem Frauen, für den Kriegseinsatz an der »Heimatfront« mobilisieren. Zahlreiche Frauen unterliefen die Verordnung; die ausführenden Behörden zögerten mit ihrer Durchsetzung, um die »Massenunzufriedenheit« nicht zu provozieren.

Die Ufa hatte schon am 1. Mai 1934 mit allen anderen Filmbetrieben das »Treuegelöbnis auf Grund des Gesetzes zur Ordnung der nationalen Arbeit« abgelegt; ihre mehr als 5000 Angestellten und gewerblichen Arbeitnehmer hatten sich damals zu einem feierlichen Appell versammelt und auf Gedeih und Verderb dem Führer- und Gefolgschaftsprinzip untergeordnet. Und schon 1940 sorgte die Kriegslage im Personalbestand für eine Schrumpfungskur. Besonders das technische Personal – Beleuchter, Bühnenarbeiter und »Männer der Werkstätten« – sei in großem Umfang eingezogen »bzw. an besonderer Stelle eingesetzt« worden, so eine Verlautbarung des damaligen Produktionschefs Leichtenstern im Mai 1940. »Doch die sofort durchgeführten Entlastungsmaßnahmen brachten vollen Erfolg. Es wird erhebliche Mehrarbeit geleistet. Der Beleuchter, der früher zwei bis drei Scheinwerfer bediente, hat heute deren fünf bis sechs zu betreuen. Die Arbeitszeit ist verlängert worden.« Die Kriegswirtschaft erbrachte somit als willkommenen Nebeneffekt eine aus der Sicht der Konzernleitung vielleicht sogar überfällige Rationalisierung der Produktion. Auch unter den Darstellern habe man eine sorgfältige Auswahl getroffen; vom Kriegsdienst freigestellt sei nur »die dünne Schicht bekannter Schauspieler, die als Stars oder im Ensemble einen Film zu tragen vermögen«.[260]

Der Krieg katapultierte die deutsche Filmwirtschaft und ihr führendes Unternehmen aus den Sorgen der Vorkriegszeit heraus auf die Gipfel einer Prosperität, die sich noch Ende der dreißiger Jahre niemand hatte vorstellen können – vielleicht außer jenem Dr. Max Winkler, der als Reichsbeauftragter für die Filmwirtschaft 1937 die Verstaatlichung der Konzerne betrieben hatte und seither unermüdlich an der Zusammenfassung des gesamten filmindustriellen Potentials zu einem einzigen monolithischen Staatskonzern arbeitete. Während das Hitler-Reich in seinen Zusammenbruch trieb, erlebte die Ufa nicht nur eine ungeahnte wirtschaftliche Blüteperiode, sondern absolvierte auch einen qualitativen Sprung zu einem halb Europa überstrahlenden Film-Koloß, der allerdings auf tönernen Füßen stand und das Ende seiner politischen Regisseure nicht überleben sollte.

Noch 1938 waren die Amortisationsschwierigkeiten der nunmehr »reichsmittelbaren« Filmkonzerne nicht behoben; bei ausbleibenden Exporterlösen waren die durchschnittlichen Produktionskosten auf mehr als 600000 Reichsmark angestiegen. 1942 lagen sie schon bei 1,38 Millionen Mark – aber inzwischen hatte der Krieg die Konjunktur angeheizt. Die besetzten und dem Reich einverleibten Territorien erhöhten die Zahl der ortsfesten Theaterbetriebe von 5446 (1938) auf

7042 (1942); die Kinobesuche verdoppelten sich zwischen 1938 und 1941 von 441 auf 892 Millionen und überschritten im folgenden Jahr die Milliardengrenze; die Bruttoeinnahmen der Filmtheater schnellten in diesem Zeitraum von 353 auf 894 Millionen Mark.[261] Nicht nur die organisierten Filmveranstaltungen von Staat und Partei, nicht nur das gewachsene Bedürfnis nach Information und gleichzeitiger Ablenkung von den Folgen des Informiertseins – auch die Verknappung der Konsumgüter und der Überhang an Bargeld in der Haushaltskasse trieben die Menschen in den Kriegsjahren verstärkt in die Kinos.

Der Kriegs-Boom ließ auch die Kurven in den Bilanzen der Ufa in die Höhe klettern. Innerhalb eines Jahres, von 1939 bis 1940, stieg der Gesamtumsatz von 142 auf 166 Millionen Reichsmark, und der Reingewinn explodierte sogar: bescheidene 35000 Mark betrug er 1939, aber 1,7 Millionen bilanzierte das Rechnungswesen ein Jahr darauf. Die Ufa nahm, wie die anderen reichsmittelbaren Konzerne auch, dankbar die Kredite der Reichsfilmbank in Anspruch, im übrigen jedoch wirtschaftete sie nicht nur aus eigener Kraft, sondern konnte aus dem vollen schöpfen.

Dem rührigen Reichsbeauftragten Winkler, dessen Cautio GmbH im Staatsauftrag die Mehrheitsanteile der vier großen Konzerne hielt, ging es um Mehrung dieses Reichtums, aber auch um die wirtschaftliche Selbständigkeit der florierenden Firmen, die er allmählich aus der Abhängigkeit vom staatlichen Haushalt herauslösen wollte. Spiker hebt mit Recht hervor, daß diese wirtschaftspolitischen Erwägungen »der entscheidende Antrieb für die organisatorische Perfektionierung des NS-Filmmonopols«[262] gewesen sind: die politische Überwachung war dank der Bürokratie der Reichsfilmkammer und der Kontroll-Hoheit des Reichsfilmdramaturgen längst gewährleistet. Winkler wollte für die nationalsozialistischen Filmfabriken »Spielraum für Investitionen gewinnen, die sie in die Lage versetzten, das kontinentaleuropäische Filmgeschäft unter ihre Kontrolle zu bringen«.[263] Sein Ziel war eine Holding-Gesellschaft, die das gesamte Potential des Gewerbes unter einem Dach zusammenfassen, zugleich aber die einzelnen Unternehmen gegen empfindliche Einbußen aus staatlichen Steuerforderungen, Kriegsabgaben und Gewinnabführungen abschirmen sollte.

Winkler war von der Organisationsstruktur der Ufa und ihrem weitverzweigten Netz gut funktionierender Tochtergesellschaften in allen Sektoren der Filmbranche fasziniert. Hier war seine Idee modellhaft verwirklicht; nach seinen Vorstellungen konnte nur die Ufa jenes Dach bilden, das er für den Film im nationalsozialistischen Staat zimmern wollte. In der Administration des Konzerns war bereits die Hierarchie einer Holding-Gesellschaft mustergültig vorgegeben; die wirtschaftliche Erfahrung eines Ludwig Klitzsch und seiner Verwaltungsspezialisten bürgte für »Reibungslosigkeit« auch – und gerade – auf höherer Organisationsstufe.

Indessen – Winklers Begeisterung für die Ufa fand geteilte Resonanz. In der Haushaltsabteilung des Propagandaministeriums hatte man sich an die Cautio GmbH, die praktisch bereits als Holding-Gesellschaft funktionierte, gewöhnt; zudem kannte man Goebbels' diskrete Vorbehalte gegenüber der Unberechenbarkeit mancher »Elemente« in der Universum-Film AG. Die Konzerne Tobis, Terra und Bavaria hatten eine natürliche Abneigung gegen den traditionellen Konkurrenten, den sie stets nur zähneknirschend als Flaggschiff der Branche akzeptiert hatten. Besonders unpopulär war bei ihnen Ludwig Klitzsch mit seiner Neigung, keine Gelegenheit zu versäumen, um sich in Fragen der Filmwirtschaft und Filmkunst als Praeceptor Germaniae in den Vordergrund zu spielen. Das Reichsfinanzministerium, mit dem sich Winkler in der Hauptsache zu einigen hatte, wünschte ohnehin die Entmachtung des alles beherrschenden Großunternehmens.

In den wesentlichen Fragen konnte sich Winkler jedoch durchsetzen. Zunächst betrieb er die Gründung einer Film-Finanz GmbH als Holding für die Produktionsgesellschaften der Ufa, Tobis, Terra, Bavaria, Wien-Film und Berlin-Film GmbH; letztere war inzwischen als Sammelbecken für die noch verbliebenen privaten Produktionsfirmen gegründet worden. Winklers Organisationsstatut sah vor, »daß die Haltegesellschaft die Filmherstellung unmittelbar, die wirtschaftlichen und technischen Gemeinschaftsaufgaben, die der Filmherstellung und -auswertung dienten, mittelbar über die Ufa AG verwaltete«.[264]

Mit anderen Worten: die »alte« Ufa sollte ihren Produktionsbetrieb der Holding unterstellen und alle anderen Gewerbezweige (die Kopieranstalten, die Ufa-Handels GmbH für technischen Bedarf, die Buch- und Musikverlage eingeschlossen) unter ihrem wetterfesten Dach zusammenfassen. Ein Machtwort Hitlers sorgte, gegen den Widerstand des Finanzministers und der Haushaltsabteilung im Goebbels-Ministerium, für die Entscheidung im Sinne Winklers: die geplante Holding solle den Namen »Ufa-Film GmbH« erhalten, und überhaupt müßten sich die Weltgeltung und die Verdienste der Ufa »als Repräsentantin der deutschen Filmwirtschaft in der Struktur des Gesamtunternehmens niederschlagen«.[265]

Am 10. Januar 1942 trat die Film-Finanz GmbH – Winklers kurzlebige, aber erfolgreiche Zwischenkonstruktion – zusammen, erhöhte ihr Stammkapital auf 65 Millionen Reichsmark und benannte sich in Ufa-Film GmbH um. Von heute auf morgen existierte nun ein Riesengebilde, das das gesamte Produktionskapital der alten Ufa, der Tobis-Gruppe, der Terra, der Bavaria und der Wien-Film vereinte. Um die Ausgliederung des Produktionsbetriebs aus der alten Universum-Film AG – und ihre Eingliederung in die neue Konstruktion – formell zu bewerkstelligen, wurde eine Woche später die Ufa-Filmkunst GmbH gegründet. Bei Licht besehen, existierten im deutschen Filmwesen nur noch zwei Super-Organisationen: die alte Universum-Film AG als Dach aller Filmaktivitäten außerhalb der Produktion – und die Ufa-Film GmbH als gigantischer Produktionskonzern. Der Name »Ufa« war nun total und ein Synonym für den deutschen Film, und wie das Hakenkreuz als Signum für Hitler-Deutschland galt, so symbolisierte der Ufa-Rhombus alles, was mit Film und Kino im Reich und in den eroberten europäischen Ländern zusammenhing.

Die Ufa-Film GmbH – für sie bürgerte sich zur Unterscheidung von der »alten« Ufa bald das Kürzel »Ufi« ein – sei »das Führungsorgan des Reichsbeauftragten für die deutsche Filmwirtschaft sowie der neu ins Leben gerufenen Einrichtung des Reichsfilmintendanten«, so Hans Traub 1943.[266] Zum Reichsfilmintendanten berief Goebbels seinen Abteilungsleiter Fritz Hippler, der 1942 mit seinen »Betrachtungen zum Filmschaffen« eine exemplarische Kampfschrift gegen die »Freiheitsfanatiker« im deutschen Filmgewerbe vorgelegt hatte. Nach einem Erlaß seines Dienstherrn war der Reichsfilmintendant für »die allgemeine Produktionsplanung, die Ausrichtung der künstlerischen Gesamthaltung der Produktion und endlich die Überwachung des künstlerischen Personaleinsatzes sowie der Nachwuchserziehung« zuständig.[267] Da Hippler in Personalunion Leiter der Abteilung Film im Propagandaministerium blieb, verkürzte die neugeschaffene Stelle lediglich die Befehlsstränge zwischen Goebbels' Schreibtisch und den Produktionsateliers.

Die Spielfilmproduktion wurde in den letzten Kriegsjahren, unter dem Ufi-Dach, von der Ufa-Filmkunst GmbH fortgesetzt, während der alten Aktiengesellschaft weiterhin die Herstellung der Wochenschau, der Kulturfilme sowie der Industrie- und wissenschaftlichen Filme oblag. Außerdem fiel ihr jetzt die Aufgabe des Verleihs und des Vertriebs sämtlicher Filme im Inland und im (besetzten oder neutralen) Ausland zu. Im Zuge dieser Zentralisierung wurden 1942, als Tochtergesellschaften der Ufa, die Deutsche Filmvertriebsgesellschaft mbH und die Deutsche Filmtheatergesellschaft mbH gegründet. Auf diese Weise erweiterte sich das Imperium des Konzerns, ein Jahr vor seinem fünfundzwanzigjährigen Jubiläum, auf 76 deutsche und ausländische Tochter- und Beteiligungsgesellschaften. Der Theaterpark der Ufa umfaßte Ende Mai 1942 insgesamt 159 Kinos in 69 Städten mit insgesamt mehr als 160000 Plätzen; darunter allein 17 Häuser in Berlin und 98 im Reichsgebiet, die sich im hundertprozentigen Konzernbesitz befanden.[268]

Der Gesamtumsatz erreichte im Jubiläumsjahr die Viertelmilliarden-Grenze; entsprechend aufgebläht war der Verwaltungsapparat, mit dem die Ufa dem Kriegsende entgegen und in ihren Untergang marschierte: für 1942 gibt Traub die Zahl der »Gefolgschaftsmitglieder« mit 10354 an. Das Verwaltungsgebäude am Dönhoffplatz, das die Gesellschaft Anfang der dreißiger Jahre bezogen und 1935 käuflich erworben hatte, mußte um anliegende Gebäude in der Krausenstraße erweitert werden. Für das Jubiläumsjahr rechnete Traub mit einer Milliarde Kinobesuchern – vor der Machtergreifung seien es nicht einmal 250 Millionen gewesen. »So sind auch die Filmschaffenden erfüllt von der hohen Bedeutung des deutschen Films in diesem Krieg. Sie reihen sich ein in die große Schar der deutschen Kämpfer an der Front wie in der Heimat. An der Spitze des deutschen Filmschaffens in diesem Ringen um die Zukunft unseres Volkes steht der weltbekannte Name Ufa.«[269] Mit diesen Sätzen beschloß Hans Traub seinen Prachtfolianten zum Jubelfest – zwei Jahre, bevor mit dem Reich auch sein Film-Koloß zusammenbrach.

Spiker weist darauf hin, daß sich die Leitungsgremien der Konzerne, die Aufsichtsräte und Firmenvorstände, seit 1933, wenn nicht gar seit mehreren Jahrzehnten durch eine bemerkenswerte personelle Kontinuität auszeichneten. Die Entwicklung zum »Managerkapitalismus« hatte auch in der Filmindustrie eine Wirtschafts- und Verwaltungselite hervorgebracht, deren »ideologische Interessenidentität mit dem NS-Regime jede ernsthafte Störung oder gar Unterbrechung des Produktions- und Vertriebsablaufs ausschloß.«[270] Einen grundsätzlichen Dissens zwischen Mitgliedern der Konzernleitungen und der politischen Führung in ideologischen Fragen gab es nicht. Jüdische Mitarbeiter hatten spätestens 1933 die Chefetagen verlassen müssen; die einzige Ausnahme bildete der vom Regime als »Halbjude« klassifizierte Verleihchef der Ufa, Wilhelm Meydam, der zwar mit Kriegsbeginn seine Tätigkeit niederlegen mußte, bis Ende März 1941 jedoch noch nominelles Vorstandsmitglied war.

Daß Produktionschef Ernst Hugo Correll 1939 den Konzern verlassen mußte, war weniger auf politische als fachliche Widersprüche zurückzuführen; wahrscheinlich galt Correll, der mit Entschiedenheit die Interessen der Produktionsseite gegenüber den Schwerfälligkeiten des politischen Apparats vertreten hatte, im Propagandaministerium als störender Querulant. Sein Nachfolger Ernst Leichtenstern, Hipplers Vorgänger als Leiter der Filmabteilung unter Goebbels, war »politisch zuverlässig«, fachlich jedoch überfordert, so daß Max Winkler – der wirtschaftliche, technische oder künstlerische Effektivität höher bewertete als ideologische Linientreue – bei Goebbels seine Abberufung erwirken konnte. Der Minister, der schon 1933 seine Abneigung gegen politische »Konjunkturritter« zu erkennen gegeben hatte, teilte Winklers Kriterien, wenn es ihm im Sinne der wirtschaftlichen Entwicklung oder eines reibungslosen Produktionsbetriebs ratsam schien.

Vorstandsvorsitzender Ludwig Klitzsch, seit dem Ersten Weltkrieg Vorkämpfer einer durchgreifenden Zentralisierung des Filmgewerbes und seit Hugenbergs Übernahme der Ufa im Jahre 1927 eine Schlüsselfigur in der deutschen Filmwirtschaft, wurde im März 1943 zum Aufsichtsratsvorsitzenden der Ufa berufen – »abgeschoben«, wie Spiker meint, weil er »in das System begrenzter Kompetenzen innerhalb des Ufi-Trusts« nicht hineingepaßt habe.[271] Da die Aufsichtsräte der Filmgesellschaften seit 1937 ihren früheren Einfluß eingebüßt hatten, kam Klitzschs Beförderung in der Tat einer Entmachtung gleich. In politischen Fragen hatte der Ufa-»General« nie widersprochen, aber sein Machtinstinkt und sein herrisches Gebaren waren nicht mehr gefragt. Sein Nachfolger als Generaldirektor der Ufa, mit Mandat im Ufi-Vorstand, wurde Fritz Kaelber, ein Verleihfachmann, der nach erfolgreichen Jahren bei der Terra 1942 die Leitung der Deutschen Filmvertriebs GmbH übernommen hatte. Kaelber, NSDAP-Mitglied seit 1933, gehörte zu den »Märzgefallenen«, wenngleich seine Personalakte vermerkt, er sei schon zuvor illegal für die Partei aktiv gewesen.[272] Für Winkler und wohl auch für Goebbels waren indes nicht seine politischen Verdienste, sondern seine beruflichen Fähigkeiten ausschlaggebend.

Seine Rede zum Festakt, am 3. März 1943, hielt Klitzsch noch in seiner Eigenschaft als Generaldirektor. Hakenkreuzfahnen bedeckten die Fassade des Ufa-Palastes am Zoo (und der anderen großen Ufa-Kinos, in denen Parallelveranstaltungen stattfanden), als sich die Crème der nationalsozialistischen Filmwirtschaft an der Spitze einiger tausend Ehrengäste zum »Betriebsappell« einfand. Staat, Regierung und herrschende Partei waren durch Goebbels, den Reichswirtschaftsminister und Reichsbankpräsidenten Walther Funk, den Reichsorganisationsleiter der NSDAP und Leiter der Arbeitsfront Robert Ley und Staatssekretär Leopold Gutterer – seit 1942 Aufsichtsratsvorsitzender des Ufi-Trusts, zuvor Referent für Kundgebungen und Staatsfeiertage im Propagandaministerium – vertreten. Neben den Protagonisten der neuen Zeit und der neuen Größenordnungen verblaßte ein unscheinbarer, inzwischen ergrauter und noch immer zutiefst beleidigter Mann, der einmal entscheidende Weichen gestellt hatte: Geheimrat Alfred Hugenberg. Einige der geladenen Prominenten fehlten – Emil Jannings etwa, der angeblich die weite Reise von seinem Domizil am Wolfgangsee scheute, und Zarah Leander, deren letzter Film, *Damals*, am selben Tage uraufgeführt wurde; ihr Konflikt mit der Ufa und dem Propagandaminister stand unmittelbar vor dem Höhepunkt. Auch Wilhelm Furtwängler,

Fünfundzwanzig Jahre Ufa: Betriebsappell im Ufa-Palast am Zoo, 1943; am Rednerpult Reichspropagandaminister Goebbels

der zu Beginn der Feier die vom Ufa-Orchester gespielte dritte Leonoren-Ouvertüre von Beethoven hatte dirigieren sollen, ließ sich entschuldigen.

Klitzschs Rückblick auf die Geschichte seines Unternehmens wurde, wie nicht anders zu erwarten, zur blumigen Ergebenheitsadresse an den Hitler-Staat. Der Redner erinnerte an die Misere der deutschen Kriegspropaganda im Ersten Weltkrieg. »Diesem unwürdigen Zustand bereitete Ludendorff ein Ende mit der Forderung, die wirtschaftlichen, künstlerischen und technischen Betriebe des Filmschaffens zu einem einflußreichen Unternehmen unter staatlicher Führung zusammenzufassen.«[273] Nach langen Jahren »politischer und wirtschaftlicher Haltlosigkeit«, in denen die Ufa »schutzlos jüdischen und wirtschaftlich verantwortungslosen Kräften preisgegeben« gewesen sei, habe sich im Zeichen des Nationalsozialismus die »fruchtbringende Ehe zwischen Zeit und Film« erfüllt.

Goebbels ergriff die Gelegenheit, seinen zahlreichen »Filmreden« eine weitere hinzuzufügen. Keinem der versammelten Experten war verborgen, daß zu diesem Zeitpunkt der deutsche Film international vollkommen isoliert war – der Propagandaminister indessen behauptete, er stelle eine internationale Macht dar; sein Ruf in allen Ländern der Erde sei unumstritten. Goebbels ließ seiner Rede ein Schauspiel folgen, das viele Anwesende als Farce empfanden und einige der Betroffenen nur mit Bitterkeit über sich ergehen ließen: Hugenberg wurde für seine Verdienste um den deutschen Film mit dem Adlerschild des Deutschen Reiches ausgezeichnet; Winkler und der gerade zum Aufsichtsratsvorsitzenden beförderte und solchermaßen in seinem Einfluß beschnittene Klitzsch erhielten die Goethe-Medaille für Kunst und Wissenschaft; der mehrfach gemaßregelte Regisseur Wolfgang Liebeneiner wurde, neben dem Goebbels-Favoriten Harlan, zum Professor ernannt.

Den Reden war wieder einmal ein Toten-Ritual, eine Ehrung der Gefallenen, vorausgegangen. Niemand gedachte der zahlreichen Toten, die in diesen Tagen die Berliner Bevölkerung zu beklagen hatte. In der Nacht vom 1. zum 2. März hatte der bisher schwerste Luftangriff Teile der Reichshauptstadt in Trümmer gelegt; erstmals waren feindliche Flugzeuge in den Luftraum über der Innenstadt vorgedrungen. Während der feierlichen Haupt-und-Staatsaktion im Ufa-Palast zogen zahllose Berliner durch die betroffenen Stadtteile, um sich über das Ausmaß der Schäden zu informieren, Auskunft über das Schicksal von Freunden und Verwandten zu erhalten oder die Löschaktionen der Feuerwehr zu begutachten. Vor den Ruinen sammelten sich scharenweise die Neugierigen und diskutierten fachkundig über die Wirkungsweise der Brand- und Sprengbomben. »Fremdvölkische Arbeitskräfte«, so der SD-Bericht, hätten die Situation genutzt, um Schaufenster einzuschlagen und zu plündern.[274] Gerüchte kamen auf, wonach ausländische Spione den Luftangriff vom Boden aus unterstützt und die Bombardierung von Rüstungsbetrieben ermöglicht hätten: es seien raketenähnliche Signale aufgefallen, die den feindlichen Flugzeugen den Weg gewiesen hätten. Die Stadt war in Bewegung und ihre Einwohnerschaft von widerstreitenden Empfindungen zerrissen; Angst und Erleichterung, tiefe Depressionen und wilde Hoffnungen, Neugier, Trauer und Schadenfreude vermischten sich in den Gemütern, während in Deutschlands Kino-Kathedrale – mitten in dieser Wirklichkeit und doch weitab von ihr – die Vergangenheit gefeiert und ein zum Untergang verurteiltes Regime gepriesen wurde.

Ausgeschlossen aus dieser Vergangenheit, in den Annalen gestrichen und aus dem Gedächtnis gelöscht, verdrängt, vergessen oder schamhaft totgeschwiegen wurden an diesem Tag Hunderte von Ufa-Mitarbeitern, die in den vergangenen zehn Jahren – und zum Teil schon vor 1933 – aus politischen Gründen außer Landes getrieben worden waren. Nach dem Schicksal der weniger Prominenten fragte niemand. Das Los bekannter Künstler, die im Ausland unter erheblichen Schwierigkeiten und oft erbärmlichen Lebensbedingungen Arbeit und Auskommen suchten, mochte bei dem einen Teil der Feiernden hämische Genugtuung, beim anderen halb eingestandene Gewissensbisse erregen. Die wenigen, denen es gelungen war, in Hollywood oder in London eine neue Filmkarriere aufzubauen, waren die großen Unpersonen, repräsentierten sie doch in der internationalen Öffentlichkeit die Geschichte und den Geist einer »anderen« Ufa, die in den Jahren der Weimarer Republik ihren Beitrag zur Vielfalt und zum produktiven Wildwuchs einer weltoffenen, demokratischen Kultur geleistet hatte. 1943 war dieser Teil der Ufa-Geschichte offiziell getilgt, und die Namen zu nennen, die mit ihm verbunden waren, galt als Risiko.

In diesem Jahr 1943 erhielt Robert Siodmak – nach manchen Mißerfolgen in Frankreich und Routinearbeiten in Hollywood – durch Vermittlung seines Bruders Curt einen Sieben-Jahres-Vertrag bei der Universal; gemeinsam mit anderen Emigranten wie Billie (Billy) Wilder, William Dieterle, Max Ophüls und Edgar Ulmer initiierte er in den folgenden Jahren den wichtigsten Beitrag der »alten« Ufa und des deutschen Films zur Geschichte Hollywoods: den amerikanischen »film noir«. Sein letzter deutscher Film, *Brennendes Geheimnis* nach Stefan Zweigs Novelle (Tonal-Film GmbH für die Deutsche Universal-Film AG), war noch nach dem Reichstagsbrand, jenem Stichtag der Massenemigration, angelaufen; einen Monat später hatte Goebbels im »Völkischen Beobachter« Siodmak als Sittenverderber angegriffen und zur Flucht nach Paris gezwungen.

Kurt (Curtis) Bernhardt, Regisseur des Ufa-Erfolgs *Die letzte Kompagnie* (1930), drehte 1943 für die Warner Bros. den Kriminalfilm *Conflict* nach einem Buch, an dem Siodmak und Alfred Neumann mitgearbeitet hatten. Seit 1939 war Bernhardt, zusammen mit Dieterle, Conrad Veidt, dem Produzenten Gottfried Reinhardt und den Autoren Bruno Frank, Erika Mann, Walter Reisch und Salka Viertel, Ausschußmitglied im European Film Fund, der in der Hollywood-Villa des Operetten-Stars Fritzi Massary gegründet worden war: eine Idee der Emigranten Ernst Lubitsch, Salka Viertel und Paul Kohner zur Unterstützung europäischer Filmkünstler, die vor Hitler in die USA geflüchtet waren.

Billie Wilder, Siodmaks Mitarbeiter bei *Menschen am Sonntag* (1930), hatte sich nach großen Anfangsschwierigkeiten in Hollywood – er war »nahe dem Verhungern, teilte eine Zeitlang ein Zimmer mit Peter Lorre und lebte von einem Teller Suppe pro Tag«[275] – als Partner des Schriftstellers Charles Brackett mit seinen Drehbüchern für die Sophisticated comedy spezialisieren können und war 1943 im Begriff, sich als Regisseur durchzusetzen. Wilders Start in Amerika, 1934, war ein Film der Ufa-Emigration: mit Robert Liebmann verfaßte er das Drehbuch für den Fox-Film *Music in the Air*, Produktionsleitung: Erich Pommer, Regie: Joe May; die Musik schrieb Franz Wachsmann (Waxman), der 1930 Friedrich Holländers Partitur für *Der blaue Engel* instrumentiert und dirigiert hatte.

Auch Wilhelm Thiele, Erfinder der Ufa-Tonfilmoperette, war im Jubiläumsjahr seiner ehemaligen Firma schon ein Jahrzehnt in Hollywood und arbeitete, im Dienst der RKO, an seinem zweiten Tarzan-Film mit Johnny Weissmuller: *Tarzan's Desert Mystery.* Ihm, der in Deutschland einer »amerikanischen« Spielart des Musikfilms den Weg bereitet hatte, blieb es in den USA verwehrt, jemals ein Musical zu inszenieren.

Etliche weitaus weniger prominente Schicksale sind nicht in die Filmgeschichte eingegangen – Schicksale »zweitrangiger« Filmkünstler, die den grauen Alltag der Unterdrückung im Hitler-Staat und das triste Auf und Ab des durchschnittlichen Emigrantendaseins widerspiegeln. Ein Beispiel ist der tschechische Regisseur Gustav Machatý, der Mitte der dreißiger Jahre nach Amerika kam und sich in den armseligen Filmstudios an der »Poverty Row« (der »Armutsstraße« Hollywoods mit ihren schnell und billig produzierenden Kleinunternehmungen) durchschlagen mußte. In Europa war er 1932 mit seiner österreichisch-tschechoslowakischen Gemeinschaftsproduktion *Ekstase* aufgefallen – vor allem, weil er in dieser stimmungsvoll fotografierten Ehebruchsgeschichte seine Darstellerin Hedy Kiesler-Lamarr in einer Nacktszene auftreten ließ. Die nationalsozialistische Filmprüfstelle verbot den Film im Februar 1933 und gab ihn erst im Oktober 1934 nach größeren Schnittauflagen unter dem Titel *Symphonie der Liebe* frei. Überraschend gewann er auf der Biennale in Venedig im selben Jahr den Pokal für die beste Regie.

Am 8. Januar 1935 wurde die verstümmelte Version in Deutschland uraufgeführt – und an eben diesem Tag tauchte Machatýs Name plötzlich in den Protokollen des Ufa-Vorstands auf. Der Regisseur war für eine Produktion mit Lida Baarova vorgesehen und hatte bereits einen Vorschuß von 20000 tschechischen Kronen erhalten. Besorgt berichtete Direktor Grieving »über die Angriffe, die gegen den Regisseur Machatý in der Presse erhoben worden sind hinsichtlich seiner Abstammung sowie seiner früheren politischen Betätigung und wegen persönlicher Differenzen«.[276] Der Vorstand beschloß, der endgültige Regievertrag sei erst abzuschließen, wenn Machatý »die Angelegenheiten bereinigt« habe und eine Bedenkenlosigkeitserklärung der Reichsfachschaft vorliege. Diese Bedingungen wurden nicht erfüllt, so daß die Direktion zehn Tage später entschied, Machatý habe den Vorschuß zurückzuzahlen. Das Hin und Her ging weiter – jedenfalls verrechnete die Ufa ein paar Tage später – »mit Rücksicht darauf, daß dem Regisseur möglicherweise doch noch die Arbeitsgenehmigung erteilt wird« – die Vorauszahlung auf eine Option für seine noch immer eingeplante Regietätigkeit. Zu dieser kam es indessen nicht; Machatý ging wenig später nach Amerika, Erfolg hatte er hier nur mit seinem Film *Jealousy* (1945). Etliche Jahre später wird er als Drehbuchautor für G. W. Pabsts Film über das fehlgeschlagene Attentat auf Hitler, *Es geschah am 20. Juli* (Produktion Arca/Ariston, 1955), an den Nationalsozialisten Rache nehmen.

Aber dachte irgend jemand unter den illustren Gästen der Jubelfeier im Ufa-Palast am Zoo an Gustav Machatý? Wer dachte schon an die große Zahl der Schauspieler und Schauspielerinnen, die den internationalen Ruf der Ufa mit begründet hatten und schon lange nicht mehr in Deutschland lebten – entweder, weil sie Juden waren, oder weil sie das Hitler-Regime aus tiefer Seele verabscheuten und die Risiken im Exil den Privilegien eines »Staatsschauspielers« von Goebbels' Gnaden vorzogen? Wer dachte schon an Conrad Veidt und Albert Bassermann, an Felix Bressart, Siegfried Arno und William Dieterle, an Hertha Thiele, Dolly Haas oder Blandine Ebinger, an Franz Lederer, Elisabeth Bergner, Marta Eggerth oder Grete Mosheim? Wer dachte an die »andere« Ufa, deren Mitglieder außerhalb Deutschlands weiter arbeiteten oder in armseligen Verhältnissen ums Überleben kämpfen mußten?

Vielleicht erinnerte sich der ehemalige Ufa-Produktionsleiter Günther Stapenhorst 1943 mit besonders gemischten Gefühlen an die Emigranten seiner Firma – er hatte ja eng mit Autoren wie Robert Liebmann, Walter Reisch und Emmerich Pressburger, mit Erich Pommer und Reinhold Schünzel zusammengearbeitet. 1935, nach seiner letzten Produktion *Amphitryon*, war Stapenhorst nach England emigriert und hatte mit dem Kameramann Sepp Allgeier und der Schauspielerin Lilli Palmer für Gaumont-British, danach für Alexander Kordas Filmgesellschaft gearbeitet. Als der Krieg ausbrach, war er Produktionsleiter in der Schweiz und bemühte sich über das deutsche Konsulat in Bern um seine Wiedereingliederung in die Kriegsmarine. Sie wurde ihm offenbar verweigert, denn Stapenhorst blieb in der Schweiz, unterhielt jedoch Kontakte nach Berlin und geriet infolgedessen bei der Regierung in Bern in Spionageverdacht. Seine Arbeitsmöglichkeiten wurden eingeschränkt; der hochbegabte, politisch etwas undurchsichtige Produzent saß zwischen sämtlichen Stühlen und hielt sich möglicherweise durch Zuwendungen aus Berlin über Wasser. Die Trennung von seinem alten Konzern hatte er noch nicht verwunden: zwischen 1941 und 1943 bewarb er sich dreimal um einen Direktorenposten bei der Ufa – dreimal holte er sich eine Absage; die »Desertion« nach England, die »Kollaboration« mit dem »jüdischen Geschäftsmann« Alexander Korda hatte ihm das nationalsozialistische Deutschland nicht verziehen. 1949 wird Stapenhorst in München die Carlton-Film GmbH gründen und in den kommenden zehn Jahren Filme mit seinen Kollegen von einst, mit Josef von Baky und Arthur Maria Rabenalt,

Willi Forst und Gerhard Lamprecht, Viktor Tourjansky und G. W. Pabst produzieren.[277]

International bekannte Stars, denen die Ufa (oder die Firmen, aus denen sie hervorgegangen war) ihre frühen Erfolge verdankte, waren von den Nationalsozialisten düpiert, gemaßregelt, unter Druck gesetzt oder zur Untätigkeit verurteilt worden. Asta Nielsen allerdings hatte von sich aus, aus tiefer Antipathie gegen das NS-Regime, ein Angebot von Goebbels, selbständig Filme zu produzieren, abgelehnt; seit 1937 lebte sie nicht mehr in Deutschland. 1932 hatte sie mit *Unmögliche Liebe* (Regie: Erich Waschneck; Märkische Film GmbH) ihren ersten und letzten deutschen Tonfilm gedreht.

Über Henny Porten war vom Propagandaministerium praktisch das Berufsverbot verhängt worden, weil sie nicht bereit war, sich von ihrem jüdischen Ehemann, dem Arzt Wilhelm von Kaufmann, zu trennen. Von Goebbels verfolgt, von Hitler und Göring verehrt, wurde sie, der Inbegriff einer deutschen Diva, zum Zankapfel der NS-Prominenz. Dank der Protektion durch die Reichskanzlei blieb ihr Mann unbehelligt; ihr selbst wurden gelegentlich kleine Rollen angeboten. 1941 spielte sie in G. W. Pabsts Bavaria-Film *Komödianten*, einer Geschichte um die Theaterprinzipalin Caroline Neuber und die Anfänge der deutschen Nationalbühne, eine Hauptrolle neben Käthe Dorsch und Hilde Krahl. Axel Eggebrecht und Walter von Hollander hatten das Drehbuch geschrieben.

Im Jubiläumsjahr 1943 drehte Henny Porten, unter Carl Froelichs Regie, wieder in Neubabelsberg: *Familie Buchholz* und den Fortsetzungsfilm *Neigungsehe*, Geschichten aus dem alten Berlin um 1880. Die Heroine zog alle Register ihrer seit drei Jahrzehnten zum Nationaleigentum gewordenen Qualitäten: noch einmal zeigte sie »gesunden Menschenverstand« und »Mutterwitz«, noch einmal trug sie »das Herz auf dem rechten Fleck«: »Es ist kein Zufall, daß das große Comeback der Porten gerade in der schlimmsten Zeit stattfindet, da die Bomben auf ganz Deutschland fallen, da niemand mehr weiß, ob er den morgigen Tag noch erlebt, da man keine Zeit und keine Nerven mehr hat für die große Kunst und keine Laune für Amüsement. 1944 wie 1914 ist die Porten die große Trösterin.«[278] Aber noch vor der Premiere im Januar 1944 riet selbst ihr Verehrer Göring, sie solle sich von ihrem Mann scheiden lassen – von Kaufmann könne ja in die Schweiz oder nach Schweden emigrieren. Henny Porten blieb standhaft. Ihr Haus wurde einen Monat später von einer Luftmine zerstört; das Kriegsende werden sie und ihr Mann unter sowjetischem Artilleriebeschuß bei Joachimsthal in der Mark Brandenburg erleben.

Als die Ufa feierte, war Renate Müller – Publikumsliebling der frühen dreißiger Jahre, das »saubere deutsche Mädchen« in Wilhelm Thieles *Die Privatsekretärin* und etlichen Schünzel-Filmen – schon fast sechs Jahre tot. Auch sie war von Goebbels drangsaliert worden, nachdem sie sich geweigert hatte, die Beziehung zu ihrem Freund, einem jungen, nach England emigrierten Juden, abzubrechen. Goebbels verfolgte die Schauspielerin noch über ihren plötzlichen Tod im Oktober 1937 hinaus und ließ die Presse Gerüchte lancieren, wonach Renate Müller als Rauschgiftsüchtige und haltlose Selbstmörderin umgekommen sei. (In Wirklichkeit litt sie an einer schweren, möglicherweise epileptischen Krankheit. Schon 1935 mußte sie ein Sanatorium aufsuchen; der Ufa-Vorstand machte ihre Wiederbeschäftigung davon abhängig, daß sie sich in einem »versicherungsfähi-

Renate Müller mit Willy Fritsch

gen Gesundheitszustand« befinde. Man forderte ein Gutachten über ihre Arbeitsfähigkeit an; ihr Arzt solle von seiner Schweigepflicht entbunden werden.[279])

In diesem März 1943 wurde der Schauspieler Robert Dorsay, Spezialist für gutmütige Chauffeure und kauzige Sekretäre, von einem Gestapo-Spitzel denunziert, als er in der Kantine des Deutschen Theaters politische Witze erzählt hatte; fortan wurde seine Post kontrolliert. Ende des Monats fing die Gestapo einen Brief ab, in dem sich Dorsay über die »herrliche Idee« der NSDAP lustig machte und sich bitter über die »Idiotie« des Krieges äußerte. Der Schauspieler wurde verhaftet, wegen »fortgesetzter reichsfeindlicher Tätigkeit im Zusammenhang mit schwerster Zersetzung der deutschen Wehrkraft« zum Tode verurteilt und am 29. Oktober 1943 hingerichtet. Aus dem Titel-Vorspann seiner Filme wurde sein Name entfernt; seine zahlreichen Kurzspielfilme wurden aus dem Verleih genommen – als wären sie nie produziert worden.[280] In sechs Filmen – Carl Lamacs *Flitterwochen* und *Ein Mädel vom Ballett* (beide 1936), Alwin Ellings *Karussell* (1937), Detlef Siercks *Zu neuen Ufern* (1937), Georg Jacobys *Spiel auf der Tenne* (1937) und Eduard von Borsodys *Kautschuk* (1938) – hatte Robert Dorsay auch für die Ufa bzw. für ihre Verleihorganisation gearbeitet.

Wenige Monate vor dem Staatsakt im Ufa-Palast, am 30. Juli 1942, befand sich der Regisseur Herbert Selpin (*Der grüne Domino*, Ufa, 1935) in Gestapo-Haft. Während der Außenaufnahmen zu seinem Tobis-Film *Titanic* in Gotenhafen hatte er sich im Streit mit seinem Drehbuchautor Walter Zerlett-Olfenius verächtlich über die Wehrmacht geäußert und war von seinem Mitarbeiter denunziert worden. Hans Hinkel, SS-Obergruppenführer im Propagandaministerium und späterer Reichsfilmintendant, versuchte zunächst, die Affäre herunterzuspielen; der Denunziant Zerlett-Olfenius hingegen wähnte sich erst am Ziel, als Selpin zu Goebbels bestellt wurde. Da er nicht bereit war, seine spontanen Äußerungen zurückzunehmen, wurde er aus der Reichsfilmkammer ausgeschlossen und verhaftet; in der Nacht zum 1. August 1942 nahm sich Herbert Selpin in seiner Zelle das Leben. Hinkel, der möglicherweise Selpin retten wollte, hatte allerdings schon im November 1941 den Schauspieler Joachim Gottschalk, seine jüdische Frau Meta Wolff und seinen Sohn Michael in den »Freitod« getrieben, als er Gottschalks Bitte, seine Angehörigen auf ihrer Deportation nach Theresienstadt zu begleiten, abgeschlagen hatte.

Im Konzentrationslager Theresienstadt befand sich 1944 der ehemals so erfolgreiche Ufa-Schauspieler und -Regisseur Kurt Gerron, nachdem ihn die Gestapo ein Jahr zuvor in Amsterdam als Direktor des dortigen jüdischen Theaters verhaftet hatte. In Theresienstadt leitete Gerron auf höchste Anweisung die Herstellung des Propagandafilms *Der Führer schenkt den Juden eine Stadt*, der dem Roten Kreuz und der internationalen Öffentlichkeit ein »Musterghetto« mit ausge-

Kurt Gerron mit Dolly Haas

zeichneten Lebensbedingungen und kultureller Atmosphäre vortäuschen sollte. Nach Abschluß der Dreharbeiten wurde Gerron mit anderen, die an diesem Film mitgewirkt hatten, nach Auschwitz deportiert und ermordet.

In deutschen Konzentrationslagern starben Curt Alexander, Drehbuchautor von Max Ophüls; Rudolf Bamberger, Ludwig Bergers Ausstatter; Hans Behrendt, Mitautor und dramaturgischer Architekt des vierteiligen *Fridericus Rex* von 1922[281]; die Schauspieler Eugen Burg, Fritz Grünbaum und Otto Wallburg; die Drehbuchautoren Max Ehrlich und Paul Morgan; der Musiker Willy Rosen, ein Mitarbeiter Kurt Gerrons in Amsterdam – und viele andere, deren Namen verschollen sind und in keiner Filmgeschichte, in keinem Nachruf erwähnt werden. Die Ufa, auch als sie nach dem Krieg zu einem geisterhaften Nach-Leben wiedererweckt wurde, hat nie ihrer Toten gedacht, und alle späteren Versuche, ihre Emigranten, ihre Verschollenen und Ermordeten zu zählen, mußten fehlerhaft und voller Lücken bleiben.[282]

Höhepunkt des gemeinsamen »Betriebsappells« der Täter, Opportunisten und »inneren Emigranten« am 3. März 1943 war die festliche Uraufführung des eigens zum Jubiläum hergestellten Films *Münchhausen*. Goebbels hatte 1942 wieder einmal einen »Spitzenfilm« bestellt – und wieder einmal wollte er die gesamte Weltöffentlichkeit, zumindest soweit sie zu dieser Zeit noch deutschem Besatzungsrecht unterworfen war, von der »Spitzenqualität« der nationalsozialistischen Filmproduktion überzeugen. Das Kostenlimit (seit der Ufi-Gründung galt eine Million Reichsmark als obere Grenze für die Produktionskosten eines Films) trat außer Kraft. Der Minister erteilte die ausdrückliche Anweisung, nicht zu sparen; zudem mußte es ein Farbfilm sein.

Schon Anfang der dreißiger Jahre hatte die Ufa ein eigenes Zweifarbenverfahren (Ufacolor) entwickelt und am 10. Dezember 1931 den ersten deutschen Farbfilm, *Bunte Tierwelt*, uraufgeführt. Die folgenden Jahre vergingen mit kostspieligen Experimenten, bis in den Laboratorien der IG Farben das Dreifarbenverfahren von Agfacolor technisch soweit ausgereift war, daß man an die Herstellung großer Spielfilme denken konnte. Ufa und Agfa hatten 1938 einen Kooperationsvertrag geschlossen, und in Neubabelsberg entstand ein Farbfilmlaboratorium, das dem Stand der technischen Erkenntnisse angemessen war und der Erfindungsgabe der Spezialisten keine Grenzen setzte – zog sich doch die Produktion des ersten deutschen Farb-Spielfilms *Frauen sind doch bessere Diplomaten* auch darum in eine ungewöhnliche Länge, weil die chemischen Labors beinahe von Tag zu Tag die Farbqualität verbesserten und somit Nach- und Neuaufnahmen bereits abgedrehter Szenen erforderlich wurden. Schon der zweite Farbfilm der Ufa, Veit Harlans *Die goldene Stadt*, erhielt 1942 auf der zehnten Biennale in Venedig den Preis des Präsidenten der (von Goebbels geschaffenen) »Internationalen Filmkammer« für die besondere Qualität seiner Farbgestaltung.

In der Frage des Drehbuchs zu *Münchhausen* erwirkte die Ufa eine Sondergenehmigung des Propagandaministers: sie durfte den Auftrag an Erich Kästner vergeben, dessen Bücher 1933 auf den nationalsozialistischen Autodafés verbrannt worden waren. Nach Hembus[283] hatte der Produktionsleiter Eberhard Schmidt den verbotenen Autor vorgeschlagen, und Riess[284] zufolge setzte sich sogar Reichsfilmintendant Hippler für ihn ein. Goebbels – der den »wurzellosen Literaten« insgeheim schätzte und gern seine antimilitaristischen Gedichte zitierte[285] – bestand allerdings darauf, daß sich Kästner ein Pseudonym ausdenken solle; ferner wurde die Presse angewiesen, nichts darüber verlauten zu lassen, wer sich hinter dem Drehbuchautor »Berthold Bürger« verbarg.

Zum Regisseur wurde Josef von Baky bestellt, ein gebürtiger Ungar, der 1927 nach Berlin gekommen war und bis 1936 als Regieassistent seines Landsmanns Geza von Bolvary gearbeitet hatte. Für die Ufa hatte er bisher drei Filme gedreht: die Jungmädchen-Geschichte *Ihr erstes Erlebnis* mit Ilse Werner (1939), das Lustspiel *Der Kleinstadtpoet* mit Paul Kemp (1940) und die patriotische Familienchronik *Annelie* mit Luise Ullrich und Werner Krauss (1941). Sein Ufa-Film *Via Mala* (Drehbuch: Thea von Harbou nach dem Roman von John Knittel, mit Karin Hardt und Viktor Staal, 1944) wird noch in den letzten Kriegswochen seiner düsteren Stimmung wegen von der Filmprüfstelle verboten werden.

Jobst von Reiht-Zanthier, seit 1931 Besetzungschef der Ufa, stand vor der größten Aufgabe seiner Karriere – soweit Goebbels nicht, wie schon so oft zuvor, auch auf diesem Gebiet die Zügel ergriff und selbst entschied, wer welche Rolle zu spielen habe. Münchhausen, dargestellt von Hans Albers, mußte in diesem Film von Bodenwerder an der Weser nach Rußland, von dort in die Türkei, weiter nach Venedig und schließlich auf den Mond reisen, um nicht nur dem Fürsten Potemkin (Andrews Engelmann) und der Zarin Katharina II. (Brigitte Horney), sondern auch dem Magier Cagliostro (Ferdinand Marian), dem Sultan Abdul-Hamid (Leo Slezak), der Prinzessin Isabella d'Este (Ilse Werner) und etlichen anderen Figuren der realen und imaginären Weltgeschichte zu begegnen.

So waren in weiteren Rollen Käthe Haack als Baronin Münchhausen, Gustav Waldau als Casanova, Michael Bohnen als Herzog Karl von Braunschweig und Hubert von Meyerinck als Prinz Anton Ulrich zu sehen. Für die Dialog-Regie war Fritz Thiery, der Tonfilm-Pionier der Ufa, zuständig; Georg Haentzschel schrieb die Musik; Emil Hasler und Otto Gülstorff erstellten die Bauten. Kameramann war Werner Krien; für die Trickaufnahmen sorgte Konstantin Irmen-Tschet, der sich als Kamera-Spezialist der Revuefilme mit Marika Rökk bewährt hatte. Irmen-Tschet, aus Rußland gebürtig und ein weitläufiger Verwandter Stanislawskijs, war schon seit Beginn der zwanziger Jahre bei der Ufa; als Assistent Günther Rittaus hatte er sich zum Fachmann für Trickaufnahmen entwickelt und die Modelle für *Metropolis* und *Frau im Mond* gedreht. In den dreißiger Jahren bereitete es ihm keine Schwierigkeiten, behende zwischen dem Unterhaltungs- und dem vaterländischen Genre zu wechseln, nach *Hitlerjunge Quex* Schünzels *Viktor und Viktoria* (beide 1933), nach *Glückskinder* einen Film wie *Menschen ohne Vaterland* (beide 1936) zu drehen.

Die aufwendigen Trickaufnahmen – Albers auf einer Kanonenkugel reitend, sein Pferd auf dem Kirchturm, die Ballonfahrt zum Mond –, dazu mehr als achthundert Statisten in neugeschneiderten historischen Kostümen trugen der Ufa den Ruf ein, einen Film der Superlative produziert zu haben, eine Trick-Maschine filmgeschichtlicher Reminiszenzen und ein »Meisterwerk der Phantasie«, das sich, wie Hembus meint, der Konzern in einer gewaltigen »Aufwallung der Selbstverleugnung«[286] zwei Jahre vor seinem Zusammenbruch geleistet habe. Aber Selbstverleugnung war nicht im Spiel – die Unternehmensspitze hatte die Rückendeckung des Propagandaministeriums, die beteiligten Künstler und Spezialisten entsannen sich lustvoll der Errungenschaften aus der großen Zeit der magischen Ufa-Küche – und die wochenlangen Außenaufnah-

Dreharbeiten zu *Münchhausen*

men im sommerlichen Venedig (in historischen Gondeln auf dem abgesperrten Canale Grande, unter Palästen, aus deren Fenstern farbige Gobelins hingen) wurden zum Betriebsfest in einem vom Krieg scheinbar unberührten Konsumparadies, fern von den Tagessorgen und Bombennächten der deutschen »Heimatfront«.

Der Zauber des alten Rußlands und die Märchen aus Tausendundeiner Nacht, der Traum vom Fliegenkönnen und Nicht-sterben-Müssen, Geschichten von Flucht, Duell, Verfolgung und romantischer Liebe verflochten sich zu einem farbentrunkenen und ausstattungsseligen Kinder-Bilderbogen für entmündigte Erwachsene, die sich in einem Jahr schwindender Hoffnungen den bunten und vagen Angeboten der Nostalgie ergeben wollten. Daran gemessen, blieben einige wenige Anspielungen im Dialog – auf den Polen-Überfall und die nationalsozialistischen Machtphantasien – im Bereich des politisch Unverfänglichen: kleine Wahrheiten, die von der großen Pracht erstickt wurden.

»Die Zeit ist kaputt«, sagt Albers-Münchhausen auf den Hinweis seines Dieners Kuchenreuther (Hermann Speelmans), daß vielleicht seine Uhr defekt sei. Für Albers jedenfalls, wie für viele seiner Kollegen, stand 1943 außer Frage, daß »die Zeit« nicht mehr zu reparieren war. »Es wird schon wieder anders werden, nur muß man das alles überleben können« – so pflegte Besetzungschef Reiht-Zanthier ihn und andere Ufa-Stars zu trösten, die in der surrealen Stimmung von Neubabelsberg, umgirrt von den Sendboten des Propagandaministers und bespitzelt von der Gestapo, erste Anzeichen von Erschöpfung zeigten. Reiht selbst hatte schon vor Jahren die Infamie der Zeitläufte am eigenen Leibe erfahren, als der Ufa-Vorstand 1935 über »Verdachtsgründe« beriet, »die eine aktive Betätigung des Genannten entsprechend seiner anomalen Veranlagung vermuten ließen«, und »im Interesse der Sauberkeit« erwog, ihm den Stuhl vor die Tür zu setzen.[287] Überleben ist alles – das wurde ab 1943 zur geheimen oder offenen Parole in Ufa-Stadt, für die Prominenz wie für den großen Troß, für die Mutigen wie für die Kleinlauten, für die Gegner und zunehmend auch für die Parteigänger des Regimes.

28. Kapitel

Exkurs: Deutsche Filmpolitik im besetzten Ausland

Als Adolf Hitler an einem frühen Morgen des Jahres 1940, in Begleitung seines Architekten Albert Speer und anderer Mitglieder seines Stabes, das von der deutschen Wehrmacht eroberte Paris besichtigte, blickte er von der Terrasse des Trocadéro herab auf eine Geisterstadt. »Der Führer besucht die eroberte europäische Hauptstadt, aber ist er wirklich ihr Gast? Paris ist so still wie ein Grab. Bis auf ein paar Polizisten, einen Arbeiter und einen einsamen Priester, der außer Sicht hastet, ist keine Menschenseele am Trocadéro, Place d'Etoile, der riesigen Concorde, der Oper und der Madeleine zu sehen, keine Menschenseele, den Diktator zu begrüßen, der so an jubelnde Menschenmassen gewöhnt ist. Während er Paris inspiziert, schließt Paris die Augen und zieht sich zurück.«[288]

Kracauer, der Autor dieses Textes, beschrieb eine Sequenz der Deutschen Wochenschau – und er blickte gleichsam der Leere ins Auge. Die Einwohner von Paris hatten sich in ihre Häuser zurückgezogen und dem Okkupator die steinerne, entseelte Hülle ihrer Stadt überlassen. In ihrem Anblick sahen die Herren des Todes sich selbst: sie spiegelte »das Vakuum im Kern des Nazisystems«. Die gespenstische Wirklichkeit erschloß eine verborgene Wahrheit, und die Wochenschaukamera, die starr mit dem starren Blick des Führers auf das tote Paris sah, erblickte ihre eigene Ohnmacht: »Die Nazipropaganda errichtete eine vielfarbig schillernde Pseudorealität, aber gleichzeitig leerte sie Paris, den Herd der Zivilisation. Dieses Schillern verhüllte kaum ihre eigene Leere.« Im besetzten Ausland operierten die deutschen Virtuosen der Propaganda in einem riesigen Vakuum.

Die Produktion deutscher Filme außerhalb der Reichsgrenzen verlief hinter dem Kordon der SS und der Gestapo; »ausgelassene« Revue- und Operettenfilme entstanden, in den letzten Kriegsjahren, im Schatten des Todes und im tiefen Schweigen des Belagerungszustands: ein Amüsierbetrieb, der, umgeben von Kälte und Feindseligkeit, wie ein auslaufendes Uhrwerk seine letzten glitzernden Gebilde aus sich hervortrieb. Als Géza von Cziffra, ein aufstrebender Bajazzo der deutsch-österreichischen Filmindustrie, 1943 in den Prager Barrandov-Studios für die Wien-Film GmbH sein »Ehelustspiel« *Hundstage* drehte, arbeiteten er und seine deutschen Schauspieler (unter ihnen Maria Holst, Wolf Albach-Retty, Walter Lieck und Grethe Weiser) in »eisiger Atmosphäre«: »Schweigend bedienten die tschechischen Arbeiter ihre Geräte, wortlos schalteten die Beleuchter die Lampen ein, und genauso schweigsam übten die Bühnenarbeiter ihre Tätigkeit aus. Sie zeigten uns deutlich, daß sie nichts mit uns zu tun haben wollten. Ein Gespräch mit einem von ihnen anzufangen war unmöglich. Sie taten alle so, als verstünden sie kein Wort Deutsch. Die triste Stimmung übertrug sich begreiflicherweise auch auf die Schauspieler. Schwunglos sagten sie ihre Sätze auf, die Pointen verpufften ohne Wirkung. Alle Versuche, sie aufzumuntern, schlugen fehl.«[289] Cziffra, dem neuen Zaubermeister aus Ungarn, der gerade eine erfolgreiche Ausstattungsrevue auf dem Eis, »Der weiße Traum«, inszeniert hatte, verschlug es die Stimmung; er war überzeugt, das »traurigste Lustspiel aller Zeiten« zu drehen.

Nicht erst seit Kriegsbeginn operierten die Ufa und die anderen deutschen Filmkonzerne in Feindesland. Schon 1938, »mit der Vereinigung des Altreiches und Österreichs, mit der Befreiung deutscher Lande aus den Fesseln des Versailler Vertrages und mit dem siegreichen Kampf um Böhmen und Mähren«, fanden zahlreiche »Bestrebungen zur Festigung des deutschen Filmschaffens« im Ausland ihre Krönung – so jedenfalls sah es der Ufa-Chronist Hans Traub.[290] Deutschlands führendes Filmunternehmen hatte vor 1938 über die Wiener Ufa Film GmbH und das Ufa-Ton-Kino seine Spielfilme und Wochenschauen in Österreich herausgebracht. Das Ufa-Theater, nach Traub ein »Treffpunkt deutschgesinnter Männer und Frauen«, war aus der Sicht der österreichischen Republikaner und Demokraten eine »Nazizentrale« und aus gegebenem Anlaß – etwa bei der Wiener Premiere des Tobis-Films *Der alte und der junge König* in Anwesenheit der deutschen Gesandtschaft – massiven Angriffen der Presse ausgesetzt.

Als 1934 der christlich-soziale Bundeskanzler Engelbert Dollfuß von Nationalsozialisten ermordet wurde, wendete sich die Empörung auch gegen die Repräsentanz der Ufa und ihrer Filme in österreichischen Kinos. Vereinzelt wurden verschärfte Zensurbestimmungen auf nationalsozialistische Tendenzfilme angewandt, und vorübergehend konnten jüdische Emigranten ihren Einfluß auf die österreichische Filmproduktion verstärken. 1936 befaßte sich das Bundeskanzler-Amt mit der Vorführung deutscher Wochenschauen und verfügte die Herausnahme von Hitler-Sequenzen, soweit der Diktator »häufiger zu sehen ist, als es der sachliche Vorgang rechtfertigt und er zur nationalsozialistischen Propaganda benutzt wird«.[291] Noch wehrte sich das Österreich unter Schuschnigg wirkungsvoll gegen den »Anschluß« – und noch bewegte sich die Ufa, soweit ihre Filme für den »Anschluß« agitierten, auf gegnerischem Terrain.

Nach der Eingliederung Österreichs ins Reich, nach dem Einmarsch deutscher Truppen in das Sudetenland, vor allem aber nach der Niederwerfung Polens ging es, so die Verlautbarungen der SS, um die »propagandistischen und kulturellen Führungsmöglichkeiten« des deutschen Films »in den zurückgewonnenen Ostgebieten«, und abermals schwärmten die Spitzel des Sicherheitsdienstes aus, um die Propagandazentrale in Berlin mit den dringend erwarteten Erfolgsmeldungen zu versorgen.

Prompt notierten die Berichterstatter im Juli 1940, daß die Kriegswochenschau nicht nur »von den Volksdeutschen im Osten mit besonderer Spannung erwartet« werde, sondern auch bei der polnischen Bevölkerung in wachsendem Maße als dokumentarischer Beweis für den deutschen Sieg Eindruck mache.[292] Gefordert wurde eine deutsch-polnische Kino-Apartheid: »Innerhalb der deutschen Bevölkerung rief die Mitteilung, daß auch die Polen zu sämtlichen Vorstellungen Zutritt erhalten, Verstimmung hervor.« Die deutsche Bevölkerung wünsche, »daß der Besuch der Polen in geeigneter Form durch Sondervorstellungen oder Sonderplätze abgegrenzt werde«. In den Kinos sollte der Krieg gegen die unterworfene Bevölkerung nicht erst auf der Leinwand, sondern bereits an der Vorverkaufskasse mit allen psychologischen Mitteln der Demütigung fortgesetzt werden.

Dabei war das Filmangebot zunächst spärlich, konnten doch die Filmveranstaltungen im besiegten Polen im Sommer 1940 »noch keineswegs das kulturelle Bedürfnis der deutschen Bevölkerung befriedigen«. Auch negative Auswirkungen wurden gemeldet. Die Vorführung des Terra-Kriminalfilms *Der Polizeifunk meldet* (Rudolf van der Noss, 1939) in Hohensalza wurde kritisiert, da dieser Film »Anregungen zu Wirtschaftsspionage für das Ausland« gebe; er sei für die polnische Bevölkerung ebenso ungeeignet wie gefährlich, denn seine Handlung werde von den Polen »sofort auf ihren Kampf gegen das Deutschtum umgedeutet«.[293] Propagandistisch negative Wirkungen seien zu vermeiden; die Filmauswahl, so der SD-Bericht, müsse Filme berücksichtigen, »die aufklärend, erzieherisch und volksverbindend auf die volks- und baltendeutsche Bevölkerung einzuwirken und propagandistisch auch die polnische Bevölkerung zu erfassen vermögen«. Volksverbindend: damit meinte die SS die Bindung der in Polen lebenden deutschstämmigen Bevölkerung ans »Altreich« – die Polen hingegen galt es, nach dem ebenso schematischen wie brutalen Konzept nationalsozialistischer »Massenbearbeitung«, zu »erfassen«, ihnen mit propagandistischen Mitteln das moralische Rückgrat zu brechen.

Die Mißerfolge blieben nicht aus – in Polen wie auch in anderen eroberten Gebieten. Aus Holland wurde im Oktober 1940 gemeldet, die Filmpropaganda werde dadurch erschwert, daß die Bevölkerung »in geschmacklicher Hinsicht auf Filme französischer, englischer und vor allem amerikanischer Herkunft eingestellt« sei.[294] Mit Wohlwollen nahm das solchermaßen verwöhnte Kinopublikum im besetzten Holland nur elegante und geistreiche Komödien wie *Viktor und Viktoria*, anspruchsvolle Melodramen wie *La Habanera* und handwerklich perfekte Abenteuerfilme wie *Gold* auf. Die Deutsche Wochenschau hingegen fand, so ein Bericht aus der Provinz Groningen, »keine große Beachtung« – es sei denn, daß sie zu »pro-englischen Kundgebungen« provozierte wie in Maastricht, wo die Holländer den Wochenschaubildern von der Einschiffung britischen Militärs »durch Klatschen und Trampeln demonstrativ Beifall« spendeten.[295] Es kam zu Applaus-Schlachten wie in den frühen Ufa-Kinos Anfang der zwanziger Jahre aus Anlaß von *Fridericus Rex*: »Als im Kino anwesende deutsche Wehrmachtsangehörige daraufhin bei den Bildern von der Bombardierung Londons ihren Beifall durch Klatschen bekundeten, haben die übrigen Besucher dagegen demonstriert.« In Norwegen notierten die Beobachter der SS offensichtlich erstaunt, daß die dortige Bevölkerung »besonders empfindlich« auf Bilder ihrer von deutschen Truppen zerstörten Heimat reagiert habe.

Auch in Luxemburg ließ der Erfolg der deutschen Filmpropaganda bei der einheimischen Bevölkerung zu wünschen übrig. Die allgemeine Tendenz, »sich der Erweiterung des deutschen Einflusses entgegenzustemmen«, werde auch durch die geringe Zahl der Kinobesuche belegt.[296] Zwar habe Harlans *Jud Süß* größte Beachtung gefunden und sogar »Demonstrationen gegen das Judentum« hervorgerufen – die Wochenschau jedoch werde von der luxemburgischen Bevölkerung »durchweg mit eisigem Schweigen zur Kenntnis genommen«. Ihre Echtheit werde häufig angezweifelt. »Oft verläßt ein großer Teil der Besucher das Lichtspieltheater, bevor die Wochenschau abgelaufen ist.«

Der weitere Kriegsverlauf trug keineswegs zu einer Verbesserung der Resonanz deutscher Filme in den besetzten Territorien bei. Es fällt auf, daß die geheimen Lageberichte der SS ihre anfänglich so ausführlichen Erörterungen über das Verhalten des Kinopublikums im Inland wie in den besetzten Gebieten in dem Maße reduzieren, wie sich die Kriegslage für Deutschland verschlechtert. Im Herbst 1943 versiegt die Berichterstattung über diesen Teil des nationalsozialistischen Alltags vollständig – Begeisterungsausbrüche über die vorwärtsstürmende Wehrmacht gab es nicht mehr, und auch die Zustimmung zu den »staatspolitisch wertvollen« wie zu den »reinen« Unterhaltungsfilmen hielt sich in Grenzen. Eine Ausnahme ist der SD-Bericht vom April 1944 aus Belgien, der eine »planmäßige Propaganda« der katholischen Geistlichkeit gegen den Besuch deutscher Filme feststellen mußte.[297]

Die »Filmversorgung« des besetzten Auslands verlief »flächendeckend«, war engmaschig angelegt und wies jenen hohen Organisationsgrad auf, den die nationalsozialistische Administration stets dann entwickelte, wenn es galt, große Bevölkerungsteile zu »erfassen« und sie einheitlichen Denk- und Verhaltensmustern zu unterwerfen. Die Filmpolitik in den eroberten Gebieten war ein Teil der politisch-militärischen Gewaltstrategie. Sie trug ihre Früchte, soweit sie die Ausbeutung der ausländischen Infrastruktur und die Expansion des deutschen Binnenmarktes bezweckte, aber sie mußte scheitern, soweit sie beanspruchte, Kulturpolitik zu sein, also einen nachhaltigen Einfluß auf die unterworfenen Menschen auszuüben.

Die Amortisationsprobleme der deutschen Filmindustrie waren mit der nationalsozialistischen Annexionspolitik fast auf einen Schlag gelöst: hinter den militärischen Frontlinien dehnte sich nun auch das deutsche Film- und Kino-Imperium aus und installierte nach dem im Reich bewährten System seine Produktions- und Vertriebsnetze. Der ideologische Gewinn aber war spärlich. Wie schon im Ersten Weltkrieg waren die kulturpolitischen Kategorien lediglich Ableitungen generalstabsmäßigen Kalküls. Sie gehorchten einer Usurpationsphilosophie, die in den Wochenschaubildern vom Führer, der, umgeben von seinen Offizieren, sich über Meßtischblätter beugt, einen sinnfälligen Ausdruck fand: es ging um Terraingewinn, um die Einverleibung von Geographien; die Bevölkerungen in den besetzten Gebieten wurden der raumfressenden Geometrie nachgeordnet und lediglich ökonomisch, als Ausbeutungsfaktor, eingeplant. Raubgier und Organisationsfetischismus diktierten die Aneignung und Neuordnung der Filmmärkte in den unterworfenen Ländern Ost- und Westeuropas. Das »Vakuum im Kern des Nazi-Systems« breitete sich aus, aber es blieb ein Vakuum, ein gigantischer, apparativ und technisch bestens ausgerüsteter »Hohlraum« mit seinen zahlreichen Haupt-, Neben- und Unterabteilungen.

Im »Generalgouvernement« Polen beschlagnahmte die deutsche Verwaltung sämtliche Lichtspieltheater und unterstellte sie einem von ihr ernannten Treuhänder. Was die Deutschen nicht zerstört hatten, rissen sie räuberisch und ohne Entschädigung der unterlegenen Gegenseite an sich: Produktionsanlagen, Geräte, Filmlager und Kopiereinrichtungen. Unter der Leitung des bisherigen Budapester Ufa-Direktors Fliegel wurde die Krakauer Film- und Propagandamittel-Vertriebs GmbH zu einer Art Sammellager für alles, was den Deutschen für ihre Zwecke – in erster Linie also die Herstellung eigener Wochenschauen und Propagandafilme für das »Generalgouvernement« – nützlich schien. Kulturpolitisch wurde Polen planiert: jede eigenständige kulturelle Regung der unterworfenen Bevölkerung wurde erstickt und die Bevölkerung selbst in einem geistigen Getto kaserniert, dem man allenfalls »niedrige« Unterhaltungsbedürfnisse zugestand. Entsprechend setzte die Gouvernementsverwaltung die von den »Volksdeutschen« geforderte kulturelle Apartheid durch: von den 123 Kinos waren 17 »nur für Deutsche« vorgesehen; 62 Kinos zeigten Filme für Deutsche und Polen in jeweils separaten Vorführungen – der Rest war der einheimischen Bevölkerung reserviert und diente der schnellen Amortisation billigster Unterhaltungsware aus den reichsdeutschen Konzernen.[298]

Eine ähnliche Beschlagnahmungsstrategie verfolgten ab 1941 die Reichskommissariate in den eroberten Gebieten der Sowjetunion. Alle Kinos, Produktionsanlagen, Kopierwerke, die den Deutschen in die Hände fielen, wurden der Zentralfilm-Gesellschaft Ost mbH unterstellt, deren Stammkapital von Max Winklers Cautio GmbH und dem Reichsministerium für die besetzten Ostgebiete unter Alfred Rosenberg gehalten wurde. Überhaupt hatte Winkler, das finanzpolitische Genie der nationalsozialistischen Filmpolitik, auch in den besetzten Territorien alle Fäden in der Hand. Auf sein Betreiben und mit Unterstützung von Goebbels wurde im Ufi-Konzern eine Ufa-Sonderproduktion GmbH eingerichtet, die für die spezifischen Propagandainteressen der NSDAP und der Wehrmacht zuständig war. Ihr wurde, neben anderen Aufgaben, auch die Produktion von Filmen in den besetzten Gebieten der Sowjetunion zugeordnet: ein Konzept, das mit der Auflösung der Ostfront und dem Vormarsch der Roten Armee sich sehr bald in nichts auflösen sollte.

Im westlichen Ausland, vor allem in Frankreich mit seiner vergleichsweise hochentwickelten Filmproduktion, entschied sich die deutsche Besatzungsmacht für eine weniger rabiate Strategie. Gegenüber den Ansprüchen des französischen Kinopublikums bestanden begründete, wenn auch uneingestandene Minderwertigkeitskomplexe. Winkler plädierte, »mit Rücksicht auf die französische Gesetzgebung und Mentalität«[299], für ein behutsames Vorgehen und schlug die Zusammenarbeit mit einheimischen Mittelsmännern und Vertrauenspersonen vor, um die wichtigeren französischen Kinos in deutschen Besitz oder unter deutsche Verfügungsgewalt zu bringen. In Paris wurde die Continental-Films Société ins Leben gerufen und beauftragt, alle Produktions- und Vertriebsvorgänge im besetzten Westeuropa nach Maßgabe der deutschen Interessen zusammenzufassen.

Die Führung der Gesellschaft oblag dem ehemaligen Terra-Produktionschef Alfred Greven, der 1939, nach Corrells Abschied, ein kurzes Gastspiel bei der Ufa gegeben hatte. Greven war an die Weisungen Winklers und damit der Reichsregierung gebunden; die 15,5 Millionen Reichsmark, die er zur Verfügung hatte, wurden jedoch von den Konzernen Ufa, Tobis und Terra aufgebracht, die sich auch der in Frankreich, Holland und Belgien eingespielten Gewinne erfreuen durften. Hatte der Ufa-Aufsichtsrat im Ersten Weltkrieg noch im Juni 1918 seine Millionen zum Erwerb von Lichtspieltheatern in ganz Europa verteilt, so wurde nun – nach einem sehr ähnlichen Schlüssel – das Kapital der Continental-Films für Investitionen in Frankreich (12,5 Millionen), Belgien (1,5 Millionen) und Holland (1,3 Millionen) aufgegliedert.[300]

Die Continental-Films sorgte für die Produktion von Filmen in französischer Sprache und kontrollierte über ihre Tochtergesellschaften den Theaterpark; die Filmdistribution war Aufgabe der Ufa- und der Tobis-Verleihfilialen, ab 1942 ausschließlich der Auslandsabteilung der Ufa. Ein hochorganisierter und weitverzweigter Produktions- und Verteilungsapparat schien, nach fünfundzwanzig Jahren, Ludendorffs Traum von der deutschen Kino-Vorherrschaft in Europa zu verwirklichen – aber das imponierende Gebäude war nur ein Kartenhaus. Das europäische Sendungsbewußtsein der Nationalsozialisten war hohles Pathos, ihre kulturelle Offensive kam auf der Spitze der Bajonette in die besetzten Länder, und für den politischen Flankenschutz sorgten SS und Geheime Staatspolizei.

Die Maßnahmen in den okkupierten Gebieten der Tschechoslowakei belegen besonders deutlich, daß Filmpolitik unter dem Besatzungsrecht nichts anderes als rücksichtslose Kolonialpolitik im Interesse der deutschen Filmindustrie war und ab 1942 ausschließlich der weiteren Expansion der Ufa-Film GmbH, also des Ufi-Trusts, zu dienen hatte.

Am 1. Oktober 1938 marschierte die Wehrmacht ins Sudetenland ein. Im April 1939, mit der Ablösung der Militärregierung durch die Zivilverwaltung, wurde beim Amt des »Reichsprotektors für Böhmen und Mähren«, Konstantin von Neurath, analog zur Struktur des Propagandaministeriums eine kulturpolitische Abteilung mit den Unterabteilungen Presse, Theater und Film, Rundfunk, Musik, Literatur sowie Bildende Kunst eingerichtet. Wer den deutschen Verlautbarungen Glauben schenkte, mußte den Eindruck gewinnen, der nationalen Kultur und besonders der relativ hochentwickelten Filmproduktion der Tschechen solle ein breiter, unkontrollierter Spielraum erhalten bleiben. In

Wirklichkeit beabsichtigte die deutsche Verwaltung, die wirtschaftlichen Grundlagen der einheimischen Filmindustrie zu zerstören, und suchte zu diesem Zweck die Zusammenarbeit mit kooperationswilligen Kräften des besetzten Landes.

»Eindeutschung« der Filmwirtschaft, »Germanisierung« und »Arisierung« des gesamten Gewerbes waren von Beginn an erklärte politische Ziele. Auf einen Schlag hatte sich der deutsche Theaterpark um mehr als tausend Kinos bereichert – und sehr bald wurden, zur schnelleren Amortisation, deutsche »Pflichtfilme« eingeführt: »staatspolitisch wertvolle« Produktionen wie *Andreas Schlüter, Bismarck, Diesel, Robert Koch, Die große Liebe, Der große König, Ich klage an* oder *Jud Süß* mußten ab 1942 landauf, landab in jedem tschechischen Kino vorgeführt werden. Unmittelbar nach der Okkupation kamen Leni Riefenstahls Reichsparteitags- und Olympiafilme sowie Ritters *Verräter* und *Unternehmen Michael* – Filme, die zuvor die republikanische Regierung nicht zugelassen hatte – in die Prager Kinos.

Von einem Tag auf den andern propagierten die Wochenschauen den Segen der deutschen Annexionspolitik und die Abtrennung der Slowakei. 1940 verdrängte die Ufa-Wochenschau die amerikanischen Konkurrenzfirmen Fox und Paramount und besorgte von nun an, zusammen mit der »gleichgeschalteten« tschechischen Aktuality, die Propaganda für Hitlers Krieg. Sie provozierte in vielen Kinos immer wieder den Protest der Zuschauer und lautstarke antifaschistische Aktionen. Dia-Projektionen, die das Publikum vor Beginn der Wochenschau zur Ruhe mahnten, fruchteten nichts. Die Protektoratsverwaltung entsandte Aufsichtspersonen in die Kinosäle, die ermächtigt waren, die »Störer« festzustellen und zu verhaften; wer ertappt wurde, mußte mit acht Tagen Gefängnis rechnen. Als auch diese Maßnahme erfolglos blieb, drohte die Besatzungsmacht mit sofortiger Schließung solcher Kinos, in denen es zu Protestaktionen gekommen war. Die tschechischen Kinobesucher, soweit sie zum Widerstand entschlossen waren, boykottierten daraufhin die Wochenschau; in anderen Fällen wurden die provozierenden Bildsequenzen von den Kinobesitzern aus den Kopien herausgeschnitten. Gelegentlich kam es zur Zerstörung ganzer Filme und auf diese Weise zu Behinderungen des Vertriebs. Die Protektoratsverwaltung witterte Sabotage und drohte 1940 rücksichtslose Maßnahmen gegen »die schuldigen Einzelpersonen und Organisationen« an.[301]

Vorrangiges Ziel aller nationalsozialistischen Maßnahmen im Filmsektor war indessen die absolute wirtschaftliche Hegemonie. Schon im Frühjahr 1939 waren in den besetzten Teilen der Tschechoslowakei alle sowjetischen Filme verboten; zum Kriegsausbruch folgte das Verbot der englischen und französischen Produktion. Der Import amerikanischer Filme wurde über Berlin abgewickelt und ging um 50 Prozent zurück; Filme mit Hans Albers sollten nun die beim tschechischen Publikum traditionell beliebten Unterhaltungs- und Abenteuerfilme aus Hollywood verdrängen. Gleichzeitig wurden Gesetze zur »Germanisierung« des gesamten Filmgewerbes erlassen: die Filmbetriebe mußten sich deutsche Namen geben; die Angestellten und das Atelierpersonal hatten sich deutschen Sprachprüfungen zu unterziehen.

Im Zuge umfassender Repressalien gegen die jüdische Bevölkerung und der Enteignung jüdischen Kapitals wurden auch die Filmateliers, Verleihgesellschaften und Theaterbetriebe »arisiert«. Schon vor 1938 hatten die Nationalsozialisten versucht, jüdische Künstler aus der tschechischen Filmproduktion zu drängen: die tschechischen Auftragsproduzenten deutscher Firmen hatten sich an die nationalsozialistischen Kontingentverordnungen zu halten, die jede jüdische Mitarbeit ausschlossen. Nach der Besetzung galt jeder Betrieb als »jüdisch«, dessen Leitung bis zum 15. März 1939 einen »Nichtarier« aufzuweisen hatte. In solche Betriebe wurden reichsdeutsche Treuhänder eingesetzt und mit Vollmachten ausgestattet, die alle noch bestehenden Gesetze und Verwaltungsvorschriften außer Kraft setzen konnten.

Hand in Hand mit den Enteignungen vollzog sich die Entrechtung der Juden im öffentlichen Leben: von September 1939 an durften die Juden nach 20 Uhr ihre Wohnungen nicht verlassen; sie durften weder ihren Wohnort wechseln noch öffentliche Verkehrsmittel benutzen; und außer Hotels, Gaststätten und Theatern waren ihnen auch die Lichtspielhäuser verschlossen.

Ein Musterbeispiel für die gewaltsame Aneignung tschechischen Besitzes mit Hilfe des Arier-Paragraphen war das Vorgehen der Nationalsozialisten im Fall der AB-Filmfabrikations AG mit ihren modernen Studios auf dem Barrandov-Hügel in Prag. Eine unmittelbare Beschlagnahmung als jüdisches Eigentum schied als Möglichkeit aus: Vorstand und Hauptaktionär von Barrandov war ein Nicht-Jude, der wohlhabende Filmunternehmer Milos Havel (Onkel des Schriftstellers und späteren Präsidenten der Tschechoslowakei Václav Havel). Der einzige Jude im Verwaltungsrat war Oswald Kosek. Eine Woche, nachdem von Neurath seinen Erlaß über jüdisches Eigentum veröffentlicht hatte, zitierte Regierungsrat Hermann von Glessgen – Leiter der Filmabteilung beim Reichsprotektorat, SA-Mitglied und zuvor in der Ufa-Verwaltung angestellt – Milos Havel ins Cernin-Palais und teilte ihm mit, die Barrandov-Ateliers von AB seien jüdisches Eigentum. Er riet ihm, seinen Aktienanteil von 51 Prozent dem Reich zu verkaufen – anderenfalls werde ein Treuhänder eingesetzt. Havel lehnte ab – auch, als Glessgen ihm zusätzlich zur Kaufsumme als »Rücktrittsgeld« 150000 Reichsmark bot. Daraufhin erklärte der nationalsozialistische Filmstatthalter die Barrandov-Studios offiziell zum »jüdischen Betrieb«, obwohl Oswald Kosek, der fünf Prozent der Aktien gehalten hatte, seit dem 16. März 1939 nicht mehr im Verwaltungsrat war.

Im Juli wurde Karl Schulz, zuvor Filmkaufmann und Produktionsleiter bei der Bavaria, als Treuhänder eingesetzt. Die Handelskammer annullierte den § 9 der Barrandov-Satzung (und damit die Mitsprache des Verwaltungsrats und der Aktionäre); die Protektoratsregierung erhöhte das Aktienkapital von 1,5 Millionen tschechischen Kronen auf 4,5 Millionen – und Milos Havel wurde schließlich zum Verkauf seines Anteils teils gezwungen, teils mit lukrativen Versprechungen gedrängt: man räumte ihm Vergünstigungen für Eigenproduktionen der von ihm geführten Lucerna-Film GmbH ein.[302] In Barrandov jedenfalls war Havel entmachtet; die gut ausgerüsteten Ateliers kamen in den Besitz des Deutschen Reiches, vertreten durch Max Winklers Cautio GmbH. Zwei Jahre später betrug das Stammkapital, dank florierender Produktionsaufträge, schon 30 Millionen Kronen (6 Millionen Mark[303]).

Karl Schulz geriet 1942 in Schwierigkeiten und schließlich vors Gericht: delikaterweise wurde er wegen persönlicher Bereicherung an ehemals tschechoslowakischem Vermögen, Urkundenfälschung und Unterschlagung verurteilt. Sein Nachfolger wurde Ufi-Prokurist Josef Hein.

Mit der Übernahme von Barrandov und, wenig später, des zweitgrößten Ateliers in Hostivar waren die wichtigsten tschechischen Produktionsstätten in deutscher Hand. Die Zusicherung der Protektoratsregierung, die tschechische Produktion solle Vorrang behalten, erwies sich als leeres Versprechen: Produktionstermine erhielten die Tschechen nur, wenn ausnahmsweise keine deutsche Produktion im Studio war. Zug um Zug verlagerte nun die deutsche Filmindustrie einen Teil ihrer Produktion in die Filmfabriken des »Protektorats«.

Zum wichtigsten Brückenkopf der deutschen Produktion außerhalb der Reichsgrenzen wurde Barrandov. Im November 1941 beschloß die Generalversammlung der alten AB-Filmfabrikations AG ihre Umbenennung in Prag-Film AG. Die Ateliers des Milos Havel waren nun auch offiziell ein Teil des Ufi-Trusts – und entsprechend sah der Verwaltungsrat aus: ihm präsidierte Bankdirektor Friedrich Merten aus Berlin, einer der wichtigsten Mitarbeiter des Reichsfilmbeauftragten Max Winkler; weitere Mitglieder waren SS-Sturmbannführer Martin Wolff, Josef Hein als Leiter des Ateliers, Produktionschef Carl Wilhelm Tetting, SA- und NSDAP-Mitglied, zuvor Produktionsleiter bei der Bavaria, sowie Hermann Burgmeister, Ministerialrat im Reichsfinanzministerium. Kurz vor Kriegsende wurden noch Hans Hinkel, zu diesem Zeitpunkt schon Reichsfilmintendant, Karl Ott, ein Beamter aus dem Propagandaministerium, und als neuer Produktionschef der Regisseur Emmerich W. Emo in den Verwaltungsrat aufgenommen.

Noch bevor er sich in den Schlingen der Gesetze verfing, konnte Direktor Karl Schulz die Barrandov-Studios zum »Bunker« für die von alliierten Bombenangriffen immer mehr in Bedrängnis geratene reichsdeutsche Filmproduktion ausbauen. Auf seine Initiative wurden die Anlagen wesentlich vergrößert. Die damit beauftragte tschechische Baufirma sparte nicht mit Material und verschwendete vor allem erhebliche Mengen an kriegswichtigem Kupfer, so daß die Vermutung, sie betreibe Sabotage, nicht unbegründet schien. Jedenfalls kam der Architekt Novak, der moderne Ateliers mit großen Glasflächen entworfen hatte, nicht zum Zuge – die nationalsozialistischen Auftraggeber entdeckten stilistische Anklänge an die »jüdisch-bolschewistische« Architektur des Weimarer Bauhauses und beriefen einen Berliner Architekten, dessen Entwurf ihrem ästhetischen Empfinden näher kam.

Im Inneren verfügte Barrandov nun über modernste Technik aus Berlin und dem besetzten Frankreich, über Einrichtungen für die Farbfilmproduktion sowie über ein Kopierwerk, das in der Lage gewesen wäre, das gesamte Reich zu versorgen. Die technischen Anlagen der Labors hatte man, nach dem Badoglio-Putsch 1943, in Cinecittà bei Rom, dem Zentrum der italienischen Filmproduktion, beschlagnahmt. Als Synthese »reichseigener« und geraubter Errungenschaften wurde Barrandov solchermaßen, neben Neubabelsberg, zur größten Filmstadt Europas, die Goebbels noch bei seinem Besuch im November 1944 – also sechs Monate vor dem Zusammenbruch seines Regimes – zu einer deutschen Filmmetropole der Zukunft erklärte. Die mit den Installationsarbeiten beauftragten tschechischen Firmen und ihre Spezialisten – in der Regel zu jedweder Sabotage entschlossen – hielten sich in diesem Fall penibel an die Aufträge: wußten sie doch, daß die Tage des NS-Regimes in absehbarer Zeit gezählt und die Barrandov-Studios wieder in tschechischer Hand sein würden.

Die Prag-Film AG nahm ihre Produktion im August 1942 mit Peter Paul Brauers *Himmel, wir erben ein Schloß* auf; der Film entstand nach einem Roman von Hans Fallada, in den Hauptrollen spielten Anny Ondra und Hans Brausewetter; Kameramann war der Tscheche Václav Hanus. Brauer, ein »strammer Parteiaktivist«[304], war 1940 von seinem Posten als Produktionschef der Terra wegen Unfähigkeit abgesetzt worden. Produktionschef Tetting forderte eine Reihe tschechischer Regisseure auf, sich an der Herstellung deutscher Filme zu beteiligen; als sie sich weigerten, wurden sie von der deutschen Leitung unter Drohungen gezwungen, die ihnen vorgelegten Verträge zu unterschreiben. Einige Regisseure wie Otokar Vávra oder Vladimír Slavinský konnten sich durch eine ausgeklügelte Hinhalte-Taktik zumindest vorübergehend den Verpflichtungen entziehen: sie ließen sich von Havels Lucerna-Film GmbH beschäftigen und verzögerten die Dreharbeiten, so gut es ging – stets in der Hoffnung auf ein baldiges Ende des Krieges und der Fremdherrschaft. Tschechische Künstler, die gezwungen wurden, für die Prag-Film zu arbeiten, mußten auf Grund eines Befehls von Goebbels deutsche oder deutsch klingende Namen annehmen. Hinter etlichen deutschen Namen in Alfred Bauers »Spielfilm-Almanach« verbergen sich tschechische Regisseure, Schauspieler oder Kameramänner – so hieß »Otto Pittermann«, der 1943 für die Bavaria in den Barrandov-Studios das Lustspiel *Die schwache Stunde* drehte, in Wirklichkeit Vladimir Stravinský, und sein Kameramann Josef Strecher nannte sich, genaugenommen, Strecha.[305]

In den letzten beiden Kriegsjahren wurde Prag zum komfortablen Ausweichquartier der deutschen Filmindustrie – die Arbeit in den Produktionszentren Berlin und München war inzwischen, unter den Bedingungen des Bombenkriegs, für alle Beteiligten mit Gefahr für Leib und Leben verbunden. Mit der rapiden Verschlechterung der Kriegslage erreichten die tschechischen Studios eine optimale Auslastung: Ufa, Tobis, Bavaria, Wien-Film und die anderen Gesellschaften unter dem Dach der Ufi produzierten nun im »Bunker Prag«. In den Monaten März und April 1945 herrschte in Barrandov und Hostivar Hochbetrieb. Während die Rote Armee den Ring um Berlin enger zog und die nationalsozialistische Führung ihren Abgang aus der Geschichte vorbereitete, drehte Willi Forst den musikalischen Ausstattungsfilm *Wiener Mädeln*, Hans Steinhoff den Kriminalfilm *Shiva und die Galgenblume* (mit Hans Albers, Aribert Wäscher und Elisabeth Flickenschildt), Robert A. Stemmle das »bayerische Lustspiel« *Geld ins Haus* und Geza von Bolvary die musikalische Liebes- und Verwechslungskomödie *Die tolle Susanne*.

Bolvary und Steinhoff konnten ihre Filme nicht mehr vollenden. Der »Durchhalteregisseur« Steinhoff versammelte am letzten Drehtag sein Team zum Appell und drohte jedem mit Verhaftung, der mit dem Gedanken spiele, angesichts der näherrückenden Front Prag zu verlassen. Am darauffolgenden Tag, es war der 20. April 1945, setzte sich Steinhoff selbst ab und flog nach Berlin; von dort sollte es weitergehen: Fluchtziel Spanien. Unterwegs wurde seine Maschine von sowjetischen Jagdfliegern abgeschossen. Bei Luckenwalde in Brandenburg fand man Steinhoffs Leiche.[306]

29. Kapitel

Blutrot in schauriger Schönheit. Goebbels und sein Melodramatiker

»Das Problem der Wochenschau wird bei längerer Dauer des Krieges immer schwieriger«, notierte Goebbels am 25. Mai 1943. »Man weiß nicht mehr, was man bringen soll.«[307] Der Propagandaminister, der nicht selten als oberster Dramaturg und Schnittmeister in die Herstellung der Wochenschau eingriff, stand vor dem Problem, daß die deutsche Kriegsmaschine keine Siege mehr produzierte – genauer: daß die Bilder der deutschen Filmpropaganda-Maschine, zumal die von der Ostfront, nicht mehr in Dokumente deutscher Unbezwinglichkeit umzufälschen waren. Das brauchbare Material wurde rar und versiegte schließlich ganz. Nur wenige Monate später, Ende November 1943, sollte Goebbels noch in weitaus ärgere Bedrängnis geraten.

In der Nacht vom 22. zum 23. November und den folgenden Nächten flogen alliierte Bombengeschwader die bis zu diesem Zeitpunkt schwersten Luftangriffe auf deutsche Großstädte wie Berlin, Frankfurt, Bremen und Leipzig; allein in der Reichshauptstadt starben, auch als Folge des vernachlässigten Bunkerbaus, fast dreitausend Menschen, mehr als eine halbe Million wurden obdachlos. Gruppen marodierender und plündernder »Volksgenossen« zogen in den Tagen und Nächten darauf durch die bombardierten Stadtteile. Erhebliche Teile des Volkes, so ermittelte der Sicherheitsdienst, kamen in dieser Zeit zu der Überzeugung, daß nur noch der Führer »die schwierige Lage der Gegenwart und die Probleme der Zukunft meistern könne«; den übrigen Größen der NS-Führung werde »kein unbedingtes Vertrauen mehr entgegengebracht«.[308]

Auch einer Goebbels-Ansprache »zur Eröffnung der Jugendfilmstunden vom Standpunkt des Luftkrieges« wurde zwar zugestanden, daß sie wieder einmal ausgezeichnet gewesen sei, voller »Siegeswillen, unerschütterlicher Zuversicht in die deutsche Kraft und fanatischem Haß«, im übrigen habe diese Rede jedoch »keine befriedigende Antwort auf die alle Volksgenossen bewegende Frage nach der Vergeltung zu geben vermocht«.[309] In der Tat – während sich Gerüchte über ein angeblich ungeheures Ausmaß der Zerstörungen in der Hauptstadt über das ganze Reichsgebiet verbreiteten, wurde die Frage nach der vom Regime täglich beschworenen »Vergeltung« zu einer »Vertrauensfrage erster Ordnung zwischen Volk und Regierung«. Die Mehrzahl der Deutschen gab noch keineswegs auf, solange sie an die von Hitler und Goebbels versprochenen »Wunderwaffen« glaubte. Für die Tatsache, daß nur wenige Tage nach den Bombenangriffen die Berliner Theater und Lichtspielhäuser ihren Betrieb wieder aufnahmen, fehlte indessen – wiederum nach den Erkenntnissen des SD – in weiten Kreisen der Bevölkerung jedes Verständnis.

Das Propagandaministerium in der Wilhelmstraße wurde in den Katastrophennächten kaum in Mitleidenschaft gezogen; die Angestellten mußten das Fensterglas in den Büroräumen durch Pappe ersetzen, konnten aber bis auf weiteres in gewohnter Umgebung ihrer kriegswichtigen, weil kriegsverlängernden

Tätigkeit nachgehen. Goebbels selbst gefiel sich darin, aus seinem »Befehlsstand« im Luftschutzkeller seines Hauses die »Verteidigung Berlins« zu leiten und politische Lyrik mit Anklängen nationalsozialistischer Todesmystik zu veröffentlichen: der Himmel über Berlin erhebe sich »blutrot in einer schaurigen Schönheit«; nie habe er die Hauptstadt »so geliebt wie jetzt, da schwere Wunden ihr Gesicht entstellen«.[310]

Sorgen bereitete dem Minister allerdings die aktuelle Filmberichterstattung: »Die Wochenschaubilder, die mir von Berlin gezeigt werden, sind unter aller Kritik. Man sieht nur schaurige Elendsbilder, von den Hilfsmaßnahmen ist nichts zu sehen.« Trotz allem war Goebbels fest entschlossen, »aus der Schlacht um Berlin ein Heldenlied zu machen«.[311] Zunächst allerdings mußte er zur Kenntnis nehmen, daß die Produktionsstätte der Deutschen Wochenschau, das Hauptgebäude der Ufa in der Krausenstraße, schwer beschädigt war. Die Produktionsgruppen mußten in den Keller und in Nebengebäude umziehen, bis die gesamte Wochenschauherstellung im Juni 1944 in die Baracken von Buchholz bei Berlin ausgelagert wurde.

Doch auch die Spielfilmproduktion der Ufa versetzte den Propagandachef in erhöhte Wachsamkeit und erzwang immer wieder sein Einschreiten in prekären Situationen. Marika Rökk berichtet in ihren Erinnerungen, Goebbels habe an den »schmiegsamen, sinnlichen Bewegungen« ihres spanischen Tanzes in *Die Frau meiner Träume* Anstoß genommen – so aufreizend und frivol tanze eine deutsche Frau nun einmal nicht.[312] Die Aufnahmen zu diesem siebenten deutschen Farbfilm begannen im März 1943, Regie und Herstellungsleitung waren dem Revue-Spezialisten Georg Jacoby anvertraut worden, in den Hauptrollen neben Marika Rökk spielten Wolfgang Lukschy, Walter Müller, Georg Alexander und Grethe Weiser. Im September war der Film abgedreht, gleichwohl verzögerte sich die Herstellung der Zensurfassung bis in den August 1944. Goebbels' Einspruch gegen die angeblich laszive Erotik Marika Rökks führte zu Nachaufnahmen, die wiederum beträchtliche Probleme für die Endbearbeitung zur Folge hatten: Dekoration und Farbgestaltung, Lichtbestimmung und Negativschnitt gerieten durcheinander. Ausstatter Erich Kettelhut protestierte, und die Ufa-Filmkunst korrigierte in ihren »Einsatzmeldungen« an den Reichsfilmintendanten mehrfach den Ablieferungstermin. Schließlich passierte der Film Anfang August 1944 die Zensur und wurde, nach seiner Premiere im Marmorhaus, zu einem der größten Revuefilmerfolge der vierziger Jahre. Wenige Wochen nach dem Attentat auf Hitler und in einer Zeit, in der Deutschlands Großstädte bereits in Trümmern lagen, spielte *Die Frau meiner Träume* (Produktionskosten: 2,36 Millionen Mark) allein im Reichsgebiet acht Millionen ein, obwohl der Reichsfilmintendant in einer geheimen Presseanweisung verfügt hatte, daß dieser Film für öffentliche Besprechungen »nicht geeignet« sei.[313]

Das Schicksal dieses Films deckt einen eigenartigen Zwiespalt auf – nicht nur in der Seele des Propagandaministers, der, obwohl mondäner Eleganz und erotischer Freizügigkeit durchaus nicht abgeneigt, auch immer wieder den Ehrgeiz verspürte, sich in der Parteihierarchie und gegenüber Hitler als extremer Saubermann zu exponieren. Goebbels' Zerrissenheit war symptomatisch für ein zentrales Dilemma des Regimes: zweifellos propagierte man, angesichts einer immer hoffnungsloseren Kriegslage, Unterhaltung, Ablenkung und »Frohsinn«, zugleich aber argwöhnten die zuständigen Behörden bei jedem noch so harmlosen Couplet, bei jedem noch so unschuldigen Dekolleté die Gefahr der Subversion und der Unterwanderung des gesunden »Volkskörpers«.

Auch die Umkehrung galt: Tag für Tag appellierte die nationalsozialistische Propaganda an den Ernst der Situation und an die »Tragik« des weltgeschichtlichen Entscheidungskampfes, der dem deutschen Volk aufgezwungen worden sei – gleichzeitig war nicht zu übersehen, daß große Teile dieses Volkes in Apathie und Resignation zu versinken drohten und nur durch staatliche Aufheiterungsmaßnahmen dazu zu bewegen waren, die staatlich inszenierte Tragödie zu überstehen. Goebbels und seine Helfer mißtrauten dem Volk, sie mißtrauten aber auch ihren eigenen Parolen, und ihnen schwand von Tag zu Tag die Zuversicht in die politische und militärische Entwicklung, die sie selbst in Gang gesetzt hatten und nun in ein Nibelungen-Drama umfälschen mußten – wohl wissend, daß das Volk gegen diese Lüge weitgehend immun und nur mit vagen Glücksverheißungen und wohldosierter guter Laune auf den Endkampf auszurichten war. Ufa-Filme wie *Die Frau meiner Träume* wandelten auf einem schmalen Pfad: sie hatten Kraft durch Freude zu spenden, aber die Freude am Leben durfte nicht allzu sehr ins Kraut schießen und etwa der Nibelungen-Treue zum Regime, letztlich also der Bereitschaft zum Sterben, Abbruch tun.

Die globalen Dimensionen, in die sich die Phantasien der oberen Kommandoebenen und besonders des Propagandaministeriums flüchteten, waren nur die Kehrseite einer bestürzenden Sichtverengung im Blick auf den Alltag und die Bedürfnisse des Volkes. Bürokratische Borniertheit im Denken und hybrides Schicksalspathos in den Verlautbarungen, die Lust am Untergang und die Mentalität der Sittenpolizei bildeten in den Köpfen der Befehlshaber eine dumpfe Mischung, die es ihnen ermöglichte, die Bombardierung Deutschlands und den Tod von Hunderttausenden in die »großen Zusammenhänge« zu rücken und sich gleichzeitig auf das penibelste mit den Tanzfiguren der Marika Rökk und dem Schnitt ihres Kostüms zu befassen. Gerade in der engstirnigen Versessenheit aufs Detail spiegelte sich der Wirklichkeitsverlust einer Bunker-Philosophie, die sich mit Phrasen über Großräume, Wunderwaffen und entscheidende Vergeltungsschläge nur großspurig maskierte.

Die NS-Filmpropaganda führte sich im Hinblick auf ihre politische Zielsetzung »zunehmend ad absurdum. Denn von Woche zu Woche wurde es immer fraglicher, ob die fertiggestellten Filme überhaupt die Bevölkerung erreichten, um diese in ihrem Durchhaltevermögen zu bestärken. Einerseits arbeitete die Produktionsmaschinerie des Ufi-Konzerns trotz aller Behinderungen weiterhin auf vollen Touren, andererseits beeinträchtigte die Rohfilmverknappung die Verbreitung ihrer Erzeugnisse.« (Spiker[314]) Es war nicht nur die durch den Krieg bedingte Einschränkung der Rohfilmfabrikation bei der Agfa, die den Produktionsabteilungen der Ufi Probleme bereiteten. Einsparungen mußten in allen Bereichen vorgenommen werden – in der Verwaltung ebenso wie in den Ateliers, in den Werbeabteilungen, in der Ausbildung oder in der Kulturfilmproduktion. Einerseits verkündete Goebbels bei jeder sich bietenden Gelegenheit die »kriegsentscheidende Bedeutung« der Filmwirtschaft – andererseits dekretierte er Personaleinsparungen, die zu einer erheblichen Verminderung der in der Filmindustrie beschäftigten »Gefolgschaftsmitglieder« führten – sie wurden umstandslos an die Front, in die Etappe oder in die Rüstungsindustrie abkommandiert. Die Propaganda, die dem Krieg zu dienen hatte, drohte vom Krieg verschlungen zu werden; das heroische Bild des PK-Filmmannes, der die Kamera beiseite legt, um zum Gewehr zu greifen, erfuhr eine konkrete, unter den Bedingungen des letzten Kriegsjahres allerdings absurde Verwirklichung.

Die Sparmaßnahmen trafen eine Industrie, die sich einer zuvor weder in Deutschland noch in einem anderen europäischen Filmland je erreichten wirtschaftlichen Konjunktur erfreuen konnte. Nach den von Spiker[315] veröffentlichten Zahlen strömten 1943 im »Großdeutschen Reich« (mit Luxemburg, Elsaß-Lothringen und dem Warthegau, aber ohne die tschechischen Gebiete) fast 1,12 Milliarden Menschen in die Kinos; dies bedeutete statistisch mehr als vierzehn Kinobesuche pro Jahr und Kopf der Bevölkerung – ein in keinem anderen Kriegsjahr, geschweige denn im Frieden auch nur annähernd erreichter Rekord. Die Gewinne der Ufi, des nationalsozialistischen Monopolkonzerns, näherten sich im Vergleich zu den mageren dreißiger Jahren astronomischen Größenordnungen: 1942/43 betrugen sie 155 Millionen, 1943/44 sogar 175 Millionen Reichsmark.

Gewinnabführungen und kriegsbedingte Sonderbesteuerungen sorgten freilich dafür, daß die Bäume nicht in den Himmel wuchsen – in beiden Geschäftsjahren blieben der Ufi nach Abzug aller staatlichen Abgaben von dem zu versteuernden Gewinn nur 18 Millionen Mark. Der Reichsfilmbeauftragte Max Winkler führte gegen diese schmerzlichen Folgen der Kriegswirtschaftsverordnung einen zähen Kampf, aber auch er konnte nicht verhindern, daß die hohe Gewinnbesteuerung unter dem Primat der Kriegsfinanzierung gerade einen expandierenden Gewerbezweig besonders schwer traf, zumal der Fiskus von der Filmwirtschaft eine rückwirkende Gewinnabführung für die Jahre 1940 und 1941 forderte. »So erwies sich der Traum vom kapitalstarken deutschen Monopolkonzern, mit dem Winkler nach Kriegsschluß den Konkurrenzkampf mit der amerikanischen Filmindustrie aufnehmen und den gesamten europäischen Filmmarkt zur rein deutschen Einflußsphäre machen wollte, schon vor dem Zusammenbruch als Utopie.«[316]

In beeindruckender Weise hatte Winkler mit dem Ufi-Konzern eine Art Hypertrophie der alten Ufa geschaffen und dem deutschen Effizienz-Denken zumindest strukturell zum Durchbruch verholfen. Doch unter den Bedingungen der Kriegswirtschaft konnte nicht einmal dieses mächtige Gebilde Goebbels' Forderung erfüllen, die Jahresproduktion auf 110 Filme zu steigern. 1943 wurden 78, 1944 nur noch 64 Spielfilme hergestellt.[317] Aufwendige Filme wie *Münchhausen* (1942/43), *Die Frau meiner Träume* (1943/44) und *Kolberg* (1944/45) blockierten die Ateliers, die Schneideräume und die Kopieranstalten. Gerieten schon auf diese Weise die Drehpläne durcheinander, so brachten die verstärkten britischen und amerikanischen Luftangriffe auf Deutschlands Großstädte auch manche Filmproduktion an den Rand des Chaos. Berliner Ateliers lagen von einem Tag zum anderen in Schutt und Asche; sorgfältig vorbereitete Außenaufnahmen konnten nicht mehr durchgeführt werden, weil eine dramaturgisch wichtige Brücke, ein Hochhaus oder eine ganze Straßenzeile in Trümmer gesunken war.

Die letzten Vorstände des Ufi-Konzerns, der Ufa-Filmkunst GmbH und der alten Universum Film-AG navigierten sinkende Schiffe – teils in defätistischer Stimmung, teils noch immer in der Pose machtbewußter Befehlshaber, die nicht daran glauben mochten, daß mit dem Untergang des Hitler-Reiches auch die Tage ihres Filmimperiums ein für allemal gezählt waren. Unter ihnen waren nur noch wenige ausgewiesene Fachleute und solche, die als Pioniere der deutschen Filmwirtschaft zu bezeichnen gewesen wären – wie etwa Heinz Zimmermann, der als Geschäftsführer der Deutschen Filmvertriebs GmbH dem letzten Vorstand der Ufa-Film GmbH, also der Ufi, angehörte, ein Verleihfachmann par excellence, der in den zwanziger Jahren schon die amerikanische Fox in Berlin vertreten hatte und 1927, zu Beginn der Hugenberg-Ära, in die Verleihabteilung der Ufa eingetreten war. Erst 1941, zeitgleich mit seiner Ernennung zum ordentlichen Vorstandsmitglied der Ufa AG, hatte sich Zimmermann bei der NSDAP eintragen lassen.

Anders als er war Friedrich Merten, der bis Kriegsende seine Stellung als Vorstandsmitglied und Geschäftsführer des Ufi-Konzerns hielt, weder Filmexperte noch Parteigenosse – vielleicht konnte er sich gerade als hochkarätiger Bankfachmann und enger Mitarbeiter Max Winklers der NSDAP-Mitgliedschaft entziehen. Dem Stab des Reichsfilmbeauftragten gehörte Merten seit 1933 an – und der vertrauensvollen Kooperation mit Winkler verdankte er auch seine einflußreiche Position in der Leitung des Ufi-Konzerns. Hier teilte er sich seit Herbst 1943 die Aufgaben der Geschäftsführung mit dem Tobis-Manager Karl Julius Fritzsche.

Nicht alle hohen Ufi- und Ufa-Funktionäre der letzten Kriegsjahre konnten ihre Stellung bis zum bitteren Ende behaupten. Leopold Gutterer, Aufsichtsratsvorsitzender der Ufi und seit April 1944 Vertreter des Propagandaministeriums im Ufi-Vorstand, wurde Ende 1944 von Goebbels aller Ämter enthoben und an die bereits zusammenbrechende Front geschickt. Auch Goebbels' Musterschüler Fritz Hippler – NSDAP-Mitglied seit 1927, ab 1938 Referent und Wochenschauverantwortlicher im Propagandaministerium, 1939 Leiter der dortigen Filmabteilung, 1941 Obersturmbannführer der SS und 1942 Reichsfilmintendant – erfuhr den Undank seines Meisters, als dieser ihn, schon im Mai 1943, wegen letztlich geringfügiger Meinungsverschiedenheiten aus allen Ämtern entließ. Ebenso konnte Max Winkler seinen Stellvertreter Bruno Pfennig – seit 1930 Justitiar und Versicherungsexperte bei der Ufa und ab 1942 Vorsitzender der Ufi-Geschäftsführung – nicht mehr halten, als ruchbar wurde, daß er sich auf Schwarzmarktgeschäfte eingelassen hatte.

Im Vorstand der »alten« Ufa-Aktiengesellschaft (die nach der Ufi-Gründung alle Geschäftszweige außerhalb der Filmproduktion verwaltete) blieben neben dem Klitzsch-Nachfolger Fritz Kaelber und seinem Verleihchef Heinz Zimmermann auch einige Ufa-Veteranen bis 1945 im Amt, unter ihnen der Leiter der technischen Betriebe, Hermann Grieving; der Chef der Buchhaltung, Fritz Kuhnert, der schon 1919 in den Konzern eingetreten war; der Leiter der Theaterabteilung, Max Witt, Ufa-Vorstandsmitglied seit 1937; der aus Norwegen stammende Agnar Hölaas, Betriebsdirektor in Neubabelsberg – und nicht zuletzt Berthold von Theobald, der schon im November 1918, als Major in Ludendorffs Generalstab mit den besten Empfehlungen ausgestattet, zur Ufa gestoßen war und 1927 die Leitung des Auslandsvertriebes übernommen hatte. Keineswegs alle, die sich bis zur letzten Stunde halten konnten, waren Mitglieder in Hitlers Partei; der Bannstrahl des Propagandaministers traf »Gerechte« und »Ungerechte« – ebenso wie sein Wohlwollen oft darüber hinwegsah, ob die Führungskräfte in seinen Filmkonzernen stramme »Gefolgschaftsmitglieder« oder ideologisch eher unsichere Kantonisten waren.

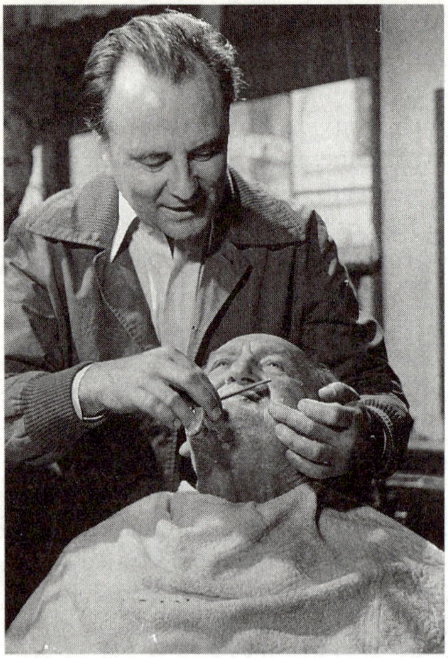

Wolfgang Liebeneiner rasiert Jakob Tiedtke

Die Gespaltenheit des widerstrebenden Mitläufers – oder des anpassungsfähigen Dissidenten – verkörperte in den letzten Jahren des NS-Regimes wie nur wenige andere Wolfgang Liebeneiner, »Staatsschauspieler«, gefragter Regisseur und Professor von Goebbels' Gnaden, Leiter der künstlerischen Abteilung der Deutschen Filmakademie, Leiter der Fachschaft Film, Mitglied des Präsidialrats der Reichstheaterkammer und seit April 1943 Produktionschef der Ufa-Filmkunst GmbH. Winkler hatte Goebbels vorgeschlagen, den Regisseur der von der Tobis produzierten Bismarck-Filme und des »Euthanasie-Films« *Ich klage an* in die Ufa-Leitung zu berufen. Der Propagandaminister sah keine andere Wahl, nachdem es weder Alfred Greven noch dem ehemaligen Marineoffizier und Freischärler Ernst Leichtenstern, noch dessen Nachfolger Otto Heinz Jahn gelungen war, der Bedeutung gerecht zu werden, die in früheren Jahren Erich Pommer und Ernst Hugo Correll der Position des Ufa-Produktionschefs verliehen hatten. Liebeneiner sollte nun für die Hebung des künstlerischen Niveaus sorgen – und Goebbels willigte ein, obwohl oder gerade weil er wußte, daß der Regisseur keineswegs zu den lauten Parteigängern des Regimes, vielmehr eher zu den leisen Skeptikern gehörte und gelegentlich den Mut fand, an den Produktionsmethoden in der gleichgeschalteten Filmindustrie Kritik zu üben.

Der von Staats wegen Auserwählte drängte sich nicht in die neue Position, aber er nutzte auch nicht die Möglichkeiten, der Ernennung auszuweichen. Die Kriegslage und die erschwerten Produktionsbedingungen ließen das Angebot nicht gerade verlockend erscheinen, und Liebeneiner wäre es ein leichtes gewesen, sich unter der Protektion Görings in die Theaterarbeit oder in seinen Aufgabenbereich an der Filmakademie zurückzuziehen. Die allgemeine Lage und die Situation in den Filmkonzernen sah der Regisseur realistisch, so daß nicht anzunehmen ist, daß er sich von den Machtkompetenzen in der Rolle des Ufa-Produktionschefs blenden ließ. Wahrscheinlicher ist, daß ihn wie so viele andere von Goebbels geförderte Filmkünstler die Illusion verlockte, mit der ungeliebten Macht im Rücken die künstlerischen Kräfte stärken, sich für neue Begabungen und interessante Stoffe einsetzen und die Produktionsmethoden reformieren zu können. Zudem hatte Liebeneiner, freilich ohne sich selbst Gefahren auszusetzen, Kollegen, die beim Regime in Ungnade gefallen waren, von Fall zu Fall gedeckt und vor der Gestapo geschützt, und auch als Produktionschef der Ufa wird er seine Handlungsvollmachten und den erweiterten Spielraum nutzen, um diese Schutzfunktion auszuüben. So geschah es, daß in eben jener Zeit, in der die noch immer renommierteste deutsche Filmfirma ihre Kräfte konzentrierte, um dem nationalsozialistischen Regime mit Harlans *Kolberg* den letzten, aber auch aufwendigsten Altar zu errichten, ein Mann die künstlerische Oberleitung innehatte, dem zwar fast alle staatlichen Würden zuteil geworden waren und der dennoch eher als ein meist im stillen wirkender Gegner der NS-Machthaber anzusehen war.

In der zweijährigen Ära Wolfgang Liebeneiners als Produktionschef der Ufa-Filmkunst GmbH erhielten einige junge Regisseure die Chance, ihren ersten langen Spielfilm zu drehen – unter ihnen zum Beispiel der Bühnenregisseur Hans Weißbach. Sein Film *Jan und die Schwindlerin* (1943/44), dessen Drehbuch Per Schwenzen nach seiner gleichnamigen Komödie geschrieben hatte, gehört zu den zahlreichen Produktionen, die in den letzten Kriegsjahren aus unerfindlichen, jedenfalls bis heute nicht rekonstruierbaren Gründen verboten wurden.[318] Die Produktion oblag der bewährten Herstellungsgruppe Max Pfeiffer, und als Kameramann hatte Weißbach den erfahrenen Franz Weihmayr zur Seite; gleichwohl könnten es Qualitätsgründe gewesen sein, die nach der Abnahme durch die Reichsfilmintendanz im August 1944 »bis auf weiteres« zu einer Zurückstellung des Films führten; in aller Regel kam ein solches Verdikt dem Verbot gleich.

Spektakulärer war ein Verbot, das – wieder einmal – den nationalsozialistischen Star-Propagandisten Karl Ritter traf, diesmal in seiner Eigenschaft als Herstellungsgruppenleiter der Ufa im Zusammenhang mit dem Film *Erzieherin gesucht* – laut Werbezettel ein »humorvolles Filmlustspiel der Ufa um die Liebe und alle heiteren Komplikationen, die Verliebte erleben können«. Das Drehbuch hatte Thea von Harbou verfaßt, und Ulrich Erfurth erprobte sich erstmals als Filmregisseur. Zusammen mit dem Tobis-Lustspiel *Eine kleine Sommermelodie* (Regie Volker von Collande) wurde *Erzieherin gesucht* im August 1944 ohne Angabe von Gründen »vorläufig gesperrt«; auch einige Schnittänderungen konnten diesen Zensurspruch bis Kriegsende nicht aufheben. Karl Ritter wird, nach dem Krieg, das gescheiterte Projekt einen »von der Ufa-Dramaturgie ausgekochten Film« nennen und behaupten, die »Zuteilung dieses wertlosen Stoffes« durch Liebeneiner sei eine typische »Schikane« des Propagandaministers gegen ihn, Ritter, gewesen.[319]

Aber auch als Regisseur hatte Ritter weiterhin mit den Richtsprüchen der Goebbels-Zensur zu kämpfen, und ähnlich wie im Fall seiner früheren antisowjetischen Filme reagierte die Zensur auf die veränderte politische und militärische Lage. 1942 beabsichtigte Ritter, mit *Besatzung Dora* ein Heldenepos auf den Einsatz deutscher Fernaufklärer an der Westfront, im Osten und in Afrika zu schaffen. »Nachdem die Szenen im Westen abgedreht sind, fährt das Team mit einem kurzen Zwischenaufenthalt in Berlin ab Mitte Oktober zu den Aufnahmen an der Ostfront. Vier Wochen später will man nach Afrika, um die dort spielenden Teile aufzunehmen. Doch zu dieser Zeit hat sich die militärische Lage schon so verändert, daß sämtliche in Afrika angesiedelten Szenen in Ostia gedreht werden müssen. Ab Ende Dezember 1942 wird ein Teil des Films auf dem Außengelände der Ufa in Babelsberg aufgenommen.«[320] Im Januar 1943 waren alle Teile abgedreht, aber im Februar kapitulierte die 6. Armee in Stalingrad, und im April fand Ritters Film im Propagandaministerium keine Unterstützung mehr. Der Versuch, *Besatzung Dora* durch Schnitte zu retten, wurde durch die weitere militärische Entwicklung zunichte gemacht: im Mai 1943 warfen General Montgomerys Panzer die deutschen Truppen aus ihren nordafrikanischen Stellungen; eine andere Episode des Films wurde durch die Gefangennahme Mussolinis im Juli ad absurdum geführt. Im November wurde Ritters Film von der Reichsfilmintendanz amtlich verboten; nur Vertreter der Luftwaffe, die wohl mit Recht einem verhinderten Werbefilm nachtrauerten, durften ihn noch im Februar 1945 in einer Sondervorführung besichtigen.

So kämpfte die Ufa – vor vielen Jahren gegründet, um das Kriegsglück zu wenden, und von den Nationalsozialisten zur zentralen Propagandafabrik ausgebaut – mit immer kürzerem Atem gegen die überwältigende Kraft des Faktischen. Unfreiwillig demonstrierte Deutschlands großer Filmkonzern, daß der deutsche Kampf gegen die Wirklichkeit ein aberwitziges, zum Scheitern verurteiltes Abenteuer war, und die Wunderwaffe *Kolberg*, der teuerste Propagandafilm aller Zeiten, der nie sein Publikum erreichte, wird nur die ironische Pointe auf das Ende aller Illusionen sein.

Andere Zensurfälle der letzten Kriegsjahre sahen eher wie Ausgeburten behördlicher Willkür aus. Schon des öfteren hatten Filmverbote die Ufa wie Blitze aus heiterem Himmel ereilt – so etwa, als Carl Junghans' Lustspiel *Altes Herz geht auf die Reise* (produziert von der Georg Witt-Film GmbH) 1939 aus dem Verkehr gezogen wurde, nachdem gerüchteweise bekannt geworden war, daß es den Unmut von Hitler persönlich provoziert hatte. Eine inhaltliche Begründung wurde den Produzenten nicht mitgeteilt – ebensowenig wie im Fall des patriotischen Landserfilms *Der 5. Juni* von Fritz Kirchhoff (1941/42), der trotz hervorragender Besetzung (Carl Raddatz, Karl Ludwig Diehl, Joachim Brennecke, Otto Gebühr) und erheblicher Mehrkosten, die nach Änderungswünschen der Wehrmacht entstanden waren, im November 1942 verboten wurde. Auch in der Ufi-Ära, also in den letzten drei Jahren der NS-Herrschaft, setzte die Filmzensur ihr undurchsichtiges Spiel unvermindert heftig fort, und gerade »unpolitische« Sujets waren gegen ihre Willkür nicht gefeit: so E. W. Emos Ehe-Melodrama *Freunde*, eine Produktion der Wien-Film (1943/44), das Verwechslungslustspiel *Die heimlichen Bräute* (Berlin-Film, Regie Johannes Meyer, 1943) und die erotische Komödie *Intimitäten* von Paul Martin (Berlin-Film, 1943/44, mit Viktor de Kowa, Gretl Schörg und Harald Paulsen), an der bis in die letzten Kriegswochen Änderungen vorgenommen wurden; noch im Januar 1945 empfahl der Reichsfilmdramaturg in einem Vermerk an seinen Minister die »Kürzung oder Wegnahme der Kußszene de Kowa–Schörg (vom Mund bis zum Ohr).«[321]

1944 sahen sich auch Gustav Ucicky und sein Autor Gerhard Menzel, seit ihrem Film *Morgenrot* (1933) anerkannte Spezialisten des vaterländischen Genres, den unerforschlichen Ratschlüssen der Goebbels-Zensur konfrontiert. Im Jahr zuvor hatte die Wien-Film GmbH ihren Film *Am Ende der Welt* (mit Brigitte

Horney, Attila Hörbiger und Trude Hesterberg) produziert; unter anderem waren dabei »Buchschwierigkeiten durch Auflage des Herrn Ministers« entstanden, nach der die Rolle eines Bankiers »ein Jude sein mußte«.[322] Auch die Freigabe des für diese Rolle vorgesehenen tschechischen Schauspielers Gottlieb Sambor (i. e. Boguslav Samborsky) hatte sich verzögert. Im Sommer 1944 wurde der Film verboten – möglicherweise erschien der Stoff, der laut Ankündigung »einen primitiven Holzfäller des böhmischen Waldes in der Stadt aus Liebe zu einer rätselhaften Frau schuldig werden läßt«[323], dem Propagandaministerium in Anbetracht der Zeitstimmung allzu düster.

Mit eben dieser Begründung hatte die Ufa-Filmkunst GmbH schon 1942 ihr Projekt, John Knittels Roman »Via Mala« (Regie Josef von Baky, Drehbuch Thea von Harbou) zu verfilmen, zurückstellen müssen, nachdem sie für die Buchrechte bereits eine erhebliche Summe investiert hatte. In den folgenden Jahren war das Ufa-Team unter der Herstellungsleitung von Eberhard Schmidt damit beschäftigt, eine dem Minister genehme Version zu produzieren; bis in den April 1944 hinein verlängerten behördliche Forderungen nach Nachaufnahmen die Drehzeit und trieben die Produktionskosten in die Höhe. »Schnittänderungen, Musik-, Geräusch- und Sprachsynchronisation und die anschließende Tonmischung sowie die kriegsbedingt erschwerte Kopierarbeit«[324] verzögerten die Ablieferung bis Ende 1944; im März 1945 bestätigte dann der Zensurspruch das Goebbels-Verdikt von 1942: *Via Mala* müsse trotz insgesamt günstiger Beurteilung »wegen seines düsteren Charakters zur Zeit zurückgestellt werden«; der Film wurde nur für das Ausland freigegeben.

Auch die anderen in der Ufi zusammengeschlossenen Konzerne kamen durch Zensurverbote in beträchtliche Schwierigkeiten. 1943 debütierte Peter Pewas, ein Absolvent der Filmakademie, mit Unterstützung Wolfgang Liebeneiners bei der Terra-Filmkunst GmbH mit seinem Spielfilm *Der verzauberte Tag*, einer im märchenhaften Stil erzählten Liebesgeschichte mit Winnie Markus, Hans Stüwe und Ernst Waldow in den Hauptrollen. Pewas und sein Kameramann Georg Krause überraschten mit ungewöhnlich sensiblen, poetisch empfundenen Bildkompositionen und erreichten, wie Herbert Jhering später urteilte, eine Synthese der französischen mit der russischen Filmkunst. Die Prüfstelle lehnte den Film ab; Anfang Juli 1944 erteilte Goebbels Weisung, die Terra-Produktion ohne vorherige Ankündigung der Luftschutzgemeinschaft seines Hauses vorzuführen. Das Ergebnis ist überliefert: »Die Beurteilung des Filmes durch die Luftschutzgemeinschaft war überwiegend negativ. Vor allem die männlichen Besucher lehnten den Film scharf ab (...) Eine Anzahl von weiblichen Besuchern hat diesen Film kritiklos hingenommen, während andere wiederum mit Recht die Frage stellten, was eigentlich mit diesem Film zum Ausdruck gebracht werden soll. (...) Nur wenige Mitarbeiter des Hauses, die in Führungsaufgaben verschiedener Abteilungen stehen, erkannten die gefährliche Tendenz, die in diesem Film steckt.«[325]Diese Tendenz ergebe sich aus dem »Halbweltmilieu« vieler Szenen, aus der »unerfreulichen Zeichnung« eines pflichttreuen deutschen Beamten und der »kokotten Führung« einer (von Eva-Maria Meinecke gespielten) Nebenrolle. Der Produktionschef der Terra, Alf Teichs (ehemals Chefdramaturg der Ufa), setzte sich bei Goebbels persönlich für seinen Schützling Peter Pewas ein, aber *Der verzauberte Tag* wurde verboten und galt nach Kriegsende als verschollen, bis 1947 überraschend eine Kopie in der Schweiz auftauchte. Seine

Große Freiheit Nr. 7: Hans Albers und Ilse Werner

erste öffentliche Aufführung erlebte der Film erst im Rahmen der Berliner Filmfestspiele 1984.

Das Verbot eines anderen Terra-Films wurde zum bekanntesten Zensurfall der NS-Zeit – zugleich zum dramatischen Beispiel für die Arbeitsbedingungen in einer Filmindustrie, die ihre letzten Produktionen den verheerenden Auswirkungen des Bombenkriegs abringen mußte. Die Aufnahmen zu Helmut Käutners *Große Freiheit Nr. 7* mit Hans Albers, Ilse Werner, Hans Söhnker, Gustav Knuth und Günther Lüders begannen Anfang März 1943 in den Ufa-Ateliers von Neubabelsberg. Im Sommer wurde bei der Ufa in Tempelhof gedreht. Die Innenaufnahmen waren noch nicht abgeschlossen, als der Ufa-Komplex in Tempelhof von Bomben zerstört wurde; das Team mußte in die Barrandov-Studios in Prag, in den »Bunker« der nationalsozialistischen Filmproduktion, übersiedeln und dort die Bauten ein zweites Mal errichten. Im Herbst 1943 befand sich das Team im bombenzerstörten Hamburg, um die Außenaufnahmen zu drehen. Hier »mußten Regie und Kamera ein besonderes Geschick entwickeln, um dem Zuschauer eine unzerstörte Hafenstadt vorzuführen«.[326] Als der Film schließlich fertiggestellt war, drohte die »festliche Premiere« am Bombenkrieg zu scheitern. Nach Auffassung der Reichsfilmintendanz kam nur ein Hamburger Theater für die Uraufführung in Betracht: »Wenn als Folge der Terrorangriffe kein luxuriöser Filmpalast mehr vorhanden ist, wird (der Film) in fünf oder zehn Nottheatern anlaufen, um gerade der vom Feindterror so hart betroffenen Hamburger Bevölkerung ihren Film zuerst zu zeigen.«[327]

Indessen – Goebbels torpedierte seine eigene Durchhalte-Strategie. Er war der Meinung, dieser Film, der unter unsäglichen Mühen entstanden war und die Terra, außer einer 400000-Mark-Gage für Albers, einige Millionen gekostet hatte, sei durch Schnittauflagen noch zu verbessern. Mit gebotener Unterwürfigkeit meldete die Terra: »Die von dem Herrn Minister angeordneten Schnitte wurden dem Produktionschef Teichs sofort bekanntgegeben. Das Synchronisationsmaterial für diesen Film befindet sich in Prag. Teichs und Käutner untersuchen dort augenblicklich, wie die für den Film gewünschten Änderungen schnell und praktisch durchgeführt werden können. Unverbindlich schätze ich die Dauer der Änderungen auf zwei bis drei Monate.«[328] Da die Auslandsfassung nicht beanstandet worden war, kam der Film im Dezember 1944 in Prag zu seiner Uraufführung. Im Inland fand vor Kriegsende keine Aufführung mehr statt – noch im März 1945, sechs Wochen vor dem Ende des NS-Regimes, verfügte Goebbels, *Große Freiheit Nr. 7* könne »zur Zeit nicht freigegeben werden«.

»Deutschland als Drehort, Hitler als Produzent, Goebbels und seine Offiziere als Regisseure und Stars, Albert Speer als Set-Designer, und der Rest des Volks als Statisterie«: mit dieser Imagination leitet der Filmhistoriker Anton Kaes seine Betrachtungen über »Deutschlandbilder« im Kino ein.[329] Ihn übertrifft noch Paul Virilio, der in seinem Essay »Krieg und Kino« über die Lage der deutschen Bevölkerung in der Phase der alliierten Flächenbombardements schreibt: »Die Masse der deutschen Überlebenden wurde nun zur Komparserie eines Pan-Kinos, das ebenso total war wie der Krieg selbst. Die Bevölkerung rezipierte diesen Krieg als ein immer großartigeres Schauspiel, das den Superproduktionen Hollywoods und deren biblischen Kataklysmen in nichts nachstand.«[330] Offenbar verleitet die Faszination des Mediums die nachgeborenen Interpreten, die Bildwelten der Kinematographie und die reale Lage in eins zu setzen. Der fragwürdig gewordene Objektivitätsbegriff begünstigt ein metaphorisches Sprechen, das indessen, sobald es sich absolut setzt, nicht nur notwendige Differenzierungen unmöglich macht – es findet sich auch, ist von der nationalsozialistischen »Götterdämmerung« die Rede, unversehens im Fahrwasser der faschistischen Mythologie wieder. Kaes ist sich allerdings dieses Zusammenhangs bewußt, wenn er Goebbels mit jenem Appell zitiert, den er am 17. April 1945 an die Mitarbeiter seines Hauses richtete: »Meine Herren, in hundert Jahren wird man einen schönen Farbfilm über die schrecklichen Tage zeigen, die wir durchleben. Möchten Sie nicht in diesem Film eine Rolle spielen? Halten Sie jetzt durch, damit die Zuschauer in hundert Jahren nicht johlen und pfeifen, wenn Sie auf der Leinwand erscheinen.«[331]

Kino-Atmosphäre, 1944/45: den selbst entfesselten Untergang vor Augen, steigerten sich die nationalsozialistischen Führer, allen voran der Propagandaminister, in ein Delirium der Selbststilisierung – und sie beschworen die Realität, vor der Ästhetik abzudanken, im Tableau, in der Pose, in der Inszenierung gleichsam zu verschwinden. Ein Exorzismus eigener Art – nämlich der Wahn, die Wirklichkeit aus der Geschichte verbannen und die Vorspiegelung an ihre Stelle setzen zu können – muß Goebbels getrieben haben, am 1. Juni 1943 dieses Schreiben an den Ufa-Regisseur Veit Harlan zu richten: »Hiermit beauftrage ich Sie, einen Großfilm *Kolberg* herzustellen. Aufgabe dieses Films soll es sein, am Beispiel der Stadt, die dem Film den Namen gibt, zu zeigen, daß eine in Heimat und Front gemeinsame Politik jeden Gegner überwindet.« Der Minister ermächtigte den Künstler, »alle Dienststellen von Wehrmacht, Staat und Partei, soweit erforderlich, um ihre Hilfe und Unterstützung zu bitten und sich dabei darauf zu berufen, daß der hiermit von mir angeordnete Film im Dienst unserer geistigen Kriegführung steht«.[332]

Eine merkwürdige Umwertung hatte sich vollzogen. Die Propaganda, ursprünglich beauftragt, der Partei, dem nationalsozialistischen Staat, seiner Politik und seiner Wehrmacht zu dienen, hatte sich dieser Bindungen entledigt und entfaltete ihren eigenen Absolutismus: die Dienststellen hatten nun ihr zu dienen und dem Machtanspruch der ästhetischen Fiktion gefügig zu sein. Die Propaganda regierte jetzt, zumindest im Kopf des zuständigen Ministers, unumschränkt. Gerade in ihrem letalen Stadium enthüllte die faschistische Scheinproduktion ihr ureigenes Wesen und ihre Tendenz, historische Erinnerung und aktuelle Erfahrung mythisch zu verschmelzen und beide in einer wahnhaften Transzendenz, die bis zum letzten Tag den Namen »Endsieg« trug, aufzuheben. Was Goebbels »geistige Kriegführung« nannte – also der Krieg im Kopf, der Krieg als Szenario einer bindungslos delirierenden Phantasie –, gewann Übermacht über den realen Krieg, der in dem Maße, in dem er näherrückte, an Bedeutung verlor und in einem ganz konkreten Sinne zum Vorwand, zur Staffage, schließlich zum Materialfundus und logistischen Terrain für die Phantasieproduktion wurde. Goebbels rief den »geistigen Krieg« aus – und die Wehrmacht überstellte ihm ihre letzten Regimenter.

Goebbels und Veit Harlan: ein besessener Propagandist und ein nicht minder besessener Melodramatiker kollaborierten mit einem gemeinsamen Ziel, das sie freilich unterschiedlich definierten. Beide arbeiteten professionell daran, die Wirklichkeit außer Kraft zu setzen. Galt dem nationalsozialistischen Politiker die Lage im bereits geschlagenen Deutschland als schäbige Realität, die er in einem maßlosen Theater der Affekte zu annullieren trachtete, so ging es dem deutschnationalen, politisch letztlich naiven Kino-Künstler um die Aufhebung des Alltags im Melodram. »Im Genrekino macht das Erzählen oft einen doppelten Sprung über jede Bindung an Material und Stoff hinaus, über den Rekurs auf Reales wie über die Transition in Geschichten. So kommen Haltung und Perspektive durcheinander. Jenseits von Beschreibung, Komposition und Rhythmisierung werden plötzlich nur noch Effekte formuliert, die direkt auf die Wahrnehmung der Zuschauer zielen.« So kennzeichnet der Filmkritiker Norbert Grob[333] die Wirkungsweise des filmischen Melodrams, und von dieser inneren Gesetzmäßigkeit des Mediums kommt er zu einer insgesamt gerechten Einschätzung Harlans, der, immer wieder als »des Teufels Regisseur« an den Pranger gestellt, letztlich nicht mehr als ein »gewiefter Handwerker« aus dem deutschnationalen Dunstkreis war, »ein Opportunist, der nur ans Filmmachen dachte und daran, seine Kunst zu genießen«, ein Spezialist der Leidenschaften »mit sicherem Gespür für mythische Geschichten und viel Sinn für emotionale Effekte« – und für die sich selbst genügenden Mittel der Verzauberung im Kino.[334] In dieser skrupellosen Versessenheit auf den Effekt, der »jede Bindung an Material und Stoff« überspringt, kamen der Meister der Propaganda und der Virtuose der Gefühle zusammen – für die Produktion eines Films, den die wenigen Zuschauer, die ihn vor dem Zusammenbruch des NS-Regimes gesehen haben, nur noch als bitteren Hohn auf die Lage empfinden konnten.

Kolberg benutzt einige historische Tatsachen aus der preußischen Geschichte, um ihnen einen neuen Sinn zu geben, sie in die Mythologie des »großdeutschen Freiheitskampfes« zu rücken. Preußen 1813: General Gneisenau (Horst Caspar) verlangt vom zaudernden preußischen König, sich an die Spitze seines kampfbereiten Volkes im Befreiungskrieg gegen die Franzosen zu stellen: »Ein König

Kolberg

muß sein Volk führen. Das ist eine natürliche und gottgewollte Aufgabe.« Der Film beginnt mit Totalen von den in Marschblöcken formierten Einwohnern Breslaus, der Rhythmus der Montage nimmt das Stampfen der marschierenden Kolonnen und ihres Chorals auf: »Das Volk steht auf, der Sturm bricht los!« – das »brausende« Massenecho auf den Schluß der Goebbels-Rede über den totalen Krieg im Sportpalast. Der Anfang von *Kolberg* überspringt nicht nur einhundertdreißig Jahre, er fingiert auch den Umschlag der massenhysterischen Phantasmagorie vom 18. Februar 1943 in die historische Aktion. Das Drehbuch (von Harlan und Alfred Braun, auch Thea von Harbou soll daran mitgewirkt haben) ließ Goebbels von verschiedenen Mitarbeitern immer wieder umschreiben; schließlich nahm er es sich selbst vor, er strich, was ihm nebensächlich, und schrieb hinein, was ihm nach dem Gebot der Stunde erforderlich schien. Bis in den Feinschnitt hinein, also bis in den Dezember 1944, hat der Propagandaminister das Entstehen dieses Werks der Vergeblichkeit kontrolliert.

Aus Gneisenaus Appell an den König springt der Film in die Rückblende: Kolberg im preußisch-französischen Krieg 1806/07. Ein Zivilist, der Stadtverordnete Nettelbeck (Heinrich George), gründet gegen den Widerstand des Militärs, vertreten durch den Stadtkommandanten Loucadou (Paul Wegener), der auf Verstärkung durch preußische Truppen setzt, eine Bürgerwehr. Kolbergs Bewohner legen unter Nettelbecks Leitung Erdbefestigungen und Flutgräben an – Stadt und Festung werden gerettet, nachdem sich das »Volk« wie »ein Mann« hinter seinem neuen »Führer«, Gneisenau, zusammengeschlossen hat.

Gedreht wurde, mit Bruno Mondi an der Kamera und unter der Produktionsleitung von Wilhelm Sperber, vom Oktober 1943 bis in den August 1944; die Innenaufnahmen entstanden in der Ufa-Stadt Neubabelsberg, außen wurde in Kolberg, Königsberg und in der Umgebung von Berlin gedreht. Während sich die Wehrmacht im Osten in Auflösung befand, rekrutierten Goebbels und Harlan mehr als 185000 Mann als Statisterie für die Dreharbeiten, zusätzlich wurden – gegen den Protest von Großadmiral Karl Dönitz – viertausend Marinesoldaten abkommandiert und aus Wehrmachtsbeständen sechstausend Pferde bereitgestellt. Die Zahlen-Megalomanie der Ufa – seit Lubitschs und Langs Großfilmen ein Markenzeichen des Konzerns – feierte kurz vor dem Untergang neue Triumphe und ließ die Produktionskosten auf achteinhalb Millionen Mark steigen. »Während in der Realität Berlin von Luftangriffen vernichtet wurde, rekonstruierte man in seiner Umgebung Teile von Kolberg, damit Napoleons Kanonen sie zerstören konnten. Sechs Kameras, eine davon auf einem Schiff und eine in einem Fesselballon, nahmen gleichzeitig den Untergang der Stadt auf; dreißig Feuerwerker waren für die zahllosen Explosionen zuständig, und für eine Überschwemmung wurde ein Flüßchen in eigens dafür gegrabene Kanäle umgeleitet – ein elektrisches Fernsteuerungsgerät löste Sprengladungen unter der Wasseroberfläche aus.«[335]

Herstellen und Vernichten: das Produktionsprinzip, das Fritz Lang erstmals in den Zerstörungsspektakeln seiner Mabuse-Filme erprobt hatte, führte Harlan gegen Kriegsende auf einen neuen Höhepunkt. Der Schnitt der Endfassung wurde ihm allerdings aus der Hand genommen; nach Riess[336] beauftragte Goebbels Wolfgang Liebeneiner, *Kolberg* nach einem genau umrissenen Plan umzuschneiden. Harlan wird später in seinen Memoiren behaupten, der Minister habe alle Szenen entfernen lassen, die an »das Grauen eines totalen Krieges« erinnert hätten.[337]

Der spektakuläre Symbolismus der gesamten Aktion *Kolberg* mit seiner Tendenz zur unfreiwilligen Selbstparodie gipfelte in der Uraufführung. Goebbels hatte sich in den Kopf gesetzt, sie am 30. Januar 1945, dem Jahrestag der »Machtergreifung«, in der Festung La Rochelle, der letzten von den Deutschen gehaltenen Stellung am Atlantik, stattfinden zu lassen. Damit die heroische Farce möglich wurde, mußte die Filmkopie weit hinter der Front von einem Flugzeug per Fallschirm abgeworfen werden. Dem Festungskommandanten, Vizeadmiral Scherwitz, übermittelte Goebbels zur Premiere einen Funkspruch: »Möge der Film Ihnen und Ihren tapferen Soldaten als ein Dokument der unerschütterlichen Standhaftigkeit eines Volkes erscheinen, das in diesen Tagen eines weltumspannenden Ringens, eins geworden mit der kämpfenden Front, gewillt ist, es den großen Vorbildern seiner ruhmvollen Geschichte gleichzutun.« Gehorsam funkte Scherwitz zurück: »Tief beeindruckt von der heldenhaften Haltung der Festung Kolberg und der künstlerisch unübertrefflichen Darstellung, verbinde ich mit dem Dank für die Übersendung des Films zum 30. Januar erneut das Gelöbnis, es der heldenhaft kämpfenden Heimat gleichzutun und ihr an Ausdauer und Einsatzbereitschaft nicht nachzustehen.«[338]

Die gleichzeitige Premiere in Berlin verlief unpathetischer. Der Ufa-Palast am Zoo, seit 1919 die Kino-Hochburg des Konzerns, war bereits in Schutt und Asche gesunken; so lud man die Premierengäste in den Tauentzien-Palast, der wenig später gleichfalls im Bombenhagel untergehen wird. Harlans martialisches Durchhalte-Epos hinterließ, nach Zeugenberichten, bei den Zuschauern ein »Gefühl der Verlassenheit und der Eiseskälte«[339]. Nur mit Mühe war es der Ufa gelungen, zum festlichen Anlaß ein kaltes Büfett zusammenzustellen. Es wurde »in einiger Hast verzehrt von einem besorgten Publikum, das gern vor dem nächsten Luftangriff nach Hause kommen« wollte.[340] Hitlers Tausendjähriges Reich war auf den Tag genau zwölf Jahre alt und stand unmittelbar vor seinem Zusammenbruch.

30. Kapitel

Veränderte Sachlage. Der Untergang der Universum-Film AG

In den letzten Kriegsjahren, 1943/44, ging die Ufa-Filmkunst GmbH mit ihren Produktionen aufs Land. Die Provinz, die bayerischen Alpen, vor allem aber die ländlichen Gebiete Mecklenburgs, Pommerns und Ostpreußens schienen vor Bombenangriffen verhältnismäßig sicher, und zwischen Wald und Wiesen, in idyllischen Dörfern, in Sporthotels und auf ausgedehnten Rittergütern fanden kriegsmüde Regisseure und Schauspieler, darunter etliche Veteranen der Ufa-Geschichte, zu ihren bewährten Stoffen zurück. 1944 präsentierte Deutschlands traditionsreiche Filmfirma noch einmal das heitere Genre in allen Varianten, der »Gesellschaftsfilm« florierte, und in ferienfroher Umgebung gaben sich Künstler und flotte Journalisten ein Stelldichein, um ihren kurzweiligen Liebschaften zu frönen – wie in Carl Boeses Komödie *Das Hochzeitshotel* mit René Deltgen und Karin Hardt. Auch das Milieu der Gutshöfe und der Herrenreiter kam erneut zu Ehren, etwa in Hans Deppes Film *Der Majoratsherr* mit Willy Birgel und in Fritz Kirchhoffs Erbschaftskomödie *Warum lügst du, Elisabeth?* mit Carola Höhn und Paul Richter. In *Eine Frau für drei Tage* (mit Hannelore Schroth, Carl Raddatz und Ursula Herking; Drehbuch: Thea von Harbou) bevorzugte Kirchhoff die romantischen Winkel der Havellandschaft um Berlin, die auch der Liebesgeschichte *Junge Herzen* von Boleslaw Barlog als Dreh-Set diente; die Innenaufnahmen zu diesem Film entstanden in Neubabelsberg und in den Hostivar-Ateliers in Prag. Ans norddeutsche Wattenmeer zog sich Harald Braun zurück, als er mit Luise Ullrich und Viktor Staal (Kamera Franz Weihmayr) seinen Film *Nora* nach Motiven von Ibsen drehte, während Karl Ritter für seine Verwechslungskomödie *Sommernächte* als Schauplatz das von Kriegseinwirkungen noch verschonte Masuren wählte.

Von der großen Mehrzahl beschwingt-heiterer Stoffe im Ferien- oder Gesellschaftsmilieu (denen auch Johannes Guters *Ein fröhliches Haus* zuzuzählen ist) hoben sich 1944 nur Veit Harlans schwerblütiges Melodrama *Opfergang*, der sechste deutsche Farbfilm, und Harald Brauns *Träumerei* ab, ein Musikfilm über das Leben von Clara und Robert Schumann mit Hilde Krahl und Mathias Wieman (Kamera: Robert Baberske). Im übrigen schien es, als habe sich ein großer Teil der Ufa-Künstler bald nach der Niederlage von Stalingrad in den ländlichen Urlaub verabschiedet. Jedenfalls brachte der Konzern 1944 nur einen einzigen Propagandastreifen in die Kinos – Alfred Weidenmanns an die deutsche Jugend adressierter Film *Junge Adler*, ein Loblied auf die Luftwaffe und auf die männliche »Religion des Fliegens«; die Idee stammte von dem später als Fernsehautor erfolgreichen Herbert Reinecker.

Bis in die letzten Kriegstage setzten die deutschen Filmkonzerne die Herstellung lebensfroher und ferienseliger Filme fort. Allerdings gelangten nur noch wenige dieser Produktionen zur Uraufführung. So überwiegen in der Ufa-Produktion von 1944/45 solche Filme, die vor dem Zusammenbruch des NS-Regimes nicht mehr vollendet wurden, sowie die sogenannten »Überläufer«, die, obschon noch von der NS-Filmprüfstelle zensiert, erst nach dem Krieg in die Kinos kamen.

Zum bekanntesten »Überläufer« wurde Helmut Käutners im Stil des poetischen Realismus erzählte Liebesgeschichte *Unter den Brücken* (mit Hannelore Schroth, Carl Raddatz und Gustav Knuth), die vom Frühsommer bis zum Oktober 1944 in der Herstellungsgruppe Walter Ulbrich entstand; an stillen Drehorten der Berliner Peripherie, an der Glienicker Brücke, in Havelwerder und bei Potsdam, abseits von den noch intakten oder bereits zertrümmerten Zentren der NS-Macht, gelang es Käutner, im Alltag zweier Havelschiffer ungekünstelt den »Fluß des Lebens« mit seinen »zeitlosen« Gefühlen und changierenden Stimmungen einzufangen: ein zartes filmisches Poem auf den gelebten Augenblick, ein leiser Einspruch gegen hohles Pathos – und der letzte Beitrag, den die Ufa vor ihrem unrühmlichen Ende zur internationalen Filmkunst leistete. *Unter den Brücken* wurde noch im März 1945 zugelassen; seine Uraufführung erlebte der Film im September 1946 in Locarno, seine erste deutsche Aufführung am 18. Mai 1950 als Film der Gloria-Filmverleih GmbH in Hamburg.

Die Regisseure, Schauspieler und künstlerisch-technischen Mitarbeiter der letzten NS-Filme waren »UK-gestellt«; für den Kriegsdienst galten sie als bedingt unabkömmlich. Viele mußten indessen nach Abschluß der Dreharbeiten damit rechnen, dienstverpflichtet zu werden. Hier mag, außer der staatlich geforderten »Ablenkung«, eine psychologische Erklärung für die lockere Urlaubsstimmung vieler ihrer Filme zu suchen sein.

Im Oktober 1944 erreichte die Rote Armee Ostpreußen – zu diesem Zeitpunkt konnte kein UK-gestelltes Filmteam innerhalb der Reichsgrenzen mehr ohne unmittelbare Gefahr für Leib und Leben operieren. Käutner, sein Kameramann Igor Oberberg und seine Schauspieler, unter ihnen das gerade achtzehnjährige Nachwuchstalent Hildegard Knef, drehten an idyllischen Havelgewässern, während von Osten Geschützdonner zu hören war und sich die Reichshauptstadt auf den »Endkampf« vorbereitete. »Wir lebten verträumt neben der Zeit und lenkten uns durch die Arbeit von all dem Schrecklichen ab«, wird Käutner später sagen[341], und Igor Oberberg erinnert sich: »Unser Film spielte in einer friedlichen Zeit, und so mußten wir lernen, gefundene Motive möglichst schnell abzudrehen, weil es einige Male passierte, daß wir ein aufgezeichnetes Motiv nicht mehr fanden, weil es inzwischen ›ausradiert‹ war.«[342] Carl Raddatz denkt zurück an eine »idyllische, fast romantische Drehzeit, in der über unseren Köpfen die Bomberströme nach Berlin zogen. Ganz hinten am Horizont stiegen dann ein paar Minuten später Rauchpilze hoch, der Himmel wurde finster, dort hinten grollte es, und die Erde zitterte leise, und um uns quakten die Frösche, der Wind ging durchs Schilf, die Havel floß gemütlich weiter, als ob nichts wäre. Wir sahen uns besorgt an, die Arbeit ging weiter. Oder wie oft nachts, am E-Werk in Potsdam, wie oft mußten wir abbrechen, Alarm, die Scheinwerfer erloschen, im Tempo

Unter den Brücken: Gustav Knuth, Hannelore Schroth und Carl Raddatz (v. l.)

zum Bunker der Sternbrauerei, Entwarnung, wir drehten weiter bis zum Morgen. Wir waren alle sehr glücklich damals durch unsere Arbeit.«[343]

Das gesamte Reichsgebiet wurde zum Schlachtfeld – zugleich aber verengte sich die Sicht der bedrängten, von nackter Existenzangst umgetriebenen Deutschen zur Schlupfloch-Perspektive, die von einer zusammenbrechenden Infrastruktur verstärkt wurde: »Schon die einzelnen Stadtteile wissen nach einem schweren Angriff so wenig voneinander, und unendlich viel mehr ist das bei anderen Landesteilen der Fall: durch die Lähmung der Verkehrsverbindungen sind sie noch ferner gerückt. Diese dauernde Schrumpfung des Horizonts, diese Verengung aufs Territoriale ist schon sehr merkwürdig, es fällt schwer, nicht an den Reichszerfall der Spätantike zu denken.«[344]

Oscar Fritz Schuh berichtete über die Dreharbeiten für *Ein toller Tag* in der Ufa-Stadt Neubabelsberg: »Fast jeden Tag gab es Bombenalarm. So konnten wir überwiegend nur morgens ein bis zwei Stunden arbeiten, dann heulte die Sirene. Meist dauerte es einige Stunden. Da die Ufa keine richtigen Luftschutzbunker, nur Splitterschutzgräben hatte, wurden wir irgendwo ins Grüne gefahren, wo es weniger gefährlich war. Nachmittags um drei Uhr pflegten wir zurückzukommen und noch ein paar Einstellungen zu drehen. Oft waren sie unbrauchbar, weil die Schauspielerinnen nach den Strapazen des Alarms zu überanstrengt aussahen.«[345] Dasselbe galt, so ist zu vermuten, für die männlichen Mitwirkenden. Schuhs Hinweis auf die Erschöpfung der Schauspielerinnen belegt, daß auch unter den Bedingungen des »Bombenterrors« die Schönheit und jugendliche Frische des weiblichen Stargesichts für die Filmproduzenten noch immer der selbstverständliche Gradmesser seiner Ausstrahlung war. Schuh erwähnt auch, daß es für alle Beteiligten »nicht nur ein Gebot der Klugheit, sondern der Selbsterhaltung« gewesen sei, durch ein genau kalkuliertes »Bummeltempo« die Produktion in die Länge zu ziehen, um auf diese Weise der drohenden Dienstverpflichtung zu entgehen: die Filmproduktion selbst, mochte sie auch mit mancherlei Gefahren verbunden sein, wurde für viele zum »Bunker«; in ihrem Schutz entzog man sich, so gut es ging, der Einberufung an die Front oder in den »Volkssturm«.

Höheren Orts experimentierte man mit der bereits 1943 ins Leben gerufenen »Flachlandaktion« an einer Neuorganisation der Kino-Geographie. Die Massenflucht aus den bombardierten Großstädten und industriellen Ballungszentren, Evakuierungsbewegungen und anwachsende Flüchtlingsströme aus dem Osten verschoben erheblich das Verhältnis von Stadt und Land und damit auch die traditionelle Vertriebs- und Kinosituation. Nicht nur die Filmproduktion, sondern auch große Teile des städtischen Publikums suchten in ländlichen Gebieten Zuflucht und saßen nun auf Dörfern, die nie ein Kino gesehen hatten. Nach den Vorstellungen des Reichsbeauftragten Max Winkler sollte eine erhöhte Schmalfilmproduktion dem gewachsenen Bedarf in der Provinz Rechnung tragen – ein Plan, der letztlich an den mangelnden Kapazitäten der Rohfilmfabrikation und der Kopieranstalten scheiterte. Die »Flachlandaktion« verlief buchstäblich im Sande und verlor ihren Sinn, als auch die Provinz in den »totalen Krieg« hineingezogen wurde und die Menschen weniger mit der Gestaltung ihrer Freizeit als mit ihrer Selbsterhaltung beschäftigt waren.

Die Freizeit war ohnehin knapp geworden. Während die Ufa ihre letzten Unterhaltungs- und Urlaubsfilme drehte, wurde in einigen Bereichen der Rüstungsindustrie die 72stündige Wochenarbeitszeit angeordnet; da die Arbeiter oft mehrere Stunden für den Weg zu ihrer Fabrik benötigten, schrumpfte die Freizeit für die Betroffenen auf ein Minimum. Im Juni 1944 signalisierten die Beobachter des Sicherheitsdienstes nicht nur negative Auswirkungen auf die physische Konstitution der Arbeiterschaft, sondern auch »den Wegfall jeder Entspannungsmöglichkeit wie z. B. Besuch von Theater und Kino«[346] als Folge der Ausdehnung der Arbeitszeit. An Filmen wie *Sommernächte* oder *Das Hochzeitshotel* konnten sich gerade diejenigen nicht erbauen, für die sie bestimmt waren: eben jene Mitglieder der »Volksgemeinschaft«, die in den Rüstungsfabriken die ganze Last der Kriegswirtschaft zu tragen hatten.

Auch in den letzten Kriegsmonaten blieb die Bewußtseinslage der Bevölkerung, die sich einerseits der Goebbels-Propaganda für den »totalen Krieg«, andererseits den Gesellschaftsfilmen und Verwechslungskomödien der Ufa konfrontiert sah, eigentümlich ambivalent. Wenn Goebbels im Rundfunk oder in seinen Leitartikeln für die Wochenzeitschrift »Das Reich« eine »verschärfte Durchführung des totalen Krieges« verlangte, fand er durchaus eine breite Zustimmung im Volk, während seine Forderung nach Konsumverzicht und Herabsetzung des Lebensstandards auf Ablehnung stieß. Der »kleine Mann« habe seine »friedensmäßigen Ansprüche schon längst zurückstellen müssen«, während man auf den oberen Rängen der Gesellschaft, des Staates und der Partei nicht bereit sei, auf gewohnte Annehmlichkeiten zu verzichten.[347] Beunruhigt notierten die SD-Beobachter mehr als zehn Jahre nach der Zerschlagung der Linken in Deutschland ein Wiederaufleben klassenkämpferischer Ideen und Haltungen in Teilen der arbeitenden Bevölkerung.

Vorherrschendes Thema im Sommer 1944 waren die von der Reichsführung groß herausgestellten »Vergeltungsschläge« auf den Raum von London und Südengland mit Hilfe der als »Wunderwaffe« angekündigten »V 1«. Im Volk waren die Ansichten über diese Waffe geteilt; die Mehrheit jedenfalls maß ihr keine entscheidende Bedeutung bei. Die V-Waffen wurden vielfach als »Versager Nr. 1« glossiert – andererseits war die Hoffnung auf weitere Generationen technisch neuartiger Waffensysteme und ihre verheerenden Wirkungen nicht gering. In ihrer Phantasie zählten die Deutschen bis zur magischen Zahl 7 weiter: »V 6« und »V 7« seien, so gingen die Gerüchte, für den vernichtenden Schlag im Osten bestimmt. Auf Skepsis hingegen stießen die Berichte über das »Vergeltungsfeuer« auf London. Als der »Kottbusser Anzeiger« Ende Juni 1944 meldete, in der britischen Hauptstadt seien wegen eines V 1-Angriffs die Kinos leer geblieben, spotteten viele Leser, mit der Wirkung dieser Waffe könne es nicht weit her sein; auch die Bombardierung deutscher Städte fördere bekanntlich nicht gerade das Kinogeschäft.[348]

Über die technische Beschaffenheit der »V 1« wurden Vermutungen angestellt, bei denen sich vom Kino inspirierte Science-fiction-Visionen und deutsche Bastlerträume auf das sonderbarste mischten: bei den Sprengkörpern müsse es sich »um ganz primitive Segelflugzeuge« handeln, »die im Motorschlepp hochgezogen und dann ferngesteuert würden«. Die »V 2« werde mutmaßlich ein Zwerg-U-Boot sein, das die feindlichen Suchgeräte ohne weiteres unterlaufen könne.[349] Der seit dem Ersten Weltkrieg mehr vom Kino suggerierte als in der Realität begründete U-Boot-Mythos erlebte gegen Kriegsende, als die meisten deutschen Unterseeboote bereits vernichtet waren, eine neue Blüte.

Ganz andere Fragen beherrschten die Diskussionen und Beschlüsse in den Chefetagen der »alten« Ufa-Aktiengesellschaft, die seit 1942 alle außerhalb der Produktion angesiedelten Gewerbezweige des Filmwesens unter ihrem Dach vereinte. Die Direktionsprotokolle der letzten zwanzig Kriegsmonate lesen sich wie der minutiöse Bericht einer unaufhaltsam auf das letale Ende zustrebenden Krise, die nichtsdestoweniger von den Vorstandsmanagern mit einem hohen Maß an bürokratischer Sorgfalt und gewissenhafter Hingabe auch an unwesentliche Details verwaltet wurde. Penibilität und Pünktlichkeit, strenge Sachlogik und planende Voraussicht angesichts des unabwendbaren Untergangs: dies war die selbstverständliche Devise der Betriebsleitung, und diese Haltungen prägen auch die auf Fakten und »Maßnahmen« fixierte, technokratisch ausgedünnte Sprache der Sitzungsprotokolle. Den Vorstandsvorsitz hatte seit Oktober 1943 Fritz Kaelber inne. Sein Vorgänger Klitzsch, nunmehr Vorsitzender des Aufsichtsrats, nahm zwar noch an den meisten Sitzungen teil, offenbar jedoch nur, um der Tradition Genüge zu tun. Wie schon seit 1927 nennen die Anwesenheitslisten seinen Namen an erster Stelle; als Anreger, Präzeptor und autoritäres Über-Ich der Vorstandsmitglieder trat er jedoch nicht mehr in Erscheinung. Ludwig Klitzsch, ehemals der allgewaltige »General« der Universum-Film AG, beehrte in den letzten beiden Jahren die Direktionssitzungen seines Konzerns als steinerner Gast; schweigsam begutachtete er die Manöver, die seine Kollegen unternahmen, um zu retten, was nicht mehr zu retten war.

Seit 1943 erforderten Fragen des materiellen und physischen Überlebens und die Sicherung der unmittelbaren Handlungsfähigkeit die volle Aufmerksamkeit der Betriebsführung. Es galt, die im Bombenkrieg zerstörten Kinos im gesamten Reichsgebiet zu registrieren und nach Ausweichquartieren in Theatersälen, Schulen und anderen öffentlichen Einrichtungen Ausschau zu halten. Über Monate hinweg verfolgte man besorgt die Reparaturarbeiten, die im eigenen Hause notwendig geworden waren, nachdem eine Brandbombe das Dach der Zentralverwaltung am Dönhoffplatz zerstört hatte. Man entwarf Pläne zur Bergung brennbaren Filmmaterials, diskutierte über die Entschädigung ausgebombter »Gefolgschaftsmitglieder« und über die gebührende Auszeichnung solcher Belegschaftsangehöriger, die sich bei Löscharbeiten selbstlos eingesetzt hatten. Nach den schweren Luftangriffen auf Berlin im November 1943 verfügte der Vorstand, das Gebäude der Zentralverwaltung sei »gegen weitere Angriffe mit allen zur Verfügung stehenden Mitteln zu verteidigen«; der nächtliche Werkluftschutz wurde personell verstärkt; Frauen aus der Belegschaft wurden als Telefonistinnen, Melderinnen und Brandwachen abgestellt.[350]

Auf den ersten Blick mag es widersinnig erscheinen, daß die Ufa, während der Bombenkrieg ihren Theaterpark dezimierte, ihre gewohnte Erwerbspolitik fortsetzte: nach wie vor kaufte man Grundstücke, Lichtspieltheater und Atelierkomplexe auf, als stünden die Zeichen auf Hochkonjunktur. Dabei ging es lediglich darum, die Verluste auszugleichen und den Bestand nach Möglichkeit zu halten – allerdings noch immer in der Hoffnung, nach dem Krieg mit vollen Segeln in eine wirtschaftlich erfolgreiche Zukunft steuern und verlorene Märkte zurückerobern zu können. Unter den obwaltenden Umständen blieben kuriose Pannen nicht aus. Im November 1943 zeichnete sich ein Rechtsstreit mit der Stadt Köln ab, als die Ufa nicht bereit war, den Kaufpreis für ein in der Hohestraße erworbenes Grundstück zu entrichten: unmittelbar nach dem Vertragsabschluß waren das Grundstück und seine ganze Umgebung durch einen Luftangriff völlig zerstört worden. Der Vorstand beschloß, »mit Rücksicht auf diese veränderte Sachlage«[351] das Votum des Reichsbeauftragten für die Filmwirtschaft und des Finanzministeriums einzuholen.

In einem anderen Fall deckte der Bombenkrieg überaus fragwürdige Geschäftsusancen vergangener Jahre auf. Im März 1944 berichtete Vorstandsmitglied Theo Quadt, gleichzeitig Geschäftsführer der Deutschen Filmtheater GmbH, über einen Vertrag, der 1935 zwischen der Ufa und der Stadt Mannheim abgeschlossen worden war. Der Vertrag verpflichtete die Stadt, neben den Ufa-Kinos »kein Filmtheater in Mannheim zu errichten« bzw. die Niederlassung weiterer Theater mit behördlichen Mitteln zu verhindern; die Ufa ihrerseits erklärte sich bereit, der Stadt jährlich 17000 Reichsmark zu überweisen. Quadt, dem ja nicht nur die Ufa, sondern auch die Kinobranche am Herzen lag, ging diese Schmiergeldpraxis gegen den Strich; seiner Meinung nach war der Vertrag »wegen Verquickung hoheitlicher Befugnisse mit privatwirtschaftlichen Vorteilen unzulässig«.[352] Im Nachsatz gab er allerdings zu erkennen, daß auf Grund von Kriegseinwirkungen, nämlich »infolge Bombenterrors«, die Kinosituation in Mannheim so grundlegend verändert sei, »daß die sogen. ›Geschäftsgrundlage‹, auf welcher der Vertrag basiere, in Wegfall gekommen sei«.

Regelmäßig bilanzierte der Ufa-Vorstand die Zerstörungen seines Besitzstandes. Eine Übersicht am 15. September 1944 ergab, daß von insgesamt 249 der Deutschen Filmtheater GmbH angeschlossenen Kinos 87 vernichtet oder aus Kriegsgründen stillgelegt waren; die restlichen 162 Kinos mußten vielfach mit Ausweichquartieren vorliebnehmen.[353] Kurz zuvor hatte Goebbels »in seiner

Eigenschaft als Bevollmächtigter für den totalen Kriegseinsatz« die »Sprechbühnen-Aktion« verordnet, die den Umbau von Schauspielbühnen in Filmtheater zum Ziel hatte. Danach sollten im gesamten Reichsgebiet 270 Sprechbühnen, Varietés und KdF-Theater ihren Betrieb einstellen; ihre Ensembles sollten »geschlossen der Rüstung zugeführt werden«.[354] Tatsächlich wurden noch in den letzten Monaten vor der Kapitulation etliche Bühnenhäuser für Kinozwecke umgerüstet: im Endspurt konnte somit der Propagandaminister das Duell mit seinem ständigen Rivalen, dem Theater-Mäzen Hermann Göring, für sich entscheiden.

Die Ufa-Direktion war flexibel, und sie versperrte sich keineswegs den produktiven Aspekten des Bombenkriegs, dessen Folgen sie Woche für Woche zu Protokoll geben mußte. Im März 1944 hielt es Agnar Hölaas, Leiter der Babelsberger Produktionsbetriebe, für »dringend erwünscht«, Filmaufnahmen von Bombenschäden herzustellen, die technisch einwandfrei und als Rückprojektionen (für Filmhandlungen in entsprechenden Milieus) brauchbar seien. »Diese Aufnahmen sollen zweckmäßig auf Farbfilm hergestellt werden, da dadurch für Farbe und Schwarzweiß verwendbar.«[355] Seinem Antrag, für diesen Zweck 10000 Meter Filmmaterial und 30000 Mark bereitzustellen, wurde entsprochen. Hölaas fügte hinzu, die amtlichen Genehmigungen seien bereits erteilt; die Aufnahmen würden »durch Vermittlung und in Verbindung mit der Gauleitung Berlin durchgeführt«. Gauleiter von Berlin war indessen der Propagandaminister persönlich, dem möglicherweise dieser dramaturgische Einfall auch zuzuschreiben war. Mit der fortschreitenden Verschlechterung der Lage an der »Heimatfront« büßten die Beschlüsse der Ufa-Chefs allerdings ihre Originalität ein. Im Juni 1944 erwog der Vorstand die Auslagerung der Tempelhofer Ateliers nach Breslau; Anfang Dezember mußte Kaelber seinen Kollegen eröffnen, daß die Produktion erheblich beeinträchtigt worden sei, nachdem eine Sprengbombe wichtige Einrichtungen der Afifa-Kopierbetriebe in Tempelhof zerstört habe.[356]

Nebenher gingen die Auseinandersetzungen mit der »schleppenden Zensur« weiter, so daß sich Kaelber zu einer Intervention bei Regierungsrat Frowein im Propagandaministerium bequemen mußte.[357] Vorstandsmitglied Kuhnert klagte über die Einschränkung der Benzinrationen für den Filmtransport und stellte vage in Aussicht, daß ein »auf Holzgas umgestellter Personenwagen« Abhilfe schaffen werde.[358] Die Alltagsprobleme im eigenen Hause häuften sich – so nahmen die Diebstähle im Gebäude der Zentralverwaltung beträchtlich zu, da aus Gründen des Luftschutzes verschiedene Eingänge des Hauses unbewacht blieben.[359] Ebenso mußte die Direktion politische Rückschläge eingestehen: im November 1944 war nicht mehr zu übersehen, »daß der angeordnete Wiedereinsatz staatspolitisch wertvoller Filme teilweise zu einem erheblichen Rückgang der Besucherzahl in den Filmtheatern geführt« habe.[360] Propaganda, zumal als Neuauflage sattsam bekannter Filme, war im zerbombten Deutschland nicht mehr gefragt.

Außenpolitisch entsprachen die Frontbegradigungen der Ufa dem Rückzug der Wehrmacht aus den europäischen Kriegsgebieten. Anfang Februar 1944 meldete Berthold von Theobald, Leiter des Auslandsvertriebs, daß die Ufa-Filiale in Rom geräumt und alles dort gelagerte Material nach Venedig überführt worden sei.[361] Aber noch im Mai konnte der Vorstand, »trotz der bedeutenden infolge der bekannten Ereignisse eingetretenen Verkleinerung des Gebiets«, eine befriedigende Entwicklung des Italien-Geschäfts registrieren; die Umsätze seien besser als erwartet – so habe zum Beispiel Harlans *Die goldene Stadt* mehr als das Doppelte der kalkulierten Einnahmen eingespielt.[362] Und noch am 9. Januar 1945 verzeichnete von Theobald verblüffende Erfolge des Marika Rökk-Films *Die Frau meiner Träume* im Ufa-Theater Cinasio in Lissabon und in den Baseler Kinos.

Die Gesamtlage jedoch war weniger erfreulich. Am 1. September 1944 stellte die Ufa-Leitung in einer Übersicht über die Auslandsgebiete fest, daß die französische Konzern-Zentrale sowie sämtliche französischen Provinz-Filialen, mit Ausnahme von Nancy und Lille, »im Besitz des Feindes« seien.[363] Auch die in Frankreich lagernden Filmbestände wurden verloren gegeben. »Ob ein Verleih unserer Filme noch von den örtlichen Machthabern geduldet wird, scheint uns zweifelhaft.« Von Direktor Reinegger, der als Schweizer Bürger im inzwischen von den Alliierten besetzten Paris geblieben war, um die Interessen der Ufa wahrzunehmen, gab es keine Nachricht. Der einzige »Reichsdeutsche« in den Pariser Ufa-Firmen, Verwaltungsdirektor Dr. Grell, sei zum Militär eingezogen worden und diene zur Zeit als Koch bei einer Truppeneinheit. Auch die Lage in Rumänien war undurchsichtig. »Durch die bekannten Ereignisse ist das Filialgebiet für uns zur Zeit unerreichbar. Wir kennen insbesondere nicht das Schicksal unserer dortigen Direktoren.«[364] Das rumänische Geschäft indessen sei »bis zuletzt umsatzmäßig sehr befriedigend« gewesen. Dennoch: Mitte September 1944 bezifferte der Vorstand die voraussichtlichen Verluste der Ufa in Frankreich, Belgien, Rumänien und Bulgarien auf 17,5 Millionen Reichsmark.

Mit Fassung und emotionslos (nimmt man den Wortlaut der Sitzungsprotokolle für bare Münze) blickten die Ufa-Herren auf ihr schrumpfendes Imperium: Terrainverluste außerhalb der Reichsgrenzen, fortschreitende Vernichtung des fixen Kapitals im Inneren. Zum Glück konnte man sich, wenn auch nicht auf die gesamte »Gefolgschaft«, so doch auf einzelne ihrer Mitglieder verlassen. Im Januar 1945, auf der vorletzten Sitzung vor dem Untergang der Ufa, berichtete Max Witt, verantwortlich für den Theaterpark, »über das tapfere Verhalten der Kontoristin Marie Urban in Saarbrücken« – sie habe sich bei der Bergung der Apparaturen aus dem lokalen Ufa-Palast besonders hervorgetan und trotz zeitweise starken Artilleriebeschusses den Abtransport der Geräte »auftragsgemäß durchgeführt«. Der Vorstand beschloß, die Kontoristin mit einer Zulage von 300 Mark zu belohnen und »für die Verleihung des Kriegsverdienstkreuzes bzw. der Kriegsverdienstmedaille einzureichen«.[365]

Zweifellos gab es, auch im Ufa-Vorstand, Phasen uneingestandener Ratlosigkeit und tiefer Depression – Stimmungen, die im Protokoll keinen Niederschlag finden durften. Die Akten geben nichts von den unausgesprochenen Gedanken preis, als Fritz Kaelber am 14. April 1944 die Routinesitzung mit der Mitteilung eröffnete, »daß der Pressestellenleiter der Terra Filmkunst GmbH, Knauf, wegen zersetzender, insbesondere wehrmachtfeindlicher Äußerungen vom Volksgerichtshof zum Tode verurteilt worden« sei.[366] Kaelber bat in diesem Zusammenhang die Kollegen im Vorstand, auf strikte Disziplin in den eigenen Reihen zu achten »und etwaige abfällige Bemerkungen und unverantwortliche Gespräche, insbesondere soweit sie sich gegen Partei, Staat und Wehrmacht richten, auf das strengste zu verfolgen«. Auch das Nichtanzeigen solcher Äußerungen sei strafbar; die Ufa als reichsmittelbarer Betrieb sei »vor ähnlichen Vorkommnissen« zu bewahren.

Solcher Vorkommnisse ungeachtet und obwohl die Kriegslage nicht gerade dazu ermutigte, Pläne zu schmieden, gab Agnar Hölaas Mitte November 1944 im Vorstand die Produktionsplanung für das Kalenderjahr 1945 bekannt: drei oder vier Filme sollten in den Grunewald-Ateliers der Tobis hergestellt werden und, allen Fährnissen zum Trotz, 26 Filme in den Ufa-Ateliers von Neubabelsberg.[367] Die »bekannten Ereignisse« verhinderten die Verwirklichung dieser Beschlüsse. Zwar wurde bis zum Schluß emsig produziert – aber am 8. Mai 1945, als das nationalsozialistische Deutschland kapitulierte, schlug auch seinem bedeutendsten Filmkonzern und den strategischen Träumen seiner Dirigenten von Ludendorff bis Goebbels die unwiderruflich letzte Stunde.

In den letzten Märztagen des Jahres 1945 stimmten auch die SD-Beobachter neue, ungewohnt warmherzige Töne an. Das deutsche Volk, das es jahrelang bis in seine kleinsten Regungen zu bespitzeln galt, erschien den Berichterstattern der SS angesichts der Niederlage in einem anderen Licht. Wie kein anderes Volk der Welt habe es bis an die Grenze seiner physischen Leistungsfähigkeit »geschuftet« und Treue, Geduld und Opferbereitschaft bewiesen. Auch die Intelligenz sei davon nicht auszunehmen; sie sei nicht defätistisch eingestellt – sie sehe sich nur außerstande, zu glauben, daß schwarz weiß sein solle, und lasse sich nicht davon abhalten, ihre bitteren Schlußfolgerungen aus den gescheiterten Hoffnungen zu ziehen. Verständlicherweise lebe das Volk nur noch für den Tag: »Es wird alles an Annehmlichkeiten ausgenützt, was sich darbietet. Irgendein sonst belangloser Anlaß führt dazu, daß die letzte Flasche ausgetrunken wird, die ursprünglich für die Feier des Sieges, für das Ende der Verdunklung, für die Heimkehr von Mann und Sohn aufgespart war. Viele gewöhnen sich an den Gedanken, Schluß zu machen. Die Nachfrage nach Gift, nach einer Pistole und sonstigen Mitteln, dem Leben ein Ende zu bereiten, ist groß. (...) Dinge, die noch vor wenigen Wochen niemand auszudenken wagte, sind heute Gegenstand einer öffentlichen Diskussion in den Verkehrsmitteln und unter stockfremden Menschen.«[368]

Der denkwürdige, Fragment gebliebene Bericht schließt mit einem langen Blick auf ein gedemütigtes Volk: Es habe alles ertragen, es sei an Disziplin gewöhnt, der traditionelle Respekt vor der Polizei tue ein übriges. Dieses Volk fühle sich durch den »verästelten Apparat der Partei« von allen Seiten überwacht, es habe alles »in sich hineingefressen« – nun sei es genug. »Auch diejenigen, die ins Schimpfen geraten, sind in der Regel Menschen, die ihre Pflicht tun, die Angehörige verloren oder Väter oder Söhne an der Front haben, die keine Wohnung mehr besitzen, die eine ganze Nacht gelöscht und gerettet haben.« Späte Einsichten eines Überwachungsapparats, dessen Funktionäre in den Stimmungen und Gefühlen der Überwachten unversehens ihre eigenen wiedererkannten.

Keine Frage, daß die Mehrheit dieses Volkes für das von Hitler geforderte, von Teilen der Reichsführung erfolgreich boykottierte Prinzip »Verbrannte Erde« kein Verständnis aufbrachte. »Kein deutscher Halm soll den Feind nähren, kein deutscher Mund ihnen Auskunft geben, keine deutsche Hand ihnen Hilfe bieten. Jeden Steg soll er zerstört, jede Straße gesperrt vorfinden – nichts als Tod, Vernichtung und Haß wird ihm entgegentreten.« So trommelte der »Völkische Beobachter« am 7. September 1944[369] für die Strategie der organisierten Selbstverstümmelung, nach der nicht nur die Industrieanlagen und Energiezentralen des Reiches, sondern auch seine Kommunikationseinrichtungen, seine Verwaltungsinstitutionen mit allen Akten und Unterlagen, seine Lebensmittelvorräte und Bauernhöfe und selbst die noch erhaltenen Denkmäler der Kunst und Kultur in Flammen aufgehen oder dem Dynamit zum Opfer fallen sollten. Der Führer, der gleichzeitig Alexander, Cäsar und Napoleon nacheifern wollte, probierte nun die Posen Neros aus, aber seine Befehlsgewalt bröckelte bereits, seine Untergebenen setzten sich von ihm ab, der Kern zerfiel – der nationalsozialistische Zentralismus, der ohnehin stets mehr Schein als Sein gewesen war, entwickelte auf einmal eine unheimliche zentrifugale Energie. Nur Goebbels blieb bei seinem Abgott; sein Ende ist bekannt, er organisierte es bis in die Einzelheiten mit der Konsequenz eines selbstbewußten, auf den Ruhm der Nachwelt versessenen Filmproduzenten, dem allerdings der gesamte Drehstab davongelaufen war.

In Ufa-Stadt, Neubabelsberg, war Mitte April noch Hochbetrieb: Alfred Weidenmann drehte in der Südhalle mit Carl Raddatz und Karl Dannemann in den Hauptrollen eine Katastrophenszene zu dem Bergwerksfilm *Die Schenke zur ewigen Liebe* nach, die man am schlesischen Originalschauplatz nicht mehr hatte vollenden können. Luftangriffe auf Potsdam, am 14. und 20. April, beschädigten auch Teile des Filmgeländes, trieben Künstler und Kameraleute, Techniker und Tonmeister, Büroangestellte und Bauarbeiter in den 1000-Mann-Bunker. Unter dem Eindruck sowjetischer Tiefflieger verließ ein Teil der Belegschaft das Gelände, ein anderer Teil quartierte sich im Bunker ein, um das Ende der Kriegshandlungen abzuwarten. Versprengte deutsche Soldaten verirrten sich nach Babelsberg und nutzten die Gelegenheit, um sich im Kostümfundus der Ufa mit Zivilkleidung zu versorgen. Am 24. April wurde die größte Filmproduktionsstätte Europas von sowjetischen Truppen besetzt. »Sowjetische Panzer bahnen sich den Weg über das aufgerissene Pflaster, über Straßen, auf denen tote Pferde liegen und die durch niedergestürzte Lichtmasten fast unpassierbar geworden sind. Vor Jahren gab es einmal eine solche Straße in der Ufa-Filmstadt in Babelsberg. Diese Straße hatte man für den Film *Flüchtlinge* aufgebaut. Damals war es Kulisse, jetzt ist es schauerliche Wirklichkeit.«[370]

Zum Zeitpunkt der Besetzung Berlins hatten sämtliche Direktoren und leitenden Angestellten des Ufi-Konzerns ihre Arbeitsplätze längst verlassen. Im Bunker von Neubabelsberg, in den Kellern der Ufa-Zentralverwaltung Dönhoffplatz/Krausenstraße saßen »Gefolgschaftsangehörige« aus Büros und Werkstätten und harrten der Dinge, die da kommen würden. Überliefert sind diese Tagebuchaufzeichnungen eines mittleren Angestellten der Ufa, niedergeschrieben im Luftschutzkeller der Hauptverwaltung:

»25. April. Die Keller sind überfüllt. Rund 200 Flüchtlinge hocken zusammen. Außerdem wir 15 Männer von der Ufa. – 26. April. SS-Männer haben sich zu uns durchgeschlagen. Sie wollen das Ufa-Haus um jeden Preis verteidigen. Das Propagandaministerium soll es ihnen befohlen haben. Das wäre das Ende von uns Zivilisten. – 28. April. Lebend fällt er nicht in die Hände der Russen, hat der Kommandeur der SS-Soldaten gesagt. Unser Haus liegt im Beschuß. – 1. Mai. Wir brennen! Seit sechs Stunden steht das Haus in Flammen. Ich weiß nicht, ob wir noch lange in den Kellern bleiben können. Aus drei Richtungen

Juni 1945...

... Trümmerfrauen in der Ufa-Stadt

kommt der Beschuß. – 2. Mai. Heute nacht fuhren Panzer auf den Dönhoffplatz und schossen in die Keller und Bunker. Unsere Soldaten haben viele Verwundete. Mit den Russen wird jetzt verhandelt. Der SS-Führer hat sich und einen Kameraden mit einer Handgranate in die Luft gesprengt.«[371]

In der Verwaltung wie in den Produktionsbetrieben begann unmittelbar nach der sowjetischen Besetzung die Demontage; gleichzeitig nahm der kalte Krieg zwischen Amerikanern und Sowjets um die Vermögenswerte und den Aktenbestand der Ufi und ihrer Gesellschaften seinen Anfang. Während die Rotarmisten in Neubabelsberg den gesamten Maschinenpark, Kameras, Scheinwerfer, Schneidetische, Kräne, Notstromaggregate und Lichtmaschinen verschwinden ließen, gelang es den Angestellten der Zentrale am Dönhoffplatz, den sowjetischen Truppen die Existenz des Tresors mit den Akten der Hauptverwaltung sowie Geld und Wertpapieren zu verbergen; in den folgenden Wochen wurden diese Bestände heimlich in das von den Amerikanern besetzte Tempelhof ausgelagert. Die Filmbestände der Ufa wiederum, soweit sie nicht bei dem Bunkerbrand in Neubabelsberg vernichtet wurden, wanderten in den sowjetischen Sektor und von dort nach Moskau. Große Teile des Wochenschaumaterials und der von den Propagandakompanien gedrehten Kriegsaufnahmen gingen verloren, als Ende April der Versuch unternommen wurde, die in den Rüdersdorfer Kalkbergwerken eingelagerten Negative auf einem Elbfrachter nach Schleswig-Holstein zu transportieren. Das Schiff wurde von Tieffliegern bombardiert und versenkt; die in Rüdersdorf noch verbliebenen Reste des hochbrennbaren Nitro-Materials wurden, so vermutet Barkhausen[372], von der SS vernichtet oder von sowjetischen Soldaten versehentlich in Brand gesetzt.

Noch in den letzten Apriltagen, nach Abbruch der Dreharbeiten zu *Die Schenke der ewigen Liebe*, wurde Carl Raddatz, zusammen mit einem anderen Spitzenschauspieler der Ufa, Viktor Staal, zum »Volkssturm« abkommandiert. Raddatz' Kollege Karl Dannemann erschoß sich, als die Sowjets Berlin erobert hatten. Harry Liedtke, einer der populärsten Draufgänger und Charmeure des deutschen Films seit den Tagen von Ernst Lubitsch, wurde am 28. April in seiner Villa bei Saarow-Pieskow von sowjetischen Soldaten umgebracht. Einen Tag später erlag Hans Brausewetter, Stereotyp des »netten Kerls« in der Garde der Ufa-Schauspieler, seinen schweren Verletzungen, nachdem er in den letzten Tagen der Kämpfe um Berlin im Garten seines Hauses von einem Granatsplitter getroffen worden war. Am Morgen des 2. Mai erteilte Helmuth Weidling, Kommandeur der deutschen Truppenverbände in und um Berlin, die der Roten Armee noch Widerstand leisteten, den Befehl, die Kampfhandlungen einzustellen. Die Schlacht um die Reichshauptstadt, die der Propagandaminister zum Heldenlied hatte gestalten wollen, war geschlagen; auf dem zerstörten Reichstagsgebäude wehte die Rote Fahne.

An diesem Morgen fuhr der junge Holländer Petrus Bartelsman, seit Anfang der vierziger Jahre Toningenieur bei der Ufa und mit Spezialaufgaben in der Verstärkertechnik befaßt, zum letzten Mal auf seinem Fahrrad von Charlottenburg zu seinem Arbeitsplatz in Neubabelsberg. Auf das Fahrrad war er umgestiegen, seitdem die Havelbrücke bei Kohlhasenbrück zerstört und die S-Bahn-Verbindung unterbrochen war; mehrfach hatte sich Bartelsman Ärger beim Ufa-Portier Krüger eingehandelt, einem strammen SA-Mann, der ihm den Zutritt auf das Filmgelände verwehrte: das Fahrrad stelle eine Gefährdung der Betriebssicherheit dar. An diesem 2. Mai 1945 war kein »Goldfasan« Krüger mehr in der Portiersloge; der Tontechniker konnte ungehindert passieren und strebte zu seinem Arbeitsplatz. Aber sein Arbeitsplatz war nicht mehr vorhanden. Ein Sowjetsoldat kontrollierte seine Papiere und bedeutete ihm, er könne nach Hause gehen; mit allen anderen technischen Einrichtungen waren auch die Verstärkeranlagen aus der Ufa-Stadt verschwunden. Die Universum-Film AG – Ludendorffs Golem, Hugenbergs Wahlkampfmaschine und Goebbels' schwieriges Spielzeug, Retorte aller deutschen Träume und Wunderwerk der europäischen Medienindustrie – existierte nicht mehr.

Neubabelsberg 1946: Dreharbeiten zu *Die Mörder sind unter uns*; im Hintergrund Wolfgang Staudte und Hildegard Knef (nachfolgende Doppelseite)

Nachspann

Demontage und neues Gründungsfieber

»Marika Rökk fährt ihr Baby im Kinderwagen aus. Leni Riefenstahl ist aus Kitzbühel eingetroffen«, notierte Erich Kästner am 4. Mai 1945 in seinem Tagebuch. Der von den Nationalsozialisten verfemte und verbotene Schriftsteller verbrachte die letzten Kriegswochen als illegales Mitglied eines Ufa-Teams in Mayrhofen, Tirol, und beobachtete, wie sich die einst so idyllische Sommerfrische in einen Umschlagplatz von Menschen und Material verwandelte. Lastwagen der auf dem Rückzug befindlichen deutschen Südarmee fuhren durch den Ort, versprengte russische Offiziere aus dem Stab der an der Seite der deutschen Wehrmacht kämpfenden Wlassow-Armee zogen an den staunenden Tiroler Bauern vorbei, gefolgt von serbokroatischen »Fremdarbeitern«, die zurück in ihre Heimat wollten. »Tiroler Freiheitskämpfer mit Armbinden, brennesselpflückende Berliner, promenierende Hautevolee aus Budapest, es geht unverkennbar international zu.«[1]

Die »brennesselpflückenden Berliner« gehörten zu jenem sechzigköpfigen Ufa-Stab, der sich im März, versehen mit Papieren des Propagandaministeriums, ins Zillertal abgesetzt hatte – vorgeblich, um Außenaufnahmen zu dem Film *Das verlorene Gesicht* zu drehen. Kästner durfte Berlin nicht verlassen, aber Produktionsleiter Eberhard Schmidt hatte seinen Namen kurzentschlossen in die von Staatsrat Hans Hinkel blanko unterzeichneten Formulare eingetragen und für die notwendigen Papiere gesorgt. In Mayrhofen betreute Schmidt ein hochqualifiziertes Team und hatte, von den Kameras über die Tonaufnahmeapparaturen bis zur Beleuchtungseinrichtung, die denkbar gediegenste Ufa-Technik zur Verfügung. Regie führte Harald Braun, seit 1937 bei der Ufa und seit seinem Debüt mit *Zwischen Himmel und Erde* (1941 / 42) ein gefragter Regisseur; am Drehbuch schrieb Herbert Witte, mit dem Braun auch nach dem Krieg zusammenarbeiten wird; für die Aufnahmen war Robert Baberske verantwortlich, seit den frühen Filmen Fritz Langs und Murnaus bei der Ufa; Architekt war der nicht minder erfahrene Emil Hasler, und für die tragenden Rollen waren Hannelore Schroth und Ulrich Haupt vorgesehen.

Aber alles war nur ein großer Bluff. Um der Einberufung zu einem vierwöchigen »Standschützenkurs« durch den Gauleiter zu entgehen, zog der gesamte Ufa-Troß, »mit den geschminkten Schauspielern an der Spitze, geschäftig durch den Ort, hinaus in die Landschaft, und drehte, was das Zeug hielt. Die Kamera surrte, die Silberblenden glänzten, der Regisseur befahl, die Schauspieler agierten, der Aufnahmeleiter tummelte sich, der Friseur überpuderte die Schminkgesichter, und die Dorfjugend staunte. Wie erstaunt wäre sie erst gewesen, wenn sie gewußt hätte, daß die Filmkassette der Kamera leer war! Rohfilm ist kostbar. Bluff genügt.«[2] So Erich Kästner in seiner Eintragung vom 19. April. Den Stoff *Das verlorene Gesicht* wird, mit veränderter Besetzung, Kurt Hoffmann erst 1948 verfilmen; Kästner aber konnte, mit Hilfe dieses Bluffs, in malerischer Landschaft und bei halbwegs gesicherter Ernährungslage unter den Fittichen der Ufa das Kriegsende abwarten. Akribisch hielt er in seinem Tagebuch die Gerüchte fest, die aus dem zusammengebrochenen »Altreich« in die »Alpenfestung« drangen – etwa dieses am 18. Mai 1945: »In Berlin sei ein Stadtrat zusammengerufen worden, und einer der Stadträte sei Sauerbruch. Dreißig Kinos spielten bereits wieder, und weitere Eröffnungen stünden unmittelbar bevor.«[3]

Indessen: in den ersten beiden Monaten nach der deutschen Kapitulation waren die Kinos zumindest in der amerikanischen und britischen Besatzungszone für die Zivilbevölkerung geschlossen; ein amerikanischer Erlaß sah vor, das Unterhaltungsbedürfnis der alliierten Streitkräfte habe gegenüber dem der Besiegten Priorität. Ende Juli öffneten die ersten noch erhaltenen oder wieder hergerichteten Filmtheater ihre Tore für den allgemeinen Besuch. Die Deutschen, mit dem nackten Überleben beschäftigt und vielfach ohne Obdach, auf der Suche nach ihren Angehörigen und von verläßlichen Informationen abgeschnitten, sehnten sich, wie schon in der Endphase des Krieges, nach »Ablenkung« und Unterhaltung.

Für eine große Mehrheit der Bevölkerung war das gesamte Koordinatensystem, das den Alltag unter nationalsozialistischer Herrschaft zusammengehalten hatte, aus den Fugen – ein dichtes psychologisches Gewebe aus offiziellen Lügen und selbstverordnetem Leugnen, aus Autosuggestion und Verdrängung, aus Realitätsflucht, Innerlichkeit, aufkeimenden Zweifeln und täglich neu vollzogener Unterwerfung. Um den von Hitler und Goebbels versprochenen »Endsieg« sah man sich betrogen. »Der totale Krieg, der von einem totalitären Regime gewollt war, endete in totaler Entäußerung.« (Alfred Grosser[4]) Dem politischen Zusammenbruch folgte der Sturz in ein seelisches Vakuum, das der unumgängliche Preis für eine nicht selbst erkämpfte, sondern von den Siegern ins zerstörte Land gebrachte Freiheit war. Die materielle Notlage nach dem Krieg mit ihren deprimierenden Auswirkungen auf das Selbstwertgefühl verstärkte das bereits vorhandene kollektive Syndrom aus Apathie, Verdrängung und Sehnsucht nach Harmonie. Wieder einmal wurde das Kino zum Betäubungsmittel – oder vielmehr zu einer sanften Droge, die den Betäubungszustand, in dem sich viele Deutsche nach der Kapitulation befanden, verlängern half.

Noch Ende 1944 hatte man im Reichsgebiet (das Saarland, Österreich, den Sudetengau, das Memelgebiet und Danzig eingeschlossen) 6484 ortsfeste Kinos gezählt, davon etwa 3000 auf dem Gebiet der späteren Westzonen. Im Mai 1945 existierten in den Westzonen und West-Berlin noch 1150 »bespielbare« Theater.[5] Alliierte Offiziere, zuständig für die Wiederaufnahme des Kunst- und Unterhaltungsbetriebs, hatten sich mit diesem Erbe zu befassen – unter ihnen Henry C. Alter, der für die »Information Control Division« der amerikanischen Militärregierung zu dem Ergebnis kam, im zerschlagenen Deutschland gebe es vorwiegend »wirkliche« und »sogenannte Ufa-Theater« – also solche, die noch im Besitz der Gesellschaft, und andere, die »von Juden oder anderen unerwünschten Besitzern requiriert worden« seien; daneben gebe es noch Häuser im Besitz bekannter Nationalsozialisten und schließlich solche, »die bis heute in der Hand des privaten Besitzers geblieben sind«.[6]

Die unübersichtliche Situation allein im dezimierten Kinosektor beeinträchtigte anfänglich die Bemühungen der Alliierten, eindeutige Richtlinien zur Wie-

Ufa-Palast am Zoo, 1945

Kinofassade 1950

deraufnahme des Film- und Kinobetriebs auszuarbeiten. Vor allem den Amerikanern galt der Ufa-Rhombus als Symbol für das deutsche Filmwesen und damit für die politische Verquickung eines enormen wirtschaftlichen Monopols mit der nationalsozialistischen Diktatur. Entsprechend kompliziert gestaltete sich die Verteilung der Kompetenzen in der hochorganisierten amerikanischen Militärverwaltung. Die »Property Control«-Abteilung hatte über die Beschlagnahmung des Reichsbesitzes und nationalsozialistischen Eigentums zu wachen; andere Abteilungen waren für die Überprüfung, später für die »Entnazifizierung« früherer Kinobesitzer oder -leiter verantwortlich, während über die Wiederzulassung von Kinos das Film-, Theater- und Musik-Ressort der »Information Control Division« zu befinden hatte. Sehr unterschiedliche Abteilungen befaßten sich aus unterschiedlichen Blickwinkeln mit demselben Problem: eine Situation, die zunächst wenig Klarheit erbrachte, aber um so mehr falsche Hoffnungen begünstigte.

Berechtigte und unberechtigte Hoffnungen blühten auch im Produktionssektor, der im westlichen Besatzungsgebiet vorerst stillgelegt worden war. Zahlreiche Betriebsanlagen der deutschen Filmkonzerne waren noch halbwegs intakt. Die Ufa-Ateliers in Neubabelsberg und Tempelhof waren zwar den alliierten Bombenangriffen ausgesetzt gewesen, aber keineswegs vollständig zerstört; auch von den 60 Berliner Ufa-Kinos waren noch 22 »bespielbar«. Allerdings hatte die sowjetische Demontage erhebliche Lücken im Gerätepark hinterlassen. Am 8. Juli 1945 stellte Henry C. Alter, US-Offizier für Film, Theater und Musik, nach einer Bestandsaufnahme fest, daß den Russen lediglich einige versteckte 35-mm-Kameras entgangen seien; im übrigen hätten sie die gesamte technische Ausrüstung, die in Tempelhof gelagerten Filmkopien sowie 1250000 Meter Rohfilmmaterial »entfernt«. Das Tobis-Studio in Johannisthal sei vollkommen erhalten, aber da es sich im sowjetischen Sektor befinde, werde es hauptsächlich zur Synchronisation russischer Filme verwendet.[7]

Der kalte Krieg um das Erbe des Reichsfilmvermögens hatte begonnen. An ihm beteiligt waren auch Angestellte der Ufa, denen es in den ersten Wochen nach Kriegsende gelang, einen Teil des Inventars aus der im sowjetischen Sektor gelegenen Hauptverwaltung in den Westen der Stadt zu transportieren. Nach einem Bericht von Hans Borgelt wanderten Baumaterialien, kinotechnische Geräte, Büromaschinen, Teile der Telefonzentrale, die Akten der Ufa-Handelsgesellschaft und Filmmaterial auf Schmuggelpfaden Stück für Stück über die Sektorengrenze und gerieten so in amerikanische Hände.[8]

»Demontage der Traumfabrik« – so betitelte Helmut Käutner in dieser Zeit ein Manuskript, in dem er sich mit den verschiedenen Hindernissen für den Wiederaufbau einer deutschen Filmproduktion auseinandersetzt. Neben dem alliierten Produktionsverbot waren es vor allem materielle Probleme wie der akute Mangel an Rohfilm. Die Fabrikanlagen der Firmen Zeiss-Ikon in Berlin und Perutz in München waren weitgehend zerstört. Das Agfa-Werk Wolfen, die wichtigste deutsche Rohfilmfabrik, lag in der sowjetisch besetzten Zone. Käutner: »Die Lieferungen von dort sind knapp und unzureichend und können vorläufig nur durch die Militärregierung kompensiert werden. Import ist aus Devisengründen zunächst ausgeschlossen. Eine Erweiterung der Rohfilmbasis ist also erst möglich, wenn die Wirtschaftseinheit ganz Deutschlands hergestellt und dadurch eine gleichmäßige Verteilung, vielleicht sogar Bewirtschaftung des Rohfilms möglich ist, oder wenn die deutsche Ausfuhr so gesteigert werden kann, daß über die Beschaffung von Lebensmitteln hinaus Devisen für den Einkauf von Rohfilm im Ausland freigestellt werden können.«[9]

Hoffnungen der frühen Nachkriegszeit, die sich bald in Nichts auflösten: Die gesamtdeutsche Wirtschaftseinheit kam nicht zustande; die Spannungen zwischen den USA und den Sowjets verschärften sich, die Lager und Grabenstellungen des kalten Krieges zeichneten sich bereits ab. Während die Sowjetische Militäradministration (SMAD) schon sehr bald nach Kriegsende die Bedingungen für eine deutsche Filmproduktion unter ihrer politischen Kontrolle herstellte, waren die deutschen Produzenten, Regisseure und Schauspieler in den Westzonen zur Untätigkeit oder zu Ersatzbeschäftigungen verurteilt – wie etwa eine Künstlergruppe um R. A. Stemmle, die bereits im Juni 1945 von amerikanischer Seite die Genehmigung zur »Truppenbetreuung« erhielt. »Sie arbeiten hauptsächlich mit Kräften, deren Wirkung im Optischen liegt, also guten Artisten, das ganze Opernballett mit einigen sehr guten Solistinnen steht ihnen zur Verfügung, und sonst bemühen sich einige weniger bekannte Schauspieler in mehr oder weniger (meist allerdings weniger) gutem Englisch, Sketche zu spielen...«[10]

Helmut Käutner und Wolfgang Liebeneiner fanden an den im Dezember 1945 von Ida Ehre gegründeten Hamburger Kammerspielen Arbeit; Harald Braun überbrückte als Intendant der Heidelberger Kammerspiele die Wartezeit, bis er 1947 wieder Filme produzieren und inszenieren durfte; Heinz Rühmann, dem die Amerikaner aus politischen Gründen kein Vertrauen schenkten, tingelte mit einer Theatergruppe durch die sowjetische Besatzungszone, bevor er 1947 mit dem ehemaligen Terra-Produktionschef Alf Teichs die Comedia-Filmgesellschaft gründete. Die Künstler der Ufa, sofern sie überlebt hatten und durch das Kriegsende nicht aus der Bahn geschleudert worden waren, befanden sich auf Tournee, belustigten mit ihren Fertigkeiten die Truppen der Siegermächte oder rezitierten deutsche Gedichte und deutsches Gedankengut im Sendestudio des mit britischer Lizenz gegründeten Nordwestdeutschen Rundfunks (NWDR).[11]

Die Produktion lag brach – nichtsdestoweniger griff, wie in früheren Krisenzeiten, ein euphorisches Gründungsfieber um sich und erfaßte gleichermaßen die Routiniers und die Emporkömmlinge der Branche, Fachleute und Laien, Glücksritter und kunstbesessene Außenseiter. Neue Firmen, meldete Henry C. Alter Ende Juli 1945 der »Information Control Division«, schössen »wie Pilze aus der Erde«, mit ihnen »werden wir es von jetzt an in zunehmendem Maße zu tun haben«. Kaum war der Krieg vorbei, die Tyrannei besiegt und die Gesinnungsbürokratie des Joseph Goebbels von der Bildfläche verschwunden, antichambrierten deutsche Filmleute bei den Amerikanern und machten sich anheischig, »aktuelle Themen mit einem Minimum an technischer Ausrüstung produzieren zu wollen«.[12]

Noch existierten, jedenfalls auf dem Papier, die Konzerne der nationalsozialistischen Propagandafabrik. Die Tobis zum Beispiel vermietete großzügig ihre noch vorhandenen Kapazitäten an neue Firmen – und ignorierte dabei völlig, daß ihre Belegschaft in Johannisthal »mit Volldampf« an russischen Synchronisationen arbeitete und eine Weitervermietung gar nicht möglich war. Die eine Hand wußte nicht, was die andere tat – es war ohnehin alles nur ein Papierkrieg, denn das Produktionsverbot der Amerikaner galt uneingeschränkt. Ufa-, Tobis- und Terra-Techniker, »die ihre Talente und einige gerettete Gerätschaften zusammenwerfen woll(t)en«, gründeten die Firma Deutsche Film Corporation, und erstaunt listeten die Amerikaner im Dezember 1945 weitere neun Firmengründungen auf, hinter denen zum Teil prominente Namen standen: der Ufa-Regisseur Werner Hochbaum und der Terra-Produzent Alf Teichs, Wolfgang Staudte und Heinz Rühmann, Boleslav Barlog und der (ausdrücklich als NSDAP-Mitglied registrierte) Kameramann Georg Krause. Schon im Juli hatte Henry C. Alter diesen »Trend« prognostiziert und hinzugefügt, diese Neugründungen seien nicht ernstzunehmen; keine dieser Gesellschaften könne »als wirklich seriös angesehen werden«.[13]

Chaos, Papierkrieg und Turbulenzen um nichts und wieder nichts – in einer Situation, in der die Amerikaner, da noch keine Richtlinien existierten, die deutschen Anträge nur entgegennehmen konnten und sogleich ablehnen mußten. Aber das Papier, das beschrieben wurde, hat dokumentarische Qualität. Als der von den Nationalsozialisten kaltgestellte Regisseur Werner Klingler die Zulassung seiner Kollektiv-Film GmbH beantragte, schrieb er ins Exposé, er wolle »Aufbaufilme« drehen, »die in ihrer Themenwahl den Menschen unserer Zeit nahegehen und die in ihrer Synthese in zartester Form eine Tendenz an sie herantragen, so daß sie geradezu erlöst aus dem Filmtheater weggehen«, und er beschwor für den deutschen Film eine notwendige »Zeitwende«: »Unter restloser Freimachung von der bisherigen Ideenwelt müssen ihm neue soziologische und weltanschauliche Inhalte gegeben werden. Nach Sichtung der Kräfte und unter einer klaren Führung kann er in Zukunft mithin als Instrument zum Einsatz kommen, welches zum Neuaufbau, zur Erziehung, Schulung und inneren Gesundung des Volksganzen einen wesentlichen Teil beitragen wird.«[14]

Lex Ufi

Landauf, landab regte sich der deutsche Idealismus konservativer und progressiver Spielart und rief nach Wiederzulassung. Die Amerikaner waren erkennbar überfordert. Mit den anderen Besatzungsmächten waren sie sich darin einig, daß es zunächst und vor allem darum ging, das von den Nationalsozialisten hinterlassene und in Max Winklers Super-Konstruktion der Ufi verkörperte reichseigene Filmvermögen zu beschlagnahmen. Auf dieser Grundlage verfolgten die Amerikaner, im Bunde mit den Briten und Franzosen, das Konzept der »Entflechtung« und »Reprivatisierung« des zuvor reichseigenen Filmmonopols. Auf der Gegenseite nützten die Sowjets das ihnen in die Hände gefallene Potential für den Aufbau einer neuen zentralistischen Struktur, die schon 1946 mit der Gründung der Deutschen Filmaktiengesellschaft (DEFA) verwirklicht wurde. »Ufa« und »DEFA«: der ideologische Graben schien unüberbrückbar, doch zumindest die Erinnerung an die magische Werkstatt von einst sollte mit der Namensgebung in die sozialistische Zukunft gerettet werden.

Da die wichtigsten Filmateliers jenseits der Zonengrenze lagen, geboten die Sowjets über nicht weniger als 70 Prozent des Ufi-Vermögens, dessen Kapitalmasse bei Kriegsende auf etwa 450 Millionen Reichsmark geschätzt wurde. Die Siegermächte waren sich darin einig, daß die »übermäßige« Konzentration des wirtschaftlichen Potentials, »dargestellt insbesondere durch Kartelle, Syndikate, Trusts und andere Monopolvereinigungen«, zu liquidieren sei.[15] Die Militärregierungen der westlichen Alliierten verfolgten dabei, auf Grund ihrer jeweiligen politischen und kulturellen Zielvorstellungen, unterschiedliche Konzepte. Konsens bestand jedoch darin, den brachliegenden deutschen Filmmarkt nach dem Ende der nationalsozialistischen Autarkiepolitik nunmehr der ausländischen Produktion, also in erster Linie amerikanischen, britischen und französischen Filmen zu öffnen. Darüber hinaus verbanden vor allem die Amerikaner mit ihrer Filmpolitik propagandistische Interessen: die Bewohner des besetzten Territoriums sollten nicht zuletzt mit Hilfe von Filmen politisch »umerzogen« und in Mitglieder einer demokratisch gesitteten Gemeinschaft zurückverwandelt werden.

Die amerikanische Informations- und Nachrichtenkontrolle bestimmte die Zielsetzungen einer im Dienst der »re-education« stehenden Informations- und Kulturpolitik: Die Deutschen sollten »das Programm der amerikanischen Besatzungsmacht verstehen und akzeptieren«; sie sollten angehalten werden, für ihre eigenen Belange »ein stabiles, friedliches und tragbares Regierungssystem zu errichten«; es sollte ihnen die Totalität ihrer Niederlage klargemacht werden wie auch die Unmöglichkeit einer Wiederbewaffnung und die »Verantwortung des einzelnen Deutschen für den Krieg und die begangenen Grausamkeiten«. Das Volk erhalte eine Chance, durch »Arbeit und Kooperation wieder in die Familie der Nationen aufgenommen zu werden«.[16] Nach dem Schema der kollektiven Anklage sollte ein ganzes Volk – auch mit Hilfe politisch einwandfreier Filme – kollektiv entnazifiziert und zu demokratischer Gesinnung und Gesittung umerzogen werden.

Die Kontrolle über das gesamte reichseigene Filmvermögen (also sowohl über die Produktionsbetriebe und Lichtspieltheater als auch über die angeschlossenen Kopierwerke, Verleihorganisationen und Musikverlage, über Liegenschaften, Konten, Wertpapiere und vertragliche Rechte) wurde von den Militärregierungen ausgeübt, die zu diesem Zweck deutsche Fachleute ihres Vertrauens einsetzten. Ihnen oblag es, die regionalen Bestände zu registrieren und vorläufig zu verwalten. Das Kuriosum der folgenden Jahre bestand darin, daß die Amerikaner Gesetze und Verordnungen zur »decartilization« und »deconcentration« der deutschen Filmindustrie erließen, deren Folge eine Zersplitterung in Kleinunternehmen gewesen wäre, während die deutschen Treuhänder ihre Möglichkeiten nutzten, um wirtschaftlich aktiv zu werden und zum Beispiel Kinotheater aufzukaufen. »Während sich die westlichen Besatzungsmächte davon eine Vergrößerung des Abspielmarktes zugunsten auch ihrer Produkte erhofften, sah die deutsche Politik darin die aktiven Ansätze zur Erhaltung und Konzentration des Gesamtpotentials der westdeutschen Filmwirtschaft im Sinne der Wiederherstellung eines Filmwirtschaftskonzepts der dreißiger Jahre.«[17] Mit anderen Worten: unter dem Deckmantel der Vermögensentflechtung arbeiteten alliierte und deutsche Interessen Hand in Hand an der Rekonstruktion gerade jener Strukturen, die es abzuschaffen galt.

Bis 1949 gab es eine Reihe von Verordnungen, aber noch immer fehlte ein verbindliches Entflechtungsgesetz. Die westdeutsche Filmwirtschaft war an einer Privatisierung des ehemaligen staatlichen Filmvermögens interessiert – den Aufsplitterungstendenzen widersprachen jedoch die deutschen Behörden, die im Sinne »der Wiederherstellung einer gesunden deutschen Filmwirtschaft« die

Konzernstrukturen erhalten wissen wollten. Im Juli 1949 protestierte Hermann Pünder, Vorsitzender des Zweizonen-Verwaltungsrats, bei den Amerikanern gegen die Entflechtungspolitik und schlug vor, die Militärregierungen sollten sich auf Rahmenrichtlinien beschränken und alle weiteren Maßnahmen der künftigen Bundesregierung überlassen.[18]

Am 7. September 1949 – jenem Tag, an dem der Deutsche Bundestag zu seiner konstituierenden Sitzung zusammentrat – erließen die amerikanische und die britische Militärregierung schließlich jenes Gesetz Nr. 24, das als »Lex Ufi« in die deutsche Filmgeschichte eingehen sollte. Zur »Förderung einer gesunden, auf demokratischen Grundsätzen aufgebauten, in Privathänden befindlichen Filmindustrie in Deutschland« dekretierte es die unverzügliche Auflösung der von Max Winklers Cautio-Treuhand GmbH für den NS-Staat konstruierten Ufa-Film GmbH (= Ufi). Die Ufa sollte »abgewickelt« werden – schon damals war dieser Begriff, der vierzig Jahre später nach dem Zusammenbruch der DDR wieder aktuell wurde, gebräuchlich. Das Reichsfilmvermögen sollte auf einen Liquidationsausschuß, der sich aus den deutschen Treuhändern zusammensetzte, übertragen und innerhalb von achtzehn Monaten »im Wege des öffentlichen Verkaufs nach öffentlicher, weiten Kreisen zugänglicher Ankündigung an die Meistbietenden unter den bietberechtigten Personen« veräußert werden. Die Ufa geriet unter den Hammer – und mit ihr die Tobis, die Terra und die Bavaria.[19]

Die wichtigste Bestimmung der »Lex Ufi« schrieb vor, daß kein Interessent mehr als ein Filmstudio oder drei Lichtspieltheater erwerben dürfe. Ferner sollten die Protagonisten der nationalsozialistischen Staatskonzerne, ob sie nun als politisch belastet galten oder nicht, als Käufer von Filmstudios ausgeschlossen werden: »Der Bieter darf zu keiner Zeit während der dem 8. Mai 1945 vorausgehenden zehn Jahre Mitglied des Vorstandes oder Aufsichtsrats oder Prokurist eines dem Deutschen Reich gehörigen Lichtspielunternehmens gewesen sein.«[20] Schließlich untersagte das Gesetz die Verwendung der Abkürzungen »Ufa«, »Ufi« und ähnlich klingender Bezeichnungen im Zusammenhang mit einer filmwirtschaftlichen Tätigkeit.

Die alliierte »Lex Ufi« stieß auf den Widerstand der neu gegründeten Spio (Spitzenorganisation der deutschen Filmwirtschaft) und der Bundesregierung, die gerade in ihre erste Legislaturperiode eingetreten war. Die Deutschen machten sich ihre eigenen Gedanken darüber, was mit der Ufa anzufangen sei, und sie beanspruchten in dieser Frage Souveränität. 1970 hat der CDU-Abgeordnete Rudolf Vogel, im ersten Bundestag Vorsitzender des Filmausschusses und später Bundesfilmbeauftragter, dem Filmjournalisten Reinhold E. Thiel in einem Fernsehinterview Auskunft über die Motive der Bundesregierung erteilt: »Es war das allgemeine deutsche Bestreben damals (...), freizukommen von der Bevormundung der alliierten Seite. Wir sahen damals, daß international, vor allem in benachbarten Ländern, Italien, Frankreich, England, nationale Filmproduktionen auf den Markt kamen, die sich durchgesetzt hatten, und wir wollten etwas ähnliches haben. Wir glaubten, einen Anspruch darauf zu haben, daß Deutschland, entsprechend seiner ganzen Filmtradition, den gleichen Platz haben sollte wie die anderen auch.« Das Verbot der Bezeichnung »Ufa« empfand Vogel als Anschlag auf die nationale Würde der Deutschen: »Der Name ›Ufa‹ hatte einen internationalen Goodwill-Wert ersten Ranges gehabt. Es wäre töricht gewesen, so etwas nicht wieder beleben zu wollen bzw. für den Bund oder für die deutsche Filmwirtschaft daraus Nutzen zu schöpfen.«[21]

Die Sprache hatte sich seit Ludendorff, Hugenberg und Goebbels geändert, aber auch für die konservativen deutschen Politiker der Nachkriegszeit war die Ufa-Frage noch immer eine Frage des nationalen Prestiges und der nationalen Souveränität. Vogel mochte nicht einsehen, daß der glanzvolle Name durch den Nationalsozialismus gründlich kompromittiert war und der Konzern jenen »internationalen Goodwill-Wert«, den Ruhm der zwanziger und frühen dreißiger Jahre, verspielt hatte. Den konservativen Verdrängungen entsprachen, nach dem Krieg, die Einseitigkeiten der linken Kritiker, die Reinhold E. Thiel exemplarisch in seiner Fernsehsendung artikulierte: »Der Name Ufa hatte Weltgeltung gehabt nur als Symbol des deutschen Nationalismus, und die Ufa hatte eine beherrschende Stellung auf dem deutschen Markt nur zu jener Zeit, als halb Europa von Deutschland besetzt war.« Diese Aussage mag als Erwiderung auf Vogels nationalbornierten Standpunkt verständlich sein – aber sie ist eindeutig und objektiv falsch.[22]

Der »Lex Ufi« vom September 1949 folgte eine Phase der Stagnation – Ausdruck der allgemeinen Unzufriedenheit, die das Gesetz ausgelöst hatte. Die Besatzungsmächte beschränkten sich auf ihre Kontrollfunktion. Die deutschen Treuhänder bemühten sich, den Wert des Ufa-Erbes zu erhalten und, z. B. durch Ateliervermietungen, zu mehren. Die westdeutschen Filmunternehmer und ihre Spitzenorganisation beanspruchten die Erbmasse für ihre eigenen unternehmerischen Zwecke, aber ihnen fehlte weitgehend das Kapital, um als Käufer aufzutreten – statt dessen mußten sie mit ansehen, daß die Treuhänder erfolgreich mit der Wertsteigerung der begehrten Ufa-Hinterlassenschaft beschäftigt waren. Die Bundesregierung schließlich schlug im Juni 1950 vor, die Entflechtung nach deutschem Recht durchzuführen; formal stimmte sie dem Konzept der »Dekartellisierung« zu, meldete jedoch Bedenken gegen eine Auflösung der vertikalen Strukturen (Trennung von Produktion, Verleih und Theaterpark) an. Die Alliierten reagierten mit einem zweiten Ufi-Gesetz vom 20. Juli 1950, das gegenüber dem ersten keine wesentlichen Neuerungen brachte, seine Geltung jedoch auf das gesamte Bundesgebiet ausdehnte, also auch auf die französisch besetzte Zone und auf West-Berlin.

Die Bundesregierung befaßte sich ihrerseits mit Vorschlägen zur Entflechtung des reichseigenen Filmvermögens – doch seltsamerweise wiesen alle ihre Konzepte in Richtung einer neuen monopolistischen Entwicklung, so daß sie von den Alliierten abgelehnt wurden. Mit dem schleppenden Prozeß unzufrieden, nahm die Alliierte Hohe Kommission im November 1950 die Durchführung ihres Gesetzes selbst in die Hand. In der Halle 3 des Afifa-Ateliers in Wiesbaden kamen aus der Ufi-Erbmasse neun Spielfilme zur Versteigerung, außer dem Terra-Lustspiel *Kornblumenblau* von Erich Pfeiffer (1939) ausnahmslos Filme aus der Ufa-Produktion: die Liebeskomödie *Wie konntest du, Veronika* von Milo Harbich (1940), das dörfliche Lustspiel *Drei Väter um Anna* von Carl Boese (1939), Werner Hochbaums von den Nationalsozialisten geschmähter Film *Ein Mädchen geht an Land* (1938), Herbert Selpins *Der grüne Domino* (1935), das Lustspiel *Ich bin gleich wieder da* von Peter Paul Brauer (1939), Richard Schneider-Edenkobens Verwechslungskomödie *Inkognito* (1936), Josef von Bakys *Der Kleinstadtpoet* (1940) und schließlich die Ehekomödie *Liebesbriefe* von Hans H. Zerlett (1943)[23]

Die Versteigerung geriet zu einem beachtlichen Fiasko. Drei Verleiher hatten sich als Interessenten eingefunden. Im Magazin »Der Spiegel« ist nachzulesen, wie und warum die bemerkenswerte Auktion zum Fehlschlag wurde:

»*Kornblumenblau* kam zuerst unter den Hammer. Der Film lief schon in R-Mark-Zeiten als Reprise in der britischen Zone. Kein Gebot. Zehn Minuten Schweigen. *Liebesbriefe* lief bis Mai 1950 und spielte nach dem Krieg ganze 1800 Mark ein. Kein Gebot. *Drei Väter um Anna* war 1939 bis 1942 im Verleih und spielte als Reprise 137000 Nachkriegs-R-Mark ein. Kein Gebot. *Der grüne Domino* lief nach dem Krieg noch nicht. Max Freund vom Hamburger Sternverleih schlug zum Mindestgebot von 5000 DM zu. Ebenso bei *Inkognito* zum gleichen Preis. Dann gab es kein Gebot mehr.«[24]

Das erste Kapitel der Entflechtung des reichseigenen Filmvermögens war damit abgeschlossen.

Die Grammatik der Demokratie

Neben der »Abwicklung« der ehemaligen Staatskonzerne erforderten zahllose Anträge auf Firmengründungen die Aufmerksamkeit der zuständigen Stellen. Die Alliierten hatten über sämtliche Aktivitäten im Bereich der Filmproduktion die Lizenzierungspflicht verhängt. Wer in den Jahren vor Gründung der Bundesrepublik in einer der westlichen Besatzungszonen Filme herstellen oder sich an einer Filmproduktion beteiligen wollte, hatte drei Fragebogen auszufüllen, die dem »screening«, der politischen »Durchleuchtung« galten. Das politische Röntgenbild entschied darüber, ob ihm von der jeweiligen Militärregierung eine Zulassung gewährt wurde oder nicht. Das amerikanische Lizenzwesen führte zu sehr unterschiedlichen Ergebnissen – je nachdem ob die Vertreter der »weichen« oder der »harten« Linie die Entscheidungen beeinflußten, d.h. ob die Frage der fachlichen und künstlerischen Qualifikation des Antragstellers oder seine politische Unbedenklichkeit das ausschlaggebende Kriterium war. Die Grundüberlegung des Lizenzwesens war ebenso idealistisch wie abstrakt. Die Besatzungsmächte wollten nicht nur das Management der NS-Konzerne, sondern auch Filmkünstler und -techniker, die in der einen oder anderen Weise mit den Nationalsozialisten paktiert hatten, vom Wiederaufbau der westdeutschen Filmproduktion ausschließen. Diese Absicht erwies sich als undurchführbar. Selbst wenn nicht (wie Peter Pleyer unter Berufung auf Henry P. Pilgert, Mitarbeiter beim US-Hochkommissariat, behauptet) »nahezu alle Regisseure, Autoren, Schauspieler, Kameramänner und Techniker mehr oder minder aktive Mitglieder der NSDAP gewesen waren«[25], so hatten sich doch sehr viele unter ihnen mit Staat und Partei identifiziert und, im Interesse ihrer Karriere, als »Mitläufer« das System unterstützt.

Die Fragebogen-Aktion der Amerikaner verfehlte, aufs Ganze gesehen, ihr demokratisches Ziel: zur »Ent-nazifizierung« der Deutschen im Sinne eines fundamentalen Umdenkens trug sie kaum etwas bei, und unter den Betroffenen rief sie Verbitterung und Zwietracht hervor. »Da auch kein Schauspieler mehr tätig sein kann, ohne registriert, überprüft und zugelassen zu sein, setzt nun in der Filmbranche die lange Periode der Verärgerung, des Hasses, der Ungerechtigkeit, der Denunziation, des Mißtrauens und des Neides ein, die durch umständlichen Papierkrieg erschwert wird.«[26]

In den Büros der »Information Control Division« gab es durchaus realistische und entsprechend skeptische Lagebeurteilungen. Bemerkenswert ist eine Stellungnahme des für Film, Theater und Musik zuständigen Offiziers Robert Joseph, der vor der Hoffnung warnte, »daß die in Deutschland verbliebenen deutschen Filmleute sozusagen über Nacht Filmideen bekommen, die nicht von dem vergangenen zwölfjährigen Alptraum beeinflußt, gefärbt oder vorgeprägt sind. Den Deutschen fällt es schwer, die neue Grammatik der Demokratie in ihrem täglichen Leben zu lernen. Können wir dann erwarten, daß sie, sobald wir eine Lizenz erteilt haben, die demokratische Syntax von Filmen sofort begreifen?« Wer zwölf Jahre lang Siegfried zum Filmhelden gemacht habe, könne nicht begreifen, daß die Welt voll kleiner Leute sei, die wie John Garfield aussehen, wie Spencer Tracy denken und wie James Cagney handeln, meinte Joseph, und er fügte hinzu: »Wir suchen nicht einfach Männer, sondern Männer mit Einfällen und Ideen. Irgendwelche Mietlinge sind leicht zu finden.« Die künftigen Filme sollten »Bestandteile des sozialen Gefüges in Deutschland« sein. Es genüge nicht, Filme zu drehen, »bei denen die Leute lachen können; wir wollen, daß die Leute auch zum Denken gebracht werden«.[27]

Obwohl die »Information Control Division« insgesamt sich solch anspruchsvolle Auffassungen vom Film nicht zu eigen machte, verweigerte sie bis Anfang 1947 die Erteilung jeglicher Produktionslizenzen. Billy Wilder zufolge, der kurzzeitig in ihren Diensten stand, fehlten für eine neue deutsche Produktion alle Grundlagen: die materiellen Ressourcen seien zerstört oder geplündert; die notwendigen Überprüfungen verzögerten die Zusammenstellung von Teams und das Engagement der künstlerischen Kräfte. »Ich glaube, daß es in den nächsten acht bis zehn Monaten keine neuen deutschen Filme geben wird« – so seine vorsichtige und, wie sich zeigen wird, zutreffende Einschätzung im August 1945.[28]

So kam es, daß nicht die westlichen Siegermächte, sondern die Sowjetische Militäradministration (am 17. Mai 1946) die erste Produktionslizenz erteilte, und daß kein entnazifizierter Ufa-Produzent, sondern die Ostberliner DEFA in direkter Linie und mit geringer zeitlicher Verzögerung das Erbe des stillgelegten Ufi-Imperiums antrat. Der erste deutsche Spielfilm nach dem Krieg, Wolfgang Staudtes *Die Mörder sind unter uns*, mochte ästhetisch-stilistisch noch in der Tradition der Ufa-Werkstatt stehen (an der Produktion waren herausragende Mitarbeiter der »alten« Ufa wie der Kameramann Friedl Behn-Grund und der Architekt Otto Hunte beteiligt) – seine Haltung zur Gegenwart entsprach indessen der Forderung amerikanischer Kontroll-Offiziere nach Filmen, die das Publikum »zum Denken bringen« könnten, und politisch fügte er sich nahtlos in das Konzept des »antifaschistisch-demokratischen Aufbaus«, das die Sowjets zur Leitlinie für die Entwicklung in dem von ihnen besetzten Teil Deutschlands erklärt hatten. Wenige Tage später erteilte die britische Militärregierung Lizenzen an Helmut Käutners Camera Film GmbH und an das von Käutner-Mitarbeitern gegründete Studio 45. Die erste französische Lizenz erhielt im Spätsommer 1946 Artur Brauner für seine noch heute existierende Central Cinema Company (CCC) in Berlin.

Die Amerikaner warteten noch immer auf den geeigneten »Film Control Officer«, der über die erforderlichen Vorkenntnisse und den Überblick verfügte, um die Lizenzanträge sachkundig und politisch verantwortungsbewußt zu prü-

Dreharbeiten zöu *Die Mörder sind unter uns*: Wolfgang Staudte und Hildegard Knef; an der Kamera Friedl Behn-Grund

fen. Die Ansprüche waren hoch: Der Mann sollte ein in Deutschland geborener Amerikaner sein; er sollte nicht nur die deutsche Sprache beherrschen, sondern auch die deutsche Filmindustrie bis 1937, möglichst bis 1939 genau kennen; er sollte selbst im Filmgeschäft tätig, noch besser »ein anerkannter und angesehener Produzent oder Regisseur aus Hollywood« sein und überdies bereit, »sechs Monate oder ein Jahr« im zertrümmerten Deutschland zu bleiben, »um die Sache in Angriff zu nehmen und auf den Weg zu bringen«.[29] Kurzum: dies war ein Job für einen der bedeutenden Ufa-Emigranten, und in Vorschlag kamen denn auch unter anderem Curtis (Kurt) Bernhardt, E. A. Dupont, William (Wilhelm) Dieterle – und Eric (Erich) Pommer.

Pommer kam – Zeit, »die Hemdsärmel hochzukrempeln«, schrieb Erich Kästner, als er im Sommer 1946 dem prominenten Heimkehrer in München begegnet war.[30] Der Hexenmeister der großen Ufa-Ära zwischen 1922 und 1933 war nun Chef der »Motion Picture Branche« in der »Information Service Division« der amerikanischen Militärregierung und damit verantwortlich für den Wiederaufbau der deutschen Filmindustrie in der amerikanischen Zone; darüber hinaus hatte er die filmwirtschaftlichen Aktivitäten in der britischen, französischen und sowjetischen Zone im Auge zu behalten und nach Möglichkeit zu koordinieren. Kurzum: der Produzent des *Caligari*, den die Ufa unter Hugenberg schon einmal aus Amerika zurückgeholt hatte und den Hitler und Goebbels seiner jüdischen Abstammung ungeachtet in Deutschland halten wollten, war nun, seiner Stellung nach zu urteilen, eine Art Generalintendant des neuen deutschen Films, also einer »Sache«, die es noch nicht gab, wenngleich sie als Vision in vielen Köpfen und in den unterschiedlichsten Ausprägungen existent war.

Filmkontroll-Offizier Erich Pommer, 1946

Indessen – Pommer saß zwischen sämtlichen Stühlen. Von seinen politischen Auftraggebern in Washington sah er sich eingeengt – von den deutschen Antragstellern, unter denen er manche Kollegen von einst, aber auch etliche Parteigänger des NS-Regimes wiederfand, fühlte er sich belagert. »Pommer ist sich der Umstrittenheit seiner offiziellen Position bewußt«, so schrieb der Publizist Paul Marcus (= PEM), »er weiß, daß er sich Feinde machen muß. Ihm stehen die Archive zu Verfügung; er weiß, was wer in den Hitlerjahren getan oder nicht getan hat.«[31] Er stand »zwischen zwei Feuern«, schrieb »Der Spiegel« in seiner Ufa-Serie von 1951: »Von Deutschen wurde er verdächtigt, als Feind des deutschen Films zurückgekehrt zu sein, der hier ›alles vernichten‹ wolle. Von amerikanischer Seite warf man ihm vor, entgegen seinen Weisungen zu handeln, wenn er helfe, die deutsche Filmindustrie wieder aufzubauen.«[32]

Pommer versuchte, das Beste aus seiner unerquicklichen, aber einflußreichen Position zu machen. Käutner berichtete über seine Zusammenarbeit mit ihm im Februar 1947: »Ich bin der Meinung, daß alles, was Pommer unternimmt, sehr viel Hand und Fuß hat. Er will an Stelle der bisher geübten Improvisation solide und ordentliche Grundlagen setzen.«[33] Nach Peter Pleyer übte Pommer eine »mehr helfende als kontrollierende Tätigkeit« aus. »Pommer sorgte auch dafür, daß das ehemalige reichseigene Filmvermögen nicht grundsätzlich von der amerikanischen Militärregierung beschlagnahmt, sondern zum Wiederaufbau und zur Einrichtung der Ateliers in München-Geiselgasteig und Berlin-Tempelhof verwendet wurde.«[34]

Pommers »mehr helfender« Tätigkeit kam zugute, daß 1946 die Spannungen zwischen den Amerikanern und den Sowjets erheblich zunahmen. Die Pariser Ministerratssitzungen im Frühjahr und im Sommer zeigten, daß es zwischen den vier Siegermächten keinen Konsens im Hinblick auf eine gemeinsame Deutschlandpolitik mehr gab. Der Graben zwischen West und Ost wurde tiefer. »Das brachte die Sieger allmählich soweit, Deutschland mit anderen Augen zu betrachten. Konnten die Deutschen in dem Konflikt, der die Sieger entzweite, nicht eine Rolle übernehmen?« (Alfred Grosser[35]) Die Rede, die der amerikani-

Und über uns der Himmel: Hans Albers (l.) und Ralph Lothar

sche Außenminister Byrnes im September in Stuttgart hielt, kündigte »das Ende der Strafperiode der Besatzungszeit an und ließ die Deutschen in eine weniger düstere Zukunft blicken«.

Die Kursänderung in der amerikanischen Politik wirkte sich auf die informations- und kulturpolitischen Maßnahmen der Militärregierung aus und führte auch zu beträchtlichen Lockerungen im Lizenzwesen. Mit amerikanischem Segen wurden ab Anfang 1947 eine Reihe von Produktionsanträgen bewilligt; auch einige prominente Ufa-Produzenten und -Regisseure konnten nun Filmfirmen gründen: Günther Stapenhorst meldete die Carlton-Film GmbH in Geiselgasteig an; Fritz Thiery, der geniale Tonmeister der frühen Ufa-Musik- und Operettenfilme, wurde Treuhänder der Bavaria und gründete gleichzeitig die Helios-Film GmbH; Josef von Baky konnte in Berlin die Objectiv-Film GmbH registrieren lassen und Harald Braun, zusammen mit Jakob Geis, die Neue Deutsche Film GmbH in München. Der Dokumentarfilmer Curt Oertel gründete die Filmstudien GmbH mit Sitz in Wiesbaden-Biebrich.

Der erste mit westlicher, nämlich britischer Lizenz realisierte Spielfilm stammte aus der Ufi-Erbmasse: die Ehe- und Liebeskomödie *Sag die Wahrheit* war bei Kriegsende in den Studios der Terra schon zu großen Teilen abgedreht – jetzt, 1946, konnte sie Helmut Weiß mit neuen Darstellern (unter ihnen Gustav Fröhlich) als Produktion der Studio 45 vollenden. Die Uraufführung fand am 20. Dezember in West-Berlin statt. Der erste mit amerikanischer Lizenz hergestellte deutsche Film war, in Stab und Besetzung, ein hochrangiger Ufa-Film, produziert von der Objectiv-Film und verliehen von Schorcht: *Und über uns der Himmel*, die Geschichte eines Heimkehrers, der sich im Nachkriegsdeutschland der Schieber, Spekulanten und Schwarzhändler als ehrliche Haut bewährt, inszeniert von Josef von Baky und mit Hans Albers in der Hauptrolle. Die Musik schrieb Theo Mackeben, an der Kamera stand Werner Krien. In einer Nebenrolle war Fridericus-Darsteller Otto Gebühr zu sehen.

In der Filmgeschichtsschreibung wird immer wieder hervorgehoben, die »bruchlose« Kontinuität im deutschen Filmschaffen von den dreißiger bis zu den fünfziger Jahren sei im wesentlichen ein Ergebnis der alliierten, vor allem der amerikanischen Lizenzpolitik.[36] Allerdings blieb den Amerikanern kaum eine andere Wahl, als mit jenen Kräften zusammenzuarbeiten, die bereits dem vorausgegangenen Regime keinen Widerstand entgegengesetzt und eine sehr weitgehende Bereitschaft zur Verdrängung und Selbstverleugnung an den Tag gelegt hatten. Im Hinblick auf die politischen Konstellationen des kalten Krieges wie auch im Interesse einer zügigen Rekonstruktion der darniederliegenden Branche erschien es weitaus praktischer, mit den vorhandenen Kräften zusammenzuarbeiten, als sich etwa verstärkt um die Emigranten zu bemühen oder nach Künstlern und Fachleuten zu suchen, die sich dem Zugriff der Reichsfilmkammer bewußt entzogen hatten.

Das Ufi-Imperium wartete auf seine »Entflechtung«; das reichseigene Filmvermögen wurde im Auftrag der Militärregierungen von Treuhändern verwaltet; Grundstücke, Ateliers, Lichtspieltheater, Filmkopien und Gerätschaften sollten, so war es jedenfalls laut »Lex Ufi« vorgesehen, versteigert werden – kurzum: die Ufa galt als tot, und nach dem Willen der Sieger sollte sie nie wieder auferstehen. Aber die achtundzwanzig westdeutschen Filme der Jahre 1946 bis 1948 wurden fast ausnahmslos von Mitarbeitern der nationalsozialistischen Ufa oder der anderen Ufi-Konzerne produziert oder inszeniert: von Helmut Weiß, Rolf Meyer und Helmut Käutner, Josef von Baky, Harald Braun, Werner Klingler und Gustav Fröhlich, Heinz Hilpert, Ulrich Erfurth und Carl Boese, Herbert B. Fredersdorf, Heinz Rühmann und Günther Rittau, Arthur Maria Rabenalt und Rudolf A. Stemmle. Unter ihnen waren »Belastete« und »Unbelastete«, ehemalige Parteigänger des Regimes und verschwiegene Dissidenten, laue Mitläufer und überzeugte Gegner der Hitler-Diktatur – doch einig waren sie sich in dem Wunsch, »endlich wieder« Filme herzustellen, »unpolitische« Filme, die der darbenden und demoralisierten Bevölkerung helfen sollten, ihre Nöte »für ein paar Stunden« zu vergessen.

Für die Kritiker der deutschen Nachkriegskinematographie waren die Filme der Jahre vor Gründung der Bundesrepublik Ausdruck eines »Spät-Ufa-Stils«, der am nationalsozialistischen Film anknüpfte und seine schlechten Traditionen kontinuierlich fortführte: »Würde man diese Situation auf den Bereich der bildenden Künste übertragen, so würde das bedeuten, daß Professor Ziegler seine langweiligen Nuditäten oder Professor Thorak seine überdimensionalen Heldenköpfe weiterhin in deutschen Kunstausstellungen zur Schau stellen dürfte.«[37] Doch diese Analogie ist nicht besonders zwingend. Zum einen versagte sich der Film der frühen Nachkriegsjahre alle heroischen Darstellungen; statt dessen knüpfte er an der Traditionslinie jener Ufa-Filme an, die das Glück im Winkel, die freundliche Idylle und mit ihr die stille Selbstbescheidung zur Perspektive erklärt hatten. Zum anderen mußte der Film, anders als die bildende Kunst, auf die geistigen und emotionalen Bedürfnisse eines Massenpublikums reagieren und für die offensichtlichen Probleme und Defizite der Zeit populäre Lösungen formulieren. In dem Maße, wie eine große Mehrheit der Deutschen nicht bereit war, ihr mühsam durch Verdrängung und Ausgrenzung unbequemer Erinnerungen erkauftes Gleichgewicht in Frage zu stellen, war gerade die Kontinuität im (west)deutschen Kino die angemessene Antwort auf eine geistige Notlage. Die »Trümmerfilme« der Lizenz-Zeit entsprachen präzis jenem bieder-positivistischen Modell der »Vergangenheitsbewältigung«, das den Deutschen von den Alliierten angeboten wurde und sie einer radikalen Selbstprüfung, einer konsequenten Revision des Vergangenen weitgehend enthob.

Das Ende der Lizenzpflicht, 1949, führte zu einem beachtlichen Anstieg der Produktionsziffern: in diesem Jahr wurden 62, im Jahr darauf sogar 82 deutsche Filme hergestellt. Der Produktionsboom in den Jahren der jungen Bundesrepublik, der bis Ende der fünfziger Jahre anhielt, ist bereits Nach-Ufa-Geschichte, wenngleich die Filme der Adenauer-Ära, inhaltlich wie formal-ästhetisch, dem Bannkreis der Ufa-Tradition nicht entrinnen konnten.[38] Der Konzern existierte nicht mehr, aber seine Virtuosen und Perfektionisten, seine Charakterschauspieler und Dekorationskünstler hatten das neu erblühende (west)deutsche Filmhandwerk fest im Griff. Das allgemeine restaurative Klima der fünfziger Jahre begünstigte sogar das Interesse der Bundesregierung, in unauffälliger Weise wirtschaftlichen Einfluß und politische Kontrolle auszuüben. Die Ausfallbürgschaften in Millionenhöhe, die von der Bundesregierung zwischen 1950 und 1955 etlichen Produzenten gewährt wurden, ermöglichten es den zuständigen Ministerien, über die Deutsche Revisions- und Treuhand AG Drehbücher, Besetzungspläne und Kostenvoranschläge zu überprüfen. Die Reichsfilmkreditbank gab es nicht mehr, aber die Bereitschaft konservativer Kräfte, über ökonomische Mechanismen auch eine politische Steuerung auszuüben, war ungebrochen.

Entflechtung und wundersame Wiederbelebung

Die zweite Phase der Ufa-Entflechtung – oder genauer: der Veräußerung des reichseigenen Filmvermögens – verlief wesentlich lebhafter als die erste, die noch von allgemeiner Unsicherheit geprägt gewesen war. Den Auftakt zur zweiten Runde bildete der vergebliche Versuch der eingesetzten Treuhänder, die Bavaria unter den Hammer zu bringen. Die Bundesrepublik war gerade zwei Jahre alt, und in parlamentarischen wie auch in filmwirtschaftlichen Kreisen wurde laut über ein neues, ein »deutsches« Entflechtungsgesetz nachgedacht. Der Bavaria-Komplex stand, bei einem Schätzwert von 16 Millionen D-Mark, für einen Mindestpreis von 8 Millionen zum Verkauf an, doch die Filmwirtschaft zögerte; noch fehlte den Produzenten und Verleihern das nötige Bargeld. Auch die Banken hielten sich zurück: in anderen Industriezweigen, die sich zu dieser Zeit stürmisch entwickelten, sahen sie für ihre Kredite ein weniger hohes Risiko.

Wahrscheinlich überwog jedoch bei den Politikern wie bei den Filmunternehmern ein anderes Motiv: sie erhofften sich bessere Rahmenbedingungen nach Verabschiedung eines bundesdeutschen Entflechtungsgesetzes. Die Alliierten hatten die Zerschlagung der Konzerne und ihrer vertikalen Struktur vorgeschrieben. Die Bundesregierung indessen »vertrat die Ansicht führender deutscher Filmwirtschaftler, vertikal gegliederte Unternehmen könnten das Produktions- und Absatzrisiko besser verkraften und böten eher einen Anreiz für die Beteiligung deutscher Banken.«[39] Unter den einschlägigen Ratgebern befanden sich einige Routiniers, die sich in der Handhabung vertikaler Konzerngliederungen in der Tat auf das beste auskannten, zum Beispiel Ludwig Klitzsch, Generaldirektor der »alten« Ufa, und Dr. h. c. Max Winkler, ehemals Inhaber der Cautio Treuhand GmbH und Goebbels' Reichsbeauftragter für die deutsche Filmwirtschaft.

Die Alliierten drängten weiterhin auf Entflechtung, die deutschen Stellen zögerten, und die zuständigen Ausschüsse arbeiteten emsig an einer eigenen Gesetzesvorlage. Ihre Bemühungen verliefen erfolgreich; im Dezember 1951 wurde der deutsche Regierungsentwurf von den Hochkommissaren gebilligt. Eine vom Bundestag im Juli 1952 verabschiedete Gesetzesfassung scheiterte zunächst am Einspruch des Bundesrates, der ein stärkeres Mitspracherecht der Bundesländer bei der Neuordnung der deutschen Filmwirtschaft berücksichtigt wissen wollte; eine Kompromißfassung wurde vom Bundestag am 25. März 1953 gebilligt und trat am 6. Juni in Kraft. Damit hatte eine deutsche »Lex Ufi« die der Besatzungsmächte abgelöst.

Dem Wortlaut nach war die Substanz der alliierten Bestimmungen erhalten geblieben: Cautio GmbH und Ufi waren nun aufzulösen; mit der Privatisierung, die innerhalb von zwei Jahren abgewickelt sein sollte, war einer staatsmittelbaren oder staatsunmittelbaren Filmwirtschaft der Boden entzogen; auch sollte eine »übermäßige filmwirtschaftliche Machtzusammenballung«[40] vermieden werden. Für Bund, Länder, Parteien und entnazifizierte Personen bestand ein Erwerbsverbot. Das Ufi-Vermögen sollte freihändig veräußert werden; allerdings fehlte nun die Bestimmung, daß an den Meistbietenden zu verkaufen sei. Auch die alliierte Vorschrift, niemand dürfe mehr als ein Filmatelier mit Kopierbetrieb oder drei Kinos erwerben, wurde als Grundsatz aufgenommen, jedoch durch eine Ausnahmeregelung eingeschränkt: »Der Abwicklungsausschuß kann aus zwingenden filmwirtschaftlichen Gründen Ausnahmen für den Erwerb von Lichtspieltheatern zulassen.«[41] Der Name »Ufa« war nun nicht mehr verboten; auch auf ein Verbot der Neuverflechtung nach erfolgtem Verkauf wurde verzichtet.

Die wirklichen Absichten, die in den unscheinbaren Zusätzen und Ausnahmeregelungen eher versteckt waren, hat der CDU-Abgeordnete Rudolf Vogel, 1953 Vorsitzender des Abwicklungsausschusses, siebzehn Jahre später im bereits zitierten Interview mit Reinhold E. Thiel unumwunden dargestellt: »Meine Konzeption war, eine größtmögliche Konzentration zu erreichen, und zwar aus dem einfachen Grunde, weil das vorhandene Filmvermögen von 80 bis 90 Millionen, gemessen an international vergleichbaren Maßstäben, nicht ausreichend erschien, gespalten zu werden. Und deswegen mein Bestreben damals, wenn schon nicht eine große Gesellschaft möglich war, dann höchstens in zwei Gesellschaften das Filmvermögen zu spalten und dann zu versuchen, mit zwei Gesellschaften zu operieren.« Thiels Schlußfolgerung ist nie widerlegt worden und bis heute stichhaltig: »Das Ziel war, den Konzern möglichst unversehrt zu erhalten: daher die Ausnahmeregelungen, die sich fast wie ein Rezept zur Wiederverflechtung lesen; daher der Verzicht auf ein Verbot der Wiederverflechtung nach dem Verkauf, und daher auch der Verzicht auf das Verbot des Namens ›Ufa‹.«[42]

Auch Thiels Verdacht, die Bundesregierung habe – in jener Zeit, »in der Adenauers Staatssekretär Lenz von der Errichtung eines neuen Informations- und Propagandaministeriums träumte« – den »neu zu errichtenden Konzern in ihrem Einflußbereich behalten« wollen, wurde von Arno Hauke, Anfang der 50er Jahre Generaltreuhänder der Ufi in der britischen Zone, ausdrücklich bestätigt: »Die damalige Bundesregierung, das war also in den Jahren 1950 bis 53, hatte natürlich sehr eindeutig gegenüber den damaligen Generaltreuhändern, zumindest mir gegenüber, zum Ausdruck gebracht, daß sie schon an einem funktionierenden Konzept für die Öffentlichkeitsarbeit sehr interessiert sei. Ich wage nicht zu behaupten, daß Herr Lenz unmittelbar daran interessiert war, daß ich den ›Adenauer-Jungen Quex‹ gleich in Auftrag gegeben hätte, aber ganz sicher war es so, daß (...) die Bundesregierung an der Wochenschau, an Informationsmaterial, an Beeinflussung ein recht aktives Interesse hatte.«[43]

Dieses Interesse muß so stark gewesen sein, daß es alle Beteiligte dazu verleitete, das gemeinsam getragene und allseits begrüßte Gesetz zunächst der Form nach zu verwirklichen, sodann stillschweigend zu unterlaufen und schließlich feierlich außer Kraft zu setzen. Zwar ernannte der Abwicklungsausschuß die bisherigen Treuhänder – wie Fritz Thiery für die Bavaria und Arno Hauke für die Ufa – im Herbst 1953 formell zu »Abwicklern«, aber schon am 8. Januar 1954 beschloß er, daß gar nichts abzuwickeln sei – im Gegenteil: die Ufi-Tochtergesellschaften Ufa, Bavaria und die Afifa-Kopierbetriebe sollten in ihrer Rechtsform erhalten bleiben.

Mit erhöhtem Tempo wurde nun die Nicht-Entflechtung oder vielmehr Wiederbelebung der totgesagten und doch nur scheintoten Konzerne betrieben. Aus der »alten« Bavaria-Filmkunst GmbH wurde im Laufe des zweiten Halbjahres 1955 die Bavaria-Filmkunst AG, und die Ufa-Film GmbH in Liquidation (= Ufi) sowie die »alte« Universum-Film AG gründeten, im Verein mit einigen Kinogesellschaften, die Ufa-Theater AG mit einem Grundkapital von 9 Millionen D-Mark und insgesamt 48 Theatern. »Ob die Zusammenfassung von 48 Filmtheatern den Bestimmungen des deutschen Entflechtungsgesetzes entsprach, war umstritten.« (Hauser[44]) Auch die Berliner Produktionsanlagen der Ufa und die der Afifa in Berlin und Wiesbaden wurden schließlich in der Ufa-Anlagen AG (die sich bald wieder Universum-Film AG nennen wird) und der Film-Anlagen AG zusammengefaßt.

Die Strategie der Liquidatoren wurde noch klarer, als es an den Verkauf der neuverflochtenen Ufi-Erbmasse ging. Private Käufer oder Bewerber vom Fach – wie etwa der Regisseur William Dieterle, der sich für die Bavaria interessierte – blieben chancenlos. Denn »der Käufer stand schon fest: die Deutsche Bank, die schon 1917 auf Wunsch der Reichsregierung die Ufa gegründet hatte. Für diesen Käufer war auch die Bedingung maßgeschneidert, die die Verkaufsprospekte enthielten: die beiden Ufa-Gesellschaften sollten zusammen erworben werden.« (Thiel[45])

Dabei lag den Abwicklern im Fall der Ufa-Betriebe das Angebot eines Konsortiums aus der Branche vor, das die Banken-Offerte übertraf: die Mosaik-Film, Artur Brauners CCC und Ilse Kubaschewskis Gloria-Filmverleih boten 14 Millionen Mark. Den Zuschlag erhielt jedoch für zwölfeinhalb Millionen ein Konsortium, in dem drei Bankengruppen unter Federführung der Deutschen Bank das Kommando innehatten.

Die Deutsche Bank, die nicht nur die Ufa mit gegründet, sondern auch nach dem Ende des Ersten Weltkrieges die Reichsanteile übernommen und Jahre später, mit eigenen Verlusten, die Machtübernahme Alfred Hugenbergs eingefädelt hatte – eben diese Deutsche Bank war nun, Jahrzehnte später, bei der formellen Entflechtung und faktischen Neuverflechtung der größten deutschen Filmfabrik abermals die ausschlaggebende Instanz. Ihr Vorstandsmitglied Hans Janberg hat 1970, im Gespräch mit Reinhold E. Thiel, versucht, die komplizierte Interessenlage um 1955 zu analysieren: »Die Deutsche Bank ist nicht aus eigener Initiative tätig geworden, sondern sie wurde angesprochen, primär aus Kreisen des Aufsichtsrates der Alt-Ufi, von den Liquidatoren und, wie anzunehmen war, aus der Richtung der Bundesregierung. (...) Angesprochen wurde sie, nach unserer Vermutung, die sich später auch bestätigt hat, deswegen, weil wir auf Grund der Tradition für prädestiniert gehalten wurden, die Reprivatisierung (...) in die Wege zu leiten. Motiviert wurden diese Wünsche damit, daß die Ufa entpolitisiert werden sollte, man sollte möglichst eine kommerzielle Lösung zu erreichen versuchen, man sollte mit ihrer Hilfe – und das stand in einem gewissen Widerspruch zu dem erstgenannten Ziel – doch Kultur, Zivilisation, deutsches Ansehen durch deutschen Film im Ausland exportieren sozusagen, aber auch im Inland wieder eine neue Geltung zu verschaffen versuchen.«[46]

Private Initiative – aber auch (in Grenzen) staatliche Kontrolle. Kommerzielle Lösungen – doch nicht ganz ohne Kultur und Zivilisation. Förderung des deutschen Ansehens im Ausland – aber auch Erfolg auf dem Binnenmarkt. Hans Janberg verstrickt sich in alte Widersprüche. Es sind Widersprüche, die dem Wesen der Kinematographie anhaften und die von keiner Direktorialgewalt gebändigt werden können. In Deutschland wurde allerdings immer wieder der Versuch unternommen, die Gegensätze mit den Mitteln der politischen Administration zu versöhnen: von der Gründung der Deutschen Lichtbild-Gesellschaft im Ersten Weltkrieg über Ludendorffs Vision eines privat kostümierten Staatskonzerns bis zu Hugenberg und Goebbels – und bis zu den gescheiterten Bemühungen Adenauers, in einem demokratischen Gemeinwesen eine regierungstreue Filmproduktion zu installieren. Die Deutsche Bank hat stets ihr Fachwissen beigesteuert und ihren Einfluß in die Waagschale geworfen – und gelegentlich kamen dabei ihre eigenen geschäftlichen Interessen und die Qualitäten der Kinematographie zu Schaden. Nur allzu oft war Selbstbetrug im Spiel. 1956 war die Ufa »wieder da« – aber sie war nur noch ein Schatten ihrer selbst, und die Hoffnungen, die sie bei Staatssekretären, Alt-Produzenten und Neu-Investoren wecken mochte, zerstoben schnell.

Schlechte Dünung

Für die kritischen Beobachter war schon damals klar, was heute von keinem ernsthaften Historiker mehr bestritten wird: das Ufi-Vermögen wurde nicht zum realen Wert an die Deutsche Bank verkauft, sondern »aus politischen Motiven verschleudert«. Thiel machte in einer Fernsehsendung folgende Rechnung auf: Die Bavaria, deren Nettovermögen mit 14,5 Millionen beziffert worden war, ging für 6,8 Millionen, der Ufa-Theaterpark – Wert: zwischen 25 und 30 Millionen – für 9 Millionen an das Bankenkonsortium. Die Ufa-Ateliers in Berlin-Tempelhof, auf ca. 10 Millionen geschätzt, wurden für 3,5 Millionen verkauft. Der Verlust für den Bund bewegte sich – bei einem Ufi-Gesamtvermögen von knapp 90 Millionen – zwischen 30 und 45 Millionen D-Mark. Die Branchen-Gazette »Film-Echo« sprach damals unumwunden von einem »politischen Kauf«, und der Abwicklungsbeauftragte Vogel (der allerdings 1953 seiner NS-Vergangenheit wegen seine Ämter hatte niederlegen müssen) gab 1970 Thiel gegenüber zu, »im Grunde genommen« sei die gesamte Transaktion »ein glatter Verstoß gegen die Vorschriften des Bundesrechnungshofes«[47] gewesen.

Kaum war die Ufa »abgewickelt«, konnte Curt Riess in seiner »Stern«-Serie »Das gibt's nur einmal« der Welt mitteilen: »Die Ufa ist wieder da.«[48] Sie war nicht nur »wieder da«, sondern dem Anschein nach das, was sie lange Zeit gewesen war: der größte Filmkonzern im kontinentalen Europa. Ufa und Bavaria verfügten zusammen »über etwa 60 Prozent der westdeutschen Atelierkapazität, über zwei große Verleihfirmen (Schorcht und Herzog) und haben über die Ufa-Theater AG eine breite Abspielbasis, zumal die Ufa-Theater überwiegend repräsentative Großtheater sind. Zur Wahrnehmung des Auslandsgeschäftes wurde schließlich die Ufa-International GmbH gegründet.«[49]

Der neue Ufa-Generaldirektor Arno Hauke verfügte über einschlägige Berufserfahrung. Schon als Treuhänder in der britischen Zone hatte er mit der Auswertung alter Ufa-Filme so hohe Gewinne erwirtschaftet, daß er 1953 in West-Berlin die Capitol-Film GmbH gründen und mit Geldern aus dem Ufi-Vermögen den von der französischen Besatzungsmacht gegründeten Prisma-Filmverleih kaufen konnte. »Zweck dieser Gründung war die Umgehung des immer noch bestehenden Produktionsverbots für den Konzern.«[50] Das neue Unternehmen konnte prominente Regisseure gewinnen, unter ihnen Wolfgang Liebeneiner, Erich Engel und Helmut Käutner, aber die zehn Capitol-Filme, die bis 1955 entstanden, spielten 5 Millionen Mark Verlust ein und führten die Firma in den Konkurs. Ein Bundestagsausschuß sollte später die Frage klären, ob und inwieweit die Capitol-Gründung gegen das Entflechtungsgesetz verstoßen habe; der damalige Bundeswirtschaftsminister Ludwig Erhard verbot indessen den Treuhändern der Ufi die Aussage.

Auch als Chef der »neuen« Ufa blieb Arno Hauke glücklos. Die dritte Phase der »Entflechtung« und wundersamen Wiederbelebung der Ufa erstreckte sich bis in die sechziger Jahre und führte, diesmal endgültig, in die Agonie. Die Verantwortung dafür ist allerdings nicht Hauke allein zuzuschreiben. Er übernahm das neue (Schein-)Imperium zu einer Zeit, als der westdeutsche Kino-Boom der Nachkriegszeit seinen Höhepunkt erreicht hatte: 817,5 Millionen Zuschauer in 6438 Kinos – das war die Statistik des Jahres 1956.[51] Aber schon ein Jahr darauf wies die Kurve nach unten; die Zahl der Kinobesucher nahm ab, die ersten Lichtspielhäuser mußten schließen, und zum ersten Mal nach 1945 war von einer bedrohlichen »Kinokrise« die Rede. Gleichzeitig war, seit dem Start des ARD-Programms im Jahre 1952, die Zahl der Fernsehgeräte merklich gestiegen; das Freizeitverhalten großer Teile der westdeutschen Bevölkerung hatte sich – auch durch erhöhte Kaufkraft, Motorisierung und gewachsene Mobilität breiter Schichten – grundlegend verändert.

Hinzu kam, daß die Deutsche Bank der von ihr beherrschten Firma das Leben schwer machte. Zwar bestand in den ersten drei Jahren, wie Hauke später zu Protokoll gab, »beinahe das klassische Einverständnis zwischen Aktionären,

Kreditkonsortium und dem Vorstand und dem Aufsichtsrat sowieso«. Aber »als die ersten Tropfen fielen, wollten die Banken natürlich ihre Regenschirme zurückhaben«.[52] Die Deutsche Bank diktierte der Ufa für ihre Kredite einen Zinssatz von 10,5 Prozent und setzte das Unternehmen damit relativ ungünstigen Wettbewerbsbedingungen aus. Darüber hinaus übte die ausländische, vor allem die amerikanische Konkurrenz über ihre in der Bundesrepublik tätigen Verleihorganisationen einen zunehmenden Druck auf die westdeutsche Filmproduktion aus. Im Ausland blieb den Filmen der Bundesrepublik in den fünfziger und sechziger Jahren ohnehin jeder Erfolg versagt. Die zwanzig Spielfilme, die bis 1961/62 von der »neuen« Ufa allein oder in Koproduktion hergestellt wurden[53], mußten sich auf dem westdeutschen Binnenmarkt amortisieren und trafen hier auf eine zunehmende Kino-Müdigkeit. Die ältere Generation zog es vor, die Abende vor dem Bildschirm zu verbringen; bei den Jüngeren waren »Filme im traditionellen, längst überholten Ufa-Stil« (Thiel[54]) nicht mehr gefragt.

In der Tat brachte keiner der Ufa-Regisseure der letzten Generation genügend Kraft und Einfallsreichtum auf, um einen neuen, von der Ästhetik der dreißiger und vierziger Jahre abweichenden Weg einzuschlagen. Allerdings fehlten dafür unter den obwaltenden ökonomischen Verhältnissen der westdeutschen Filmindustrie und im restaurativen politischen und kulturellen Klima der Adenauer-Ära auch alle Voraussetzungen. Helmut Käutner – der selbst bekundet, nach dem Krieg aus dem Regen in die Traufe, nämlich aus einem System des politischen Drucks in eines der ökonomischen Zwänge geraten zu sein – drehte für die Ufa 1959 *Die Gans von Sedan*, einen »Anti-Kriegsfilm«, der sich mit der milden Ironisierung eines (zudem inzwischen überlebten) Militarismus begnügte. Immerhin wandte sich Käutner in *Schwarzer Kies* (1961), einem der letzten Filme der Nachkriegs-Ufa, der Gegenwart zu: der konfliktreichen Situation in einem vom nahegelegenen US-Militärstützpunkt beherrschten Eifeldorf.

Im übrigen überwogen in den letzten Ufa-Jahren, neben dem Repertoire traditionell seichter Lustspiele, jene etwas biederen, um den kleinbürgerlichen Seelenfrieden besorgten »Problemfilme« der fünfziger Jahre wie etwa Alfred Weidenmanns *Solange das Herz schlägt* (1958; mit O. E. Hasse und Heidemarie Hatheyer) oder Familienstücke wie *Ist Mama nicht fabelhaft?* (1958). In diesem Film stand dem Regisseur Peter Beauvais, der wenig später thematisch interessantere und ästhetisch weitaus sensiblere Fernsehfilme inszenieren wird, ein Aufgebot aus dem Troß der »alten« Ufa zur Verfügung: Igor Oberberg als Kameramann und Norbert Schultze als Komponist; die Hauptrollen spielten Luise Ullrich und Paul Klinger. Eine Ausnahme blieb Bernhard Wickis von der Kritik gerühmter und auch beim Publikum erfolgreicher Film *Das Wunder des Malachias* (1960/61), der, in Bildern eines allegorisch überhöhten Realismus, die materialistische Philosophie des westdeutschen »Wirtschaftswunders« und seiner Anbeter an den Pranger stellte.

1960 kam es zum Bruch zwischen Hauke und der Deutschen Bank. »Herr Hauke hatte das Vertrauen der Aktionärskonsortien und des Aufsichtsrats enttäuscht, so daß diese Gremien der Meinung waren, er könne als Kapitän das in eine schlechte Dünung gebrachte Schiff aus dieser nicht wieder herausbringen. Es war ein Management-Problem.«[55] So drückte es zehn Jahre später ein Manager der Deutschen Bank, Hans Janberg, aus. Einen besseren Kapitän hoffte die Bank in Theo Osterwind, dem Chef der Verleihfirma Deutsche Film Hansa, ge-

Schwarzer Kies mit Anita Höfer; im Vordergrund Wolfgang Büttner

Das Wunder des Malachias: Günter Pfitzmann, Renate Schacht und Christiane Nielsen

funden zu haben. Aus der Deutschen Film Hansa wurde die Ufa-Film-Hansa (einen Hansa-Verleih unter dem Dach der Ufa hatte es schon einmal gegeben, als nach 1917 Oskar Messters Konzern in der neuen Gründung aufgegangen war), und Osterwind wurde Generaldirektor der Ufa: der letzte in einer längeren Reihe begabter und weniger begabter »Kapitäne«. Osterwind steuerte das sinkende Schiff endgültig in den Untergang: nach einem ähnlichen Navigationssystem, das schon die Ufa von 1925 zur Beute der Amerikaner hatte werden lassen – nur daß sich jetzt, fast vierzig Jahre später, kein einheimischer oder ausländischer Retter bereitfand, dem Wrack zu Hilfe zu eilen. »Osterwind produziert in viel zu großem Umfang, ohne Rücksicht auf den geschrumpften Markt, und übernimmt sich dabei. Die Film-Hansa hat so immense Verluste, daß sie Konkurs anmeldet, der jedoch mangels Masse abgelehnt wird. Im Januar 1962 beschließt die Hauptversammlung der Ufa, sich aus Produktion und Verleih zurückzuziehen. Damit ist, knapp sechs Jahre nach dem Verkauf an die Deutsche Bank, die Konzeption der Bundesregierung endgültig gescheitert. (...) Überdies hat die Bundesregierung ihr politisches Interesse an der Aufrechterhaltung eines großen Filmkonzerns längst aufgegeben. Es bleibt für die Deutsche Bank nur übrig, sich möglichst geräuschlos aus der Affäre zu ziehen.«[56]

Der zweite Tod der Ufa war nur noch das Ende eines – letztlich anachronistischen – Versuchs, wieder zu beleben, was schon 1945 dahingesunken war. Dennoch – mochte der Konzern auch unwiderruflich untergegangen sein: der Name blieb, und auch der Ufa-Rhombus ist bis heute aus den Kinovierteln unserer Großstädte nicht verschwunden. Vermutlich wird er bleiben, bis das letzte Kino in Deutschland seine Pforten schließt. Geblieben ist somit der Mythos – und von der Verramschung mythischen Stückguts handelt auch das letzte Kapitel in der Geschichte der Universum-Film AG.

Beginn einer Dauerkrise

Ende 1963 wurden die verbliebenen Vermögenswerte der Ufa von der Deutschen Bank verkauft: die Westberliner Filmateliers gingen mit dem Kopierwerk und sämtlichen Gebäuden an die Firma Becker & Kries; den Firmenmantel (und damit auch den Namen), die Rechte am Filmvermögen, die Ufa-Musikverlage in München, die Ufa-Werbefilm, die in West-Berlin gegründete Ufa-Fernsehproduktion sowie die Ufa-Theater AG erwarb die Verlagsgruppe Bertelsmann in Gütersloh. Bertelsmann hatte zu diesem Zeitpunkt bereits eine beherrschende Stellung auf dem Buch- und Schallplattenmarkt inne; mit dem Erwerb der Ufa-Teile gelang dem Konzern nun der Einstieg ins Film- und Fernsehgeschäft – und sein Aufstieg zum führenden europäischen Medienkonzern.

Ein wesentliches Motiv für Bertelsmann waren die steuerlichen Vorteile, die sich beim Erwerb der Ufa boten. Hans Janberg von der Deutschen Bank hat dies Jahre später im Gespräch mit Reinhold E. Thiel bestätigt: »Der Verlag Bertelsmann würde kaum, ja, ich wage zu behaupten, überhaupt nicht zu dem Kauf geschritten sein, wenn nicht die Ufa-Gesellschaften zusammen einen sehr hohen Steuerverlustvortrag von rund 26 Millionen gehabt hätten, den der Verlag Bertelsmann auf Grund der gesetzlichen Bestimmungen mit gegenwärtigen und künftigen Gewinnen auf einen Zeitraum von fünf Jahren aufrechnen konnte. Diese Möglichkeit bot ihm Steuerersparnisse, die seine Kalkulation hinsichtlich des Erwerbspreises wesentlich positiv beeinflussen konnten.«[57]

Es war ein typisches Geschäft der frühen sechziger Jahre: nach dem mit alliierter Hilfe vollzogenen Aufschwung des »Wirtschaftswunders« hatten sich Monopolkonzerne neuer Größenordnung herausgebildet, die nun zum Wettbewerb in globalen Dimensionen antraten. Die bundesdeutsche Steuergesetzgebung war ein geeignetes Instrument, um aufstrebenden Unternehmungen zu Vorteilen zu verhelfen – und den Niedergang absterbender Firmen oder maroder Industriezweige zu beschleunigen. Daß die (ausschließlich für das Kino produzierende) Filmindustrie der Vergangenheit angehörte – und daß umgekehrt ein respektabler wirtschaftlicher Aufschwung dort zu erwarten war, wo »multimedial« geplant und operiert wurde: dies war schon Mitte der sechziger Jahre nicht mehr zu übersehen. Schon 1970 wird Bertelsmann einen Umsatz von 712 Millionen DM melden und 14000 Angestellte beschäftigen (dies entspricht etwa der Zahl der Ufa-»Gefolgschaft« im Jahre 1943, als der Konzern nahezu in ganz Europa aktiv war).

Bertelsmann stellte die Spielfilmproduktion ein und reduzierte die Ufa-Kino-Kette auf die noch relativ einträglichen Uraufführungstheater. Die Musikverlage Ufa-Tonfilm und Wiener Bohème gingen in der Bertelsmann-Firma Ariola auf. Die Ufa-Wochenschau wurde an die Bundesregierung zurückverkauft, die in den fünfziger Jahren schon einmal Hauptaktionär gewesen war, später jedoch ihre Anteile an die »neue« Ufa abgetreten hatte. Die von der Firma Becker & Kries erworbenen Ateliers in der Tempelhofer Oberlandstraße (der Grundstock der alten Ufa, hervorgegangen aus den Glasateliers der Pioniere Messter und Davidson) wurden an das Zweite Deutsche Fernsehen verpachtet. Ufa-Werbefilm und Ufa-Fernsehproduktion arbeiteten unter ihrem Namen weiter; die Fernsehproduktion hatte in den sechziger und frühen siebziger Jahren ihren Sitz auf dem alten Ufa-Gelände in der Tempelhofer Viktoriastraße. Mit der 1981 gegründeten Ufa-Filmproduktion GmbH, einer Tochter der Ufa-Fernsehproduktion, wurde zwar die Filmherstellung wieder aufgenommen, aber sie kam über drei Streifen mit Didi Hallervorden nicht hinaus.[58]

Zu verschlungenen Transaktionen (die im einzelnen Reinhold E. Thiel aufgedeckt hat[59]) kam es noch einmal im Zusammenhang mit dem Ufa-»Filmstock«, also der künstlerischen Hinterlassenschaft des Konzerns, die immerhin den größten Teil der deutschen Filmgeschichte umfaßte. Bertelsmann hatte die Rechte an ca. 3000 Spiel- und Kulturfilmen erworben; Kopien waren allerdings nur von etwa 50 Prozent dieser Filme erhalten. Die alten Wochenschauen und Dokumentarfilme aus der NS-Zeit, soweit sie gerettet waren, verwaltete das Bundesarchiv.

Bertelsmann war im Begriff, die Filmrechte für 6 Millionen DM an die amerikanische Firma Seven Arts abzutreten, als sich die Bundesregierung einschaltete und mit einem Darlehen aus dem Ufi-Liquidationserlös der Bertelsmann AG ein besseres Geschäft in Aussicht stellte. Zu diesem Zweck wurde die Friedrich Wilhelm Murnau-Stiftung gegründet, die nun gegenüber Bertelsmann als Käufer auftrat und den auffallend überhöhten Preis von 13,8 Millionen auf den Tisch blättern mußte, um den Ufa-Filmstock (und einen Teil der alten Bavaria-Filme) zu erwerben. »So verschleudert der Bund das Vermögen der Ufi, das laut Gesetz der Filmwirtschaft zufließen sollte«,[60] kritisierte Thiel 1970. Aus heutiger Sicht allerdings ist festzustellen, daß die Liquidationserlöse aus dem Reichsfilmvermögen die bundesdeutsche Filmwirtschaft auch nicht gerettet hätten.

Die Ufa-Film GmbH i. L. (= in Liquidation) existiert juristisch noch heute, das heißt die Ufa wird noch immer aufgelöst. Die Geschichte des deutschen Nachkriegsfilms ist über die gescheiterte Aufteilung der Erbmasse hinweggegangen, und auch die Filmwirtschaft hat »erstaunlicherweise« (Thiel) nie nach einer Abrechnung über die ihr laut Gesetz zustehenden Erlöse gefragt. Die Geschichte der Ufi-Liquidation sei »unerfreulich und blamabel«; ihre Kennzeichen seien »Unfähigkeit, Bürokratie und Umgehung der Gesetze«, ihr Hintergrund »die Verflechtung der Interessen von Kapital und Regierung«.[61] So das Fazit von Reinhold E. Thiel, dem schwerlich zu widersprechen ist. Eine moralische Beurteilung, die eine Beschädigung demokratischer Grundsätze beklagt. In der Tat waren diese politischen und – im weiteren Sinne – moralischen Voraussetzungen einem neuerlichen Erblühen des deutschen Films nicht günstig.

Allerdings ist ein Blick auf die wirtschaftlichen Determinanten vonnöten, um die weitere Entwicklung gerecht zu beurteilen. Die wiedererstandene westdeutsche Filmwirtschaft befand sich »von Anfang an in einer krisenhaften Lage«; zumal die Produktionsfirmen glitten in eine »Dauerkrise« hinein und kamen aus ihr nie wieder heraus – so Johannes Hauser in seiner umfassenden Studie über den Neuaufbau der westdeutschen Filmwirtschaft.[62] Die alliierten Dekartellisierungsgesetze und Lizenzpraktiken waren nicht die einzige, aber eine wesentliche Ursache für diese krisenhafte Entwicklung. Zumal das US-amerikanische Filmkapital hatte kein Interesse an einer starken Konkurrenz in Mitteleuropa; um so begieriger war man auf den Absatzmarkt, der sich nach dem Krieg vor allem in Deutschland wieder öffnete. Die Weltmarkt-Konstellationen hatten sich seit den Zeiten des Parufamet-Vertrags von 1925 grundsätzlich nicht verändert – nur waren die amerikanischen Konzerne noch wesentlich stärker geworden. Mit der »Zersplitterung der Filmwirtschaft in lebensschwache Produktionsgrüppchen«[63], die Enno Patalas schon um 1950 in der Bundesrepublik konstatierte, hatten die Amerikaner ein Ziel erreicht, von dem sie schon in den zwanziger Jahren geträumt hatten.

So zieht sich »wie ein roter Faden (...) das permanente Defizit in der deutschen Filmproduktion durch die Geschichte der deutschen Filmwirtschaft«.[64] Die Bundesregierung konnte nur einen Weg zwischen Scylla und Charybdis wählen: im Interesse ihrer Bündnispartner mußte sie »Schrittmacherdienste hinsichtlich der Liberalisierung des Warenaustausches« leisten und (als einzige Regierung in Westeuropa) auf Einfuhrbeschränkungen verzichten; auf der anderen Seite sah sie sich genötigt, auch aus eigenen politischen Interessen »die krisengeplagte deutsche Filmproduktion (...) zu unterstützen«.[65] Das Lavieren zwischen diesen beiden Positionen bestimmte das Desaster, zu dem in den folgenden beiden Jahrzehnten die bundesdeutsche Filmpolitik geriet.

Die Binnenmarktorientierung war eine der schädlichen Folgen dieser Politik. Nach Auffassung der jungen Regisseure und Produzenten, die in den sechziger Jahren »Opas Kino« den Kampf ansagten und eigene Wege einschlugen, hatte der deutsche Film, schon »unter Anführung der Ufa«, die Autarkie gewählt, die Absonderung vom Weltmarkt und von der Weltöffentlichkeit. »Diese Entwicklungsrichtung ist besonders spezifisch für die dreißiger Jahre und ist bis heute nie korrigiert worden. Auch heute ist die deutsche Filmwirtschaft reine Binnenwirtschaft. Auch als es dem deutschen Film in den fünfziger Jahren wirtschaftlich sehr gut ging, hat er nicht versucht, den Anschluß an den Weltmaßstab wiederzugewinnen.«[66]

Für diese Fehlentwicklung ist freilich am allerwenigsten die Ufa verantwortlich zu machen. Solange der Konzern wirtschaftlich expandieren und sich künstlerisch frei entfalten konnte, war er nachgerade eine Garantie für die Rückkopplung an den Weltmarkt, war er die deutsche Antwort auf Hollywood. Noch bis in die späten dreißiger Jahre, unter der Autarkiepolitik der Nationalsozialisten, hat die Ufa für das Ausland produziert, und es waren ihre Produktionsstäbe, die sich auch unter den schwieriger gewordenen Bedingungen für den international erfolgreichen »Prestigefilm« einsetzten. Die Abkopplung vom Weltmarkt fand nicht unter Federführung von Ludwig Klitzsch und Ernst Hugo Correll, sondern des Reichspropagandaministeriums statt. Richtig ist, daß der deutsche Film bis in die siebziger Jahre an den Folgen dieser Politik zu laborieren hatte.

Epilog

Der deutsche Nachkriegsfilm und das verschleuderte Erbe der Ufa: ein Stück Wirtschafts- und Kulturgeschichte der Bundesrepublik. Die Geschichte einer monotonen Reproduktion überlebter Filmformen. Und eine Variation auf ein altes Thema: die kompensierende Funktion des Skandals in demokratisch verfaßten Gesellschaften. Freilich: nur Skandale, die beizeiten aufgedeckt werden, können sich heilsam auswirken. Der Ufa-Skandal kam erst spät, zu spät ans Licht der Öffentlichkeit, zu einem Zeitpunkt (1970), als allzu einfache Verschwörungstheorien wieder Zulauf hatten. Ins Bild der immergleichen Verschwörung von Staat und Kapital paßte auch das linke Klischee einer von Beginn an bis zu ihrem Ende reaktionären, deutschnational-militaristischen Manipulationszentrale namens Universum-Film AG. Das Klischee pflanzte sich fort, darüber wuchs das Gras der Zeit und verdeckte allmählich auch die Ruinen, die das Reichsfilmvermögen hinterlassen hatte.

Der »junge deutsche Film«, jener »Abschied von Gestern«, den Alexander Kluge, Edgar Reitz, Peter Schamoni, Volker Schlöndorff und andere ab 1966 einläuteten, war ein spektakulärer, sehr idealistischer und sehr notwendiger Willkürakt. Vorausgegangen war die feierliche Beerdigung der Ufa-Filmkultur durch das Manifest von Oberhausen, 1962: »Der alte Film ist tot. Wir glauben an den neuen.« Ein Glaube, der vorübergehend Berge zu versetzen schien: die Fixierung auf den deutschen Binnenmarkt brach auf; im Zeichen allgemeinen gesellschaftlichen Wandels fand eine größere Zahl origineller Talente Produktionsmöglichkeiten und entwickelte eine Filmsprache, die bald auch international reüssierte. In den siebziger Jahren wurden wieder deutsche »Prestigefilme« von Wim Wenders, Werner Herzog, Rainer Werner Fassbinder und anderen auf den großen Festivals der Welt gefeiert und ausgezeichnet.

Mit den »Oberhausenern« begann zugleich der Kampf um eine sinnvolle Filmförderung – ein Kampf, der bis heute eine unübersehbare Zahl von Verteilungs-Varianten hervorgebracht, beträchtliche Geldmengen in Bewegung gesetzt, zahllose unterkapitalisierte Firmen geschaffen, eine Flut mittelmäßiger Filme ausgelöst und, aufs Ganze gesehen, der Filmkultur in Deutschland verheerende Niederlagen zugefügt hat. Zu Beginn der neunziger Jahre – und fünfundsiebzig Jahre nach Gründung der Ufa – ist der deutsche Filmmarkt wieder einmal zerrüttet, und diejenigen, die ihn zu Tode gefördert haben, entsinnen sich plötzlich bekannter zentralistischer Strukturen: sie rufen nach einem »Generalintendanten« des deutschen Films, sie träumen von Organisationsformen im »nationalen« Maßstab – und sie träumen wohl auch von der alten Universum-Film AG.

Aber im Zeitalter der »neuen Medien«, des öffentlich-rechtlichen Fernsehens und der Bertelsmann AG, des Kino-Imperiums eines Heinz Riech und des Rechteverwertungs-Moguls Leo Kirch, im Zeitalter der Videotheken und der Bildplatte wird es keine nationalen, vertikal aufgebauten Filmkonzerne mehr geben. Die Produktions- und Verteilungsanarchie gedeiht wie eh und je, aber sie gedeiht global, sie wird von den »Multis« betrieben – und ihr Bedürfnis, Filmmaterial zu belichten und Bildergeschichten in Umlauf, womöglich gar ins Kino zu bringen, ist nur ein untergeordnetes Motiv im Kontext größerer ökonomischer Unternehmungen. Eine Ufa »von heute« hätte mit Sony zu konkurrieren – und was sie hervorbrächte, müßte so geschichts- und gesichtslos, so wesenlos-bunt wie die Ästhetik unserer Fernsehreklame sein.

Letzte Bilder

Zwei Jahre nach dem Fall der deutschen Mauer dehnt sich nun das Reich des Kino-Zaren Heinz Riech (der 1971 die Ufa-Theater von Bertelsmann erworben hat) auch auf das andere Deutschland, auf die »fünf neuen Bundesländer« jenseits der Elbe aus. Mit ihm kehrt der Ufa-Rhombus in die Region seines Ursprungs zurück: ins »ganze« Berlin und in die Mark Brandenburg, die einst das Freigelände der großen Monumentalfilme von Joe May und Lubitsch war. Im Westen, in den Kinovierteln von Hamburg, München, Köln, Essen oder Düsseldorf, ist das alte Markenzeichen heute ein Accessoire der postmodernen Stadt, in der alles möglich ist – und möglich ist eben auch, daß ein Konzern, der schon vor Jahrzehnten unterging, im Emblem und als Mythos weiterlebt.

★

Seit 1987 macht die Ufa Schlagzeilen auf den Sportseiten der Tagespresse. In diesem Jahr kaufte die Ufa-Film- und Fernseh-GmbH, die Ufa-Holding im Bertelsmann-Konzern, dem Deutschen Fußballbund für 135 Millionen Mark die Übertragungsrechte an den Spielen der Bundesliga ab und verkauft sie seither gewinnbringend an die kommerziellen und öffentlich-rechtlichen Fernsehkanäle weiter. Sport läßt sich schneller in Geld verwandeln als Film. Auch Sport ist Kino, und Kino ist Fernsehen, denn vor dem Geld ist alles gleich. »Vermarktung« ist das Zauberwort einer Epoche, die keiner Magier mehr bedarf: der Prestigefilm von heute ist der Super-Cup.

★

Neubabelsberg 1990: Atelierarbeiten zu einem antistalinistischen DEFA-Film

Potsdam-Babelsberg, 1991. Im mittleren Komplex der »Großen Halle«, die hier die Ufa 1926 errichten ließ, dreht die DEFA einen Spielfilm über die Stalin-Zeit. Vor fünfundsechzig Jahren ließ Fritz Lang in diesem Atelier für *Metropolis* in vierwöchiger Kleinarbeit das Modell einer Maschinenhalle herstellen, um es für eine Zehn-Sekunden-Einstellung in die Luft zu jagen. Herstellen und Vernichten: das Gesetz der Kinematographie. Anfang der neunziger Jahre bauen die DEFA-Dekorateure die Stalin-Ära auf, um ihren Abbau in den Köpfen der Menschen zu beschleunigen. Trauerarbeit im Produktionsrhythmus einer Filmfabrik, die ihre eigene Vergangenheitsbewältigung dem westlichen Tempo angleichen muß, um von der Zukunft nicht überrollt zu werden. Der Aufbau folgt noch dem Zeit-Takt der Manufaktur: liebevoll malen die DEFA-Maler Stalins Größe auf die Transparente – im Dienst einer Perfektion, die bei der Ufa geschult wurde.

Auf dem ältesten und größten deutschen Filmgelände geben sich, wieder einmal, die Abwickler ein Stelldichein. Achtzig Jahre Babelsberg, fünfundsiebzig Jahre Ufa, vierzig Jahre staatssozialistische Filmproduktion zum Ruhm einer einstmals weltbewegenden, am Ende trostlos gescheiterten Idee. Die Berliner Treuhand-Anstalt hat viel Geschichte abzuwickeln. Ihr Beauftragter für die DEFA, Peter Schiwy, schlägt vor, Babelsberg zu einem gemeinsamen Medienzentrum für Berlin und Brandenburg auszubauen. 950 DEFA-Mitarbeiter – von ehemals 2500 – hoffen, der Abwicklung zu entgehen. Die Treuhand sucht nach Lösungen, »die der kulturellen und filmgeschichtlichen Bedeutung Babelsbergs gerecht« werden können. Sie sei grundsätzlich bereit, in den Studios Produktionsmöglichkeiten für HDTV zu schaffen. HDTV heißt auf deutsch: hochauflösende Fernsehbilder. Bilder von einer technischen Qualität, die die Brillanz eines 35-mm-Films der Ufa noch nicht ganz erreicht, aber ihr nahekommt.

Abblende

Ein Blick über das Freigelände der alten Ufa-Stadt. Eine surrealistisch anmutende Kulissenlandschaft in wildwuchernder Vegetation. Die hintersinnige Ästhetik des Zufalls hat deutsche Panzerspähwagen des Zweiten Weltkrieges aus einem DEFA-Kriegsfilm zwischen Gebüsch und Baracken der vierziger Jahre abgestellt. Hitler brachte die Beschleunigungen des Industriezeitalters mit seinen Methoden auf den soziologischen und politischen Nenner. Sein Eroberungskrieg war ein Exempel auf die Kostenfrage: Wie viele Menschen müssen sterben, damit ein möglichst großes Territorium an die moderne Ökonomie, also an einen neuen Zeit-Takt angekoppelt werden kann?

Um zivilere Lösungen bemüht sich die Treuhand bei ihrem Versuch, Neubabelsberg, Ufa-Straße 99 bis 103 (später: August-Bebel-Straße 26 bis 53) an den Zeit-Takt der Medien-Ära anzukoppeln. Die Ufa heute: eine nature morte. Aber es ist ein Irrtum, anzunehmen, daß die Toten tot sind, sagt Alexander Kluge. Sie leben als Wiedergänger unter uns.

Special thanks to: Hans Abich, Gerd Albrecht, Petrus Bartelsman, Christoph Buchwald, Thomas Elsaesser, Lothar Fend, Cornelia Fleer, Heinrich Gräfenstein, Hanns Groessel, Alfred Hirschmeier, Alfred Hürmer, Wolfgang Jacobsen, Kurt Johnen-Bühler, Friedrich P. Kahlenberg, Joachim Klinger, Heinz Klunker, Ute Kreimeier, Peter Latta, Hermine Marxová, Wolfgang Mühl-Benninghaus, Friedrich Karl Pflughaupt, Hans Helmut Prinzler, Karl Prümm, Paul Püschel, Carl Raddatz, Helmut Regel, Gaby Scherer, Heide Schlüpmann, Wolfram Schütte, Eberhard Spieß, Zdenek Stábla †, Werner Sudendorf, Wolfgang Theis, Jürgen Habakuk Traber, Heinz Trenczak, Karsten Visarius.

Anhang

Anmerkungen und Quellenverweise

Vorspann

BA = Bundesarchiv Koblenz
BA / MA = Bundesarchiv Militärarchiv Freiburg

1 Arthur Rosenberg, Entstehung der Weimarer Republik, Frankfurt / M. 1970, S. 229
2 Zitiert nach: Friedrich von Zglinicki, Der Weg des Films, Berlin 1956, S. 394
3 Sebastian Haffner, Von Bismarck zu Hitler, München 1987, S. 126
4 Paul Virilio, Krieg und Kino, München / Wien 1986, S. 74
5 Hermann Glaser, Maschinenwelt und Alltagsleben, Frankfurt / M. 1981, S. 10
6 Wolfgang Schivelbusch, Lichtblicke, München / Wien 1983, S. 56 ff.
7 Hugo von Hofmannsthal, Das Reinhardtsche Theater, in: Heinz Herald, Max Reinhardt, Hamburg 1953, S. 103
8 Zitiert nach: Glaser, a.a.O., S. 63
9 Zitiert nach: Mythos Berlin (Katalog zur Ausstellung), Berlin 1987, S. 42
10 H. D. Heilmann, Fürstenberg und Rathenau, in: Berlin um 1900, Ausstellungskatalog der Berlinischen Galerie e. V., Berlin 1984, S. 171
11 Jerzy Toeplitz, Geschichte des Films 1895–1933, München 1987, S. 33
12 Toeplitz, a.a.O., S. 32
13 Oskar Messter, Mein Weg mit dem Film, Berlin 1936, S. 29 ff.
14 von Zglinicki, a.a.O., S. 273
15 Virilio, a.a.O., S. 30
16 Aus einem Memorandum, das Dr. Duisberg am 26. 10. 1917 unter dem Titel »Über die Revolution an der Filmkunst« aus Anlaß von D. W. Griffith' Film *Intolerance* an das Auswärtige Amt schickte. Vgl. Hans Traub, Aktenauszüge über Filmpropaganda während des Weltkrieges, Berlin 1938 (Typoskript), BA / R 146 / 95, S. 157
17 Toeplitz, a.a.O., S. 70
18 Urban Gad, Der Film, seine Mittel – seine Ziele, Berlin 1921
19 Toeplitz, a.a.O., S. 76
20 Toeplitz, a.a.O., S. 76
21 von Zglinicki, a.a.O., S. 500 f.
22 Zahlen nach: Rachael Low, The History of the British Film 1906–1914, London 1949, S. 19 und 22, sowie nach: Toeplitz, a.a.O., S. 106
23 Toeplitz, a.a.O., S. 110
24 Hans Barkhausen, Filmpropaganda für Deutschland im Ersten und Zweiten Weltkrieg, Hildesheim / Zürich / New York 1982, S. 7
25 Die Schaubühne vom 2. 10. 1913, zitiert nach: Ilona Brennicke / Joe Hembus, Klassiker des deutschen Stummfilms 1910 bis 1930, München 1983, S. 241
26 Zahlen nach: Brennicke / Hembus, a.a.O., S. 239 und 241
27 Emil Jannings, Theater / Film – Das Leben und ich, Berchtesgaden 1951, S. 119 und 121
28 Zitiert nach: Brennicke / Hembus, a.a.O., S. 24
29 Barkhausen, a.a.O., S. 21
30 Der Kinematograph, 26. 8. 1914, zitiert nach: Barkhausen, a.a.O., S. 21
31 Barkhausen, a.a.O., S. 75

32 Barkhausen, a.a.O., S. 127
33 Barkhausen, a.a.O., S. 108
34 Barkhausen, a.a.O., S. 29
35 Barkhausen, a.a.O., S. 17
36 Protokoll der Sitzung des Ausschusses zum Studium der Frage einer deutschen Film- und Lichtbilder-Vortragspropaganda im Auslande, 6.4.1916, BA/MA, RM 3/v. 9901
37 Protokoll der Sitzung des Ausschusses..., a.a.O.
38 Barkhausen, a.a.O., S. 43
39 Jürgen Spiker, Film und Kapital, Berlin 1975, S. 23f.
40 Ludwig Klitzsch in einem Brief vom 17.10.1916 an den Vorsitzenden des Zentralverbandes Deutscher Industrieller; zitiert nach: Spiker, a.a.O., S. 23
41 Titel der Niederschrift über eine Besprechung der »Freien Vereinigung zur Förderung des Lichtspielwesens in gemeinnützigem, vaterländischem Sinne« vom 11.9.1916, BA/MA, RM 3/v. 9901
42 Barkhausen, a.a.O., S. 47
43 Barkhausen, a.a.O., S. 140f.
44 Barkhausen, a.a.O., S. 48
45 Barkhausen, a.a.O., S. 50
46 Hans Traub, Die Ufa. Ein Beitrag zur Entwicklungsgeschichte des deutschen Filmschaffens, Berlin 1943, S. 28
47 Zitiert nach: Barkhausen, a.a.O., S. 169
48 Wortlaut eines vom Bufa herausgegebenen »Merkblatts für Kinematographen-Theater«, zitiert nach: von Zglinicki, a.a.O., S. 393
49 Schreiben der DLG an das Reichsmarine-Amt vom 18.5.1917, BA/MA, RM 3/v. 9901
50 Schreiben des Bufa an die Presseabteilung des Admiralstabes der Marine, BA/MA, a.a.O.
51 Barkhausen, a.a.O., S. 120
52 Barkhausen, a.a.O., S. 120
53 Ludendorffs Brief an das Königliche Kriegsministerium wird hier zitiert nach: Wilfried von Bredow/Rolf Zurek, Film und Gesellschaft in Deutschland, Hamburg 1975, S. 102ff.
54 Barkhausen, a.a.O., S. 133
55 Hans Traub, Die Ufa, a.a.O., S. 31f.

Erster Teil

1 Den Einfluß des Reiches sicherte ein geheimer Kontrollvertrag, der in einem Schreiben des Kriegsministeriums an den Reichskanzler vom 18.4.1918 erläutert wird. Darin werden die Aktionäre Frenkel und Wassermann ausdrücklich als »Strohmänner« aufgeführt, hinter deren Zeichnungen das Reichskapital von 7 Millionen Mark »verborgen« sei. Laut Kontrollvertrag hätten sich die Gründer verpflichtet, »gegen alle Maßnahmen zu stimmen, die den Regierungsvertretern, die zu den Sitzungen eingeladen werden müssen, nicht recht sind«. Vgl. Wolfgang Mühl-Benninghaus, Zur Rolle des staatsmonopolistischen Kapitalismus bei der Herausbildung eines Systems von Massenkommunikation zwischen 1900 und 1933 (Dissertation Humboldt-Universität), Berlin 1987, Dokumentenband, S. 99f.
2 Rita Lipschütz, Der Ufa-Konzern, Berlin 1932, S. 6
3 Hans Traub, Aktenauszüge über Filmpropaganda während des Weltkrieges, Berlin 1938 (Typoskript), BA/R 146/95, S. 223

4 Hans Traub, Die Ufa. Ein Beitrag zur Entwicklungsgeschichte des deutschen Filmschaffens, Berlin 1943, S. 33
5 Niederschrift über die Sitzung des Arbeitsausschusses der Ufa vom 15. 1. 1918, BA / R 109 I/2421
6 Niederschrift über die Sitzung vom 15. 1. 1918, a.a.O
7 Niederschrift über die Sitzung vom 15. 1. 1918, a.a.O.
8 Hans Traub, Die Ufa, a.a.O., S. 34
9 Hans Traub, Die Ufa, a.a.O., S. 34
10 Hans Barkhausen, Filmpropaganda für Deutschland im Ersten und Zweiten Weltkrieg, Hildesheim / Zürich / New York 1982, S. 134
11 Barkhausen, a.a.O., S. 135
12 Traub, Aktenauszüge, a.a.O., S. 219
13 Traub, Aktenauszüge, a.a.O., S. 206
14 Rundschreiben des Kriegsministeriums an die Reichsämter vom 31. 8. 1918, BA / MA, ohne Signatur
15 Geheime Aufzeichnung Kilianis im Auswärtigen Amt vom 4. 9. 1918, vgl. Traub, Aktenauszüge, a.a.O., S. 206
16 Bufa-Bericht Nr. 93, 7.–13. 10. 1918, vgl. Traub, Aktenauszüge, a.a.O., S. 211
17 Barkhausen, a.a.O., S. 137
18 Heinrich Fraenkel, Unsterblicher Film, München 1956, S. 85f.
19 Jerzy Toeplitz, Geschichte des Films 1895–1933, München 1987, S. 140
20 Heinz-B. Heller, Literarische Intelligenz und Film, Tübingen 1985, S. 117
21 Ernst Bloch, Blick von 1917 auf Deutschland, in: E. B., Durch die Wüste, Frankfurt / M. 1964, S. 22
22 Lotte H. Eisner, Die dämonische Leinwand, Frankfurt / M. 1979, S. 73
23 Ernst Bloch, Der undiskutierbare Krieg, in: E. B., Durch die Wüste, a.a.O., S. 11
24 Hermann Glaser, Maschinenwelt und Alltagsleben, Frankfurt / M. 1981, S. 166
25 Jürgen Kuczynski, Geschichte des Alltags des deutschen Volkes, Studien 4, 1871–1918, Berlin (DDR) 1982, S. 450
26 Zitiert nach: Ilona Brennicke / Joe Hembus, Klassiker des deutschen Stummfilms 1910–1930, München 1983, S. 241
27 Lichtbild-Bühne, 10. 5. 1913
28 Gert Selle, Kultur der Sinne und ästhetische Erziehung, Köln 1981, S. 101
29 Zahlen nach: Toeplitz, a.a.O., S. 138f.
30 Toeplitz, a.a.O., S. 138
31 Oskar Kalbus, Vom Werden deutscher Filmkunst, 1. Teil, Altona-Bahrenfeld 1935, S. 21
32 Fraenkel, a.a.O., S. 395
33 Magnus Hirschfeld / Andreas Gaspar (Hrsg.), Sittengeschichte des Ersten Weltkriegs (Nachdruck der 2. neubearbeiteten Auflage), Hanau o.J., S. 53
34 Eisner, a.a.O., S. 48
35 Friedrich von Zglinicki, Der Weg des Films, Berlin 1956, S. 401
36 Jürgen Spiker, Film und Kapital, Berlin 1975, S. 27
37 Peter Bächlin, Der Film als Ware, Basel 1945, S. 177
38 Oscar Geller, Filmkrankheiten, in: Der Kinematograph, 16. 1. 1918
39 Fraenkel, a.a.O., S. 81
40 Curt Moreck, Sittengeschichte des Kinos, Dresden 1926
41 Vgl. auch Hirschfeld / Gaspar (Hrsg.), a.a.O., S. 37
42 Béla Balázs, Der Film – Werden und Wesen einer neuen Kunst, Wien 1961, S. 307f.
43 Lichtbild-Bühne, 14. 6. 1913
44 Lichtbild-Bühne, Sonderausgabe 30 Jahre Film, 1924, S. 28
45 Guido Seeber, in: Filmtechnik-Filmkunst, Nr. 3, 1930
46 Richard Hamann / Jost Hermand, Stilkunst um 1900, Berlin (DDR) 1967, S. 531

47 Protokoll der außerordentlichen Mitgliederversammlung des Reichsverbands deutscher Lichtspieltheaterbesitzer, in: Der Kinematograph, 27. 2. 1918

48 Der Kinematograph, 13. 3. 1918

49 Heller, a.a.O., S. 87

50 Peter Warthmüller, Paul Wegener – dämonischer Koloß, in: Knut Hickethier (Hrsg.), Grenzgänger zwischen Theater und Kino, Berlin 1986, S. 79

51 Heller, a.a.O., S. 90

52 Heller, a.a.O., S. 90

53 Zitiert nach: Hans Helmut Prinzler / Enno Patalas (Hrsg.), Lubitsch, München / Luzern 1987, S. 113

54 Prinzler / Patalas (Hrsg.), a.a.O., S. 114f.

55 Zitiert nach: Brennicke / Hembus, a.a.O., S. 180

56 Egon Jacobsohn, Neuheiten auf dem Berliner Filmmarkte, in: Der Kinematograph, 15. 1. 1919

57 Harry Graf Kessler, Tagebücher 1918–1937, hrsg. von Wolfgang Pfeiffer-Belli, Frankfurt / M. 1982, S. 18

58 Lotte H. Eisner, Murnau, Frankfurt / M. 1979, S. 190

59 Jacobsohn, a.a.O.

60 Zitiert nach: Brennicke / Hembus, a.a.O., S. 245

61 Protokoll der Aufsichtsratssitzung vom 21. 1. 1919, BA / R 109 I/2421

62 Fritz Lang in einer »Autobiography«; hier zitiert nach: Michael Töteberg, Fritz Lang, Reinbek bei Hamburg 1985, S. 18

63 Siegfried Kracauer, Von Caligari zu Hitler, Frankfurt / M. 1984, S. 90

64 Kuczynski, a.a.O. (Studien 5), S. 30

65 Mierendorffs Aufruf erschien im November 1918 als Blatt 65 der Flugblätter, die von der Vereinigung »Die Dachstube« herausgegeben wurden. Vgl. Expressionismus 1910–1923, Ausstellungskatalog des Deutschen Literaturarchivs im Schiller-Nationalmuseum Marbach 1960, S. 261

66 Der Kinematograph, 20. 11. 1918

67 Kracauer, a.a.O., S. 45

68 Kracauer, a.a.O., S. 43

69 Kracauer, a.a.O., S. 38

70 Jahrbuch der Filmindustrie, 1. Jg. (1922/23), Chronik der Jahre 1908–1923, Berlin 1923, S. 28

71 Jahrbuch der Filmindustrie, a.a.O., S. 28

72 Zitiert nach: Peter Gay, Die Republik der Außenseiter, Frankfurt / M. 1987, S. 26

73 Erich Steingräber (Hrsg.), Deutsche Kunst der 20er und 30er Jahre, München 1979, S. 24

74 Zitiert nach: Gay, a.a.O., S. 27

75 Kurt Tucholsky, Wir Negativen, in: K. T., Gesammelte Werke, hrsg. von Mary Gerold-Tucholsky und Fritz J. Raddatz, Bd. 2, Reinbek bei Hamburg 1975, S. 52 und 57

76 Gay, a.a.O., S. 10

77 Gay, a.a.O., S. 15

78 Kracauer, a.a.O., S. 18

79 Kracauer, a.a.O., S. 59

80 Lotte H. Eisner, Dämonische Leinwand, a.a.O., S. 75

81 Zitiert nach: Prinzler / Patalas (Hrsg.), a.a.O., S. 107

82 Frieda Grafe, Was Lubitsch berührt, in: Prinzler / Patalas (Hrsg.), a.a.O., S. 84

83 Enno Patalas, Ernst Lubitsch: Eine Lektion in Kino, in: Prinzler / Patalas (Hrsg.), a.a.O., S. 80

84 Stefan Grossmann, Reinhardt, Ufa und Berlin, in: Das Tage-Buch (Heft 32, Jahrg. 1), 21. 8. 1920

85 Lichtbild-Bühne, 9. 10. 1920

86 Hans Helmut Prinzler, in: Prinzler / Patalas (Hrsg.), a.a.O., S. 26

87 Kracauer, a.a.O., S. 54f.

88 Kracauer, a.a.O., S. 53

89 Graf Kessler, a.a.O., S. 108

90 Graf Kessler, a.a.O., S. 79

91 Graf Kessler, a.a.O., S. 89

92 Graf Kessler, a.a.O., S. 94

93 Prinzler / Patalas (Hrsg.), a.a.O., S. 30

94 Film-Kurier, 1. 10. 1920

95 Aus Paul Eippers Tagebuch: Ateliergespräche mit Liebermann und Corinth (1971); hier zitiert nach: Hätte ich das Kino!, Ausstellungskatalog des Deutschen Literaturarchivs im Schiller-Nationalmuseum Marbach 1976, S. 320f.

96 Das Tage-Buch (Heft 51, Jahrg. 1), 31. 12. 1920

97 Der Kinematograph, 14. 8. 1921

98 Graf Kessler, a.a.O., S. 243

99 Protokoll der Sitzung des Arbeitsausschusses vom 12. 4. 1918, BA / R 109 I/2421

100 Protokoll der Sitzung des Arbeitsausschusses vom 13. 6. 1918, a.a.O.

101 Protokoll der Sitzung des Arbeitsausschusses vom 4. 11. 1918, a.a.O.

102 Protokoll der Aufsichtsratssitzung vom 5. 11. 1918, a.a.O.

103 Protokoll der Sitzung des Arbeitsausschusses vom 30. 12. 1919, a.a.O.

104 Lipschütz, a.a.O., S. 12

105 Mierendorffs Schrift erschien 1920 als Band 15 in der Tribüne der Kunst und Zeit, Berlin; hier zitiert nach: Hätte ich das Kino!, a.a.O., S. 405

106 Reichslichtspiel-Gesetz vom 12. Mai 1920, für die Praxis erläutert von Dr. jur. Ernst Seeger, Berlin 1923, S. 7

107 Eine Abschrift dieses nicht näher spezifizierten Dokuments findet sich im Quellenband von Mühl-Benninghaus, a.a.O., S. 143ff.

108 Zitiert nach: von Zglinicki, a.a.O., S. 409

109 Jahrbuch der Filmindustrie, a.a.O., S. 29

110 Jahrbuch der Filmindustrie, a.a.O., S. 29

111 Jahrbuch der Filmindustrie, a.a.O., S. 31

112 Jahrbuch der Filmindustrie, a.a.O., S. 29

113 Rudolf Oertel, Filmspiegel, Wien 1941, S. 129

114 Die Ufa hatte im Februar 1918 sämtliche Anteile der May-Film GmbH erworben, trat sie jedoch ein Jahr später wieder an Joe May ab. May produzierte in den folgenden Jahren nominell selbständig, blieb jedoch durch einen Kreditvertrag von der Ufa abhängig. Vgl. Akte der Ufa-Revisionsabteilung über die May-Film GmbH 1918–1919, BA / R 109 I/531

115 Phoebus-Magazin, Nr. 27, Berlin 1926

116 Kracauer, a.a.O., S. 54

117 Kalbus, a.a.O., S. 44

118 Curt Riess, hier zitiert nach: Brennicke / Hembus, a.a.O., S. 192

119 Protokoll der Sitzung des Arbeitsausschusses vom 30. 12. 1919, a.a.O.

120 Lipschütz, a.a.O., S. 9

121 von Zglinicki, a.a.O., S. 402

122 O.M.G.U.S. (Office of Military Government for Germany, United States Finance Division – Financial Investigation Section), Ermittlungen gegen die Deutsche Bank, 1946 / 1947, Nördlingen 1985, S. 45

123 O.M.G.U.S., a.a.O., S. 45

124 O.M.G.U.S., a.a.O., S. 46f. Die deutsche Übersetzung des amerikanischen Textes spricht hier versehentlich vom »Vizepräsidenten des Reiches«.

125 Graf Kessler, a.a.O., S. 746

126 Jost Hermand/Frank Trommler, Die Kultur der Weimarer Republik, Frankfurt/M. 1988, S. 261 (Hervorhebung von KK)

127 Vgl. die Akte zur Gründung der Decla-Bioscop GmbH durch die Ufa im Bundesarchiv: R 109 I/122

128 Kracauer, a.a.O., S. 43

129 Hier zitiert nach: Kalbus, a.a.O., S. 64f.

130 Die neue Schaubühne, Jg. 2, 1920, S. 104f.

131 Leopold Schwarzschild, Die Vertreibung der EFA aus dem Paradies, in: Das Tage-Buch (Heft 46, Jahrg. 3), 18. 11. 1922

132 von Zglinicki, a.a.O., S. 402

133 Stümkes Artikel erschien in der Abendausgabe des Berliner Tageblatts vom 11. 10. 1919, die Erwiderung in Der Kinematograph, Nr. 667, 1919

134 Harry Graf Kessler, Die Kinderhölle in Berlin, in: H. G. K., Künstler und Nationen – Aufsätze und Reden 1899–1933, Frankfurt/M. 1988, S. 214

135 Graf Kessler, a.a.O., S. 217

136 Lipschütz, a.a.O., S. 9

137 Lipschütz, a.a.O., S. 9

138 Toeplitz, a.a.O., S. 211

139 Gay, a.a.O., S. 101

140 Graf Kessler, Tagebücher 1918–1937, a.a.O., S. 215

141 Graf Kessler, a.a.O., S. 220

142 Zitiert nach: Gay, a.a.O., S. 39

143 Lipschütz, a.a.O., S. 18

144 Lipschütz, a.a.O., S. 19

145 Lipschütz, a.a.O., S. 19

146 Lipschütz, a.a.O., S. 20

147 Lipschütz, a.a.O., S. 21

148 Gerhard Lamprecht, Deutsche Stummfilme, hrsg. von der Deutschen Kinemathek e. V., Berlin 1968ff.

149 Die Zitate von Engel und Jhering hier nach: Brennicke/Hembus, a.a.O., S. 61 f.

150 Kalbus, a.a.O., S. 49

151 Kalbus, a.a.O., S. 49

152 Kracauer, a.a.O., S. 63

153 Norbert Jacques, Im Kaleidoskop der Weltteile, Berlin o.J.

154 Hanns Heinz Ewers, Von sieben Meeren – Fahrten und Abenteuer, Berlin 1928

155 Ewers, a.a.O., S. 345

156 Jacques, a.a.O., S. 18

157 Hermand/Trommler, a.a.O., S. 69

158 Siegfried Kracauer, in: Frankfurter Zeitung vom 4. 4. 1926

159 Hermand/Trommler, a.a.O., S. 70

160 Hermand/Trommler, a.a.O., S. 73

161 Erwin Panofsky, Stil und Stoff im Film, hier zitiert nach: Christoph Bignens, Kinos – Architektur als Marketing, Zürich 1988, S. 19

162 Thea von Harbou, Legenden, Berlin 1919

163 Hermand/Trommler, a.a.O., S. 71

164 Thomas Nipperdey, Wie das Bürgertum die Moderne fand, Berlin 1988, S. 37

165 Lotte H. Eisner, Die dämonische Leinwand, a.a.O., S. 51

166 Kracauer, Von Caligari zu Hitler, a.a.O., S. 86

167 Eisner, a.a.O., S. 116

168 Zitiert nach: Kracauer, a.a.O., S. 87

169 Fritz Lang am 25. Juli 1964 in der Frankfurter Rundschau; hier zitiert nach: Töteberg, a.a.O., S. 37

170 Graf Kessler, a.a.O., S. 185

171 Norbert Jacques, Dr. Mabuse, der Spieler, München 1979, S. 216
172 Das Tage-Buch (Heft 1, Jahrg. 3), 7. 1. 1922
173 Der Kinematograph, hier zitiert nach: Brennicke / Hembus, a.a.O., S. 234
174 Das Tage-Buch (Heft 5, Jahrg. 3), 4. 2. 1922
175 Herbert Jhering 1921 im Berliner Börsen-Courier, hier zitiert nach: Brennicke / Hembus, a.a.O., S. 228
176 Hermand / Trommler, a.a.O., S. 193 und 196
177 Hermand / Trommler, a.a.O., S. 200
178 Hermand / Trommler, a.a.O., S. 207
179 Eisner, a.a.O., S. 75
180 Hermand / Trommler, a.a.O., S. 69
181 Phoenix, 1926, hier zitiert nach: Hans-Michael Bock, Wolfgang Jacobsen und Jörg Schöning (Hrsg.), Reinhold Schünzel, München 1989, S. 53
182 Gerhard Schoenberner, Das Preußenbild im deutschen Film, in: Axel Marquardt und Heinz Rathsack (Hrsg.), Preußen im Film, Reinbek bei Hamburg 1981, S. 15
183 Wilhelm von Kampen, Das »preußische Beispiel« als Propaganda und politisches Lebensbedürfnis, in: Marquardt / Rathsack (Hrsg.), a.a.O., S. 174
184 Walter von Molo, in: Vorwärts, 41. Jg., Nr. 357, 31. 7. 1924
185 Filmprogramme, Bd. 5: Die großen Preußenfilme, zusammengestellt und eingeleitet von Eberhard Mertens, Hildesheim / New York 1981, S. VI
186 Gay, a.a.O., S. 119
187 Gay, a.a.O., S. 157
188 Filmprogramme, a.a.O., S. X
189 Filmprogramme, a.a.O., S. V
190 Hans Feld, Potsdam gegen Weimar oder Wie Otto Gebühr den Siebenjährigen Krieg gewann, in: Marquardt / Rathsack (Hrsg.), a.a.O., S. 72
191 Toeplitz, a.a.O., S. 232
192 Vorwärts, 39. Jg., Nr. 55, 2. 2. 1922
193 Die Weltbühne, 19. Jg., Nr. 13, 29. 3. 1923
194 Die Glocke, 9. Jg., 1. Heft, 2. 4. 1923
195 Filmprogramm *Fridericus Rex*, Berlin 1922
196 Erich Pommer, Geschäftsfilm und künstlerischer Film, in: Der Film, Nr. 50, 10. 12. 1922
197 Gay, a.a.O., S. 131
198 Die Zitate von Mendelsohn und Gropius hier nach: Gay, a.a.O., S. 131
199 von Zglinicki, a.a.O., S. 343
200 Film-Kurier, 11. 5. 1920
201 Lichtbild-Bühne (Tagesdienst), 17. 5. 1923
202 Lothar Schwaab, Der wohltemperierte Sonnenaufgang, in: Uta Berg-Ganschow und Wolfgang Jacobsen (Hrsg.), ... Film ... Stadt ... Kino ... Berlin, Berlin 1987, S. 176
203 Hans-Michael Bock, Berliner Ateliers, in: Berg-Ganschow / Jacobsen (Hrsg.), a.a.O., S. 179
204 Reichsfilmblatt, 22. 12. 1926
205 A. Kossowsky, Die Berliner Ateliers, in: Film-Kurier, 25. 9. 1924
206 Siegfried Kracauer: Kaliko-Welt, in: S. K., Das Ornament der Masse, Frankfurt / M. 1963, S. 271 ff.
207 Der Kinematograph, 29. 7. 1923
208 Zitiert nach: Gay, a.a.O., S. 133
209 Helmut Weihsmann, Gebaute Illusionen, Wien 1988, S. 147
210 Gerhard Lamprecht, Deutsche Stummfilme 1923–1926, a.a.O.
211 Brennicke / Hembus, a.a.O., S. 231
212 Zitiert nach: Brennicke / Hembus, a.a.O., S. 220

213 Siegfried Kracauer, Von Caligari zu Hitler, a.a.O., S. 149
214 Zitiert nach: Brennicke/Hembus, a.a.O., S. 186
215 Berliner Tageblatt, Nr. 581, 9. 12. 1926
216 John Russell Taylor, Die Hitchcock-Biographie, München/Wien 1980, S. 58
217 Gerhard Lamprecht, Deutsche Stummfilme 1923–1926, a.a.O., S. 504f.
218 Weihsmann, a.a.O., S. 140
219 Zitiert nach: Weihsmann, a.a.O., S. 104
220 Kracauer, a.a.O., S. 83
221 Kracauer, a.a.O., S. 296
222 Lotte H. Eisner, Murnau, a.a.O., S. 90
223 Zitiert nach: Eisner, a.a.O., S. 95
224 Zitiert nach: Weihsmann, a.a.O., S. 148
225 Zitiert nach: Eisner, a.a.O., S. 104
226 Zitiert nach: Weihsmann, a.a.O., S. 135
227 Weihsmann, a.a.O., S. 127
228 Zitiert nach: Weihsmann, a.a.O., S. 128
229 Film-Kurier, 3. 10. 1932; vgl. auch Lotte H. Eisner, Ich hatte einst ein schönes Vaterland, Heidelberg 1984, S. 119
230 Vgl. Klaus Kreimeier, Der Schlafwandler, in: Berg-Ganschow/Jacobsen (Hrsg.), a.a.O., S. 105ff.
231 Zitiert nach: Weihsmann, a.a.O., S. 148
232 Weihsmann, a.a.O., S. 149
233 Karl Freund, Die Berufung des Kameramannes, in: Lichtbild-Bühne, 23. 1. 1926
234 Eisner, Murnau, a.a.O., S. 94
235 Eisner, a.a.O., S. 94f.
236 Zitiert nach: Rolf Hempel, Carl Mayer, Berlin (DDR) 1968, S. 150
237 Eisner, a.a.O., S. 97
238 Weihsmann, a.a.O., S. 146
239 Eisner, a.a.O., S. 98
240 Karl Woermann, Geschichte der Kunst aller Zeiten und Völker, 4. Bd., Leipzig 1927, S. 488
241 Gay, a.a.O., S. 130
242 Zitiert nach: Gay, a.a.O., S. 131
243 Zitiert nach: Töteberg, a.a.O., S. 42
244 F(rieda) G(rafe), Die Technik als Allegorie, in: Neue Zürcher Zeitung, 3. 8. 1968
245 Zitiert nach: dem Faksimile des *Nosferatu*-Drehbuchs in Eisner, a.a.O., S. 402
246 Gay, a.a.O., S. 142
247 Gay, a.a.O., S. 102. Der Begriff »Vulgäridealismus« stammt von Fritz Stern.
248 Vgl. Klaus Kreimeier, Das Drama und die Formen, in: Friedrich Wilhelm Murnau 1888–1988 (Publikation zur Ausstellung), Bielefeld 1988, S. 95
249 Joseph Roth, in: Frankfurter Zeitung, 19. 11. 1925
250 Siegfried Kracauer, Kult der Zerstreuung, in: S. K., Das Ornament der Masse, a.a.O., S. 315
251 Zitiert nach: Bignens, a.a.O., S. 26
252 Dieter Bartetzko, Illusionen in Stein, Reinbek bei Hamburg 1985, S. 170
253 Vgl. den Artikel Fassadenkultur und Materialfilm, in: Reichsfilmblatt, 19. 3. 1927
254 Bartetzko, a.a.O., S. 160
255 Bartetzko, a.a.O., S. 149 und 157
256 Zahlen nach: Jahrbuch der Filmindustrie 1923/25, S. 189
257 Kracauer, a.a.O., S. 315
258 Kracauer, a.a.O., S. 311
259 Bartetzko, a.a.O., S. 170
260 Zitiert nach: Berg-Ganschow/Jacobsen (Hrsg.), a.a.O., S. 30

261 Brennicke/Hembus, a.a.O., S. 198
262 Curt Riess, Das gab's nur einmal, Bd. 2, Frankfurt/M.; Berlin; Wien, 1985, S. 67
263 Das Tage-Buch (Heft 40, Jahrg. 6), 3. 10. 1925
264 Joseph Roth, a.a.O.
265 Bartetzko, a.a.O., S. 147
266 Bartetzko, a.a.O., S. 165
267 Siegfried Kracauer, Die kleinen Ladenmädchen gehen ins Kino, in: S. K., Das Ornament der Masse, a.a.O., S. 284
268 Bartetzko, a.a.O., S. 165
269 Zitiert nach: Bartetzko, a.a.O., S. 164
270 Reichsfilmblatt, 24. 7. 1926
271 Siegfried Kracauer, Kult der Zerstreuung, a.a.O., S. 316
272 Reichsfilmblatt, 24. 7. 1926
273 Reichsfilmblatt, 16. 3. 1929
274 Berg-Ganschow/Jacobsen (Hrsg.), a.a.O., S. 39f.
275 Graf Kessler, a.a.O., S. 232f.
276 Programmheft der Ufa zu *Tartüff*, Berlin 1926
277 Programmheft zu *Tartüff*, a.a.O.
278 Der Kinematograph, Nr. 989, 1926
279 Lichtbild-Bühne, 15. 10. 1926
280 Wolfgang Jacobsen, Erich Pommer, Berlin 1989, S. 55
281 Stefan Grossmann, Erich Pommers Sturz, in: Das Tage-Buch (Heft 5, Jahrg. 7), 30. 1. 1926
282 Gay, a.a.O., S. 206
283 Gay, a.a.O., S. 207
284 Bächlin, a.a.O., S. 45
285 Bächlin, a.a.O., S. 47
286 Spiker, a.a.O., S. 38
287 Zahlen nach: Bächlin, a.a.O., S. 50
288 Spiker, a.a.O., S. 40
289 Zahlen nach: Spiker, a.a.O., S. 41
290 Spiker, a.a.O., S. 41
291 Tagebuch der Wirtschaft, in: Das Tage-Buch (Heft 52, Jahrg. 5), 27. 12. 1924
292 Vgl. Lipschütz, a.a.O., S. 11
293 Benjamin B. Hampton, History of the American Film Industry, New York 1970, S. 349ff. und 361. Hamptons Buch erschien erstmals 1931 unter dem Titel A History of the Movies.
294 Jacobsen, a.a.O., S. 70
295 Traub, Die Ufa, a.a.O., S. 60
296 Lipschütz, a.a.O., S. 12
297 Jean-Luc Godard, Einführung in eine wahre Geschichte des Kinos, Frankfurt/M. 1985, S. 204
298 Zitiert nach: Jacobsen, a.a.O., S. 76
299 Spiker, a.a.O., S. 43
300 Entwurf des Geschäftsberichtes der Universum-Film AG für das Jahr 1925/26 (Anlage zum Protokoll der Aufsichtsratssitzung der Ufa am 10. 12. 1926), BA/R 109 I/2421
301 Entwurf des Geschäftsberichtes..., a.a.O.
302 Protokoll der Aufsichtsratssitzung der Universum-Film AG am 10. 12. 1926, BA/R 109 I/2421
303 Toeplitz, a.a.O., S. 395
304 von Zglinicki, a.a.O., S. 425
305 Vgl. Jacobsen, a.a.O., S. 75

306 Berliner Tageblatt Nr. 581 vom 9. 12. 1926, Nr. 107 vom 4. 3. 1927, Nr. 152 vom 31. 3. 1927 und Nr. 188 vom 22. 4. 1927. Ferner: Das Tage-Buch, Heft 14, Jahrg. 8, 2. 4. 1927. Der Artikel »Am Wrack der Ufa« stammt von Leopold Schwarzschild.

307 Protokolle der Sitzungen des Arbeitsausschusses des Ufa-Aufsichtsrats vom 24. 3., 28. 3. und 29. 3. 1927, BA / R 109 I/2421

308 Protokoll der Sitzung des Arbeitsausschusses vom 29. 3. 1927, a.a.O.

309 Protokoll der Aufsichtsratssitzung vom 30. 3. 1927, a.a.O.

310 Heller, a.a.O., S. 203

311 Die Weltbühne, 26. 4. 1927

312 Die Weltbühne, 10. 5. 1927

313 Toeplitz, a.a.O., S. 219

314 Heller, a.a.O., S. 168

315 Hugo von Hofmannsthal, Ersatz für die Träume, in: Das Tage-Buch (Heft 22, Jahrg. 2), 4. 6. 1921

316 Zitiert nach: Heller, a.a.O., S. 197

317 E. G. Lowenthal, Die Juden im öffentlichen Leben, in: Werner E. Mosse (Hrsg.), Entscheidungsjahr 1932, Tübingen 1965, S. 53

318 Die Entlassung Jacobs führte zu Presseangriffen auf die Ufa und beschäftigte Vorstand und Aufsichtsrat noch das ganze Jahr 1928 hindurch. Vgl. z. B. das Protokoll der Sitzung des Arbeitsausschusses vom 21. 6. 1928, BA / R 109 I / 2421

319 Vgl. Lowenthal, a.a.O., S. 72

320 Lowenthal, a.a.O., S. 52

321 Lowenthal, a.a.O., S. 64f.

322 Zitiert nach: Hätte ich das Kino!, a.a.O., S. 222

323 Zitiert nach: Hätte ich das Kino!, a.a.O., S. 229

324 Zitiert nach: Hätte ich das Kino!, a.a.O., S. 235

325 Carl Zuckmayer, Als wär's ein Stück von mir, Frankfurt / M. 1966, S. 439

326 Zitiert nach: Hätte ich das Kino!, a.a.O., S. 179

327 Zitiert nach: Hätte ich das Kino!, a.a.O., S. 180f.

328 Die Kontroverse zwischen Hauptmann und der Ufa ist dokumentiert in: Hätte ich das Kino!, a.a.O., S. 262ff.

329 Zitiert nach: Hätte ich das Kino!, a.a.O., S. 171f.

330 Julius Sternheim, Der Filmautor – gestern und morgen, in: Das Tage-Buch (Heft 35, Jahrg. 1), 11. 9. 1920

331 Zitiert nach: Hätte ich das Kino!, a.a.O., S. 216

332 Zitiert nach: Hätte ich das Kino!, a.a.O., S. 217

333 Zitiert nach: Hätte ich das Kino!, a.a.O., S. 223f.

334 Zitiert nach: Hätte ich das Kino!, a.a.O., S. 237

335 Vgl. Jacobsen, Erich Pommer, a.a.O., S. 81f.

336 Zitiert nach: Hätte ich das Kino!, a.a.O., S. 244

337 Heller, a.a.O., S. 192f.

338 Reinhold Keiner, Thea von Harbou und der deutsche Film bis 1933, Hildesheim / Zürich / New York 1984, S. 36

339 Keiner, a.a.O., S. 35

340 Zitiert nach: Keiner, a.a.O., S. 41

341 Vgl. die Harbou-Bibliographie bei Keiner, a.a.O., S. 248ff.

342 Keiner, a.a.O., S. 71

343 Vgl. den Text von Arthur Maria Rabenalt und die Aussagen von Hans Feld im Anhang zu Keiner, a.a.O., S. 277ff.

344 Zitiert nach: Keiner, a.a.O., S. 119

345 Hempel, a.a.O., S. 91

346 Zitiert nach: Hempel, a.a.O., S. 68

347 Hempel, a.a.O., S. 75

348 Zitiert nach: Hempel, a.a.O., S. 77
349 Zitiert nach: Hempel, a.a.O., S. 107
350 Zitiert nach: Hempel, a.a.O., S. 83
351 Heller, a.a.O., S. 209
352 Vgl. Lamprecht, Deutsche Stummfilme 1923–1926, a.a.O., S. 198
353 Zitiert nach: Hempel, a.a.O. S. 84
354 Vgl. Hempel, a.a.O., S. 86f.
355 Eisner, Murnau, a.a.O., S. 239
356 Eisner, a.a.O., S. 223 und S. 247
357 Jannings, a.a.O., S. 144
358 Zitiert nach: Hempel, a.a.O., S. 88
359 Herbert Jhering, in: Berliner Börsen-Courier, 24. 12. 1924
360 Zitiert nach: Hätte ich das Kino!, a.a.O., S. 368
361 Vgl. Hempel, a.a.O., S. 91
362 Niederschrift Nr. 13 (Vorstandssitzung vom 22. 4. 1927) und Nr. 24 (5. 5. 1927), in: BA / R 109 I/1026a. Die folgenden Zitate entstammen den Niederschriften Nr. 32 und Nr. 48
363 Selle, a.a.O., S. 161
364 Selle, a.a.O., S. 163
365 Selle, a.a.O., S. 169
366 Selle, a.a.O., S. 169
367 Roland Barthes, Die Römer im Film, in: R. B., Mythen des Alltags, Frankfurt/M. 1964, S. 46 und S. 43
368 Roland Barthes, Strip-tease, a.a.O., S. 68f.
369 Roland Barthes, Das Gesicht der Garbo, a.a.O., S. 73
370 Barthes, a.a.O., S. 71f.
371 Carlo Mierendorff, Die Romantik des Kapitalismus, in: Theorie des Kinos – Ideologie der Traumfabrik, hrsg. von Karsten Witte, Frankfurt/M. 1972, S. 302f.
372 Enno Patalas, Stars – Geschichte der Filmidole, Frankfurt/M. und Hamburg 1967, S. 9f.
373 Zitiert nach: Hätte ich das Kino!, a.a.O., S. 296
374 Patalas, a.a.O., S. 50
375 Das von Hans-Michael Bock herausgegebene Lexikon zum deutschsprachigen Film, CineGraph, München 1984ff., führt als ersten Film Marlene Dietrichs *So sind die Männer* auf, Regie Georg Jacoby, produziert von der Europäischen Film-Allianz GmbH. Dieser Film wurde allerdings erst am 29. 11. 1923, also einige Wochen nach *Tragödie der Liebe*, uraufgeführt.
376 Patalas, a.a.O., S. 85
377 Herbert Holba, Günter Knorr und Peter Spiegel, Reclams deutsches Filmlexikon, Stuttgart 1984, S. 68
378 Zitiert nach: Hätte ich das Kino!, a.a.O., S. 277
379 Rudolf Arnheim, Helden fürs Herz, in: R. A., Kritiken und Aufsätze zum Film, München/Wien 1977, S. 116
380 Vgl. Hätte ich das Kino!, a.a.O., S. 280
381 Zitiert nach: Jacobsen, a.a.O., S. 74
382 Zitiert nach: Jacobsen, a.a.O., S. 74
383 Fritz Lang – Metropolis, Publikation des Münchner Filmmuseums und des Münchner Filmzentrums e. V., München 1988, S. 3
384 George W. F. Hallgarten, Hitler, Reichswehr und Industrie, Frankfurt/M. 1962, S. 66
385 Kracauer, Von Caligari zu Hitler, a.a.O., S. 172
386 Zitiert nach: Fritz Lang – Metropolis, a.a.O., S. 27
387 Presseheft der Ufa zu *Metropolis*, Berlin 1927

388 Aus Erich Kettelhuts unveröffentlichten Erinnerungen, hier zitiert nach: Fritz Lang – Metropolis, a.a.O., S. 19

389 Günther Rittau, in: Deutsche Filmwoche, 28. 1. 1927

390 Vgl. Otto Hunte im Presseheft der Ufa, a.a.O., und Günther Rittau in: Fritz Lang – Metropolis, a.a.O., S. 24

391 Zitiert nach: Jacobsen, a.a.O., S. 74

392 Zitiert nach: Fritz Lang – Metropolis, a.a.O., S. 31

393 Ernst Bloch, Erbschaft dieser Zeit, Frankfurt/M. 1979, S. 66f.

394 Brennicke/Hembus, a.a.O., S. 141

395 Presseheft der Ufa, a.a.O.

396 Niederschrift Nr. 3 (Vorstandssitzung vom 7. 4. 1927) und Nr. 4 (8. 4. 1927), a.a.O.

397 Enno Patalas, Metropolis in/aus Trümmern, in: Fritz Lang – Metropolis, a.a.O., S. 17

398 Niederschrift Nr. 48 (Vorstandssitzung vom 3. 6. 1927), a.a.O.

399 Otto Kriegk, Hugenberg, Leipzig 1932, S. 36

400 Willi A. Boelcke (Hrsg.), Krupp und die Hohenzollern in Dokumenten, Frankfurt/M. 1970, S. 187

401 Peter de Mendelssohn, Zeitungsstadt Berlin, Berlin 1959, S. 87

402 Klaus Wernecke/Peter Heller, Der vergessene Führer, Hamburg 1982, S. 95

403 Curt Riess, Das gab's nur einmal, Bd. 2, a.a.O., S. 26

404 Riess, a.a.O., S. 25

405 Diese Darstellung der Ufa-Sanierung stützt sich im wesentlichen auf die Autoren Lipschütz, Spiker und Traub und das bei ihnen ausgebreitete Material.

406 Zitiert nach: Wernecke/Heller, a.a.O., S. 136

407 Niederschrift Nr. 1 (Vorstandssitzung vom 5. 4. 1927), a.a.O.

408 Darüber hinaus geben die im Quellenband von Mühl-Benninghaus, a.a.O., veröffentlichten Dokumente eine umfassende Übersicht über die von der neuen Ufa-Leitung beschlossenen Maßnahmen. Auffallend ist, daß, während »eine starke Aussiebung und Verminderung des Personals« betrieben wurde, in die Schlüsselpositionen der Finanzabteilung, des Verleihs, des Vorstandssekretariats und der Reklame-Abteilung Fachleute der Firma August Scherl berufen wurden. In einem Bericht des Leiters der neu eingerichteten Organisationsabteilung an Klitzsch werden die Kriterien der Umgestaltung genannt: es geht um eine »geistige und seelische Umstellung« des gesamten Ufa-Personals auf Werte wie »Pünktlichkeit, Ordnung, Ehrlichkeit«; Abteilungen wie die Registratur und die Einkaufszentrale, die »in einem absolut ungeordneten und unorganisatorischen Zustand« vorgefunden wurden, müssen gestrafft, »ausgesiebt« und neu organisiert werden; vor allem aber muß eine Abteilung Filmkontrolle eingerichtet werden, »die sich äußerlich als Vertretung des Ressorts Vertrieb (...) gegenüber der Filmproduktion« darstellen soll: »Sie hat eine überwachende, vermittelnde und verwaltende Aufgabe, indem sie sich bereits bei der Entstehung des Filmmanuskriptes informatorisch einschaltet und alle interessierten Stellen bis zur Ablieferung des Filmes orientiert und vertritt. Sie ist die einzige Empfangsstelle der Musterkopien, sie wirkt bei den Vertragsabschlüssen mit den Auftragsproduzenten mit, veranstaltet die internen Vorführungen der neuen Filme im Hause zwecks Kritik, sie veranlaßt die Zensierung und hat den Verkehr mit den Filmprüfstellen und anderen maßgebenden Behörden. (...) Durch die Errichtung der Filmkontrolle ist der Grundsatz zur Geltung gebracht worden, daß die kaufmännischen Vertriebsinstanzen des Filmes auf Grund ihrer Erfahrungen und Informationen im In- und Ausland (bei aller Wahrung der künstlerischen Interessen der Produktion) diejenigen Instanzen sein müssen, welche bestimmend sind bei der Aufstellung des Produktionsprogrammes und dessen Erledigung.« Mit dieser Verfügung wurde formal das Primat des Vertriebs gegenüber der Produktion zum hausinternen Gesetz. In politischer Hinsicht jedoch wurden schon die Konflikte zwischen den Zensurinstanzen – wie dem späte-

ren Reichsfilmdramaturgen – und der Produktionsabteilung der Ufa »vorprogrammiert«. – Ganz nebenbei befand die neue Organisationsabteilung, daß nach eingehender »Durchprüfung« der »Abbau« von 171 Personen der bisherigen Ufa-Belegschaft zu empfehlen sei; dies ergebe immerhin, auf das Jahr umgerechnet, eine Einsparung von 640000 Mark. Vgl. Mühl-Benninghaus, a.a.O., Quellenband, S. 171–180

409 Niederschrift Nr. 80 (Vorstandssitzung vom 12. 7. 1927), a.a.O.

410 Niederschrift Nr. 92 (Vorstandssitzung vom 26. 7. 1927), a.a.O.

411 Niederschrift Nr. 6 (Vorstandssitzung vom 11. 4. 1927), a.a.O.

412 Niederschrift Nr. 64 (Vorstandssitzung vom 23. 6. 1927), a.a.O.

413 Niederschrift Nr. 105 (Vorstandssitzung vom 10. 8. 1927), a.a.O.

414 Vgl. Wernecke/Heller, a.a.O., S. 210, Anmerkung 492

415 Vgl. Toeplitz, a.a.O., S. 395ff.

416 Niederschrift Nr. 58 (Vorstandssitzung vom 16. 6. 1927), a.a.O.

417 Graf Kessler, a.a.O., S. 557f.

418 Niederschrift Nr. 85 (Vorstandssitzung vom 18. 7. 1927), a.a.O.

419 Niederschriften Nr. 87 und 88 (Vorstandssitzungen vom 20. und 21. 7. 1927), a.a.O.

420 Kurt Tucholsky, Gesammelte Werke, a.a.O., Bd. 5, S. 361

421 Niederschrift Nr. 15 (Vorstandssitzung vom 25. 4. 1927), a.a.O.

422 Niederschrift Nr. 20 (Vorstandssitzung vom 30. 4. 1927), a.a.O.

423 Tucholsky, a.a.O., S. 217

424 Niederschrift Nr. 60 (Vorstandssitzung vom 18. 6. 1927), a.a.O.

425 Niederschrift Nr. 15 (Vorstandssitzung vom 25. 4. 1927), a.a.O.

426 Niederschrift Nr. 74 (Vorstandssitzung vom 5. 7. 1927), a.a.O.

427 Niederschrift Nr. 98 (Vorstandssitzung vom 2. 8. 1927), a.a.O.

428 Niederschrift Nr. 48 (Vorstandssitzung vom 3. 6. 1927), a.a.O.

429 Zitiert nach: Brennicke/Hembus, a.a.O., S. 173f.

430 Rudolf Schwarzkopf, Unser Ziel und unser Weg, in: Film und Volk, Heft 1 (1. Jahrg.), S. 5

431 Willi Münzenberg, Film und Propaganda, in: Film und Volk, Heft 9/10 (2. Jahrg.), S. 5

432 Film und Volk, Heft 3/4 (1. Jahrg.), S. 18ff.

433 Film und Volk, Heft 11/12 (2. Jahrg.), S. 16

434 Film und Volk, Heft 9/10 (2. Jahrg.), S. 9

435 Kracauer, a.a.O., S. 186

436 Zitiert nach: Brennicke/Hembus, a.a.O., S. 202

437 Ilja Ehrenburg, Menschen–Jahre–Leben, München 1962, S. 662ff.

438 Niederschrift der Vorstandssitzung vom 30. 3. 1928, a.a.O. Daß unter Hugenberg deutliche politische Akzente gesetzt wurden, geht im übrigen auch aus der Auseinandersetzung der Konzernleitung mit Fritz Lang hervor. Im Juni 1928 dekretierte der Aufsichtsrat im Zusammenhang mit dem Produktionsvertrag zu *Frau im Mond* unmißverständlich, der Ufa stehe »ein Einspruchsrecht gegen das Manuskript zu, und zwar aus politischen, religiösen und sittlichen Gründen«. Anlage I zum Protokoll des Arbeitsausschusses des Aufsichtsrats vom 21. 6. 1928, BA/R 109 I/2421

439 Vgl. Jacobsen, a.a.O., S. 83

440 Zitiert nach: Jacobsen, a.a.O., S. 144

441 Zitiert nach: Jacobsen, a.a.O., S. 88. Die Einrichtung des Produktionsleiters (und wenig später der Produktionsgruppen) geht auf eine Initiative des technischen Betriebsleiters, Hermann Grieving, zurück. In einem Memorandum an Klitzsch schrieb Grieving schon am 11. 7. 1927: »Bis heute bestand bei der Ufa das System, die Ausführung des Films dem Regisseur zu überlassen und dem Regisseur für die Kontrolle der geschäftlichen Angelegenheiten einen sogenannten Geschäftsführer zur Seite zu stellen. Diese Geschäftsführer – meist frühere Offiziere – beziehen Gehälter von M 500,– bis M 750,–.

Eigentliche Produktionsleiter waren – abgesehen von der obersten Produktionsleitung – nicht beschäftigt. Dieses System hat zu schweren Nachteilen geführt. Weil für einen einzigen Produktionsleiter die Herstellung einer großen Anzahl von Filmen zu viel ist (...), schlage ich vor, mit diesem System grundlegend zu brechen und Produktionsleiter anzustellen, die nicht nur die Produktion als Fachleute in der Hand haben, sondern die vor allem auch dem Regisseur gegenüber einen solchen Einfluß haben, daß der Regisseur nicht selbständig schalten kann.« Vgl. Mühl-Benninghaus, a.a.O., Quellenband, S. 183

442 Zitiert nach: Jacobsen, a.a.O., S. 86f.

443 Graf Kessler, a.a.O., S. 599

444 Zitiert nach: Wernecke/Heller, a.a.O., S. 144. Auch innerhalb des Ufa-Konzerns gab es immer wieder Äußerungen und Stimmungen gegen Hugenberg und seine Politik. Am 22. 2. 1928 beschloß der Vorstand »anläßlich verschiedener Vorkommnisse (...), von einer Anstellung oder sonstigen Beschäftigung oder Weiterbeschäftigung von Personen, insbesondere auch des künstlerischen Herstellungspersonals, abzusehen, die öffentlich persönliche Angriffe gegen Herrn Geheimrat Hugenberg in gehässiger Form erhoben haben oder erheben werden (!) oder sich an solchen Angriffen beteiligt haben oder beteiligen werden«. BA/R 109 I/1026b

445 Hallgarten, a.a.O., S. 91

446 Hugenberg in seiner Antrittsrede als neuer Parteivorsitzender der DNVP; zitiert nach: Wernecke/Heller, a.a.O., S. 146

447 Zitiert nach: Hans Richter, Der Kampf um den Film, Frankfurt/M. 1979, S. 74

448 Richter, a.a.O., S. 72. Die kollektiven Bedürfnisse des Kinopublikums erschwerten auch das, was in nationalen Kreisen die »geistige Sanierung« der Ufa genannt wurde. In einem internen Papier der Deutschnationalen Volkspartei heißt es: »Die geistige Sanierung konnte nicht so schnell gehen wie die wirtschaftliche Sanierung, auch hier handelt es sich um einen Versuch. Würden in der Ufa nur Filme gespielt, die Ihnen (...) und meinen Anforderungen auch nur halbwegs entsprechen, so würden die Ufa-Theater leer stehen, denn das große Publikum lehnt leider Gottes solche Filme ab. Es ist daher nur der Weg möglich, hin und wieder einen besseren Film zu bringen und im übrigen Filme leichter Art spielen zu lassen (...) Die Erziehung des Publikums zu besseren Filmen ist aber eine außerordentlich langwierige und schwierige Sache.« Mühl-Benninghaus, a.a.O., Quellenband, S. 197

449 Hermand/Trommler, a.a.O., S. 162

450 Richter, a.a.O., S. 74

451 Hermand/Trommler, a.a.O., S. 120

452 A. Kraszna-Krausz, in: Filmtechnik-Filmkunst, Nr. 7, 1927

453 Bloch, a.a.O., S. 66

454 Der Lehrfilm, hrsg. von der Kulturabteilung der Universum-Film AG, Berlin o.J. (1919), S. 75

455 Mustervorführung von Lehrfilmen der Kultur-Abteilung der Ufa in Hamburg am 6., 8. und 9. Dezember 1919 (nicht paginierte Werbeschrift der Ufa-Kulturabteilung)

456 Ernst Moritz Häufig in Die Weltbühne; hier zitiert nach: Brennicke/Hembus, a.a.O., S. 233

457 25 Jahre Wochenschau der Ufa, hrsg. von der Ufa-Lehrschau unter Mitarbeit der Pressestelle der Universum-Film AG und der Ufa-Wochenschau, Berlin 1939, S. 7

458 25 Jahre Wochenschau der Ufa, a.a.O., S. 19

459 Niederschrift Nr. 7 (Vorstandssitzung vom 12. 4. 1927), BA/R 109 I/1026a

460 Richter, a.a.O., S. 95

461 Traub, a.a.O., S. 82

462 Traub, a.a.O., S. 82

463 Traub, a.a.O., S. 82f.

464 Spiker, a.a.O., S. 50

465 Traub, a.a.O., S. 84

466 Traub, a.a.O., S. 85. Der Vertrag der Ufa mit der Klangfilm GmbH vom 8. 4. 1929 sah vor, daß die Ufa zwei stationäre und eine fahrbare Tonfilmaufnahme-Apparatur für einen Mietzins von monatlich 4500 Reichsmark bei einer Laufzeit von vier Jahren mieten und Wiedergabe-Apparaturen zu »besonders günstigen Bedingungen« kaufen konnte. Wichtig für die Vertriebspolitik der Ufa war die vertragliche Erlaubnis der Klangfilm, auch solche Filme vorzuführen, die nicht auf Klangfilm-Aufnahme-Apparaturen produziert wurden; dies galt vorbehaltlos auch für die Paramount- und Metro-Filme, die »auf Grund der bestehenden Verträge« in deutschen Kinos zur Vorführung gelangten. Vgl. Mühl-Benninghaus, a.a.O., Quellenband, S. 212f.

467 Traub, a.a.O., S. 85

468 Jacobsen, a.a.O., S. 90

469 Zahlen nach: Brennicke / Hembus, a.a.O., S. 257

470 Die Zahlenangaben basieren auf dem Material bei Traub und Spiker, a.a.O.

471 Hugenberg in einem programmatischen Artikel im Lokal-Anzeiger, August 1928; hier zitiert nach: Wernecke / Heller, a.a.O., S. 144

472 Helmut Heiber, Die Republik von Weimar, München 1966, S. 206

473 Graf Kessler, a.a.O., S. 630f.

474 Traub, a.a.O., S. 78

475 Zahlen nach: Spiker, a.a.O., S. 55

476 Traub, a.a.O., S. 73

477 Traub, a.a.O., S. 74

478 Weniger gelassen reagierte die Konzernleitung auf den Arbeitskampf. In zwei vertraulichen Anweisungen vom 22. 5. 1928 stellte Direktor Grieving fest, daß in Tempelhof zwei Beleuchter und in Neubabelsberg vier Bühnenarbeiter als Vorarbeiter eingestellt seien, die sich am Streik beteiligt hätten. Die Betroffenen seien »umgehend zu entfernen«. Vgl. Mühl-Benninghaus, a.a.O., Quellenband, S. 200

479 Heiber, a.a.O., S. 226

480 Heiber, a.a.O., S. 220

481 Vgl. Jacobsen, a.a.O., S. 110

482 Heiber, a.a.O., S. 231

483 Rudolf Arnheim, Hans Albers, in: R. A., Kritiken und Aufsätze zum Film, a.a.O., S. 292

484 Arnheim, a.a.O., S. 293

485 Bericht im DNVP-Organ Unsere Partei; hier zitiert nach: Wernecke / Heller, a.a.O., S. 167

486 Zitiert nach: Wernecke / Heller, a.a.O., S. 169

487 Hallgarten, a.a.O., S. 42

488 Toeplitz, a.a.O., S. 733

489 Joe Hembus / Christa Bandmann, Klassiker des deutschen Tonfilms 1930–1960, München 1980, S. 18

490 Toeplitz, a.a.O., S. 733

491 Zitiert nach: Jacobsen, a.a.O., S. 95

492 Sowohl Sternberg als auch Jannings nehmen in ihren Memoiren für sich in Anspruch, Marlene Dietrich in einer Aufführung von Georg Kaisers »Zwei Krawatten« für den *Blauen Engel* »entdeckt« zu haben. Sternberg behauptet allerdings auch, er allein sei für das Drehbuch verantwortlich gewesen; von einer Mitarbeit Zuckmayers und Vollmoellers könne keine Rede sein. Vgl. Josef von Sternberg, Ich Josef von Sternberg, Velber bei Hannover 1967, S. 156

493 Robert Siodmak, Zwischen Berlin und Hollywood, hrsg. von Hans C. Blumenberg, München 1980, S. 44

494 Zitiert nach: Jacobsen, a.a.O., S. 99

495 Kracauer, a.a.O., S. 228f.

496 Zitiert nach: Toeplitz, a.a.O., S. 734

497 Zitiert nach: Jacobsen, a.a.O., S. 98
498 Zitiert nach: Jacobsen, a.a.O., S. 99f.
499 Traub, a.a.O., S. 95
500 Kino, Nr. 4 (Januar 1931), S. 58
501 Vgl. Spiker, a.a.O., S. 69
502 Spiker, a.a.O., S. 77
503 Traub, a.a.O., S. 89
504 Spiker, a.a.O., S. 71
505 Ludwig Klitzsch in seiner Rundfunkrede »Bekenntnis zum deutschen Film«, Juli 1932; hier zitiert nach: Spiker, a.a.O., S. 72
506 Spiker, a.a.O., S. 73
507 Spiker, a.a.O., S. 77
508 Zahlen nach: Toeplitz, a.a.O., S. 731
509 Traub, a.a.O., S. 90
510 Mitteilungen des Deutschen Städtetages, Nr. 8, 1932
511 Lipschütz, a.a.O., S. 17
512 Traub, a.a.O., S. 91
513 Zahlen nach: Toeplitz, a.a.O., S. 732
514 Siodmak, a.a.O., S. 44ff.
515 Toeplitz, a.a.O., S. 735
516 Jacobsen, a.a.O., S. 107
517 Heiber, a.a.O., S. 235
518 Hallgarten, a.a.O., S. 94
519 Zitiert nach: Jacobsen, a.a.O., S. 107
520 Bloch, a.a.O., S. 107, S. 114, S. 112 und S. 386
521 Toeplitz, a.a.O., S. 741
522 Der Kinematograph, 20. 7. 1932
523 Zitiert nach: Kracauer, a.a.O., S. 550f.
524 Zitiert nach: Kracauer, a.a.O., S. 551. In einem vertraulichen Schreiben an Generaldirektor Klitzsch vom 12. 4. 1932 vertrat Correll darüber hinaus die Auffassung, der Ufa-Film müsse, um seine Exportchancen zu wahren, internationalen Standards genügen und den Bedürfnissen eines ausländischen Publikums Rechnung tragen. »Dazu ist wieder eine Anpassung an die Wünsche und Forderungen anderer Länder und anderer Rassen nötig. Wir werden deshalb nicht umhin können, für diese Zwecke unsere Stoffe teilweise fremdländischer Mentalität anzupassen und mit fremdländischen Kräften auszuführen. Wenn wir wiederholt Vorwürfe über Ankauf ausländischer Stoffe und Engagements ausländischer, fremdrassiger Kräfte zu hören bekommen, muß festgestellt werden, daß wir aus Gründen einer höheren Wirtschaftlichkeit, besonders auch im weitsichtigen nationalen Sinne, dazu verpflichtet sind.« Mühl-Benninghaus, a.a.O., Quellenband, S. 240
525 Alfred Bauer, Deutscher Spielfilm-Almanach 1929–1950, Berlin 1965, S. 143
526 Joseph Goebbels, Vom Kaiserhof zur Reichskanzlei, München 1934, S. 67
527 Graf Kessler, a.a.O., S. 745f.
528 Niederschriften Nr. 882 (Vorstandssitzung vom 6. 1. 1933), Nr. 885 (13. 1. 1933) und Nr. 888 (25. 1. 1933), BA / R 109 I/1029a
529 Graf Kessler, a.a.O., S. 746
530 Niederschrift Nr. 889 (Vorstandssitzung vom 31. 1. 1933), a.a.O.

Zweiter Teil

1 Joseph Goebbels, Vom Kaiserhof zur Reichskanzlei, München 1934, S. 258
2 Illustrierter Film-Kurier, Nr. 1920, 1933
3 Goebbels, a.a.O., S. 236f. Aus den 1934 politisch redigierten und in Massenauflage veröffentlichten Goebbels-Tagebüchern wird hier zitiert, weil ihr Wortlaut den authentischen Tonfall der NS-Propaganda wiedergibt.
4 Joachim C. Fest, Hitler – eine Biographie, Frankfurt/M. 1973, S. 699f.
5 Oskar Kalbus, Vom Werden deutscher Filmkunst, 2. Teil, Altona-Bahrenfeld 1935, S. 122
6 Kalbus, a.a.O., S. 123
7 Kalbus, a.a.O., S. 120
8 Alfred Bauer, Deutscher Spielfilm-Almanach 1929–1950, Berlin 1965, S. 190
9 Goebbels, a.a.O., S. 294, und Kalbus, a.a.O., S. 119
10 Goebbels, a.a.O., S. 282
11 Goebbels, a.a.O., S. 263
12 Curt Riess, Das gab's nur einmal, Bd. 2, Frankfurt/M.-Berlin-Wien 1985, S. 207ff.
13 Zitiert nach: Gerd Albrecht, Filmpolitik im Dritten Reich, in: Der Spielfilm im Dritten Reich, Arbeitsseminar der Westdeutschen Kurzfilmtage Oberhausen 1966, S. 39
14 Klaus Wernecke/Peter Heller, Der vergessene Führer, Hamburg 1982, S. 187
15 Goebbels, a.a.O., S. 289
16 Hans Barkhausen, Filmpropaganda für Deutschland im Ersten und Zweiten Weltkrieg, Hildesheim/Zürich/New York 1982, S. 196
17 Niederschrift Nr. 890 (Vorstandssitzung vom 3. 2. 1933), BA/R 109 I/1029a
18 Niederschrift Nr. 900, Aktennotiz zur Vorstandssitzung vom 10. 3. 1933, a.a.O.
19 Niederschrift Nr. 905 (Vorstandssitzung vom 29. 3. 1933), a.a.O.
20 a.a.O.
21 Zitiert nach: Joseph Wulf, Theater und Film im Dritten Reich – Eine Dokumentation, Gütersloh 1964, S. 390f.
22 Habakuk Traber und Elmar Weingarten (Hrsg.), Verdrängte Musik, Berlin 1987, S. 259
23 Hans-Michael Bock (Hrsg.), CineGraph – Lexikon zum deutschsprachigen Film, München 1984ff., Artikel Robert Liebmann
24 Riess, a.a.O., S. 214f.
25 »Das Kabinett des Erich Pommer« von Hans-Michael Bock und Ute Schneider, gesendet am 17. 8. 1989
26 Wolfgang Jacobsen, Erich Pommer, Berlin 1989, S. 121
27 Heinrich Fraenkel/Roger Manvell, Goebbels – eine Biographie, Köln/Berlin 1960, S. 204/205. Die Autoren beziehen sich auf eine Darstellung von Boris von Borresholm und Karena Niehoff.
28 Michael Töteberg, Fritz Lang, Reinbek bei Hamburg 1985, S. 78
29 Lotte H. Eisner, Ich hatte einst ein schönes Vaterland, Heidelberg 1984, S. 127
30 Siegfried Kracauer, Von Caligari zu Hitler, Frankfurt/M. 1984, S. 287
31 Harry Graf Kessler, Tagebücher 1918–1937, hrsg. von Wolfgang Pfeiffer-Belli, Frankfurt/M. 1982, S. 755
32 Zitiert nach: Frank Grube/Gerhard Richter, Alltag im Dritten Reich, Hamburg 1982, S. 66
33 Vgl. Alfred Bauer, a.a.O.
34 Jerzy Toeplitz, Geschichte des Films 1934–1945, München 1987, S. 1190
35 Programmheft der Ufa zu *Flüchtlinge*, 1933
36 Kalbus, a.a.O., S. 104
37 Zitiert nach: Wernecke/Heller, a.a.O., S. 187

38 Wernecke/Heller, a.a.O., S. 189

39 Wernecke/Heller, a.a.O., S. 190

40 Wernecke/Heller, a.a.O., S. 194

41 Marian Kolb, Die Lösung des Filmproblems im nationalsozialistischen Staate, hier zitiert nach: Wilfried von Bredow / Rolf Zurek (Hrsg.), Film und Gesellschaft in Deutschland – Dokumente und Materialien, Hamburg 1975, S. 151

42 Der Kinematograph, 14. 3. 1933

43 Eine indirekte Wiedergabe der Goebbels-Rede brachte der Illustrierte Film-Kurier vom 27. 4. 1933; hier zitiert nach: Wulf, a.a.O., S. 268

44 Goebbels' »zweite Filmrede« ist u. a. dokumentiert bei Curt Belling, Der Film in Staat und Partei, Berlin 1936, S. 31 ff.

45 Jürgen Spiker, Film und Kapital, Berlin 1975, S. 98

46 Kurt Wolf, Entwicklung und Neugestaltung der deutschen Filmwirtschaft seit 1933, Teilabdruck in von Bredow / Zurek (Hrsg.), a.a.O., S. 155 ff.

47 Zahlen nach: Kurt Wolf, a.a.O.

48 Bericht des Vorstands über das Geschäftsjahr 1932/33 für den Arbeits-Ausschuß des Aufsichtsrats der Ufa vom 25. 10. 1933, BA / R 109 I/2424

49 Brief des Vorstands an den Stellvertretenden Aufsichtsratsvorsitzenden Dr. Emil Georg von Stauss vom 23. 11. 1933, a.a.O.

50 Zitiert nach: Spiker, a.a.O., S. 110

51 Spiker, a.a.O., S. 110

52 Es handelt sich hier um ein internes Papier der Ufa-Produktionsabteilung, aus dem die Vorstandsmitglieder Klitzsch und Lehmann in einer Ergänzung zum Geschäftsbericht vom 10. 8. 1934 ausführlich zitieren; BA / R 109 I/2420

53 Zahlen nach: Spiker, a.a.O., S. 143

54 Produktionsverträge in Anlage III zum Geschäftsbericht für 1932/33; vgl. Anm. 48

55 Frankfurter Zeitung, 27. 9. 1936

56 Niederschrift Nr. 1033 (Vorstandssitzung vom 10. 10. 1934), BA / R 109 I/1029c

57 Die folgenden Zitate entstammen einer ausführlichen, vom Ufa-Vorstand zur Kenntnisnahme durch den Aufsichtsrat angelegten Aktennotiz über den Presse-Feldzug des Reichsernährungs-Ministeriums gegen die Ufa; BA / R 109 I/2424

58 Rheinisch-Westfälische Filmzeitung, 9. 1. 1937

59 Vgl. Spiker, a.a.O., S. 134

60 Spiker, a.a.O., S. 106

61 Verordnung über die Errichtung einer vorläufigen Filmkammer, § 3; vgl. Der Kinematograph, 26. 7. 1933

62 Lichtbild-Bühne, 3. 2. 1934

63 Ergänzung zum Geschäftsbericht vom 10. 8. 1934; vgl. Anm. 52

64 Bericht des Ufa-Vorstands über das Geschäftsjahr 1934/35, BA / R 109 I/2420

65 Wolfgang Theis, in: Hans-Michael Bock (Hrsg.), a.a.O., Artikel Reinhold Schünzel

66 Niederschrift Nr. 1047 (Vorstandssitzung vom 11. 12. 1934), BA / R 109 I/1029c

67 Christa Bandmann/Joe Hembus, Klassiker des deutschen Tonfilms 1930–1960, München 1980, S. 102

68 Helga Belach, ...als die Traumfabrik kriegswichtig wurde, in: Wir tanzen um die Welt – Deutsche Revuefilme 1933–1945, zusammengestellt von Helga Belach, München / Wien 1979, S. 139 ff.

69 Belach, a.a.O., S. 152

70 Belach, a.a.O., S. 142

71 Marika Rökk, Herz mit Paprika, Berlin 1974, S. 132

72 Rökk, a.a.O., S. 157

73 Wilhelm Reich, Massenpsychologie des Faschismus, o. O. o. J., (Nachdruck der 2. Auflage), S. 106

74 Hans Dieter Schäfer, Das gespaltene Bewußtsein, Frankfurt / M. / Berlin / Wien 1981, S. 149

75 S. Abbildung 15 bei Schäfer, a.a.O. Es handelt sich um den Rühmann-Film *Die Umwege des schönen Karl*, inszeniert und produziert von Carl Froelich (1937 / 38)

76 Schäfer, a.a.O., S. 154

77 Schäfer, a.a.O., S. 154

78 Die Weltbühne, 1. 11. 1927

79 Gert Selle, Kultur der Sinne und ästhetische Erziehung, Köln 1981, S. 175 und 186

80 Karsten Witte, Gehemmte Schaulust. Momente des deutschen Revuefilms, in: Wir tanzen um die Welt, a.a.O., S. 7

81 Zitiert nach: Witte, a.a.O., S. 11

82 Witte, a.a.O., S. 21

83 Witte, a.a.O., S. 49

84 Selle, a.a.O., S. 175

85 Niederschrift Nr. 1350 (Vorstandssitzung vom 17. 1. 1939), BA / R 109 I/1033b

86 Die Darstellung der Fakten folgt hier Schäfer, a.a.O., S. 168 ff.

87 Berliner Tageblatt, 2. 1. 1937

88 Zitiert nach: Fraenkel / Manvell, a.a.O., S. 272 f.

89 George L. Mosse, Schönheit ohne Sinnlichkeit, in: zeitmitschrift, Sonderheft »1937«, Düsseldorf o. J., S. 98

90 Mosse, a.a.O., S. 108

91 Niederschrift Nr. 1053 (Vorstandssitzung vom 15. 1. 1935), BA / R 109 I/1029c

92 Heinz Boberach (Hrsg.), Meldungen aus dem Reich 1938–1945. Die geheimen Lageberichte des Sicherheitsdienstes der SS, Bd. 2, Herrsching 1984, S. 273 und 271

93 Schäfer, a.a.O., S. 184

94 Zitiert nach: Schäfer, a.a.O., S. 179

95 Fraenkel / Manvell, a.a.O., S. 230

96 Helmut Heiber, Joseph Goebbels, München 1965, S. 251

97 Heiber, a.a.O., S. 253

98 Hier zitiert nach: zeitmitschrift, a.a.O., S. 93

99 Susan Sontag, Faszinierender Faschismus, in: S. S., Im Zeichen des Saturn, München / Wien 1981, S. 111

100 Goebbels, a.a.O., S. 306 f.

101 Zitiert nach: Dieter Bartetzko, Illusionen in Stein, Reinbek bei Hamburg 1985, S. 88

102 Schäfer, a.a.O., S. 183 f.

103 Zitiert nach: Bartetzko, a.a.O., S. 63

104 Walter Benjamin, Das Kunstwerk im Zeitalter seiner technischen Reproduzierbarkeit, in: Schriften, Bd. I, Frankfurt / M. 1955, S. 395 und S. 397

105 Joseph Peter Stern, »Der teure Kauf«: Opferbereitschaft und Erlösungshoffnung, in zeitmitschrift, a.a.O., S. 89

106 Albert Speer, Erinnerungen, Frankfurt / M. / Berlin 1969, S. 28, 174 und 175

107 Bartetzko, a.a.O., S. 70

108 Speer, a.a.O., S. 49

109 Helmut Weihsmann, Gebaute Illusionen, Wien 1988, S. 177

110 Bartetzko, a.a.O., S. 267

111 Bartetzko, a.a.O., S. 270

112 Bartetzko, a.a.O., S. 55

113 Speer, a.a.O., S. 75

114 Speer, a.a.O., S. 151 f.

115 Bartetzko, a.a.O., S. 148

116 Zitiert nach: Speer, a.a.O., S. 71 f.

117 Abbildung bei Anne Paech, Kino zwischen Stadt und Land, Marburg 1985, S. 75

118 Bartetzko, a.a.O., S. 171

119 Das Ufa-Programm 1937/38, S. 4, in: Situationsberichte, BA/R 55/651

120 Riess, a.a.O., Bd. 3, S. 39

121 Protokoll über die Sitzung des Arbeitsausschusses des Ufa-Aufsichtsrats vom 14. 12. 1936, BA/R 109 I/2420

122 Zahlen nach: Spiker, a.a.O., S. 120

123 Spiker, a.a.O., S. 172

124 Spiker, a.a.O., S. 172

125 Zitiert nach: Spiker, a.a.O., S. 173

126 Zahlen nach: Spiker, a.a.O., S. 174f.

127 Zitiert nach: Stationen der Moderne – Ausstellungskatalog der Berlinischen Galerie, Berlin 1988, S. 280

128 Dieses und die folgenden Zitate nach dem Wortlaut der Goebbels-Rede in von Bredow/Zurek (Hrsg.), a.a.O., S. 181 ff.

129 Boberach (Hrsg.), a.a.O., S. 71

130 Fritz Hippler, Betrachtungen zum Filmschaffen, Berlin 1942, S. 5f.

131 Hippler, a.a.O., S. 86

132 Hippler, a.a.O., S. 49

133 Anton Kaes, Deutschlandbilder – Die Wiederkehr der Geschichte als Film, München 1987, S. 12

134 Eine Abschrift des Correll-Briefes veröffentlicht Mühl-Benninghaus im Dokumentenband zu seiner Dissertation; vgl. Anm. 1, 1. Teil

135 Niederschrift Nr. 1094 (Vorstandssitzung vom 12. 7. 1935), BA/R 109 I/1030b

136 Niederschrift Nr. 1091 (Vorstandssitzung vom 2. 7. 1935), a.a.O.

137 Niederschrift Nr. 1079 (Vorstandssitzung vom 14. 5. 1935), a.a.O.

138 Barkhausen, a.a.O., S. 195

139 Lichtbild-Bühne, 29. 4. 1933

140 Barkhausen, a.a.O., S. 201

141 Niederschrift Nr. 1322 (Vorstandssitzung vom 20. 5. 1938), BA/R 109 I/1033a

142 Barkhausen, a.a.O., S. 204

143 Boberach (Hrsg.), a.a.O., Bd. 3, S. 690

144 Richard Taylor, Film Propaganda, London/New York 1979, S. 164

145 25 Jahre Wochenschau der Ufa, hrsg. von der Ufa-Lehrschau unter Mitarbeit der Pressestelle der Universum-Film AG und der Ufa-Wochenschau, Berlin 1939, S. 33

146 a.a.O., S. 41

147 Hilmar Hoffmann, »Und die Fahne führt uns in die Ewigkeit« – Propaganda im NS-Film, Frankfurt/M. 1988, S. 113

148 Oskar Kalbus, Pioniere des Kulturfilms, Karlsruhe 1956, S. 27

149 Hartmut Bitomsky, Der Kotflügel eines Mercedes-Benz – Nazikulturfilme, Teil I, in: Filmkritik, Nr. 322, 1983, S. 456

150 Hans Traub, Die Ufa. Ein Beitrag zur Entwicklungsgeschichte des deutschen Filmschaffens, Berlin 1943, S. 112

151 Hoffmann, a.a.O., S. 142

152 Bitomsky, a.a.O., S. 451

153 Boberach (Hrsg.), a.a.O., Bd. 5, S. 1578f.

154 Zahlen nach: Bandmann/Hembus, a.a.O., S. 254, und Boberach (Hrsg.), a.a.O., Bd. 2, S. 116

155 Boberach (Hrsg.), a.a.O., Bd. 2, S. 116

156 Zitiert nach: Bandmann/Hembus, a.a.O., S. 254

157 Boberach (Hrsg.), a.a.O., Bd. 2, S. 116

158 Erwin Leiser, »Deutschland, erwache!« – Propaganda im Film des Dritten Reiches, Reinbek bei Hamburg 1968

159 Zitiert nach: Joseph Wulf, a.a.O., S. 348

160 Zitiert nach: Toeplitz, a.a.O., S. 1201

161 Zitiert nach: Friedrich P. Kahlenberg, Preußen als Filmsujet in der Propagandasprache der NS-Zeit, in: Axel Marquardt und Heinz Rathsack (Hrsg.), Preußen im Film, Reinbek bei Hamburg 1981, S. 150

162 Zitiert nach: Hans-Michael Bock (Hrsg.), a.a.O., Artikel Karl Ritter

163 Zitiert nach: Joseph Wulf, Literatur und Dichtung im Dritten Reich, Gütersloh 1963, S. 320

164 Zitiert nach: Leiser, a.a.O., S. 26

165 Zitiert nach: Hans-Michael Bock (Hrsg.), a.a.O., Artikel Karl Ritter

166 Julian Petley in Hans-Michael Bock (Hrsg.), a.a.O., Artikel Karl Ritter

167 Zitiert nach: Leiser, a.a.O., S. 46

168 Zitiert nach: Leiser, a.a.O., S. 45

169 Dorothea Hollstein, »Jud Süß« und die Deutschen, Frankfurt/M.-Berlin-Wien 1983, S. 45f.

170 Francis Courtade/Pierre Cadars, Geschichte des Films im Dritten Reich, München und Wien 1975, S. 124

171 Toeplitz, a.a.O., S. 1201

172 Vgl. Hans-Michael Bock (Hrsg.), a.a.O., Artikel Karl Ritter

173 Anlage IX zur Niederschrift über die Sitzung des Arbeitsausschusses für die wirtschaftlichen Angelegenheiten vom 18.2.1938, BA/R 109 I/2420

174 Denkschrift Hitlers zum Vierjahresplan 1936, in Auszügen abgedruckt bei: Reinhard Kühnl, Der deutsche Faschismus in Quellen und Dokumenten, Köln 1980, S. 287

175 Das Ufa-Programm 1937/38, S. 20, in: Situationsberichte, BA/R 55/651

176 Friedrich P. Kahlenberg, »Starke Herzen« – Quellen-Notizen über die Produktion eines Ufa-Films im Jahre 1937, in: Kraft Wetzel/Peter Hagemann, Zensur – Verbotene deutsche Filme 1933–1945, Berlin 1982, S. 121

177 Oskar Kalbus, Vom Werden deutscher Filmkunst, 2. Teil, a.a.O., S. 104

178 Leiser, a.a.O., S. 35

179 Rudolf Oertel, Macht und Magie des Films, Wien 1959; hier zitiert nach: Karlheinz Wendtland, Geliebter Kintopp – Jahrgang 1939 und 1940, Berlin o.J., S. 157

180 Toeplitz, a.a.O., S. 1209f.

181 Tagebucheintragung von Goebbels am 17.10.1936; hier zitiert nach: Jörg Schöning, Reinhold Schünzel – Schauspieler und Regisseur, München 1989, S. 60

182 Zitiert nach: Schöning, a.a.O., S. 61

183 Arthur Maria Rabenalt, Film im Zwielicht, Hildesheim/New York 1978, S. 43, 53f. und 56

184 Lichtbild-Bühne, 16.7.1937

185 So die Zeitschrift Der Deutsche Film; hier zitiert nach: Wendtland, a.a.O., Jahrgang 1937 und 1938, S. 193

186 Rabenalt, a.a.O., S. 44

187 Hier nach: Wendtland, a.a.O., S. 195

188 Zitiert nach: Hans-Michael Bock (Hrsg.), a.a.O., Artikel Werner Hochbaum

189 Ernst Bloch, Das Prinzip Hoffnung, Bd. 1, Frankfurt/M. 1967, S. 471

190 Enno Patalas, Stars – Geschichte der Filmidole, Frankfurt/M. und Hamburg 1967, S. 107

191 Niederschrift Nr. 1090 (Vorstandssitzung vom 28.6.1935), BA/R 109 I/1030b

192 Anlage 7 zum Bericht des Vorstandes über das Geschäftsjahr 1934/35 vom 15.8.1935; BA/R 109 I/2420

193 Anlage 7..., vgl. Anm. 192

194 Kalbus, a.a.O., S. 110

195 Zitiert nach: Joachim Cadenbach, Hans Albers, Frankfurt/M.-Berlin-Wien 1983, S. 15

196 Hans C. Blumenberg in: Der Spiegel, 1989/34

197 Zitiert nach: Hans-Michael Bock (Hrsg.), a.a.O., Artikel Heinz Rühmann

198 Zitiert nach: Hans-Michael Bock (Hrsg.), a.a.O.

199 Herbert Holba, Günter Knorr und Peter Spiegel, Reclams deutsches Filmlexikon, Stuttgart 1984, S. 104

200 Vgl. Hans-Michael Bock (Hrsg.), a.a.O., Artikel Willy Birgel

201 Walther Kiaulehn, Berlin – Schicksal einer Weltstadt, München/Berlin 1958, S. 409

202 Vgl. Hans Cadenbach, a.a.O., S. 88

203 Zitiert nach: Hans-Michael Bock (Hrsg.), a.a.O., Artikel Werner Krauss

204 Hilmar Hoffmann, a.a.O., S. 210

205 Carla Rhode, Leuchtende Sterne?, in: Wir tanzen um die Welt, a.a.O., S. 123

206 Rhode, a.a.O., S. 122

207 Rhode, a.a.O., S. 122

208 Patalas, a.a.O., S. 95

209 Cornelia Zumkeller, Zarah Leander, München 1988, S. 100

210 Elisabeth Läufer, Skeptiker des Lichts – Douglas Sirk und seine Filme, Frankfurt/M. 1987, S. 55

211 Zitiert nach: Hans-Michael Bock (Hrsg.), a.a.O., Artikel Detlef Sierck

212 Zitiert nach: Wetzel/Hagemann, a.a.O., S. 90

213 Vgl. Toeplitz, a.a.O., S. 1218

214 Vgl. Wir tanzen um die Welt, a.a.O., S. 156

215 Niederschrift Nr. 1044 (Vorstandssitzung vom 27.11.1934), BA/R 109 I/1029c

216 Marika Rökk, a.a.O., S. 155f.

217 Leni Riefenstahl, Memoiren, München und Hamburg 1987, S. 349f.

218 Bauer, a.a.O., S. 471

219 Boberach (Hrsg.), a.a.O., Bd. 2, S. 334

220 Boberach (Hrsg.), a.a.O., Bd. 3, S. 478

221 Boberach (Hrsg.), a.a.O., Bd. 3, S. 527

222 Boberach (Hrsg.), a.a.O., Bd. 2, S. 336

223 Hans Richter, Der politische Film, in: Karsten Witte (Hrsg.), Theorie des Kinos – Ideologiekritik der Traumfabrik, Frankfurt/M. 1972, S. 71

224 Richter, a.a.O., S. 71

225 Richter, a.a.O., S. 73; vgl. auch Siegfried Kracauer, Von Caligari zu Hitler, Frankfurt/M. 1984, S. 324f.

226 Zahlen nach: Barkhausen, a.a.O., S. 214; Traub, a.a.O., S. 110, nennt eine Erhöhung von 900 auf 1900 Kopien.

227 Kracauer, a.a.O., S. 338

228 Barkhausen, a.a.O., S. 206 und 212

229 Zitiert nach: Barkhausen, a.a.O., S. 227

230 Kracauer, a.a.O., S. 359

231 Zitiert nach: Kracauer, a.a.O., S. 351

232 Barkhausen, a.a.O., S. 227

233 Zitiert nach: Barkhausen, a.a.O., S. 219

234 Hilmar Hoffmann, a.a.O., S. 214

235 25 Jahre Wochenschau der Ufa, a.a.O., S. 47

236 Kracauer, a.a.O., S. 321 ff.

237 Kracauer, a.a.O., S. 324

238 Kracauer, a.a.O., S. 357

239 Vgl. Hans Dieter Schäfer, a.a.O., S. 189

240 Boberach (Hrsg.), a.a.O., Bd. 4, S. 1132

241 Hans Dieter Schäfer, a.a.O., S. 193 und 194

242 Hans Dieter Schäfer, a.a.O., S. 195

243 Boberach (Hrsg.), a.a.O., Bd. 4, S. 977

244 Boberach (Hrsg.), a.a.O., Bd. 4, S. 978
245 Rabenalt, a.a.O., S. 41
246 Zitiert nach: Wendtland, a.a.O., Jahrg. 1941 und 1942, S. 81
247 a.a.O., S. 82
248 Zitiert nach: Wir tanzen um die Welt, a.a.O., S. 182f.
249 Vgl. Wir tanzen um die Welt, a.a.O., S. 225
250 Zitiert nach: Wir tanzen um die Welt, a.a.O., S. 179f.
251 Boberach (Hrsg.), a.a.O., Bd. 6, S. 2049
252 Boberach (Hrsg.), a.a.O., Bd. 6, S. 2007
253 Filmwelt, 1941; hier zitiert nach: Bandmann/Hembus, a.a.O., S. 140f.
254 Fritz Hippler, a.a.O., S. 34
255 Zahlen nach: Wir tanzen um die Welt, a.a.O., S. 184f.
256 Karsten Witte, Revue als montierte Handlung, in: Wir tanzen um die Welt, a.a.O., S. 228
257 Vgl. Wendtland, a.a.O., Jg. 1941 und 1942, S. 103
258 Boberach (Hrsg.), a.a.O., Bd. 14, S. 5445
259 Boberach (Hrsg.), a.a.O., Bd. 12, S. 4764f.
260 Zitiert nach: Wir tanzen um die Welt, a.a.O., S. 179f.
261 Zahlen nach: Spiker, a.a.O., S. 196f.
262 Spiker, a.a.O., S. 195
263 Spiker, a.a.O., S. 200
264 Spiker, a.a.O., S. 210
265 Spiker, a.a.O., S. 211
266 Traub, a.a.O., S. 113
267 Zitiert nach: Spiker, a.a.O., S. 196
268 Zahlen nach: Traub, a.a.O., S. 157ff.
269 Traub, a.a.O., S. 116
270 Spiker, a.a.O., S. 227
271 Spiker, a.a.O., S. 230
272 Vgl. Spiker, a.a.O., S. 294
273 Zitiert nach: Joseph Wulf, a.a.O., S. 321
274 Boberach (Hrsg.), a.a.O., Bd. 13, S. 4889
275 John Russell Taylor, Fremde im Paradies, Berlin 1984, S. 75
276 Niederschrift Nr. 1051 (Vorstandssitzung vom 8. 1. 1935), BA/R 109 I/1029c, und Niederschrift Nr. 1055 (22. 1. 1935), a.a.O.
277 Hans-Michael Bock (Hrsg.), a.a.O., Artikel Günther Stapenhorst
278 Curt Riess, a.a.O., Bd. 3, S. 202
279 Niederschrift Nr. 1087 (Vorstandssitzung vom 17. 6. 1935), BA/R 109 I/1030b
280 Hans-Michael Bock (Hrsg.), a.a.O., Artikel Robert Dorsay
281 Vgl. Von Babelsberg nach Hollywood – Filmemigranten aus Nazideutschland, Ausstellungskatalog des Deutschen Filmmuseums Frankfurt am Main, Frankfurt/M. 1987, S. 81
282 So z. B. die Namensliste in: Die Ufa – auf den Spuren einer großen Filmfabrik, Ausstellungskatalog des Bezirksamtes Tempelhof, Berlin 1987, S. 62f.
283 Bandmann/Hembus, a.a.O., S. 146
284 Riess, a.a.O., Bd. 3, S. 171
285 Heiber, a.a.O., S. 231
286 Bandmann/Hembus, a.a.O., S. 145
287 Niederschrift Nr. 1078 (Vorstandssitzung vom 7. 5. 1935), BA/R 109 I/1030b
288 Kracauer, Propaganda und der Nazifilm, in: S. K., Von Caligari zu Hitler, a.a.O., S. 362
289 Géza von Cziffra, Es war eine rauschende Ballnacht, Frankfurt/M.-Berlin 1987, S. 195f.

290 Traub, a.a.O., S. 108
291 Zitiert nach: Traub, a.a.O., S. 108
292 Boberach (Hrsg.), a.a.O., Bd. 5, S. 1368
293 Boberach (Hrsg.), a.a.O., Bd. 5, S. 1368
294 Boberach (Hrsg.), a.a.O., Bd. 5, S. 1701
295 a.a.O., S. 1702
296 Boberach (Hrsg.), a.a.O., Bd. 6, S. 1803
297 Boberach (Hrsg.), a.a.O., Bd. 16, S. 6462
298 Zahlen nach: Spiker, a.a.O., S. 191
299 Zitiert nach: Spiker, a.a.O., S. 193
300 Zahlen nach: Spiker, a.a.O., S. 193
301 Die Darstellung über die Vorgänge in der besetzten Tschechoslowakei folgt einer bisher unveröffentlichten Arbeit des tschechoslowakischen Filmhistorikers Zdenek Stábla, der mir sein Manuskript freundlicherweise zur Verfügung stellte. Für die Übersetzung danke ich Hermina Marxová, Prag.
302 Vgl. Spiker, a.a.O., S. 189
303 Spiker, a.a.O., S. 189
304 Spiker, a.a.O., S. 291
305 Vgl. Alfred Bauer, a.a.O., S. 592
306 Riess, a.a.O., Bd. 3, S. 230f.
307 Zitiert nach: Barkhausen, a.a.O., S. 238
308 Boberach (Hrsg.), a.a.O., Bd. 15, S. 6064f.
309 a.a.O., S. 6091f.
310 Zitiert nach: Heiber, a.a.O., S. 309
311 Barkhausen, a.a.O., S. 238
312 Marika Rökk, a.a.O., S. 133
313 Vgl. Wir tanzen um die Welt, a.a.O., S. 190
314 Spiker, a.a.O., S. 237
315 Spiker, a.a.O., S. 230ff.
316 Spiker, a.a.O., S. 235
317 Spiker, a.a.O., S. 235
318 Die folgende Darstellung über die Zensurfälle der letzten Kriegsjahre stützt sich vor allem auf die Untersuchung von Kraft Wetzel und Peter Hagemann, Zensur – Verbotene deutsche Filme 1933–1945, s. Anm. 176
319 Wetzel/Hagemann, a.a.O., S. 64
320 Wetzel/Hagemann, a.a.O., S. 61
321 Wetzel/Hagemann, a.a.O., S. 77
322 Wetzel/Hagemann, a.a.O., S. 60
323 Wetzel/Hagemann, a.a.O., S. 59
324 Wetzel/Hagemann, a.a.O., S. 144
325 Wetzel/Hagemann, a.a.O., S. 138
326 Wetzel/Hagemann, a.a.O., S. 72
327 Wetzel/Hagemann, a.a.O., S. 73
328 Wetzel/Hagemann, a.a.O., S. 73
329 Anton Kaes, a.a.O., S. 11
330 Paul Virilio, Krieg und Kino, München/Wien 1986, S. 110f.
331 Zitiert nach: Kaes, a.a.O., S. 11
332 Zitiert nach: Riess, a.a.O., Bd. 3, S. 206
333 Hans-Michael Bock (Hrsg.), a.a.O., Artikel Veit Harlan
334 a.a.O.
335 Virilio, a.a.O., S. 113
336 Riess, a.a.O., Bd. 3, S. 208
337 Zitiert nach: Bock (Hrsg.), a.a.O., Artikel Veit Harlan

338 Zitiert nach: Riess, a.a.O., Bd. 3, S. 210
339 Friedrich P. Kahlenberg in Marquardt/Rathsack (Hrsg.), a.a.O., S. 162
340 Riess, a.a.O., Bd. 3, S. 211
341 Zitiert nach: Norbert Grob, Die Vergangenheit, sie ruht aber nicht, in: Hans Helmut Prinzler (Hrsg.), Das Jahr 1945 – Filme aus fünfzehn Ländern, Berlin 1990, S. 34
342 Zitiert nach: Jan Schütte, Die Viererbande, in: Prinzler (Hrsg.), a.a.O., S. 172
343 Zitiert nach: Jan Schütte, a.a.O., S. 171
344 Felix Hartlaub in einem Brief an seine Familie, Ende Dezember 1944, in: F. H., Das Gesamtwerk, Frankfurt/M. 1959, S. 465
345 Zitiert nach: Karsten Witte, Die Überläufer ausliefern, in: Prinzler (Hrsg.), a.a.O., S. 154
346 Boberach (Hrsg.), a.a.O., Bd. 17, S. 6585
347 a.a.O., S. 6627
348 a.a.O., S. 6629
349 a.a.O., S. 6642
350 Niederschrift Nr. 1547 (Vorstandssitzung vom 24. 11. 1943), BA/R 109 I/1716
351 Niederschrift Nr. 1546 (Vorstandssitzung vom 9. 11. 1943), a.a.O.
352 Niederschrift Nr. 1560 (Vorstandssitzung vom 2. 3. 1944), a.a.O.
353 Niederschrift Nr. 1573 (Vorstandssitzung vom 15. 9. 1944), BA/R 109 I/1716a
354 Niederschrift Nr. 1572 (Vorstandssitzung vom 1. 9. 1944), a.a.O.
355 Niederschrift Nr. 1561 (Vorstandssitzung vom 18. 3. 1944), BA/R 109 I/1716
356 Niederschrift Nr. 1569 (Vorstandssitzung vom 28. 6. 1944), a.a.O. und Niederschrift Nr. 1578 (7. 12. 1944), BA/R 109 I/1716a
357 Niederschrift Nr. 1555 (Vorstandssitzung vom 26. 1. 1944), BA/R 109 I/1716
358 Niederschrift Nr. 1573 (Vorstandssitzung vom 15. 9. 1944), BA/R 109 I/1716a
359 Niederschrift Nr. 1579 (Vorstandssitzung vom 9. 1. 1945), a.a.O.
360 Niederschrift Nr. 1577 (Vorstandssitzung vom 16. 11. 1944), a.a.O.
361 Niederschrift Nr. 1556 (Vorstandssitzung vom 2. 2. 1944), BA/R 109 I/1716
362 Niederschrift Nr. 1567 (Vorstandssitzung vom 26. 5. 1944), a.a.O.
363 Anlage zum Protokoll der Vorstandssitzung vom 1. 9. 1944: Kurze Übersicht über die derzeitige Lage der Auslandsgebiete, BA/R 109 I/1716a
364 Anlage zum Protokoll der Vorstandssitzung vom 1. 9. 1944, a.a.O.
365 Niederschrift Nr. 1579 (Vorstandssitzung vom 9. 1. 1945), a.a.O.
366 Niederschrift Nr. 1563 (Vorstandssitzung vom 14. 4. 1944), BA/R 109 I/1716
367 Niederschrift Nr. 1577 (Vorstandssitzung vom 16. 11. 1944), BA/R 109 I/1716a
368 Boberach (Hrsg.), a.a.O., Bd. 17, S. 6735ff.
369 Vgl. Albert Speer, a.a.O., S. 412
370 Riess, a.a.O., Bd. 3, S. 246
371 Hans Borgelt, Schicksalswende in Berlin, in: Wissen Sie noch? Ein DnF-Tatsachenbericht vom Zusammenbruch und Neubeginn des deutschen Films, Wiesbaden-Biebrich 1955, S. 7
372 Barkhausen, a.a.O., S. 242

Nachspann

1 Erich Kästner, Notabene 45, Berlin o.J., S. 130
2 Kästner, a.a.O., S. 96
3 Kästner, a.a.O., S. 157
4 Alfred Grosser, Geschichte Deutschlands seit 1945, München 1976, S. 41
5 Zahlen nach: Johannes Hauser, Neuaufbau der westdeutschen Filmwirtschaft 1945–1955, Pfaffenweiler 1989, S. 362, und Michael Dost/Florian Hopf/Alexander Kluge, Filmwirtschaft in der BRD und Europa, München 1973, S. 101

6 Brewster S. Chamberlin, Kultur auf Trümmern, Schriftenreihe der Viertelsjahreshefte für Zeitgeschichte, Nr. 39, Stuttgart 1979, S. 73

7 Chamberlin, a.a.O., S. 33

8 Wissen Sie noch? Ein DnF (= Der neue Film)-Tatsachenbericht vom Zusammenbruch und Neubeginn des deutschen Films, Wiesbaden-Biebrich 1955, S. 18ff.

9 Das Manuskript befindet sich im Helmut-Käutner-Archiv, Archiv der Akademie der Künste, Berlin (West), Mappe 133

10 Aus einem Brief des Filmregisseurs Victor Becker an Helmut Käutner vom 26.6.1945, im Helmut-Käutner-Archiv (vgl. Anm. 9), Mappe 49

11 Darstellung nach: Johannes Hauser, a.a.O., S. 383

12 Chamberlin, a.a.O., S. 74

13 Chamberlin, a.a.O., S. 74. Die Liste der Filmfirmen mit weiteren Einzelheiten ist, im Wortlaut des amerikanischen Berichts, wiedergegeben bei Hauser, a.a.O., S. 385f.

14 Zitiert nach: Hauser, a.a.O., S. 391 und S. 393

15 Vgl. Hauser, a.a.O., S. 313f.

16 Der amerikanische Originaltext findet sich bei: Peter Pleyer, Deutscher Nachkriegsfilm 1946–1948, Münster 1965, S. 25

17 Dost/Hopf/Kluge, a.a.O., S. 102

18 Vgl. Hauser, a.a.O., S. 315

19 Vgl. Hauser, a.a.O., S. 316

20 Zitiert nach: Hauser, a.a.O., S. 317

21 Was wurde aus Goebbels' Ufa? Eine Untersuchung von Reinhold E. Thiel, in: Film aktuell – Mitteilungen der Arbeitsgemeinschaft der Filmjournalisten e.V., 3/1970, S. 3

22 Thiel, a.a.O., S. 4. Hinzuzufügen ist hier, daß damals die gesamte »linke« Filmkritik in der Bundesrepublik Thiels Einschätzung der Ufa teilte – auch der Autor. Vgl. Klaus Kreimeier, Kino und Filmindustrie in der BRD, Kronberg/Ts. 1973

23 Vgl. Hauser, a.a.O., S. 322f.

24 Der Spiegel, 22.11.1950

25 Pleyer, a.a.O., S. 29

26 In: Wissen Sie noch?, a.a.O., S. 26

27 Chamberlin, a.a.O., S. 229 und S. 231

28 Chamberlin, a.a.O., S. 103

29 Zitiert nach: Hauser, a.a.O., S. 442

30 Zitiert nach: Wolfgang Jacobsen, Erich Pommer, Berlin 1989, S. 145

31 Zitiert nach: Hauser, a.a.O., S. 443

32 Der Spiegel, 17.1.1951

33 Aus einem Käutner-Brief im Helmut-Käutner-Archiv (vgl. Anm. 9), Mappe 45

34 Pleyer, a.a.O., S. 42

35 Alfred Grosser, a.a.O., S. 106

36 Exemplarisch etwa: Hans-Peter Kochenrath, Kontinuität im deutschen Film (1966), in: Wilfried von Bredow/Rolf Zurek (Hrsg.), Film und Gesellschaft in Deutschland – Dokumente und Materialien, Hamburg 1975, S. 286ff.

37 Kochenrath, a.a.O., S. 287

38 Neuere Literatur dazu in: Hilmar Hoffmann und Walter Schobert (Hrsg.), Zwischen Gestern und Morgen – Westdeutscher Nachkriegsfilm 1946–1962, Ausstellungskatalog des Deutschen Filmmuseums Frankfurt am Main, 1989

39 Hauser, a.a.O., S. 326

40 Zitiert nach: Hauser, a.a.O., S. 329

41 Zitiert nach: Hauser, a.a.O., S. 330

42 Thiel, a.a.O., S. 4f.

43 Thiel, a.a.O., S. 5f.

44 Hauser, a.a.O., S. 334

45 Thiel, a.a.O., S. 6

46 Thiel, a.a.O., S. 7
47 Thiel, a.a.O., S. 8
48 Curt Riess, Das gibt's nur einmal, Hamburg 1958, S. 14
49 Dost/Hopf/Kluge, a.a.O., S. 106
50 Dost/Hopf/Kluge, a.a.O., S. 105
51 Zahlen nach: Hauser, a.a.O., S. 342
52 Thiel, a.a.O., S. 11
53 Vgl. z. B. den jährlich von der Export-Union der deutschen Filmindustrie herausgegebenen Almanach Die deutschen Filme, der jeweils im Anhang ein alphabetisches Gesamtverzeichnis der seit dem 1. 1. 1946 in der Bundesrepublik produzierten Filme mit Angabe der Produktionsfirma enthält
54 Thiel, a.a.O., S. 11
55 Thiel, a.a.O., S. 12
56 Thiel, a.a.O., S. 13
57 Thiel, a.a.O., S. 14
58 Vgl. Hauser, a.a.O., S. 344
59 Thiel, a.a.O., S. 14ff.
60 Thiel, a.a.O., S. 15
61 Thiel, a.a.O., S. 1
62 Hauser, a.a.O., S. 581
63 Enno Patalas, Vom deutschen Nachkriegsfilm, in: Filmstudien, hrsg. von Walter Hagemann, Emsdetten 1952, S. 17
64 Adrian Kutter, zitiert nach: Hauser, a.a.O., S. 582
65 Hauser, a.a.O., S. 586
66 Dost/Hopf/Kluge, a.a.O., S. 9

Literaturhinweise

Die folgende Bibliographie umfaßt eine konzentrierte Auswahl der benutzten Literatur. Weitere bibliographische Hinweise finden sich in den Anmerkungen.

I. Filmgeschichte

Albrecht, Gerd: Nationalsozialistische Filmpolitik, Stuttgart 1969

Altenloh, Emilie: Zur Soziologie des Kinos, Hamburg 1977 (Nachdruck der erstmals 1914 erschienenen Schrift)

Arnheim, Rudolf: Kritiken und Aufsätze zum Film, München / Wien 1977

Bächlin, Peter: Der Film als Ware, Basel 1945

Balázs, Béla: Der Film – Werden und Wesen einer neuen Kunst, Wien 1961

Balázs, Béla: Der Geist des Films, Halle 1930

Bartetzko, Dieter: Illusionen in Stein, Reinbek bei Hamburg 1985

Barkhausen, Hans: Filmpropaganda für Deutschland im Ersten und Zweiten Weltkrieg, Hildesheim / Zürich / New York 1982

Becker, Wolfgang: Film und Herrschaft, Berlin (West) 1972

Bei der Ufa machte man das so..., in: Der Spiegel, Heft 36 / 1950 bis Heft 1 / 1951

Belling, Curt: Der Film in Staat und Partei, Berlin 1936

Berg-Ganschow, Uta / Jacobsen, Wolfgang (Hrsg.): ... Film ... Stadt ... Kino ... Berlin (Publikation zur Ausstellung), Berlin 1987

Berger, Ludwig: Wir sind vom gleichen Stoff, aus dem die Träume sind, Tübingen 1953

Bergner, Elisabeth: Bewundert viel und viel gescholten. Unordentliche Erinnerungen, München 1978

Beyer, Friedemann: Die Ufa-Stars im Dritten Reich, München 1991

Bignens, Christoph: Kinos – Architektur als Marketing, Zürich 1988

Bock, Hans-Michael / Jacobsen, Wolfgang / Schöning, Jörg (Hrsg.): Joe May, München 1989

Bock, Hans-Michael / Jacobsen, Wolfgang / Schöning, Jörg (Hrsg.): Richard Oswald, München 1990

Bock, Hans-Michael / Jacobsen, Wolfgang / Schöning, Jörg (Hrsg.): Reinhold Schünzel, München 1989

Borde, Raymond / Buache, Freddy / Courtade, Francis: Le cinéma réaliste allemand, Lyon 1965

Brennicke, Ilona / Hembus, Joe: Klassiker des deutschen Stummfilms 1910 bis 1930, München 1983

Buchner, Hans: Im Banne des Films, München 1927

Cadenbach, Joachim: Hans Albers, Frankfurt / M.-Berlin-Wien 1983

Courtade, Francis / Cadars, Pierre: Geschichte des Films im Dritten Reich, München / Wien 1975

Dagover, Lil: Ich war die Dame, München 1979

Dahlke, Günther / Karl, Günter (Hrsg.): Deutsche Spielfilme von den Anfängen bis 1933, Berlin (DDR) 1988

Demeter, Karl: Die Entwicklung des deutschen Films zu einem Faktor der Weltpolitik und Weltwirtschaft, Berlin 1925

Der Spielfilm im Dritten Reich, Publikation eines Arbeitsseminars der Westdeutschen Kurzfilmtage Oberhausen 1966

Die Ufa – auf den Spuren einer großen Filmfabrik, Ausstellungskatalog des Bezirksamtes Tempelhof, Berlin (West) 1987

Dost, Michael / Hopf, Florian / Kluge, Alexander: Filmwirtschaft in der BRD und Europa, München 1973
Drews, Berta: Heinrich George. Ein Schauspielerleben, Hamburg 1959
Eggebrecht, Axel: Der halbe Weg – Lebenserinnerungen, Reinbek bei Hamburg 1975
Eisner, Lotte H.: Die dämonische Leinwand, Frankfurt / M. 1979
Eisner, Lotte H.: Fritz Lang, London 1976
Eisner, Lotte H.: Ich hatte einst ein schönes Vaterland, Heidelberg 1984
Eisner, Lotte H.: Murnau, Frankfurt / M. 1979
Forster, Rudolf: Das Spiel mein Leben, Berlin (West) 1967
Fraenkel, Heinrich: Unsterblicher Film, München 1956
Fritsch, Willy: Das kommt nicht wieder, Zürich 1963
Gad, Urban: Der Film. Seine Mittel – seine Ziele, Berlin 1921
Günther, Walther: Der Film als politisches Führungsmittel, Leipzig 1934
Hätte ich das Kino!, Ausstellungskatalog des Deutschen Literaturarchivs im Schiller-Nationalmuseum Marbach 1976
Hagemann, Walter (Hrsg.): Filmstudien, Emsdetten 1952
Hagge, Hans: Das gabs schon zweimal. Auf den Spuren der Ufa, Berlin (DDR) 1959
Hampton, Benjamin B.: History of the American Film Industry, New York 1970
Hanisch, Michael: Auf den Spuren der Filmgeschichte – Berliner Schauplätze, Berlin 1991
Harlan, Veit: Im Schatten meiner Filme. Selbstbiographie, Gütersloh 1966
Hauser, Johannes: Neuaufbau der westdeutschen Filmwirtschaft 1945–1955, Pfaffenweiler 1989
Heller, Heinz-B.: Literarische Intelligenz und Film, Tübingen 1985
Hembus, Joe / Bandmann, Christa: Klassiker des deutschen Tonfilms 1930–1960, München 1980
Hempel, Rolf: Carl Mayer. Ein Autor schreibt mit der Kamera, Berlin (DDR) 1968
Hickethier, Knut (Hrsg.): Grenzgänger zwischen Theater und Kino, Berlin (West) 1986
Hippler, Fritz: Betrachtungen zum Filmschaffen, Berlin 1942
Hoffmann, Hilmar: »Und die Fahne führt uns in die Ewigkeit« – Propaganda im NS-Film, Frankfurt / M. 1988
Hoffmann, Hilmar / Schobert, Walter (Hrsg.): Zwischen Gestern und Morgen – Westdeutscher Nachkriegsfilm 1946–1962, Ausstellungskatalog des Deutschen Filmmuseums Frankfurt am Main 1989
Hollstein, Dorothea: »Jud Süß« und die Deutschen, Frankfurt / M.-Berlin-Wien 1983
Hull, David Stewart: Film in the Third Reich. A Study of the German Cinema 1933–1945, Berkeley / Los Angeles 1969
Jacobsen, Wolfgang: Erich Pommer, Berlin 1989
Jacobsen, Wolfgang / Prümm, Karl / Wenz, Benno (Hrsg.): Willy Haas. Der Kritiker als Mitproduzent, Berlin 1991
Jannings, Emil: Theater / Film – Das Leben und ich, Berchtesgaden 1951
Jansen, Peter W. / Schütte, Wolfram (Hrsg.): Fritz Lang, München / Wien 1976
Kaes, Anton: Deutschlandbilder – Die Wiederkehr der Geschichte als Film, München 1987
Kaes, Anton (Hrsg.): Kino-Debatte. Texte zum Verhältnis von Literatur und Film 1909–1929, Tübingen 1978
Kalbus, Oskar: Pioniere des Kulturfilms, Karlsruhe 1956
Kalbus, Oskar: Vom Werden deutscher Filmkunst, 2 Bde., Altona-Bahrenfeld 1935
Keiner, Reinhold: Thea von Harbou und der deutsche Film bis 1933, Hildesheim / Zürich / New York 1984
Kirst, Hans Hellmut: Heinz Rühmann, München 1969
Kracauer, Siegfried, Das Ornament der Masse, Frankfurt / M. 1963
Kracauer, Siegfried: Kino – Essays, Studien, Glossen zum Film, Frankfurt / M. 1974

Kracauer, Siegfried: Theorie des Films, Frankfurt/M. 1964
Kracauer, Siegfried: Von Caligari zu Hitler. Eine psychologische Geschichte des deutschen Films, Frankfurt/M. 1984
Krauss, Werner: Das Schauspiel meines Lebens. Einem Freund erzählt, Stuttgart 1958
Kreimeier, Klaus: Kino und Filmindustrie in der BRD, Kronberg/Ts. 1973
Kriegk, Otto: Der deutsche Film im Spiegel der Ufa, Berlin 1943
Kullmann, Max: Die Entwicklung des deutschen Lichtspieltheaters, Nürnberg 1935
Kuntze-Just, Heinz: Guten Morgen Ufa, Wiesbaden 1960
Kurtz, Rudolf: Expressionismus und Film, Berlin 1926
Läufer, Elisabeth: Skeptiker des Lichts – Douglas Sirk und seine Filme, Frankfurt/M. 1987
Lampe, Felix: Geschichte des deutschen Filmschaffens. Erinnerung an 25 Jahre Filmentwicklung von 1917–1942 zur Ergänzung der Ufa-Gedenkschrift, o. O. 1943
Leiser, Erwin: »Deutschland, erwache!« – Propaganda im Film des Dritten Reiches, Reinbek bei Hamburg 1968
Lipschütz, Rita: Der Ufa-Konzern, Berlin 1932
Lorant, Stefan: Wir vom Film, Berlin 1928
Maibohm, Ludwig: Fritz Lang und seine Filme, München 1981
Manz, H. P.: Ufa und der frühe deutsche Film, Zürich 1963
Marquardt, Axel/Rathsack, Heinz (Hrsg.): Preußen im Film, Reinbek bei Hamburg 1981
Messter, Oskar: Mein Weg mit dem Film, Berlin 1936
Moreck, Curt: Sittengeschichte des Kinos, Dresden 1926
Moullet, Luc: Fritz Lang, Paris 1970
Monaco, Paul: Cinema and Society: France and Germany during the Twenties, New York 1976
Negri, Pola: Memoirs of a Star, Garden City 1970
Oertel, Rudolf: Filmspiegel, Wien 1941
Ophüls, Max: Spiel im Dasein – eine Rückblende, Stuttgart 1959
Patalas, Enno: Stars – Geschichte der Filmidole, Frankfurt/M.-Hamburg 1967
Panofsky, Walter: Die Geburt des Films. Ein Stück Kulturgeschichte, Würzburg-Aumühle 1940
Pleyer, Peter: Deutscher Nachkriegsfilm 1946–1948, Münster 1965
Prinzler, Hans Helmut (Hrsg.): Das Jahr 1945 – Filme aus fünfzehn Ländern, Berlin (West) 1990
Prinzler, Hans Helmut (Hrsg.): Exil. Sechs Schauspieler aus Deutschland, Berlin 1983
Prinzler, Hans Helmut/Patalas, Enno (Hrsg.): Lubitsch, München/Luzern 1987
Prokop, Dieter: Soziologie des Films, Neuwied/Berlin 1970
Rabenalt, Arthur Maria: Film im Zwielicht, Hildesheim/New York 1978
Richter, Hans: Der Kampf um den Film, Frankfurt/M. 1979
Riefenstahl, Leni: Hinter den Kulissen des Reichsparteitag-Films, München 1935
Riefenstahl, Leni: Memoiren, München/Hamburg 1987
Riess, Curt: Das gab's nur einmal, 3 Bde., Frankfurt/M.-Berlin-Wien 1985
Riess, Curt: Das gibt's nur einmal, Hamburg 1958
Rökk, Marika: Herz mit Paprika, Berlin 1974
Rotha, Paul: The Film Till Now. A Survey of World Cinema, London 1960
Schebera, Jürgen: Damals in Neubabelsberg – Studios, Stars und Kinopaläste, Berlin 1990
Schlüpmann, Heide: Unheimlichkeit des Blicks. Das Drama des frühen deutschen Kinos, Basel-Frankfurt/M. 1990
Sellmann, Adolf: Der Kinematograph als Volkserzieher, Langensalza 1912
Sinyard, Neil/Turner, Adrian: Billy Wilders Filme, Berlin (West) 1980
Siodmak, Robert: Zwischen Berlin und Hollywood (hrsg. von Hans C. Blumenberg), München 1980

Spiker, Jürgen: Film und Kapital, Berlin (West) 1975
Stiftung Deutsche Kinemathek (Hrsg.): Europa 1939 – Filme aus zehn Ländern, Berlin (West) 1989
Stiftung Deutsche Kinemathek (Hrsg.): Guido Seeber, Katalog zur Ausstellung, Berlin (West) 1979
Straschek, Günter Peter: Handbuch wider das Kino, Frankfurt/M. 1975
Sudendorf, Werner (Hrsg.): Marlene Dietrich – Dokumente, Essays, Filme, 2 Bde., München 1977/78
Taylor, John Russell: Fremde im Paradies, Berlin (West) 1984
Taylor, Richard: Film Propaganda, London/New York 1979
Toeplitz, Jerzy: Geschichte des Films 1895–1933 und 1934–1945, 2 Bde., München 1987
Töteberg, Michael: Fritz Lang, Reinbek bei Hamburg 1985
Traub, Hans: Der Film als politisches Machtmittel, München 1933
Traub, Hans: Die Ufa. Ein Beitrag zur Entwicklungsgeschichte des deutschen Filmschaffens, Berlin 1943
Ufa-Lehrschau (Hrsg.): 25 Jahre Wochenschau der Ufa, Berlin 1939
von Bredow, Wilfried/Zurek, Rolf: Film und Gesellschaft in Deutschland, Hamburg 1975
von Cziffra, Géza: Es war eine rauschende Ballnacht, Frankfurt/M.-Berlin 1987
von Sternberg, Josef: Ich, Josef von Sternberg, Velber bei Hannover 1967
von Zglinicki, Friedrich: Der Weg des Films, Berlin (West) 1956
von Zglinicki, Friedrich: Die Wiege der Traumfabrik, Berlin (West) 1986
Von Babelsberg nach Hollywood – Filmemigranten aus Nazideutschland, Ausstellungskatalog des Deutschen Filmmuseums Frankfurt am Main 1987
Weihsmann, Helmut: Gebaute Illusionen, Wien 1988
Weinberg, Herman G.: The Lubitsch Touch, New York 1968
Werner, Paul: Die Skandalchronik des deutschen Films von 1900 bis 1945, Frankfurt/M. 1990
Wetzel, Kraft und Hagemann, Peter A.: Liebe, Tod und Technik – Kino des Phantastischen 1933–1945, Berlin (West) 1977
Wetzel, Kraft/Hagemann, Peter: Zensur – Verbotene deutsche Filme 1933–1945, Berlin (West) 1982
Wir tanzen um die Welt – Deutsche Revuefilme 1933–1945 (zusammengestellt von Helga Belach), München/Wien 1979
Wissen Sie noch? Ein DnF (= Der neue Film)-Tatsachenbericht vom Zusammenbruch und Neubeginn des deutschen Films, Wiesbaden-Biebrich 1955
Witte, Karsten (Hrsg.): Theorie des Kinos – Ideologie der Traumfabrik, Frankfurt/M. 1972
Wollenberg, Hans H.: Fifty Years of German Film, New York 1972
Zumkeller, Cornelia: Zarah Leander, München 1988

II. Kultur- und Bewußtseinsgeschichte

Berlin um 1900, Ausstellungskatalog der Berlinischen Galerie e.V., Berlin (West) 1984
Ehrenburg, Ilja: Menschen – Jahre – Leben, München 1962
Gay, Peter: Die Republik der Außenseiter, Frankfurt/M. 1987
Glaser, Hermann: Maschinenwelt und Alltagsleben, Frankfurt/M. 1981
Herald, Heinz: Max Reinhardt, Hamburg 1953
Hermand, Jost/Trommler, Frank: Die Kultur der Weimarer Republik, Frankfurt/M. 1988
Kessler, Harry Graf: Tagebücher 1918–1937, hrsg. von Wolfgang Pfeiffer-Belli, Frankfurt/M. 1982

Kiaulehn, Walther: Berlin – Schicksal einer Weltstadt, München / Berlin 1958
Lange, Annemarie: Das wilhelminische Berlin, Berlin (DDR) 1967
Mythos Berlin, Katalog zur Ausstellung, Berlin (West) 1987
Nipperdey, Thomas: Wie das Bürgertum die Moderne fand, Berlin (West) 1988
Schäfer, Hans Dieter: Das gespaltene Bewußtsein, Frankfurt / M.-Berlin-Wien 1981
Schivelbusch, Wolfgang: Lichtblicke, München / Wien 1983
Selle, Gert: Kultur der Sinne und ästhetische Erziehung, Köln 1981
Sontheimer, Kurt: Antidemokratisches Denken in der Weimarer Republik, München 1968
Speer, Albert: Erinnerungen, Frankfurt / M.-Berlin 1969
Tuchman, Barbara W.: Der stolze Turm, München / Zürich 1969

III. Zeitschriften und andere Periodika

Arbeiterbühne und Film
Das Tage-Buch
Der Film
Der Kinematograph
Deutsche Filmwoche
Die neue Schaubühne
Die Weltbühne
Film-Kurier
Filmtechnik – Filmkunst
Film und Volk
Illustrierter Film-Kurier
Jahrbuch der Filmindustrie
Kino – Die Zeitschrift vom Film
Lichtbild-Bühne
Phoebus-Magazin
Reichsfilmblatt
Ufa-Blätter
Ufa-Dienst
Ufa-Magazin
Ufa-Verleihprogramme

IV. Lexika und Dokumentationen

Bauer, Alfred: Deutscher Spielfilm-Almanach 1929–1950, Berlin (West) 1965
Boberach, Heinz (Hrsg.): Meldungen aus dem Reich 1938–1945. Die geheimen Lageberichte des Sicherheitsdienstes der SS, 17 Bde., Herrsching 1984
Bock, Hans-Michael (Hrsg.): CineGraph – Lexikon zum deutschsprachigen Film, München 1984 ff.
Holba, Herbert / Knorr, Günter / Spiegel, Peter: Reclams deutsches Filmlexikon, Stuttgart 1984
Lamprecht, Gerhard: Deutsche Stummfilme, hrsg. von der Deutschen Kinemathek e.V., Berlin (West) 1968 ff.
Mühl-Benninghaus, Wolfgang: Zur Rolle des staatsmonopolistischen Kapitalismus bei der Herausbildung eines Systems von Massenkommunikation zwischen 1900 und 1933 (Dissertation Humboldt-Universität), 2. Bd. (Dokumente), Berlin (DDR) 1987

Rehrauer, George (Hrsg.): The Macmillan Film Bibliography, 2 Bde., New York 1982
Thiel, Reinhold E.: Was wurde aus Goebbels' Ufa?, in: Film aktuell – Mitteilungen der Arbeitsgemeinschaft der Filmjournalisten e. V., 3 / 1970
Wendtland, Karlheinz: Geliebter Kintopp, 6 Bde., Berlin (West) o. J.
Wulf, Joseph: Theater und Film im Dritten Reich – Eine Dokumentation, Gütersloh 1964

V. Die wichtigsten Bestände des Bundesarchivs zur Geschichte der Ufa

R 2 / 4790–4794 und R 2 / 4799–4803 Akten des Reichsfinanzministeriums / Propagandawesen 1936–1942
R 36 / 2418–2421 Akten des Deutschen Gemeindetages zu Film- und Kinofragen 1939–1945
R 55 / 651 Situationsberichte über die Filmproduktionen der Ufa 1937 / 38
R 109 I / 46–50 a Babelsberg / Ufa-Gelände (Lagepläne u. a.)
R 109 I / 120 Akte Cserépy-Film
R 109 I / 121 Darlehen Paramount / Metro 1925
R 109 I / 122 Gründung der Decla-Bioscop GmbH 1922
R 109 I / 125 Fern-Andra-Vertriebsgesellschaft und Ufa
R 109 I / 153 Beteiligungsverhältnisse Parufamet
R 109 I / 164 Lizenzvertrag mit Tri-Ergon über den »sprechenden Bildfilm«
R 109 I / 453 Gesamtübersicht über In- und Auslandsgesellschaften 1922
R 109 I / 564 a Ufa-Revision: Kulturabteilung
R 109 I / 666 Geschäftstätigkeit der Ufa in der Ukraine 1918–1921
R 109 I / 683 Erich Pommers Tätigkeit für die Ufa in Rumänien 1918–1921
R 109 I / 710 Filmlieferungen der Ufa nach Moskau 1919–1920
R 109 I / 1026 a–1034 b und R 109 I / 1716–1716 a Protokolle über Beschlußtätigkeit des Ufa-Vorstands von April 1927 bis Kriegsende, 24 Bde.
R 109 I / 2419, 2420, 2421, 2422 und 2424 Protokolle über die Beschlüsse des Ufa-Aufsichtsrats und des Arbeitsausschusses 1918–1944
R 109 I / 725–733 a Akten zur Liquidation des Reichsfilmvermögens nach 1945
R 109 II Akten der Reichsfilmintendanz ab Februar 1942
R 109 III Akten des Reichsbeauftragten für die deutsche Filmwirtschaft Max Winkler ab 1937
R 146 / 95 Aktenauszüge über Filmpropaganda während des Weltkrieges, zusammengestellt 1938 von Hans Traub

Personenregister

Filmtitelregister

Firmenregister

Zeittafel zur Geschichte der Ufa

1. 5. 1913	In Berlin wird das Marmorhaus eröffnet
November 1916	Gründung der Deutschen Lichtbild-Gesellschaft
4. 7. 1917	Erich Ludendorff regt in einem Brief an das Kriegsministerium die Gründung eines Filmkonzerns mit Reichsbeteiligung an
18. 12. 1917	Gründung der Universum-Film AG
März 1918	Die Ufa übernimmt die Ateliers von Messter und Union in Tempelhof
ab 1918	Aufbau der Ufa-Kulturabteilung
20. 12. 1918	Uraufführung *Carmen* (Ernst Lubitsch) im U. T. Kurfürstendamm
18. 9. 1919	Eröffnung des Ufa-Palastes am Zoo mit *Madame Dubarry* (Ernst Lubitsch)
März 1920	Fusion der Decla mit der Deutschen Bioscop
12. 5. 1920	Erlaß des Reichslichtspiel-Gesetzes
Mai 1920	Johannisthaler Filmanstalten werden in Betrieb genommen
September 1920	Reichspräsident Ebert besucht Dreharbeiten in Tempelhof
12. 12. 1920	Amerikanische Erstaufführung *Madame Dubarry* in New York
1921	Die Reichsregierung tritt ihre Ufa-Anteile an die Deutsche Bank ab
7. 10. 1921	Uraufführung *Der müde Tod* (Fritz Lang) im U. T. Kurfürstendamm
11. 10. 1921	Decla-Bioscop beschließt Fusion mit der Ufa
31. 1. 1922	Uraufführung *Fridericus Rex* (1. und 2. Teil / Arzen von Cserépy) im Ufa-Palast am Zoo
27. 4. 1922	Uraufführung *Dr. Mabuse der Spieler* (Fritz Lang) im Ufa-Palast am Zoo
1922	Ernst Lubitsch verläßt die Ufa und geht in die USA
ab 1922	Die Ufa übernimmt die Bioscop-Ateliers in Neubabelsberg
Februar 1923	Erich Pommer wird Leiter aller Ufa-Produktionsbetriebe
Juli 1923	Luftschiffhalle Staaken wird Filmatelier
Oktober 1924	Erich Pommer und Fritz Lang reisen zu Studienzwecken nach Hollywood
23. 12. 1924	Uraufführung *Der letzte Mann* (Friedrich Wilhelm Murnau) im Ufa-Palast am Zoo
16. 3. 1925	Uraufführung *Wege zu Kraft und Schönheit* (Wilhelm Prager) im Ufa-Palast am Zoo
1925	Die Ufa erwirbt die AG für Filmfabrikation (Afifa)
17. 9. 1925	Erste Ausgabe der Ufa-Wochenschau
Dezember 1925	Eröffnung des Capitols am Zoo
Dezember 1925	Erster Ton-Spielfilm nach dem Tri-Ergon-Verfahren: *Das Mädchen mit den Schwefelhölzern*
1925	Die Verbindlichkeiten der Ufa betragen ca. 50 Millionen Reichsmark
Dezember 1925	Verhandlungen mit Paramount, Metro-Goldwyn und Universal führen zum Parufamet-Vertrag
Januar 1926	Erich Pommer verläßt die Ufa und geht nach Amerika
25. 1. 1926	Eröffnung des Gloria-Palastes mit *Tartüff* (F. W. Murnau)
1926	Errichtung der Großen Halle in Neubabelsberg
14. 10. 1926	Uraufführung *Faust* (F. W. Murnau)
10. 1. 1927	Uraufführung *Metropolis* (Fritz Lang)

März 1927	Die Scherl-Gruppe (Alfred Hugenberg) übernimmt die Ufa; Ludwig Klitzsch wird Bevollmächtigter des neuen Aufsichtsrats für die Aufgaben des Vorstands
November 1927	Erich Pommer kehrt zur Ufa zurück
1928	Gründung des Tonbild-Syndikats (Tobis)
29. 8. 1928	Uraufführung *Heimkehr* (Joe May) im Gloria-Palast
12. 3. 1929	Uraufführung *Asphalt* (Joe May) im Ufa-Palast am Zoo
März 1929	»Freundschaftsvertrag« zwischen Tobis und Klangfilm GmbH
2. 8. 1929	Aufführung des ersten Ufa-Tonfilms *Gläserne Wundertiere* im Universum am Kurfürstendamm
29. 9. 1929	Fertigstellung des »Tonkreuzes« in Neubabelsberg
16. 12. 1929	Uraufführung des ersten langen Ufa-Spielfilms nach dem Lichtton-Verfahren: *Melodie des Herzens* (Hanns Schwarz) im Ufa-Palast am Zoo
4. 2. 1930	Uraufführung *Menschen am Sonntag* (Robert Siodmak) im U. T. Kurfürstendamm
1. 4. 1930	Uraufführung *Der blaue Engel* (Josef von Sternberg) im Gloria-Palast
Juni 1930	»Pariser Tonfilmfrieden«
10. 9. 1930	Erste Ufa-Tonwoche
15. 9. 1930	Uraufführung *Die Drei von der Tankstelle* (Wilhelm Thiele)
1931	Ludwig Klitzsch Generaldirektor der Ufa
29. 9. 1931	Uraufführung *Der Kongreß tanzt* in der Scala, Wien
22. 12. 1932	Uraufführung *F. P. 1 antwortet nicht* (Karl Hartl)
2. 2. 1933	Uraufführung *Morgenrot* (Gustav Ucicky) im Ufa-Palast am Zoo
18. 2. 1933	Veröffentlichung des Spioplans zur Neuorganisation der deutschen Filmwirtschaft
28. 3. 1933	Goebbels redet im Kaiserhof zu den Spitzen der deutschen Filmindustrie
29. 3. 1933	Ufa-Vorstandsbeschluß zur Entlassung jüdischer Mitarbeiter
April 1933	Fritz Lang emigriert nach Frankreich
Mai 1933	Erich Pommer emigriert in die USA
Mai 1933	Errichtung der Filmkreditbank GmbH
Juli 1933	Gesetz über die Errichtung einer vorläufigen Filmkammer führt zur Gründung der Reichsfilmkammer
Februar 1934	Novellierung des Reichslichtspiel-Gesetzes
1. Mai 1934	*Flüchtlinge* mit dem Staatspreis der NS-Regierung ausgezeichnet
18. 7. 1935	Uraufführung *Amphitryon* (Reinhold Schünzel) im Gloria-Palast
27. 6. 1936	Uraufführung *Schlußakkord* (Detlef Sierck) in Dresden
März 1937	Erste Jahrestagung der Reichsfilmkammer
18. 3. 1937	Die Cautio Treuhand GmbH erwirbt Ufa, Tobis, Terra und Bavaria für die Reichsregierung
15. 7. 1937	Uraufführung *Der Mann, der Sherlock Holmes war* (Karl Hartl)
11. 1. 1938	Uraufführung *Urlaub auf Ehrenwort* (Karl Ritter) in Köln
1938	Einweihung der Deutschen Filmakademie in Neubabelsberg
ab 1938	Aufbau von Film-Propagandakompanien für das Heer
22. 12. 1938	Uraufführung *Pour le Mérite* (Karl Ritter) im Ufa-Palast am Zoo
Februar 1939	Produktionschef Ernst Hugo Correll verläßt die Ufa
März 1939	Enteignung der Barrandov-Studios in Prag durch die deutsche Verwaltung
November 1940	Verstaatlichung der deutschen Wochenschau-Gesellschaften und Zusammenfassung zur Deutschen Wochenschau GmbH
30. 12. 1940	Uraufführung *Wunschkonzert* (Eduard von Borsody)
31. 10. 1941	Uraufführung des ersten Farbspielfilms der Ufa, *Frauen sind doch bessere Diplomaten* (Georg Jacoby), im Capitol am Zoo

November 1941	Gründung der Prag-Film AG
10. 1. 1942	Gründung der Ufa-Film GmbH (= Ufi)
12. 6. 1942	Uraufführung *Die große Liebe* (Rolf Hansen)
3. 3. 1943	Festakt zum 25jährigen Bestehen der Ufa und Uraufführung *Münchhausen* (Josef von Baky) im Ufa-Palast am Zoo
März 1943	Ludwig Klitzsch wird Aufsichtsratsvorsitzender der (»alten«) Ufa; sein Nachfolger als Generaldirektor wird Fritz Kaelber
April 1943	Wolfgang Liebeneiner wird Produktionschef der Ufa-Filmkunst GmbH
November 1943	Die Ufa-Zentrale am Dönhoffplatz wird bei einem Bombenangriff beschädigt
Februar 1944	Die Ufa-Filiale in Rom wird geräumt
Sommer 1944	Dreharbeiten zu *Unter den Brücken* (Helmut Käutner) bei Berlin
30. 1. 1945	Uraufführung *Kolberg* (Veit Harlan) in der Atlantikfestung von La Rochelle
April 1945	Die letzte Ufa-Produktion in Neubabelsberg: *Die Schenke zur ewigen Liebe* (Alfred Weidenmann)
April 1945	Luftangriffe auf Potsdam und das Ufa-Produktionsgelände
24. 4. 1945	Das Ufa-Gelände wird von Einheiten der Roten Armee besetzt
17. 5. 1946	Gründung der DEFA und Erteilung der ersten Produktionslizenz durch die Sowjetische Militäradministration: *Die Mörder sind unter uns* (Wolfgang Staudte)
Sommer 1946	Eric Pommer kommt im Auftrag der US-Regierung als Film Control Officer nach Deutschland
7. 9. 1949	Die amerikanische und britische Militärregierung erlassen die »Lex Ufi« zur Auflösung des reichseigenen Filmvermögens
6. 6. 1953	Das bundesdeutsche Entflechtungsgesetz tritt in Kraft
1956	Die neugegründete Ufa wird von einem Bankenkonsortium unter Federführung der Deutschen Bank erworben; zum Generaldirektor wird Arno Hauke bestellt
1963	Die Deutsche Bank verkauft den größten Teil des verbliebenen Ufa-Vermögens an die Verlagsgruppe Bertelsmann, Gütersloh

Bildnachweis:
Ullstein Bilderdienst: 37, 118, 138, 143, 159 (3), 175, 233, 292, 293, 379.
ADN Bildarchiv: 126, 211, 221, 232, 245, 289, 347 (unten)
Das Foto auf S. 456 stammt vom Autor.
Alle anderen Bilder stammen aus dem Archiv der Stiftung Deutsche Kinemathek, Berlin.
Autor und Verlag danken den Archiven für die freundliche Überlassung der Reproduktionsunterlagen.

Dan Diner

Das Jahrhundert verstehen

Eine universalhistorische Deutung

Band 14766

Was war das 20. Jahrhundert, und was bleibt von dieser Epoche? Dan Diner legt eine tiefenscharfe Deutung des Säkulums vor, das durch die Konfrontation von Werten und Ideologien geprägt wurde, dem aber auch die traditionellen Konflikte um nationale Hegemonieansprüche ihren Stempel aufdrückten.

»Auf dieses Buch wird man immer wieder zurückgreifen.
Dan Diner ist sein Meisterwerk gelungen.«
Bruno Schoch, Die Weltwoche

Fischer Taschenbuch Verlag

fi 14766 / 1

Ilse Aichinger

Film und Verhängnis

Blitzlichter auf ein Leben

208 Seiten. Gebunden.

Mit zahlreichen s/w-Fotos.

Ein neues Buch von Ilse Aichinger. Und eine völlig neue Weise autobiographischen Schreibens. Ilse Aichinger verknüpft die Filmgeschichte des 20. Jahrhunderts mit dem Verhängnis ihrer Familie. In verblüffenden Kreuzungen von Populärkultur, Denken und Erinnerung spannt sie den Bogen vom Stummfilm bis zu den Beatles: Blitzlichter der Freiheit.

»Ich glaube schon, daß Kino ein stärkeres
Medium als Literatur ist.«
Ilse Aichinger

S. Fischer

fi 1-000523 / 1

Barbara Tuchman
August 1914
Aus dem Amerikanischen von
Grete und Karl-Eberhardt Felten
Band 15395

Jahrelang haben sich die prospektiven kriegführenden Parteien auf den Krieg vorbereitet, Kriegsziele definiert, über Kontributionen für die Zeit danach nachgedacht – und auf einmal ist der Krieg wirklich da. Unaufhaltbar, wie ein Räderwerk, schnurrt der Kriegsapparat ab. Besonnene Beamte in den verschiedenen Ministerien in den verschiedenen Ländern stehen auf verlorenen Posten. Der Krieg war nicht mehr zu verhindern. Denn jede Macht war selbstverständlich von ihrem Sieg überzeugt und von ihrem Zugewinn. Barbara Tuchman schreibt an den Fakten und Dokumenten entlang und kommt zu der unwiderlegbaren Feststellung, soweit es sich um den Ersten Weltkrieg handelt: Wer sich auf den Krieg als politisches Mittel einläßt, kommt darin um. In Europa gingen, nach dem berühmten Diktum, im August 1914 die Lichter aus.

Mit ihrem bekanntesten Buch lieferte Barbara Tuchman ein grandioses Stück narrativer Geschichtsschreibung das seit seinem Erscheinen weder überholt noch überboten ist.

Fischer Taschenbuch Verlag

fi 15395 / 2

Barbara Tuchman
Bibel und Schwert
Palästina und der Westen
Vom Frühen Mittelalter bis zur Balfour Declaration 1917
Aus dem Amerikanischen von Gerhard Windfuhr
Band 15265

Im Verlauf des Kampfes gegen die Türken hätte Großbritannien Palästina einnehmen können, ohne sich um dessen ursprünglichen Eigentümer zu kümmern. Statt dessen erklärte Großbritannien in der sogenannten Balfour-Declaration, das Land werde den Juden zur Wiederbesiedlung offenstehen. Obgleich später von seinen Urhebern für unverbindlich erklärt, führte sie zu einem einmaligen Ereignis in der Geschichte – der Wiederherstellung eines Staates nach einer mehr als zweitausendjährigen Unterbrechung der Souveränität: Israel.

Barbara Tuchman zählt zu den bedeutendsten Autorinnen auf dem Gebiet der erzählenden Geschichtsschreibung. Sie zeichnet mit diesem Buch die religiösen und politischen, die moralischen und materiellen Motive nach, die zu diesem einmaligen Akt einer imperialistischen Macht führten, und stellt die Geschichte der Verbindung Englands mit dem Heiligen Land dar. Diese beginnt mit der frommen Suche nach biblischen Vorfahren und setzt sich in den Pilgerbewegungen, den Kreuzzügen und den Handelszügen kommerzieller Abenteurer fort.

Fischer Taschenbuch Verlag

fi 15265 / 1

Barbara Tuchman
Der erste Salut
Aus dem Amerikanischen von Malte Friedrich
Band 15264

Die Seeschlachten des 18. Jahrhunderts, der »Krieg unter Segeln« zwischen Großbritannien und Frankreich, die Unabhängigkeit Amerikas, der Schock der »Alten Welt« über ihre Niederlage – die Morgenstunde des demokratischen Zeitalters.

Barbara Tuchman, eine der bedeutendsten Autorinnen auf dem Gebiet der erzählenden Geschichtsschreibung schildert in diesem Buch den packenden Kampf um die Vorherrschaft auf den Meeren.

Fischer Taschenbuch Verlag

fi 15264 / 1

Barbara Tuchman
Die Torheit der Regierenden
Von Troja bis Vietnam
Aus dem Amerikanischen von Reinhard Kaiser
Band 15394

Barbara Tuchman untersucht die vielleicht faszinierendste Paradoxie der Geschichte: die Verwirklichung einer Politik, die dem Eigeninteresse der Regierenden entgegensteht. Sie führt den Leser an vier entscheidende Schauplätze. Der erste ist der Trojanische Krieg. Gegen göttliche Omen und Beschwörungen aus den eigenen Reihen handelnd, ziehen die Trojaner das Pferd in ihre Mauern und verurteilen sich selbst zum Untergang. Das hölzerne Pferd ist das Symbol eines Wahns, der heute existenzgefährdend geworden ist. Die sechs Jahrzehnte päpstlicher Torheiten stellt sie im zweiten Abschnitt vor: Korruption, Amoral und Machthunger, die hochmütige Nichtachtung aller Proteste und Klagen, die zum Protestantismus und zu den Religionskriegen führten. Im dritten Kapitel erzählt sie, wie Georg III. und seine Regierung die Beziehungen zu den Siedlern in den amerikanischen Kolonien zerstörten. Die Verblendung der englischen Krone und ihrer Berater machte aus Untertanen Rebellen und besiegelte den Verlust eines Kontinents. Und schließlich analysiert sie Amerikas Verwicklung in Vietnam – von Franklin D. Roosevelts zögernder Unterstützung des französischen Kolonialismus in Indochina über die unsinnige Domino-Theorie bis zu Lyndon B. Johnsons törichtem Bestehen auf einem militärischen Sieg und der kaum verhüllten Niederlage der USA.

Fischer Taschenbuch Verlag

fi 15394 / 1